工业和信息化部"十四五"规划教材

清华大学本科优秀教材建设项目资助

微积分原理

（上）

◆ 崔建莲　王　勇　编著

电子工业出版社

Publishing House of Electronics Industry

北京·BEIJING

内 容 提 要

本套教材分上、下两册．上册内容包括实数集与初等函数、数列极限、函数极限与连续、导数与微分、微分学基本定理及应用、不定积分、定积分、广义积分和常微分方程．下册内容包括多元函数的极限与连续、多元函数微分学及其应用、重积分、曲线积分、曲面积分、数项级数、函数项级数、傅里叶级数和含参积分．

本套教材可作为高等院校理工科专业微积分课程的教材，也可供准备考研的学生复习使用．

图书在版编目（CIP）数据

微积分原理. 上 / 崔建莲，王勇编著. —北京：电子工业出版社，2023.7

ISBN 978-7-121-45839-2

Ⅰ. ①微…　Ⅱ. ①崔…　②王…　Ⅲ. ①微积分　Ⅳ. ①O172

中国国家版本馆 CIP 数据核字（2023）第 115606 号

责任编辑：张　鑫

印　　刷：北京虎彩文化传播有限公司

装　　订：北京虎彩文化传播有限公司

出版发行：电子工业出版社

　　　　　北京市海淀区万寿路 173 信箱　邮编：100036

开　　本：787×1 092　1/16　印张：20　字数：499 千字

版　　次：2023 年 7 月第 1 版

印　　次：2024 年 8 月第 3 次印刷

定　　价：69.00 元

凡所购买电子工业出版社图书有缺损问题，请向购买书店调换．若书店售缺，请与本社发行部联系，联系及邮购电话：（010）88254888，88258888．

质量投诉请发邮件至 zlts@phei.com.cn，盗版侵权举报请发邮件至 dbqq@phei.com.cn．

本书咨询联系方式：zhangxinbook@126.com．

微积分是理工科高等学校非数学类专业最基础、重要的一门核心课程. 许多后继数学课程及物理和各种工程学课程都是在微积分课程的基础上展开的，因此学好这门课程对每一位理工科学生来说都非常重要. 本书在传授微积分知识的同时，注重培养学生的数学思维、语言逻辑和创新能力，弘扬数学文化，培养科学精神.

20 世纪著名的数学家冯·诺伊曼曾说："微积分是现代数学取得的最高成就，对它的重要性怎样估计也是不会过分的."

微积分的起源要追溯到 17 世纪 60 年代中期. 经过人类漫长的岁月，牛顿、莱布尼茨两位先驱在前人工作的基础上各自独立创立了微分法和积分法，并且发现它们是对立统一的（表现为"微积分基本定理"）. 后经伯努利兄弟和欧拉的改进、扩展及提高，微积分上升到了分析学的高度. 随后，数学大师柯西、黎曼、刘维尔和魏尔斯特拉斯赋予了微积分特别的严格性和精确性. 然而随着应用的不断扩大和深化，数学家们发现，严格性和精确性只解决了逻辑推理的基本问题，而逻辑推理所依存的理论基础才是更根本的问题. 之后，当近代数学天才康托尔、戴德金、贝尔、博雷尔、勒贝格把严格性和精确性同集合论与艰深的实数理论结合起来后，微积分的创建过程才到达终点.

2018 年，教育部等六部门联合发布《关于实施基础学科拔尖学生培养计划 2.0 的意见》，其中提出全面落实立德树人根本任务，建设一批国家青年英才培养基地，创新学习方式，促进科教融合，选拔培养一批基础学科拔尖人才. 经过 5 年的努力，"基础学科拔尖学生培养计划"的引领示范作用更加凸显，一批勇攀科学高峰、推动科学文化发展的优秀拔尖人才崭露头角，创新型人才不断涌现，我国在某些方面的科研技术已经走在世界前列，同时对科研人员提出更高的数理要求. 为落实科教兴国、人才强国、创新驱动发展战略，培养更优秀的专业科研人才，2020 年，教育部出台了"强基计划"，即部分高校开展基础学科招生改革试点，突出基础学科的支撑引领作用，夯实基础学科能力素养，重点破解基础学科领军人才短缺和长远发展的瓶颈问题. 近年来，清华大学等一些高水平学校在创新拔尖人才培养方面正在进行有益的尝试，作为清华大学对拔尖学生实施"精英教育"的实验区，未央书院、探微书院、致理书院等几个书院秉承"成人成才、通专融合、学术型、国际化、高素质、重创新"的培养理念，帮助学生奠定学术志趣、夯实数理基础，面向国家需求，着眼全球发展，立足关键领域，高起点、高标准、高质量培养人才，把学生发展和国家发展紧密结合起来，强学生之基、强国家之基，以"探索路子、培育苗子"为使命宗旨，培养造就未来的学术带头人、工程领军等杰出人才.

本套教材是对创新拔尖人才培养的重要探索，在工业和信息化部"十四五"规划教材建设的要求下，坚持以学生为中心，通过深度与广度的探索，强化学生的数理基础，也是针对清华大学未央书院、探微书院、致理书院、新雅书院等及其他高校创新拔尖学生编写的微积分教材.作者基于多年的教学实践经验，对已有微积分教材的编排方式做了一些与时俱进的改革，对内容做了适当删减和增补，除如传统教材一样重视对基础知识和基本技能的传授外，还增加了一些分析学新内容及在物理、力学等学科中的应用.在本书的编写过程中，我们仔细研读了国内外相关优秀教材，总结分析了多年来讲授微积分的教学经验，通过对知识的传授，提高学生应用数学解决实际问题的能力，培养学生应用知识并进一步更新知识的能力.

本套教材分上、下两册.极限是微积分的基本理论，上册先介绍了数列极限，对实数集的完备性进行了深入探讨，为学生进一步学好微积分奠定坚实的理论基础.在此基础上，进一步介绍函数极限与连续、导数与微分、微分学基本定理及应用、不定积分、定积分、广义积分和常微分方程.下册内容包括多元函数的极限与连续、多元函数微分学及其应用、重积分、曲线积分、曲面积分、数项级数、函数项级数、傅里叶级数、含参积分.结合学生的实际情况，与现有的微积分教材相比较，增加了一些新的内容，如上、下极限，方程求根的牛顿迭代公式，函数黎曼可积的勒贝格定理，定积分在分析学方面的应用，常系数线性常微分方程的应用——质点的振动，完善条件极值进而最值的判断依据，若当测度理论及傅里叶积分等.多元函数的微分学内容后紧跟积分学内容，将含参变量积分放到级数理论后，既保证了课程体系的连贯性，又相对节省了授课时间，更有助于学生对知识的理解，从而使微积分课程的理论体系更完整，使课程的教学工作更贴近当代数学的发展，更好地服务后续课程.

本套教材在清华大学很多院系使用过若干次，由作者根据多年微积分课程的讲授整理编写而成，教材中所有内容由崔建莲、王勇合力完成.带"*"的章节是选学内容，供学有余力的学生课后拓展学习.上、下两册可分两学期使用，课堂讲授均为75学时，每学期还需配24~26学时的习题讨论课.

本套教材可作为高等院校理工科专业微积分课程的教材，书中有丰富的例题讲解，也配有大量的习题练习，既适用于教师课堂讲课参考，又适用于学生自学，还可供准备考研的学生复习使用.

本套教材中对微积分课程各个部分历史发展所做的介绍，基本以莫里斯·克莱因所著的《古今数学思想》和威廉·邓纳姆所著的《微积分的历程》为依据.

本书的出版得到了清华大学本科教育教学改革—本科优秀教材建设项目的大力支持，特此说明，并对清华大学教务处和数学科学系领导的关心与帮助表示感谢.感谢清华大学微积分团队老师们的帮助和支持.本书有些写作思想受到了作者在授课过程中与学生讨论的启发,对此向学生们表示感谢.清华大学计算机系王兆臻同学帮助绘制了许多插图,未央书院仇振北、马睿等及其他院系 20 多位优秀同学帮助编写了部分课后习题,清华大学材料学院研究生张开元帮忙对书稿进行了校对,参与书稿校对的还有多位助教和本科学生,在此作者一并予以感谢.另外,本书的责任编辑张鑫不仅为本书的出版做了很多工作,而且对部分插图做了改进和增补,使本书的质量得到了提高,为此作者向张鑫编辑表示感谢.

在本套教材的写作中,我们力求减少差错,但因编写时间较为仓促,疏漏和不足之处在所难免,敬请广大读者谅解并给予指正.作者谨在此致以诚挚的谢意.

作　者

2023 年 2 月于清华园

本书配套部分习题答案,读者可扫码下载.

目录

第 1 章　实数集与初等函数

微积分的研究对象是关于实变量的函数，实变量函数是指自变量取自实数的某个集合的函数．为此，需要对实数的性质有更清晰的了解．本章将讨论实数集的性质，并回顾基本初等函数的一些性质及运算，在复习和总结初等数学的某些知识的基础上做进一步的提高，为学习后面各章内容做好必要的铺垫．

1.1　实数集

1.1.1　集合及其运算

集合是现代数学的基本概念，但很可惜，也是一个无法严格定义的基本概念．松散地说，具有某种特定性质的对象汇总而成的集体称为**集合**．这就是高等数学中通常使用的朴素集合论．构成集合的对象称为该集合的**元素**．通常用大写英文字母如 A, B, D, S 等表示集合，用小写英文字母如 a, b, x, y 等表示集合中的元素．如果 x 是集合 S 中的元素，则称 x 属于集合 S，记为 $x \in S$；如果 x 不是集合 S 中的元素，则称 x 不属于集合 S，用符号 $x \notin S$ 表示．通常假设集合中两个元素互异，因为如果相同，则视其为同一元素．含有限个元素的集合称为**有限集**，含无限个元素的集合称为**无限集**．

在本套教材中，我们用：

$\mathbb{N}$ 代表全体自然数组成的集合，即 $\mathbb{N} = \{0, 1, 2, \cdots\}$；

$\mathbb{N}^+$ 代表全体正整数组成的集合，即 $\mathbb{N}^+ = \{1, 2, \cdots\}$；

$\mathbb{Z}$ 代表全体整数组成的集合，即 $\mathbb{Z} = \mathbb{N} \bigcup (-\mathbb{N}^+) = \{\cdots, -2, -1, 0, 1, 2, \cdots\}$；

$\mathbb{Z}^+$ 代表全体正整数组成的集合，即等于 $\mathbb{N}^+$；

$\mathbb{Q}$ 代表全体有理数组成的集合，即 $\mathbb{Q} = \left\{ \dfrac{p}{q} : p, q \in \mathbb{Z} \text{且互质}, q \neq 0 \right\}$；

$\mathbb{R}$ 代表全体实数组成的集合，即由有理数与无理数组成的集合；$\mathbb{R}^+$ 表示正实数组成的集合；

$\mathbb{C}$ 代表全体复数组成的集合，即 $\mathbb{C} = \{a + ib : a, b \in \mathbb{R}\}$，其中 $i = \sqrt{-1}$ 是虚数单位．

符号"$\forall$"表示任意的，a 是集合 A 中的任意一个元素，用"$\forall a \in A$"表示；符号"$\exists$"表示存在，存在集合 A 中的某个元素 b，用"$\exists b \in A$"表示；存在集合 A 中唯一的元素 b，用"$\exists! b \in A$"表示．

设 A 与 B 是两个集合，若对 $\forall a \in A$，有 $a \in B$，则称集合 A 是集合 B 的**子集**，或称集合 A 包含在集合 B 中，记为 $A \subseteq B$．若 $A \subseteq B$ 且 $\exists x \in B$ 但 $x \notin A$，则称集合 A 是集合 B 的**真子集**，记为 $A \subset B$．若 $A \subseteq B$ 与 $B \subseteq A$ 同时成立，则称**集合 A 与集合 B 相等**，记

为 $A = B$.

如果一个集合不含任何元素，则称为**空集**，记为 $\varnothing$. 空集被认为是任意一个集合的子集.

由既属于集合 A 又属于集合 B 的共同元素组成的集合，称为集合 A 与集合 B 的**交集**，记为 $A \cap B$，读作"A 交 B"，用符号语言表示为 $A \cap B = \{x : x \in A \text{ 且 } x \in B\}$；由所有属于集合 A 或属于集合 B 的元素组成的集合，称为集合 A 与集合 B 的**并集**，记为 $A \cup B$，读作"A 并 B"，用符号语言表示为 $A \cup B = \{x : x \in A \text{ 或 } x \in B\}$. 容易验证，交集和并集满足下面的交换律、结合律及分配律：

$$A \cup B = B \cup A, \quad A \cap B = B \cap A,$$
$$(A \cup B) \cup C = A \cup (B \cup C),$$
$$(A \cap B) \cap C = A \cap (B \cap C),$$
$$(A \cup B) \cap C = (A \cap C) \cup (B \cap C),$$
$$(A \cap B) \cup C = (A \cup C) \cap (B \cup C).$$

由属于集合 A 而不属于集合 B 的元素组成的集合，称为集合 A 与集合 B 的**差集**，记为 $A - B$ 或 $A \backslash B$，即 $A - B$（或 $A \backslash B$）$= \{x : x \in A \text{ 但 } x \notin B\}$；定义集合 A 与集合 B 的对差 $A \triangle B = (A - B) \cup (B - A)$，如图 1-1-1 所示.

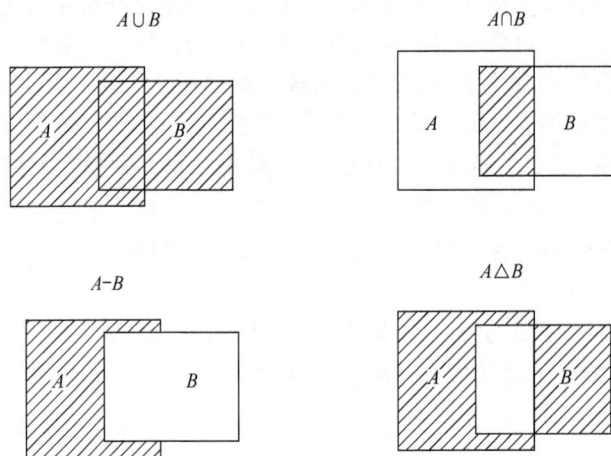

图 1-1-1

由集合交集和并集的交换律及结合律，可以给出任意多个集合的交与并，例如

$$\bigcap_{n=1}^{\infty} \left(-\frac{1}{n}, \frac{1}{n} \right) = \{0\}, \quad \bigcap_{n=1}^{\infty} \left(0, \frac{1}{n} \right) = \varnothing, \quad \bigcup_{\alpha \in [0,1)} \left[\alpha, \frac{1}{1-\alpha} \right] = [0, +\infty).$$

在研究某个问题时所考虑的对象的全体称为**全集**，记为 U. 设 A 是全集 U 的一个子集，全集 U 中不属于 A 的所有元素组成的集合称为集合 A 相对于全集 U 的补集或余集，记为 A^c，即 $A^c = U - A$（或 $U \backslash A$）. 集合运算中的两个重要等式，即"**德·摩根律**"为

$$(A \cap B)^c = A^c \cup B^c, \quad (A \cup B)^c = A^c \cap B^c.$$

设 A 与 B 是两个集合，定义 A 和 B 的**直积**（或**笛卡儿乘积**）$A \times B$ 为

$$A \times B = \{(x, y) : x \in A, y \in B\}.$$

例如，$\mathbb{R} \times \mathbb{R} = \{(x, y) : x \in \mathbb{R}, y \in \mathbb{R}\}$ 是 Oxy 坐标平面上所有点的集合，$\mathbb{R} \times \mathbb{R}$ 又记为 $\mathbb{R}^2$.

1.1.2　映射

定义 1.1.1　设 A 和 B 是两个非空集合. 若存在对应法则 φ, 使得对 $\forall x \in A$, 按照对应法则 φ, 有唯一的 $y \in B$ 与之相对应, 称 φ 是从 A 到 B 的**映射**, 记为 $\varphi: A \to B$, $x \mapsto y = \varphi(x)$, 简记为 $y = \varphi(x)$. 称 y 为 x 在映射 φ 下的**像**, 而 x 为 y 在映射 φ 下的一个**原像**. 集合 A 称为映射 φ 的**定义域**, 记为 $D(\varphi)$; A 中所有元素在映射 φ 下的像所组成的集合称为映射 φ 的**值域**, 记为 $R(\varphi)$, 即

$$R(\varphi) = \varphi(A) = \{ y = \varphi(x) : x \in A \}.$$

设有映射 $\varphi: A \to B$. 若对 $\forall x_1, x_2 \in A$ 满足 $x_1 \neq x_2$, 有 $\varphi(x_1) \neq \varphi(x_2)$, 称映射 φ 是从 A 到 B 的**单射**; 若 B 中的任一元素都是 A 中某个元素的像, 即 $B = \varphi(A)$, 称映射 φ 是从 A 到 B 的**满射**. 若映射 $\varphi: A \to B$ 既是单射又是满射, 称 φ 是从 A 到 B 的**双射**, 或称其为 A 与 B 之间的**一一映射**.

例 1.1.1　设 $\mathbb{N} = \{0, 1, 2, 3, \cdots\}$ 是自然数集, $\mathbb{N}_E = \{0, 2, 4, 6, \cdots\}$ 是所有非负偶数组成的集合, 令 $\varphi: \mathbb{N} \to \mathbb{N}_E$, $n \mapsto \varphi(n) = 2n$, 则可知该映射是一一映射.

例 1.1.2　令 $f(x) = \sin x$, 则 $f: \mathbb{R} \to [-1, 1]$ 是一个满射.

例 1.1.3　令 $f(x) = x^2$, 则映射 $f: [-1, 1] \to \mathbb{R}$ 既非单射, 也非满射.

设 $\varphi: A \to B$ 是一个双射. 则对 $\forall y \in B$, 存在唯一的 $x \in A$ 使得 $y = \varphi(x)$, 这样得到一个从 B 到 A 的映射, 它把 B 中的每个元素 $y \in B$ 映射为 A 中唯一的元素 x, 满足 $y = \varphi(x)$, 称此映射为 φ 的**逆映射**, 记为 φ^{-1}, 即 $\varphi^{-1}: B \to A$ 使得对 $\forall y \in B$, $\varphi^{-1}(y) = x \in A$, 其中 $y = \varphi(x)$.

设有两个映射 $\varphi: A \to B$ 及 $\psi: B \to C$, 则对 $\forall x \in A$, $\psi(\varphi(x)) \in C$, 故由 φ, ψ 确定了一个从 A 到 C 的映射, 称为 ψ 与 φ 的**复合映射**, 记为 $\psi \circ \varphi$, 即

$$\psi \circ \varphi(x) = \psi(\varphi(x)), \quad \forall x \in A.$$

1.1.3　可数集

如果集合 A 只有有限个元素, 则定义该集合的**基数**为其元素个数 n, 记为 $\mathrm{card}(A) = n$. 但是微积分所涉及的集合基本都是无限集. 两个无限集的元素多少是否可以相互比较? 这是微积分的一个根本性问题, 也是数学家康托尔最初研究的. 康托尔认为, 如果两个无限集之间存在一个一一映射, 则这两个无限集的基数相等. 把正整数集 $\mathbb{N}^+ = \{1, 2, 3, \cdots\}$ 的基数记为 $\aleph_0$, 即 $\mathrm{card}(\mathbb{N}^+) = \aleph_0$. 任何一个与正整数集 $\mathbb{N}^+$ 存在一一映射的集合都有相同的基数, 称这样的集合为**可数集**. 显然, 自然数集 $\mathbb{N}$ 是可数集, 这是因为定义 $n \mapsto \varphi(n) = n + 1$, 则 $\varphi: \mathbb{N} \to \mathbb{N}^+$ 是一一映射. 非负偶数集合 $\mathbb{N}_E$ 是可数集. 整数集 $\mathbb{Z}$ 也是可数集. 我们可以把 $\mathbb{Z}$ 从 0 到无穷做如下排列:

0	1	2	3	4	5	6	7	8	9	$\cdots$
↓	↗	↓	↗	↓	↗	↓	↗	↓	↗	↓
-1	-2	-3	-4	-5	-6	-7	-8	-9	-10	$\cdots$

而形成与正整数的一一映射. 实际上，可数个可数集的并集是可数的. 设 $A_1, A_2, A_3, \cdots$ 均为可数集，则 $A = \bigcup_{n=1}^{\infty} A_n$ 也是可数集. 对 $n \in \mathbb{N}^+$，设 $A_n = \{A_{n1}, A_{n2}, A_{n3}, \cdots\}$，则把 A 的元素按照下面规律排序（剔除多余相同元素）：

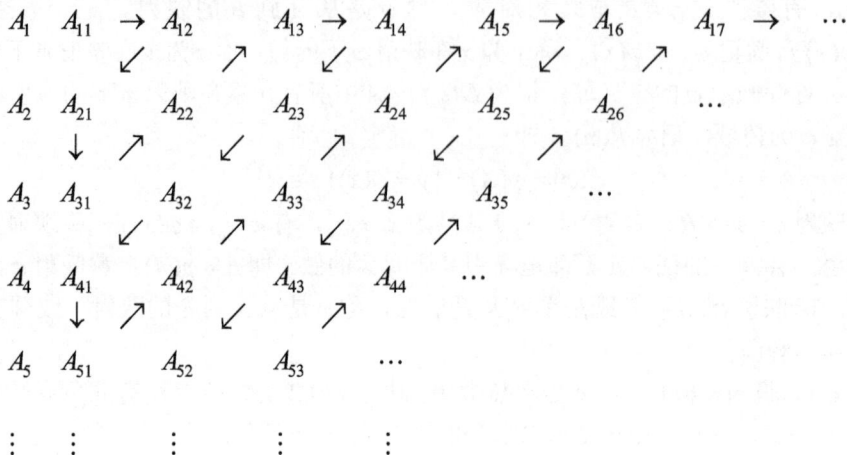

$$
\begin{array}{cccccccccc}
A_1 & A_{11} & \to & A_{12} & & A_{13} & \to & A_{14} & & A_{15} & \to & A_{16} & & A_{17} & \to & \cdots \\
A_2 & A_{21} & & A_{22} & & A_{23} & & A_{24} & & A_{25} & & A_{26} & & \cdots \\
A_3 & A_{31} & & A_{32} & & A_{33} & & A_{34} & & A_{35} & & \cdots \\
A_4 & A_{41} & & A_{42} & & A_{43} & & A_{44} & & \cdots \\
A_5 & A_{51} & & A_{52} & & A_{53} & & \cdots \\
\vdots & \vdots & & \vdots & & \vdots & & \vdots
\end{array}
$$

有理数集也可以表示为 $\mathbb{Q} = \left\{ x = \dfrac{p}{q} : p \in \mathbb{Z}, q \in \mathbb{N}^+ \right\}$，因此有 $\mathbb{Q} = \bigcup_{n=1}^{\infty} \dfrac{1}{n} \mathbb{Z}$，从而 $\mathbb{Q}$ 是可数集. 由于任何一个无限集都有一个可数的子集，因此可数集的基数 $\aleph_0$ 是无限集的最小可能基数. 康托尔证明了实数集 $\mathbb{R}$ 是不可数集合，用的是他发明的著名对角线法. 我们知道，任何一个有理数都是有限小数（当 $x = \dfrac{p}{q}$，p, q 互质，且 $q = 2^m 5^n$，$m, n \in \mathbb{N}$ 时），或者无限循环小数（当 $x = \dfrac{p}{q}$，p, q 互质，且 $q = 2^m 5^n k$，$m, n, k \in \mathbb{N}$，$k > 1$ 且与 2 和 5 均互质）. 无理数是无限不循环小数，而实数是有理数和无理数的并集. 因此，任给实数 $a \in [0,1]$，都可表示为 $a = 0.a_1 a_2 a_3 a_4 \cdots$，其中 $a_n \in \{0, 1, 2, \cdots, 9\}$，即区间 $[0,1]$ 内的任何一个实数等价于一个序列 $\{a_n\}_{n \in \mathbb{N}^+}$，其中 $a_n \in \{0, 1, 2, \cdots, 9\}$. 康托尔用下面的反证法证明了闭区间 $[0,1]$ 是不可数的.

假设区间 $I = [0,1]$ 内的实数是可数的，则 $I = \{x_1, x_2, x_3, x_4, \cdots\}$，考虑下面列表

$$
\begin{array}{lllllll}
x_1 = & 0. & x_{11} & x_{12} & x_{13} & x_{14} & x_{15} & \cdots \\
x_2 = & 0. & x_{21} & x_{22} & x_{23} & x_{24} & x_{25} & \cdots \\
x_3 = & 0. & x_{31} & x_{32} & x_{33} & x_{34} & x_{35} & \cdots \\
x_4 = & 0. & x_{41} & x_{42} & x_{43} & x_{44} & x_{45} & \cdots \\
x_5 = & 0. & x_{51} & x_{52} & x_{53} & x_{54} & x_{55} & \cdots \\
\cdots & & \cdots & \cdots & \cdots & \cdots & \cdots
\end{array}
$$

设 $\bar{x} = 0.\bar{x}_1 \bar{x}_2 \bar{x}_3 \bar{x}_4 \bar{x}_5 \cdots$，其中 $\bar{x}_n \neq x_{nn}, n \in \mathbb{N}^+$，$x_{nn}$ 是上述列表中的对角线元素. 这样，$\bar{x} \in [0,1]$，但是不属于集合 I，从而 $I \neq [0,1]$，与 $I = [0,1]$ 矛盾. 因此，区间 $[0,1]$ 中的实数

是不可数的. $y = \tan\left(x - \dfrac{1}{2}\right)\pi$ 是 $(0,1)$ 到 $\mathbb{R}$ 的一一映射, 因此 $[0,1]$ 的基数与整个实数轴的基数相同, 康托尔将具有与实数集 $\mathbb{R}$ 相同基数的集合称为连续统, 其基数记为 $\mathrm{card}(\mathbb{R}) = \aleph$.

事实上, 康托尔证明了二维、三维及 n 维欧氏空间 $\mathbb{R}^n$ 的基数都是 $\aleph$. 康托尔猜测: 不存在一个无穷集 ($\mathbb{R}$ 的子集), 它的基数在 $\aleph_0$ 和 $\aleph$ 之间, 称为连续统假设. 康托尔在此投入了极大的精力也没有证明它正确与否. 希尔伯特把连续统假设作为他的著名的 23 个问题中的第一个. 数学家哥德尔在证明基本数学公理体系 (Zermelo-Fraenkel 集合论加上选择公理) 的不完备性定理后, 也研究连续统假设. 他证明了连续统假设成立与基本数学公理体系不矛盾. 但是 "连续统假设不成立是否与基本数学公理体系矛盾呢?" 耗费了哥德尔很多精力, 也没有结论. 直到 20 世纪 60 年代, 数学家科恩发展了一套方法, 在 1963 年证明了连续统假设不成立与基本数学公理体系也不矛盾. 也就是说, 存在基数在 $\aleph_0$ 和 $\aleph$ 之间的无穷集是对的, 而不存在基数在 $\aleph_0$ 和 $\aleph$ 之间的无穷集也是对的. 换句话说, 连续统假设在基本数学公理体系中无法证明其真伪, 即连续统假设独立于基本数学公理体系. 连续统假设被认为是数学中最深的问题, 至今还在牵引数学公理体系的研究.

集合不能被精确定义, 这是因为著名的罗素悖论. 假设集合可以被精确定义, 则考虑所有集合组成的集合 $\mathcal{G}$, $\mathcal{X} = \{X \in \mathcal{G}: X \notin X\}$, 则 $\mathcal{X} \in \mathcal{X}$ 意味着 $\mathcal{X} \notin \mathcal{X}$, 而 $\mathcal{X} \notin \mathcal{X}$ 则意味着 $\mathcal{X} \in \mathcal{X}$, 因此产生悖论. 给定一个集合 A, 定义幂集 $\mathcal{A}$ 是由 A 的所有子集构成的集合. 康托尔证明了 $\mathrm{card}(\mathcal{A}) > \mathrm{card}(A)$, 该证明可以利用反证法及罗素悖论得出.

在本书后面的微积分学习中, 所有集合都是指某个确定的实数集的子集, 或者 n 维欧氏空间 $\mathbb{R}^n$ 的某个子集, 或者这些集合之间的某一类映射所组成的集合.

1.1.4　实数集的性质

实数集最基本的性质是关于加、减、乘、除四则运算封闭, 即任意两个实数相加、相减、相乘、相除的结果都是实数. 减法是加法的逆运算, 除法是乘法的逆运算, 因此加法和乘法是最基本的两种运算. 实数的加法运算满足下列规律.

（1）加法结合律: $(x + y) + z = x + (y + z)$, $\forall x, y, z \in \mathbb{R}$.

（2）加法交换律: $x + y = y + x$, $\forall x, y \in \mathbb{R}$.

（3）加法运算有单位元 0: $x + 0 = 0 + x = x$, $\forall x \in \mathbb{R}$.

（4）加法运算有逆运算减法, 等价地, 每个实数 x 关于加法运算有逆元 $-x$ (为 x 的相反数): $x + (-x) = 0 = (-x) + x$; 而减法定义为 $x - y = x + (-y)$.

乘法运算也满足类似的规律:

（5）乘法结合律: $(xy)z = x(yz)$, $\forall x, y, z \in \mathbb{R}$.

（6）乘法交换律: $xy = yx$, $\forall x, y \in \mathbb{R}$.

（7）乘法运算有单位元 1: $x1 = 1x = x$, $\forall x \in \mathbb{R}$.

（8）乘法运算有逆运算除法, 等价地, 每个非零实数 x 关于乘法运算有逆元 x^{-1} (为 x 的倒数): $xx^{-1} = 1 = x^{-1}x$; 而除法定义为 $\dfrac{x}{y} = xy^{-1}$, $\forall x, y \in \mathbb{R}, y \neq 0$.

（9）乘法对加法的分配律: $x(y + z) = xy + xz$, $(x + y)z = xz + yz$, $\forall x, y, z \in \mathbb{R}$.

一个集合如果至少包含两个元素，且元素间有两种运算，满足规律（1）～规律（9），则称该集合关于这两种运算构成一个**域**。所有实数关于加法和乘法运算构成一个域，称之为**实数域**。

实数的另一个基本性质是任意两个实数可比较大小。实数的比较大小关系有四种："小于等于 $\leqslant$"、"严格小于 $<$"、"大于等于 $\geqslant$"和"严格大于 $>$"。这四种关系可相互定义，所以只需讨论其中一种，不妨考虑小于等于关系"$\leqslant$"，有下列规律：

（10）自反性：$x \leqslant x, \ \forall x \in \mathbb{R}$.

（11）反对称性：若 $x \leqslant y$ 且 $y \leqslant x$，则 $x = y$.

（12）传递性：若 $x \leqslant y$ 且 $y \leqslant z$，则 $x \leqslant z$.

（13）全序性：对 $\forall x, y \in \mathbb{R}$，关系式 $x \leqslant y$ 和 $y \leqslant x$ 至少有一个成立，即任意两个实数可比较大小。

（14）与加法的相容性：若 $x \leqslant y$，则 $x + z \leqslant y + z, \ \forall z \in \mathbb{R}$.

（15）与乘法的相容性：若 $x \leqslant y$，则 $xz \leqslant yz, \ \forall z \in \mathbb{R}^+$.

一个非空集合，若在它的元素间定义了一种关系"$\leqslant$"满足规律（10）～规律（12），则称该集合关于这种关系"$\leqslant$"构成一个**有序集**；如果这种关系还满足规律（13），则称之为**全序集**。如果一个域是一个全序集，且序关系满足规律（14）与规律（15），则称之为**有序域**。因此实数域是一个有序域。

实数间可比较大小，正因如此，实数能够在现实生活和科学研究中被广泛应用。在分析数学领域，经常需要应用实数的大小比较对一些难以准确掌握其精确值或者不必要准确掌握其精确值的量进行放大或缩小，这样的过程所得到的数量关系就是不等式。所以，不等式的建立在分析数学领域具有十分重要的作用。下面的平均值不等式是常用的不等式：对任意的正实数 x, y，都有不等式 $x + y \geqslant 2\sqrt{xy}$ 成立，且等号成立当且仅当 $x = y$。更一般地，对任意的 n 个正实数 $x_i(i = 1, 2, \cdots, n)$，有不等式

$$\frac{x_1 + x_2 + \cdots + x_n}{n} \geqslant \sqrt[n]{x_1 x_2 \cdots x_n}$$

成立，且等号成立当且仅当 $x_1 = x_2 = \cdots = x_n$.

实数集的子集称为数集。微积分中最常见的一类数集是区间。给定两个实数 a, b 满足 $a < b$，则集合

$$(a, b) = \{x \in \mathbb{R} : a < x < b\}, \quad (a, b] = \{x \in \mathbb{R} : a < x \leqslant b\},$$
$$[a, b) = \{x \in \mathbb{R} : a \leqslant x < b\}, \quad [a, b] = \{x \in \mathbb{R} : a \leqslant x \leqslant b\}$$

分别称为**开区间**、**左开右闭区间**、**左闭右开区间**、**闭区间**。a, b 分别称为这些区间的端点。左开右闭区间和左闭右开区间统称为**半开半闭区间**。

符号"$+\infty$"称为**正无穷大**，表示"比所有的正实数都大"的量；符号"$-\infty$"称为**负无穷大**，表示"比所有的负实数都小"的量。因此有

$$(a, +\infty) = \{x \in \mathbb{R} : x > a\}, \quad [a, +\infty) = \{x \in \mathbb{R} : x \geqslant a\},$$
$$(-\infty, b) = \{x \in \mathbb{R} : x < b\}, \quad (-\infty, b] = \{x \in \mathbb{R} : x \leqslant b\}.$$

整个实轴 $\mathbb{R} = (-\infty, +\infty)$。符号"$\infty$"称为**无穷大**，是 $+\infty$ 和 $-\infty$ 的统称。

给定 $a \in \mathbb{R}$。设 $\delta > 0$。称集合 $\{x \in \mathbb{R} : |x - a| < \delta\}$ 和 $\{x \in \mathbb{R} : 0 < |x - a| < \delta\}$ 分别为 a 的

δ 邻域和 a 的去心 δ 邻域，分别记为 $U(a,\delta)$ 和 $U_{\circ}(a,\delta)$，即

$$U(a,\delta)=(a-\delta,a+\delta) \text{ 且 } U_{\circ}(a,\delta)=(a-\delta,a)\bigcup(a,a+\delta).$$

其中，点 a 称为邻域的中心，δ 称为邻域的半径. 若不强调邻域的半径，二者可分别简记为 $U(a)$ 和 $U_{\circ}(a)$.

　　实数集的一个重要特性是实数与数轴上的点一一对应，即实数布满了整个数轴，称这个性质是实数集的**连续性**，也称实数集的**完备性**. 实数与数轴上点的对应是通过坐标来实现的，因此我们不区分实数与它所对应的数轴上的点的坐标，例如，数轴上的点的坐标为 x，我们说点 x 或数 x.

　　实数集的完备性这一重要特性使得能够在几何上刻画如长度、角度、面积、体积等量，在物理上刻画如时间、温度、质量等各种可连续变化的量，这使得实数在人们的实际生活和科学研究中具有十分广泛的应用. 而这一重要特性最初是被误解的，人类对数的认识有几次跳跃式的发展，首先是从自然数开始的，自然数对加法、乘法运算封闭，但对减法运算不封闭，这样就引进了整数集；后来在解形如 $2x=3$ 的方程时发现整数不够用了，于是有了有理数；等到毕达哥拉斯发现了勾股定理，认知单位正方形的对角线长度 $\sqrt{2}$ 不是有理数，人们便无法回避无理数存在的问题了，这样就将有理数扩充为实数集，从而二次方程的解得到了完善.

　　下面证明 $\sqrt{2}$ 不是有理数. 用反证法，假设 $\sqrt{2}$ 是有理数，即存在两个互素的正整数 m,n 使得 $\sqrt{2}=\dfrac{m}{n}$，则 $2n^2=m^2$. 所以 2 整除 m^2，从而能整除 m，故 m 是偶数. 令 $m=2l$（l 为正整数），则 $4l^2=2n^2$，所以 $n^2=2l^2$，这样 n 是偶数，故 m,n 均为偶数，从而它们有公约数 2，矛盾.

　　实数集的另一个特性：**有理数在实数集中是稠密的**，即

　　命题 1.1.1　任意非空开区间 (a,b) 都含有无穷多个有理数.

　　证明　若 a,b 为有理数，取 $x_n=a+\dfrac{b-a}{2^n}$，$n=1,2,3,\cdots$，则 $x_n\in(a,b)$ 是有理数；若 a,b 不全为有理数，不妨设 $a>0$，则存在正整数 m,n 使得 $\left[\dfrac{m}{n},\dfrac{m+1}{n}\right]\subset(a,b)$，由前面的讨论知，$\left[\dfrac{m}{n},\dfrac{m+1}{n}\right]$ 包含无穷多个有理数. 故任意一个非空开区间 (a,b) 都包含无穷多个有理数. 证毕.

　　有理数在实数集中是稠密的，但是有理数没有布满整个数轴，实际上，任意两个不同的有理数之间必有一个无理数. 设 r_1，r_2 是任意两个有理数且 $r_1<r_2$，取 $x=r_1+\dfrac{\sqrt{2}}{2^n}(r_2-r_1)$（$n\in\mathbb{N}^+$），则 $r_1<x<r_2$，显然 x 是一个无理数. 因此从数轴上看，有理数是被无理数隔断地分布在数轴上的.

　　命题 1.1.2　无理数在实数集中是稠密的.

　　证明　假设无理数在实数集中不是稠密的，则存在两个无理数 a，b 满足 $a<b$ 使得对

$\forall x \in (a,b)$，x 都是有理数，即 (a,b) 是有理数集，而有理数集在实数集中是可数集，因此 (a,b) 作为有理数的子集也是可数的，而实数集中的任一区间都是不可数集，产生矛盾．证毕．

实数是从有理数扩充而来的，它区别于有理数的本质特性是全体实数可以填充直线上的所有点，而不会在直线上留有空隙，这就是实数集的完备性．实数域的完备性如何用严谨的数学语言来表述，是需要讨论的问题．因为只有给出了这一特性的严谨数学表述，才有可能把它作为正确推理的基础来应用．这个问题曾长期被人们忽视，直到 19 世纪后半叶才由德国数学家戴德金（Richard Dedekind，1831—1916）注意到并经过多年的苦心研究成功地解决．戴德金认识到，由于实数是和直线上的点一一对应的，因此刻画实数域的完备性问题等同于刻画直线上的点没有间隙，即直线的连续性问题．戴德金的方法是把直线分成左右两部分，进而把"直线上没有间隙"这一形象的表述转化为"或者左边的部分有最大的点，或者右边的部分有最小的点"，即"一定存在一个分点"这样数字化的表述．

*1.1.5　戴德金原理

定义 1.1.2　设 S 是非空的实数集．若存在 $a \in S$ 使得对 $\forall x \in S$，有 $x \leqslant a$，称 a 为 S 中的最大数，记作 $a = \max S$．类似地，若存在 $b \in S$ 使得对 $\forall x \in S$，有 $x \geqslant b$，称 b 为 S 中的最小数，记作 $b = \min S$．符号 max 和 min 分别是 maximum 和 minimum 的缩写．

定义 1.1.3　设 $A, B \subset \mathbb{R}$ 是两个非空集合，满足下列条件：

(i) $A \bigcup B = \mathbb{R}$；

(ii) 对 $\forall x \in A, \forall y \in B$，有 $x < y$，

则称 (A,B) 是实数域的一个戴德金分划，并称 A 为此分划的下类，B 为此分划的上类．

例 1.1.4　下面给出的 (A,B) 都是实数域的戴德金分划：

(i) $A = (-\infty, 2]$，$B = (2, +\infty)$；

(ii) $A = (-\infty, 2)$，$B = [2, +\infty)$；

(iii) $A = (-\infty, 0] \bigcup \{x > 0 : |x| < 1\}$，$B = \{x > 0 : |x| \geqslant 1\}$；

(iv) $A = (-\infty, 0] \bigcup \{x > 0 : |x| \leqslant 1\}$，$B = \{x > 0 : |x| > 1\}$．

戴德金原理　设 (A,B) 是实数域的一个戴德金分划，则要么下类 A 中有最大数，要么上类 B 中有最小数．

这个原理可等价地表述为：设 (A,B) 是实数域的一个戴德金分划，则存在唯一的实数 c 使得

$$x \leqslant c \leqslant y, \quad \forall x \in A, \forall y \in B.$$

1.1.6　确界公理

实数域的完备性除可用戴德金原理刻画外，还有其他等价的刻画，下面介绍确界公理，它在后面的讨论中发挥着重要的作用．

定义 1.1.4　设 S 是一个数集，若存在正数 $M > 0$ 使得对 $\forall x \in S$，有 $|x| \leqslant M$，则称 S 是

有界集，且称 M 为 S 的一个界. 若不存在这样的正数，则称数集 S 是无界的.

由此定义容易看出，若集合 S 有一个界 M，则对 $\forall c>0$，$M+c$ 也是集合 S 的一个界，因此集合 S 有无穷多个界.

若存在 $a\in\mathbb{R}$ 使得对 $\forall x\in S$，有 $x\geq a$，称 S 有**下界**，a 为数集 S 的一个下界；

若存在 $b\in\mathbb{R}$ 使得对 $\forall x\in S$，有 $x\leq b$，称 S 有**上界**，b 为数集 S 的一个上界.

显然有

命题 1.1.3　实数集 S 是有界集当且仅当 S 既有上界又有下界.

例 1.1.5　自然数集 $\mathbb{N}$ 有下界，但无上界，因此它是一个有下界的集合，但不是有界集.

例 1.1.6　设 a,b 是实数，则 $[a,b]$，(a,b) 与 $[a,b]$ 都是有界集.

一个非空数集，若有上界，则一定有无穷多个上界，把最小的上界称为**上确界**，即

定义 1.1.5　设有非空数集 S，若存在数 $\alpha\in\mathbb{R}$ 满足下列性质：

(i) 对 $\forall x\in S$，有 $x\leq\alpha$；

(ii) 对 $\forall\varepsilon>0$，总存在 $x_0\in S$ 使得 $x_0>\alpha-\varepsilon$，

称 α 是数集 S 的上确界，记为 $\sup S=\alpha$.

一个非空数集，若有下界，则一定有无穷多个下界，把最大的下界称为**下确界**，即

定义 1.1.6　设有非空数集 S，若存在数 $\beta\in\mathbb{R}$ 满足下列性质：

(i) 对 $\forall x\in S$，有 $x\geq\beta$；

(ii) 对 $\forall\varepsilon>0$，总存在 $x_0\in S$ 使得 $x_0<\beta+\varepsilon$，

称 β 是数集 S 的下确界，记为 $\inf S=\beta$.

例 1.1.7　证明：所有负数构成的数集 S 的上确界是 0，即 $\sup S=0\notin S$，但不存在下确界.

证明　对 $\forall x\in S$，有 $x<0$；任给 $\varepsilon>0$，存在 $x_0\in S$ 使得 $x_0>0-\varepsilon$，故 $\sup S=0$. 显然，$0\notin S$. 集合 S 无下界，所以不存在下确界. 证毕.

例 1.1.8　设 $S=\left\{\dfrac{n}{n+1}:n\in\mathbb{N}\right\}$，证明：$\sup S=1\notin S$，$\inf S=0\in S$.

证明　对 $\forall n\in\mathbb{N}$，有 $\dfrac{n}{n+1}<\dfrac{n+1}{n+1}=1$；任取 $0<\varepsilon<1$，取正整数 $n_0>\dfrac{1-\varepsilon}{\varepsilon}$，则 $\dfrac{n_0}{n_0+1}>1-\varepsilon$，故 $\sup S=1$. 显然，$1\notin S$. 类似可证 $\inf S=0\in S$. 证毕.

例 1.1.9　设 $S=\left\{1+\dfrac{(-1)^n}{n}:n\in\mathbb{N}^+\right\}$，证明：$\sup S=\dfrac{3}{2}\in S$，$\inf S=0\in S$.

证明　若 $n=2k,k=1,2,\cdots$，则 $1+\dfrac{(-1)^n}{n}=1+\dfrac{1}{2k}\leq\dfrac{3}{2}$；若 $n=2k-1,k=1,2,\cdots$，则

$$1+\frac{(-1)^n}{n}=1-\frac{1}{2k-1}<1<\frac{3}{2},$$

所以 $\dfrac{3}{2}$ 是数集 S 的可达的上界，故 $\sup S=\dfrac{3}{2}\in S$. 类似可证 $\inf S=0\in S$. 证毕.

针对例 1.1.9，读者可以在数轴上画出集合 S 的前若干项，研究它们的分布，这样有

助于利用定义证明上确界和下确界.

以上例子表明，不是所有数集的确界都存在，即使确界存在，也未必属于该集合. 若数集 S 的上确界 $\sup S = a$ 存在且 $a \in S$，则 a 为数集 S 的最大值；若数集 S 的下确界 $\inf S = b$ 存在且 $b \in S$，则 b 为数集 S 的最小值，最大值与最小值统称为最值. 因此**最值与确界的关系**是，最值一定是确界；但确界不一定是最值.

定理 1.1.1（确界公理） 若非空数集 $S \subset \mathbb{R}$ 有上界，则 S 存在唯一的上确界；若非空数集 S 有下界，则 S 存在唯一的下确界.

数集是数轴上的一个点集. 在几何上，一个数集 S 的上界具有这样的性质：它的右边没有数集 S 中的点，因此它的右边都是数集 S 的上界. 换句话说，S 的所有上界的集合是数轴上的正向射线，该射线的端点就是数集 S 的上确界. 确界的存在性反映了实数集的连续性这一重要特性，即实数布满了整个数轴且实数集是完备的.

习题 1.1

1. 判断下列数集是否存在上、下确界. 若存在，求出其值；若不存在，说明理由.

(1) $\{x \in \mathbb{Q} : x > 0\}$；　　　　　　　　(2) $\{x \in \mathbb{R} : x^2 - 2x - 3 < 0\}$；

(3) $\left\{y \in \mathbb{R} : y = x^2, x \in \left[-\dfrac{1}{2}, 1\right]\right\}$；　　　　(4) $\{ne^{-n} : n \in \mathbb{N}^+\}$；

(5) $\left\{x_n : x_n = \dfrac{1 + (-1)^n}{n}(n+1), n \in \mathbb{N}^+\right\}$；　　(6) $\left\{(-1)^n + \dfrac{1}{n}(-1)^{n+1} : n \in \mathbb{N}^+\right\}$.

2. 证明：对任意的正实数 a 及任意的正整数 $n \geq 2$，方程 $x^n = a$ 有唯一的正实根.

3. 设集合 $A = \{x \in \mathbb{R} : x^2 < 2\}$，证明：$\sup A = \sqrt{2}$.

4. 设函数 $f(x)$ 在数集 D 上有界，证明：

(1) $\sup\limits_{x \in D}\{-f(x)\} = -\inf\limits_{x \in D}\{f(x)\}$；　　　　(2) $\inf\limits_{x \in D}\{-f(x)\} = -\sup\limits_{x \in D}\{f(x)\}$.

5. 设 $a, b \in \mathbb{R}$，证明：$\max\{a, b\} = \dfrac{a + b + |a - b|}{2}$；　$\min\{a, b\} = \dfrac{a + b - |a - b|}{2}$.

6. 设有两个非空数集 A 和 B，且对 $\forall x \in A$ 和 $\forall y \in B$，有 $x \leq y$，证明：$\sup A \leq \inf B$.

7. 设数集 A 有界，数集 $B = \{x + c : x \in A\}$，其中 c 是一个常数. 证明：$\sup B = \sup A + c$，$\inf B = \inf A + c$.

8. 设 A 和 B 为非空有界数集，且 $A \cap B$ 非空，证明：

(1) $\inf(A \cup B) = \min\{\inf A, \inf B\}$；　　　(2) $\sup(A \cup B) = \max\{\sup A, \sup B\}$；

(3) $\inf(A \cap B) \geq \max\{\inf A, \inf B\}$；　　　(4) $\sup(A \cap B) \leq \min\{\sup A, \sup B\}$.

9. 设 A 和 B 都是非空有界数集.

(1) 定义 $A + B = \{x + y : x \in A, y \in B\}$. 证明：

$$\sup(A + B) = \sup A + \sup B, \quad \inf(A + B) = \inf A + \inf B.$$

（2）定义 $AB = \{xy: x \in A, y \in B\}$. 若集合 A,B 中的元素都是非负数，证明：

$$\sup(AB) = (\sup A) \cdot (\sup B), \quad \inf(AB) = (\inf A) \cdot (\inf B).$$

10．证明：确界公理与戴德金原理等价.

1.2 初等函数

函数这一数学概念的重要意义已远远超出数学范围，在自然科学、工程技术乃至社会科学中都被广泛应用. 函数是中学数学的主体，中学数学用"集合"与"对应"给出了函数的概念，并通过函数图像直观地介绍了函数的一些简单性质. 函数也是微积分的主要研究对象，本节先复习中学数学涉及的基本初等函数及其性质，再根据后续学习需要，对函数进行深入探讨.

1.2.1 函数的概念

函数是定义在两个非空数集之间的映射.

定义 1.2.1 设有非空数集 A，若对 $\forall x \in A$，按照对应关系 f 都对应唯一的一个实数 y，称对应关系 f 是定义在数集 A 上的函数，表示为 $f: A \to \mathbb{R}$，与 x 对应的数 y 称为 x 的函数值，表示为 $y = f(x)$，x 称为自变量，y 称为因变量，数集 A 称为函数 f 的定义域，表示为 $D(f)$，函数值的集合 $f(A)$ 称为函数 f 的值域，有时表示为 $R(f)$，即 $R(f) = f(A) = \{f(x): x \in A\} \subseteq \mathbb{R}$.

函数概念的几点说明：

（1）给定一个函数一定要指出函数的定义域. 如果有时没指出函数 $y = f(x)$ 的定义域，则认为函数的定义域是自明的，即定义域是使函数 $y = f(x)$ 有意义的实数 x 的集合 $A = \{x \in \mathbb{R}: f(x) \in \mathbb{R}\}$. 例如，$y = \sqrt{1-x^2}$，其定义域为 $[-1,1] = \{x \in \mathbb{R}: \sqrt{1-x^2} \in \mathbb{R}\}$.

（2）函数定义指出，$\forall x \in A$ 对应唯一一个 $y \in \mathbb{R}$，这种对应称为由 A 到 $\mathbb{R}$ 的单值对应. 但是，反之，一个 $y \in f(A)$ 就不一定只对应唯一一个 $x \in A$. 如 $y = \sin x$.

（3）如果两个函数 $f(x)$ 与 $g(x)$ 有相同的定义域 A，并有相同的对应法则，即对 $\forall x \in A$，有 $f(x) = g(x)$，称 $f(x)$ 和 $g(x)$ 相等. 例如，$f(x) = x$ 与 $g(x) = x(\sin^2 x + \cos^2 x)$ 就是相等的函数.

设函数 $y = f(x)$ 定义在数集 A 上，平面点集 $\{(x,y): x \in A, y = f(x)\}$ 称为函数 $y = f(x)$ 在数集 A 上的**图像**. 显然，坐标平面上的一个点集 G 是某个函数图像的充要条件是，平行于 y 轴的每条直线与点集 G 至多有一个交点.

例 1.2.1 取整函数 $y = [x]$（表示不超过 x 的最大整数）. 其定义域是 $\mathbb{R}$，值域是整数集 $\mathbb{Z}$，图像是阶梯状的，如图 1-2-1 所示.

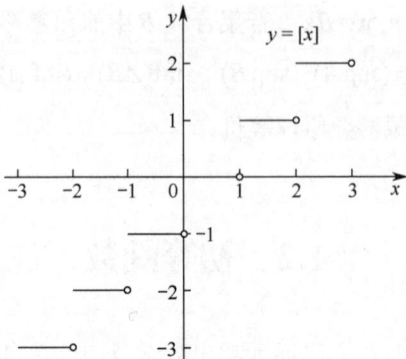

图 1-2-1

例 1.2.2 非负小数函数 $y = x - [x]$，记为 $\{x\} = x - [x]$．其定义域是 $\mathbb{R}$，值域是 $[0,1)$，y 是周期为 1 的周期函数，如图 1-2-2 所示．

例 1.2.3 符号函数 $\operatorname{sgn} x = \begin{cases} 1, & x > 0; \\ 0, & x = 0; \\ -1, & x < 0. \end{cases}$

其定义域是 $\mathbb{R}$，值域为 $\{-1,0,1\}$，如图 1-2-3 所示．这样，绝对值函数可表示为 $|x| = x \operatorname{sgn} x$．这里 sgn 是拉丁文 signum（符号）的缩写．

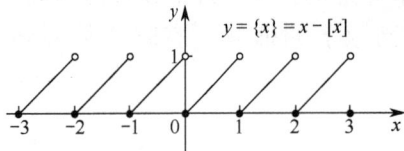

图 1-2-2

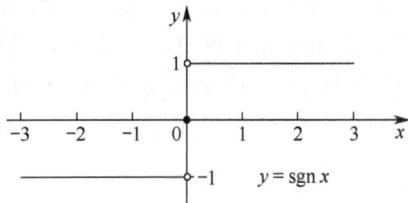

图 1-2-3

例 1.2.4 狄利克雷函数 $D(x) = \begin{cases} 1, & x \in \mathbb{Q}; \\ 0, & x \notin \mathbb{Q}. \end{cases}$

因为数轴上的有理点和无理点都是稠密的，所以它的图像不能在数轴上准确地描绘出来．

1.2.2 函数的一些特性

下面回顾函数的几种简单特性．

定义 1.2.2 设函数 $y = f(x)$ 定义在数集 A 上，若存在 $M > 0$ 使得对 $\forall x \in A$，有 $|f(x)| \leqslant M$，称 $f(x)$ 在数集 A 上有界；若存在 a（或 b）使得对 $\forall x \in A$，有 $f(x) \leqslant a$（或 $f(x) \geqslant b$），称 $f(x)$ 在数集 A 上有上界（或有下界）．

定理 1.2.1 $f(x)$ 在数集 A 上有界当且仅当 $f(x)$ 在数集 A 上既有上界又有下界．

例如，正弦函数 $f(x) = \sin x$ 在 $\mathbb{R}$ 上有界，且 $|f(x)| \leqslant 1, \forall x \in \mathbb{R}$．

定义 1.2.3　设函数 $y = f(x)$ 定义在数集 A 上，若对 $\forall p > 0$，存在 $x_p \in A$ 使得 $f(x_p) > p$（或 $f(x_p) < -p$），称 $f(x)$ 在数集 A 上无上界（或无下界）.

函数在某个集合上无上界或无下界统称为函数在该集合上无界. 例如，$f(x) = a^x$（$0 < a \neq 1$）在 $\mathbb{R}$ 上有下界 0，但无上界；$f(x) = \log_a x$（$0 < a \neq 1$）在 $(0, +\infty)$ 上既无上界也无下界.

定义 1.2.4　设函数 $f(x)$ 定义在数集 A 上，若对 $\forall x_1, x_2 \in A$ 满足 $x_1 < x_2$，有 $f(x_1) < f(x_2)$（或 $f(x_1) > f(x_2)$），称函数 $f(x)$ 在数集 A 上严格单调递增（或严格单调递减）；若上述不等式改为 $f(x_1) \leqslant f(x_2)$（或 $f(x_1) \geqslant f(x_2)$），则称函数 $f(x)$ 在 A 上单调递增（或单调递减）.

单调递增和单调递减的函数统称为单调函数. 例如，指数函数 $f(x) = a^x$ 当 $a > 1$ 时在 $\mathbb{R}$ 上严格单调递增，当 $0 < a < 1$ 时在 $\mathbb{R}$ 上严格单调递减.

定义 1.2.5　设函数 $f(x)$ 定义在数集 A 上，若对 $\forall x \in A$，有 $-x \in A$，且 $f(-x) = -f(x)$（或 $f(-x) = f(x)$），称函数 $f(x)$ 在数集 A 上是奇函数（或偶函数）.

奇函数的图像关于原点对称，偶函数的图像关于 y 轴对称. 例如，$f(x) = \sin x$ 在 $\mathbb{R}$ 上是奇函数，$f(x) = \cos x$ 在 $\mathbb{R}$ 上是偶函数.

定义 1.2.6　设函数 $f(x)$ 定义在数集 A 上，若存在正数 l，使得对 $\forall x \in A$，有 $x \pm l \in A$，且 $f(x \pm l) = f(x)$，称 $f(x)$ 是周期函数，l 称为 $f(x)$ 的一个周期.

显然，如果 l 是函数的一个周期，那么 nl（$n \in \mathbb{Z}^+$）也是该函数的周期. 我们把函数的最小正周期称为函数的周期. 画周期函数的图像时，只要在长度为一个周期的区间上描绘出函数的部分图像，然后将此图像一个周期一个周期地向左、向右平移，就得到整个函数的图像.

例如，正弦函数 $\sin x$ 和余弦函数 $\cos x$ 以 2π 为周期；函数 $f(x) = x - [x]$ 的周期是 1；对狄利克雷函数 $D(x)$，任何正有理数 r 都是它的周期，即 $D(x + r) = D(x)$，因为没有最小正有理数，所以没有最小正周期；常值函数也是没有最小正周期的周期函数.

1.2.3　函数的运算

先回顾函数的四则运算法则. 设函数 $f(x), g(x)$ 分别定义在数集 A 和 B 上，且 $A \bigcap B \neq \varnothing$，则 $f(x), g(x)$ 的和、差、积、商分别为

$$f(x) \pm g(x),\ f(x)g(x),\ \forall x \in A \bigcap B,$$

$$\frac{f(x)}{g(x)},\ \forall x \in A \bigcap B \backslash \{x : g(x) = 0\}.$$

以上两个函数的四则运算法则可推广到任意有限个函数的情形.

再回顾函数之间的复合运算，两个或两个以上的函数用"对应关系传递"的方法能生成更多的函数. 例如，函数 $z = \ln y$ 与 $y = x - 1$ 构成新函数 $z = \ln(x - 1)$，这里，z 是 y 的函数，y 又是 x 的函数，于是通过媒介 y 得到 z 是 x 的函数.

定义 1.2.7　设函数 $z = f(y)$ 和函数 $y = g(x)$ 满足 $R(g) \subseteq D(f)$，则由

$$z = f(g(x)),\quad \forall x \in D(g)$$

定义的函数称为 $z = f(y)$ 与 $y = g(x)$ 的复合函数，记为 $f \circ g$．即 $f \circ g(x) = f(g(x))$（$\forall x \in D(g)$）．y 称为中间变量．

1.2.4 基本初等函数

回顾中学阶段学习过的几类基本初等函数．

1. 幂函数 $f(x) = x^\alpha$，$\alpha \in \mathbb{R}$ 是常数

具有如下基本运算性质：对 $\forall x, y > 0$，$(xy)^\alpha = x^\alpha \cdot y^\alpha$．

当 α 是正偶数时，定义域是 $\mathbb{R}$，值域为 $[0, +\infty)$，函数在 $(-\infty, 0]$ 上严格单调递减，在 $[0, +\infty)$ 上严格单调递增，图像关于 y 轴对称；当 α 是正奇数时，定义域是 $\mathbb{R}$，值域为 $(-\infty, +\infty)$，函数在 $(-\infty, +\infty)$ 上严格单调递增，图像关于坐标原点对称；若 $0 < \alpha < 1$，函数的定义域为 $[0, +\infty)$ 或 $\mathbb{R}$，如图 1-2-4（a）所示．

当 α 是负偶数时，定义域是 $\mathbb{R} \setminus \{0\}$，值域为 $(0, +\infty)$，在 $(-\infty, 0]$ 上严格单调递增，在 $[0, +\infty)$ 上严格单调递减，图像关于 y 轴对称；当 α 是负奇数时，定义域是 $\mathbb{R} \setminus \{0\}$，值域为 $\mathbb{R} \setminus \{0\}$，在 $(-\infty, 0), (0, +\infty)$ 上严格单调递减，图像关于坐标原点对称；若 $-1 < \alpha < 0$，函数的定义域为 $[0, +\infty)$ 或 $\mathbb{R}$，如图 1-2-4（b）所示．

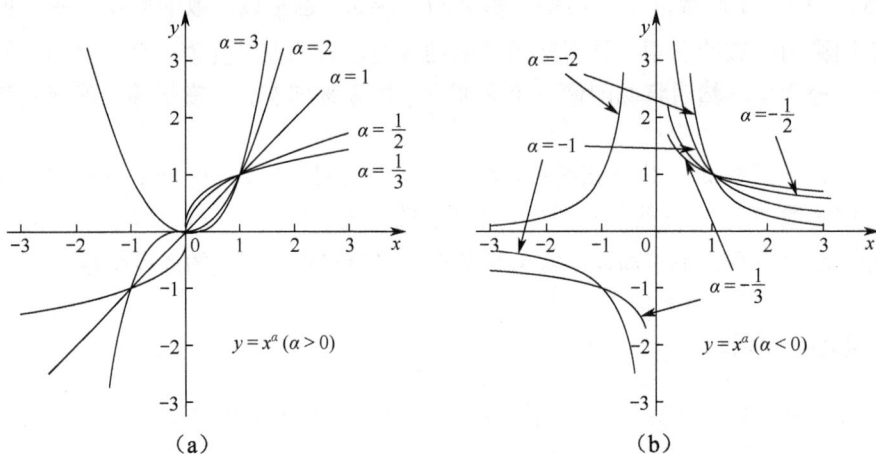

图 1-2-4

2. 指数函数 $f(x) = a^x$，$1 \neq a > 0$，定义域为 $\mathbb{R}$

具有如下基本运算性质：对 $\forall x, y \in \mathbb{R}$，$a^{x+y} = a^x \cdot a^y$．

若 $a > 1$，函数严格单调递增，值域为 $(0, +\infty)$，图像位于 x 轴上方；若 $0 < a < 1$，函数严格单调递减，值域为 $(0, +\infty)$，图像位于 x 轴上方，如图 1-2-5 所示．

3. 对数函数 $f(x) = \log_a x$，$1 \neq a > 0$，定义域为 $(0, +\infty)$

当 $a = 10$ 时记为 $f(x) = \lg x$．当 $a = e$ 时表示自然对数函数 $f(x) = \ln x$．

对数函数有如下基本运算性质：

（1）对 $\forall x, y \in (0, +\infty)$，$\log_a(xy) = \log_a x + \log_a y$；

（2）对 $\forall \alpha \in \mathbb{R}$，有 $\log_a x^\alpha = \alpha \log_a x$；

（3）对 $\forall b > 0,\ b \neq 1$，有 $\log_a x = \dfrac{\log_b x}{\log_b a}$；

（4）$a^{\log_a x} = x$．

若 $a > 1$，函数单调递增，值域为 $(-\infty, +\infty)$，图像位于 y 轴右侧；若 $0 < a < 1$，函数单调递减，值域为 $(-\infty, +\infty)$，图像位于 y 轴右侧，如图 1-2-6 所示．

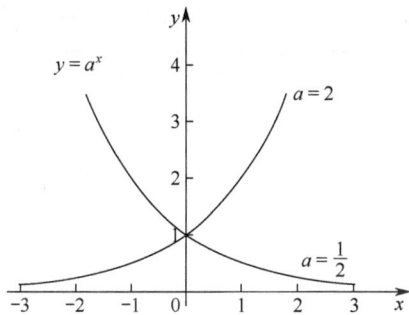

图 1-2-5

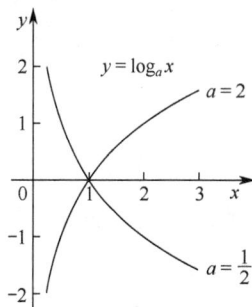

图 1-2-6

4．三角函数

与幂函数、指数函数和对数函数不同，三角函数是通过几何图形即单位圆周上的弧与弦等对象及相关的三角形来定义的，因此探讨三角函数需要借助几何图形．

对任意给定的 $x \in (-2\pi, 2\pi)$，在单位圆周 $x^2 + y^2 = 1$ 上从点 $P(1,0)$ 出发截取弧长为 $|x|$ 的圆弧，当 $x > 0$ 时是逆时针走向，当 $x < 0$ 时是顺时针走向（如图 1-2-7 所示）；对正整数 k，当 $2k\pi \leqslant |x| < 2(k+1)\pi$ 时，则需先环绕原点逆时针（当 $x > 0$ 时）或顺时针（当 $x < 0$ 时）旋转 k 圈，再从点 $P(1,0)$ 出发按照前面的方式旋转截取弧长为 $|x| - 2k\pi$ 的圆弧．设这样得到的圆弧的另一端点为点 $Q(a,b)$，定义

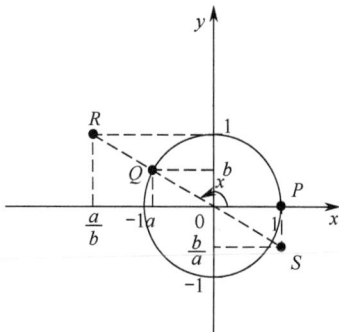

图 1-2-7

$$\sin x = b,\ \cos x = a,\ \tan x = \frac{b}{a},\ \cot x = \frac{a}{b},\ \sec x = \frac{1}{a},\ \csc x = \frac{1}{b},$$

分别称为正弦函数、余弦函数、正切函数、余切函数、正割函数和余割函数，这六个函数统称为**三角函数**．观察到，最基本的三角函数是正弦函数和余弦函数，其他四个三角函数都可由这两个函数经四则运算表示：

$$\tan x = \frac{\sin x}{\cos x},\ \cot x = \frac{\cos x}{\sin x},\ \sec x = \frac{1}{\cos x},\ \csc x = \frac{1}{\sin x}.$$

（1）正弦函数 $f(x) = \sin x$

定义域为 $\mathbb{R}$，值域为 $[-1,1]$，以 2π 为周期，在 $[-\pi, \pi]$ 上是奇函数，在 $\left[-\dfrac{\pi}{2}, \dfrac{\pi}{2}\right]$ 上严格

单调递增，在 $\left[\dfrac{\pi}{2},\dfrac{3\pi}{2}\right]$ 上严格单调递减，如图 1-2-8 所示.

（2）余弦函数 $f(x)=\cos x$

定义域为 $\mathbb{R}$，值域为 $[-1,1]$，以 2π 为周期，在 $[-\pi,\pi]$ 上为偶函数，在 $[-\pi,0]$ 上单调递增，在 $[0,\pi]$ 上单调递减，如图 1-2-9 所示.

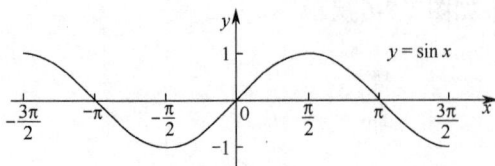
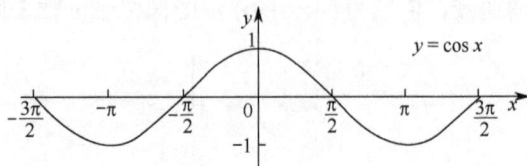

图 1-2-8   图 1-2-9

（3）正切函数 $f(x)=\tan x$

定义域为 $\mathbb{R}\backslash\left\{k\pi+\dfrac{\pi}{2}:k\in\mathbb{Z}\right\}$，值域为 $\mathbb{R}$，以 π 为周期，在 $\left(-\dfrac{\pi}{2},\dfrac{\pi}{2}\right)$ 内是奇函数且单调递增，如图 1-2-10 所示.

（4）余切函数 $f(x)=\cot x$

定义域为 $\mathbb{R}\backslash\{k\pi:k\in\mathbb{Z}\}$，值域为 $\mathbb{R}$，以 π 为周期，在 $(0,\pi)$ 内单调递减，如图 1-2-11 所示.

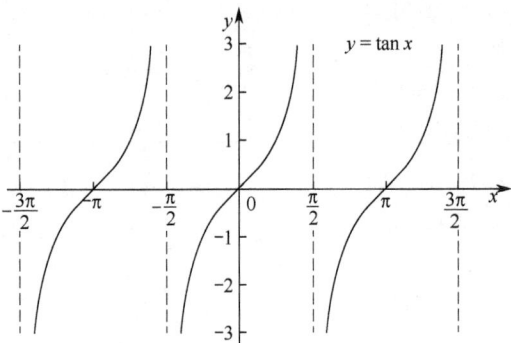
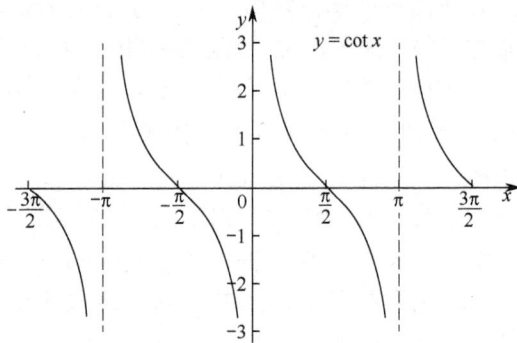

图 1-2-10   图 1-2-11

（5）正割函数 $f(x)=\sec x=\dfrac{1}{\cos x}$

定义域为 $\mathbb{R}\backslash\left\{k\pi+\dfrac{\pi}{2}:k\in\mathbb{Z}\right\}$，值域为 $(-\infty,-1]\bigcup[1,+\infty)$，以 2π 为周期，在 $\left(-\dfrac{\pi}{2},\dfrac{\pi}{2}\right)$ 内是偶函数，如图 1-2-12 所示.

（6）余割函数 $f(x)=\csc x=\dfrac{1}{\sin x}$

定义域为 $\mathbb{R}\backslash\{k\pi:k\in\mathbb{Z}\}$，值域为 $(-\infty,-1]\bigcup[1,+\infty)$，以 2π 为周期，在 $\left(-\dfrac{\pi}{2},\dfrac{\pi}{2}\right)$ 内是奇函数，如图 1-2-13 所示.

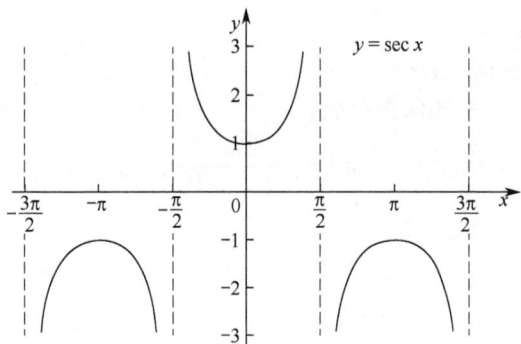

图 1-2-12

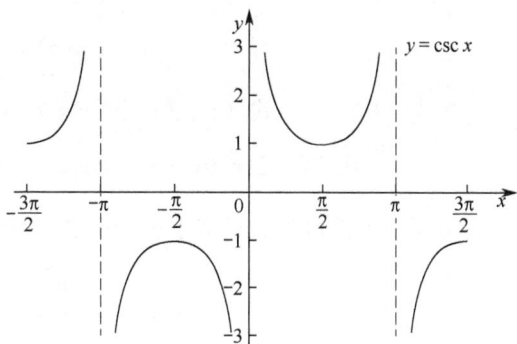

图 1-2-13

注意到一些函数的名字是以音节"co"开头的，这是"互余"（complementary）的简称，说两个角互余，意味着它们的和是 $\dfrac{\pi}{2}$．

另外，根据圆周的对称性可得

$$\sin(-x)=-\sin x，\quad \sin\left(\frac{\pi}{2}\pm x\right)=\cos x，\quad \sin(\pi\pm x)=\mp\sin x，\quad \sin\left(\frac{3\pi}{2}\pm x\right)=-\cos x；$$

$$\cos(-x)=\cos x，\quad \cos\left(\frac{\pi}{2}\pm x\right)=\mp\sin x，\quad \cos(\pi\pm x)=-\cos x，\quad \cos\left(\frac{3\pi}{2}\pm x\right)=\pm\sin x．$$

三角函数之间还有一些关系涉及角的和、差及倍角公式，需要熟记．在二维平面上，以坐标原点为圆心的单位圆周上任取一点 $P(x,y)$，射线 OP 与 x 轴正方向所成的角为 θ，则 P 点的坐标 $x=\cos\theta$，$y=\sin\theta$（如图 1-2-14 所示）．

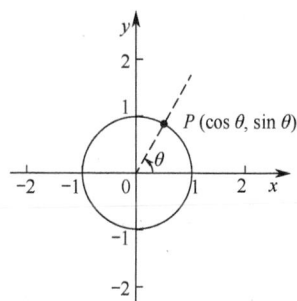

图 1-2-14

由勾股定理可得下面的三角恒等式：

$$\cos^2\theta+\sin^2\theta=1．$$

经恒等变形，从而得到

$$\sec^2\theta=1+\tan^2\theta，\quad \csc^2\theta=1+\cot^2\theta．$$

因为复平面上的点与复数是一一对应的，与点 $(\cos\theta,\sin\theta)$ 对应的复数记为 $\mathrm{e}^{\mathrm{i}\theta}$，即

$$\mathrm{e}^{\mathrm{i}\theta}=\cos\theta+\mathrm{i}\sin\theta，$$

上式称为**欧拉公式**．由于 $\mathrm{e}^{\mathrm{i}(\theta+\alpha)}=\cos(\theta+\alpha)+\mathrm{i}\sin(\theta+\alpha)$，又有

$$\mathrm{e}^{\mathrm{i}(\theta+\alpha)}=\mathrm{e}^{\mathrm{i}\theta}\mathrm{e}^{\mathrm{i}\alpha}=(\cos\theta+\mathrm{i}\sin\theta)\cdot(\cos\alpha+\mathrm{i}\sin\alpha)$$

$$=\cos\theta\cos\alpha-\sin\theta\sin\alpha+\mathrm{i}(\cos\theta\sin\alpha+\sin\theta\cos\alpha),$$

因此实部、虚部分别对应相等，得

$$\cos(\theta+\alpha)=\cos\theta\cos\alpha-\sin\theta\sin\alpha,\tag{1.2.1}$$

$$\sin(\theta+\alpha)=\sin\theta\cos\alpha+\cos\theta\sin\alpha．\tag{1.2.2}$$

由 $\tan(\theta+\alpha)=\dfrac{\sin(\theta+\alpha)}{\cos(\theta+\alpha)}$ 得到

$$\tan(\theta + \alpha) = \frac{\tan\theta + \tan\alpha}{1 - \tan\theta \tan\alpha}. \tag{1.2.3}$$

在式（1.2.1）~式（1.2.3）中，当 $\theta = \alpha$ 时，得到**倍角公式**：

$$\sin 2\theta = 2\sin\theta\cos\theta, \quad \cos 2\theta = \cos^2\theta - \sin^2\theta, \quad \tan 2\theta = \frac{2\tan\theta}{1 - \tan^2\theta}.$$

进而再由倍角公式可得下列万能公式（或半角公式）：

$$\sin\theta = \frac{2\tan\dfrac{\theta}{2}}{1 + \tan^2\dfrac{\theta}{2}}, \quad \cos\theta = \frac{1 - \tan^2\dfrac{\theta}{2}}{1 + \tan^2\dfrac{\theta}{2}}.$$

在式（1.2.1）~式（1.2.3）中，分别用 $-\alpha$ 代替 α，得到

$$\cos(\theta - \alpha) = \cos\theta\cos\alpha + \sin\theta\sin\alpha, \tag{1.2.4}$$

$$\sin(\theta - \alpha) = \sin\theta\cos\alpha - \cos\theta\sin\alpha, \tag{1.2.5}$$

$$\tan(\theta - \alpha) = \frac{\tan\theta - \tan\alpha}{1 + \tan\theta\tan\alpha}. \tag{1.2.6}$$

式（1.2.1）和式（1.2.4）相加减，式（1.2.2）和式（1.2.5）相加减，即得三角函数的如下**积化和差公式**：

$$\cos\theta\cos\alpha = \frac{1}{2}(\cos(\theta + \alpha) + \cos(\theta - \alpha)),$$

$$\sin\theta\sin\alpha = -\frac{1}{2}(\cos(\theta + \alpha) - \cos(\theta - \alpha)),$$

$$\sin\theta\cos\alpha = \frac{1}{2}(\sin(\theta + \alpha) + \sin(\theta - \alpha)),$$

$$\cos\theta\sin\alpha = \frac{1}{2}(\sin(\theta + \alpha) - \sin(\theta - \alpha)).$$

在上面的积化和差公式中，做变量代换，令 $x = \theta + \alpha$，$y = \theta - \alpha$，则 $\theta = \dfrac{x+y}{2}$，$\alpha = \dfrac{x-y}{2}$，这样得到三角函数的**和差化积公式**：

$$\cos\theta + \cos\alpha = 2\cos\frac{\theta + \alpha}{2}\cos\frac{\theta - \alpha}{2},$$

$$\cos\theta - \cos\alpha = -2\sin\frac{\theta + \alpha}{2}\sin\frac{\theta - \alpha}{2},$$

$$\sin\theta + \sin\alpha = 2\sin\frac{\theta + \alpha}{2}\cos\frac{\theta - \alpha}{2},$$

$$\sin\theta - \sin\alpha = 2\cos\frac{\theta + \alpha}{2}\sin\frac{\theta - \alpha}{2}.$$

1.2.5 反函数及其存在条件

定义 1.2.8 设函数 $y = f(x)$ 定义在数集 A 上，若对 $\forall y \in f(A)$，存在唯一一个 $x \in A$ 使得 $f(x) = y$，则由 $f(A)$ 到 A 定义了一个新函数，称为函数 $y = f(x)$ 的反函数，表示为

$x = f^{-1}(y)$，$\forall y \in f(A)$.

显然，如果 $x = f^{-1}(y)$ 是 $y = f(x)$ 的反函数，则 $y = f(x)$ 也是 $x = f^{-1}(y)$ 的反函数. 反函数 $x = f^{-1}(y)$ 的定义域即为原函数 $y = f(x)$ 的值域，于是 $f(f^{-1}(y)) = y$，$\forall y \in f(A)$；同理，$f^{-1}(f(x)) = x$，$\forall x \in A$.

例如，对 $0 < a \neq 1$，a^x 与 $\log_a x$ 互为反函数.

定理 1.2.2　函数 $y = f(x)$ 与其反函数 $y = f^{-1}(x)$ 的图像关于直线 $y = x$ 对称.

证明　设点 (a,b) 在 $y = f(x)$ 的图像上，则 $b = f(a)$，由反函数的定义知 $a = f^{-1}(b)$，即点 (b,a) 在 $y = f^{-1}(x)$ 的图像上（如图 1-2-15 所示）. 因为点 (a,b) 与点 (b,a) 关于直线 $y = x$ 对称，所以函数 $y = f(x)$ 与其反函数 $y = f^{-1}(x)$ 的图像关于直线 $y = x$ 对称. 证毕.

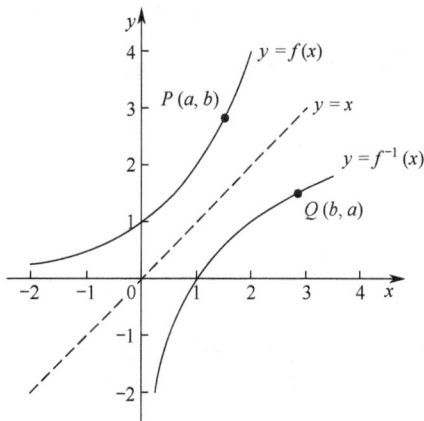

图 1-2-15

定理 1.2.3　若函数 $y = f(x)$ 在数集 A 上严格单调递增（或严格单调递减），则函数 $y = f(x)$ 存在反函数，且反函数 $x = f^{-1}(y)$ 在 $f(A)$ 上也严格单调递增（或严格单调递减）.

证明　设函数 $y = f(x)$ 在数集 A 上严格单调递增. 假设存在 $y_0 \in f(A)$ 及 $x_1, x_2 \in A$ 满足 $x_1 < x_2$ 使得 $y_0 = f(x_1) = f(x_2)$，这与 $f(x)$ 在数集 A 上严格单调递增矛盾. 因此，对 $\forall y \in f(A)$，存在唯一的 $x \in A$ 使得 $y = f(x)$，故 $y = f(x)$ 存在反函数.

任取 $y_1, y_2 \in f(A)$ 满足 $y_1 < y_2$. 令 $x_1 = f^{-1}(y_1)$，$x_2 = f^{-1}(y_2)$，即 $y_1 = f(x_1), y_2 = f(x_2)$. 因为 $y_1 < y_2$，即 $f(x_1) < f(x_2)$，且函数 $y = f(x)$ 在数集 A 上严格单调递增，故必有 $x_1 < x_2$，即 $f^{-1}(y_1) < f^{-1}(y_2)$，所以反函数 $x = f^{-1}(y)$ 在 $f(A)$ 上也严格单调递增.

函数严格单调递减的情形类似可证. 证毕.

注　函数严格单调仅仅是函数存在反函数的充分条件，而非必要条件. 例如，函数
$$y = \begin{cases} -x+1, & -1 \leqslant x < 0; \\ x, & 0 \leqslant x \leqslant 1 \end{cases}$$
在 $[-1,1]$ 上不是单调函数，但在 $y \in [0,2]$ 上存在反函数 $x = \begin{cases} y, & 0 \leqslant y \leqslant 1; \\ 1-y, & 1 < y \leqslant 2. \end{cases}$

再如，函数 $f(x) = \begin{cases} x, & x \in \mathbb{Q}; \\ -x, & x \notin \mathbb{Q}. \end{cases}$ 显然函数 $f(x)$ 不是单调函数，但它存在反函数且反函数就是其自身 $f^{-1}(x) = f(x)$（$\forall x \in \mathbb{R}$）.

1.2.6　反三角函数

反三角函数是一类基本初等函数，也是一个多值函数，因此不能狭义地理解为三角函

数的反函数．为限制反三角函数是单值函数，需要定义反三角函数的主值．欧拉提出反三角函数的概念，并首先使用"arc+三角函数名"的形式表示反三角函数．反三角函数包括反正弦、反余弦、反正切、反余切、反正割、反余割六个函数．

由定理 1.2.3 可知，三角函数在每个严格单调区间内都存在反函数．正弦函数 $y = \sin x$ 在区间 $\left[-\dfrac{\pi}{2}, \dfrac{\pi}{2}\right]$ 上的反函数称为**反正弦函数**，记为 $x = \arcsin y$，称 $\left[-\dfrac{\pi}{2}, \dfrac{\pi}{2}\right]$ 为反正弦函数的主值．正弦函数 $y = \sin x$ 在其他严格单调区间 $\left[k\pi - \dfrac{\pi}{2}, k\pi + \dfrac{\pi}{2}\right]$ $(k = \pm 1, \ \pm 2, \ \cdots)$ 上的反函数可用它的主值表示，即 $x = k\pi + (-1)^k \arcsin y$．

由于正弦函数 $y = \sin x$ 在 $\left[-\dfrac{\pi}{2}, \dfrac{\pi}{2}\right]$ 上严格单调递增且是奇函数，所以反正弦函数

$$y = \arcsin x \ \left(x \in [-1, 1], \ y \in \left[-\dfrac{\pi}{2}, \dfrac{\pi}{2}\right]\right)$$

严格单调递增且是奇函数，如图 1-2-16 所示．

余弦函数 $y = \cos x$ 在 $[0, \pi]$ 上的反函数称为**反余弦函数**，记为 $x = \arccos y$，称 $[0, \pi]$ 为反余弦函数的**主值**．反余弦函数 $y = \arccos x \, (x \in [-1, 1], \ y \in [0, \pi])$ 严格单调递减，如图 1-2-17 所示．余弦函数 $y = \cos x$ 在每个严格单调区间 $[2k\pi, (2k+1)\pi]$（或 $[(2k-1)\pi, 2k\pi]$）（$k = 0, \pm 1, \pm 2, \cdots$）上的反函数是 $x = 2k\pi + \arccos y$（或 $x = 2k\pi - \arccos y$）．

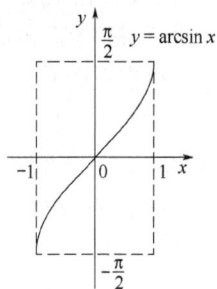

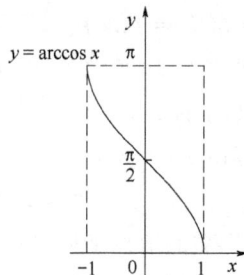

图 1-2-16   图 1-2-17

正切函数 $y = \tan x$ 在 $\left(-\dfrac{\pi}{2}, \dfrac{\pi}{2}\right)$ 内的反函数称为**反正切函数**，记为 $x = \arctan y$，在 $\mathbb{R}$ 上严格单调递增，且是奇函数，如图 1-2-18 所示．称 $\left(-\dfrac{\pi}{2}, \dfrac{\pi}{2}\right)$ 为反正切函数的**主值**．

余切函数 $y = \cot x$ 在 $(0, \pi)$ 内的反函数称为**反余切函数**，记为 $x = \text{arccot}\, y$，在 $\mathbb{R}$ 上严格单调递减，如图 1-2-19 所示．称 $(0, \pi)$ 为反余切函数的**主值**．

反正割函数 $y = \text{arcsec}\, x, \ x \in (-\infty, -1] \cup [1, +\infty), \ y \in \left[0, \dfrac{\pi}{2}\right) \cup \left(\dfrac{\pi}{2}, \pi\right]$，如图 1-2-20 所示．

反余割函数 $y = \text{arccsc}\, x, \ x \in (-\infty, -1] \cup [1, +\infty), \ y \in \left[-\dfrac{\pi}{2}, 0\right) \cup \left(0, \dfrac{\pi}{2}\right]$，如图 1-2-21 所示．

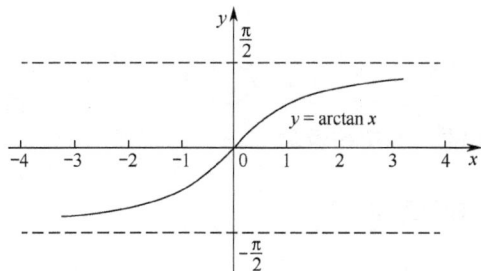

图 1-2-18

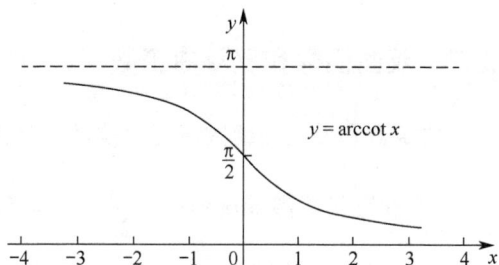

图 1-2-19

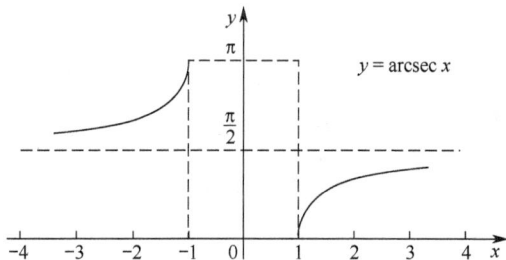

图 1-2-20

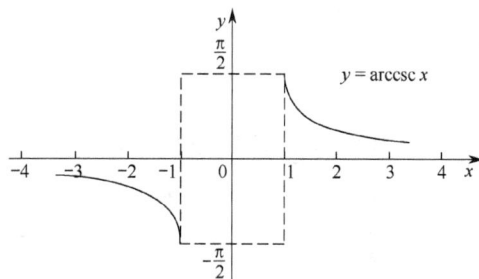

图 1-2-21

由反三角函数定义容易观察出下列等式成立：

$$\sin(\arcsin x) = x, \quad \cos(\arcsin x) = \sqrt{1-x^2}, \quad \tan(\arcsin x) = \frac{x}{\sqrt{1-x^2}};$$

$$\arcsin x + \arccos x = \frac{\pi}{2}, \quad \arctan x + \operatorname{arccot} x = \frac{\pi}{2}, \quad \operatorname{arcsec} x + \operatorname{arccsc} x = \frac{\pi}{2};$$

$$\arcsin(-x) = -\arcsin x, \quad \arccos(-x) = \pi - \arccos x, \quad \arctan(-x) = -\arctan x,$$

$$\operatorname{arccot}(-x) = \pi - \operatorname{arccot} x, \quad \operatorname{arcsec}(-x) = \pi - \operatorname{arcsec} x, \quad \operatorname{arccsc}(-x) = -\operatorname{arccsc} x;$$

$$\arctan x = \operatorname{arccot}\frac{1}{x}(x>0), \ \operatorname{arcsec} x = \arccos\frac{1}{x}, \ \operatorname{arccsc} x = \arcsin\frac{1}{x}.$$

应用三角函数的加法公式（1.2.6），可得如下等式：

$$\arctan x - \arctan y = \arctan\frac{x-y}{1+xy}, \quad xy > -1.$$

多项式函数、幂函数、指数函数、对数函数、三角函数和反三角函数统称为**基本初等函数**，由基本初等函数经过有限次四则运算及有限次复合运算得到的函数称为**初等函数**. 初等函数是一类重要的函数，一方面，初等函数本身就有很多应用；另一方面，对其他函数的研究也常常要直接或间接地借助初等函数.

初等函数之外的函数称为非初等函数，它们通常不能用一个解析表达式表示，例如，前面列举的取整函数 $y = [x]$ 是非初等函数，也是一个分段函数. 但并不代表分段函数一定是非初等函数，例如，绝对值函数 $y = |x|$ 是分段函数，但它可表示为 $|x| = \sqrt{x^2}$，因此是初等函数. 我们常见的非初等函数，除取整函数外，还有符号函数和狄利克雷函数，这些在后续学习中会经常用到.

*1.2.7 双曲函数和反双曲函数

双曲函数和反双曲函数在工程技术上是常用的一类初等函数.

1. 双曲正弦函数 $\sinh x = \dfrac{e^x - e^{-x}}{2}$（有时也简记为 sh x）

定义域是 $\mathbb{R}$，值域是 $\mathbb{R}$，其是 $\mathbb{R}$ 上单调递增的奇函数. 当 $|x|$ 很大时，其图像在第一象限内接近曲线 $y = \dfrac{1}{2}e^x$，在第三象限内接近曲线 $y = -\dfrac{1}{2}e^{-x}$，如图 1-2-22 所示.

2. 双曲余弦函数 $\cosh x = \dfrac{e^x + e^{-x}}{2}$（有时也简记为 ch x）

定义域是 $\mathbb{R}$，值域是 $[1,+\infty)$，是 $\mathbb{R}$ 上的偶函数，在 $(-\infty,0]$ 上严格单调递减，在 $[0,+\infty)$ 上严格单调递增，其图像在第一象限内接近曲线 $y = \dfrac{1}{2}e^x$，在第二象限内接近曲线 $y = \dfrac{1}{2}e^{-x}$，如图 1-2-23 所示.

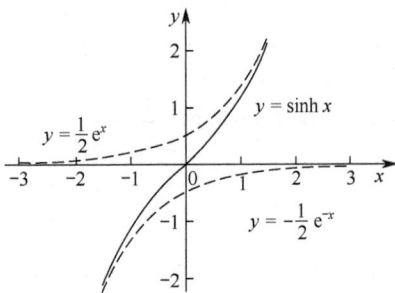

图 1-2-22

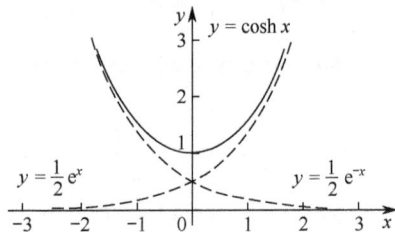

图 1-2-23

3. 双曲正切函数 $\tanh x = \dfrac{\sinh x}{\cosh x} = \dfrac{e^x - e^{-x}}{e^x + e^{-x}}$（简记为 th x）

定义域是 $\mathbb{R}$，值域是 $(-1,1)$，其是 $\mathbb{R}$ 上单调递增的奇函数. 其图像夹在两直线 $y = -1$ 和 $y = 1$ 之间，且在第一象限内图像接近直线 $y = 1$，在第三象限内图像接近直线 $y = -1$，如图 1-2-24 所示.

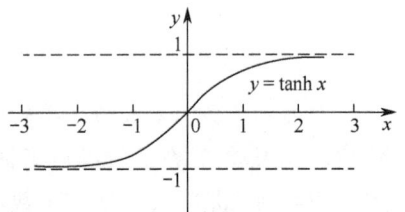

图 1-2-24

直接计算可得双曲函数的如下恒等式：

（1）$\cosh^2 x - \sinh^2 x = 1$；

（2）$\sinh(x + y) = \sinh x \cosh y + \cosh x \sinh y$；

（3）$\cosh(x + y) = \cosh x \cosh y + \sinh x \sinh y$；

（4）$\tanh(x + y) = \dfrac{\tanh x + \tanh y}{1 + \tanh x \tanh y}$；

（5）$\sinh(x-y)=\sinh x\cosh y-\cosh x\sinh y$；

（6）$\cosh(x-y)=\cosh x\cosh y-\sinh x\sinh y$；

（7）$\tanh(x-y)=\dfrac{\tanh x-\tanh y}{1-\tanh x\tanh y}$；

（8）$\sinh 2x=2\sinh x\cosh x$；

（9）$\cosh 2x=\sinh^2 x+\cosh^2 x=2\cosh^2 x-1=2\sinh^2 x+1$；

（10）$\tanh 2x=\dfrac{2\tanh x}{1+\tanh^2 x}$；

（11）$\sinh 3x=3\sinh x+4\sinh^3 x$；

（12）$\cosh 3x=4\cosh^3 x-3\cosh x$.

类似三角函数，也可以定义另三个双曲函数，即

$$\operatorname{sech} x=\frac{1}{\cosh x}=\frac{2}{e^x+e^{-x}},\ \operatorname{csch} x=\frac{1}{\sinh x}=\frac{2}{e^x-e^{-x}},\ \operatorname{coth} x=\frac{\cosh x}{\sinh x}=\frac{e^x+e^{-x}}{e^x-e^{-x}}\ （简记为 \operatorname{cth} x）.$$

因此有 $\tanh^2 x+\operatorname{sech}^2 x=1,\ \operatorname{coth}^2 x-\operatorname{csch}^2 x=1$.

双曲正弦、双曲余弦、双曲正切函数的反函数，分别称为反双曲正弦、反双曲余弦、反双曲正切函数，依次记为 arsinh、arcosh 和 artanh. 与反三角函数的不同之处是，它的前缀是 ar 意即 area（面积），而非 arc（弧）.

下面求双曲正弦函数 $y=\sinh x=\dfrac{e^x-e^{-x}}{2}$ 的反函数. 因为 $y=\dfrac{e^x-e^{-x}}{2}$，所以

$$e^{2x}-2ye^x-1=0,$$

从而 $e^x=y+\sqrt{1+y^2}$，故 $x=\ln(y+\sqrt{1+y^2})$，这样求得**反双曲正弦函数**

$$y=\operatorname{arsinh} x=\ln\left(x+\sqrt{1+x^2}\right).$$

其定义域是原函数的值域 $\mathbb{R}$，值域是原函数的定义域 $\mathbb{R}$. 原函数是单调递增的奇函数，保证了反函数也是其定义域上单调递增的奇函数，原函数与反函数关于直线 $y=x$ 对称，因此可画出反双曲正弦函数的图像，如图 1-2-25 所示.

双曲余弦函数 $\cosh x=\dfrac{e^x+e^{-x}}{2}$，在 $[0,+\infty)$ 上严格单调递增，因此可解得反双曲余弦函数 $\operatorname{arcosh} x=\ln\left(x+\sqrt{x^2-1}\right)$，其定义域是 $[1,+\infty)$，值域是 $[0,+\infty)$，称之为反双曲余弦函数的主值，且在其定义域上严格单调递增，如图 1-2-26 所示. 类似地求得**反双曲正切函数**

$$\operatorname{artanh} x=\frac{1}{2}\ln\frac{1+x}{1-x},$$

其定义域是 $(-1,1)$，值域是 $\mathbb{R}$，且在其定义域上是严格单调递增的奇函数，如图 1-2-27 所示.

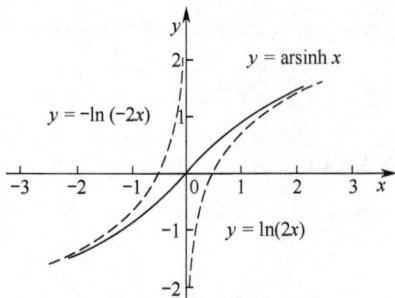

图 1-2-25

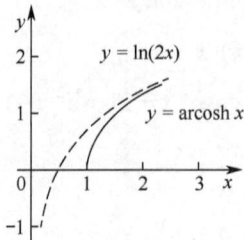

图 1-2-26

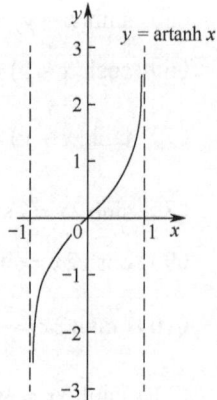

图 1-2-27

*1.2.8 双曲函数与三角函数之间的联系

我们知道欧拉公式 $e^{ix} = \cos x + i \sin x$ ，其中 $i = \sqrt{-1}$ 是虚数单位．因此有

$$\sin x = \frac{e^{ix} - e^{-ix}}{2i}, \quad \cos x = \frac{e^{ix} + e^{-ix}}{2}.$$

由于双曲函数定义为

$$\sinh x = \frac{e^x - e^{-x}}{2}, \quad \cosh x = \frac{e^x + e^{-x}}{2},$$

因此很容易验证

$$\sin(ix) = i \times \sinh x, \quad \cos(ix) = \cosh x, \quad \tan(ix) = i \times \tanh x, \quad \cot(ix) = -i \times \coth x,$$

$$\sec(ix) = \operatorname{sech} x, \quad \csc(ix) = -i \times \operatorname{csch} x, \quad \sinh(ix) = i \times \sin x, \quad \cosh(ix) = \cos x,$$

$$\tanh(ix) = i \times \tan x, \quad \coth(ix) = -i \times \cot x, \quad \operatorname{sech}(ix) = \sec x, \quad \operatorname{csch}(ix) = -i \times \csc x.$$

此外，双曲函数也具有纯虚数周期性，即对 $\forall k \in \mathbb{Z}$ ，有

$$\sinh(x + 2k\pi i) = \sinh x, \quad \cosh(x + 2k\pi i) = \cosh x, \quad \operatorname{sech}(x + 2k\pi i) = \operatorname{sech} x,$$

$$\operatorname{csch}(x + 2k\pi i) = \operatorname{csch} x, \quad \tanh(x + k\pi i) = \tanh x, \quad \coth(x + k\pi i) = \coth x.$$

习题 1.2

1．下列各组中， $f(x)$ 和 $g(x)$ 是否为同一函数？并说明理由．

（1） $f(x) = \ln x^2$, $g(x) = 2\ln x$ ；

（2） $f(x) = \sqrt{\dfrac{x-1}{x+1}}$, $g(x) = \dfrac{\sqrt{x-1}}{\sqrt{x+1}}$ ；

（3） $f(x) = x$, $g(x) = \left(\sqrt{x}\right)^2$ ．

2．求下列函数的定义域．

（1） $y = \sqrt{x^2 - 4x - 5} + \dfrac{1}{\sqrt{6-x}}$ ；

（2） $y = \lg \tan x$ ；

（3） $y = \arccos(\sin x - \cos x)$ ；

（4） $y = \cot(\arcsin x)$ ．

（5）$y = \log_{(x-1)}(16 - x^2)$；　　　　　　　（6）$y = \arcsin \dfrac{2x-1}{7} + \dfrac{\sqrt{2x - x^2}}{\ln(2x - 1)}$.

3．设 $f(x) = \dfrac{2 - 3x}{1 + x}$，求 $f(-x)$，$f\left(2 + \dfrac{1}{x}\right)$，$f(f(x))$，$f(f(f(x)))$.

4．设 $f(x) = \dfrac{x}{x - 1}$，求 $f\left(\dfrac{1}{f(x)}\right)$，$f(f(f(x)))$，且用 $f(x)$ 表示 $f(3x)$.

5．设 $f(x) = \begin{cases} x + 2, & x \geqslant 0; \\ 0, & x < 0, \end{cases}$ $g(x) = \begin{cases} x, & x < 0; \\ x^2, & x \geqslant 0, \end{cases}$ 求 $f \circ g$ 及 $g \circ f$，并验证是否有 $f \circ g = g \circ f$.

6．设 f, g 均为严格单调递减函数，证明：若它们可以复合，则它们的复合函数 $f \circ g$ 严格单调递增.

7．下列哪些函数是周期函数？如果是，求出其最小正周期.

（1）$y = \cos\left(2x - \dfrac{\pi}{3}\right)$；　　　　　　　（2）$y = |\tan x|$；

（3）$y = x \sin x$；　　　　　　　（4）$y = \left|\ln \dfrac{1 - \tan x}{1 + \cot x}\right|$.

8．设 $f(x)$ 为 $\mathbb{R}$ 上以 2 为周期的周期函数，当 $x \in [0, 2)$ 时，$f(x) = x^2$. 求 $f(x)$ 在 $[4, 6)$ 上的表达式，并画出 $x \in [0, 6)$ 时 $f(x)$ 的图像.

9．设 $a \neq b$，函数 $y = f(x)$ 关于直线 $x = a$ 与 $x = b$ 都对称，证明：f 是周期函数，并求其周期.

10．判断下列函数的奇偶性.

（1）$y = \ln\left(x + \sqrt{x^2 + 1}\right)$；　　　　　　　（2）$y = x \dfrac{1 - e^x}{1 + e^x}$；

（3）$y = 3x - x^3$；　　　　　　　（4）$y = \ln\left|\dfrac{1 - x}{1 + x}\right|$；

（5）$y = \ln(e^x + 1) - \dfrac{1}{x} + 1$；　　　　　　　（6）$R(x) = \begin{cases} \dfrac{1}{n}, & x = \dfrac{m}{n}, m \text{ 与 } n \text{ 互质}, n > 0; \\ x, & x \in \mathbb{R} \backslash \mathbb{Q}. \end{cases}$

11．设 $f(x)$ 的定义域关于原点对称. 证明：$f(x)$ 可以表示为一个奇函数与一个偶函数的和.

12．求下列函数的反函数，并求出反函数的定义域.

（1）$y = \ln(x - 1) + 2$；　　　（2）$y = \arcsin \dfrac{x - 1}{4}$；　　　（3）$y = 1 + \cos^3 x, \ x \in [0, \pi]$；

（4）$y = \sin x, \ x \in \left[\dfrac{\pi}{2}, \dfrac{3\pi}{2}\right]$；　　　　　　　（5）$y = \begin{cases} 1 - 2x^2, & x < -1; \\ x^3, & -1 \leqslant x \leqslant 2; \\ 12x - 16, & x > 2. \end{cases}$

13．设奇函数 $f(x)$ 存在反函数，证明：它的反函数 f^{-1} 也为奇函数.

14．设 $a \neq \pm b$，$f(x)$ 定义在 $\mathbb{R}$ 上，且满足下列条件：

$$f(0) = 0 , \quad af(x) + bf\left(\frac{1}{x}\right) = \frac{c}{x} \ (x \neq 0).$$

证明：$f(x)$ 是奇函数.

15. 设定义在 $\mathbb{R}$ 上的函数 $f(x)$ 满足下列条件：

（1）$f(x+y) + f(x-y) = 2f(x)f(y)$，$-\infty < x, y < +\infty$；

（2）存在 $T_0 > 0$ 使得 $f(T_0) = 0$.

证明：$f(x)$ 有周期 $4T_0$.

16. 设对 $\forall x, y \in \mathbb{R}$，有 $\dfrac{f(x) + f(y)}{2} \leqslant f\left(\dfrac{x+y}{2}\right)$，且 $f(x) \geqslant 0$，$f(0) = c$. 证明：对 $\forall x \in \mathbb{R}$，有 $f(x) = c.$

17. 列举符合下列条件的函数：

（1）在 $\mathbb{R}$ 上是偶函数、周期函数，且不存在单调区间；

（2）在 $\mathbb{R}$ 上是奇函数、偶函数、周期函数、单调函数.

18. 证明：若函数 $f(x)$ 与 $g(x)$ 都是定义在数集 A 上的周期函数，周期分别是 T_1 与 T_2，且 $\dfrac{T_1}{T_2} = a$ 是有理数，则 $f(x)g(x)$，$f(x) + g(x)$ 都是数集 A 上的周期函数.

19. 证明：对任意的正实数 $a \neq 1$ 及任意的正实数 b，方程 $a^x = b$ 有唯一的实数根.

第 2 章　数列极限

微积分的研究对象是函数，函数是联系自变量和因变量的对应关系，随着自变量的变化，因变量随之变化．当自变量在变化的过程中越来越接近某个实数时，因变量有怎样的变化趋势？这就涉及"极限"的问题．与函数极限相比，数列极限更容易接受．另外，数学中的许多问题，如用有理数逼近无理数、用逼近方法求方程的根、实数域完备性的各种刻画等，都涉及数列的极限．本章介绍数列极限及实数域完备性的几个等价刻画．

2.1　数列极限的概念

古希腊数学家、力学家阿基米德（公元前 287 年—公元前 212 年）在计算球的体积、表面积和抛物线与其割线所围图形的面积及其重心的过程中使用了穷尽法．我国古代魏末晋初杰出的数学家刘徽（约公元 225 年—295 年）在计算圆周率的过程中使用了极限思想，为了求圆的周长创立了割圆术："割之弥细，所失弥小，割之又割，以至于不可割，则与圆合体而无所失矣"．割圆术实际上就是一种极限思想，首先做圆的内接正六边形，其次平分每个边所对的弧，然后做圆的内接正 12 边形，最后用同样的方法继续做圆的内接正 24 边形、内接正 48 边形等．显然，不论边数怎样多，圆的内接正多边形都是直边形，其周长我们都可计算出来，当这个过程无限进行下去，所得正多边形的周长就无限趋向于一个常数，即圆的周长．由此可见，圆的周长的计算过程与已知圆的内接正多边形的周长密切联系着，在任何有限的过程中，仅仅解决了圆周长的近似计算问题，这个过程无限进行下去，就解决了圆周长的精确计算问题．

定义 2.1.1　函数 $f: \forall n \in \mathbb{N}^+ \to \mathbb{R}$ 的函数值 $a_n = f(n)$ 按照自然顺序排列而成的一列数
$$a_1, a_2, \cdots, a_n, \cdots$$
称为数列，记作 $\{a_n\}$，其中 a_n 称为数列的第 n 项或通项．

值得注意的是，数列并不是一个简单的可数实数集合，数列里的每个元素都是有标签的，因此数列是正整数到实数的一个映射．

定义 2.1.2　设有数列 $\{a_n\}$，若 $n_k \in \mathbb{N}^+$ 满足 $n_1 < n_2 < \cdots < n_k < \cdots$，称 $\{a_{n_k}\}$ 是 $\{a_n\}$ 的子列．

例如，$\{a_{2n}\}$ 和 $\{a_{2n-1}\}$ 都是数列 $\{a_n\}$ 的子列，分别称为偶子列与奇子列．

定义 2.1.3（$\varepsilon - N$ 定义）　设 $\{a_n\}$ 是一给定的数列，如果存在实数 A 使得对任意给定的 $\varepsilon > 0$（无论多么小），都存在正数 N，当 $n > N$ 时，恒有 $|a_n - A| < \varepsilon$，称 $\{a_n\}$ 收敛于 A，或 $\{a_n\}$ 以 A 为极限，记为 $\lim_{n \to \infty} a_n = A$ 或 $a_n \to A (n \to \infty)$，读作当 n 趋于无穷时，a_n 收敛于 A 或趋于 A．若数列 $\{a_n\}$ 不存在极限，则称 $\{a_n\}$ 发散．

在数列极限的定义中，不等式 $|a_n - A| < \varepsilon$ 与 $A - \varepsilon < a_n < A + \varepsilon$ 等价．于是，$\{a_n\}$ 的极限是 A，其几何意义：以 A 为中心，以任意正数 ε 为半径的开区间 $(A - \varepsilon, A + \varepsilon)$，数列 $\{a_n\}$ 中总存在一项 a_N，在此项后面的所有项 $a_{N+1}, a_{N+2}, \cdots$，它们在数轴上所对应的点都位于 $(A - \varepsilon, A + \varepsilon)$ 内，至多能有 N 个点 $a_1, a_2, \cdots, a_N$ 在此区间之外，如图 2-1-1 所示．

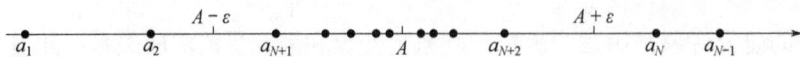

图 2-1-1

因为 $\varepsilon > 0$ 可任意小，所以数列 $\{a_n\}$ 中在 N 后各项所对应的点 a_n 都无限聚集在点 A 的附近．

极限是数列的变化趋势，下面是关于数列极限概念的几点说明．

（1）数列极限的 $\varepsilon - N$ 定义是**描述性**的定义，能够用来验证某数是否是某个数列的极限．

（2）**ε 的任意性和相对固定性**：在数列 $\{a_n\}$ 的极限是 A 的定义中，正数 ε 必须具有任意性，这样，由不等式 $|a_n - A| < \varepsilon$ 才能表明数列 $\{a_n\}$ 无限趋近于 A．但是，为了表明数列 $\{a_n\}$ 无限趋近于 A 的渐进过程的不同阶段，ε 又必须具有相对固定性．显然，ε 的任意性是通过无限多个相对固定性表现出来的．ε 的任意性和相对固定性深刻反映极限概念中的精确与近似之间的辩证关系．ε 的任意性表明极限是人们从近似中认识精确的数学方法．例如，人们通过圆的内接正多边形的周长认识了该圆的周长；ε 的相对固定性表明极限又是人们从精确中更深刻地认识近似的数学方法．例如，人们通过圆的周长 l 才能更深刻地认识圆的内接正多边形的周长 l_n 与圆周长 l 的关系，即用 l_n 近似代替 l 可估算误差 $|l_n - l|$．

（3）**正数 N 强调的是存在性，但不唯一**：在数列 $\{a_n\}$ 的极限是 A 的定义中，取定某个 $\varepsilon > 0$，存在 $N > 0$，使得当 $n > N$ 时，有 $|a_n - A| < \varepsilon$．正数 N 是根据 $|a_n - A| < \varepsilon$ 的需要而确定的，与 ε 有关，即 N 依赖于 ε，但这并不意味着 N 的值由 ε 唯一确定，比 N 大的任何一个数都能起到 N 的作用．由此可见，在数列极限定义中，"总存在 $N > 0$"这句话在于强调 N 的存在性．因此在极限的证明问题中，通常取较小的正数 N．

（4）**ε 的任意小性是本质的**：数列极限的 $\varepsilon - N$ 定义是通过 ε 的任意性来刻画数列 $\{a_n\}$ 任意接近 A，因此 ε 的任意小性在定义中是本质的．故，若 ε 是任意给定的正数，则 $\frac{1}{2}\varepsilon, 2\varepsilon, M\varepsilon$（$M$ 是正常数），$\varepsilon^2, \sqrt{\varepsilon}$ 都是任意给定的正数，它们尽管在形式上不同，但在本质上起同样的作用，因此在用定义证明数列极限的时候，常应用与 ε 等价的其他形式．

（5）**极限的否定叙述**：证明某些极限问题，有时要使用反证法，这时常常要用"数列 $\{a_n\}$ 的极限是 A"的否定叙述（即 $\lim\limits_{n \to \infty} a_n \neq A$）：存在 $\varepsilon_0 > 0$，对任意的正数 N，存在 $n_0 > N$，有 $|a_{n_0} - A| \geq \varepsilon_0$．这说明无论 N 有多大，在数列 $\{a_n\}$ 中都可以找到 $a_{n_0}(n_0 > N)$，在开区间 $(A - \varepsilon_0, A + \varepsilon_0)$ 之外．

例 2.1.1 用数列极限的定义证明：$\lim\limits_{n \to \infty} \dfrac{n}{n+1} = 1$．

证明 对 $\forall \varepsilon > 0$（$\varepsilon < 1$），解不等式 $\left| \dfrac{n}{n+1} - 1 \right| < \varepsilon$，即 $\dfrac{1}{n+1} < \varepsilon$，解得 $n > \dfrac{1}{\varepsilon} - 1$. 取

$$N = \frac{1}{\varepsilon} - 1 \quad \text{或} \quad N = \left[\frac{1}{\varepsilon} - 1 \right],$$

则当 $n > N$ 时，有 $\left| \dfrac{n}{n+1} - 1 \right| < \varepsilon$，故 $\lim\limits_{n \to \infty} \dfrac{n}{n+1} = 1$. 证毕.

例 2.1.2 设 $\alpha > 0$. 用数列极限的定义证明：$\lim\limits_{n \to \infty} \dfrac{1}{n^{\alpha}} = 0$.

证明 对 $\forall \varepsilon > 0$，解不等式 $\left| \dfrac{1}{n^{\alpha}} - 0 \right| < \varepsilon$，求得 $n > \left(\dfrac{1}{\varepsilon} \right)^{\frac{1}{\alpha}}$. 取 $N = \left(\dfrac{1}{\varepsilon} \right)^{\frac{1}{\alpha}}$ 或 $N = \left[\left(\dfrac{1}{\varepsilon} \right)^{\frac{1}{\alpha}} \right]$，

则当 $n > N$ 时，有 $\left| \dfrac{1}{n^{\alpha}} - 0 \right| < \varepsilon$，故 $\lim\limits_{n \to \infty} \dfrac{1}{n^{\alpha}} = 0$. 证毕.

有时不等式 $|a_n - A| < \varepsilon$ 比较复杂，不便由此解出 n，可考虑将表达式 $|a_n - A|$ 简化并放大，使之成为 n 的一个新函数，记为 $H(n)$，即 $|a_n - A| \leqslant H(n)$. 于是要使 $|a_n - A| < \varepsilon$，只要 $H(n) < \varepsilon$，解不等式 $H(n) < \varepsilon$，求出 $n > N(\varepsilon)$，令 $N = N(\varepsilon)$ 或 $N = [N(\varepsilon)]$，则当 $n > N$ 时，有 $|a_n - A| < \varepsilon$.

例 2.1.3 用数列极限的 $\varepsilon - N$ 定义证明：$\lim\limits_{n \to \infty} q^n = 0$，其中 $0 < |q| < 1$.

证明 因为 $0 < |q| < 1$，故 $\exists a > 0$ 使得 $|q| = \dfrac{1}{a+1}$. 任给 $\varepsilon > 0$，解不等式

$$|q^n - 0| = \frac{1}{(1+a)^n} = \frac{1}{1 + na + \cdots + a^n} < \frac{1}{na} < \varepsilon,$$

得 $n > \dfrac{1}{a\varepsilon}$. 取 $N = \dfrac{1}{a\varepsilon}$ 或 $N = \left[\dfrac{1}{a\varepsilon} \right]$，则当 $n > N$ 时，有 $|q^n - 0| < \varepsilon$，故 $\lim\limits_{n \to \infty} q^n = 0$. 证毕.

例 2.1.4 用数列极限的 $\varepsilon - N$ 定义证明：$\lim\limits_{n \to \infty} (\sqrt{n+3} - \sqrt{n-1}) = 0$.

证明 任给 $\varepsilon > 0$，解

$$\left| \sqrt{n+3} - \sqrt{n-1} - 0 \right| = \frac{4}{\sqrt{n+3} + \sqrt{n-1}} < \frac{4}{\sqrt{n}} < \varepsilon,$$

求得 $n > \dfrac{16}{\varepsilon^2}$. 取 $N = \left[\dfrac{16}{\varepsilon^2} \right]$，则当 $n > N$ 时，有 $\left| \sqrt{n+3} - \sqrt{n-1} \right| < \varepsilon$，故 $\lim\limits_{n \to \infty} (\sqrt{n+3} - \sqrt{n-1}) = 0$. 证毕.

有时，在放大表达式 $|a_n - A|$ 时，如果不对 n 做某些限制，便无法进行简化、放大，因此不妨设 n 已足够大，即 $n > N_1$（N_1 为某个正常数），然后放大 $|a_n - A|$ 为 $H(n)$，即 $|a_n - A| \leqslant H(n)$，解不等式 $H(n) < \varepsilon$，求出 $n > N(\varepsilon)$，令 $N = \max\{N(\varepsilon), N_1\}$，则当 $n > N$ 时，有 $|a_n - A| < \varepsilon$.

例 2.1.5 用数列极限的 $\varepsilon - N$ 定义证明：$\lim\limits_{n \to \infty} \sqrt[n]{n} = 1$.

证明 令 $u_n = \sqrt[n]{n} - 1$，则

$$n = (1+u_n)^n = 1 + nu_n + \frac{n(n-1)}{2}u_n^2 + \cdots + u_n^n \geq \frac{n(n-1)}{2}u_n^2,$$

所以当 $n \geq 2$ 时，$u_n \leq \sqrt{\dfrac{2}{n-1}} \leq \dfrac{2}{\sqrt{n}}$.

任给 $\varepsilon > 0$，令 $\dfrac{2}{\sqrt{n}} < \varepsilon$，解得 $n > \dfrac{4}{\varepsilon^2}$. 取 $N = \max\left\{2, \left[\dfrac{4}{\varepsilon^2}\right]\right\}$，则当 $n > N$ 时，有 $\left|\sqrt[n]{n} - 1\right| < \varepsilon$，故 $\lim\limits_{n\to\infty} \sqrt[n]{n} = 1$. 证毕.

例 2.1.6 用数列极限的 $\varepsilon - N$ 定义证明：$\lim\limits_{n\to\infty} \dfrac{n^2+1}{n^2-n+1} = 1$.

证明 因为 $\left|\dfrac{n^2+1}{n^2-n+1} - 1\right| = \left|\dfrac{n}{n^2-n+1}\right|$，所以当 $n \geq 2$ 时，有

$$\frac{n}{n^2-n+1} < \frac{n}{n^2-n} = \frac{1}{n-1}.$$

任给 $\varepsilon > 0$，令 $\dfrac{1}{n-1} < \varepsilon$，解得 $n > \dfrac{1}{\varepsilon} + 1$. 取 $N = \max\left\{2, \left[\dfrac{1}{\varepsilon}+1\right]\right\}$，则当 $n > N$ 时，有

$$\left|\frac{n^2+1}{n^2-n+1} - 1\right| < \varepsilon,$$

故 $\lim\limits_{n\to\infty} \dfrac{n^2+1}{n^2-n+1} = 1$. 证毕.

习题 2.1

1. 判断下列说法是否与 $\lim\limits_{n\to\infty} a_n = A$（有限）等价？等价的请指出；若不等价，请举出反例.

（1）在定义 2.1.3 中，$n > N$ 改成 $n \geq N$，或者 $|a_n - A| < \varepsilon$ 改成 $|a_n - A| \leq \varepsilon$；

（2）对无限多个正数 ε，$\exists N \in \mathbb{N}^+$，只要 $n \geq N$，就有 $|a_n - A| < \varepsilon$；

（3）对 $\forall \varepsilon \in (0,1)$，$\exists N \in \mathbb{N}^+$，只要 $n > N$，就有 $|a_n - A| < \varepsilon$；

（4）$k > 0$，对 $\forall \varepsilon > 0$，$\exists N \in \mathbb{N}^+$，只要 $n > N$，就有 $|a_n - A| < k\varepsilon$；

（5）对 $\forall \varepsilon > 0$，$\exists N \in \mathbb{N}^+$，只要 $n > N$，就有 $|a_n - A| < \varepsilon^{\frac{2}{3}}$；

（6）对 $\forall k \in \mathbb{N}^+$，$\exists N_k \in \mathbb{N}^+$，只要 $n > N_k$，就有 $|a_n - A| < \dfrac{1}{2^k}$；

（7）$\exists N \in \mathbb{N}^+$，只要 $n > N$，就有 $|a_n - A| < \dfrac{1}{n}$；

（8）对 $\forall \varepsilon > 0$，$\exists N \in \mathbb{N}^+$，只要 $n > N$，就有 $|a_n - A| < \dfrac{\varepsilon}{n}$；

（9）对 $\forall \varepsilon > 0$，$\exists N \in \mathbb{N}^+$，只要 $n > N$，就有 $|a_n - A| < \sqrt{n}\varepsilon$.

2. 讨论下列说法中哪些与"$\{a_n\}$ 不收敛于 A"等价.

（1）$\exists \varepsilon_0 > 0$，$\exists N \in \mathbb{N}^+$，只要 $n > N$，就有 $|a_n - A| \geq \varepsilon_0$；

（2）对 $\forall \varepsilon > 0$，$\exists N \in \mathbb{N}^+$，只要 $n \geq N$，就有 $|a_n - A| \geq \varepsilon$；

（3）$\exists \varepsilon_0 > 0$，使得 $\{a_n\}$ 中除有限项外，都满足 $|a_n - A| \geq \varepsilon_0$；

（4）$\exists \varepsilon_0 > 0$，使得 $\{a_n\}$ 中有无穷多项满足 $|a_n - A| \geq \varepsilon_0$.

3. 利用数列极限的定义证明下列极限：

（1）$\lim\limits_{n \to \infty} \dfrac{3n^2 - 1}{n^2 - n + 1} = 3$；

（2）$\lim\limits_{n \to \infty} \left(\sqrt{n^2 - 1} - \sqrt{n^2 + 4} \right) = 0$；

（3）$\lim\limits_{n \to \infty} \dfrac{n^k}{2^n} = 0$；

（4）$\lim\limits_{n \to \infty} \arctan n = \dfrac{\pi}{2}$；

（5）$\lim\limits_{n \to \infty} \dfrac{1}{\sqrt[n]{n!}} = 0$；

（6）$\lim\limits_{n \to \infty} \sqrt[n]{a} = 1, a > 0$；

（7）$\lim\limits_{n \to \infty} \dfrac{\log_a n}{n} = 0, a > 1$.

4. 设 $\lim\limits_{n \to \infty} a_n = A$，$k$ 是自然数，证明：$\lim\limits_{n \to \infty} a_{n+k} = A$.

5. 已知 $\lim\limits_{n \to \infty} a_n = A$（有限），证明：

（1）$\lim\limits_{n \to \infty} |a_n| = |A|$，反之何时成立？

（2）$\lim\limits_{n \to \infty} \dfrac{a_1 + a_2 + \cdots + a_n}{n} = A$，反之成立吗？

6. 利用数列极限的 $\varepsilon - N$ 定义证明：若 $\lim\limits_{n \to \infty} x_n = x_0$，则 $\lim\limits_{n \to \infty} \sin^2 x_n = \sin^2 x_0$，并由此计算下列极限.

（1）$\lim\limits_{n \to \infty} \sin^2 \left(\pi \sqrt{n^2 + 1} \right)$；

（2）$\lim\limits_{n \to \infty} \sin^2 \left(\pi \sqrt{n^2 + n} \right)$.

2.2 数列极限的性质

由数列极限的定义可知，任意增加、删除或改变一个数列的前有限项的值，不改变该数列的敛散性，以及当它收敛时的极限值. 换句话说，数列的敛散性及当它收敛时的极限值与这个数列的前有限项无关.

定理 2.2.1（唯一性） 若 $\lim\limits_{n \to \infty} a_n$ 存在，则极限值唯一.

证明（反证法） 设 $\lim\limits_{n \to \infty} a_n = A$ 且 $\lim\limits_{n \to \infty} a_n = B$，但 $A \neq B$. 取 $\varepsilon = \dfrac{1}{2} |B - A| > 0$，因为 $\lim\limits_{n \to \infty} a_n = A$，所以存在 $N_1 > 0$，当 $n > N_1$ 时，有 $|a_n - A| < \dfrac{1}{2} |B - A|$；又因 $\lim\limits_{n \to \infty} a_n = B$，故对上

述取定的正数 ε，存在 $N_2 > 0$，当 $n > N_2$ 时，有 $|a_n - B| < \dfrac{1}{2}|B - A|$．取 $N = \max\{N_1, N_2\}$，则当 $n > N$ 时，有

$$|B - A| \leqslant |a_n - A| + |a_n - B| < |B - A|,$$

矛盾．故若 $\lim\limits_{n \to \infty} a_n$ 存在，则极限值必唯一．证毕．

定理 2.2.2（数列极限与子列极限的关系） 数列 $\{a_n\}$ 收敛于 A 的充要条件是 $\{a_n\}$ 的任意子列都收敛于 A．

证明 因为 $\{a_n\}$ 可以看成它自身的一个子列，所以我们只需证明必要性．

设数列 $\{a_n\}$ 收敛于 A，则任给 $\varepsilon > 0$，存在 $N > 0$，当 $n > N$ 时，有 $|a_n - A| < \varepsilon$．任取 $\{a_n\}$ 的子列 $\{a_{n_k}\}$，当 $k \to \infty$ 时，取 $K \in \mathbb{N}^+$ 使得 $n_K > N$，所以当 $k > K$ 时，有 $n_k > n_K > N$，从而 $|a_{n_k} - A| < \varepsilon$，故 $\{a_{n_k}\}$ 收敛于 A．证毕．

推论 2.2.1 数列 $\{a_n\}$ 收敛当且仅当 $\{a_n\}$ 的偶子列 $\{a_{2n}\}$ 和奇子列 $\{a_{2n-1}\}$ 的极限存在且相等．

推论 2.2.2 如果存在数列 $\{a_n\}$ 的一个发散子列，则数列 $\{a_n\}$ 发散．

推论 2.2.3 如果存在数列 $\{a_n\}$ 的两个收敛子列 $\{a_{n_k}\}$ 和 $\{a_{m_l}\}$，但 $\lim\limits_{k \to \infty} a_{n_k} \neq \lim\limits_{l \to \infty} a_{m_l}$，则数列 $\{a_n\}$ 发散．

注 利用此性质证明数列极限不存在很方便，只需找到它的两个收敛子列极限不相等或找到一个不收敛的子列即可．例如，数列 $\{(-1)^n\}$ 的偶子列极限为 1，奇子列极限为 -1，奇、偶子列极限存在但不相等，因此其极限不存在．该例也说明，有界数列不一定收敛．下面的结论表明收敛数列一定是有界的，故数列有界是数列收敛的必要条件．

定理 2.2.3（有界性） 若数列 $\{a_n\}$ 收敛，则 $\{a_n\}$ 必有界，即存在正数 M，使得对 $\forall n \in \mathbb{N}$，有 $|a_n| \leqslant M$．

证明 设 $\lim\limits_{n \to \infty} a_n = A$．取 $\varepsilon = 1$，则存在 $N > 0$，当 $n > N$ 时，有 $|a_n - A| < 1$，从而 $|a_n| < 1 + |A|$，取 $M = \max\{|a_1|, |a_2|, \cdots, |a_N|, 1 + |A|\}$，则对任意的自然数 n，有 $|a_n| \leqslant M$．证毕．

定理 2.2.4（保号性） 设 $\lim\limits_{n \to \infty} a_n = A$．

（i）若 $A > 0$（或 $A < 0$），则存在 $N > 0$，当 $n > N$ 时，有 $a_n > 0$（或 $a_n < 0$）；

（ii）若存在 $N > 0$，当 $n > N$ 时，有 $a_n > 0$（或 $a_n < 0$），则 $A \geqslant 0$（或 $A \leqslant 0$）．

证明 （i）设 $A > 0$，因为 $\lim\limits_{n \to \infty} a_n = A$，所以对 $\varepsilon = \dfrac{A}{2} > 0$，存在 $N > 0$，当 $n > N$ 时，有 $|a_n - A| < \dfrac{A}{2}$，从而 $a_n > \dfrac{A}{2} > 0$．类似可证 $A < 0$ 的情形．

（ii）假设存在 $N > 0$，当 $n > N$ 时，有 $a_n > 0$．要证 $A \geqslant 0$，用反证法．假设 $A < 0$，取 $\varepsilon = -\dfrac{A}{2} > 0$，则 $\lim\limits_{n \to \infty} a_n = A$ 表明存在 $N_1 > 0$，当 $n > N_1$ 时，有 $|a_n - A| < -\dfrac{A}{2}$，从而 $a_n < \dfrac{A}{2} < 0$，矛盾．证毕．

注 结论（ii）中不能仅仅得出 $A > 0$（或 $A < 0$），例如，$a_n = \dfrac{1}{n} > 0 (\forall n \geqslant 1)$，但

$$\lim_{n \to \infty} a_n = 0.$$

定理 2.2.5（数列极限的四则运算法则）　设 $\lim\limits_{n \to \infty} a_n = A$，$\lim\limits_{n \to \infty} b_n = B$．则

（i）$\lim\limits_{n \to \infty}(a_n \pm b_n) = \lim\limits_{n \to \infty} a_n \pm \lim\limits_{n \to \infty} b_n = A \pm B$；对任意的实数 λ，$\lim\limits_{n \to \infty}(\lambda a_n) = \lambda \lim\limits_{n \to \infty}(a_n) = \lambda A$；

（ii）$\lim\limits_{n \to \infty}(a_n b_n) = (\lim\limits_{n \to \infty} a_n) \cdot (\lim\limits_{n \to \infty} b_n) = AB$；

（iii）若 $B \neq 0$，则 $\lim\limits_{n \to \infty} \dfrac{a_n}{b_n} = \dfrac{\lim\limits_{n \to \infty} a_n}{\lim\limits_{n \to \infty} b_n} = \dfrac{A}{B}$．

证明　（i）证明 $\lim\limits_{n \to \infty}(a_n + b_n) = A + B$．因为 $\lim\limits_{n \to \infty} a_n = A$，所以任给 $\varepsilon > 0$，存在 $N_1 > 0$，

当 $n > N_1$ 时，有 $|a_n - A| < \dfrac{1}{2}\varepsilon$；因为 $\lim\limits_{n \to \infty} b_n = B$，所以对上述给定的 $\varepsilon > 0$，存在 $N_2 > 0$，

当 $n > N_2$ 时，有 $|b_n - B| < \dfrac{1}{2}\varepsilon$．取 $N = \max\{N_1, N_2\}$，则当 $n > N$ 时，有

$$|a_n + b_n - (A + B)| \leqslant |a_n - A| + |b_n - B| < \varepsilon,$$

所以 $\lim\limits_{n \to \infty}(a_n + b_n) = A + B$．类似地，可证明 $\lim\limits_{n \to \infty}(a_n - b_n) = A - B$．

（ii）因为 $\lim\limits_{n \to \infty} a_n = A$，由定理 2.2.3 知数列 $\{a_n\}$ 有界，故存在 $M > 0$ 使得对 $\forall n$，有 $|a_n| \leqslant M$．任给 $\varepsilon > 0$，因为 $\lim\limits_{n \to \infty} b_n = B$，所以存在 $N_1 > 0$，使得当 $n > N_1$ 时，有

$$|b_n - B| < \dfrac{1}{2M}\varepsilon.$$

因为 $\lim\limits_{n \to \infty} a_n = A$，所以对上述给定的 $\varepsilon > 0$，存在 $N_2 > 0$，当 $n > N_2$ 时，有

$$|a_n - A| < \dfrac{1}{2(1 + |B|)}\varepsilon,$$

取 $N = \max\{N_1, N_2\}$，则当 $n > N$ 时，有

$$|a_n b_n - AB| \leqslant |a_n b_n - a_n B| + |a_n B - AB| = |a_n| \cdot |b_n - B| + |B| \cdot |a_n - A| < \varepsilon,$$

故 $\lim\limits_{n \to \infty}(a_n b_n) = AB$．

（iii）因 $B \neq 0$，故由保号性，存在 $N_0 > 0$，当 $n > N_0$ 时，有 $b_n \neq 0$．由上述结论（ii），

只需证明 $\lim\limits_{n \to \infty} \dfrac{1}{b_n} = \dfrac{1}{B}$ 即可．先证明数列 $\left\{\dfrac{1}{b_n}\right\}$ 有界．因为 $\lim\limits_{n \to \infty} b_n = B$，所以对 $\varepsilon = \dfrac{|B|}{2}$，存在

$N_1 > 0$，当 $n > N_1$ 时，有 $|b_n - B| < \dfrac{|B|}{2}$，从而 $|B| - |b_n| \leqslant |b_n - B| < \dfrac{|B|}{2}$，故 $|b_n| > \dfrac{|B|}{2}$，所以

$\dfrac{1}{|b_n|} < \dfrac{2}{|B|}$．

任给 $\varepsilon > 0$．由于 $\lim\limits_{n \to \infty} b_n = B$，因此存在 $N_2 > 0$，当 $n > N_2$ 时，有

$$|b_n - B| < \dfrac{B^2}{2}\varepsilon,$$

取 $N = \max\{N_0, N_1, N_2\}$，则当 $n > N$ 时，

$$\left|\frac{1}{b_n}-\frac{1}{B}\right|=\left|\frac{b_n-B}{b_nB}\right|<\frac{2|b_n-B|}{B^2}<\varepsilon,$$

故 $\lim\limits_{n\to\infty}\dfrac{1}{b_n}=\dfrac{1}{B}$. 证毕.

注 （1）四则运算法则的前提是数列的极限存在；

（2）四则运算法则只对有限个收敛数列成立.

例 2.2.1 求极限 $\lim\limits_{n\to\infty}\dfrac{2n^3-2n^2-n-1}{3n^3+n^2+2}$.

解 $\lim\limits_{n\to\infty}\dfrac{2n^3-2n^2-n-1}{3n^3+n^2+2}=\lim\limits_{n\to\infty}\dfrac{2-\dfrac{2}{n}-\dfrac{1}{n^2}-\dfrac{1}{n^3}}{3+\dfrac{1}{n}+\dfrac{2}{n^3}}=\dfrac{\lim\limits_{n\to\infty}\left(2-\dfrac{2}{n}-\dfrac{1}{n^2}-\dfrac{1}{n^3}\right)}{\lim\limits_{n\to\infty}\left(3+\dfrac{1}{n}+\dfrac{2}{n^3}\right)}=\dfrac{2}{3}.$

由极限的保号性及线性运算，立得下列结论.

定理 2.2.6（保序性） 设 $\lim\limits_{n\to\infty}a_n=A$ ， $\lim\limits_{n\to\infty}b_n=B$.

（i）若 $A>B$ ，则存在 $N>0$ ，当 $n>N$ 时，有 $a_n>b_n$ ；

（ii）若存在 $N>0$ ，当 $n>N$ 时，有 $a_n>b_n$ ，则 $A\geqslant B$.

定理 2.2.7（双侧趋近） 若存在 $N_0>0$ 使得当 $n>N_0$ 时，有 $a_n\leqslant c_n\leqslant b_n$ ，且 $\lim\limits_{n\to\infty}a_n=\lim\limits_{n\to\infty}b_n=A$ ，则 $\lim\limits_{n\to\infty}c_n=A$.

证明 任给 $\varepsilon>0$ ，因为 $\lim\limits_{n\to\infty}a_n=A$ ， $\lim\limits_{n\to\infty}b_n=A$ ，所以存在 $N_1>0$ ，当 $n>N_1$ 时，有 $|a_n-A|<\varepsilon$ ；且存在 $N_2>0$ ，当 $n>N_2$ 时，有 $|b_n-A|<\varepsilon$. 取 $N=\max\{N_0,N_1,N_2\}$ ，则当 $n>N$ 时，有

$$A-\varepsilon<a_n\leqslant c_n\leqslant b_n<A+\varepsilon,$$

即 $|c_n-A|<\varepsilon$ ，故 $\lim\limits_{n\to\infty}c_n=A$. 证毕.

例 2.2.2 设 $a>0$ ，证明： $\lim\limits_{n\to\infty}a^{\frac{1}{n}}=1$.

证明 1° 当 $a\geqslant 1$ 时，对 $\forall n\geqslant a$ ， $1\leqslant a^{\frac{1}{n}}\leqslant n^{\frac{1}{n}}$ ，由例 2.1.5 知 $\lim\limits_{n\to\infty}n^{\frac{1}{n}}=1$ ，这样，由双侧趋近定理知 $\lim\limits_{n\to\infty}a^{\frac{1}{n}}=1$.

2° 设 $0<a<1$ ，则 $b=\dfrac{1}{a}>1$ ，应用情形 1° 及四则运算法则，得

$$\lim_{n\to\infty}a^{\frac{1}{n}}=\lim_{n\to\infty}\frac{1}{b^{\frac{1}{n}}}=\frac{1}{\lim\limits_{n\to\infty}b^{\frac{1}{n}}}=1,$$

故对 $\forall a>0$ ，有 $\lim\limits_{n\to\infty}a^{\frac{1}{n}}=1$. 证毕.

例 2.2.3　求极限 $\lim\limits_{n\to\infty}\dfrac{\sqrt{n}\cos n+n}{n+2}$.

解　因为 $0<\left|\dfrac{\cos n}{\sqrt{n}}\right|<\dfrac{1}{\sqrt{n}}\to 0$（$n\to\infty$），所以由双侧趋近定理知 $\lim\limits_{n\to\infty}\dfrac{\cos n}{\sqrt{n}}=0$，从而

$$\lim_{n\to\infty}\frac{\sqrt{n}\cos n+n}{n+2}=\lim_{n\to\infty}\frac{\dfrac{\cos n}{\sqrt{n}}+1}{1+\dfrac{2}{n}}=\frac{\lim\limits_{n\to\infty}\dfrac{\cos n}{\sqrt{n}}+1}{\lim\limits_{n\to\infty}\left(1+\dfrac{2}{n}\right)}=1.$$

习题 2.2

1．讨论以下命题是否正确，如果不正确，请举反例.

（1）数列 $\{2x_n-y_n\}$ 与 $\{3x_n+y_n\}$ 都收敛，则数列 $\{x_n\}$ 和 $\{y_n\}$ 都收敛；

（2）数列 $\{x_n\}$ 收敛，$\{y_n\}$ 发散，则 $\{x_n+y_n\}$ 与 $\{x_ny_n\}$ 均发散；

（3）数列 $\{x_n\},\{y_n\}$ 均发散，则 $\{x_n+y_n\}$ 与 $\{x_ny_n\}$ 均发散；

（4）数列 $\{x_n\},\{x_ny_n\}$ 都收敛，则 $\{y_n\}$ 也收敛；

（5）若非常数列 $\{x_n\}$ 满足 $\lim\limits_{n\to\infty}x_n=0$，则对任何数列 $\{y_n\}$，有 $\lim\limits_{n\to\infty}x_ny_n=0$；

（6）若 $\lim\limits_{n\to\infty}x_ny_n=0$，则 $\lim\limits_{n\to\infty}x_n=0$ 或 $\lim\limits_{n\to\infty}y_n=0$.

2．求下列极限.

（1）$\lim\limits_{n\to\infty}\dfrac{2^n+(-1)^n}{2^{n-2}+(-1)^{n-1}}$；

（2）$\lim\limits_{n\to\infty}\left(\sqrt{n^2-n+1}-\sqrt{n^2+n-2}\right)$；

（3）$\lim\limits_{n\to\infty}\left(\dfrac{1}{1\cdot 2}+\dfrac{1}{2\cdot 3}+\cdots+\dfrac{1}{n(n+1)}\right)$；

（4）$\lim\limits_{n\to\infty}\left(\dfrac{1}{\sqrt{n^2+1}}+\dfrac{1}{\sqrt{n^2+2}}+\cdots+\dfrac{1}{\sqrt{n^2+n}}\right)$；

（5）$\lim\limits_{n\to\infty}\left(1-\dfrac{1}{2^2}\right)\left(1-\dfrac{1}{3^2}\right)\cdots\left(1-\dfrac{1}{n^2}\right)$；

（6）$\lim\limits_{n\to\infty}\sqrt[n]{2+(-1)^n}$.

3．应用双侧趋近定理讨论下列问题.

（1）给定 p 个正数 $a_1,a_2,\cdots,a_p$，求 $\lim\limits_{n\to\infty}\sqrt[n]{a_1^n+a_2^n+\cdots+a_p^n}$；

（2）设 $\{a_n\}$ 为正数列，且 $\lim\limits_{n\to\infty}a_n=a>0$，证明：$\lim\limits_{n\to\infty}\sqrt[n]{a_n}=1$；

（3）设 $a_n=\left(1+\dfrac{1}{2}+\cdots+\dfrac{1}{n}\right)^{\frac{1}{n}}$，$n\in\mathbb{N}^+$. 求 $\lim\limits_{n\to\infty}a_n$.

4．设 $x_n\leqslant A\leqslant y_n$（$n=1,2,\cdots$），并且 $\lim\limits_{n\to\infty}(x_n-y_n)=0$. 求证：$\lim\limits_{n\to\infty}x_n=\lim\limits_{n\to\infty}y_n=A$.

5．已知 $\lim\limits_{n\to\infty}a_n=A$，证明：（1）$\lim\limits_{n\to\infty}\sqrt{a_n}=\sqrt{A}$（$A>0$）；（2）$\lim\limits_{n\to\infty}\dfrac{a_{n+1}}{a_n}=1$（$A\neq 0$）.

6．设正数列 $\{a_n\}$ 收敛于 A，且 $\alpha>0$. 求证：$\lim\limits_{n\to\infty}(a_n)^\alpha=A^\alpha$.

7. 已知 $a_n > 0$（$n=1,2,\cdots$），$\lim\limits_{n\to\infty} a_n = A$，证明：$\lim\limits_{n\to\infty} \sqrt[n]{a_1 a_2 \cdots a_n} = A$，并求 $\lim\limits_{n\to\infty} \sqrt[n]{\dfrac{1}{n!}}$.

8. 已知 $a_n > 0$（$n=1,2,\cdots$），$\lim\limits_{n\to\infty} \dfrac{a_{n+1}}{a_n} = a$.

（1）证明：$\lim\limits_{n\to\infty} \sqrt[n]{a_n} = a$；

（2）若 $a < 1$，求证：$\lim\limits_{n\to\infty} a_n = 0$；

（3）若 $\lim\limits_{n\to\infty}\left(1+\dfrac{1}{n}\right)^n = \mathrm{e}$，求 $\lim\limits_{n\to\infty} \dfrac{n}{\sqrt[n]{n!}}$.

9. 求极限 $\lim\limits_{n\to\infty}\left(\dfrac{1}{2} + \dfrac{3}{2^2} + \cdots + \dfrac{2n-1}{2^n}\right)$.

10. 证明 $\lim\limits_{n\to+\infty} \sum\limits_{k=1}^{n}\left(\sqrt{1+\dfrac{k}{n^2}} - 1\right) = \dfrac{1}{4}$.

2.3 几类特殊的数列

2.3.1 无穷大数列与无穷小数列

定义 2.3.1 如果收敛数列 $\{a_n\}$ 以 0 为极限，称 $\{a_n\}$ 为无穷小数列（或称无穷小量），记为 $a_n = o(1)$（$n\to\infty$）.

定义 2.3.2 设 $\{a_n\}$ 是一个数列.

（i）若对 $\forall M > 0$，存在相应的 $N > 0$，使得当 $n > N$ 时，有 $|a_n| > M$，称 $\{a_n\}$ 为无穷大数列（或称无穷大量），记为 $\lim\limits_{n\to\infty} a_n = \infty$ 或 $a_n \to \infty$（$n\to\infty$）.

（ii）若对 $\forall M > 0$，存在相应的 $N > 0$，使得当 $n > N$ 时，有 $a_n > M$，称 $\{a_n\}$ 为正无穷大数列（或称正无穷大量），记为 $\lim\limits_{n\to\infty} a_n = +\infty$ 或 $a_n \to +\infty$（$n\to\infty$）.

（iii）若对 $\forall M > 0$，存在相应的 $N > 0$，使得当 $n > N$ 时，有 $a_n < -M$，称 $\{a_n\}$ 为负无穷大数列（或称负无穷大量），记为 $\lim\limits_{n\to\infty} a_n = -\infty$ 或 $a_n \to -\infty$（$n\to\infty$）.

注 $\lim\limits_{n\to\infty} a_n = \infty$ 仅用来表示数列 $\{a_n\}$ 是 $n\to\infty$ 时的无穷大量，不能理解为数列 $\{a_n\}$ 的极限存在且等于无穷大. 对这类数列，a_n 的正负号可能不断地发生变化，但其绝对值无限增大.

易见，$\{a_n\}$ 为无穷小数列（$a_n \neq 0,\ \forall n \geqslant 1$）$\Leftrightarrow \left\{\dfrac{1}{a_n}\right\}$ 为无穷大数列.

2.3.2 无穷大数列与无界数列

显然，无穷大数列一定是无界数列；反之，无界数列不一定是无穷大数列. 例如，数

列 $\left\{n\sin\dfrac{n\pi}{2}\right\}$ 无界，但非无穷大，因为当 n 是偶数时，数列中的项为 0；取 $n=4k+1$，则

$$n\sin\frac{n\pi}{2}=4k+1\to+\infty\ (k\to\infty).$$

一般地

命题 2.3.1 无界数列一定存在无穷大子列.

证明 设数列 $\{a_n\}$ 无界. 任取 n_1，因为 $\{a_n\}$ 无界，所以可取 $n_2>n_1$ 使得 $|a_{n_2}|>2$. 因 $\{a_n\}$ 去掉前 n_2 项后仍然无界，故可取 $n_3>n_2$ 使得 $|a_{n_3}|>3$. 如此进行下去，可取到 $n_k>n_{k-1}$（$k=2,3,\cdots$）使得 $|a_{n_k}|>k$，故 $\lim\limits_{k\to\infty}a_{n_k}=\infty$，即 $\{a_n\}$ 是无穷大数列. 证毕.

设 $\{a_n\}$ 是一数列. 若对 $\forall n\in\mathbb{N}^+$，有 $a_n\leqslant a_{n+1}$（或 $a_n\geqslant a_{n+1}$），称数列 $\{a_n\}$ **单调递增**（或**单调递减**）；若对 $\forall n\in\mathbb{N}^+$，有 $a_n<a_{n+1}$（或 $a_n>a_{n+1}$），称数列 $\{a_n\}$ **严格单调递增**（或**严格单调递减**）. 单调递增或单调递减的数列统称为单调数列.

例 2.3.1 设 $a_n>0$（$\forall n$），$\lim\limits_{n\to\infty}(a_1+a_2+\cdots+a_n)=+\infty$，且数列 $\{a_n\}$ 单调递减，证明：

$$\lim_{n\to\infty}\frac{a_1+a_3+\cdots+a_{2n-1}}{a_2+a_4+\cdots+a_{2n}}=1.$$

证明 因为数列 $\{a_n\}$ 单调递减，所以

$$a_2+a_4+\cdots+a_{2n}=\frac{1}{2}(a_2+a_2+a_4+a_4+\cdots+a_{2n}+a_{2n})\geqslant\frac{1}{2}(a_2+a_3+a_4+a_5\cdots+a_{2n}+a_{2n+1}),$$

又知 $\lim\limits_{n\to\infty}(a_1+a_2+\cdots+a_n)=+\infty$，所以 $\lim\limits_{n\to\infty}(a_2+a_4+\cdots+a_{2n})=+\infty$. 于是

$$0\leqslant\frac{a_1+a_3+\cdots+a_{2n-1}}{a_2+a_4+\cdots+a_{2n}}-1=\frac{a_1-(a_2-a_3)-(a_4-a_5)-\cdots-(a_{2n-2}-a_{2n-1})-a_{2n}}{a_2+a_4+\cdots+a_{2n}}$$

$$\leqslant\frac{a_1}{a_2+a_4+\cdots+a_{2n}}\to0\ (n\to\infty),$$

由双侧趋近定理知 $\lim\limits_{n\to\infty}\left(\dfrac{a_1+a_3+\cdots+a_{2n-1}}{a_2+a_4+\cdots+a_{2n}}-1\right)=0$，所以 $\lim\limits_{n\to\infty}\dfrac{a_1+a_3+\cdots+a_{2n-1}}{a_2+a_4+\cdots+a_{2n}}=1$. 证毕.

例 2.3.2 在任一数列中必可取出一个单调子列.

证明 定义性质 P：如果数列中的一项大于在这个项之后的所有各项，称此项具有性质 P.

情形 1. 如果在数列中存在着无穷多项具有性质 P，那么把这些具有性质 P 的项依次取出来，显然得到一个严格单调递减的数列.

情形 2. 设在此数列中只有有限多项具有性质 P，这时取出最后一个具有性质 P 的项后面的一项，记为 a_{n_1}. 由于 a_{n_1} 不具有性质 P，因此必在其后存在一项 a_{n_2}（$n_2>n_1$）满足 $a_{n_2}\geqslant a_{n_1}$；由于 a_{n_2} 不具有性质 P，因此必在其后存在一项 a_{n_3}（$n_3>n_2$）满足 $a_{n_3}\geqslant a_{n_2}$，如此下去，得到子列 $\{a_{n_k}\}$，显然它是一个单调递增的子列. 证毕.

例 2.3.3 存在收敛子列的单调数列一定收敛.

证明 不妨设数列 $\{a_n\}$ 单调递增，且假设存在 $\{a_n\}$ 的子列 $\{a_{n_k}\}$ 收敛．记 $\lim\limits_{k \to \infty} a_{n_k} = A$．则对 $\forall \varepsilon > 0$，存在 $K \in \mathbb{N}^+$ 使得对 $\forall k > K$，有

$$A - \varepsilon < a_{n_k} < A + \varepsilon .$$

取 $N = n_{K+1}$，则当 $n > N$ 时，一定存在 $k > K$ 使得 $n_k > n$，这样由数列 $\{a_n\}$ 的单调递增性知，

$$A - \varepsilon < a_{n_{K+1}} \leqslant a_n \leqslant a_{n_k} < A + \varepsilon ,$$

故 $\lim\limits_{n \to \infty} a_n = A$．证毕．

2.3.3 Stolz 定理

定理 2.3.1 （i）设数列 $\{b_n\}$ 严格单调递增且 $\lim\limits_{n \to \infty} b_n = +\infty$．若 $\lim\limits_{n \to \infty} \dfrac{a_n - a_{n-1}}{b_n - b_{n-1}} = A$（可以为 $+\infty$ 或 $-\infty$），则 $\lim\limits_{n \to \infty} \dfrac{a_n}{b_n} = A$．

（ii）设 $\lim\limits_{n \to \infty} a_n = 0$，数列 $\{b_n\}$ 严格单调递减且 $\lim\limits_{n \to \infty} b_n = 0$．若 $\lim\limits_{n \to \infty} \dfrac{a_n - a_{n-1}}{b_n - b_{n-1}} = A$（可以为 $+\infty$ 或 $-\infty$），则 $\lim\limits_{n \to \infty} \dfrac{a_n}{b_n} = A$．

证明 （i）由于 $\lim\limits_{n \to \infty} b_n = +\infty$，因此不妨设 $b_n > 0$，$\forall n \geqslant 1$．设 $\lim\limits_{n \to \infty} \dfrac{a_n - a_{n-1}}{b_n - b_{n-1}} = A$ 且 A 为有限数．则对 $\forall \varepsilon > 0$，$\exists N \in \mathbb{N}^+$ 使得当 $k > N$ 时，有

$$A - \frac{\varepsilon}{2} < \frac{a_k - a_{k-1}}{b_k - b_{k-1}} < A + \frac{\varepsilon}{2} .$$

因为数列 $\{b_n\}$ 严格递增，所以由上式得

$$\left(A - \frac{\varepsilon}{2}\right)(b_k - b_{k-1}) < a_k - a_{k-1} < \left(A + \frac{\varepsilon}{2}\right)(b_k - b_{k-1}) ,$$

不等式两边分别将 k 从 $N+1$ 到 n 相加得到

$$\left(A - \frac{\varepsilon}{2}\right)(b_n - b_N) < a_n - a_N < \left(A + \frac{\varepsilon}{2}\right)(b_n - b_N) ,$$

即

$$\left| \frac{a_n - a_N}{b_n - b_N} - A \right| < \frac{\varepsilon}{2} . \tag{2.3.1}$$

因为 $\lim\limits_{n \to \infty} b_n = +\infty$，所以对上述给定的 $\varepsilon > 0$，$\exists N_1 \in \mathbb{N}^+$ 使得当 $n > N_1$ 时，有

$$\left| \frac{a_N - b_N A}{b_n} \right| < \frac{\varepsilon}{2} . \tag{2.3.2}$$

注意到当 $n > N$ 时，$\left| \dfrac{b_n - b_N}{b_n} \right| < 1$．取 $N_0 = \max\{N, N_1\}$，则当 $n > N_0$ 时，由式（2.3.1）和式（2.3.2），有

$$\left| \frac{a_n}{b_n} - A \right| = \left| \frac{a_N - b_N A}{b_n} + \frac{b_n - b_N}{b_n} \left(\frac{a_n - a_N}{b_n - b_N} - A \right) \right| \leqslant \left| \frac{a_N - b_N A}{b_n} \right| + \left| \frac{b_n - b_N}{b_n} \right| \cdot \left| \frac{a_n - a_N}{b_n - b_N} - A \right| < \varepsilon,$$

故 $\lim\limits_{n \to \infty} \dfrac{a_n}{b_n} = A$．

若 $\lim\limits_{n \to \infty} \dfrac{a_n - a_{n-1}}{b_n - b_{n-1}} = +\infty$，则由极限的保号性知，当 n 充分大时，有 $a_n - a_{n-1} > b_n - b_{n-1} > 0$，

因而 $\{a_n\}$ 也是严格单调递增趋于 $+\infty$ 的数列．由于 $\lim\limits_{n \to \infty} \dfrac{b_n - b_{n-1}}{a_n - a_{n-1}} = 0$，故由上述证明知

$\lim\limits_{n \to \infty} \dfrac{b_n}{a_n} = 0$，从而 $\lim\limits_{n \to \infty} \dfrac{a_n}{b_n} = +\infty$．

若 $\lim\limits_{n \to \infty} \dfrac{a_n - a_{n-1}}{b_n - b_{n-1}} = -\infty$，记 $c_n = -a_n$，则 $\lim\limits_{n \to \infty} \dfrac{c_n - c_{n-1}}{b_n - b_{n-1}} = -\lim\limits_{n \to \infty} \dfrac{a_n - a_{n-1}}{b_n - b_{n-1}} = +\infty$，由上面的

讨论知 $\lim\limits_{n \to \infty} \dfrac{c_n}{b_n} = +\infty$，从而 $\lim\limits_{n \to \infty} \dfrac{a_n}{b_n} = -\infty$．

（ii）设 $\lim\limits_{n \to \infty} \dfrac{a_n - a_{n-1}}{b_n - b_{n-1}} = A$ 且 A 为有限数．则对 $\forall \varepsilon > 0$，$\exists N \in \mathbb{N}^{+}$ 使得当 $k > N$ 时，有

$$A - \varepsilon < \frac{a_k - a_{k-1}}{b_k - b_{k-1}} < A + \varepsilon,$$

从而 $(A + \varepsilon)(b_k - b_{k-1}) < a_k - a_{k-1} < (A - \varepsilon)(b_k - b_{k-1})$，对任意的 $n > m > N$，不等式两边将 k

分别从 m 到 n 相加得到

$$(A + \varepsilon)(b_n - b_m) < a_n - a_m < (A - \varepsilon)(b_n - b_m),$$

两边关于 n 取极限，则 $A - \varepsilon \leqslant \dfrac{a_m}{b_m} \leqslant A + \varepsilon$，即 $\left| \dfrac{a_m}{b_m} - A \right| \leqslant \varepsilon$，故 $\lim\limits_{n \to \infty} \dfrac{a_n}{b_n} = A$．

若 $\lim\limits_{n \to \infty} \dfrac{a_n - a_{n-1}}{b_n - b_{n-1}} = +\infty$，则当 n 充分大时，有 $a_n - a_{n-1} < b_n - b_{n-1} < 0$，因而 $\{a_n\}$ 也是严

格单调递减趋于 0 的数列．改写条件得 $\lim\limits_{n \to \infty} \dfrac{b_n - b_{n-1}}{a_n - a_{n-1}} = 0$，由上述证明知 $\lim\limits_{n \to \infty} \dfrac{b_n}{a_n} = 0$，从而

$\lim\limits_{n \to \infty} \dfrac{a_n}{b_n} = +\infty$．

若 $\lim\limits_{n \to \infty} \dfrac{a_n - a_{n-1}}{b_n - b_{n-1}} = -\infty$，令 $c_n = -a_n$，则

$$\lim\limits_{n \to \infty} \frac{c_n - c_{n-1}}{b_n - b_{n-1}} = -\lim\limits_{n \to \infty} \frac{a_n - a_{n-1}}{b_n - b_{n-1}} = +\infty,$$

从而 $\lim\limits_{n \to \infty} \dfrac{c_n}{b_n} = +\infty$，故 $\lim\limits_{n \to \infty} \dfrac{a_n}{b_n} = -\infty$．证毕．

注　Stolz 定理的逆命题不成立．例如，令 $x_n = (-1)^n$，$y_n = n$，则 $\lim\limits_{n \to \infty} \dfrac{x_n}{y_n} = 0$，但

$$\lim\limits_{n \to \infty} \frac{x_n - x_{n-1}}{y_n - y_{n-1}} = \lim\limits_{n \to \infty} \frac{(-1)^n - (-1)^{n-1}}{n - (n-1)} = \lim\limits_{n \to \infty} 2(-1)^n$$

不存在.

例 2.3.4 利用 Stolz 定理求极限 $\lim\limits_{n\to\infty}\dfrac{a_1+2a_2+\cdots+na_n}{n^2}$ ，其中 $\lim\limits_{n\to\infty}a_n=a$.

解 令 $u_n=a_1+2a_2+\cdots+na_n$ ， $v_n=n^2$ ，则

$$\lim_{n\to\infty}\frac{u_n}{v_n}=\lim_{n\to\infty}\frac{u_{n+1}-u_n}{v_{n+1}-v_n}=\lim_{n\to\infty}\frac{(n+1)a_{n+1}}{(n+1)^2-n^2}=\lim_{n\to\infty}\frac{(n+1)a_{n+1}}{2n+1}=\frac{a}{2},$$

所以 $\lim\limits_{n\to\infty}\dfrac{a_1+2a_2+\cdots+na_n}{n^2}=\dfrac{a}{2}$.

例 2.3.5 设 $a_1>0$ ， $a_{n+1}=a_n+\dfrac{1}{a_n}\,(\forall n\geqslant1)$ ，证明： $\lim\limits_{n\to\infty}\dfrac{a_n}{\sqrt{2n}}=1$.

证明 显然 $\{a_n\}$ 是单调递增的. 假设数列 $\{a_n\}$ 收敛且 $\lim\limits_{n\to\infty}a_n=A$ ，则对 $a_{n+1}=a_n+\dfrac{1}{a_n}$

两边取极限，有 $A=A+\dfrac{1}{A}$ ，这是不可能的，故 $\lim\limits_{n\to\infty}a_n=+\infty$. 令 $u_n=a_n^2$ ， $v_n=2n$ ，则

$$\lim_{n\to\infty}\frac{u_n-u_{n-1}}{v_n-v_{n-1}}=\lim_{n\to\infty}\frac{a_n^2-a_{n-1}^2}{2}=\lim_{n\to\infty}\left(\frac{1}{2a_{n-1}^2}+1\right)=1.$$

因为 $\{v_n\}$ 严格单调递增且 $v_n\to+\infty\,(n\to\infty)$ ，Stolz 定理表明 $\lim\limits_{n\to\infty}\dfrac{u_n}{v_n}=1$ ，所以

$\lim\limits_{n\to\infty}\dfrac{a_n}{\sqrt{2n}}=1$. 证毕.

习题 2.3

1．设正数列 $\{x_n\}$ 收敛，极限大于 0，证明：这个数列有正下界，但在数列中不一定有最小数.

2．证明：若 $\lim\limits_{n\to\infty}a_n=+\infty$ ，则在数列 $\{a_n\}$ 中一定有最小数.

3．证明：无界数列至少有一个子列是确定符号的无穷大量.

4．证明：数列 $\{a_n\}$ 趋于无穷的充要条件是其任意子列 $\{a_n\}$ 也趋于无穷.

5．举出满足下列条件的数列：

（1）无界数列，但是不趋于无穷.

（2）有界数列，但不收敛.

（3）发散数列，但含有若干收敛子列.

6．设 $\lim\limits_{n\to\infty}a_n=A,\ \lim\limits_{n\to\infty}b_n=B$. 证明： $\lim\limits_{n\to\infty}\dfrac{a_1b_n+a_2b_{n-1}+\cdots+a_nb_1}{n}=AB$.

7．设 $\lim\limits_{n\to\infty}\dfrac{a_1+a_2+\cdots+a_n}{n}=A$ （有限）且 $\{a_n\}$ 单调，证明： $\lim\limits_{n\to\infty}a_n=A$.

8．设数列 $\{a_n\}$ 满足 $\lim\limits_{n\to\infty}\sum\limits_{k=1}^{n}a_k$ 存在. 证明：

（1） $\lim\limits_{n\to\infty}\dfrac{a_1+2a_2+\cdots+na_n}{n}=0$ ；

（2）$\lim\limits_{n\to\infty}\sqrt[n]{n!a_1a_2\cdots a_n}=0$，其中 $a_n>0,\forall n\geqslant 1$.

2.4 实数连续性定理

前面提到的数列极限的定义及子列的敛散性，实际上都可作为数列极限存在的充要条件，注意到在这些条件中，对给定的数列 $\{a_n\}$，都要事先给出一个确定的数 A 来判断 a_n 与 A 是否任意接近，能否只通过研究数列通项本身的特点或规律来判断该数列收敛或发散？下面介绍数列极限的存在性定理，这些定理从不同角度刻画了实数域的完备性.

2.4.1 单调有界定理

定理 2.4.1 单调有界的数列必有极限，具体地，

（i）若数列单调递增有上界，则极限存在；

（ii）若数列单调递减有下界，则极限存在.

证明 只证结论（i），结论（ii）类似可证.

设数列 $\{a_n\}$ 单调递增有上界，由确界公理知，$\{a_n\}$ 必有上确界. 记 $\sup\{a_n\}=A$. 则任给 $\varepsilon>0$，存在 $N>0$，有 $a_N>A-\varepsilon$；因为数列 $\{a_n\}$ 单调递增，所以对 $\forall n>N$，有 $a_n\geqslant a_N>A-\varepsilon$. 显然，对 $\forall n$，有 $a_n\leqslant A<A+\varepsilon$，故当 $n>N$ 时，有 $|a_n-A|<\varepsilon$，即 $\lim\limits_{n\to\infty}a_n=A$. 证毕.

例 2.4.1 证明：$\lim\limits_{n\to\infty}\left(1+\dfrac{1}{n}\right)^n$ 存在.

证明 令 $a_n=\left(1+\dfrac{1}{n}\right)^n$，我们证明 $\{a_n\}$ 单调递增有上界. 利用几何平均不大于算术平均，对 $n\geqslant 1$，有

$$\sqrt[n+1]{\left(1+\frac{1}{n}\right)^n}=\sqrt[n+1]{\left(1+\frac{1}{n}\right)^n\cdot 1}<\frac{1}{n+1}\left[n\left(1+\frac{1}{n}\right)+1\right]=1+\frac{1}{n+1},$$

故 $\left(1+\dfrac{1}{n}\right)^n<\left(1+\dfrac{1}{n+1}\right)^{n+1}$，即数列 $\{a_n\}$ 严格单调递增. 下面证明数列 $\{a_n\}$ 有上界. 由二项式公式，

$$\left(1+\frac{1}{n}\right)^n=C_n^0+\frac{1}{n}C_n^1+\cdots+\frac{1}{n^k}C_n^k+\cdots+\frac{1}{n^n}C_n^n,$$

对 $k=2,3,\cdots,n$，有

$$C_n^k\frac{1}{n^k}=\frac{n(n-1)\cdots(n-k+1)}{k!}\frac{1}{n^k}=\frac{1}{k!}\left(1-\frac{1}{n}\right)\left(1-\frac{2}{n}\right)\cdots\left(1-\frac{k-1}{n}\right)<\frac{1}{k!},$$

于是

$$\left(1+\frac{1}{n}\right)^n < 1+1+\frac{1}{2!}+\cdots+\frac{1}{n!} < 1+1+\sum_{k=2}^{n}\frac{1}{k(k-1)} = 2+\sum_{k=2}^{n}\left(\frac{1}{k-1}-\frac{1}{k}\right) = 3-\frac{1}{n} < 3.$$

故数列 $\{a_n\}$ 有上界 3，由定理 2.4.1 知 $\lim\limits_{n\to\infty}\left(1+\frac{1}{n}\right)^n$ 存在．证毕．

定义 2.4.1 记

$$\lim\limits_{n\to\infty}\left(1+\frac{1}{n}\right)^n = \mathrm{e}. \tag{2.4.1}$$

这里 $\mathrm{e} = 2.7182818284590\cdots$ 称为欧拉数，它是一个无理数，也是一个超越数，即它不是任何一个以有理数为系数的多项式的根．

例 2.4.2 证明下列极限：

$$\lim\limits_{n\to\infty}\left(1+1+\frac{1}{2!}+\cdots+\frac{1}{n!}\right) = \mathrm{e}. \tag{2.4.2}$$

证明 我们证明下面的不等式成立：

$$\left(1+\frac{1}{n}\right)^n < 1+1+\frac{1}{2!}+\cdots+\frac{1}{n!} < \mathrm{e}, \quad \forall n \in \mathbb{N}^+. \tag{2.4.3}$$

在例 2.4.1 的证明过程中，我们已经证明了

$$\left(1+\frac{1}{n}\right)^n < 1+1+\frac{1}{2!}+\cdots+\frac{1}{n!}, \quad \forall n \in \mathbb{N}^+.$$

下面证明式（2.4.3）右边的不等式成立．对任意的正整数 k 和 n 满足 $k > n$，

$$\left(1+\frac{1}{k}\right)^k = 1+1+\frac{1}{2!}\left(1-\frac{1}{k}\right)+\cdots+\frac{1}{n!}\left(1-\frac{1}{k}\right)\left(1-\frac{2}{k}\right)\cdots\left(1-\frac{n-1}{k}\right)+\cdots+$$

$$\frac{1}{k!}\left(1-\frac{1}{k}\right)\left(1-\frac{2}{k}\right)\cdots\left(1-\frac{k-1}{k}\right)$$

$$> 1+1+\frac{1}{2!}\left(1-\frac{1}{k}\right)+\cdots+\frac{1}{n!}\left(1-\frac{1}{k}\right)\left(1-\frac{2}{k}\right)\cdots\left(1-\frac{n-1}{k}\right),$$

固定 n，令 $k \to \infty$，则

$$\mathrm{e} = \lim\limits_{k\to\infty}\left(1+\frac{1}{k}\right)^k \geqslant 1+1+\frac{1}{2!}+\cdots+\frac{1}{n!}.$$

因为 n 是任意的，这就证明了不等式（2.4.3）．对不等式（2.4.3）每边取极限，由双侧趋近定理知

$$\lim\limits_{n\to\infty}\left(1+1+\frac{1}{2!}+\cdots+\frac{1}{n!}\right) = \mathrm{e}.$$

证毕．

应该指出，式（2.4.2）是用来数值计算欧拉数 e 的最常用公式，而且这个公式的收敛速度比任何指数的收敛速度都快（见 7.5.1 节斯特林公式）．与此相比，计算圆周率 π 至今尚未找到指数收敛的计算公式．因此，从数值计算上说，计算圆周率小数点后有限位数值（如小数点后第 10^{20} 位上的数）要比计算欧拉数困难得多．

例 2.4.3　证明：$\displaystyle\lim_{n\to\infty}\frac{n^n}{(n!)^2}=0$.

证明　令 $a_n=\dfrac{n^n}{(n!)^2}$，因为 $a_n>0$（$\forall n\geqslant 1$），且

$$\lim_{n\to\infty}\frac{a_{n+1}}{a_n}=\lim_{n\to\infty}\frac{1}{n+1}\left(1+\frac{1}{n}\right)^n=0,$$

所以存在 $N>0$，当 $n>N$ 时，有 $\dfrac{a_{n+1}}{a_n}<1$，故 $\{a_n\}_{n=N+1}^{\infty}$ 单调递减有下界，因此 $\displaystyle\lim_{n\to\infty}a_n=A$ 存在. 所以

$$\lim_{n\to\infty}a_{n+1}=\lim_{n\to\infty}\frac{a_{n+1}}{a_n}\cdot a_n=\lim_{n\to\infty}\frac{a_{n+1}}{a_n}\cdot\lim_{n\to\infty}a_n=0.$$

证毕.

例 2.4.4　证明：$\displaystyle\lim_{n\to\infty}\frac{n^2}{2^n}=0$.

证明　令 $a_n=\dfrac{n^2}{2^n}$，则 $a_{n+1}=\dfrac{(n+1)^2}{2^{n+1}}=\dfrac{1}{2}\left(\dfrac{n+1}{n}\right)^2 a_n$，因为 $\displaystyle\lim_{n\to\infty}\left(\dfrac{n+1}{n}\right)^2=1$，所以存在 $N\in\mathbb{N}^+$，当 $n>N$ 时，有 $\dfrac{1}{2}\left(\dfrac{n+1}{n}\right)^2<1$，所以 $a_{n+1}<a_n$（$n>N$）；又 $a_n>0$（$\forall n\in\mathbb{N}^+$），故单调有界定理表明 $\displaystyle\lim_{n\to\infty}a_n$ 存在. 设 $\displaystyle\lim_{n\to\infty}a_n=a$，对 $a_{n+1}=\dfrac{1}{2}\left(\dfrac{n+1}{n}\right)^2 a_n$ 两边取极限，得 $a=\dfrac{1}{2}a$，从而 $a=0$. 证毕.

2.4.2　闭区间套定理

定理 2.4.2（闭区间套定理）　设闭区间列 $\{[a_n,b_n]\}_{n=1}^{\infty}$ 满足

（i）$[a_1,b_1]\supset[a_2,b_2]\supset\cdots\supset[a_n,b_n]\supset\cdots$；

（ii）$\displaystyle\lim_{n\to\infty}(b_n-a_n)=0$，

则存在唯一的实数 α 属于每个闭区间 $[a_n,b_n]$（$n\geqslant 1$），且 $\displaystyle\lim_{n\to\infty}a_n=\lim_{n\to\infty}b_n=\alpha$.

证明　由条件（i），数列 $\{a_n\}$ 单调递增且有上界 b_1，故定理 2.4.1 表明 $\displaystyle\lim_{n\to\infty}a_n$ 存在，设为 $\displaystyle\lim_{n\to\infty}a_n=\alpha$；同理，数列 $\{b_n\}$ 单调递减且有下界 a_1，因此 $\{b_n\}$ 极限存在. 因为 $\displaystyle\lim_{n\to\infty}(b_n-a_n)=0$，所以

$$\lim_{n\to\infty}a_n=\alpha=\lim_{n\to\infty}b_n.$$

先证 α 属于每个闭区间. 任意取定自然数 k，当 $n>k$ 时，有 $a_k\leqslant a_n<b_n\leqslant b_k$，所以

$$a_k\leqslant\lim_{n\to\infty}a_n=\alpha=\lim_{n\to\infty}b_n\leqslant b_k,$$

即 $\alpha\in[a_k,b_k]$. 再证这样的 α 是唯一的. 假设存在 $\beta\neq\alpha$ 使得 $\beta\in\bigcap_{n=1}^{\infty}[a_n,b_n]$，则对 $\forall k\in\mathbb{N}^+$，

α, $\beta \in [a_k, b_k]$，有 $0 < |\alpha - \beta| \leq b_k - a_k \to 0$ ($k \to \infty$)，矛盾．故这样的 α 是唯一的．证毕．

闭区间套定理的**几何意义**：有一列闭线段，后者被包含在前者中，并且由这些闭线段的长构成的数列以 0 为极限，则这些闭线段存在唯一的一个公共点．

注 一般说来，将闭区间列换成开区间列，区间套定理不一定成立，例如，开区间列 $\left\{ \left(0, \dfrac{1}{n}\right) \right\}$ 满足：（1）$(0,1) \supset \left(0, \dfrac{1}{2}\right) \supset \cdots \supset \left(0, \dfrac{1}{n}\right) \supset \cdots$；（2）$\lim\limits_{n \to \infty} \dfrac{1}{n} = 0$，但不存在任何实数属于每个开区间 $\left(0, \dfrac{1}{n}\right)$．因此 $\bigcap\limits_{n \in \mathbb{N}^+} \left(0, \dfrac{1}{n}\right) = \varnothing$，即所有这些开区间的交集是空集．

2.4.3 Bolzano-Weierstrass 定理

定理 2.4.3（Bolzano-Weierstrass 定理） 有界数列必有收敛的子列．

证明 设 $\{u_n\}$ 是有界数列，则存在 a, b 使得对 $\forall n \in \mathbb{N}^+$，有 $a \leq u_n \leq b$．记 $a_1 = a$，$b_1 = b$，令 $c_1 = \dfrac{1}{2}(a_1 + b_1)$，则 c_1 将 $\{u_n\}$ 分成两部分，一部分落在区间 $[a_1, c_1]$ 中，另一部分落在区间 $[c_1, b_1]$ 中．这两个区间中至少有一个包含数列 $\{u_n\}$ 的无穷多项，不妨设为 $[a_1, c_1]$，记 $a_2 = a_1$，$b_2 = c_1$，令 $c_2 = \dfrac{1}{2}(a_2 + b_2)$，则 c_2 将 $[a_2, b_2]$ 分成两部分 $[a_2, c_2]$，$[c_2, b_2]$．这两个区间中至少有一个包含 $\{u_n\}$ 的无穷多项，不妨设为 $[a_2, c_2]$．这样的方法无限进行下去，得到闭区间列 $\{[a_n, b_n]\}$ 满足

（1）$[a_n, b_n]$ 包含 $\{u_n\}$ 的无穷多项；

（2）$[a_1, b_1] \supset [a_2, b_2] \supset \cdots \supset [a_n, b_n] \supset \cdots$；

（3）$\lim\limits_{n \to \infty}(b_n - a_n) = \lim\limits_{n \to \infty} \dfrac{b - a}{2^{n-1}} = 0$．

由闭区间套定理 2.4.2，存在唯一的实数 $\alpha \in \bigcap\limits_{n=1}^{\infty} [a_n, b_n]$ 且 $\lim\limits_{n \to \infty} a_n = \lim\limits_{n \to \infty} b_n = \alpha$．任取 $u_{n_1} \in [a_1, b_1]$，因为 $[a_2, b_2]$ 包含 $\{u_n\}$ 的无穷多项，故取 $n_2 > n_1$ 使得 $u_{n_2} \in [a_2, b_2]$．类似地，依次取下去，假设得到 $u_{n_1}, u_{n_2}, \cdots, u_{n_k}$ 满足 $n_1 < n_2 < \cdots < n_k$ 且 $u_{n_k} \in [a_k, b_k]$．因为 $[a_{k+1}, b_{k+1}]$ 包含 $\{u_n\}$ 的无穷多项，故取 $n_{k+1} > n_k$ 使得 $u_{n_{k+1}} \in [a_{k+1}, b_{k+1}]$，这样得到 $\{u_n\}$ 的一个子列 $\{u_{n_k}\}$ 满足 $a_k \leq u_{n_k} \leq b_k$ （$\forall k = 1, 2, \cdots$），由双侧趋近定理知 $\lim\limits_{k \to \infty} u_{n_k} = \alpha$．证毕．

此定理又称**致密性定理**．

例 2.4.5 设无界数列 $\{a_n\}$ 不是无穷大量，证明：存在 $\{a_n\}$ 的两个子列分别收敛于有限数和发散到无穷．

证明 因为数列 $\{a_n\}$ 无界，所以对 $\forall k \in \mathbb{N}^+$，$\exists a_{n_k}$ 使得 $|a_{n_k}| > k$，从而 $\lim\limits_{k \to \infty} a_{n_k} = \infty$；因为 $\{a_n\}$ 不是无穷大量，所以 $\exists M > 0$，$\forall k \in \mathbb{N}^+$，$\exists n_k'$ 使得 $|a_{n_k'}| \leq M$，故有界数列 $\{a_{n_k'}\}$ 存在收敛子列，从而 $\{a_n\}$ 存在收敛子列．证毕．

例 2.4.6 数列 $\{a_n\}$ 有界当且仅当 $\{a_n\}$ 的任意子列都存在收敛子列．

证明 显然只需证充分性. 用反证法, 假设数列 $\{a_n\}$ 无界, 则由例 2.4.5 知, 数列 $\{a_n\}$ 存在子列 $\{a_{n_k}\}$ 使得 $\lim\limits_{k\to\infty} a_{n_k} = \infty$, 从而 $\{a_{n_k}\}$ 的任何子列都发散到无穷, 这与条件矛盾, 充分性得证. 证毕.

2.4.4 柯西收敛准则

定义 2.4.2 设 $\{a_n\}$ 是一个数列. 若任给 $\varepsilon > 0$, 存在相应的 $N \in \mathbb{N}^+$, 使得当 $n > N$, $m > N$ 时, 都有 $|a_n - a_m| < \varepsilon$, 称数列 $\{a_n\}$ 是一个柯西（Cauchy）列.

在上述定义中, 对任意的自然数 p, 令 $m = n + p$, 则柯西列又可叙述为

任给 $\varepsilon > 0$, 存在相应的 $N \in \mathbb{N}^+$, 使得当 $n > N$ 时, 对任意的正整数 p, 都有 $|a_n - a_{n+p}| < \varepsilon$, 称数列 $\{a_n\}$ 是一个柯西列.

定理 2.4.4（柯西收敛准则） 数列收敛的充要条件是该数列为柯西列.

证明 设 $\lim\limits_{n\to\infty} a_n = A$. 则对 $\forall \varepsilon > 0$, $\exists N \in \mathbb{N}$, 当 $n, m > N$ 时, 有

$$|a_n - A| < \frac{\varepsilon}{2} \text{ 且 } |a_m - A| < \frac{\varepsilon}{2},$$

故 $|a_m - a_n| < \varepsilon$, 即收敛数列 $\{a_n\}$ 是柯西列. 完成必要性的证明.

下面证充分性. 设数列 $\{a_n\}$ 是柯西列. 先证明柯西列是有界数列. 取 $\varepsilon_0 = 1$, 则存在 $N_0 > 0$, 使得当 $n > N_0$ 时, 有 $|a_n - a_{N_0+1}| < 1$, 故 $|a_n| < |a_{N_0+1}| + 1$, 取

$$M = \max\left\{|a_1|, |a_2|, \cdots, |a_{N_0}|, |a_{N_0+1}| + 1\right\},$$

则对 $\forall n \in \mathbb{N}^+$, 有 $|a_n| \leqslant M$, 即数列 $\{a_n\}$ 有界. 再由定理 2.4.3, 数列 $\{a_n\}$ 存在收敛的子列 $\{a_{n_k}\}$, 记 $\lim\limits_{k\to\infty} a_{n_k} = A$. 对 $\forall \varepsilon > 0$, 因为 $\{a_n\}$ 是柯西列, 所以存在 $N > 0$, 使得当 $n, m > N$ 时, 有 $|a_n - a_m| < \frac{\varepsilon}{2}$. 又 $\lim\limits_{k\to\infty} a_{n_k} = A$, 所以对上述给定的 $\varepsilon > 0$, 存在 $K \in \mathbb{N}^+$（可要求 $K > N$）, 使得当 $k \geqslant K$ 时, 有 $|a_{n_k} - A| < \frac{\varepsilon}{2}$. 因为 $K > N$, 这时必有 $n_K > N$. 这样, 对 $\forall n > N$, 有

$$|a_n - A| \leqslant |a_n - a_{n_K}| + |a_{n_K} - A| < \varepsilon,$$

故 $\lim\limits_{n\to\infty} a_n = A$. 证毕.

注 （1）柯西收敛准则指出, 数列收敛等价于数列中充分远的任意两项的距离能够任意小, 这是收敛数列最本质的特征. 柯西收敛准则的优点在于, 它不需要借助数列以外的任何数, 只需根据数列自身各项之间的相互关系即可判别该数列的敛散性.

（2）证明数列发散有时要应用**柯西收敛准则的否定叙述**:

数列 $\{a_n\}$ 发散当且仅当 $\exists \varepsilon_0 > 0$, 对 $\forall N \in \mathbb{N}^+$, $\exists n_0, m_0 > N$, 有 $|a_{n_0} - a_{m_0}| \geqslant \varepsilon_0$.

例 2.4.7 证明数列 $\{x_n\}$ 发散, 其中 $x_n = \sum\limits_{k=1}^{n} \frac{1}{k}$.

证明

方法一 取 $\varepsilon_0 = \dfrac{1}{2}$，对 $\forall N \in \mathbb{N}^+$，取 $n > N$，有

$$|x_{2n} - x_n| = \frac{1}{n+1} + \frac{1}{n+2} + \cdots + \frac{1}{2n} > \frac{n}{2n} = \frac{1}{2},$$

故 $\{x_n\}$ 不是柯西列，所以数列 $\{x_n\}$ 发散.

方法二 例 2.4.1 已经证明 $\left(1 + \dfrac{1}{n}\right)^n < 3$，$n = 1, 2, \cdots$. 对该不等式两边取对数，得

$$n \log_3 \left(1 + \frac{1}{n}\right) < 1, \quad n = 1, 2, \cdots.$$

故对 $n = 1, 2, \cdots$，都有 $\dfrac{1}{n} > \log_3 \left(1 + \dfrac{1}{n}\right) = \log_3(1+n) - \log_3 n$，从而

$$x_n = 1 + \frac{1}{2} + \cdots + \frac{1}{n} > \sum_{k=1}^{n} \left(\log_3(k+1) - \log_3 k\right) = \log_3(n+1) \to +\infty \ (n \to \infty).$$

故 $\displaystyle\lim_{n\to\infty} \left(1 + \frac{1}{2} + \cdots + \frac{1}{n}\right) = +\infty$. 所以数列 $\{x_n\}$ 发散. 证毕.

例 2.4.8 证明：若对 $\forall n \in \mathbb{N}^+$，有 $|y_{n+1} - y_n| \leqslant c r^n$，其中 c 是正常数，且 $0 < r < 1$，则数列 $\{y_n\}$ 收敛.

证明 对任意的 $n, p \in \mathbb{N}^+$，有

$$|y_{n+p} - y_n| \leqslant |y_{n+p} - y_{n+p-1}| + |y_{n+p-1} - y_{n+p-2}| + \cdots + |y_{n+1} - y_n|$$

$$\leqslant c r^n (1 + r + \cdots + r^{p-1}) = \frac{c r^n (1 - r^p)}{1 - r}$$

$$\leqslant \frac{c}{1-r} r^n.$$

任给 $\varepsilon > 0$. 因为 $\displaystyle\lim_{n\to\infty} r^n = 0$，所以 $\exists N > 0$，当 $n > N$ 时，有 $r^n < \varepsilon$. 故当 $n > N$ 时，对 $\forall p \in \mathbb{N}^+$，有 $|y_{n+p} - y_n| < \dfrac{c}{1-r} \varepsilon$，由柯西收敛准则知 $\{y_n\}$ 收敛. 证毕.

例 2.4.9 设 $b_n = a_0 + a_1 q + a_2 q^2 + \cdots + a_n q^n$，其中 $|q| < 1$ 且数列 $\{a_k\}$ 有界，试证数列 $\{b_n\}$ 收敛.

证明 因为数列 $\{a_k\}$ 有界，所以存在 $M > 0$ 使得 $|a_k| \leqslant M (\forall k \geqslant 1)$，故对任意的正整数 n, m，有

$$|b_{n+m} - b_n| = |a_{n+1} q^{n+1} + a_{n+2} q^{n+2} + \cdots + a_{n+m} q^{n+m}| \leqslant M |q|^{n+1} \frac{1 - |q|^m}{1 - |q|} < \frac{M}{1 - |q|} |q|^{n+1}.$$

类似于例 2.4.8，易证数列 $\{b_n\}$ 是柯西列，所以收敛. 证毕.

下面我们由柯西收敛准则证明确界公理成立.

证明 设非空实数集 A 有上界 b. 若 A 是单点集，结论显然成立. 现在假设非空数集 A 不是单点集. 在集合 A 中取非上界的某个元素 a. 令 $c = \dfrac{a+b}{2}$. 若 c 是 A 的一个上界，则

令 $a_1 = a$, $b_1 = c$；否则，令 $a_1 = c$, $b_1 = b$. 则 b_1 是集合 A 的上界. 令 $c_1 = \dfrac{a_1 + b_1}{2}$，重复上面的过程，我们得到两个数列 $\{a_n\}$，$\{b_n\}$ 满足

（1）数列 $\{b_n\}$ 中的每一项都是数集 A 的一个上界，数列 $\{a_n\}$ 中的每一项都不是 A 的上界；

（2）$[a_n, b_n] \supset [a_{n+1}, b_{n+1}]$；

（3）$b_n - a_n = \dfrac{b-a}{2^n}$.

对任意的 $n, m \in \mathbb{N}^+$ 满足 $n < m$，因为 $a_n \le a_m < b_m \le b_n$，所以 $0 \le b_n - b_m < b_n - a_n = \dfrac{b-a}{2^n}$，从而 $\{b_n\}$ 是柯西列. 故由柯西收敛准则知，数列 $\{b_n\}$ 收敛，记 $\lim\limits_{n\to\infty} b_n = s$. 则（3）表明 $\lim\limits_{n\to\infty} a_n = \lim\limits_{n\to\infty} b_n = s$.

下证 $\sup A = s$. 先证明 s 是集合 A 的一个上界. 对 $\forall x \in A$，因为 $\{b_n\}$ 中的每一项都是数集 A 的一个上界，所以对 $\forall n \ge 1$，有 $x \le b_n$. 两边取极限，由极限的保序性知 $x \le s$. 再证 s 是数集 A 的最小上界. 因为 $\lim\limits_{n\to\infty} a_n = s$，所以对 $\forall \varepsilon > 0$, $\exists N \in \mathbb{N}^+$, $\forall n > N, |a_n - s| < \varepsilon$，故 $a_{N+1} > s - \varepsilon$. 因为 a_{N+1} 不是 A 的上界，所以 $\exists x \in A$ 使得 $x > a_{N+1} > s - \varepsilon$. 证毕.

我们首先从公理出发，应用确界公理证明了单调有界定理；然后依次用前一个定理证明了后一个定理，其顺序为确界公理→单调有界定理→闭区间套定理→致密性定理→柯西收敛准则的充分性；最后利用柯西收敛准则的充分性证明了确界公理，由此这五个定理是等价的. 实际上，除这五个定理外，还有另外两个定理也刻画了实数的连续性，分别是有限覆盖定理和聚点定理. 下面首先利用柯西收敛准则的充分性证明有限覆盖定理，然后利用有限覆盖定理证明聚点定理，最后由聚点定理证明确界公理，这样，这七个定理的证明构成闭循环. 因此，它们是等价的，互为充要条件，都刻画了实数集的连续性，构成微积分的理论基础，对微积分的发展起着重要的作用.

*2.4.5 有限覆盖定理

定理 2.4.5（有限覆盖定理） 若闭区间 $[a, b]$ 被开区间系 $\varSigma = \{\sigma\}$ 覆盖（$[a, b] \subseteq \bigcup\limits_{\sigma \in \varSigma} \sigma$），则存在有限个开区间 $\sigma_1, \sigma_2, \cdots, \sigma_n \in \varSigma$ 覆盖 $[a, b]$，即 $[a, b] \subseteq \bigcup\limits_{k=1}^{n} \sigma_k$.

证明（反证法） 设 $[a, b] \subseteq \bigcup\limits_{\sigma \in \varSigma} \sigma$，但 $[a, b]$ 不能被 $\varSigma$ 中的有限个开区间覆盖. 将 $[a, b]$ 等分为两半，必至少有一半不能被 $\varSigma$ 中的有限个开区间覆盖，将这样的一半记作 $[a_1, b_1]$（如果两半都如此，任取其一）. 再将 $[a_1, b_1]$ 等分为两半，其中至少也有一半不能被 $\varSigma$ 中的有限个开区间覆盖，将其记作 $[a_2, b_2]$. 依次类推，这样找到闭区间列 $\{[a_n, b_n]\}$ 满足每一个闭区间 $[a_n, b_n]$ 都不能被 $\varSigma$ 中的有限个开区间覆盖，且 $[a_n, b_n] \subset [a_{n-1}, b_{n-1}]$，$\lim\limits_{n\to\infty}(b_n - a_n) = 0$. 对 $\forall n, m \in \mathbb{N}^+$ 满足 $m > n$，有

$$a_n \le a_m < b_m \le b_n.$$

因此 $0 \leqslant b_n - b_m < b_n - a_n \to 0 \ (n \to \infty)$，故 $\{b_n\}$ 是柯西列．记 $\lim\limits_{n \to \infty} b_n = c = \lim\limits_{n \to \infty} a_n$．因为 $\{a_n\}$ 单调递增，$\{b_n\}$ 单调递减，因此对 $\forall n \geqslant 1$，$a_n \leqslant c \leqslant b_n$，故 $c \in [a_n, b_n] \subset [a, b] \subseteq \bigcup\limits_{\sigma \in \Sigma} \sigma$，所以 $\exists \sigma \in \Sigma$ 使得 $c \in \sigma$．因为 σ 是开区间，令 $\sigma = (\alpha, \beta)$ 且 $\varepsilon = \min\{c - \alpha, \beta - c\}$．因为 $\lim\limits_{n \to \infty} b_n = c = \lim\limits_{n \to \infty} a_n$，所以存在 $N > 0$ 使得当 $n > N$ 时，有 $\alpha \leqslant c - \varepsilon < a_n < b_n < c + \varepsilon \leqslant \beta$，故 $[a_n, b_n] \subset (\alpha, \beta) = \sigma$，即 $[a_n, b_n]$ 被 Σ 中的一个开区间覆盖，与闭区间列 $\{[a_n, b_n]\}$ 的构造方式矛盾．证毕．

注 （1）闭区间 $[a, b]$ 不能换为开区间或无穷区间，例如，$\left\{ \left(\dfrac{1}{n}, 1\right) \middle| n = 2, 3, \cdots \right\}$ 是开区间 $(0, 1)$ 的一个开覆盖，但不能从中选出有限个开区间来覆盖 $(0, 1)$；$\{(0, n) \mid n = 1, 2, 3, \cdots\}$ 是无穷区间 $(1, +\infty)$ 的一个开覆盖，但不能从中选出有限个开区间来覆盖 $(1, +\infty)$．

（2）开区间系也不能换为闭区间系，例如，令 $\sigma_1 = [-1, 0], \sigma_k = \left[\dfrac{1}{k}, \dfrac{2}{k}\right] \ (k = 2, 3, \cdots)$，则

$$\bigcup_{k=1}^{\infty} \sigma_k = [-1, 0] \cup \bigcup_{k=2}^{\infty} \left[\frac{1}{k}, \frac{2}{k}\right] = [-1, 1],$$

即 $[-1, 1]$ 被闭区间系 $\{\sigma_k \mid k = 1, 2, \cdots, n, \cdots\}$ 覆盖，但任何有限个闭区间都不能覆盖 $[-1, 1]$．

*2.4.6　聚点定理

定义 2.4.3　设 X 是非空实数集，$a \in \mathbb{R}$．若对 $\forall \delta > 0$，a 的 δ 邻域 $(a - \delta, a + \delta)$ 都含有 X 中的无穷多个点，则称 a 是 X 的一个聚点．

定理 2.4.6（聚点定理）　有界无穷集必有聚点．

证明（反证法）　设 X 是有界无穷集，则 $\exists a, b \in \mathbb{R}$ 使得 $X \subset [a, b]$．假设 $[a, b]$ 不包含 X 的聚点，则对 $\forall x \in [a, b]$，$\exists \delta_x > 0$ 使得 $(x - \delta_x, x + \delta_x)$ 至多包含 X 中的有限个点．因

$$[a, b] \subset \bigcup_{x \in [a, b]} (x - \delta_x, x + \delta_x), \quad \delta_x > 0,$$

由有限覆盖定理 2.4.5，存在有限个点 $x_1, x_2, \cdots, x_n \in [a, b]$ 使得 $[a, b] \subset \bigcup\limits_{i=1}^{n} (x_i - \delta_{x_i}, x_i + \delta_{x_i})$，而 $\bigcup\limits_{i=1}^{n} (x_i - \delta_{x_i}, x_i + \delta_{x_i})$ 至多包含 X 中的有限个点，从而 $[a, b]$ 至多包含 X 中的有限个点，与 $X \subset [a, b]$ 是无穷集矛盾．证毕．

习题 2.4

1．设数列 $\{a_n\}, \{b_n\}$ 满足：$0 < a_1 < b_1$，$a_{n+1} = \sqrt{a_n b_n}$，$b_{n+1} = \dfrac{a_n + b_n}{2}$．求证：数列 $\{a_n\}$ 和 $\{b_n\}$ 的极限都存在，并且二者相等．

2．数列 $\{a_n\}$ 严格单调递增，$\{b_n\}$ 严格单调递减，且 $\lim\limits_{n \to \infty} (a_n - b_n) = 0$，则 $\{a_n\}, \{b_n\}$ 收

敛于同一极限.

3．利用单调有界定理，证明极限 $\lim\limits_{n\to\infty} a_n$ 存在，并求出极限值.

（1）$a_1 = \sqrt{2}$, $a_{n+1} = \sqrt{2a_n}$;　　　　　　（2）$a_1 > 0$, $a_{n+1} = \dfrac{1}{2}\left(a_n + \dfrac{4}{a_n}\right)$;

（3）$a_1 > 0$, $a_{n+1} = \sin a_n$;　　　　　　（4）$a_1 = 1$, $a_{n+1} = 2 - \dfrac{1}{1+a_n}$.

4．设 $u_n = \left(1 + \dfrac{1}{n}\right)^{n+1}$.

（1）讨论数列 $\{u_n\}$ 的单调性；

（2）利用（1）的结果证明 $\dfrac{1}{n+1} < \ln\left(1 + \dfrac{1}{n}\right) < \dfrac{1}{n}$ 对任意的正整数 n 都成立；

（3）令 $a_n = 1 + \dfrac{1}{2} + \dfrac{1}{3} + \cdots + \dfrac{1}{n} - \ln n$. 证明数列 $\{a_n\}$ 收敛，其极限值 c 称为欧拉常数，$c = 0.577216\cdots$;

（4）求极限 $\lim\limits_{n\to\infty}\left(\dfrac{1}{n+1} + \dfrac{1}{n+2} + \cdots + \dfrac{1}{2n}\right)$;

（5）证明不等式：$\left(\dfrac{n}{e}\right)^n < n! < e\left(\dfrac{n}{2}\right)^n$, $\forall n \in \mathbb{N}^+$. 并由此计算 $\lim\limits_{n\to\infty}\dfrac{n!}{n^n}$.

5．设数列 $\{a_n\}$ 和 $\{b_n\}$ 有界，证明：存在正整数列 $\{n_k\}$ 满足 $n_{k+1} > n_k$ ，使得 $\lim\limits_{k\to\infty} a_{n_k}$ ，$\lim\limits_{k\to\infty} b_{n_k}$ 均存在.

6．设序列 $\{x_n\}$ 满足 $x_n \in (0, 1)$ ，且 $(1-x_n)x_{n+1} > \dfrac{1}{4}$ ，$\forall n \geqslant 1$. 求证 $\lim\limits_{n\to\infty} x_n = \dfrac{1}{2}$.

7．设 $a_1 = 1$, $a_{n+1} = 1 + \dfrac{1}{a_n}$, $n = 1, 2, \cdots$. 讨论数列的敛散性，若收敛求出其极限.

8．令 $S_n = 1 + \dfrac{1}{2^p} + \dfrac{1}{3^p} + \cdots + \dfrac{1}{n^p}$, $n \in \mathbb{N}^+$. 证明数列 $\{S_n\}$ 在以下两种情况下均发散：

（1）$p \leqslant 0$;　　　　　　　　（2）$0 < p < 1$.

9．设数列 $\{a_n\}$ 满足：对 $\forall p \in \mathbb{N}^+$ ，有 $\lim\limits_{n\to\infty}(a_{n+p} - a_n) = 0$ ，问 $\{a_n\}$ 是否是柯西列？研究以下例子：

（1）$a_n = \sqrt{n}$;　　　　　　（2）$a_n = \ln n$;　　　　　　（3）$a_n = \sum\limits_{k=1}^{n}\dfrac{1}{k}$.

10．证明 $\lim\limits_{n\to\infty} a_n$ 不存在.

（1）$a_n = \cos\dfrac{2n\pi}{3}$;　　　　　　（2）$a_n = \sqrt[n]{1 + 3^{(-1)^n n}}$.

11．设数列 $\{a_n\}$ 满足：$|a_{n+1} - a_n| \leqslant q|a_n - a_{n-1}|$ ，其中 $q \in (0,1)$ 为常数，证明：$\{a_n\}$ 收

敛．应用此原理讨论下列数列的敛散性，并求收敛数列的极限．

（1） $a_1 = 1$, $a_{n+1} = \dfrac{2+a_n}{1+a_n}$, $n = 1, 2, \cdots$； （2） $a_1 = 1$, $a_{n+1} = \sqrt{2 + a_n}$, $n = 1, 2, \cdots$；

（3） $a_1 = a \in [0, 1]$, $a_{n+1} = \dfrac{1}{2}(a - a_n^2)$, $n = 1, 2, \cdots$；

（4） $a_1 = a \in [0, 1)$, $a_{n+1} = \dfrac{1}{2}(a + a_n^2)$, $n = 1, 2, \cdots$．

12．利用柯西收敛准则证明 $\lim\limits_{n \to \infty} a_n$ 存在：

（1） $a_n = \sum\limits_{k=1}^{n} \dfrac{\sin k}{2^k}$； （2） $a_n = \sum\limits_{k=1}^{n} \dfrac{\cos k!}{k(k+1)}$；

（3） $a_n = \prod\limits_{k=1}^{n} \left(1 + \dfrac{1}{k^2}\right)$； （4） $a_n = \sum\limits_{k=1}^{n} (-1)^{k-1} \dfrac{1}{k}$；

（5） $a_n = \sum\limits_{k=1}^{n} \dfrac{(-1)^{k-1}}{\sqrt{k^\alpha}}$, $0 < \alpha \leqslant 1$．

13．试用聚点定理证明确界公理．

14．利用闭区间套定理证明实数集是不可数集．

15．方程 $x = m + \varepsilon \sin x \, (0 < \varepsilon < 1)$ 称为开普勒方程．设 $x_0 = m$，$x_n = m + \varepsilon \sin x_{n-1}$．证明数列 $\{x_n\}$ 存在极限．（以后将证明该数列的极限是开普勒方程的唯一解．）

*2.5 上极限与下极限

前面讨论了收敛数列的极限问题．我们知道，有界的数列不一定收敛，那么在 $n \to \infty$ 时有界数列的性态如何？

定义 2.5.1 若 $a \in \mathbb{R}$ 是数列 $\{a_n\}$ 的收敛子列的极限，称 $a \in \mathbb{R}$ 是数列 $\{a_n\}$ 的部分极限．

设 $\{a_n\}$ 是有界数列，则由 Bolzano-Weierstrass 定理知，$\{a_n\}$ 存在收敛的子列，从而数列 $\{a_n\}$ 有部分极限．令 L 是数列 $\{a_n\}$ 的全体部分极限构成的集合，则 L 是非空的有界集合，因此其上确界与下确界都存在．

定义 2.5.2 设 $\{a_n\}$ 是有界数列．称 $\sup L$ 为 $\{a_n\}$ 的上极限，记为 $\limsup\limits_{n \to \infty} a_n$，也用符号 $\overline{\lim\limits_{n \to \infty}} a_n$ 表示；称 $\inf L$ 为 $\{a_n\}$ 的下极限，记为 $\liminf\limits_{n \to \infty} a_n$，也表示为 $\underline{\lim\limits_{n \to \infty}} a_n$．

上下极限也有一个等价定义，考虑数列 $\{a_n\}_{n=1}^{\infty}$ 的去掉前 $k-1$ 项的子列 $\{a_n\}_{n=k}^{\infty}$，令 α_k 和 β_k 分别是数列 $\{a_n\}_{n=k}^{\infty}$ 的下确界和上确界，即 $\alpha_k = \inf\{a_n\}_{n=k}^{\infty}$，$\beta_k = \sup\{a_n\}_{n=k}^{\infty}$．显然，数列 $\{\alpha_k\}_{k=1}^{\infty}$ 是一个单调递增数列，$\{\beta_k\}_{k=1}^{\infty}$ 是一个单调递减数列，我们定义

$$\beta = \limsup_{n \to \infty} a_n = \lim_{k \to \infty} \beta_k = \lim_{k \to \infty} (\sup\{a_n\}_{n \geqslant k}) = \inf_{k \geqslant 1} (\sup\{a_n\}_{n \geqslant k})；$$

$$\alpha = \liminf_{n \to \infty} a_n = \lim_{k \to \infty} \alpha_k = \lim_{k \to \infty}(\inf\{a_n\}_{n \geqslant k}) = \sup_{k \geqslant 1}(\inf\{a_n\}_{n \geqslant k}) .$$

例 2.5.1　令 $a_n = \sin\dfrac{n\pi}{2}$, $n = 1,\, 2,\, \cdots$. 则 $\{a_n\}$ 是有界数列，容易看到 $\{a_n\}$ 的全体部分极限构成的集合 $L = \{-1, 0, 1\}$，且 $\limsup\limits_{n \to \infty} a_n = 1$, $\liminf\limits_{n \to \infty} a_n = -1$.

设 $\{x_{n_k}\}$ 是有界数列 $\{x_n\}$ 的收敛子列，则 $\limsup\limits_{n \to \infty} x_n \geqslant \lim\limits_{k \to \infty} x_{n_k} \geqslant \liminf\limits_{n \to \infty} x_n$. 那么是否有界数列的上极限与下极限都是部分极限呢？回答是肯定的.

定理 2.5.1　设 $\{x_n\}$ 是有界数列，且 $a = \liminf\limits_{n \to \infty} x_n$, $b = \limsup\limits_{n \to \infty} x_n$. 则存在 $\{x_n\}$ 的两个收敛的子列 $\{x_{n_k}\}$ 和 $\{x_{m_k}\}$ 使得 $a = \lim\limits_{k \to \infty} x_{n_k}$, $b = \lim\limits_{k \to \infty} x_{m_k}$.

证明　以下只证明下极限的情形，上极限情形的证明类似. 设 L 是 $\{x_n\}$ 的全体部分极限组成的集合，对任意的正整数 $k \geqslant 1$，由于

$$a = \liminf_{n \to \infty} x_n = \inf L,$$

因此 $\exists a_k \in L$ 使得 $a \leqslant a_k < a + \dfrac{1}{k}$，由 $a_k \in L$ 知，存在 $\{x_n\}$ 的子列收敛于 a_k，因此 $\{x_n\}$ 中必有无穷多项与 a_k 的距离小于 $\dfrac{1}{k}$，选取其中一项记为 x_{n_k}，即 $\left|x_{n_k} - a_k\right| < \dfrac{1}{k}$. 应用归纳法，可取到 $n_1 < n_2 < \cdots < n_k < \cdots$，这样找到 $\{x_n\}$ 的子列 $\{x_{n_k}\}$. 由上面的两个不等式可知，$\left|x_{n_k} - a\right| \leqslant \left|x_{n_k} - a_k\right| + \left|a_k - a\right| < \dfrac{2}{k}$，这样 $\lim\limits_{k \to \infty} x_{n_k} = a$. 证毕.

该定理表明，上极限是最大的部分极限，下极限是最小的部分极限，由此得到

定理 2.5.2　设 $\{x_n\}$ 是有界数列，则 $\{x_n\}$ 收敛当且仅当 $\liminf\limits_{n \to \infty} x_n = \limsup\limits_{n \to \infty} x_n$.

这个定理的等价叙述：有界数列有极限当且仅当它的全体部分极限的集合 L 是一个单点集. 因此，可利用数列的上极限与下极限来研究数列的收敛性，以及求其极限值.

例 2.5.2　设 $x_n > 0$（$n = 1, 2, \cdots$）. 证明：若 $\lim\limits_{n \to \infty} \dfrac{x_{n+1}}{x_n} = l$（$< +\infty$），则 $\lim\limits_{n \to \infty} \sqrt[n]{x_n} = l$.

证明　对 $\forall \varepsilon > 0$（取 $\varepsilon < l$），则 $\lim\limits_{n \to \infty} \dfrac{x_{n+1}}{x_n} = l$ 蕴含 $\exists N > 0$，当 $k \geqslant N$ 时，有

$$l - \varepsilon < \frac{x_{k+1}}{x_k} < l + \varepsilon.$$

设 $n > N$. 则由上式得 $(l - \varepsilon)^{n-N} < \prod\limits_{k=N}^{n-1} \dfrac{x_{k+1}}{x_k} < (l + \varepsilon)^{n-N}$，故

$$x_N(l - \varepsilon)^{n-N} < x_n < (l + \varepsilon)^{n-N} x_N.$$

不等式每边开 n 次方，得

$$\sqrt[n]{x_N}(l - \varepsilon)^{\frac{n-N}{n}} < \sqrt[n]{x_n} < (l + \varepsilon)^{\frac{n-N}{n}} \sqrt[n]{x_N}.$$

由于 $\lim\limits_{n\to\infty}\sqrt[n]{x_N}=1$，因此 $l-\varepsilon \leqslant \liminf\limits_{n\to\infty}\sqrt[n]{x_n}\leqslant \limsup\limits_{n\to\infty}\sqrt[n]{x_n}\leqslant l+\varepsilon$. 由于 $\varepsilon>0$ 的任意性，故 $\liminf\limits_{n\to\infty}\sqrt[n]{x_n}=\limsup\limits_{n\to\infty}\sqrt[n]{x_n}=l$，所以 $\lim\limits_{n\to\infty}\sqrt[n]{x_n}=l$. 证毕.

我们知道，不是每个数列都有极限，但每个有界数列却都有上极限与下极限. 因此，在一些较难建立数列的收敛性问题中，采用上极限与下极限作为极限运算的替代是一种有效的手段. 另外，极限运算所满足的四则运算，上极限与下极限运算不再成立，但有相对较弱的结论.

定理 2.5.3 设 $\{x_n\}$ 和 $\{y_n\}$ 是有界数列. 则下列结论成立：

（i） $\limsup\limits_{n\to\infty}(-x_n)=-\liminf\limits_{n\to\infty}x_n$，$\liminf\limits_{n\to\infty}(-x_n)=-\limsup\limits_{n\to\infty}x_n$；

（ii） $\liminf\limits_{n\to\infty}x_n+\liminf\limits_{n\to\infty}y_n\leqslant\liminf\limits_{n\to\infty}(x_n+y_n)\leqslant\liminf\limits_{n\to\infty}x_n+\limsup\limits_{n\to\infty}y_n$；

（iii） $\liminf\limits_{n\to\infty}x_n+\limsup\limits_{n\to\infty}y_n\leqslant\limsup\limits_{n\to\infty}(x_n+y_n)\leqslant\limsup\limits_{n\to\infty}x_n+\limsup\limits_{n\to\infty}y_n$.

证明 结论（i）是显然的，我们只证明不等式（ii），不等式（iii）可类似证明.

令 L_1，L_2，L_3 分别表示数列 $\{x_n\}$，$\{y_n\}$，$\{x_n+y_n\}$ 的全体部分极限构成的集合.

断言 对 $\forall\gamma\in L_3$，存在 $\alpha\in L_1$ 及 $\beta\in L_2$ 使得 $\gamma=\alpha+\beta$. 实际上，由 $\gamma\in L_3$ 知，存在 $\{x_n+y_n\}$ 的收敛子列 $\{x_{n_k}+y_{n_k}\}$ 使得 $\lim\limits_{k\to\infty}(x_{n_k}+y_{n_k})=\gamma$. 显然，$\{x_n\}$ 和 $\{y_n\}$ 的相应子列 $\{x_{n_k}\}$ 和 $\{y_{n_k}\}$ 不一定收敛，但这两个子列都存在收敛的子列. 取 $\{x_{n_k}\}$ 的一个收敛的子列 $\{x_{n_{k_l}}\}$，且设 $\lim\limits_{l\to\infty}x_{n_{k_l}}=\alpha$. 而数列 $\{y_{n_k}\}$ 的相应子列 $\{y_{n_{k_l}}\}$ 一定存在收敛的子列，为使记号不致复杂，不妨假设 $\{y_{n_{k_l}}\}$ 收敛且 $\lim\limits_{l\to\infty}y_{n_{k_l}}=\beta$. 则由 $\lim\limits_{k\to\infty}(x_{n_k}+y_{n_k})=\gamma$ 得

$$\gamma=\lim_{l\to\infty}(x_{n_{k_l}}+y_{n_{k_l}})=\lim_{l\to\infty}x_{n_{k_l}}+\lim_{l\to\infty}y_{n_{k_l}}=\alpha+\beta.$$

这就证明了断言成立. 故 $\gamma=\alpha+\beta\geqslant\inf L_1+\inf L_2$，即 L_3 中的每个数都不小于 $\inf L_1+\inf L_2$，从而 $\inf L_3\geqslant\inf L_1+\inf L_2$，故不等式（ii）的左边成立.

类似可证，对 $\forall\alpha\in L_1$，存在相应的 $\beta\in L_2$ 使得 $\alpha+\beta\in L_3$. 这样对 $\forall\alpha\in L_1$，存在相应的 $\beta\in L_2$ 使得 $\alpha+\beta\geqslant\inf L_3$. 由于 $\alpha+\beta\leqslant\alpha+\sup L_2$，因此 $\inf L_3\leqslant\alpha+\sup L_2$，从而 $\inf L_3-\sup L_2\leqslant\alpha$，且 $\inf L_3-\sup L_2\leqslant\inf L_1$，即 $\inf L_3\leqslant\inf L_1+\sup L_2$. 故不等式（ii）的右边成立. 证毕.

类似地，可证明下面的结论成立.

定理 2.5.4 设 $\{x_n\}$ 和 $\{y_n\}$ 是有界的非负数列. 则下列结论成立：

（i） $\left(\liminf\limits_{n\to\infty}x_n\right)\cdot\left(\liminf\limits_{n\to\infty}y_n\right)\leqslant\liminf\limits_{n\to\infty}(x_n\cdot y_n)\leqslant\left(\liminf\limits_{n\to\infty}x_n\right)\cdot\left(\limsup\limits_{n\to\infty}y_n\right)$；

（ii） $\left(\liminf\limits_{n\to\infty}x_n\right)\cdot\left(\limsup\limits_{n\to\infty}y_n\right)\leqslant\limsup\limits_{n\to\infty}(x_n\cdot y_n)\leqslant\left(\limsup\limits_{n\to\infty}x_n\right)\cdot\left(\limsup\limits_{n\to\infty}y_n\right)$.

由定理 2.5.3 和定理 2.5.4，可得下列结论.

定理 2.5.5 设数列 $\{x_n\}$ 收敛，数列 $\{y_n\}$ 有界. 则下列结论成立：

（i）$\liminf\limits_{n\to\infty}(x_n+y_n)=\lim\limits_{n\to\infty}x_n+\liminf\limits_{n\to\infty}y_n$；　$\limsup\limits_{n\to\infty}(x_n+y_n)=\lim\limits_{n\to\infty}x_n+\limsup\limits_{n\to\infty}y_n$；

（ii）如果 $\{x_n\}$ 的各项是非负的，则

$$\liminf\limits_{n\to\infty}(x_ny_n)=\left(\lim\limits_{n\to\infty}x_n\right)\cdot\left(\liminf\limits_{n\to\infty}y_n\right),\quad \limsup\limits_{n\to\infty}(x_ny_n)=\left(\lim\limits_{n\to\infty}x_n\right)\cdot\left(\limsup\limits_{n\to\infty}y_n\right).$$

例 2.5.3　设数列 $\{x_n\}$ 满足如下递推关系：

$$x_1=2,\quad x_n=\frac{n+1}{2n}x_{n-1}+1,\quad n=2,3,\cdots.$$

证明：$\lim\limits_{n\to\infty}x_n=2$.

证明　先证 $\{x_n\}$ 是有界数列. 显然 $x_n\geqslant 1$（$n=1,2,\cdots$）. 再证 $x_n\leqslant 4$（$n=1,2,\cdots$）. 显然 $x_1<4$. 假设 $x_{n-1}\leqslant 4$（$n\geqslant 2$）. 由递推式得

$$x_n=\frac{n+1}{2n}x_{n-1}+1\leqslant 2\left(1+\frac{1}{n}\right)+1\leqslant 2\cdot\frac{3}{2}+1=4.$$

应用数学归纳法，可知 $x_n\leqslant 4$（$n=1,2,\cdots$）. 故 $\{x_n\}$ 的上、下极限都存在. 记

$$\limsup\limits_{n\to\infty}x_n=\alpha,\quad \liminf\limits_{n\to\infty}x_n=\beta.$$

定理 2.5.5 表明

$$\alpha=\limsup\limits_{n\to\infty}x_n=\lim\limits_{n\to\infty}\frac{n+1}{2n}\cdot\limsup\limits_{n\to\infty}x_{n-1}+1=\frac{1}{2}\alpha+1,$$

解得 $\alpha=2$. 类似地，在递推式两端取下极限可得 $\beta=2$. 所以 $\limsup\limits_{n\to\infty}x_n=2=\liminf\limits_{n\to\infty}x_n$，故 $\lim\limits_{n\to\infty}x_n=2$. 证毕.

例 2.5.4　数论中的一个核心问题就是素数的分布问题. 一个大于 1 的自然数，如果除 1 和它本身外没有其他的正整数因子，即不能被其他正整数整除，就称为素数或质数. 高斯根据当时已知的一百万内的素数列表猜测，当 n 趋于无穷时，有 $\pi(n)=\dfrac{n}{\ln n}+o\left(\dfrac{n}{\ln n}\right)$，其中 $\pi(n)$ 是 n 以内素数的个数，这个结论称为素数定理，但是高斯并没有给出证明. 切比雪夫和黎曼都为证明这个猜测做出过重要贡献. 实际上，著名的黎曼猜想就是黎曼在试图证明上述渐进公式的过程中做出的猜测. 直到 1896 年，法国数学家 Hadamard 和比利时数学家 Poussin 分别给出了独立的证明. 这个定理说明，总体来说，素数分布越来越稀疏. 设 $\{p_k\}$ 是所有素数从小到大排成的数列，定义相邻素数之差值组成的序列 $\{g_k\}_{k=1}^{\infty}=\{p_{k+1}-p_k\}_{k=1}^{\infty}$，根据素数定理，显然有 $\limsup\limits_{n\to\infty}g_n=\infty$. 一个重要的问题是 $\liminf\limits_{n\to\infty}g_n$ 是不是有限值. 这个问题直到 2013 年才被美籍华裔数学家张益唐证明其是有限的. 当然，数学家们猜测 $\liminf\limits_{n\to\infty}g_n=2$，即孪生素数猜想：存在无穷多个孪生素数（如 17、19，以及 41、43 等）. 但是很可惜，截至 2023 年，仍没有人能够证明孪生素数猜想是否正确. 当前已知的最大孪生素数为 $242206083^2\times 2^{38880}\pm 1$（于 1995 年被发现）. 最后再说明一下素数定理，如果黎曼猜想是正确的，则当 n 趋于无穷时，素数定理可以写成

$\pi(n) = \dfrac{n}{\ln n} + O(\sqrt{n} \ln n)$. 黎曼猜想是当今数学领域最重要的尚未解决的难题之一.

习题 2.5

1. 设 $x_n > 0$（$n = 1, 2, \cdots$），证明：$\varlimsup\limits_{n \to \infty} \sqrt[n]{x_n} \leqslant \varlimsup\limits_{n \to \infty} \dfrac{x_{n+1}}{x_n}$.

2. 证明：对任意的正数列 $\{x_n\}$，有 $\varlimsup\limits_{n \to \infty} n\left(\dfrac{1 + x_{n+1}}{x_n} - 1\right) \geqslant 1$. 并举例说明右端数 1 是最佳估计（即把右端数 1 换成任一比 1 大的数，不等式不再成立）.

3. 设正数列 $\{x_n\}$ 满足 $0 \leqslant x_{n+1} \leqslant \dfrac{x_{n-1} + x_n}{2}$，$n = 2, 3, \cdots$. 证明：数列 $\{x_n\}$ 收敛.

第 3 章 | 函数极限与连续

函数是反映因变量随自变量变化规律的数学对象. 函数的形式虽然多种多样, 但它有两种基本的变化: 渐变和突变. 渐变的函数随着自变量的连续变化而连续地发生变化; 突变函数则在自变量连续变化的过程中发生了取值的中断, 出现了跳跃等不连续变化的现象. 两种变化在自然界中均普遍存在, 本章将用数学语言描述函数的这两种变化, 而函数的极限理论是研究函数连续性的基础, 因此本章先介绍函数极限.

3.1 函数极限的概念

数列是定义在正整数集 N^+ 上的整标函数, 因此数列极限可看成特殊的函数极限, 函数极限按照自变量的变化趋势来区分, 有以下 6 种类型:

$$\lim_{x \to x_0} f(x), \quad \lim_{x \to x_0^+} f(x), \quad \lim_{x \to x_0^-} f(x), \quad \lim_{x \to \infty} f(x), \quad \lim_{x \to +\infty} f(x), \quad \lim_{x \to -\infty} f(x).$$

3.1.1 函数在一点的极限

定义 3.1.1（$\varepsilon - \delta$ 定义） 设 $f(x)$ 在 x_0 的某个去心邻域内有定义. 又设 A 是一实数. 若对 $\forall \varepsilon > 0$, $\exists \delta > 0$ 使得对 $\forall x \in U_\circ(x_0, \delta)$, 有 $|f(x) - A| < \varepsilon$, 称 A 是 $f(x)$ 在 $x \to x_0$ 时的极限, 记为 $\lim\limits_{x \to x_0} f(x) = A$.

注 （1）在函数极限的 $\varepsilon - \delta$ 定义中, 只要求 $f(x)$ 在 x_0 的去心邻域内有定义, 说明 $f(x)$ 在 x_0 点是否存在极限与函数 $f(x)$ 在 x_0 点的情况无关, 也就是说, 既与 $f(x)$ 在 x_0 点是否有定义无关, 也与 $f(x)$ 在 x_0 点有定义时取什么样的函数值无关.

（2）函数极限 $\lim\limits_{x \to x_0} f(x)$ 表示 $f(x)$ 在 x_0 点附近函数值的变化趋势, 所以它反映 $f(x)$ 在 x_0 点附近的局部性质.

极限 $\lim\limits_{x \to x_0} f(x) = A$ 的**几何意义**: 对 $\forall \varepsilon > 0$, $\exists \delta > 0$, $f(U_\circ(x_0, \delta)) \subset U(A, \varepsilon)$. 即以任意二直线 $y = A \pm \varepsilon$ 为边界的带形区域, 总存在 $\delta > 0$, 使得当 $x \in U_\circ(x_0, \delta)$ 时, 相应的函数 $f(x)$ 的图像位于这个带形区域内, 如图 3-1-1 所示.

在上述极限定义中, 如果仅讨论自变量 x 在 x_0 的左侧或右侧变化, 就得到 $f(x)$ 在 x_0 点的左极限与右极限, 即 "单侧极限" 的概念.

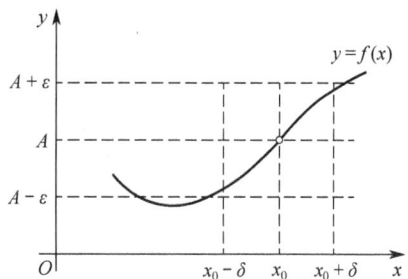

图 3-1-1

定义 3.1.2（右极限） 设函数 $f(x)$ 在 $(x_0, x_0 + h)$ （$h > 0$）内有定义. 若存在数 A, 对

$\forall \varepsilon > 0$，$\exists \delta > 0$（$\delta < h$）使得对 $\forall x \in (x_0, x_0 + \delta)$，有 $|f(x) - A| < \varepsilon$，称 $f(x)$ 在 x_0 存在右极限，记为 $\lim\limits_{x \to x_0^+} f(x) = A$，或 $f(x_0 + 0) = A$，或 $f(x_0^+) = A$.

定义 3.1.3（左极限） 设函数 $f(x)$ 在 $(x_0 - h, x_0)$（$h > 0$）内有定义．若存在数 A，对 $\forall \varepsilon > 0$，$\exists \delta > 0$（$\delta < h$）使得对 $\forall x \in (x_0 - \delta, x_0)$，有 $|f(x) - A| < \varepsilon$，称 $f(x)$ 在 x_0 存在左极限，记为 $\lim\limits_{x \to x_0^-} f(x) = A$，或 $f(x_0 - 0) = A$，或 $f(x_0^-) = A$.

容易看出，函数 $f(x)$ 在 x_0 点的极限与它在该点的两个单侧极限有如下关系．

定理 3.1.1 $\lim\limits_{x \to x_0} f(x)$ 存在且 $\lim\limits_{x \to x_0} f(x) = A$ 的充要条件是 $\lim\limits_{x \to x_0^+} f(x)$ 和 $\lim\limits_{x \to x_0^-} f(x)$ 都存在且

$$\lim_{x \to x_0^+} f(x) = \lim_{x \to x_0^-} f(x) = A.$$

证明 必要性显然．下面证明充分性．设 $\lim\limits_{x \to x_0^+} f(x) = A = \lim\limits_{x \to x_0^-} f(x)$，则对 $\forall \varepsilon > 0$，$\exists \delta_1 > 0$ 使得对 $\forall x \in (x_0, x_0 + \delta_1)$，有 $|f(x) - A| < \varepsilon$；且 $\exists \delta_2 > 0$ 使得对 $\forall x \in (x_0 - \delta_2, x_0)$，有 $|f(x) - A| < \varepsilon$. 取 $\delta = \min\{\delta_1, \delta_2\}$，于是当 $x \in U_\circ(x_0, \delta)$ 时，有 $|f(x) - A| < \varepsilon$，故 $\lim\limits_{x \to x_0} f(x) = A$. 证毕.

例 3.1.1 用 $\varepsilon - \delta$ 定义证明：$\lim\limits_{x \to 0} x \sin \dfrac{1}{x} = 0$.

证明 对 $\forall \varepsilon > 0$，取 $\delta = \varepsilon$，则当 $0 < |x| < \delta$ 时，有 $\left| x \sin \dfrac{1}{x} \right| \leqslant |x| < \varepsilon$. 故 $\lim\limits_{x \to 0} x \sin \dfrac{1}{x} = 0$. 证毕.

例 3.1.2 用 $\varepsilon - \delta$ 定义证明：$\lim\limits_{x \to a} \cos x = \cos a$.

证明 任给 $\varepsilon > 0$，取正数 $\delta \leqslant \varepsilon$，则当 $0 < |x - a| < \delta$ 时，有

$$|\cos x - \cos a| = 2 \left| \sin \frac{x+a}{2} \sin \frac{x-a}{2} \right| \leqslant |x - a| < \varepsilon,$$

故 $\lim\limits_{x \to a} \cos x = \cos a$. 证毕.

类似地，可证 $\lim\limits_{x \to a} \sin x = \sin a$.

例 3.1.3 用 $\varepsilon - \delta$ 定义证明：$\lim\limits_{x \to a} \ln x = \ln a$（$a > 0$）.

证明 任给 $\varepsilon > 0$，解不等式 $|\ln x - \ln a| < \varepsilon$，即 $-\varepsilon < \ln \dfrac{x}{a} < \varepsilon$，等价于 $\mathrm{e}^{-\varepsilon} < \dfrac{x}{a} < \mathrm{e}^\varepsilon$，从而

$$\mathrm{e}^{-\varepsilon} - 1 < \frac{x - a}{a} < \mathrm{e}^\varepsilon - 1,$$

故 $a(\mathrm{e}^{-\varepsilon} - 1) < x - a < a(\mathrm{e}^\varepsilon - 1)$，取 $\delta = \min\{a(\mathrm{e}^\varepsilon - 1), a(1 - \mathrm{e}^{-\varepsilon})\} = a(1 - \mathrm{e}^{-\varepsilon})$. 则当 $0 < |x - a| < \delta$ 时，有 $|\ln x - \ln a| < \varepsilon$，即 $\lim\limits_{x \to a} \ln x = \ln a$. 证毕.

例 3.1.4 设 $0 < a \neq 1$. 证明：对 $\forall x_0 \in \mathbb{R}$，有 $\lim\limits_{x \to x_0} a^x = a^{x_0}$.

证明 设 $a > 1$. 任给充分小的 $\varepsilon > 0$. 解不等式 $|a^x - a^{x_0}| < \varepsilon$，注意到 $|a^x - a^{x_0}| < \varepsilon$ 当且仅当

$$\left|a^{x-x_0}-1\right|<a^{-x_0}\varepsilon,$$

当且仅当 $1-a^{-x_0}\varepsilon<a^{x-x_0}<1+a^{-x_0}\varepsilon$，当且仅当

$$\log_a(1-a^{-x_0}\varepsilon)<x-x_0<\log_a(1+a^{-x_0}\varepsilon),$$

故取 $\delta=\min\{-\log_a(1-a^{-x_0}\varepsilon),\log_a(1+a^{-x_0}\varepsilon)\}=\log_a(1+a^{-x_0}\varepsilon)$，则当 $0<|x-x_0|<\delta$ 时，有 $\left|a^x-a^{x_0}\right|<\varepsilon$，所以 $\lim\limits_{x\to x_0}a^x=a^{x_0}$.

若 $0<a<1$，则 $b=\dfrac{1}{a}>1$，故对 $\forall x_0\in\mathbb{R}$，有 $\lim\limits_{x\to x_0}a^x=\lim\limits_{x\to x_0}\dfrac{1}{b^x}=\dfrac{1}{b^{x_0}}=a^{x_0}$. 证毕.

例 3.1.5 用极限的定义证明：$\lim\limits_{x\to 1^-}\arctan\dfrac{1}{1-x}=\dfrac{\pi}{2}$.

证明 对 $\forall\varepsilon>0\left(0<\varepsilon<\dfrac{\pi}{2}\right)$，要使不等式

$$\left|\arctan\frac{1}{1-x}-\frac{\pi}{2}\right|=\frac{\pi}{2}-\arctan\frac{1}{1-x}<\varepsilon \qquad (x<1)$$

成立，解得 $1-x<\dfrac{1}{\tan\left(\dfrac{\pi}{2}-\varepsilon\right)}$. 取 $\delta=\dfrac{1}{\tan\left(\dfrac{\pi}{2}-\varepsilon\right)}$，于是对 $\forall x\in(1-\delta,1)$，有

$\left|\arctan\dfrac{1}{1-x}-\dfrac{\pi}{2}\right|<\varepsilon$，故 $\lim\limits_{x\to 1^-}\arctan\dfrac{1}{1-x}=\dfrac{\pi}{2}$. 证毕.

例 3.1.6 证明：开区间上的单调函数在开区间内每一点处的左极限与右极限都存在.

证明 设 $f(x)$ 在开区间 (a,b) 上单调递增. 任取 $x_0\in(a,b)$，则对 $\forall x\in(a,x_0)$，$f(x)\le f(x_0)$. 这样数集 $\{f(x):x\in(a,x_0)\}$ 有上界，由确界公理，$\{f(x):x\in(a,x_0)\}$ 存在唯一的上确界，记

$$\sup\{f(x):x\in(a,x_0)\}=A,$$

则对 $\forall\varepsilon>0$，$\exists\xi\in(a,x_0)$ 使得 $f(\xi)>A-\varepsilon$. 取 $\delta=x_0-\xi$，则对 $\forall x\in(x_0-\delta,x_0)=(\xi,x_0)$，由于 $f(x)$ 单调递增，有 $A-\varepsilon<f(\xi)\le f(x)\le A$，故 $\lim\limits_{x\to x_0^-}f(x)=A$.

类似可证 $\lim\limits_{x\to x_0^+}f(x)$ 存在. 证毕.

例 3.1.7 设黎曼函数 $R(x)=\begin{cases}\dfrac{1}{q}, & x=\dfrac{p}{q}\ \left(\dfrac{p}{q}\text{ 为既约真分数},\ p>0,q>0\right);\\ 0, & x\in[0,1],\ x\notin\mathbb{Q}\ \text{或}\ x=0,1.\end{cases}$

证明：对 $\forall x_0\in[0,1]$，有 $\lim\limits_{x\to x_0}R(x)=0$.

证明 任取 $x_0\in[0,1]$. 对 $\forall\varepsilon>0$，取充分大的正整数 q_0 使得 $\dfrac{1}{q_0}<\varepsilon$. 在 $[0,1]$ 中使得 $0<q\le q_0$ 的真分数 $\dfrac{p}{q}$ 只有有限多个，因此总能取到充分小的 $\delta>0$ 使得 $(x_0-\delta,x_0)\bigcup(x_0,x_0+\delta)$ 中有理数的分母 $q>q_0$. 故当无理数 x 满足 $0<|x-x_0|<\delta$ 时，有 $R(x)=0<\varepsilon$；当 $x=\dfrac{p}{q}$ 满足

$0 < |x - x_0| < \delta$ 时，必有 $q > q_0$，从而 $0 \leq R(x) = \dfrac{1}{q} < \dfrac{1}{q_0} < \varepsilon$. 故 $\lim\limits_{x \to x_0} R(x) = 0$. 证毕.

3.1.2 函数在无穷远处的极限

定义 3.1.4 设 $f(x)$ 在 $|x| \geq a$ 时有定义. 若存在数 A，对 $\forall \varepsilon > 0$，$\exists M > 0$ 使得当 $|x| > M$ 时，有 $|f(x) - A| < \varepsilon$，称 A 是 $f(x)$ 在 $x \to \infty$ 时的极限，记为 $\lim\limits_{x \to \infty} f(x) = A$.

定义 3.1.5 设 $f(x)$ 在 $(a, +\infty)$ 内有定义. 若存在数 A，对 $\forall \varepsilon > 0$，$\exists M > 0$ 使得当 $x > M$ 时，有 $|f(x) - A| < \varepsilon$，称 A 是 $f(x)$ 在 $x \to +\infty$ 时的极限，记为 $\lim\limits_{x \to +\infty} f(x) = A$.

定义 3.1.6 设 $f(x)$ 在 $(-\infty, a)$ 内有定义. 若存在数 A，对 $\forall \varepsilon > 0$，$\exists M > 0$ 使得当 $x < -M$ 时，有 $|f(x) - A| < \varepsilon$，称 A 是 $f(x)$ 在 $x \to -\infty$ 时的极限，记为 $\lim\limits_{x \to -\infty} f(x) = A$.

例 3.1.8 证明：$\lim\limits_{x \to \infty} \left(\sin\sqrt{x^2 + 2} - \sin\sqrt{x^2 + 1} \right) = 0$.

证明 因为 $\left| \sin\sqrt{x^2 + 2} - \sin\sqrt{x^2 + 1} \right| = \left| 2\cos\dfrac{\sqrt{x^2 + 2} + \sqrt{x^2 + 1}}{2} \sin\dfrac{\sqrt{x^2 + 2} - \sqrt{x^2 + 1}}{2} \right|$

$$< \sqrt{x^2 + 2} - \sqrt{x^2 + 1} = \frac{1}{\sqrt{x^2 + 2} + \sqrt{x^2 + 1}} < \frac{1}{|x|},$$

所以对 $\forall \varepsilon > 0$，取 $N = \dfrac{1}{\varepsilon}$，则对 $\forall x$，当 $|x| > N$ 时，有

$$\left| \sin\sqrt{x^2 + 2} - \sin\sqrt{x^2 + 1} \right| < \frac{1}{|x|} < \varepsilon$$

成立，故 $\lim\limits_{x \to \infty} \left(\sin\sqrt{x^2 + 2} - \sin\sqrt{x^2 + 1} \right) = 0$. 证毕.

习题 3.1

1. 指出下列说法中哪些与 $\lim\limits_{x \to x_0} f(x) = A$ 等价？不等价的要举出反例.

（1）对无限多个正数 $\varepsilon > 0$，$\exists \delta > 0$，只要 $x \in U_\circ(x_0, \delta)$，就有 $|f(x) - A| \leq \varepsilon$；

（2）对 $\forall \varepsilon \in (0, 1)$，$\exists \delta > 0$，只要 $x \in U_\circ(x_0, \delta)$，就有 $|f(x) - A| \leq 8\varepsilon$；

（3）对 $\forall k \in \mathbb{N}^+$，$\exists \delta_k > 0$，只要 $x \in U_\circ(x_0, \delta_k)$，就有 $|f(x) - A| < 2^{-k}$；

（4）对 $\forall n \in \mathbb{N}^+$，只要 $0 < |x - x_0| < \dfrac{1}{n}$，就有 $|f(x) - A| < \dfrac{1}{n}$.

2. 讨论下列函数在 $x = 0$ 处是否存在极限.

（1）$f(x) = \dfrac{|x|}{x}$.　　　　　　　　（2）$f(x) = \begin{cases} 2x, & x > 0; \\ a\sin x + b\cos x, & x < 0. \end{cases}$

（3）$f(x) = \dfrac{2 + \mathrm{e}^{\frac{1}{x}}}{1 + \mathrm{e}^{\frac{4}{x}}} + \dfrac{\sin x}{|x|}$.

3．证明下列函数极限.

（1）$\lim\limits_{x\to\infty}\dfrac{1}{x}\sin\dfrac{1}{x}=0$ ；

（2）$\lim\limits_{x\to2^+}\sqrt{x-2}=0$ ；

（3）$\lim\limits_{x\to0^-}2^{\frac{1}{x}}=0$ ；

（4）$\lim\limits_{x\to+\infty}\left(\sqrt{x^2+x}-x\right)=\dfrac{1}{2}$ ；

（5）$\lim\limits_{x\to0}\dfrac{\sqrt{1+x}-\sqrt{1-x}}{x}=1$ ；

（6）$\lim\limits_{x\to1}\dfrac{x^2+x-2}{x(x^2-3x+2)}=-3$ ；

（7）$\lim\limits_{x\to+\infty}\dfrac{\ln x}{x}=0$.

4．证明下列结论.

（1）若 $\lim\limits_{x\to a}f(x)=A$ ，则 $\lim\limits_{x\to a}|f(x)|=|A|$ ；　（2）若 $\lim\limits_{x\to a}|f(x)|=0$ ，则 $\lim\limits_{x\to a}f(x)=0$.

5．证明：若 $\lim\limits_{x\to a}f(x)=A$ ，且 $\lim\limits_{x\to a}|f(x)-g(x)|=0$ ，则 $\lim\limits_{x\to a}g(x)=A$.

6．设函数 f 在开区间 (a,b) 上单调递增，求证：

（1）若 f 在 (a,b) 上有上界，则 $\lim\limits_{x\to b^-}f(x)$ 存在；

（2）若 f 在 (a,b) 上有下界，则 $\lim\limits_{x\to a^+}f(x)$ 存在.

7．设函数 f 在开区间 $(a,+\infty)$ 上单调有界，求证：$\lim\limits_{x\to+\infty}f(x)$ 存在.

8．设 f 是 $(-\infty,+\infty)$ 上的周期函数，求证：若 $\lim\limits_{x\to+\infty}f(x)=0$ ，则 $f(x)\equiv0$.

9．设 $f(x)$ 和 $g(x)$ 都是周期函数.

（1）若 $\lim\limits_{x\to\infty}f(x)$ 与 $\lim\limits_{x\to\infty}g(x)$ 都存在且相等，则函数 $f(x)$ 和 $g(x)$ 有什么关系？证明你的结论.

（2）$\lim\limits_{x\to\infty}(f(x)-g(x))=0$ ，且 $f(x)$ 和 $g(x)$ 的周期之比是有理数，则函数 $f(x)$ 和 $g(x)$ 又有什么关系？

10．设函数 $f(x)$ 在 $(0,+\infty)$ 上满足 $f(x^2)=f(x)$ ，且 $\lim\limits_{x\to0^+}f(x)=\lim\limits_{x\to+\infty}f(x)=f(1)$ ，求证：$f(x)=f(1)$ ，$\forall x\in(0,+\infty)$.

3.2　函数极限的性质及运算

3.2.1　函数极限的性质

以在一点的极限为例，函数极限有如下性质.

定理 3.2.1（唯一性）　若 $\lim\limits_{x\to a}f(x)$ 存在，则极限值唯一.

证明（反证法）　设 $\lim\limits_{x\to a}f(x)=A$ 且 $\lim\limits_{x\to a}f(x)=B$ 但 $A\neq B$.

取 $\varepsilon=\dfrac{1}{2}|B-A|>0$ ，因为 $\lim\limits_{x\to a}f(x)=A$ ，所以存在 $\delta_1>0$ ，当 $x\in U_\circ(a,\delta_1)$ 时，有

$$\left|f(x)-A\right|<\frac{1}{2}\left|B-A\right|;$$

又 $\lim\limits_{x\to a}f(x)=B$，故对上述取定的正数 ε，存在 $\delta_2>0$，当 $x\in U_\circ(a,\delta_2)$ 时，有

$$\left|f(x)-B\right|<\frac{1}{2}\left|B-A\right|,$$

取 $\delta=\min\{\delta_1,\delta_2\}$，则当 $x\in U_\circ(a,\delta)$ 时，有

$$\left|B-A\right|\leqslant\left|f(x)-A\right|+\left|f(x)-B\right|<\left|B-A\right|,$$

矛盾. 证毕.

定理 3.2.2（局部有界性） 若 $\lim\limits_{x\to a}f(x)$ 存在，则存在正数 M 及 $\delta>0$，使得当 $x\in U_\circ(a,\delta)$ 时，有 $\left|f(x)\right|\leqslant M$.

证明 设 $\lim\limits_{x\to a}f(x)=A$. 取 $\varepsilon=1$，则存在 $\delta>0$，当 $x\in U_\circ(a,\delta)$ 时，有 $\left|f(x)-A\right|<1$，从而 $\left|f(x)\right|<1+\left|A\right|$. 取 $M=1+\left|A\right|$，完成证明. 证毕.

定理 3.2.3（局部保号性） 设 $\lim\limits_{x\to a}f(x)=A$.

（i）若 $A>0$（或 $A<0$），则存在 $\delta>0$ 使得当 $x\in U_\circ(a,\delta)$ 时，有 $f(x)>0$（或 $f(x)<0$）.

（ii）若存在 $\delta>0$ 使得当 $x\in U_\circ(a,\delta)$ 时，有 $f(x)>0$（或 $f(x)<0$），则 $A\geqslant 0$（或 $A\leqslant 0$）.

证明 （i）设 $\lim\limits_{x\to a}f(x)=A>0$. 则对 $\varepsilon=\dfrac{A}{2}>0$，存在 $\delta>0$，使得当 $x\in U_\circ(a,\delta)$ 时，有 $\left|f(x)-A\right|<\dfrac{A}{2}$，从而 $f(x)>\dfrac{A}{2}>0$.

（ii）反证法，由结论（i）可得矛盾. 证毕.

3.2.2　函数极限的四则运算

类似于数列极限的四则运算法则，函数极限也有如下四则运算法则.

定理 3.2.4（四则运算法则） 设 $\lim\limits_{x\to x_0}f(x)=A,\ \lim\limits_{x\to x_0}g(x)=B$，则

（i）$\lim\limits_{x\to x_0}[f(x)\pm g(x)]=A\pm B$；$\lim\limits_{x\to x_0}[cf(x)]=c\lim\limits_{x\to x_0}f(x)=cA(\forall c\in\mathbb{R})$；

（ii）$\lim\limits_{x\to x_0}[f(x)g(x)]=AB$；

（iii）当 $B\neq 0$ 时，$\lim\limits_{x\to x_0}\dfrac{f(x)}{g(x)}=\dfrac{A}{B}$.

证明 （i）我们证明 $\lim\limits_{x\to x_0}[f(x)+g(x)]=A+B$. 因为 $\lim\limits_{x\to x_0}f(x)=A$，所以任给 $\varepsilon>0$，存在 $\delta_1>0$，当 $x\in U_\circ(x_0,\delta_1)$ 时，有 $\left|f(x)-A\right|<\dfrac{1}{2}\varepsilon$；因为 $\lim\limits_{x\to x_0}g(x)=B$，所以对上述给定的 $\varepsilon>0$，存在 $\delta_2>0$，当 $x\in U_\circ(x_0,\delta_2)$ 时，有 $\left|g(x)-B\right|<\dfrac{1}{2}\varepsilon$. 取 $\delta=\min\{\delta_1,\delta_2\}$，则当 $x\in U_\circ(x_0,\delta)$ 时，有

$$\left|f(x)+g(x)-(A+B)\right|\leqslant\left|f(x)-A\right|+\left|g(x)-B\right|<\varepsilon,$$

所以 $\lim\limits_{x\to x_0}[f(x)+g(x)]=A+B$.

类似地，可证明 $\lim\limits_{x\to x_0}[f(x)-g(x)]=A-B$；且对 $\forall c\in\mathbb{R}$，有 $\lim\limits_{x\to x_0}[cf(x)]=c\lim\limits_{x\to x_0}f(x)$.

（ii）因为 $\lim\limits_{x\to x_0}f(x)=A$，由定理 3.2.2 知函数 $f(x)$ 局部有界，即存在 $M>0$ 及正数 δ_1 使得当 $x\in U_\circ(x_0,\delta_1)$ 时，有 $|f(x)|\leqslant M$. 任给 $\varepsilon>0$，因为 $\lim\limits_{x\to x_0}g(x)=B$，所以存在 $\delta_2>0$，使得当 $x\in U_\circ(x_0,\delta_2)$ 时，有

$$\left|g(x)-B\right|<\frac{1}{2M}\varepsilon.$$

因为 $\lim\limits_{x\to x_0}f(x)=A$，所以对上述给定的 $\varepsilon>0$，存在 $\delta_3>0$，使得当 $x\in U_\circ(x_0,\delta_3)$ 时，有

$$\left|f(x)-A\right|<\frac{1}{2(1+|B|)}\varepsilon,$$

取 $\delta=\min\{\delta_1,\delta_2,\delta_3\}$，则当 $x\in U_\circ(x_0,\delta)$ 时，有

$$\left|f(x)g(x)-AB\right|\leqslant\left|f(x)g(x)-f(x)B\right|+\left|f(x)B-AB\right|$$
$$=\left|f(x)\right|\cdot\left|g(x)-B\right|+\left|B\right|\cdot\left|f(x)-A\right|<\varepsilon,$$

故 $\lim\limits_{x\to x_0}[f(x)g(x)]=AB$.

（iii）因为 $B\neq0$，由保号性，存在 $\delta_0>0$，当 $x\in U_\circ(x_0,\delta_0)$ 时，有 $g(x)\neq0$. 结合四则运算法则（ii），只需证明 $\lim\limits_{x\to x_0}\dfrac{1}{g(x)}=\dfrac{1}{B}$ 即可. 先证明函数 $\dfrac{1}{g(x)}$ 局部有界. 因为 $\lim\limits_{x\to x_0}g(x)=B$，所以存在 $\delta_1>0$，当 $x\in U_\circ(x_0,\delta_1)$ 时，有 $|g(x)-B|<\dfrac{|B|}{2}$，从而

$$\left|B\right|-\left|g(x)\right|\leqslant\left|g(x)-B\right|<\frac{|B|}{2},$$

故 $|g(x)|>\dfrac{|B|}{2}$，所以 $\dfrac{1}{|g(x)|}<\dfrac{2}{|B|}$.

任给 $\varepsilon>0$. 由于 $\lim\limits_{x\to x_0}g(x)=B$，因此存在 $\delta_2>0$，当 $x\in U_\circ(x_0,\delta_2)$ 时，有 $|g(x)-B|<\dfrac{B^2}{2}\varepsilon$. 取 $\delta=\min\{\delta_0,\delta_1,\delta_2\}$，则当 $x\in U_\circ(x_0,\delta)$ 时，有

$$\left|\frac{1}{g(x)}-\frac{1}{B}\right|=\left|\frac{g(x)-B}{g(x)B}\right|<\frac{2\left|g(x)-B\right|}{B^2}<\varepsilon,$$

故 $\lim\limits_{x\to x_0}\dfrac{1}{g(x)}=\dfrac{1}{B}$. 证毕.

注 （1）四则运算法则的前提是每个函数的极限都存在；

（2）四则运算法则只对有限个存在极限的函数成立.

由局部保号性及四则运算法则，易得下面的局部保序性.

定理 3.2.5（局部保序性） 设 $\lim\limits_{x \to a} f(x) = A$，$\lim\limits_{x \to a} g(x) = B$.

（i）若 $A < B$，则存在 $\delta > 0$，当 $x \in U_\circ(a, \delta)$ 时，有 $f(x) < g(x)$.

（ii）若存在 $\delta > 0$，当 $x \in U_\circ(a, \delta)$ 时，有 $f(x) < g(x)$，则 $A \leqslant B$.

3.2.3 复合函数的极限

定理 3.2.6 设 $\lim\limits_{x \to x_0} g(x) = a$，$\lim\limits_{u \to a} f(u) = A$，且当 $x \neq x_0$ 时，有 $g(x) \neq a$，则 $\lim\limits_{x \to x_0} f(g(x)) = A$.

证明 对 $\forall \varepsilon > 0$，因为 $\lim\limits_{u \to a} f(u) = A$，所以存在 $\eta > 0$，当 $u \in U_\circ(a, \eta)$ 时，有 $|f(u) - A| < \varepsilon$；又 $\lim\limits_{x \to x_0} g(x) = a$，故对上述 $\eta > 0$，存在 $\delta > 0$，当 $x \in U_\circ(x_0, \delta)$ 时，有 $0 < |g(x) - a| < \eta$，从而有 $|f(g(x)) - A| < \varepsilon$，即 $\lim\limits_{x \to x_0} f(g(x)) = A$. 证毕.

注 定理中的限制条件"当 $x \neq x_0$ 时，$g(x) \neq a$"不能少；否则，结论不一定成立.

例 3.2.1 令

$$g(x) = 0 ，\quad f(u) = \begin{cases} 1, & u = 0; \\ 0, & u \neq 0, \end{cases}$$

则 $f(g(x)) \equiv 1$，但 $\lim\limits_{x \to 0} f(g(x)) \equiv 1 \neq 0 = \lim\limits_{u \to 0} f(u)$.

复合函数的极限定理，也给出求函数极限变量代换的依据.

例 3.2.2 求 $\lim\limits_{x \to 0} \dfrac{\sqrt{1+x} - 1}{\sqrt[3]{1+x} - 1}$.

解 令 $y = \sqrt[6]{1+x}$，则当 $x \to 0$ 时，有 $y \to 1$；且当 $x \neq 0$ 时，有 $y \neq 1$，故

$$\lim_{x \to 0} \frac{\sqrt{1+x} - 1}{\sqrt[3]{1+x} - 1} = \lim_{y \to 1} \frac{y^3 - 1}{y^2 - 1} = \lim_{y \to 1} \frac{y^2 + y + 1}{y + 1} = \frac{3}{2}.$$

下面例子中的极限称为**幂指函数的极限**.

例 3.2.3 设 $\lim\limits_{x \to x_0} u(x) = a > 0$，$\lim\limits_{x \to x_0} v(x) = b$，证明：$\lim\limits_{x \to x_0} u(x)^{v(x)} = a^b$.

证明 考虑函数 $\varphi(x) = v(x) \ln u(x)$，由极限的四则运算法则及定理 3.2.6 得到

$$\lim_{x \to x_0} \varphi(x) = \lim_{x \to x_0} v(x) \lim_{x \to x_0} \ln u(x) = b \ln a ，$$

所以 $\lim\limits_{x \to x_0} u(x)^{v(x)} = \lim\limits_{x \to x_0} \mathrm{e}^{\varphi(x)} = \mathrm{e}^{b \ln a} = a^b$. 证毕.

习题 3.2

1. 求 a，b 的值，使得下列极限成立.

（1）$\lim\limits_{x \to 2} \dfrac{x^2 + ax + b}{x^2 - x - 2} = 2$；

（2）$\lim\limits_{x \to +\infty} \left(\dfrac{x^2 + 1}{x + 1} - ax - b \right) = 0$；

（3）$\lim\limits_{x \to -\infty} \left(\sqrt{x^2 - x + 1} - ax - b \right) = 0$；

（4）$\lim\limits_{x \to 1} \dfrac{\sqrt{x + a} + b}{x^2 - 1} = 1$.

2．计算下列极限．

（1）$\lim\limits_{x\to 1^-}\left(\sqrt{\dfrac{1}{1-x}+1}-\sqrt{\dfrac{1}{1-x}-1}\right)$；

（2）$\lim\limits_{x\to\infty}\dfrac{\sqrt[3]{1+x^3}}{\sqrt[3]{x^2+x^3}+x}$；

（3）$\lim\limits_{x\to 0}\dfrac{\sqrt{1+\sin x}-\sqrt{1-\sin x}}{\sin x}$；

（4）$\lim\limits_{x\to 0^-}\dfrac{|x|}{x}\dfrac{1}{1+x^n},\ n\in\mathbb{N}^+$．

3．设 $\lim\limits_{x\to x_0}f(x)=A$，证明：

（1）$\lim\limits_{x\to x_0}f^2(x)=A^2$；

（2）$\lim\limits_{x\to x_0}\sqrt{f(x)}=\sqrt{A}$ （$A>0$）；

（3）$\lim\limits_{x\to x_0}\sqrt[3]{f(x)}=\sqrt[3]{A}$．

4．设 $\lim\limits_{x\to +\infty}f(x)=0$ 且 $g(x)$ 在 $(a,+\infty)$ 上有界．证明：$\lim\limits_{x\to +\infty}f(x)g(x)=0$．

5．证明：若 $\lim\limits_{x\to\infty}f(x)=a$，则 $\exists M>0$ 及 $A>0$ 使得对任意的 x，当 $|x|>A$ 时，有 $|f(x)|\leqslant M$．

6．证明：若 $\lim\limits_{x\to\infty}f(x)=a$ 且 $\lim\limits_{x\to\infty}g(x)=b$，则 $\lim\limits_{x\to\infty}f(x)g(x)=ab$．

7．用不等式叙述下列符号的含义．

（1）$\lim\limits_{x\to +\infty}f(x)\neq A$；

（2）$\lim\limits_{x\to a^+}g(x)\neq B$．

8．设 $f(x)$ 在 $\mathbb{R}$ 上有定义，并满足 $f(2x)=f(x)$，如果 $\lim\limits_{x\to 0}f(x)=f(0)$，证明：$f(x)$ 在 $\mathbb{R}$ 上为常数．

3.3　函数极限的存在条件

本节讨论函数极限的存在条件，先讨论函数极限的柯西收敛原理，以在某一点的函数极限为例．

3.3.1　函数极限与数列极限的关系

定理 3.3.1　设 $f(x)$ 在 x_0 的某个去心邻域 $U_\circ(x_0,\delta_0)$ 内有定义．则下列命题等价：

（i）对 $\forall\varepsilon>0$，$\exists\delta>0$（$\delta<\delta_0$），使得对 $\forall x_1,\ x_2\in U_\circ(x_0,\delta)$，有 $|f(x_1)-f(x_2)|<\varepsilon$；

（ii）$\exists A\in\mathbb{R}$，对 $\forall\{x_n\}\subset U_\circ(x_0,\delta_0)$ 满足 $\lim\limits_{n\to\infty}x_n=x_0$，有 $\lim\limits_{n\to\infty}f(x_n)=A$；

（iii）$\lim\limits_{x\to x_0}f(x)=A$．

证明　首先证明（i）$\Rightarrow$（ii）．设对 $\forall\varepsilon>0$，$\exists\delta>0$（$\delta<\delta_0$），使得对 $\forall x_1,\ x_2\in U_\circ(x_0,\delta)$，有 $|f(x_1)-f(x_2)|<\varepsilon$．任取 $\{x_n\}\subset U_\circ(x_0,\delta_0)$ 满足 $\lim\limits_{n\to\infty}x_n=x_0$，则对上面的 $\delta>0$，$\exists N>0$ 使得对 $\forall n>N$，有 $0<|x_n-x_0|<\delta$．所以由条件，当 $n,\ m>N$ 时，有 $|f(x_n)-f(x_m)|<\varepsilon$．故 $\{f(x_n)\}$ 是一个柯西列，从而数列 $\{f(x_n)\}$ 收敛，记 $\lim\limits_{n\to\infty}f(x_n)=A$．设有 $\{y_n\}\subset U_\circ(x_0,\delta_0)$ 满足 $\lim\limits_{n\to\infty}y_n=x_0$，则前面的证明保证 $\lim\limits_{n\to\infty}f(y_n)=B$．下证 $A=B$．令 $z_{2n}=x_n$，$z_{2n-1}=y_n$（$n=1,2,\cdots$），

则 $\{z_n\} \subset U_{\circ}(x_0, \delta_0)$ 且 $\lim\limits_{n \to \infty} z_n = x_0$，从而 $\{f(z_n)\}$ 收敛，这样必有

$$A = \lim_{n \to \infty} f(z_{2n}) = \lim_{n \to \infty} f(z_n) = \lim_{n \to \infty} f(z_{2n-1}) = B,$$

这就完成了（i）$\Rightarrow$（ii）的证明.

然后证明（ii）$\Rightarrow$（iii）. 设对 $\forall \{x_n\} \subset U_{\circ}(x_0, \delta_0)$ 满足 $\lim\limits_{n \to \infty} x_n = x_0$，有 $\lim\limits_{n \to \infty} f(x_n) = A$，但 $\lim\limits_{x \to x_0} f(x) \neq A$. 则由极限的否定叙述：存在 $\varepsilon_0 > 0$，$\forall \delta > 0$（$\delta < \delta_0$），$\exists x' \in U_{\circ}(x_0, \delta)$ 满足 $|f(x') - A| \geqslant \varepsilon_0$. 任取 $n \in \mathbb{N}^+$ 满足 $\dfrac{1}{n} < \delta_0$，令 $\delta = \dfrac{1}{n}$，则 $\exists x_n \in U_{\circ}(x_0, \dfrac{1}{n})$ 满足 $|f(x_n) - A| \geqslant \varepsilon_0$，这样找到一个收敛于 x_0 的点列 $\{x_n\} \subset U_{\circ}(x_0, \delta_0)$，但 $\lim\limits_{n \to \infty} f(x_n) \neq A$，与已知条件矛盾. 故 $\lim\limits_{x \to x_0} f(x) = A$.

最后证明（iii）$\Rightarrow$（i）. 设 $\lim\limits_{x \to x_0} f(x) = A$，即对 $\forall \varepsilon > 0$，$\exists \delta > 0$（$\delta < \delta_0$）使得对 $\forall x \in U_{\circ}(x_0, \delta)$，有 $|f(x) - A| < \dfrac{\varepsilon}{2}$. 于是对 $\forall x_1, x_2 \in U_{\circ}(x_0, \delta)$，有 $|f(x_1) - f(x_2)| \leqslant |f(x_1) - A| + |f(x_2) - A| < \varepsilon$. 证毕.

注 该定理中（i）与（iii）的等价性称为**函数极限的柯西收敛原理**；（ii）与（iii）的等价性是沟通函数极限与数列极限的桥梁，称为**海涅归结原则**.

由定理 3.3.1，可立即得到下面的推论，在证明某些函数极限不存在时比较方便.

推论 3.3.1 若存在某个数列 $\{x_n\}$，有 $\lim\limits_{n \to \infty} x_n = x_0, x_n \neq x_0$，但 $\{f(x_n)\}$ 不存在极限，则 $f(x)$ 在 x_0 处不存在极限.

推论 3.3.2 若存在两个数列 $\{x_n\}$，$\{y_n\}$（$x_n \neq x_0$，$y_n \neq x_0$）满足 $\lim\limits_{n \to \infty} x_n = \lim\limits_{n \to \infty} y_n = x_0$，有

$$\lim_{n \to \infty} f(x_n) = c，\quad \lim_{n \to \infty} f(y_n) = d，\text{ 但 } c \neq d，$$

则 $f(x)$ 在 x_0 处不存在极限.

例 3.3.1 设狄利克雷函数 $D(x) = \begin{cases} 1, & x \in \mathbb{Q}; \\ 0, & x \notin \mathbb{Q}. \end{cases}$ 证明：对 $\forall x_0 \in \mathbb{R}$，有 $\lim\limits_{x \to x_0} D(x)$ 不存在.

证明 对 $\forall x_0 \in \mathbb{R}$，存在有理点列 $\{x_n\} \subset \mathbb{Q}$ 和无理点列 $\{t_n\}$ 使得

$$x_n \to x_0, \ t_n \to x_0 \ (n \to \infty)，$$

这样 $\lim\limits_{n \to \infty} D(x_n) = 1 \neq 0 = \lim\limits_{n \to \infty} D(t_n)$，故 $\lim\limits_{x \to x_0} D(x)$ 不存在. 证毕.

由例 3.3.1 可知，函数 $f(x) = xD(x)$ 只在一点 $x = 0$ 处有极限，在其他点处都不存在极限.

例 3.3.2 证明：$f(x) = \sin \dfrac{1}{x}$ 在 0 处不存在极限.

证明 取 $x_n = \dfrac{1}{2n\pi + \dfrac{\pi}{2}}$，显然 $\lim\limits_{n \to \infty} x_n = 0$，且 $x_n \neq 0$，有 $f(x_n) = 1$，故 $\lim\limits_{n \to \infty} f(x_n) = 1$；

取 $y_n = \dfrac{1}{2n\pi - \dfrac{\pi}{2}}$，则 $\lim\limits_{n \to \infty} y_n = 0$，$y_n \neq 0$ 且 $f(y_n) = -1$，故 $\lim\limits_{n \to \infty} f(y_n) = -1$. 这样，我们找到两个点列 $\{x_n\}$ 和 $\{y_n\}$ 满足 $\lim\limits_{n \to \infty} x_n = 0 = \lim\limits_{n \to \infty} y_n$，但 $\lim\limits_{n \to \infty} f(x_n) = 1 \neq -1 = \lim\limits_{n \to \infty} f(y_n)$，所以

$f(x) = \sin\dfrac{1}{x}$ 在 0 处不存在极限. 证毕.

下面的双侧趋近定理不仅给出了函数极限的存在条件，也给出了计算函数极限的一种方法.

定理 3.3.2（双侧趋近定理）　设函数 f, g, h 在 $U_\circ(a, \delta_0)$ 内有定义，满足

$$f(x) \leqslant g(x) \leqslant h(x), \quad \forall x \in U_\circ(a, \delta_0),$$

且 $\lim\limits_{x \to a} f(x) = \lim\limits_{x \to a} h(x) = A$，则 $\lim\limits_{x \to a} g(x) = A$.

证明　任给 $\varepsilon > 0$，因为 $\lim\limits_{x \to a} f(x) = \lim\limits_{x \to a} h(x) = A$，所以存在 $\delta_1 > 0$，当 $x \in U_\circ(a, \delta_1)$ 时，有 $|f(x) - A| < \varepsilon$；且存在 $\delta_2 > 0$，当 $x \in U_\circ(a, \delta_2)$ 时，有 $|h(x) - A| < \varepsilon$. 取 $\delta = \min\{\delta_0, \delta_1, \delta_2\}$，则当 $x \in U_\circ(a, \delta)$ 时，有

$$A - \varepsilon < f(x) \leqslant g(x) \leqslant h(x) < A + \varepsilon,$$

即 $|g(x) - A| < \varepsilon$，故 $\lim\limits_{x \to a} g(x) = A$. 证毕.

例 3.3.3　讨论极限 $\lim\limits_{x \to 1}\left(\dfrac{1}{x} - \left[\dfrac{1}{x}\right]\right)$ 是否存在？

分析：与取整函数 $y = [x]$ 有关的函数，在整数点的两侧以分段函数的形式表示，故应考虑左、右极限.

解　在 1 的左右两侧附近，当 $x > 1$ 时，有 $0 < \dfrac{1}{x} < 1$，得 $\left[\dfrac{1}{x}\right] = 0$，所以

$$\lim\limits_{x \to 1^+}\left(\dfrac{1}{x} - \left[\dfrac{1}{x}\right]\right) = 1;$$

当 $x < 1$ 时（限定 $x > 0$），有 $1 \leqslant \left[\dfrac{1}{x}\right] \leqslant \dfrac{1}{x}$，由双侧趋近定理得 $\lim\limits_{x \to 1^-}\left[\dfrac{1}{x}\right] = 1$，从而

$$\lim\limits_{x \to 1^-}\left(\dfrac{1}{x} - \left[\dfrac{1}{x}\right]\right) = 0,$$

故 $\lim\limits_{x \to 1}\left(\dfrac{1}{x} - \left[\dfrac{1}{x}\right]\right)$ 不存在.

3.3.2　两个重要极限

作为双侧趋近定理的应用，我们证明下面两个重要极限，它们在第 4 章计算函数的导数方面将起到重要的作用.

定理 3.3.3　$\lim\limits_{x \to 0}\dfrac{\sin x}{x} = 1$.

证明　不妨设 $-\dfrac{\pi}{2} < x < \dfrac{\pi}{2}$. 先证明 $\lim\limits_{x \to 0^+}\dfrac{\sin x}{x} = 1$. 设 $0 < x < \dfrac{\pi}{2}$.

如图 3-3-1 所示，在以 O 为圆心的单位圆周上截取一段弧长为 x 的圆弧，设两个端点分别为 A 和 B，过点 A 做圆周的切线，与射线 OB 交于点 C，则 $\triangle AOB$ 面积 < 扇形 AOB 面积 < $\triangle AOC$ 面积，所以 $\sin x < x < \tan x$，故

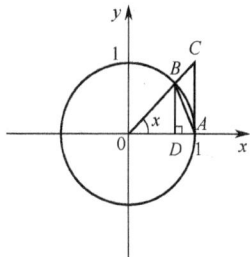

图 3-3-1

$1 < \dfrac{x}{\sin x} < \dfrac{\tan x}{\sin x} = \dfrac{1}{\cos x}$，从而 $\cos x < \dfrac{\sin x}{x} < 1$，因为 $\lim\limits_{x \to 0^+} \cos x = 1$，所以由双侧趋近定理得

$\lim\limits_{x \to 0^+} \dfrac{\sin x}{x} = 1$.

若 $-\dfrac{\pi}{2} < x < 0$，令 $y = -x$，则 $0 < y < \dfrac{\pi}{2}$，且当 $x \to 0^-$ 时，有 $y \to 0^+$，故 $\lim\limits_{x \to 0^-} \dfrac{\sin x}{x} =$

$\lim\limits_{y \to 0^+} \dfrac{\sin(-y)}{-y} = 1$. 所以 $\lim\limits_{x \to 0} \dfrac{\sin x}{x} = 1$. 证毕.

例 3.3.4 $\lim\limits_{x \to 0} \dfrac{1 - \cos x}{x^2} = \lim\limits_{x \to 0} \dfrac{2\sin^2 \frac{x}{2}}{x^2} = \lim\limits_{x \to 0} \dfrac{\frac{1}{2}\sin^2 \frac{x}{2}}{\left(\frac{x}{2}\right)^2} = \dfrac{1}{2}$.

例 3.3.5 $\lim\limits_{x \to 0} \dfrac{\tan x}{x} = \lim\limits_{x \to 0} \dfrac{\sin x}{x \cos x} = \lim\limits_{x \to 0} \dfrac{\sin x}{x} \cdot \left(\lim\limits_{x \to 0} \dfrac{1}{\cos x}\right) = 1$.

定理 3.3.4 $\lim\limits_{x \to \infty} \left(1 + \dfrac{1}{x}\right)^x = \mathrm{e}$.

证明 先讨论 $x \to +\infty$ 的情况. 对 $\forall x \geqslant 1$，存在 $n \in \mathbb{N}^+$ 使得 $n \leqslant x < n + 1$，这样

$$\dfrac{1}{n+1} < \dfrac{1}{x} \leqslant \dfrac{1}{n},$$

从而 $1 + \dfrac{1}{n+1} < 1 + \dfrac{1}{x} \leqslant 1 + \dfrac{1}{n}$，因上述每一项皆大于 1，故

$$\left(1 + \dfrac{1}{n+1}\right)^n < \left(1 + \dfrac{1}{x}\right)^x \leqslant \left(1 + \dfrac{1}{n}\right)^{n+1}.$$

又因为 $\lim\limits_{n \to \infty} \left(1 + \dfrac{1}{n+1}\right)^n = \lim\limits_{n \to \infty} \dfrac{\left(1 + \frac{1}{n+1}\right)^{n+1}}{1 + \frac{1}{n+1}} = \mathrm{e}$，且

$$\lim\limits_{n \to \infty} \left(1 + \dfrac{1}{n}\right)^{n+1} = \lim\limits_{n \to \infty} \left(1 + \dfrac{1}{n}\right)^n \left(1 + \dfrac{1}{n}\right) = \mathrm{e},$$

由双侧趋近定理知 $\lim\limits_{x \to +\infty} \left(1 + \dfrac{1}{x}\right)^x = \mathrm{e}$.

再讨论 $x \to -\infty$ 的情况. 令 $x = -y$. 则当 $x \to -\infty$ 时，有 $y \to +\infty$，且

$$\lim\limits_{x \to -\infty} \left(1 + \dfrac{1}{x}\right)^x = \lim\limits_{y \to +\infty} \left(1 - \dfrac{1}{y}\right)^{-y} = \lim\limits_{y \to +\infty} \left(1 + \dfrac{1}{y-1}\right)^y = \lim\limits_{y \to +\infty} \left(1 + \dfrac{1}{y-1}\right)^{y-1} \left(1 + \dfrac{1}{y-1}\right) = \mathrm{e},$$

于是 $\lim\limits_{x \to \infty} \left(1 + \dfrac{1}{x}\right)^x = \mathrm{e}$. 证毕.

极限 $\lim\limits_{x \to \infty} \left(1 + \dfrac{1}{x}\right)^x = \mathrm{e}$ 属于 1^∞ 型极限，涉及 1^∞ 型极限可利用此重要极限求得.

例 3.3.6　求极限 $\lim\limits_{x\to 0}(1+x)^{\frac{1}{x}}$.

解　令 $y=\dfrac{1}{x}$，则 $\lim\limits_{x\to 0}(1+x)^{\frac{1}{x}}=\lim\limits_{y\to\infty}\left(1+\dfrac{1}{y}\right)^{y}=\mathrm{e}$.

例 3.3.7　$\lim\limits_{x\to\infty}\left(\dfrac{x}{1+x}\right)^{x}=\lim\limits_{x\to\infty}\dfrac{1}{\left(1+\dfrac{1}{x}\right)^{x}}=\dfrac{1}{\mathrm{e}}$.

例 3.3.8　$\lim\limits_{x\to 0}(\cos x)^{\frac{1}{x^2}}=\lim\limits_{x\to 0}(1+(\cos x-1))^{\frac{1}{\cos x-1}\cdot\frac{\cos x-1}{x^2}}=\dfrac{1}{\sqrt{\mathrm{e}}}$.

例 3.3.9　求极限 $\lim\limits_{n\to\infty}\left(\cos\dfrac{\alpha}{n}+\sin\dfrac{\alpha}{n}\right)^{n}\ (\alpha\neq 0)$.

解　利用定理 3.3.1，将其转化为函数极限 $\lim\limits_{x\to+\infty}\left(\cos\dfrac{\alpha}{x}+\sin\dfrac{\alpha}{x}\right)^{x}$，该极限属于 1^{∞} 型极

限，令 $\varphi(x)=\cos\dfrac{\alpha}{x}+\sin\dfrac{\alpha}{x}-1$，则

$$\lim_{x\to+\infty}\left(\cos\frac{\alpha}{x}+\sin\frac{\alpha}{x}\right)^{x}=\lim_{x\to+\infty}\left((1+\varphi(x))^{\frac{1}{\varphi(x)}}\right)^{x\varphi(x)}.$$

注意到 $\lim\limits_{x\to+\infty}\varphi(x)=0$，令 $t=\dfrac{1}{x}$，则

$$\lim_{x\to+\infty}x\varphi(x)=\lim_{t\to 0^{+}}\frac{\sin\alpha t+\cos\alpha t-1}{t}=\lim_{t\to 0^{+}}\left(\alpha\frac{\sin\alpha t}{\alpha t}-t\frac{1-\cos\alpha t}{t^2}\right)=\alpha,$$

所以利用幂指函数的极限，得 $\lim\limits_{x\to+\infty}\left(\cos\dfrac{\alpha}{x}+\sin\dfrac{\alpha}{x}\right)^{x}=\mathrm{e}^{\alpha}$，从而 $\lim\limits_{n\to\infty}\left(\cos\dfrac{\alpha}{n}+\sin\dfrac{\alpha}{n}\right)^{n}=\mathrm{e}^{\alpha}$.

下面用另一种方法求极限 $\lim\limits_{x\to+\infty}\left(\cos\dfrac{\alpha}{x}+\sin\dfrac{\alpha}{x}\right)^{x}$. 由于

$$\lim_{x\to 0}(\cos\alpha x+\sin\alpha x)^{\frac{1}{x}}=\lim_{x\to 0}(\cos\alpha x+\sin\alpha x)^{2\cdot\frac{1}{2x}}=\lim_{x\to 0}\left((1+\sin 2\alpha x)^{\frac{1}{\sin 2\alpha x}}\right)^{\frac{\sin 2\alpha x}{2x}}=\mathrm{e}^{\alpha},$$

因此 $\lim\limits_{x\to+\infty}\left(\cos\dfrac{\alpha}{x}+\sin\dfrac{\alpha}{x}\right)^{x}=\mathrm{e}^{\alpha}$.

3.3.3　无穷大量与无穷小量

函数极限的无穷大量与无穷小量的定义和数列极限的无穷大量与无穷小量的定义相仿，但应注意，函数极限按自变量的变化趋势可分为六种类型，因此在表示函数为无穷小量或无穷大量时，必须同时指出自变量的变化趋势. 下面的定义以 $x\to a$ 为例.

定义 3.3.1　设 $f(x)$ 在 a 的某个去心邻域内有定义.

（i）如果 $\lim\limits_{x\to a}f(x)=0$，称 f 是当 $x\to a$ 时的无穷小量，记为 $f(x)=o(1)\,(x\to a)$.

（ii）若对 $\forall M>0$，存在 $\delta>0$，使得当 $0<|x-a|<\delta$ 时，有 $|f(x)|>M$，称 f 是 $x\to a$ 时的无穷大量，记为 $\lim\limits_{x\to a}f(x)=\infty$（或 $f(x)\to\infty\ (x\to a)$）.

（iii）若对 $\forall M>0$，存在 $\delta>0$，使得当 $0<|x-a|<\delta$ 时，有 $f(x)>M$，称 f 是 $x\to a$ 时的正无穷大量，记为 $\lim\limits_{x\to a}f(x)=+\infty$（或 $f(x)\to+\infty\ (x\to a)$）.

（iv）若对 $\forall M>0$，存在 $\delta>0$，使得当 $0<|x-a|<\delta$ 时，有 $f(x)<-M$，称 f 是 $x\to a$ 时的负无穷大量，记为 $\lim\limits_{x\to a}f(x)=-\infty$（或 $f(x)\to-\infty\ (x\to a)$）.

极限在微积分中处于十分重要的地位，注意到任何类型的函数极限都可归结为无穷小. 例如，$\lim\limits_{x\to a}f(x)=A$ 可归结为 $f(x)-A$ 是 $x\to a$ 时的无穷小量. 而无穷大量也可转化为无穷小量，因此极限的方法实质就是无穷小的方法，因而，微积分也有无穷小分析之称.

观察到，无穷小量（或无穷大量）趋近于零（或无穷）的快慢程度也有不同. 为区别这一现象，下面仅以无穷小为例，关于无穷小量及其阶的比较的记号做如下说明（以 $x\to a$ 为例，对于其他的极限过程也有相应的定义）.

定义 3.3.2 设 $f(x)$ 和 $g(x)$ 在 a 点的某个去心邻域内有定义，且 $f(x)=o(1)\,(x\to a)$，$g(x)=o(1)\,(x\to a)$.

（i）若 $\lim\limits_{x\to a}\dfrac{f(x)}{g(x)}=0$，则称当 $x\to a$ 时 f 是比 g 高阶的无穷小量，记为 $f(x)=o(g(x))$ $(x\to a)$.

（ii）若存在正常数 $\alpha,\ \beta$ 及 $\delta>0$ 使得对 $\forall x\in U_{\circ}(a,\delta)$，有 $\alpha|g(x)|\leqslant|f(x)|\leqslant\beta|g(x)|$，则称 f 与 g 是 $x\to a$ 时的同阶无穷小量. 所谓 f 与 g 是 $x\to a$ 时的同阶无穷小量，就是当 $x\to a$ 时 f 与 g 趋于零的速度"基本相同".

特别地，若 $\lim\limits_{x\to a}\dfrac{f(x)}{g(x)}=l\neq0$，则 f 与 g 是 $x\to a$ 时的同阶无穷小量.

进而若 $\lim\limits_{x\to a}\dfrac{f(x)}{g(x)}=1$，则称 f 与 g 是 $x\to a$ 时的等价无穷小量，记为 $f(x)\sim g(x)\,(x\to a)$. 即当 $x\to a$ 时，这两个无穷小量可以彼此替代.

（iii）若当 $x\to a$ 时，$f(x)$ 与 $(x-a)^k$（k 是正整数）是同阶无穷小量，则称 $f(x)$ 是 $x\to a$ 时的 k 阶无穷小量.

（iv）若存在正常数 $M>0$ 及 $\delta>0$ 使得对 $\forall x\in U_{\circ}(a,\delta)$，有 $|f(x)|\leqslant M|g(x)|$，则记为 $f(x)=O(g(x))\,(x\to a)$. 这样，如果函数 $f(x)$ 在 $U_{\circ}(a,\delta)$ 内是有界的，则可记为 $f(x)=O(1)\,(x\to a)$.

关于无穷小量经常使用的三个记号"$\sim,o$ 和 O"的运算法则列举如下，读者可自证.

定理 3.3.5 设 $f(x)$ 和 $g(x)$ 在 a 点的某个去心邻域内有定义，且 $f(x)=o(1)\,(x\to a)$，$g(x)=o(1)\,(x\to a)$.

（i）$f(x)\sim g(x)\,(x\to a)$ 当且仅当 $f(x)=g(x)+o(g(x))(x\to a)$；

（ii）若 $f(x)\sim g(x)\,(x\to a)$，$\varphi(x)\sim\phi(x)(x\to a)$，则 $f(x)\varphi(x)\sim g(x)\phi(x)(x\to a)$；若 $\varphi(x)$ 与 $\phi(x)$ 在 a 点的某个去心邻域内均不为零，则 $\dfrac{f(x)}{\varphi(x)}\sim\dfrac{g(x)}{\phi(x)}\,(x\to a)$；

（iii）若存在 $M>0$ 及 $\delta>0$ 使得对 $\forall x \in U_\circ(a,\delta)$，有 $|h(x)| \le M$，则 $f(x)h(x)=o(1)\ (x \to a)$；

（iv） $o(f(x)) \cdot o(g(x)) = o(f(x)g(x))\ (x \to a)$；

（v） $O(f(x)) \cdot O(g(x)) = O(f(x)g(x))\ (x \to a)$；

（vi） $o(f(x)) \cdot O(g(x)) = o(f(x)g(x))\ (x \to a)$.

3.3.4 等价无穷小量代换求极限

下面列举一些等价无穷小量的例子.

由于 $\lim\limits_{x \to 0} \dfrac{\sin x}{x}=1$，因此 $\sin x$ 与 x 是 $x \to 0$ 时的等价无穷小量.

由于 $\lim\limits_{x \to 0} \dfrac{1-\cos x}{x^2} = \lim\limits_{x \to 0} \dfrac{2\sin^2 \dfrac{x}{2}}{x^2} = \dfrac{1}{2}$，因此 $1-\cos x$ 与 $\dfrac{x^2}{2}$ 是 $x \to 0$ 时的等价无穷小量.

由于 $\lim\limits_{x \to 0} \dfrac{\tan x}{x} = \lim\limits_{x \to 0} \dfrac{\sin x}{x\cos x}=1$，因此 $\tan x$ 与 x 在 $x \to 0$ 时是等价无穷小量.

由于 $\lim\limits_{x \to 0} \dfrac{\ln(1+x)}{x} = \lim\limits_{x \to 0} \ln(1+x)^{\frac{1}{x}}=1$，因此 $\ln(1+x)$ 与 x 是 $x \to 0$ 时的等价无穷小量.

例 3.3.10 求 $\lim\limits_{x \to 0} \dfrac{a^x-1}{x}$，其中 $a>0$.

解 令 $a^x-1=t$，则 $x=\dfrac{\ln(1+t)}{\ln a}$，且 $x \to 0$ 时，有 $t \to 0$，因此

$$\lim\limits_{x \to 0} \frac{a^x-1}{x} = \lim\limits_{t \to 0} \frac{t\ln a}{\ln(1+t)} = \ln a.$$

所以当 $x \to 0$ 时，a^x-1 与 $x\ln a$ 是等价无穷小量. 特别地，e^x-1 与 x 是 $x \to 0$ 时的等价无穷小量.

例 3.3.11 求 $\lim\limits_{x \to 0} \dfrac{(1+x)^\alpha-1}{\ln(1+x)}$，其中 $\alpha \ne 0$.

解 令 $t=(1+x)^\alpha-1$，则 $x \to 0$ 时，有 $t \to 0$，且 $\ln(1+x)=\dfrac{1}{\alpha}\ln(1+t)$，故

$$\lim\limits_{x \to 0} \frac{(1+x)^\alpha-1}{\ln(1+x)} = \lim\limits_{t \to 0} \frac{t}{\dfrac{1}{\alpha}\ln(1+t)} = \alpha.$$

所以当 $\alpha \ne 0$ 时，$(1+x)^\alpha-1$ 与 αx 是 $x \to 0$ 时的等价无穷小量.

例 3.3.12 求 $\lim\limits_{x \to 0} \dfrac{\arcsin x}{x}$.

解 令 $\arcsin x=t$，则 $x=\sin t$ 且 $x \to 0$ 时，有 $t \to 0$，因此

$$\lim\limits_{x \to 0} \frac{\arcsin x}{x} = \lim\limits_{t \to 0} \frac{t}{\sin t}=1,$$

故 $\arcsin x$ 与 x 是 $x \to 0$ 时的等价无穷小量.

例 3.3.13 求 $\lim\limits_{x \to 0} \dfrac{\arctan x}{x}$.

解 令 $\arctan x = t$，则 $x = \tan t$ 且 $x \to 0$ 时，有 $t \to 0$，因此

$$\lim_{x \to 0} \frac{\arctan x}{x} = \lim_{t \to 0} \frac{t}{\tan t} = 1，$$

故 $\arctan x$ 与 x 是 $x \to 0$ 时的等价无穷小量.

利用等价无穷小量代换求极限，往往能简化极限的运算.

例 3.3.14 求 $\lim\limits_{x \to 0} \dfrac{\ln(1 + 3x^2)}{\tan^2 x}$.

解 当 $x \to 0$ 时，$\ln(1 + 3x^2) \sim 3x^2$，$\tan^2 x \sim x^2$，因此 $\lim\limits_{x \to 0} \dfrac{\ln(1 + 3x^2)}{\tan^2 x} = \lim\limits_{x \to 0} \dfrac{3x^2}{x^2} = 3$.

例 3.3.15 求 $\lim\limits_{x \to 0} \dfrac{\sqrt{1 + x^2} - 1}{1 - \cos x}$.

解 当 $x \to 0$ 时，$\sqrt{1 + x^2} - 1 \sim \dfrac{1}{2} x^2$，$1 - \cos x \sim \dfrac{x^2}{2}$，所以 $\lim\limits_{x \to 0} \dfrac{\sqrt{1 + x^2} - 1}{1 - \cos x} = \lim\limits_{x \to 0} \dfrac{\dfrac{1}{2} x^2}{\dfrac{x^2}{2}} = 1$.

例 3.3.16 求 $\lim\limits_{x \to 0} \dfrac{\tan(\tan x)}{\sin x}$.

解 当 $x \to 0$ 时，$\tan(\tan x) \sim \tan x \sim x$，$\sin x \sim x$，故 $\lim\limits_{x \to 0} \dfrac{\tan(\tan x)}{\sin x} = \lim\limits_{x \to 0} \dfrac{\tan x}{\sin x} = \lim\limits_{x \to 0} \dfrac{x}{x} = 1$.

例 3.3.17 求 $\lim\limits_{x \to 0} \dfrac{1 - \cos(1 - \cos x)}{x^4}$.

解 当 $x \to 0$ 时，$1 - \cos(1 - \cos x) \sim \dfrac{(1 - \cos x)^2}{2} \sim \dfrac{x^4}{8}$，因此

$$\lim_{x \to 0} \frac{1 - \cos(1 - \cos x)}{x^4} = \lim_{x \to 0} \frac{\dfrac{(1 - \cos x)^2}{2}}{x^4} = \lim_{x \to 0} \frac{x^4}{8x^4} = \frac{1}{8}.$$

例 3.3.18 求 $I = \lim\limits_{x \to 0} \dfrac{1 - (\cos x)^{\sin x}}{x^3}$

解 因为 $1 - (\cos x)^{\sin x} = 1 - \mathrm{e}^{\sin x \ln \cos x} \sim -\sin x \ln \cos x \ (x \to 0)$，因此

$$I = \lim_{x \to 0} \frac{1 - (\cos x)^{\sin x}}{x^3} = \lim_{x \to 0} \frac{-\sin x \ln \cos x}{x^3} = \lim_{x \to 0} \frac{-\ln \cos x}{x^2}$$

$$= \lim_{x \to 0} \frac{1 - \cos x}{x^2} = \frac{1}{2}.$$

例 3.3.19 若 $\lim\limits_{n \to \infty} \dfrac{n^{2022}}{n^k - (n-1)^k} = A \neq 0$，求 k 的值，并求此时 A 的值.

解 由于 $\lim\limits_{n \to \infty} \dfrac{n^{2022}}{n^k - (n-1)^k} = \lim\limits_{n \to \infty} \dfrac{n^{2022-k}}{1 - \left(1 - \dfrac{1}{n}\right)^k} = A \neq 0$，因此 $k > 2022$. 由数列极限与函

数极限的关系，将数列极限转化为函数极限，令 $x = \dfrac{1}{n}$ 并用等价无穷小量代换，得

$$0 \neq A = \lim_{x \to 0} \frac{x^{k-2022}}{1-(1-x)^k} = \lim_{x \to 0} \frac{x^{k-2023}}{k},$$

所以当 $k = 2023$ 时，上述极限为 $A = \dfrac{1}{2023}$.

例 3.3.20 求 $\lim\limits_{x \to 0} \dfrac{\tan x - \sin x}{x^3}$.

解 当 $x \to 0$ 时，$1-\cos x \sim \dfrac{x^2}{2}$，$\sin x \sim x$，因此

$$\lim_{x \to 0} \frac{\tan x - \sin x}{x^3} = \lim_{x \to 0} \frac{\sin x(1-\cos x)}{x^3 \cos x} = \lim_{x \to 0} \frac{x^3}{2x^3 \cos x} = \frac{1}{2}.$$

注 此例题的解不是 $\lim\limits_{x \to 0} \dfrac{\tan x - \sin x}{x^3} = \lim\limits_{x \to 0} \dfrac{x-x}{x^3} = 0$. 利用等价无穷小量代换求极限，这种替代只能发生在以因式形式出现的无穷小量上，而不能发生在以加项或减项出现的无穷小量上，此时应先设法将代数和形式的无穷小量表示为乘积的形式，再考虑对这些乘积因子进行等价代换.

习题 3.3

1. 求下列函数极限.

（1）$\lim\limits_{x \to +\infty} \left(\dfrac{2}{\pi} \arctan x \right)^x$；

（2）$\lim\limits_{x \to \left(\frac{\pi}{2} \right)^-} (\sin x)^{\tan x}$；

（3）$\lim\limits_{x \to 0} \dfrac{\sin 2x - 2\sin x}{x^3}$；

（4）$\lim\limits_{x \to 1} (1-x) \tan\left(\dfrac{\pi x}{2} \right)$；

（5）$\lim\limits_{n \to \infty} \left(\dfrac{\sqrt[n]{a} + \sqrt[n]{b}}{2} \right)^n$，$a > 0, b > 0$；

（6）$\lim\limits_{x \to 1} \dfrac{x + x^2 + \cdots + x^n - n}{x-1}$；

（7）$\lim\limits_{x \to +\infty} \left(\dfrac{x^3 - 2}{x^3 + 3} \right)^{x^3}$；

（8）$\lim\limits_{x \to 4} \dfrac{\sqrt{1+2x}-3}{\sqrt{x}-2}$；

（9）$\lim\limits_{x \to a} \dfrac{\sin^2 x - \sin^2 a}{x-a}$；

（10）$\lim\limits_{x \to 0} \dfrac{\sqrt{1-\cos x^2}}{1-\cos x}$；

（11）$\lim\limits_{n \to \infty} \sqrt{n} \sin \dfrac{\pi}{n}$；

（12）$\lim\limits_{x \to 0^+} \sqrt[x]{\cos \sqrt{x}}$.

2. 求极限 $f(x) = \lim\limits_{n \to \infty} \sqrt[n]{2 + (2x)^n + x^{2n}}$，其中 $x \geqslant 0$.

3. 解下列各题.

（1）求常数 a, b 的值，使得 $\lim\limits_{x \to 1} \dfrac{\ln(2-x^2)}{x^2 + ax + b} = -\dfrac{1}{2}$；

（2）已知 $\lim\limits_{x \to 0}\left[a \arctan \dfrac{1}{x} + (1+|x|)^{\frac{1}{x}} \right]$ 存在，求 a 的值.

4．求下列极限.

（1）$\lim\limits_{x \to +\infty}\left(\arctan \dfrac{x+1}{x} - \dfrac{\pi}{4} \right)\sqrt{x^2+1}$;

（2）$\lim\limits_{x \to +\infty} x^2\left(3^{\frac{1}{x}} - 3^{\frac{1}{x+1}} \right)$;

（3）$\lim\limits_{x \to +\infty} x\left(\dfrac{\pi}{2} - \arctan x \right)$;

（4）$\lim\limits_{x \to +\infty}\left(\dfrac{a^x + b^x + c^x}{3} \right)^{\frac{1}{x}}$ ，其中 $a,b,c > 0$;

（5）$\lim\limits_{x \to 0} \dfrac{\sqrt{1+x+x^2}-1}{x}$;

（6）$\lim\limits_{x \to +\infty}\left(\sqrt{x^2+2x} - \sqrt[3]{x^3-x^2} \right)$;

（7）$\lim\limits_{x \to 0} \dfrac{a^{x^2} - b^{x^2}}{(a^x - b^x)^2}$ ，其中 $a>0, b>0, a \neq b$;

（8）$\lim\limits_{x \to 0^+} \dfrac{\sqrt{1-e^{-x}} - \sqrt{1-\cos x}}{\sqrt{\sin x}}$;

（9）$\lim\limits_{x \to a} \dfrac{x^\alpha - a^\alpha}{x^\beta - a^\beta}$ ，其中 $a > 0$;

（10）$\lim\limits_{x \to a} \dfrac{a^x - x^a}{x - a}$ ，其中 $a > 0$;

（11）$\lim\limits_{x \to 0} \dfrac{\sqrt[m]{1+\alpha x}\sqrt[n]{1+\beta x}-1}{x}$;

（12）$\lim\limits_{x \to 0} \dfrac{x e^{2x} \sin x}{(e^x - e^{-x})^2}$;

（13）$\lim\limits_{n \to \infty} \cos\dfrac{x}{2}\cos\dfrac{x}{4}\cdots\cos\dfrac{x}{2^n}$;

（14）$\lim\limits_{x \to 0} \dfrac{1 - \cos x \cos 2x \cdots \cos nx}{x^2}$.

5．已知 $\lim\limits_{x \to 0} \dfrac{e^{1-\cos x} - 1}{\tan(x^k \pi)} = a \neq 0$ ，求 k 与 a 的值.

6．写出极限 $\lim\limits_{x \to +\infty} f(x)$ 存在的柯西收敛准则及其否定叙述，并证明：

（1）极限 $\lim\limits_{x \to \infty} \dfrac{\cos x}{x}$ 存在;

（2）极限 $\lim\limits_{x \to \infty} \sin x$ 不存在.

7．写出极限 $\lim\limits_{x \to +\infty} f(x)$ 存在的海涅归结原则，并给出证明.

8．设 $f(x)$ 在 $(0, +\infty)$ 上单调递增，且 $\lim\limits_{x \to +\infty} \dfrac{f(2x)}{f(x)} = 1$ ，求证：对 $\forall a > 0$ ，有 $\lim\limits_{x \to +\infty} \dfrac{f(ax)}{f(x)} = 1$.

9．设 $f(x) = a_1 \sin x + a_2 \sin 2x + \cdots + a_n \sin nx$ ，其中 $a_i(i=1,2,\cdots,n)$ 是常数，且对 $\forall x \in \mathbb{R}$ ，有 $|f(x)| \leq |\sin x|$ ，证明：$|a_1 + 2a_2 + \cdots + na_n| \leq 1$.

10．设函数 $f(x)$ 在 $(a, +\infty)$ 内每个有限区间 $(a,b)(\forall b > a)$ 上都有界，且 $\lim\limits_{x \to +\infty} (f(x+1) - f(x))$ 存在．证明：$\lim\limits_{x \to +\infty} \dfrac{f(x)}{x} = \lim\limits_{x \to +\infty} (f(x+1) - f(x))$.

11．设函数 $f(x)$ 在 $[a,b]$ 上严格单调递增，且 $\{x_n\} \subset (a,b)$ ，有 $\lim\limits_{n \to \infty} f(x_n) = f(a)$ ，证明：$\lim\limits_{n \to \infty} x_n = a$.

12．设 $f(x)$ 在 $(a, +\infty)$ 内单调递增．若存在数列 $\{x_n\}$ 满足 $\lim\limits_{n \to \infty} x_n = +\infty$ ，有 $\lim\limits_{n \to \infty} f(x_n) = b$ ，证明：$\lim\limits_{x \to +\infty} f(x) = b$.

3.4　函数的连续

连续函数是微积分研究的主要对象．在自然界中连续变化的现象是很多的，如气温的连续上升、压力的连续减小、距离的连续增加等，它们的数学抽象都是连续函数．因此，连续函数有广泛的应用．利用连续可以估计局部的函数值，这对研究函数的性质有很大的好处．连续也带来极限运算的简便性——函数运算与极限运算可交换顺序．

3.4.1　函数连续的概念

设 $I \subset \mathbb{R}$ 是非空集，且 $a \in I$．若存在 $\delta > 0$ 使得 $U_\circ(a, \delta) \bigcap I = \varnothing$，则称点 a 是集合 I 的**孤立点**；若存在 $\delta > 0$ 使得 $U(a, \delta) \subset I$，则称点 a 是 I 的**内点**；若对 $\forall \delta > 0$，$U(b, \delta)$ 都含有集合 I 中的无穷多个点，则称点 b 是集合 I 的**聚点**．显然集合的孤立点与内点一定属于该集合，而集合的聚点不一定属于该集合．

定义 3.4.1　设函数 $f(x)$ 定义在数集 I 上且 $a \in I$．如果对 $\forall \varepsilon > 0$，$\exists \delta > 0$ 使得当 $x \in I \bigcap U(a, \delta)$ 时，有 $|f(x) - f(a)| < \varepsilon$，称 $f(x)$ 在 a 点**连续**．

注 1　若 $a \in I$ 是数集 I 的孤立点，规定 $f(x)$ 在 a 点一定连续；若 $a \in I$ 是内点，则 $f(x)$ 在 a 点连续蕴含：（1）函数 $f(x)$ 在 a 的邻域内有定义；（2）$\lim\limits_{x \to a} f(x)$ 存在，且 $\lim\limits_{x \to a} f(x) = f(a)$．而 $f(a) = f(\lim\limits_{x \to a} x)$，因此函数在 a 点连续意指极限运算和函数运算可交换顺序．

注 2　若 $a \in I$ 是内点，则函数 $f(x)$ 在 a 点连续的几个等价叙述如下．

（1）$\lim\limits_{x \to a} f(x) = f(a)$ 改写成 $\lim\limits_{x \to a}(f(x) - f(a)) = 0$，令 $\Delta x = x - a$ 为自变量 x 在 a 点的改变量，则函数 $y = f(x)$ 在 a 点的函数值的改变量 $\Delta y = f(a + \Delta x) - f(a)$．这样 $\lim\limits_{x \to a} f(x) = f(a)$ 等价于增量的极限形式 $\lim\limits_{\Delta x \to 0} \Delta y = 0$，也等价于 $\lim\limits_{\Delta x \to 0} f(a + \Delta x) = f(a)$．

（2）归结到数列极限：对 a 点邻域内任意收敛到 a 的点列 $\{x_n\}$，有 $\lim\limits_{n \to \infty} f(x_n) = f(a)$．

如果只讨论函数 $f(x)$ 在 a 点的左侧或右侧的情况，则有左连续、右连续的概念．

定义 3.4.2　设 $f(x)$ 在 a 点及其左侧邻域内有定义，若 $\lim\limits_{x \to a^-} f(x) = f(a)$，则称函数 $f(x)$ 在 a 点**左连续**；设 $f(x)$ 在 a 点及其右侧邻域内有定义，若 $\lim\limits_{x \to a^+} f(x) = f(a)$，则称函数 $f(x)$ 在 a 点**右连续**．

结合 $\lim\limits_{x \to a} f(x)$ 存在当且仅当 $\lim\limits_{x \to a^+} f(x)$ 和 $\lim\limits_{x \to a^-} f(x)$ 都存在，且二者相等，我们得到

定理 3.4.1　函数 $f(x)$ 在 a 点连续当且仅当函数 $f(x)$ 在 a 点既左连续又右连续．

定义 3.4.3　若函数 $f(x)$ 在 (c, d) 内任意一点都连续，称函数 $f(x)$ 在 (c, d) 内连续；若函数 $f(x)$ 在 (c, d) 内连续，且在 c, d 两点分别右连续和左连续，则称函数 $f(x)$ 在 $[c, d]$ 上连续．

符号 $C(I)$ 表示区间 I 上所有连续函数组成的集合．

例 3.4.1 （1）设 $0 < a \neq 1$. 由于对 $\forall x_0 \in \mathbb{R}$，有 $\lim\limits_{x \to x_0} a^x = a^{x_0}$，因此指数函数 $f(x) = a^x$ 在 $(-\infty, +\infty)$ 上连续.

（2）设 $0 < a \neq 1$. 由于对 $\forall x_0 \in (0, +\infty)$，有 $\lim\limits_{x \to x_0} \log_a x = \log_a x_0$，因此对数函数 $f(x) = \log_a x$ 在 $(0, +\infty)$ 上连续.

（3）由于对 $\forall x_0 \in \mathbb{R}$，有 $\lim\limits_{x \to x_0} \sin x = \sin x_0$，且 $\lim\limits_{x \to x_0} \cos x = \cos x_0$，因此正弦函数 $f(x) = \sin x$ 和余弦函数 $f(x) = \cos x$ 在 $(-\infty, +\infty)$ 上连续.

例 3.4.2 证明：（1）反正切函数 $f(x) = \arctan x$ 和反余切函数 $f(x) = \mathrm{arccot}\, x$ 在 $(-\infty, +\infty)$ 上连续.

（2）反正弦函数 $f(x) = \arcsin x$ 和反余弦函数 $f(x) = \arccos x$ 在 $[-1,1]$ 上连续.

证明 （1）任取 $x_0 \in \mathbb{R}$. 由于

$$0 \leqslant |\arctan x - \arctan x_0| = \left|\arctan \frac{x - x_0}{1 + xx_0}\right| \leqslant \left|\frac{x - x_0}{1 + xx_0}\right| \to 0 \ (x \to x_0),$$

双侧趋近定理表明 $\lim\limits_{x \to x_0} \arctan x = \arctan x_0$；同理可证 $\lim\limits_{x \to x_0} \mathrm{arccot}\, x = \mathrm{arccot}\, x_0$. 故反正切函数与反余切函数在 $(-\infty, +\infty)$ 上连续.

（2）任取 $x_0 \in (-1,1)$. 由于

$$0 \leqslant |\arcsin x - \arcsin x_0| \leqslant |\tan(\arcsin x - \arcsin x_0)| = \left|\frac{\sin(\arcsin x - \arcsin x_0)}{\cos(\arcsin x - \arcsin x_0)}\right|$$

$$= \left|\frac{x\sqrt{1 - x_0^2} - x_0\sqrt{1 - x^2}}{\sqrt{1 - x^2}\sqrt{1 - x_0^2} + xx_0}\right| \to 0 \ (x \to x_0),$$

其中，显然有 $\sqrt{1 - x^2} \to \sqrt{1 - x_0^2} \ (x \to x_0)$，故 $\lim\limits_{x \to x_0} \arcsin x = \arcsin x_0$；同理有

$$\lim\limits_{x \to x_0} \arccos x = \arccos x_0.$$

又

$$0 \leqslant \left|\arcsin x - \frac{\pi}{2}\right| = |\arccos x| \leqslant |\tan(\arccos x)| = \left|\frac{\sqrt{1 - x^2}}{x}\right| \to 0 \ (x \to 1^-),$$

因此 $\lim\limits_{x \to 1^-} \arcsin x = \frac{\pi}{2} = \arcsin 1$，也可证明 $\lim\limits_{x \to (-1)^+} \arcsin x = -\frac{\pi}{2} = \arcsin(-1)$，所以反正弦函数 $f(x) = \arcsin x$ 在 $[-1,1]$ 上连续. 类似可证，反余弦函数 $f(x) = \arccos x$ 在 $[-1,1]$ 上连续. 证毕.

3.4.2 间断点及其分类

根据函数连续的定义，若点 a 是函数 $f(x)$ 定义域的内点，则函数 $f(x)$ 在点 a 处连续，必须满足以下三个条件：

（i）点 a 属于函数 $f(x)$ 的定义域；

（ii）左极限 $\lim\limits_{x \to a^-} f(x)$ 和右极限 $\lim\limits_{x \to a^+} f(x)$ 都存在；

（iii）$\lim\limits_{x \to a^-} f(x) = \lim\limits_{x \to a^+} f(x) = f(a)$．

若上述三个条件之一不成立，称函数 $f(x)$ 在 a 点不连续（或间断），此时称 a 是函数 $f(x)$ 的**不连续点（或间断点）**．这样，函数 $f(x)$ 在 a 点不连续有如下几种可能.

（1）若左极限 $\lim\limits_{x \to a^-} f(x)$ 和右极限 $\lim\limits_{x \to a^+} f(x)$ 都存在，且 $\lim\limits_{x \to a^-} f(x) = \lim\limits_{x \to a^+} f(x)$，但 $f(x)$ 在 a 点没有定义或 $f(x)$ 在 a 点的极限值不等于函数值 $f(a)$，称 a 是函数 $f(x)$ 的**可去间断点**．

若点 a 是函数 $f(x)$ 的可去间断点，则改变函数 $f(x)$ 在点 a 的函数值或适当定义在点 a 的函数值，可使函数 $f(x)$ 在点 a 处连续．这正是"可去"二字的本意.

例 3.4.3　求函数 $f(x) = \dfrac{\sin x}{x}$ 的间断点.

解　由于 $\lim\limits_{x \to 0} \dfrac{\sin x}{x} = 1$，但 $\dfrac{\sin x}{x}$ 在 0 点没定义，因此 $x = 0$ 是函数 $\dfrac{\sin x}{x}$ 的可去间断点．对 $\forall x \ne 0$，显然函数 $\dfrac{\sin x}{x}$ 在 x 点连续，故 $f(x) = \dfrac{\sin x}{x}$ 的唯一间断点 $x = 0$ 是其可去间断点.

定义 $f(x) = \begin{cases} \dfrac{\sin x}{x}, & x \ne 0; \\ 1, & x = 0. \end{cases}$ 则 $f(x)$ 在 $\mathbb{R}$ 上连续.

例 3.4.4　令

$$f(x) = \begin{cases} x \sin \dfrac{1}{x}, & x \ne 0; \\ 1, & x = 0, \end{cases}$$

则容易计算 $\lim\limits_{x \to 0^+} f(x) = 0 = \lim\limits_{x \to 0^-} f(x)$，但是 $f(0) = 1 \ne 0$，所以 0 是 $f(x)$ 的可去间断点.

若改变 $f(x)$ 在 0 点的函数值，即定义 $f(0) = 0 = \lim\limits_{x \to 0} f(x)$，则 $f(x) = \begin{cases} x \sin \dfrac{1}{x}, & x \ne 0; \\ 0, & x = 0 \end{cases}$

在 $\mathbb{R}$ 上连续.

（2）若左极限 $\lim\limits_{x \to a^-} f(x)$ 和右极限 $\lim\limits_{x \to a^+} f(x)$ 都存在，但 $\lim\limits_{x \to a^-} f(x) \ne \lim\limits_{x \to a^+} f(x)$，则称 a 是函数 $f(x)$ 的**跳跃间断点**．

例 3.4.5　符号函数 $f(x) = \operatorname{sgn} x = \begin{cases} 1, & x > 0; \\ 0, & x = 0; \\ -1, & x < 0. \end{cases}$ 因为 $\lim\limits_{x \to 0^+} f(x) = 1 \ne -1 = \lim\limits_{x \to 0^-} f(x)$，所以

0 是符号函数的跳跃间断点.

函数的可去间断点和跳跃间断点统称为**第一类间断点**，即左、右极限都存在的间断点称为函数的第一类间断点.

（3）若左极限 $\lim\limits_{x \to a^-} f(x)$ 和右极限 $\lim\limits_{x \to a^+} f(x)$ 至少有一个不存在，则称 a 是函数 $f(x)$ 的**第二类间断点**.

常见的第二类间断点有**无穷间断点**和**振荡间断点**. 若 $\lim\limits_{x \to a} f(x) = \infty$，则称 a 是函数 $f(x)$ 的无穷间断点. 例如，$x = k\pi + \dfrac{\pi}{2}\,(k \in \mathbb{Z})$ 是函数 $f(x) = \tan x$ 的无穷间断点. 对函数 $f(x) = \sin\dfrac{1}{x}$，当 $x \to 0$ 时，函数值在 -1 和 1 之间不停地来回摆动，这样的点 $x = 0$ 称为函数的振荡间断点. 再如，狄利克雷函数 $D(x) = \begin{cases} 1, & x \in \mathbb{Q}; \\ 0, & x \notin \mathbb{Q} \end{cases}$ 在任意一点的左、右极限都不存在，因此 $\mathbb{R}$ 上的每一点都是函数的振荡间断点. 再有，$x = 0$ 是函数 $f(x) = \dfrac{1}{x}\sin\dfrac{1}{x}$ 的振荡间断点.

例 3.4.6　令 $f(x) = \begin{cases} x\sin\dfrac{\pi}{x}, & x \notin \mathbb{Q}; \\ 0, & x \in \mathbb{Q}. \end{cases}$ 试求函数的间断点集和连续点集，并说明间断点的类型.

解　对 $\forall x_0 \neq 0$ 及 $x_0 \neq \pm\dfrac{1}{k}\,(k \in \mathbb{N}^+)$，存在单调递增的有理点列 $\{r_n\}$ 使得 $\lim\limits_{n \to \infty} r_n = x_0$，因此 $f(r_n) = 0$，也存在单调递增的无理点列 $\{t_n\}$ 使得 $\lim\limits_{n \to \infty} t_n = x_0$，我们有

$$\lim\limits_{n \to \infty} f(t_n) = \lim\limits_{n \to \infty} t_n \sin\frac{\pi}{t_n} = x_0 \sin\frac{\pi}{x_0} \neq 0 = \lim\limits_{n \to \infty} f(r_n),$$

所以 $\lim\limits_{x \to x_0^-} f(x)$ 不存在；类似可证 $\lim\limits_{x \to x_0^+} f(x)$ 不存在，故对 $\forall x_0 \neq 0$ 及 $x_0 \neq \pm\dfrac{1}{k}\,(k \in \mathbb{N}^+)$ 都是函数 $f(x)$ 的第二类间断点. 而在 $x_0 = 0$ 及 $x_0 = \pm\dfrac{1}{k}\,(k \in \mathbb{N}^+)$ 处，有 $\lim\limits_{x \to x_0} f(x) = 0 = f(x_0)$，所以函数 $f(x)$ 在 $x_0 = 0$ 及 $x_0 = \pm\dfrac{1}{k}\,(k \in \mathbb{N}^+)$ 处连续.

因为可去间断点的情形可重新定义函数在该点的函数值使之成为函数的连续点，这样，间断点本质上有两类：跳跃间断点和第二类间断点.

例 3.4.7　开区间上单调函数的间断点一定是跳跃间断点.

证明　由例 3.1.6 知，开区间上的单调函数在开区间内每一点处的左极限与右极限都存在，因此若有间断点，则一定是跳跃间断点. 证毕.

例 3.4.8　设点 $c \in (a,b)$ 是 (a,b) 上单调函数 $f(x)$ 的间断点. 证明：除 $f(c)$ 外，在以 $f(c-0)$ 和 $f(c+0)$ 为端点的开区间内不含 $f(x)$ 在 (a,b) 上的任何其他函数值；且对应于其不同间断点的这种开区间彼此不交，从而单调函数的间断点集至多可数.

证明　设 $f(x)$ 在 (a,b) 上单调递增且 $c \in (a,b)$ 是 $f(x)$ 的间断点. 则例 3.4.7 表明 $c \in (a,b)$ 是 $f(x)$ 的跳跃间断点，即 $f(c+0)$ 和 $f(c-0)$ 都存在，但 $f(c+0) \neq f(c-0)$. 由于 $f(x)$ 在 (a,b) 上单调递增，故由确界公理知，存在 $\delta_1 > 0,\ \delta_2 > 0$ 使得

$$f(c+0) = \inf\{f(x): x \in (c, c+\delta_1)\}$$

且

$$f(c-0) = \sup\{f(x): x \in (c-\delta_2, c)\},$$

这样 $f(c-0) < f(c+0)$，且对 $\forall x > c$，$f(x) \geqslant f(c+0)$；对 $\forall x < c$，$f(x) \leqslant f(c-0)$，因此除 $f(c)$ 外，开区间 $(f(c-0), f(c+0))$ 不含 $f(x)$ 在 (a,b) 上的任何其他函数值．设 $c_1, c_2 \in (a,b)$ 是 $f(x)$ 的两个间断点且 $c_1 < c_2$，则极限的保序性表明 $f(c_1+0) \leqslant f(c_2-0)$，故不同间断点对应的这种开区间彼此不交．在这些开区间的每个区间中取一有理数，则这些开区间与有理数集的子集建立一一对应，从而它们有相同的势，故单调函数的间断点集至多可数．证毕．

例 3.4.9　证明：若函数 $f(x)$ 在 (a,b) 上单调，且 $f(x)$ 取到 $f(a+0)$ 和 $f(b-0)$ 之间的所有数，则 $f(x)$ 在 (a,b) 上连续．

证明　设函数 $f(x)$ 在 (a,b) 上单调递增．用反证法．假设函数 $f(x)$ 在某点 $c \in (a,b)$ 处不连续，则由例 3.4.8 可知，除 $f(c)$ 外，开区间 $(f(c-0), f(c+0))$ 不含函数 $f(x)$ 在 (a,b) 上的任何其他函数值．另外，由条件知 $f(x)$ 可取到 $f(a+0)$ 和 $f(b-0)$ 之间的所有数，显然

$$(f(c-0), f(c+0)) \subset (f(a+0), f(b-0)),$$

矛盾．故 $f(x)$ 在 (a,b) 上连续．证毕．

例 3.4.10　设黎曼函数 $R(x) = \begin{cases} 1, & x \in \mathbb{Z}, \ x \neq 0; \\ \dfrac{1}{q}, & x = \pm\dfrac{p}{q}, \ \text{其中} p, q \text{是互素的正整数}; \\ 0, & x = 0 \text{或无理数}. \end{cases}$

证明：$R(x)$ 在任意的非零有理点处不连续；而在 $x=0$ 及任意的无理点处都连续．

证明　（1）任取非零有理数 x_0，则存在无理点列 $\{x_n\}$ 收敛到 x_0，而 $R(x_n) = 0$，故

$$\lim_{n\to\infty} R(x_n) = 0 \neq R(x_0),$$

所以 $R(x)$ 在任意的非零有理点处都不连续．

（2）若 x 为有理数且当 $x = \pm\dfrac{p}{q} \to 0$ 时，一定有 $q \to \infty$，则 $R(x) = \dfrac{1}{q} \to 0$；若 x 为无理数，则 $R(x) = 0$，故有 $\lim\limits_{x\to 0} R(x) = 0 = R(0)$，所以 $R(x)$ 在 $x=0$ 处连续．

（3）下证 $R(x)$ 在任意的无理点处都连续．任取无理数 x_0，则 $R(x_0) = 0$．不妨设 $x_0 > 0$．由函数极限与数列极限的关系知，只需证明对任意收敛到 x_0 的点列 $\{x_n\}$，都有 $\lim\limits_{n\to\infty} R(x_n) = 0$．如果 $\{x_n\}$ 是无理点列，结论显然，故现在假设 $\{x_n\}$ 是有理点列．令 $x_n = \dfrac{p_n}{q_n}$，$n = 1, 2, \cdots$，其中 p_n, q_n 是互素的正整数．

我们断言 $\lim\limits_{n\to\infty} q_n = +\infty$．否则，必存在正整数 M 及 $\{q_n\}$ 的子列 $\{q_{n_k}\}$ 使得 $q_{n_k} \leqslant M$，$k = 1, 2, \cdots$．因为 $\lim\limits_{n\to\infty} x_n = x_0$，所以数列 $\{x_n\}$ 有界，从而其子列 $\{x_{n_k}\}$ 有界，这样必存在正整数 N 使得 $p_{n_k} \leqslant N$，$k = 1, 2, \cdots$．故 $x_{n_k} = \dfrac{p_{n_k}}{q_{n_k}}$ 只取自有限多个分数，所以数列 $\{x_{n_k}\}$ 中必有

无限项重复，即 $\{x_{n_k}\}$ 有一个子列是常数列，为方便记，不妨假设 $\{x_{n_k}\}$ 本身是常数列. 由 $\lim\limits_{n\to\infty} x_n = x_0$ 知 $\lim\limits_{k\to\infty} x_{n_k} = x_0$，故 x_0 是有理数，矛盾. 这样就证明了 $\lim\limits_{n\to\infty} q_n = +\infty$. 从而

$$\lim_{n\to\infty} R(x_n) = \lim_{n\to\infty} \frac{1}{q_n} = 0 = R(x_0)\,,$$

即 $R(x)$ 在任意的无理点 x_0 处连续. 证毕.

3.4.3 连续函数的局部性质

函数的连续是通过函数的极限定义的，因此函数极限所具有的性质，如有界性、四则运算法则、复合函数的极限等，都可推广到函数连续的相应性质.

定理 3.4.2（局部有界性） 若 $f(x)$ 在 a 点处连续，则存在正数 M 及某个 $\delta>0$ 使得当 $x\in U(a,\delta)$ 时，有 $|f(x)|\leqslant M$.

定理 3.4.3（局部保号性） 设 $f(x)$ 在 a 点处连续.

（i）若 $f(a)>0$，则存在 $\delta>0$ 使得当 $x\in U(a,\delta)$ 时，有 $f(x)>0$.

（ii）若存在 $\delta>0$ 使得当 $x\in U_{\circ}(a,\delta)$ 时，有 $f(x)>0$，则 $f(a)\geqslant 0$.

定理 3.4.4（四则运算法则） 若 $f(x)$ 与 $g(x)$ 在 a 点处连续，则 $f(x)\pm g(x)$，$f(x)g(x)$ 及 $\dfrac{f(x)}{g(x)}$（$g(a)\neq 0$）在 a 点处连续.

定理 3.4.5（复合函数的连续） 设 $g(x)$ 在 x_0 点处连续，$g(x_0)=u_0$，又设 $f(u)$ 在 u_0 点处连续. 如果 $R(g)\subseteq D(f)$，则复合函数 $f\circ g$ 在 x_0 点处连续.

例 3.4.11 对 $\forall \alpha\in\mathbb{R}$，幂函数 $f(x)=x^{\alpha}$ 在 $\forall x_0>0$ 处都有

$$\lim_{x\to x_0} x^{\alpha} = \lim_{x\to x_0} \mathrm{e}^{\alpha\ln x} = \mathrm{e}^{\alpha\ln x_0} = x_0^{\alpha}\,,$$

故幂函数 $f(x)=x^{\alpha}$ 在 $\forall x_0>0$ 处连续. 通过对 α 的不同取值，类似的讨论可得幂函数 $f(x)=x^{\alpha}$ 在其定义域内连续.

由例 3.4.1、例 3.4.2 及例 3.4.11 知，基本初等函数在其定义域内是连续的，结合定理 3.4.4 和定理 3.4.5 可得下列结论.

定理 3.4.6 初等函数在其定义域内是连续的.

习题 3.4

1. 研究下列函数在定义域内的连续性，若有间断点，指出间断点及其类别.

（1）$f(x)=(1+x)^{\frac{x}{\tan\left(x-\frac{\pi}{4}\right)}}$，$x\in(0,2\pi)$；
（2）$f(x)=\dfrac{x(x-1)}{|x|(x^2-1)}$；

（3）$f(x)=\left[\,|\cos x|\,\right]$；
（4）$f(x)=\dfrac{[\sqrt{x}\,]\ln(1+x)}{1+\sin x}$；

（5）$f(x) = \begin{cases} \lim\limits_{t \to x}\left(\dfrac{x-1}{t-1}\right)^{\frac{t}{x-t}}, & x \neq 1; \\ 0, & x = 1. \end{cases}$

2．试举出定义在 $(-\infty, +\infty)$ 上的函数 $f(x)$．要求：$f(x)$ 仅在 $0, 1, 2$ 三点处连续，其余的点都是 $f(x)$ 的第二类间断点．

3．定义函数 $f(x) = \begin{cases} \dfrac{\sin x}{2x}, & x < 0; \\ a, & x = 0; \\ (1+bx)^{\frac{1}{x}}, & x > 0. \end{cases}$ 试确定常数 a, b 使得函数 $f(x)$ 在 $x = 0$ 点处

连续．

4．求证：若连续函数在有理点的函数值为 0，则此函数恒为 0．

5．证明：若函数 $f(x)$ 在 $[a,b]$ 上连续，对任意的有理数 $r_1, r_2 \in [a,b]$ 满足 $r_1 < r_2$，有 $f(r_1) \leqslant f(r_2)$，则 $f(x)$ 在 $[a,b]$ 上单调递增．

6．设 $f(x) \in C(\mathbb{R})$ 且对 $\forall x, y \in \mathbb{R}$，有 $|f(x) - f(y)| \leqslant \alpha |x-y|$，其中 $\alpha \in (0,1)$．证明：$f(x)$ 在 $\mathbb{R}$ 上一定存在唯一的不动点 a，即 $f(a) = a$．

7．设常数 $a_1, a_2, \cdots, a_n$ 满足 $a_1 + a_2 + \cdots + a_n = 0$，计算
$$\lim_{x \to +\infty} \left(a_1 \sin\sqrt{x+1} + a_2 \sin\sqrt{x+2} + \cdots + a_n \sin\sqrt{x+n}\right).$$

8．设 $\{f_n(x)\}$ 是 $[a,b]$ 上的连续函数列，且存在 $M > 0$ 使得 $\forall n \in \mathbb{N}^+$ 及 $\forall x \in [a,b]$，有 $|f_n(x)| \leqslant M$，问 $F(x) = \inf\limits_{n \in \mathbb{N}^+}\{f_n(x)\}$ 是否是连续函数？

9．设定义在 $\mathbb{R}$ 上的函数 f 满足：$f(x)$ 在 $x = 0$ 连续，且对 $\forall x, y \in \mathbb{R}$，有 $f(x+y) = f(x) + f(y)$．证明：（1）$f(x)$ 在 $\mathbb{R}$ 上连续；（2）对 $\forall x \in \mathbb{R}$，$f(x) = f(1)x$．

3.5　闭区间上连续函数的性质

函数在一点的连续性只反映函数在该点邻域内的局部性质．我们看到，函数在一点连续的实质是实数的连续性．闭区间上连续函数的函数值连续不断地充满一个闭区间，因此闭区间上的连续函数具有有界性、取最值性、介值性和一致连续性．它们都是实数连续性的反映，故这些性质的证明需要借助实数连续性定理．

3.5.1　闭区间上连续函数的基本性质

定理 3.5.1（有界性）　若 $f(x) \in C[a,b]$，则 $f(x)$ 在 $[a,b]$ 上有界，即存在 $M > 0$，使得对 $\forall x \in [a,b]$，有 $|f(x)| \leqslant M$．

证明（反证法）　设 $f(x)$ 在 $[a,b]$ 上无界，即对 $\forall M > 0$，$\exists x_M \in [a,b]$ 使得 $|f(x_M)| > M$．特别地，取 $M = n$，则得到 $[a,b]$ 中的一个数列 $\{x_n\}$ 满足 $|f(x_n)| > n$．因为 $\{x_n\}$ 有界，由致

密性定理，存在收敛的子列 $\{x_{n_k}\}$ 使得 $\lim\limits_{k\to\infty} x_{n_k} = x_0 \in [a,b]$. 因为 $f(x)$ 在 x_0 点处连续，所以由海涅归结原则知，$\lim\limits_{k\to\infty} f(x_{n_k}) = f(x_0)$；另外，由于 $\left|f(x_{n_k})\right| > n_k$，因此 $\lim\limits_{k\to\infty} f(x_{n_k}) = \infty$，矛盾. 故 $f(x)$ 在 $[a,b]$ 上有界. 证毕.

注 定理中的闭区间不能换为开区间或半开半闭区间. 例如，$(0,1]$ 上的连续函数 $f(x) = \dfrac{1}{x}$ 是无界的. 实际上，对任意的点列 $\{x_n\} \subset \left(0, \dfrac{1}{n}\right)$，有 $\left|f(x_n)\right| = \dfrac{1}{x_n} > n$，故 $f(x) = \dfrac{1}{x}$ 在 $(0,1]$ 上无界.

定理 3.5.1 告诉我们，闭区间上的连续函数是有界的，因此其值域是一个非空的有界集合，由确界公理，其上、下确界一定存在. 那么闭区间上的连续函数，其函数值是否能达到它的上、下确界？即闭区间上的连续函数是否存在最值？下面的定理给出了肯定的回答.

定理 3.5.2（最值性） 若 $f(x) \in C[a,b]$，则 $f(x)$ 在 $[a,b]$ 上能取到最大值与最小值，即存在 $x_1, x_2 \in [a,b]$ 使得 $f(x_1) = \max\{f(x): x \in [a,b]\}$，$f(x_2) = \min\{f(x): x \in [a,b]\}$.

证明 因为 $f(x) \in C[a,b]$，定理 3.5.1 表明 $f(x)$ 在 $[a,b]$ 上有界. 故由确界公理，集合
$$\{f(x): x \in [a,b]\}$$
存在上、下确界. 设 $\sup\{f(x): x \in [a,b]\} = M$.

下面证明存在 $x_1 \in [a,b]$ 使得 $f(x_1) = M$. 用反证法，假设对 $\forall x \in [a,b]$，有 $f(x) < M$，则 $M - f(x)$ 是 $[a,b]$ 上严格正的连续函数，所以
$$\frac{1}{M - f(x)} \in C[a,b]\,,$$

再次由定理 3.5.1，存在 $N > 0$ 使得对 $\forall x \in [a,b]$，有 $\dfrac{1}{M - f(x)} \leqslant N$，从而 $f(x) \leqslant M - \dfrac{1}{N}$，即 $M - \dfrac{1}{N}$ 是集合 $\{f(x): x \in [a,b]\}$ 的一个上界，与 M 是集合 $\{f(x): x \in [a,b]\}$ 的上确界矛盾. 因此假设不成立，故 $\exists x_1 \in [a,b]$ 使得 $f(x_1) = M$.

同理可证，存在 $x_2 \in [a,b]$ 使得 $f(x_2) = \min\{f(x): x \in [a,b]\}$. 证毕.

注 一般来说，开区间上的连续函数可能取不到最大值或最小值，例如，$f(x) = x$ 在 $(0,1)$ 上的最大值与最小值都取不到.

定理 3.5.3（零点存在定理） 设 $f(x) \in C[a,b]$，且 $f(a)f(b) < 0$，则至少存在一点 $\xi \in (a,b)$ 使得 $f(\xi) = 0$.

证明 因为 $f(a)f(b) < 0$，不妨设 $f(a) < 0$，$f(b) > 0$. 现在构造一个闭区间套使得在每个闭区间的左端点处函数值小于零，在右端点处函数值大于零. 为此，将 $[a,b]$ 两等分，分点为 $c_1 = \dfrac{a+b}{2}$. 若 $f(c_1) = 0$，则取 $\xi = c_1$ 完成证明；否则，两个闭区间 $[a, c_1]$，$[c_1, b]$ 中必有一个使 $f(x)$ 在区间的两个端点的函数值符号相反，将此区间记为 $[a_1, b_1]$，则 $f(a_1) < 0$，$f(b_1) > 0$. 再将 $[a_1, b_1]$ 两等分，分点记为 c_2，若 $f(c_2) = 0$，则取 $\xi = c_2$ 完成证明；否则，两个闭区间 $[a_1, c_2]$，$[c_2, b_1]$ 中必有一个使 $f(x)$ 在区间的两个端点的函数值符号相反，将此区间记为 $[a_2, b_2]$，则 $f(a_2) < 0$，$f(b_2) > 0$. 将二等分方法无限进行下去，则得

到一个闭区间套 $\{[a_n, b_n]\}$，且满足

$$f(a_n) < 0, \quad f(b_n) > 0 \ (\forall n \in \mathbb{N}^+),$$

由闭区间套定理，存在 $\xi \in [a, b]$ 使得 $\lim\limits_{n \to \infty} a_n = \lim\limits_{n \to \infty} b_n = \xi$．因 $f(x)$ 在 ξ 点处连续且 $f(a_n) < 0$，$\forall n \in \mathbb{N}^+$，故由极限的保号性，得 $f(\xi) \leqslant 0$；同理，从 $f(b_n) > 0$（$\forall n \in \mathbb{N}^+$）得到 $f(\xi) \geqslant 0$，这样 $f(\xi) = 0$．条件 $f(a)f(b) < 0$ 蕴含 $\xi \in (a, b)$．证毕．

几何上，零点存在定理指出，若 $[a, b]$ 上的连续曲线 $y = f(x)$ 的起始点 $A(a, f(a))$ 和终点 $B(b, f(b))$ 分别在 x 轴的两侧，则该连续曲线至少与 x 轴有一交点，如图 3-5-1 所示．注意到，定理 3.5.3 的证明用的是构造法，称为二分法．这种方法是寻找一个单变量函数零点常用的数值方法，并且是指数收敛速度的．求一个连续可微曲线零点的另一种常用数值方法是牛顿法（切线法），参见 5.6 节．

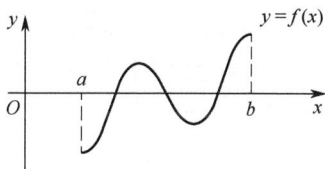

图 3-5-1

接下来刻画与零点存在定理等价的介值定理．

定理 3.5.4（介值定理）　设 $I \subset \mathbb{R}$ 是一个区间，$f(x) \in C(I)$ 且设 $x_1, x_2 \in I$ 满足 $f(x_1) < f(x_2)$．则对 $\forall \eta \in (f(x_1), f(x_2))$，至少存在一点 $c \in I$ 使得 $f(c) = \eta$．

证明　设 $x_1, x_2 \in I$ 满足 $f(x_1) < f(x_2)$．不妨设 $x_1 < x_2$．对 $\forall \eta \in (f(x_1), f(x_2))$，令

$$F(x) = f(x) - \eta,$$

则 $F(x) \in C[x_1, x_2]$，且 $F(x_1) = f(x_1) - \eta < 0$，$F(x_2) = f(x_2) - \eta > 0$，由零点存在定理 3.5.3，至少存在一点 $c \in (x_1, x_2) \subset I$ 使得 $F(c) = 0$，即 $f(c) = \eta$．证毕．

特别地，若 $f(x) \in C[a, b]$，则定理 3.5.2 表明 $f(x)$ 在 $[a, b]$ 上存在最大值和最小值，令

$$M = \max\{f(x): x \in [a, b]\}, \quad m = \min\{f(x): x \in [a, b]\},$$

则由介值定理 3.5.4，对 $\forall \eta \in [m, M]$，在 $[a, b]$ 上至少存在一点 c 使得 $f(c) = \eta$．这样立得下面的推论．

推论 3.5.1　设 $f(x) \in C[a, b]$．令 $M = \max\{f(x): x \in [a, b]\}$，$m = \min\{f(x): x \in [a, b]\}$，则 $f([a, b]) = [m, M]$．

例 3.5.1　设 $f(x)$ 在 $[0, 1]$ 上连续，且 $f(0) \geqslant 0$，$f(1) \leqslant 1$，证明：对 $\forall n \in \mathbb{N}^+$，$\exists a \in [0, 1]$ 使得 $f(a) = a^n$．

证明　若 $f(0) = 0$ 或 $f(1) = 1$，则结论成立．现在设 $f(0) > 0$，$f(1) < 1$．对 $\forall n \in \mathbb{N}^+$，令

$$F(x) = f(x) - x^n,$$

则 $F(x) \in C[0, 1]$ 且 $F(0) = f(0) - 0 > 0$，$F(1) = f(1) - 1 < 0$，故由零点存在定理，至少存在一点 $a \in (0, 1)$ 使得 $F(a) = 0$，即 $f(a) = a^n$．证毕．

注　在证明与函数的介值性或零点存在性有关的问题时，构造合适的辅助函数是很方便的．

例 3.5.2　证明方程 $x - 2\sin x = a \ (a > 0)$ 至少有一正实根．

证明　设 $F(x) = x - 2\sin x - a$．则 $F(x) \in C(\mathbb{R})$．因为 $a > 0$，所以 $F(0) = -a < 0$．取 $n_0 \in \mathbb{N}^+$ 使得 $n_0 \pi > a$，则 $F(n_0 \pi) = n_0 \pi - a > 0$，由零点存在定理，$F(x)$ 在 $(0, n_0 \pi)$ 内至少有

一零点，故方程 $x-2\sin x=a\,(a>0)$ 至少有一正实根．证毕．

利用连续函数的介值性，我们还可以证明算术根的存在性和唯一性问题，这是中学代数中的一个重要理论．

例 3.5.3 证明：任意正数存在唯一正的 n 次方根（$n\in\mathbb{N}^{+}$）．

证明 任取正数 a．对任意的正整数 $n\geqslant 2$，令 $f(x)=x^n-a$．则 $f(x)\in C(\mathbb{R})$，且存在 $b>0$ 使得 $f(b)=b^n-a>0$．因为 $f(0)=-a<0$，由零点存在定理，$\exists c\in(0,b)$ 使得 $f(c)=c^n-a=0$，即 $c=\sqrt[n]{a}$．

正的 n 次方根的唯一性跟随着幂函数 x^n 的严格单调性．证毕．

例 3.5.4 设 $f(x)$ 定义在区间 I 上且 $f(x)\in C(I)$，证明 $f(x)$ 的值域 $f(I)$ 是一个区间．

证明 只需证明"若 $A,B\in f(I)$ 且 $A<B$，有 $[A,B]\subseteq f(I)$"即可．因为 $A,B\in f(I)$，所以存在 $a,b\in I$ 使得 $f(a)=A$，$f(b)=B$．对 $\forall\eta\in[A,B]$，由介值定理 3.5.4 知，存在
$$\xi\in[a,b]\subset I \quad（若\,a<b）\text{ 或者 }\xi\in[b,a]\subset I \quad（若\,a>b）$$
使得 $\eta=f(\xi)\in f(I)$，故 $[A,B]\subseteq f(I)$．所以 $f(I)$ 是一个区间．证毕．

例 3.5.5 设 $f(x)$ 是定义在区间 I 上的单调函数．若 $f(x)$ 的值域 $f(I)$ 是一个区间，则 $f(x)\in C(I)$．

证明 不妨设 $f(x)$ 在 I 上单调递增．用反证法．假设存在内点 $c\in I$ 是 $f(x)$ 的间断点（若区间 I 有端点，$c\in I$ 是区间端点的情形类似可证），则例 3.4.7 表明 $c\in I$ 是 $f(x)$ 的跳跃间断点，因此不等式 $f(c-0)\leqslant f(c)\leqslant f(c+0)$ 中至少有一个等号不成立．不妨设 $f(c-0)<f(c)$．因为 $f(I)$ 是一个区间，所以 $(f(c-0),f(c))\subset f(I)$．另外，例 3.4.8 表明开区间 $(f(c-0),f(c))$ 不包含 $f(x)$ 在区间 I 上的任何函数值，矛盾．故 $f(x)\in C(I)$．证毕．

3.5.2 反函数的连续性

定理 3.5.5（反函数连续性） 设 $f(x)\in C[a,b]$ 且严格单调，则其值域是一个闭区间 $[c,d]$，且反函数 $x=f^{-1}(y)\in C[c,d]$．

证明 不妨设 $f(x)$ 在 $[a,b]$ 上严格单调递增，则其值域为 $[f(a),f(b)]$，简记为 $[c,d]$，且其反函数 $x=f^{-1}(y)$ 在 $[c,d]$ 上也严格单调递增．下面证明 $x=f^{-1}(y)\in C[c,d]$．先证明反函数 $f^{-1}(y)$ 在 (c,d) 内连续．对 $\forall\eta\in(c,d)$，介值定理 3.5.4 及 $f(x)$ 的严格单调递增性表明，存在唯一的 $\xi\in(a,b)$ 使得 $f(\xi)=\eta$，即 $\xi=f^{-1}(\eta)$．任取 $\varepsilon>0$ 使得 $(\xi-\varepsilon,\xi+\varepsilon)\subset[a,b]$，令
$$f(\xi-\varepsilon)=\eta_1,\quad f(\xi+\varepsilon)=\eta_2,$$
则 $\eta_1<\eta<\eta_2$ 且 $f^{-1}(\eta_1)=\xi-\varepsilon$，$f^{-1}(\eta_2)=\xi+\varepsilon$．令 $\delta=\min\{\eta-\eta_1,\eta_2-\eta\}$，则 $\delta>0$ 且当 $|y-\eta|<\delta$ 时，有 $\eta_1<y<\eta_2$．因为 $x=f^{-1}(y)$ 在 $[c,d]$ 上严格单调递增，所以
$$f^{-1}(\eta_1)<f^{-1}(y)<f^{-1}(\eta_2),$$
即 $\xi-\varepsilon<f^{-1}(y)<\xi+\varepsilon$，从而 $\left|f^{-1}(y)-f^{-1}(\eta)\right|<\varepsilon$，故 $f^{-1}(y)$ 在 η 点处连续．由 $\eta\in(c,d)$ 的任意性知反函数 $f^{-1}(y)$ 在 (c,d) 内连续；类似可证反函数 $f^{-1}(y)$ 在 c,d 点处分别右连续和左连续．证毕．

例 3.5.6 设 $f(x)$ 在 $[a,b]$ 上连续，且在 $[a,b]$ 上有反函数，证明 $f(x)$ 在 $[a,b]$ 上严格

单调.

证明　设 $f(x)$ 在 $[a,b]$ 上不是严格单调函数，则将出现以下两种情形：

（1）$\exists x_1, x_2 \in [a,b]$ 满足 $x_1 < x_2$，但 $f(x_1) = f(x_2)$；

（2）$\exists x_1, x_2, x_3 \in [a,b]$ 满足 $x_1 < x_2 < x_3$，但 $f(x_1) < f(x_3) < f(x_2)$ 或 $f(x_1) > f(x_3) > f(x_2)$.

在情形（1），$[a,b]$ 上的两个不同点 x_1, x_2 对应同一个函数值，这与 $f(x)$ 在 $[a,b]$ 上有反函数的假设矛盾；在情形（2），对 $f(x)$ 在 $[x_1, x_2]$ 上应用介值定理 3.5.4，则存在 $x_0 \in (x_1, x_2)$ 使得 $f(x_3) = f(x_0)$，这与 $f(x)$ 在 $[a,b]$ 上有反函数的假设矛盾. 所以 $f(x)$ 在 $[a,b]$ 上严格单调. 证毕.

注　我们知道严格单调函数必存在反函数，结合例 3.5.6 得：设 $f(x)$ 在 $[a,b]$ 上连续，则 $f(x)$ 在 $[a,b]$ 上有反函数当且仅当 $f(x)$ 是 $[a,b]$ 上的严格单调函数.

3.5.3　一致连续性

闭区间上连续函数的另一个重要性质是一致连续性. 回忆，函数 $f(x)$ 在区间 I 上连续，是指在区间 I 上的任意一点 $c \in I$ 处都连续，即对 $\forall \varepsilon > 0, \exists \delta > 0$，使得对 $\forall x \in (c - \delta, c + \delta)$，都有

$$|f(x) - f(c)| < \varepsilon,$$

这里的 δ 不仅与 ε 有关，还与点 c 的位置有关. 但在一些问题的研究中，需要 δ 仅仅依赖于 ε，而与点 c 的位置无关，即正数 ε 给定后，δ 可取到对所有的 $c \in I$ 都相同，即 δ 只依赖于 ε，这样的连续就是一致连续的.

定义 3.5.1　设 $f(x)$ 定义在区间 I 上. 若对 $\forall \varepsilon > 0, \exists \delta > 0$（只与 ε 有关）使得 $\forall x_1, x_2 \in I$，当 $|x_1 - x_2| < \delta$ 时，有 $|f(x_1) - f(x_2)| < \varepsilon$，称 $f(x)$ 在 I 上一致连续.

注　定义中的区间 I 是开区间、闭区间、半开半闭区间、无穷区间均可. 容易看到，函数在区间上一致连续则一定连续，反之，连续不一定一致连续.

例 3.5.7　证明：函数 $f(x) = \sqrt{x}$ 在 $[1, +\infty)$ 上一致连续.

证明　对 $\forall \varepsilon > 0$，取 $\delta = 2\varepsilon$，则对 $\forall x_1, x_2 \in [1, +\infty)$，当 $|x_1 - x_2| < \delta$ 时，有

$$\left| \sqrt{x_1} - \sqrt{x_2} \right| = \frac{|x_1 - x_2|}{\sqrt{x_1} + \sqrt{x_2}} \leqslant \frac{1}{2} |x_1 - x_2| < \varepsilon,$$

故 $f(x) = \sqrt{x}$ 在 $[1, +\infty)$ 上一致连续. 证毕.

有时需要用到**一致连续的否定叙述**：若 $\exists \varepsilon_0 > 0$，使得对 $\forall \delta > 0$，$\exists x_1, x_2 \in I$ 满足 $|x_1 - x_2| < \delta$，但 $|f(x_1) - f(x_2)| \geqslant \varepsilon_0$，则 $f(x)$ 在区间 I 上非一致连续.

例 3.5.8　证明 $f(x) = \dfrac{1}{x}$ 在 $(0,1)$ 上非一致连续.

证明　取 $\varepsilon_0 = 1$，对 $\forall \delta > 0$，取 $n \in \mathbb{N}^+$ 使得 $\dfrac{1}{n} < \delta$，取 $s_n = \dfrac{1}{n+1} \in (0,1)$，$t_n = \dfrac{1}{n} \in (0,1)$，则有

$$|s_n - t_n| = \frac{1}{n(n+1)} < \frac{1}{n} < \delta,$$

但 $\left|f(t_n)-f(s_n)\right|=\left|\dfrac{1}{t_n}-\dfrac{1}{s_n}\right|=1=\varepsilon_0$，故由一致连续的否定叙述，$f(x)=\dfrac{1}{x}$ 在 $(0,1)$ 上非一致连续. 证毕.

本例说明，函数 $f(x)=\dfrac{1}{x}$ 在 $(0,1)$ 上处处连续，但在 $(0,1)$ 上非一致连续. 函数在区间上的一致连续性是函数在此区间上整体变化情况的一种衡量. 如果函数在此区间上的某些部分变化较为剧烈，即其图像在这些部分很陡，而且没有最陡的点，那么它可能在此区间上不一致连续；如果连续函数在区间上的每个局部范围的变化都较为平缓，即其图像的陡势得到控制，那么它可能是一致连续的. 这样，在讨论某个函数在某个区间上的一致连续性时，可通过观察其图像的大致情况而做出一个预判. 例如，函数 $f(x)=\sqrt{x}$ 在 $[1,+\infty)$ 上一致连续，在 $x=1$ 处图像最陡，此处满足的 δ 即为公共的 δ. 再如，函数 $f(x)=\dfrac{1}{x}$，当 $x\to 0$ 时，图像无限变陡，而且没有最陡的点，因此没有公共的正数 δ，所以 $f(x)=\dfrac{1}{x}$ 在

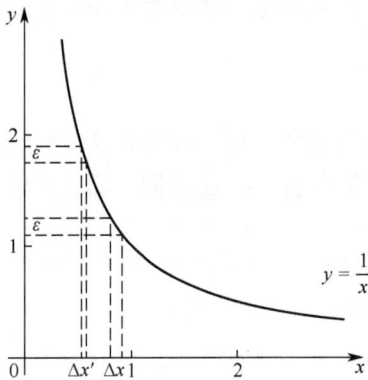

图 3-5-2

$(0,1)$ 上非一致连续. 这一事实从几何图形上看得比较明显. 对 $\forall \varepsilon>0$，作两条平行于横轴的直线，直线间的距离为 ε，在这两条直线与曲线的交点处作平行于 y 轴的直线，交于 x 轴两点，区间为 Δx，只要 $s,t\in\Delta x$，就有 $\left|\dfrac{1}{t}-\dfrac{1}{s}\right|<\varepsilon$，对同样的 $\varepsilon>0$，作区间 $\Delta x'$ 使其长度 $|\Delta x'|$ 小于区间 Δx 的长度 $|\Delta x|$，当 $x\to 0^+$ 时，有 $|\Delta x|\to 0$，因此对这个 $\varepsilon>0$，找不到一个统一的 $\delta>0$（如图 3-5-2 所示）.

观察到，函数 $f(x)=\dfrac{1}{x}$ 在 $(0,1)$ 上非一致连续，在于允许自变量可以向 0 无限靠近，因此，如果不允许自变量无限接近于 0，也许可以使连续变为一致连续. 例如，$f(x)=\dfrac{1}{x}$ 在 $[\delta,+\infty)$ 上一致连续（$\delta>0$）. 这是因为对 $\forall \varepsilon>0$，取 $\delta_1\leqslant \delta^2\varepsilon$，则对 $\forall x_1,x_2\in[\delta,+\infty)$，当 $|x_1-x_2|<\delta_1$ 时，有

$$\left|\dfrac{1}{x_1}-\dfrac{1}{x_2}\right|=\dfrac{|x_1-x_2|}{x_1 x_2}\leqslant \dfrac{1}{\delta^2}|x_1-x_2|<\varepsilon,$$

所以 $f(x)=\dfrac{1}{x}$ 在 $[\delta,+\infty)$ 上一致连续.

对闭区间上的连续函数，其图像总有一处坡度最陡，在这一处适用的 δ 即为公共的 δ.

定理 3.5.6（一致连续性或康托尔定理） 若 $f(x)$ 在 $[a,b]$ 上连续，则 $f(x)$ 在 $[a,b]$ 上一致连续.

证明（反证法） 设 $f(x)$ 在 $[a,b]$ 上非一致连续，则对某个 $\varepsilon_0>0$，不论 $\delta>0$ 多么小，总可以在 $[a,b]$ 中找到两点 t,x 满足 $|t-x|<\delta$，但 $|f(t)-f(x)|\geqslant \varepsilon_0$. 于是，对 $\delta=\dfrac{1}{n}$，

$\exists x_n$, $t_n \subset [a,b]$ 使得 $|t_n - x_n| < \dfrac{1}{n}$，但 $|f(t_n) - f(x_n)| \geq \varepsilon_0$。因为 $\{x_n\}$，$\{t_n\}$ 是有界点列，据致密性定理，它们都存在收敛子列，进而可取到同一个收敛子列，所以不妨设 $\{x_n\}$，$\{t_n\}$ 收敛。因为 $|x_n - t_n| \to 0$ $(n \to \infty)$，故 $\exists \xi \in [a,b]$ 使得 $x_n \to \xi$，$t_n \to \xi$ $(n \to \infty)$。而 $f(x)$ 在 ξ 点处连续，所以

$$f(x_n) \to f(\xi), \qquad f(t_n) \to f(\xi) \quad (n \to \infty),$$

这样 $|f(t_n) - f(x_n)| \to 0$ $(n \to \infty)$，与 $|f(t_n) - f(x_n)| \geq \varepsilon_0$ 矛盾。故 $f(x)$ 在 $[a,b]$ 上一致连续。证毕。

在讨论函数的一致连续性时，下面两个命题很有用，读者可自证。

命题 3.5.1 设两个区间 I_1 与 I_2 有一个公共端点 c，记 $I = I_1 \bigcup \{c\} \bigcup I_2$，若 $f(x)$ 在 I_1 和 I_2 上均一致连续，又在 c 点处连续，则 $f(x)$ 在 I 上一致连续。

由例 3.5.7 知，$f(x) = \sqrt{x}$ 在 $[1, +\infty)$ 上一致连续。又 $f(x) = \sqrt{x}$ 在 $[0,1]$ 上连续，从而定理 3.5.6 表明 $f(x) = \sqrt{x}$ 在 $[0,1]$ 上一致连续，故由命题 3.5.1 可得 $f(x) = \sqrt{x}$ 在 $[0, +\infty)$ 上一致连续。

命题 3.5.2 若 $f(x)$ 在区间 I 上满足 Lipschitz 条件：$\exists L > 0$，使得对 $\forall x_1$, $x_2 \in I$，有

$$|f(x_1) - f(x_2)| \leq L|x_1 - x_2|,$$

则 $f(x)$ 在 I 上一致连续。

例 3.5.9 证明：$\sin x$ 在 $(-\infty, +\infty)$ 上一致连续。

证明 对 $\forall \varepsilon > 0$，取 $\delta = \varepsilon > 0$，则对 $\forall x_1$, $x_2 \in (-\infty, +\infty)$，当 $|x_1 - x_2| < \delta$ 时，有

$$|\sin x_1 - \sin x_2| = 2\left|\cos \frac{x_1 + x_2}{2}\right| \cdot \left|\sin \frac{x_1 - x_2}{2}\right| \leq |x_1 - x_2| < \delta = \varepsilon,$$

故 $\sin x$ 在 $(-\infty, +\infty)$ 上一致连续。证毕。

类似可证：$\sin \sqrt{x}$ 在 $[0, +\infty)$ 上一致连续。容易验证 $f(x) = x^2$ 在 $[0, +\infty)$ 上非一致连续，因此也有

例 3.5.10 证明：$\sin x^2$ 在 $[0, +\infty)$ 上非一致连续。

证明 取 $\varepsilon_0 = 1$，对 $\forall \delta > 0$，取 $n \in \mathbb{N}^+$ 使得 $\dfrac{\pi}{2\left(\sqrt{n\pi + \dfrac{\pi}{2}} + \sqrt{n\pi}\right)} < \delta$，令

$$x_1 = \sqrt{n\pi + \frac{\pi}{2}}, \qquad x_2 = \sqrt{n\pi},$$

则 $|x_1 - x_2| = \dfrac{\pi}{2\left(\sqrt{n\pi + \dfrac{\pi}{2}} + \sqrt{n\pi}\right)} < \delta$，但 $|\sin x_1^2 - \sin x_2^2| = 1 = \varepsilon_0$。故 $\sin x^2$ 在 $[0, +\infty)$ 上非一致连续。证毕。

例 3.5.11 设 $f(x) \in C[a, +\infty)$ 且 $\lim\limits_{x \to +\infty} f(x) = A$ 存在，试证明 $f(x)$ 在 $[a, +\infty)$ 上一致连续。

证明 对 $\forall \varepsilon > 0$，因 $\lim\limits_{x\to+\infty} f(x) = A$，故 $\exists M > a$，使得对 $\forall x \geqslant M$，有 $\left|f(x) - A\right| < \dfrac{\varepsilon}{4}$．

于是，对 $\forall x, y \in [M, +\infty)$，有 $\left|f(x) - f(y)\right| < \dfrac{\varepsilon}{2}$．另外，$f(x) \in C[a, M]$，由定理 3.5.6 知，$f(x)$ 在 $[a, M]$ 上一致连续．故对上述给定的 $\varepsilon > 0$，$\exists \delta > 0$，使得对 $\forall x, y \in [a, M]$，当 $\left|x - y\right| < \delta$ 时，有

$$\left|f(x) - f(y)\right| < \frac{\varepsilon}{2}.$$

这样，对 $\forall x, y \in [a, +\infty)$，满足 $\left|x - y\right| < \delta$，

（1）若 $x, y \in [a, M]$，或 $x, y \in [M, +\infty)$，都有 $\left|f(x) - f(y)\right| < \dfrac{\varepsilon}{2}$；

（2）若 $x \in [a, M]$，$y \in [M, +\infty)$，则 $\left|x - M\right| < \delta$，$\left|y - M\right| < \delta$，此时
$$\left|f(x) - f(y)\right| \leqslant \left|f(x) - f(M)\right| + \left|f(y) - f(M)\right| < \varepsilon,$$

故 $f(x)$ 在 $[a, +\infty)$ 上一致连续．证毕．

习题 3.5

1．设 $f(x) \in C[a, b)$ 且 $\lim\limits_{x\to b^-} f(x)$ 存在，证明：$f(x)$ 在 $[a, b)$ 上有界．

2．设函数 $f(x)$ 在 $[0, +\infty)$ 上连续且非负．若 $\lim\limits_{x\to+\infty} f(f(x)) = +\infty$，证明 $\lim\limits_{x\to+\infty} f(x) = +\infty$．

3．设 $f(x) \in C(-\infty, +\infty)$．若对任意的开区间 (a, b)，其值域 $f((a, b))$ 必是开区间．证明：$f(x)$ 在 $(-\infty, +\infty)$ 上是单调函数．

4．设 $f(x) \in C[a, b]$，$x_1, x_2, \cdots, x_n \in [a, b]$．证明：$\exists \xi \in [a, b]$ 使得
$$f(\xi) = \frac{f(x_1) + f(x_2) + \ldots + f(x_n)}{n}.$$

5．证明：若函数 $f(x)$ 在 (a, b) 内连续，且 $\lim\limits_{x\to a^+} f(x) = \lim\limits_{x\to b^-} f(x) = +\infty$，则函数 $f(x)$ 在 (a, b) 内取到最小值．

6．设 $f \in C[a, b]$，$m(x) = \inf\limits_{t\in[a,x]}\{f(t)\}, M(x) = \sup\limits_{t\in[a,x]}\{f(t)\}$，求证 $m(x), M(x) \in C[a, b]$．

7．设 $f \in C[a, b]$，且存在 $q \in (0, 1)$，使得对 $\forall x \in [a, b]$，$\exists y \in [a, b]$，满足 $\left|f(y)\right| \leqslant q\left|f(x)\right|$．证明：$\exists \xi \in [a, b]$ 使得 $f(\xi) = 0$．

8．设 $f(x)$ 在区间 I 上有定义．一个点 $x_0 \in I$ 称为函数 $f(x)$ 的极大值（或极小值）点，如果 $\exists \delta > 0$，使得对 $\forall x \in (x_0 - \delta, x_0 + \delta)$，有 $f(x) \leqslant f(x_0)$（或 $f(x) \geqslant f(x_0)$）．极大值点和极小值点都称为极值点．证明命题：设函数 $f(x)$ 在有界闭区间 $I = [a, b]$ 上连续．若 $f(x)$ 在开区间 (a, b) 上无极值点，则 $f(x)$ 在 I 上严格单调．

9．利用零点存在定理证明下列各题．

（1）设 $f \in C(-\infty, +\infty)$ 且 $f(f(x)) = x$，证明：存在 $\xi \in (-\infty, +\infty)$ 使得 $f(\xi) = \xi$．

（2）设 $f(x)$ 是以 2π 为周期的连续函数，则在任何一个周期内，存在 $\xi \in \mathbb{R}$，使得 $f(\xi + \pi) = f(\xi)$．

（3）设 $f \in C[a,b]$，且 $f([a,b]) \subseteq [a,b]$．证明：$\exists \xi \in [a,b]$ 使得 $f(\xi) = \xi$，即 $f(x)$ 至少有一不动点．

10．设 $a < b < c$．证明：$f(x) = \dfrac{1}{x-a} + \dfrac{1}{x-b} + \dfrac{1}{x-c}$ 在 (a,c) 内恰好有两个零点．

11．证明：若函数 $f(x)$ 在 $[0,2a]$ 上连续，且 $f(0) = f(2a)$，则方程 $f(x) = f(x+a)$ 在 $[0,a]$ 上至少有一个根．

12．证明：若函数 $f(x)$ 在 $[a,+\infty)$ 上连续且有界，则对任意的正数 λ，存在数列 $\{x_n\}$ 且 $\lim\limits_{n \to \infty} x_n = +\infty$，有 $\lim\limits_{n \to \infty} [f(\lambda + x_n) - f(x_n)] = 0$.

13．设 $f(x) \in C[a,+\infty)$ 且有界，若 $f(a) < \sup\limits_{x \in [a,+\infty)} \{f(x)\}$，则当 α 满足

$$f(a) < \alpha < \sup\limits_{x \in [a,+\infty)} \{f(x)\}$$

时，都存在 $\xi \in [a,+\infty)$，使得 $\alpha = f(\xi)$．

14．证明：若函数 $f(x)$ 定义在 $\mathbb{R}$ 上，且具有介值性，当 r 是有理数时，对任意的数列 $\{x_n\}$，$\lim\limits_{n \to \infty} x_n = x$，$\lim\limits_{n \to \infty} f(x_n) = r$，有 $f(x) = r$，则 $f(x)$ 在 $\mathbb{R}$ 上连续．

15．设函数 $f(x)$ 在闭区间 $[a,b]$ 上一致连续，试问：下列函数在 $[a,b]$ 上是否一致连续？

（1）若函数 $g(x)$ 在 $[a,b]$ 上一致连续，那么 $f(x) \pm g(x)$ 在闭区间 $[a,b]$ 上是否一致连续？

（2）若函数 $g(x)$ 在 $[a,b]$ 上一致连续，那么 $\max\{f(x),\, g(x)\}$ 与 $\min\{f(x),\, g(x)\}$ 在 $[a,b]$ 上是否一致连续？

（3）若函数 $g(y)$ 在 $f(x)$ 的值域上一致连续，那么复合函数 $g(f(x))$ 在 $[a,b]$ 上是否一致连续？

（4）若函数 $g(x)$ 在 $[a,b]$ 上一致连续，那么乘积 $f(x)g(x)$ 在 $[a,b]$ 上是否一致连续？

16．证明：若函数 $f(x)$ 是 $\mathbb{R}$ 上连续的周期函数，则 $f(x)$ 在 $\mathbb{R}$ 上一致连续．（提示：在任意一个长度是一个周期的闭区间上一致连续）

17．设 $f(x) \in C(a,b)$，且 $\lim\limits_{x \to a^+} f(x) = A$ 存在，$\lim\limits_{x \to b^-} f(x) = B$ 存在，试证明 $f(x)$ 在 (a,b) 上一致连续．

18．设函数 $f(x)$ 在开区间 (a,b) 上一致连续，证明：$f(x)$ 在 (a,b) 上有界．

19．设 $f(x)$ 定义在区间 I 上，称 $w_f(\delta) = \sup\{|f(x) - f(y)|:\ x, y \in I,\ |x-y| < \delta\}$ 为 $f(x)$ 的连续模数．证明：$f(x)$ 在 I 上一致连续当且仅当 $\lim\limits_{\delta \to 0^+} w_f(\delta) = 0$．

20．函数 $f(x)$ 在有界区间 I 上一致连续当且仅当对任意的柯西列 $\{x_n\} \subset I$，有 $\{f(x_n)\}$ 也是柯西列．

21．证明：函数 $f(x)$ 在区间 I 上一致连续的充要条件是，对区间 I 上的任意两个数列 $\{x_n\}$，$\{y_n\}$，当 $\lim\limits_{n \to \infty}(x_n - y_n) = 0$ 时，有 $\lim\limits_{n \to \infty}(f(x_n) - f(y_n)) = 0$．由此证明：$f(x) = \mathrm{e}^x$ 在 $(-\infty, +\infty)$ 上非一致连续．

22．证明：若函数 $f(x)$ 在闭区间 $[a,b]$ 上连续，则对 $\forall \varepsilon > 0$，可将 $[a,b]$ 分成有限个小区间

$$[x_0, x_1], [x_1, x_2], \cdots, [x_{n-1}, x_n], \ x_0 = a, \ x_n = b,$$

使得对 $\forall x_i', \ x_i'' \in [x_{i-1}, x_i]$，$i = 1, 2, \cdots, n$，有 $\left| f(x_i') - f(x_i'') \right| < \varepsilon$.

23．证明：若函数 $f(x)$ 在 $[a, +\infty)$ 上连续，且 $\lim\limits_{x \to +\infty} (bx - f(x)) = 0$，其中 b 是非零常数，则 $f(x)$ 在 $[a, +\infty)$ 上一致连续．（提示：利用函数极限的柯西收敛准则）

24．试利用有限覆盖定理证明一致连续性定理．

第 **4** 章 导数与微分

导数概念是变量的变化速度在数学上的抽象，即函数的变化率，是微积分中的重要概念. 求函数的变化率问题大量存在于应用问题中，因此关于函数导数的理论在自然科学、工程技术和一些社会科学如经济学的研究中有广泛的应用.

17 世纪以来，原有的几何和代数难以解决当时生产和自然科学提出的许多新问题，在对几何学中曲线的切线问题、物理中物体的瞬时速度和加速度等问题的研究中，英国数学家、物理学家牛顿和德国数学家莱布尼茨各自独立地引进导数的概念. 不过，在他们之前，法国数学家费马在研究函数的极值问题进而引申研究曲线的切线问题时，已经有了导数概念的萌芽. 牛顿和莱布尼茨最初引进的导数概念，都是建立在"无限小量"概念的基础之上的. 他们的无限小量不是今天我们说的无穷小量，而是一个固定的（即不是变量）似零非零的量，牛顿称之为"瞬"，莱布尼茨称之为"微分"，但本质都是一样的，它们都是指固定不变的、大小等于零但又不是零的量. "无限小量"是在牛顿和莱布尼茨之后、柯西和魏尔斯特拉斯之前的人们给予这个量的称呼，因而在逻辑上存在着严重的缺陷. 这个问题之所以发生，是因为在牛顿和莱布尼茨的时代，人们还没有极限的严格概念. 直到约一个半世纪之后的柯西和魏尔斯特拉斯时期，人们引进了极限的概念并建立了函数极限的严格理论，才使导数的理论有了严谨的逻辑基础.

微积分学的主要任务之一是研究函数的各种性态及函数值的计算或近似计算，导数与微分是解决这些问题的普遍的有效工具. 本章介绍导数与微分的概念及求导法则.

4.1 导数的概念

4.1.1 导数概念的引出

我们从两个实际的问题出发抽象出导数的概念.

引例 4.1.1 设有一物体做变速直线运动，其运动规律 $s = f(t)$，即其所走过的路程 s 是时间 t 的函数，讨论其在时刻 t_0 的瞬时速度.

未知的瞬时速度不是一个孤立的量，而与物体运动的平均速度有关. 任取时刻 t_0 的改变量 Δt，Δt 可以是正的，也可以是负的，物体从 t_0 到 $t_0 + \Delta t$ 这段时间内，所走过的路程为

$$\Delta s = f(t_0 + \Delta t) - f(t_0).$$

当 $|\Delta t|$ 很小时，我们认为运动近似是匀速的，因此这段时间内的平均速度为

$$\frac{\Delta s}{\Delta t} = \frac{f(t_0 + \Delta t) - f(t_0)}{\Delta t}.$$

当 Δt 变化时，平均速度 $\dfrac{\Delta s}{\Delta t}$ 也随之变化，当 $|\Delta t|$ 很小时，我们可以把平均速度 $\dfrac{\Delta s}{\Delta t}$ 看成物体在 t_0 的瞬时速度的近似值，且 $|\Delta t|$ 越小，其近似程度越好．这样当 Δt 无限趋近于零时，平均速度 $\dfrac{\Delta s}{\Delta t}$ 的极限就是物体在时刻 t_0 的瞬时速度 v_0，即

$$v_0 = \lim_{\Delta t \to 0} \frac{\Delta s}{\Delta t} = \lim_{\Delta t \to 0} \frac{f(t_0 + \Delta t) - f(t_0)}{\Delta t}.$$

这说明，变速直线运动的瞬时速度是路程关于时间的变化率．

引例 4.1.2 设有平面曲线 $y = f(x)$，求过点 $P(x_0, y_0)$（$y_0 = f(x_0)$）的切线斜率．

曲线在一点处的切线与割线联系着．任取 $\Delta x \neq 0$，令

$$\Delta y = f(x_0 + \Delta x) - f(x_0),$$

则 $Q(x_0 + \Delta x, y_0 + \Delta y)$ 是曲线上的点．过 P, Q 两点的割线斜率为

$$\frac{\Delta y}{\Delta x} = \frac{f(x_0 + \Delta x) - f(x_0)}{\Delta x}.$$

当 Δx 变化时，点 Q 在曲线上变化，相应地，割线 PQ 的斜率 $\dfrac{\Delta y}{\Delta x}$ 也随之变化，当 $|\Delta x|$ 很小时，割线 PQ 的斜率 $\dfrac{\Delta y}{\Delta x}$ 可近似地看成曲线在点 P 的切线斜率，且 $|\Delta x|$ 越小，其近似程度越好．这样当 Δx 无限趋近于零时，即点 Q 沿着曲线无限趋近于点 P 时，割线 PQ 的极限位置就是曲线在点 P 处的切线，故割线 PQ 的斜率的极限就是曲线在点 P 的切线斜率，即

$$k(x_0) = \lim_{\Delta x \to 0} \frac{\Delta y}{\Delta x} = \lim_{\Delta x \to 0} \frac{f(x_0 + \Delta x) - f(x_0)}{\Delta x},$$

从而可写出切线的方程 $y - y_0 = k(x_0)(x - x_0)$．

我们看到，在求曲线的切线斜率时，需要考虑由于自变量的改变而引起的函数值的改变，函数值的改变量与自变量的改变量之比值的极限，即函数的变化率．

上述两个例子，一个是物理中的瞬时速度概念，另一个是几何学中曲线的切线斜率，二者的实际意义完全不同，但从数学角度来看，它们的数学结构完全相同，都是当自变量的改变量趋近于零时，函数值的改变量与自变量的改变量之比值的极限．这样抛开它们的实际意义，抽象出它们共同的数学特征，即得到导数的概念．

定义 4.1.1 设 $y = f(x)$ 在点 a 的某个邻域内有定义，若

$$\lim_{\Delta x \to 0} \frac{f(a + \Delta x) - f(a)}{\Delta x}$$

存在，称 $f(x)$ 在 a 点处**可导**（或**存在导数**），上述极限值称为 $f(x)$ 在 a 点的**导数**，记为 $f'(a)$ 或 $\dfrac{\mathrm{d}y}{\mathrm{d}x}\bigg|_{x=a}$，即

$$f'(a) = \lim_{\Delta x \to 0} \frac{f(a + \Delta x) - f(a)}{\Delta x} \quad \text{或} \quad \frac{\mathrm{d}y}{\mathrm{d}x}\bigg|_{x=a} = \lim_{\Delta x \to 0} \frac{f(a + \Delta x) - f(a)}{\Delta x}.$$

如果 $\lim\limits_{\Delta x \to 0} \dfrac{f(a + \Delta x) - f(a)}{\Delta x}$ 不存在，称 $f(x)$ 在 a 点处**不可导**.

令 $a + \Delta x = x$，则 $\Delta x = x - a$，所以 $f(x)$ 在 a 点的导数又可表示为 $f'(a) = \lim\limits_{x \to a} \dfrac{f(x) - f(a)}{x - a}$.

导数的几何意义：函数 $f(x)$ 在 a 点的导数即是曲线 $y = f(x)$ 在点 $(a, f(a))$ 的切线斜率.

在上面的导数定义中，如果自变量的改变量 Δx 只从大于零或小于零的方向趋近于零，就有左导数、右导数的概念.

定义 4.1.2　设 $f(x)$ 在点 a 的右侧邻域内有定义，若

$$\lim_{\Delta x \to 0^+} \frac{f(a + \Delta x) - f(a)}{\Delta x}$$

存在，称 $f(x)$ 在 a 点右方可导，极限值称为 $f(x)$ 在点 a 的**右导数**，记为 $f'_+(a)$.

定义 4.1.3　设 $f(x)$ 在点 a 的左侧邻域内有定义，若

$$\lim_{\Delta x \to 0^-} \frac{f(a + \Delta x) - f(a)}{\Delta x}$$

存在，称 $f(x)$ 在 a 点左方可导，称极限值为 $f(x)$ 在点 a 的**左导数**，记为 $f'_-(a)$.

4.1.2　函数可导的条件与性质

由导数的概念及函数在一点的极限与单侧极限的关系，得到函数在一点处可导的充要条件.

定理 4.1.1　函数 $f(x)$ 在 a 点处可导当且仅当 $f(x)$ 在 a 点的左导数与右导数都存在且相等.

关于函数在一点处可导与连续的关系，有如下的结论.

定理 4.1.2　若 $f(x)$ 在 a 点处可导，则 $f(x)$ 在 a 点处连续.

证明　因为

$$\lim_{x \to a}(f(x) - f(a)) = \lim_{x \to a} \frac{f(x) - f(a)}{x - a}(x - a) = f'(a) \lim_{x \to a}(x - a) = 0,$$

即 $\lim\limits_{x \to a} f(x) = f(a)$，故 $f(x)$ 在 a 点处连续. 证毕.

注　定理 4.1.2 的逆命题不成立，即**函数在一点处连续，不能保证函数在该点处可导.**

例 4.1.1　讨论 $f(x) = |x|$ 在 0 点处的可导性与连续性.

解　显然函数在 0 点处连续. 由于

$$f'_+(0) = \lim_{x \to 0^+} \frac{f(x) - f(0)}{x} = \lim_{x \to 0^+} \frac{x}{x} = 1, \quad f'_-(0) = \lim_{x \to 0^-} \frac{f(x) - f(0)}{x} = \lim_{x \to 0^-} \frac{-x}{x} = -1,$$

故 $f'_+(0) \neq f'_-(0)$，所以由定理 4.1.1 知 $f(x)$ 在 0 点处不可导.

例 4.1.2　讨论 $f(x) = \begin{cases} x\sin\dfrac{1}{x}, & x \neq 0; \\ 0, & x = 0 \end{cases}$ 在 0 点处的可导性与连续性.

解　由于 $\lim\limits_{x \to 0} f(x) = \lim\limits_{x \to 0} x\sin\dfrac{1}{x} = 0 = f(0)$，因此该函数在 0 点处连续. 但

$$\lim_{x \to 0} \frac{f(x) - f(0)}{x} = \lim_{x \to 0} \sin\frac{1}{x}$$

不存在，因此该函数在 0 点处不可导.

定义 4.1.4 如果 $f(x)$ 在 (a,b) 中的每点处都可导，称 $f(x)$ 在 (a,b) 上可导；如果 $f(x)$ 在 (a,b) 上可导，且在点 a 处右方可导，在点 b 处左方可导，称 $f(x)$ 在 $[a,b]$ 上可导.

类似地，可定义 $f(x)$ 在 $(a,b]$ 或 $[a,b)$ 上的可导性. 若 $f(x)$ 在 (a,b) 上可导，则称 $f'(x)$ 是 $f(x)$ 在区间 (a,b) 的导函数，也就是曲线 $y = f(x)$ 的斜率随 x 变化的函数 $k(x)$.

例 4.1.3 设 $f(x)$ 在 $x \neq 0$ 时有定义，且对任意的非零实数 x, y，恒有 $f(xy) = f(x) + f(y)$. 已知 $f'(1) = 1$，求 $f'(x)$.

解 在 $f(xy) = f(x) + f(y)$ 中，令 $x = y = 1$，得 $f(1) = 0$. 对 $\forall x \neq 0$，

$$f'(x) = \lim_{\Delta x \to 0} \frac{f(x + \Delta x) - f(x)}{\Delta x} = \lim_{\Delta x \to 0} \frac{f\left(x\left(1 + \frac{\Delta x}{x}\right)\right) - f(x)}{\Delta x}$$

$$= \lim_{\Delta x \to 0} \frac{f(x) + f\left(1 + \frac{\Delta x}{x}\right) - f(x)}{\Delta x} = \lim_{\Delta x \to 0} \frac{f\left(1 + \frac{\Delta x}{x}\right) - f(1)}{\Delta x}$$

$$= \frac{1}{x} \lim_{\Delta x \to 0} \frac{f\left(1 + \frac{\Delta x}{x}\right) - f(1)}{\frac{\Delta x}{x}} = \frac{1}{x} f'(1) = \frac{1}{x}.$$

例 4.1.4 设函数 $f(x)$ 在 x_0 点处可导，x_n, y_n 是 $n \to \infty$ 时的等价无穷小量，求

$$\lim_{n \to \infty} \frac{f(x_0 + x_n) - f(x_0 - y_n)}{x_n}.$$

解

$$\lim_{n \to \infty} \frac{f(x_0 + x_n) - f(x_0 - y_n)}{x_n} = \lim_{n \to \infty} \frac{f(x_0 + x_n) - f(x_0) + f(x_0) - f(x_0 - y_n)}{x_n}$$

$$= \lim_{n \to \infty} \frac{f(x_0 + x_n) - f(x_0)}{x_n} - \lim_{n \to \infty} \frac{f(x_0 - y_n) - f(x_0)}{x_n}$$

$$= f'(x_0) + \lim_{n \to \infty} \frac{f(x_0 - y_n) - f(x_0)}{-y_n} = 2f'(x_0).$$

习题 4.1

1. 讨论下列函数在 $x = 0$ 处的连续性和可导性，若可导，求出导数值 $f'(0)$.

（1）$f(x) = \begin{cases} x, & x < 0; \\ \ln(1+x), & x \geq 0. \end{cases}$ （2）$f(x) = \begin{cases} \dfrac{1}{1 + e^{\frac{1}{x}}}, & x \neq 0; \\ 0, & x = 0. \end{cases}$

2. 求解下列各题.

（1）设 $f(x) = \begin{cases} x^2 + 1, & x \leq 1; \\ ax + b, & x > 1. \end{cases}$ 问 a, b 取何值时，$f(x)$ 在 $x = 1$ 处可导.

（2）设 $f(x) = \begin{cases} \sin(x-1) + 2, & x < 1; \\ ax + b, & x \geqslant 1. \end{cases}$ 问 a,b 取何值时 $f(x)$ 在 $x = 1$ 处可导.

3．判断下列哪些论述与" $f(x)$ 在 x_0 点处可导"等价.

（1） $\lim\limits_{h \to +\infty} h\left[f\left(x_0 + \dfrac{1}{h} \right) - f(x_0) \right]$ 存在；

（2） $\lim\limits_{h \to 0} \dfrac{f(x_0 + 2h) - f(x_0)}{h}$ 存在；

（3） $\lim\limits_{h \to 0} \dfrac{f(x_0 + h) - f(x_0 - h)}{h}$ 存在；

（4） $\lim\limits_{h \to 0} \dfrac{f(x_0) - f(x_0 - h)}{h}$ 存在.

4．解答下列各题.

（1）设 $f(x)$ 在 $x = a$ 处可导，且 $f(a) \neq 0$ ，求 $\lim\limits_{x \to \infty} \left[\dfrac{f\left(a + \dfrac{1}{x} \right)}{f(a)} \right]^{x}$.

（2）设 $f(x)$ 可导， $F(x) = f(x)(1 + |\sin x|)$ ，若使 $F(x)$ 在 $x = 0$ 处可导，求 $f(0)$ 的值.

5．设 $f(0) = 1, f'(0) = -1$ ，求下列各值.

（1） $\lim\limits_{x \to 0} \dfrac{\cos x - f(x)}{x}$ ；　　　（2） $\lim\limits_{x \to 0} \dfrac{2^x f(x) - 1}{x}$ ；　　　（3） $\lim\limits_{x \to 1} \dfrac{f(\ln x) - 1}{1 - x}$.

6．若函数 $f(x)$ 在点 a 可导，讨论函数 $|f(x)|$ 在点 a 的可导性.

7．证明下列命题.

（1）可导偶函数的导函数为奇函数.

（2）可导奇函数的导函数为偶函数.

（3）可导的周期函数，其导函数为相同周期的周期函数.

8．设函数 $f(x)$ 在 $[a,b]$ 上连续， $f(a) = f(b) = 0$ ，且 $f'_+(a)f'_-(b) > 0$ ．求证： $f(x)$ 在 (a,b) 内至少有一个零点.

9．讨论下列各题.

（1）设 $g(x)$ 是有界函数且 $f(x) = \begin{cases} \dfrac{1 - \cos x}{\sqrt{x}}, & x > 0; \\ x^2 g(x), & x \leqslant 0. \end{cases}$ 讨论 $f(x)$ 在 $x = 0$ 处的连续性和可导性.

（2）设函数 $f(x)$ 定义在 $\mathbb{R}$ 上，且对 $\forall x$ ，极限 $\lim\limits_{n \to +\infty} n\left[f\left(x + \dfrac{1}{n} \right) - f(x) \right]$ （ $n \in \mathbb{N}^+$ ）都存在，问这样的函数是否可导，为什么？

10．设函数 $f(x)$ 在 $x = 0$ 处可导且 $f(0) = 0$ ，定义 $x_n = f\left(\dfrac{1}{n^2} \right) + f\left(\dfrac{2}{n^2} \right) + \cdots + f\left(\dfrac{n}{n^2} \right)$. 证明序列 $\{x_n\}$ 收敛，并求出极限值.

11．设函数 $f(x)$ 在 $x=0$ 处连续，如果极限 $\lim\limits_{x\to 0}\dfrac{f(2x)-f(x)}{x}$ 存在，那么函数 $f(x)$ 在 $x=0$ 处是否可导，为什么？

4.2 求导法则

求导运算是微积分的基本运算之一，如果总是按照导数定义去求函数的导数，计算量很大，且费时费力，为此要将求导运算公式化，这样就需要求导法则．

4.2.1 导数的四则运算法则

定理 4.2.1 若函数 $u(x),v(x)$ 在 x 点处可导，则

（i）函数 $u(x)\pm v(x)$ 在 x 点处可导，且 $(u(x)\pm v(x))'=u'(x)\pm v'(x)$；

（ii）函数 $u(x)v(x)$ 在 x 点处可导，且 $(u(x)v(x))'=u'(x)v(x)+u(x)v'(x)$；

（iii）当 $v(x)\neq 0$ 时，函数 $\dfrac{u(x)}{v(x)}$ 在 x 点处可导，且 $\left(\dfrac{u(x)}{v(x)}\right)'=\dfrac{u'(x)v(x)-u(x)v'(x)}{(v(x))^2}$．

证明 （i）令 $y=u(x)+v(x)$，则

$$\Delta y=u(x+\Delta x)+v(x+\Delta x)-(u(x)+v(x))$$
$$=[u(x+\Delta x)-u(x)]+[v(x+\Delta x)-v(x)]=\Delta u+\Delta v.$$

因为函数 $u(x),v(x)$ 在 x 点处可导，所以 $\lim\limits_{\Delta x\to 0}\dfrac{\Delta u}{\Delta x}=u'(x)$，$\lim\limits_{\Delta x\to 0}\dfrac{\Delta v}{\Delta x}=v'(x)$，故

$$\lim\limits_{\Delta x\to 0}\dfrac{\Delta y}{\Delta x}=\lim\limits_{\Delta x\to 0}\dfrac{\Delta u}{\Delta x}+\lim\limits_{\Delta x\to 0}\dfrac{\Delta v}{\Delta x}=u'(x)+v'(x).$$

因此函数 $u(x)+v(x)$ 在 x 点处可导，且 $(u(x)+v(x))'=u'(x)+v'(x)$．类似可证函数 $u(x)-v(x)$ 在 x 点处可导且 $(u(x)-v(x))'=u'(x)-v'(x)$．

（ii）设 $y=u(x)v(x)$，则

$$\Delta y=u(x+\Delta x)v(x+\Delta x)-u(x)v(x)$$
$$=u(x+\Delta x)v(x+\Delta x)-u(x+\Delta x)v(x)+u(x+\Delta x)v(x)-u(x)v(x)$$
$$=u(x+\Delta x)\Delta v+v(x)\Delta u,$$

因为函数 $u(x),v(x)$ 在 x 点处可导，所以 $\lim\limits_{\Delta x\to 0}\dfrac{\Delta u}{\Delta x}=u'(x)$，$\lim\limits_{\Delta x\to 0}\dfrac{\Delta v}{\Delta x}=v'(x)$，且 $u(x)$ 在 x 点处连续，故

$$\lim\limits_{\Delta x\to 0}\dfrac{\Delta y}{\Delta x}=\lim\limits_{\Delta x\to 0}u(x+\Delta x)\lim\limits_{\Delta x\to 0}\dfrac{\Delta v}{\Delta x}+v(x)\lim\limits_{\Delta x\to 0}\dfrac{\Delta u}{\Delta x}=u(x)v'(x)+u'(x)v(x),$$

所以函数 $u(x)v(x)$ 在 x 点处可导，且 $(u(x)v(x))'=u'(x)v(x)+u(x)v'(x)$．

（iii）设 $y=\dfrac{u(x)}{v(x)}$，则

$$\Delta y = \frac{u(x+\Delta x)}{v(x+\Delta x)} - \frac{u(x)}{v(x)} = \frac{u(x+\Delta x)v(x) - u(x)v(x+\Delta x)}{v(x+\Delta x)v(x)}$$

$$= \frac{u(x+\Delta x)v(x) - u(x)v(x) + u(x)v(x) - u(x)v(x+\Delta x)}{v(x+\Delta x)v(x)} = \frac{v(x)\Delta u - u(x)\Delta v}{v(x+\Delta x)v(x)},$$

由极限的四则运算法则及 $v(x)$ 在 x 点处连续，得

$$\lim_{\Delta x \to 0} \frac{\Delta y}{\Delta x} = \frac{\lim\limits_{\Delta x \to 0} \frac{\Delta u}{\Delta x} v(x) - u(x) \lim\limits_{\Delta x \to 0} \frac{\Delta v}{\Delta x}}{\lim\limits_{\Delta x \to 0} v(x+\Delta x)v(x)} = \frac{u'(x)v(x) - u(x)v'(x)}{(v(x))^2},$$

故 $\dfrac{u(x)}{v(x)}$ 在 x 点处可导，且 $\left(\dfrac{u(x)}{v(x)}\right)' = \dfrac{u'(x)v(x) - u(x)v'(x)}{(v(x))^2}$．证毕.

注　定理中的结论可推广到有限个可导函数的情形.

下面求一些基本初等函数的导数.

例 4.2.1　求 $f(x) = c$ 的导数，其中 c 是常数.

解　对任意的点 a，$f'(a) = \lim\limits_{\Delta x \to 0} \dfrac{f(a+\Delta x) - f(a)}{\Delta x} = 0$．

例 4.2.2　求 $f(x) = x^\alpha$ 的导数，其中 $\alpha \in \mathbb{R}$ 是常数.

解　当 $x \neq 0$ 时，

$$(x^\alpha)' = \lim_{\Delta x \to 0} \frac{(x+\Delta x)^\alpha - x^\alpha}{\Delta x} = x^{\alpha-1} \lim_{\Delta x \to 0} \frac{\left(1+\dfrac{\Delta x}{x}\right)^\alpha - 1}{\dfrac{\Delta x}{x}} = x^{\alpha-1} \lim_{\Delta x \to 0} \frac{\alpha \dfrac{\Delta x}{x}}{\dfrac{\Delta x}{x}} = \alpha x^{\alpha-1}.$$

例 4.2.3　设 $a > 0$，$a \neq 1$，求 $f(x) = a^x$ 和 $f(x) = \log_a x$ 的导数.

解　$(a^x)' = \lim\limits_{\Delta x \to 0} \dfrac{a^{x+\Delta x} - a^x}{\Delta x} = \lim\limits_{\Delta x \to 0} \dfrac{a^x(a^{\Delta x} - 1)}{\Delta x} = \lim\limits_{\Delta x \to 0} \dfrac{a^x \Delta x \ln a}{\Delta x} = a^x \ln a$．

$$(\log_a x)' = \lim_{\Delta x \to 0} \frac{\log_a(x+\Delta x) - \log_a x}{\Delta x} = \lim_{\Delta x \to 0} \frac{\ln\left(1+\dfrac{\Delta x}{x}\right)}{\Delta x \ln a} = \lim_{\Delta x \to 0} \frac{\dfrac{\Delta x}{x}}{\Delta x \ln a} = \frac{1}{x \ln a}.$$

特别地，当 $a = \mathrm{e}$ 时，$(\mathrm{e}^x)' = \mathrm{e}^x$，$(\ln x)' = \dfrac{1}{x}$．

例 4.2.4　求三角函数 $\sin x$，$\cos x$，$\tan x$，$\cot x$，$\sec x$ 和 $\csc x$ 的导数.

解　由三角函数的和差化积、极限的四则运算、重要极限及导数的四则运算，有

$$(\sin x)' = \lim_{\Delta x \to 0} \frac{\sin(x+\Delta x) - \sin x}{\Delta x} = \lim_{\Delta x \to 0} \frac{2\cos\left(x+\dfrac{\Delta x}{2}\right)\sin\dfrac{\Delta x}{2}}{\Delta x} = \cos x.$$

$$(\cos x)' = \lim_{\Delta x \to 0} \frac{\cos(x+\Delta x) - \cos x}{\Delta x} = \lim_{\Delta x \to 0} \frac{-2\sin\left(x+\dfrac{\Delta x}{2}\right)\sin\dfrac{\Delta x}{2}}{\Delta x} = -\sin x.$$

$$(\tan x)' = \left(\frac{\sin x}{\cos x}\right)' = \frac{\cos^2 x + \sin^2 x}{\cos^2 x} = \frac{1}{\cos^2 x} = \sec^2 x.$$

$$(\cot x)' = \left(\frac{\cos x}{\sin x}\right)' = \frac{-\cos^2 x - \sin^2 x}{\sin^2 x} = \frac{-1}{\sin^2 x} = -\csc^2 x .$$

$$(\sec x)' = \left(\frac{1}{\cos x}\right)' = \frac{\sin x}{\cos^2 x} = \sec x \tan x.$$

$$(\csc x)' = \left(\frac{1}{\sin x}\right)' = -\frac{\cos x}{\sin^2 x} = -\csc x \cot x.$$

4.2.2 反函数求导法则

定理 4.2.2 设函数 $y = f(x)$ 在 a 点的某邻域内连续，并且严格单调．若 $f(x)$ 在 a 点处可导，且 $f'(a) \neq 0$，则其反函数 $x = \varphi(y)$ 在 $y = f(a)$ 处可导，且 $\varphi'(f(a)) = \dfrac{1}{f'(a)}$．

证明 因为函数 $y = f(x)$ 在 a 点的某邻域内严格单调且连续，所以存在反函数 $x = \varphi(y)$ 且反函数在 $y = f(a)$ 的邻域内严格单调且连续．设 $x = \varphi(y)$ 在 $y = f(a)$ 处的改变量为 Δy（$\neq 0$），则

$$\Delta x = \varphi(y + \Delta y) - \varphi(y)$$

是 $x = a$ 处的改变量，从而 $\Delta y = f(a + \Delta x) - f(a)$，且当 $\Delta y \to 0$ 时，有 $\Delta x \to 0$；且当 $\Delta y \neq 0$ 时，有 $\Delta x \neq 0$．于是 $\dfrac{\Delta x}{\Delta y} = \dfrac{1}{\dfrac{\Delta y}{\Delta x}}$，所以

$$\lim_{\Delta y \to 0} \frac{\Delta x}{\Delta y} = \frac{1}{\lim\limits_{\Delta x \to 0} \dfrac{\Delta y}{\Delta x}} = \frac{1}{f'(a)} ,$$

故反函数 $x = \varphi(y)$ 在 $y = f(a)$ 处可导且 $\varphi'(f(a)) = \dfrac{1}{f'(a)}$．证毕．

例 4.2.5 求下列函数的导数：

（1） $y = \arcsin x$，$x \in (-1,1)$，$y \in \left(-\dfrac{\pi}{2}, \dfrac{\pi}{2}\right)$；

（2） $y = \arccos x$，$x \in (-1,1)$，$y \in (0, \pi)$；

（3） $y = \arctan x$，$x \in \mathbb{R}$，$y \in \left(-\dfrac{\pi}{2}, \dfrac{\pi}{2}\right)$；

（4） $y = \operatorname{arccot} x$，$x \in \mathbb{R}$，$y \in (0, \pi)$．

解 （1）因为 $y = \arcsin x$ （$x \in (-1,1), y \in \left(-\dfrac{\pi}{2}, \dfrac{\pi}{2}\right)$）是 $x = \sin y$ $\left(y \in \left(-\dfrac{\pi}{2}, \dfrac{\pi}{2}\right)\right)$ 的反函数．由定理 4.2.2 知，$(\arcsin x)' = \dfrac{1}{(\sin y)'} = \dfrac{1}{\cos y} = \dfrac{1}{\sqrt{1 - \sin^2 y}} = \dfrac{1}{\sqrt{1 - x^2}}$．

（2）因为 $\arcsin x + \arccos x = \dfrac{\pi}{2}$，故两边求导即得 $(\arccos x)' = -(\arcsin x)' = -\dfrac{1}{\sqrt{1 - x^2}}$．

（3）因为 $y=\arctan x\left(x\in\mathbb{R}, y\in\left(-\dfrac{\pi}{2},\dfrac{\pi}{2}\right)\right)$ 是 $x=\tan y\left(y\in\left(-\dfrac{\pi}{2},\dfrac{\pi}{2}\right)\right)$ 的反函数，故

$$(\arctan x)'=\frac{1}{(\tan y)'}=\frac{1}{\sec^2 y}=\frac{1}{1+\tan^2 y}=\frac{1}{1+x^2}.$$

（4）因为 $\arctan x+\operatorname{arccot} x=\dfrac{\pi}{2}$，故 $(\operatorname{arccot} x)'=-(\arctan x)'=-\dfrac{1}{1+x^2}$.

4.2.3　复合函数的导数——链式法则

定理 4.2.3　设函数 $u=g(x)$ 在 x 点处可导且 $y=f(u)$ 在 $u=g(x)$ 处可导，且 $R(g)\subseteq D(f)$，则复合函数 $f\circ g$ 在 x 点处可导，且 $(f\circ g(x))'=f'(u)g'(x)$，或记为 $\dfrac{\mathrm{d}y}{\mathrm{d}x}=\dfrac{\mathrm{d}y}{\mathrm{d}u}\cdot\dfrac{\mathrm{d}u}{\mathrm{d}x}$.

证明　设在 x 点处的改变量为 Δx，则相应地，$u=g(x)$ 和 $y=f(u)$ 分别有改变量

$$\Delta u=g(x+\Delta x)-g(x),\quad \Delta y=f(u+\Delta u)-f(u).$$

因为 $y=f(u)$ 在 u 点处可导且函数 $u=g(x)$ 在 x 点处可导，所以

$$\lim_{\Delta u\to 0}\frac{\Delta y}{\Delta u}=f'(u)\ \text{且}\ \lim_{\Delta x\to 0}\frac{\Delta u}{\Delta x}=g'(x),$$

故 $\Delta y=f'(u)\Delta u+o(1)\Delta u$. 当 $\Delta x\to 0$ 时，有 $\Delta u\to 0$，因此

$$\lim_{\Delta x\to 0}\frac{\Delta y}{\Delta x}=f'(u)\lim_{\Delta x\to 0}\frac{\Delta u}{\Delta x}+\left(\lim_{\Delta u\to 0}o(1)\right)\left(\lim_{\Delta x\to 0}\frac{\Delta u}{\Delta x}\right)=f'(u)g'(x),$$

即复合函数 $f\circ g$ 在 x 点处可导，且 $(f\circ g(x))'=f'(u)g'(x)$. 证毕.

假设 $x<0$，则由复合函数的求导法则有 $(\ln(-x))'=\dfrac{1}{x}$，故在任意的非零点 x 处，

$(\ln|x|)'=\dfrac{1}{x}$.

例 4.2.6　求幂指函数 $y=f(x)^{\varphi(x)}$ 的导数.

解　将函数表示成指数形式 $y=f(x)^{\varphi(x)}=\mathrm{e}^{\varphi(x)\ln f(x)}$，则它是指数函数 $y=\mathrm{e}^u$ 和 $u=\varphi(x)\ln f(x)$ 的复合. 已知 $u'=(\varphi(x)\ln f(x))'=\varphi'(x)\ln f(x)+\varphi(x)\dfrac{f'(x)}{f(x)}$，于是

$$y'=(\mathrm{e}^u)'(\varphi(x)\ln f(x))'=\mathrm{e}^u\left(\varphi'(x)\ln f(x)+\varphi(x)\frac{f'(x)}{f(x)}\right)$$
$$=f(x)^{\varphi(x)}\left(\varphi'(x)\ln f(x)+\varphi(x)\frac{f'(x)}{f(x)}\right).$$

特别地，当 $f(x)=x,\ \varphi(x)=x$ 时，有 $(x^x)'=x^x(1+\ln x)$.

在上面的例子中，直接求显式函数的导数比较烦琐，我们将其转化为复合函数，利用复合函数的链式法则求得其导数. 实际上是将此函数化为隐函数，常用方法是在等式两端先取绝对值再取对数，即**对数求导法**. 这给出了一种求表达式比较复杂的函数导数的简便方法.

例4.2.7 求函数 $y = \mathrm{e}^x \sqrt{\dfrac{x^3}{x-1}}$ 的导数.

解 该函数在 $(-\infty, 0] \cup (1, +\infty)$ 上是非负函数，等式两端取对数，得 $\ln y = x + \dfrac{1}{2}(3\ln|x| - \ln|x-1|)$. 此式两端分别对 x 求导，则 $\dfrac{y'}{y} = 1 + \dfrac{3}{2x} - \dfrac{1}{2(x-1)} = \dfrac{2x^2 - 3}{2x(x-1)}$，故

$$y' = \frac{(2x^2 - 3)\mathrm{e}^x}{2x(x-1)} \sqrt{\frac{x^3}{x-1}}.$$

例4.2.8 求 $y = \ln\left(x + \sqrt{x^2+1}\right)$ 的导数.

解 由复合函数的求导法则，有

$$y' = \frac{1}{x + \sqrt{x^2+1}}\left(1 + \frac{x}{\sqrt{x^2+1}}\right) = \frac{1}{\sqrt{x^2+1}}.$$

同理可求得 $y = \ln\left(x + \sqrt{x^2-1}\right)$ 的导数 $y' = \dfrac{1}{\sqrt{x^2-1}}$.

4.2.4 隐函数求导法则

如果自变量 x 与因变量 y 之间的对应关系 $y = y(x)$ 由方程 $F(x,y) = 0$ 确定，称函数 $y = y(x)$ 为由方程 $F(x,y) = 0$ 确定的**隐函数**. 一个方程可能确定一个隐函数，也可能确定两个及两个以上的隐函数. 例如，方程 $F(x,y) = 2x - 3y - 1 = 0$ 确定了一个隐函数 $y = \dfrac{1}{3}(2x-1)$；再如，方程

$$F(x,y) = x^2 + y^2 - 1 = 0$$

确定了两个隐函数 $y_1 = \sqrt{1-x^2}$ 和 $y_2 = -\sqrt{1-x^2}$. 由此可见，隐函数的对应关系不明显地隐含在二元方程中. 需要注意的是，有些二元方程 $F(x,y) = 0$ 确定的隐函数 $y = y(x)$ 并不能由代数方法从中解出来，即隐函数不是初等函数或不能表示为显式函数表达式. 例如，开普勒方程

$$x = y - \varepsilon\sin y,$$

其中 $0 < \varepsilon < 1$ 是常数. 可以证明，对 $\forall x \in \mathbb{R}$，这个方程都有唯一的实根 y，因此由该方程确定了唯一的隐函数 $y = y(x)$. 但这个隐函数的表达式无法求出.

关于隐函数的存在性、连续性、可导性等，将在下册多元微积分部分介绍. 本节总假定隐函数是存在的，主要介绍如何求其导数. 因为 $y = y(x)$ 是方程 $F(x,y) = 0$ 的解，所以恒有 $F(x, y(x)) \equiv 0$. 应用复合函数的求导法则，在恒等式两端分别对自变量求导，即得隐函数的导数.

例4.2.9 求由方程 $\mathrm{e}^y = xy$ 确定的隐函数 $y = f(x)$ 的导数.

解 将 $y = f(x)$ 代入方程 $\mathrm{e}^y = xy$，则有恒等式 $\mathrm{e}^{f(x)} = xf(x)$. 此式两端对 x 求导，利

用复合函数的链式法则，$e^{f(x)}f'(x)=f(x)+xf'(x)$，从而 $f'(x)=\dfrac{f(x)}{x(f(x)-1)}=\dfrac{y}{x(y-1)}$.

例 4.2.10　求由开普勒方程 $x=y-\varepsilon\sin y$ 所确定的隐函数 $y=y(x)$ 的导数.

解　对等式 $x=y-\varepsilon\sin y$ 两端求导，得 $1=y'(x)-\varepsilon y'(x)\cos y(x)$，因此

$$y'(x)=\frac{1}{1-\varepsilon\cos y}.$$

例 4.2.11　求过双曲线 $\dfrac{x^2}{a^2}-\dfrac{y^2}{b^2}=1$ 上一点 (x_0,y_0) 的切线方程.

解　对方程 $\dfrac{x^2}{a^2}-\dfrac{y^2}{b^2}=1$ 两端求导，得 $\dfrac{2x}{a^2}-\dfrac{2y\cdot y'}{b^2}=0$，故双曲线在点 (x_0,y_0) 的切线斜率为 $k=\dfrac{b^2x_0}{a^2y_0}$，从而双曲线在点 (x_0,y_0) 处的切线方程是 $y-y_0=\dfrac{b^2x_0}{a^2y_0}(x-x_0)$.　由于 $\dfrac{x_0^2}{a^2}-\dfrac{y_0^2}{b^2}=1$，因此切线方程又可写为 $\dfrac{x_0x}{a^2}-\dfrac{y_0y}{b^2}=1$.

例 4.2.12　证明：抛物线 $\sqrt{x}+\sqrt{y}=\sqrt{a}$（$0<x<a$）上任意一点的切线在两个坐标轴上截距的和等于 a.

证明　对 $\sqrt{x}+\sqrt{y}=\sqrt{a}$ 两端求导，得 $\dfrac{1}{2\sqrt{x}}+\dfrac{y'}{2\sqrt{y}}=0$.　则抛物线 $\sqrt{x}+\sqrt{y}=\sqrt{a}$ 上任意一点 (x_0,y_0) 处的切线斜率为 $k=-\dfrac{\sqrt{y_0}}{\sqrt{x_0}}$，故切线方程为 $y-y_0=-\dfrac{\sqrt{y_0}}{\sqrt{x_0}}(x-x_0)$，在 x 轴和 y 轴上的截距分别为 $x_0+\sqrt{x_0y_0}$ 和 $y_0+\sqrt{x_0y_0}$.　所以切线在两个坐标轴上的截距之和

$$x_0+\sqrt{x_0y_0}+y_0+\sqrt{x_0y_0}=(\sqrt{x_0}+\sqrt{y_0})^2=a.$$

证毕.

4.2.5　参数方程求导法则

参数方程的一般形式 $\begin{cases}x=\varphi(t),\\ y=\psi(t)\end{cases}$（$\alpha\leqslant t\leqslant\beta$）.　如果 $x=\varphi(t),y=\psi(t)$ 皆可导，且 $\varphi'(t)\neq0$，又 $x=\varphi(t)$ 存在反函数 $t=\varphi^{-1}(x)$，则 y 是 x 的复合函数，即 $y=\psi(t),t=\varphi^{-1}(x)$，由复合函数与反函数求导法则，得到参数方程的求导公式：

$$\frac{\mathrm{d}y}{\mathrm{d}x}=\frac{\mathrm{d}y}{\mathrm{d}t}\cdot\frac{\mathrm{d}t}{\mathrm{d}x}=\psi'(t)(\varphi^{-1}(x))'=\frac{\psi'(t)}{\varphi'(t)}.$$

例 4.2.13　求摆线 $\begin{cases}x=a(t-\sin t),\\ y=a(1-\cos t)\end{cases}$ 在 $t=\pi$ 处的切线方程.

解　由参数方程的求导法则，有

$$\frac{dy}{dx} = \frac{dy}{dt} \cdot \frac{dt}{dx} = \frac{a \sin t}{a(1 - \cos t)} = \frac{\sin t}{1 - \cos t}.$$

当 $t = \pi$ 时，在摆线上点 $(a\pi, 2a)$ 处的切线斜率为 $\left.\frac{dy}{dx}\right|_{x=a\pi} = \left.\frac{\sin t}{1 - \cos t}\right|_{t=\pi} = 0$，于是在 $t = \pi$ 处，摆线的切线方程 $y = 2a$.

例 4.2.14 设炮弹的弹头初速度是 v_0，沿着与地面成 α 角的方向抛射出去，求在时刻 t_0 弹头的运动方向（忽略空气阻力、风向等因素）.

解 已知弹头关于时间 t 的弹道曲线的参数方程 $\begin{cases} x = v_0 t \cos\alpha, \\ y = v_0 t \sin\alpha - \frac{1}{2} g t^2, \end{cases}$ 其中 g 是重力加速度（常数）. 由参数方程的求导法则，$\frac{dy}{dx} = \frac{v_0 \sin\alpha - gt}{v_0 \cos\alpha}$. 设在时刻 t_0 弹头的运动方向与地面的夹角为 φ，则

$$\tan\varphi = \tan\alpha - \frac{gt_0}{v_0 \cos\alpha},$$

故 $\varphi = \arctan\left(\tan\alpha - \frac{gt_0}{v_0 \cos\alpha}\right)$.

有些平面曲线在极坐标系下的方程比较简单. 极坐标系是指在平面内由极点、极轴和极径组成的坐标系. 如图 4-2-1 所示，在平面上取定一点 O，称为极点. 从 O 出发引一条射线 Ox，称为极轴. 再取定一个单位长度，规定角度取逆时针方向为正. 这样，平面上任意一点 M 的位置就可用线段 OM 的长度 ρ 及从 Ox 到 OM 的角度 θ 来确定，有序数对 (ρ, θ) 称为点 M 的极坐标，记为 $M(\rho, \theta)$，ρ 称为点 M 的极径，θ 称为点 M 的极角，这样建立的坐标系称为**极坐标系**.

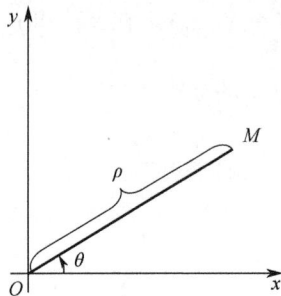
图 4-2-1

极坐标系和直角坐标系之间可以互相转化. 以极点 O 为坐标原点，极轴 Ox 为 x 轴正方向建立直角坐标系 Oxy，这样直角坐标系下点 M 的坐标 (x, y) 与极坐标 (ρ, θ) 之间的关系为

$$x = \rho \cos\theta, \quad y = \rho \sin\theta.$$

例 4.2.15 求螺线 $\rho = a\theta$（$0 \leqslant \theta < +\infty$）的切线斜率 k，其中 $a > 0$ 是常数，ρ 为极径，θ 为极角.

解 由螺线的极坐标方程 $\rho = a\theta$ 得到它的直角坐标参数方程为

$$x = a\theta \cos\theta, \quad y = a\theta \sin\theta, \quad 0 \leqslant \theta < +\infty,$$

故 $k = \frac{dy}{dx} = \frac{\dfrac{dy}{d\theta}}{\dfrac{dx}{d\theta}} = \frac{\sin\theta + \theta \cos\theta}{\cos\theta - \theta \sin\theta}$.

例 4.2.16 假设深为 18cm、顶直径为 12cm 的正圆锥形漏斗中装满了某种溶液，将溶液从漏斗中漏入直径为 10cm 的圆柱形筒中（如图 4-2-2 所示），当溶液在漏斗中深为 12cm 时，液面下降速度为 1cm/min，问此时圆柱形筒中液面上升的速度是多少？

解 设漏斗中原有溶液的体积为 V（cm^3）。溶液由漏斗漏入圆柱形筒中的过程中，设漏斗内溶液深度为 h（cm），圆柱形筒内溶液高度为 H（cm）。假设漏斗内液面的圆半径为 r（cm），由三角形相似可知，$\dfrac{r}{6} = \dfrac{h}{18}$，即 $r = \dfrac{1}{3}h$。所以漏斗内剩余液体体积 $V_1 = \dfrac{1}{3}\pi r^2 h = \dfrac{1}{27}\pi h^3$，此时圆柱形筒内液体体积为 $V_2 = \pi 5^2 H = 25\pi H$。由于 $V_1 + V_2 = V$，所以

图 4-2-2

单位：cm

$$\frac{1}{27}\pi h^3 + 25\pi H = V，$$

其中 H 和 h 都是关于时间 t 的函数，上式两端对 t 求导，得 $\dfrac{1}{9}\pi h^2 \dfrac{\mathrm{d}h}{\mathrm{d}t} + 25\pi \dfrac{\mathrm{d}H}{\mathrm{d}t} = 0$。当溶液在漏斗中深为 12cm 时，液面下降速度为 1cm/min，因此 $h = 12\text{cm}$，$\dfrac{\mathrm{d}h}{\mathrm{d}t} = -1$，从而求得圆柱形筒内液面的上升速度 $\dfrac{\mathrm{d}H}{\mathrm{d}t} = 0.64$（cm/min）。

根据导数的定义及求导法则，到目前为止，我们已得到基本初等函数的导数，这些导数仍然是初等函数。由于初等函数是由基本初等函数经过有限次四则运算和复合运算生成的函数，因此任意初等函数的导数，都可通过求导法则求出，而且仍然是初等函数。这样初等函数的求导问题就完全解决了。因此，基本初等函数的导数在初等函数的求导运算中起着重要的作用，必须熟练掌握。为方便查阅，本节最后，我们把它们集中起来抄录如下，即为**导数公式表**.

（1）常值函数的导数为 0.

（2）$(x^\alpha)' = \alpha x^{\alpha-1}$，其中 $\alpha \in \mathbb{R}, x > 0$ 或 $\alpha \in \mathbb{N}^+, x \in \mathbb{R}$.

（3）$\left(\dfrac{1}{x}\right)' = -\dfrac{1}{x^2}$，$\quad x \neq 0$.

（4）$(\sqrt{x})' = \dfrac{1}{2\sqrt{x}}$，$\quad x > 0$.

（5）$(a^x)' = a^x \ln a$，$\quad x \in \mathbb{R}, \ 0 < a \neq 1$. 特别地，$(\mathrm{e}^x)' = \mathrm{e}^x$.

（6）$(\log_a |x|)' = \dfrac{1}{x \ln a}$，$\quad x \in \mathbb{R} \backslash \{0\}, \ 0 < a \neq 1$. 特别地，$(\ln |x|)' = \dfrac{1}{x}$.

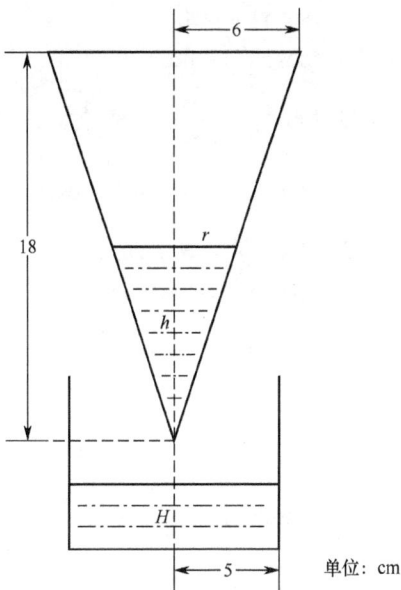

（7） $(\sin x)' = \cos x.$

（8） $(\cos x)' = -\sin x.$

（9） $(\tan x)' = \dfrac{1}{\cos^2 x} = \sec^2 x.$

（10） $(\cot x)' = -\dfrac{1}{\sin^2 x} = -\csc^2 x.$

（11） $(\sec x)' = \sec x \tan x.$

（12） $(\csc x)' = -\csc x \cot x.$

（13） $(\arcsin x)' = \dfrac{1}{\sqrt{1-x^2}}.$

（14） $(\arccos x)' = -\dfrac{1}{\sqrt{1-x^2}}.$

（15） $(\arctan x)' = \dfrac{1}{1+x^2}.$

（16） $(\operatorname{arccot} x)' = -\dfrac{1}{1+x^2}.$

习题 4.2

1．求下列函数的导数.

（1） $y = \operatorname{arccot} \dfrac{1-x}{1+x}$ ；

（2） $xy = 1 + x\mathrm{e}^y$ ；

（3） $y = \dfrac{x^2}{1-x}\sqrt{\dfrac{x+1}{1+x+x^2}}$ ；

（4） $\begin{cases} x = \cos t, \\ y = at\sin t; \end{cases}$

（5） $\arctan \dfrac{y}{x} = \ln\sqrt{x^2+y^2}$ ；

（6） $x^y = y^x.$

2．设 $y = f\left(\dfrac{x+1}{x-1}\right)$. 如果 $f(x)$ 满足 $f'(x) = \arctan\sqrt{x}$ ，求 $\dfrac{\mathrm{d}y}{\mathrm{d}x}\bigg|_{x=2}$.

3．求解下列各题.

（1）当 a 为何值时，曲线 $y = ax^2$ 与曲线 $y = \ln x$ 相切？并求出切点与切线方程.

（2）设 $f(x)$ 可导，且 $f(x) \neq 0$. 证明：曲线 $y = f(x)$ 与 $y = f(x)\sin x$ 在交点处相切.

（3）求曲线 $xy + \ln y = 1$ 在点 $(1,1)$ 处的切线方程.

（4）求一个单位圆的位置，圆心位于 y 轴上，单位圆位于抛物线 $y = x^2$ 上方，且与抛物线恰好有两个切点.

4．设函数 $f(x) = \begin{cases} x^m \sin\dfrac{1}{x}, & x \neq 0; \\ 0, & x = 0 \end{cases}$ （ m 为正整数）. 问：

（1） m 等于何值时， $f(x)$ 在 $x = 0$ 处连续？

（2） m 等于何值时， $f(x)$ 在 $x = 0$ 处可导？

（3） m 等于何值时， $f'(x)$ 在 $x=0$ 处连续？

5．证明下列各题．

（1）曲线 $\begin{cases} x = a(\cos t + t\sin t), \\ y = a(\sin t - t\cos t) \end{cases}$ （ $a > 0$ ）上任意一点处的法线到原点的距离恒为定值．

（2）曳物线 $\begin{cases} x = a\left(\ln\tan\dfrac{t}{2} + \cos t \right), \\ y = a\sin t \end{cases}$ （ $a > 0, 0 < t < \pi$ ）上任意一点 (x, y) 的切线，由切

点到 x 轴之间的切线段的长是定数．

（3）星形线

$$x = a\cos^3\varphi, \ y = a\sin^3\varphi, \ 0 \leqslant \varphi \leqslant 2\pi$$

上任意一点（不在坐标轴上）处的切线被 x 轴与 y 轴所截的线段之长是定数．

6．利用恒等式 $\cos\dfrac{x}{2}\cos\dfrac{x}{4}\cdots\cos\dfrac{x}{2^n} = \dfrac{\sin x}{2^n\sin\dfrac{x}{2^n}}$ ，求

$$S_n = \frac{1}{2}\tan\frac{x}{2} + \frac{1}{4}\tan\frac{x}{4} + \cdots + \frac{1}{2^n}\tan\frac{x}{2^n}$$

的表达式．

7．利用有限项等比数列之和 $1 + x + x^2 + \cdots + x^n$ （ $x \neq 1$ ）计算下列和：

（1） $1 + 2x + 3x^2 + \cdots + nx^{n-1}$ ；

（2） $1 + 2^2 x + 3^2 x^2 + \cdots + n^2 x^{n-1}$ ．

8．证明：若函数 $f_{ij}(x)$ 可导（ $i, j = 1, 2, \cdots, n$ ），令 $F(x) = \begin{vmatrix} f_{11}(x) & f_{12}(x) & \cdots & f_{1n}(x) \\ \vdots & \vdots & \cdots & \vdots \\ f_{k1}(x) & f_{k2}(x) & \cdots & f_{kn}(x) \\ \vdots & \vdots & \cdots & \vdots \\ f_{n1}(x) & f_{n2}(x) & \cdots & f_{nn}(x) \end{vmatrix}$ ．则

$$F'(x) = \sum_{k=1}^{n} \begin{vmatrix} f_{11}(x) & f_{12}(x) & \cdots & f_{1n}(x) \\ \vdots & \vdots & \cdots & \vdots \\ f'_{k1}(x) & f'_{k2}(x) & \cdots & f'_{kn}(x) \\ \vdots & \vdots & \cdots & \vdots \\ f_{n1}(x) & f_{n2}(x) & \cdots & f_{nn}(x) \end{vmatrix}.$$

4.3　函数的微分

4.3.1　可微的概念

如果 $y = f(x)$ 在 x_0 点处连续，则 $\lim\limits_{\Delta x \to 0} f(x_0 + \Delta x) = f(x_0)$ ．这样函数 $f(x)$ 在 x_0 附近一点 $x_0 + \Delta x$ 的函数值 $f(x_0 + \Delta x)$ 就非常接近 $f(x_0)$ ．已知函数 $f(x)$ 在 x_0 点的函数值，当 $|\Delta x|$ 很

小时，如何估算函数值 $f(x_0 + \Delta x)$？我们知道，连续是函数可导的必要条件，所以为讨论函数值的近似计算，假设函数 $y = f(x)$ 在 x_0 点处可导，则 $\lim\limits_{\Delta x \to 0} \dfrac{f(x_0 + \Delta x) - f(x_0)}{\Delta x} = f'(x_0)$．故

$$f(x_0 + \Delta x) - f(x_0) = f'(x_0)\Delta x + \Delta x \alpha(\Delta x)，$$

其中 $\lim\limits_{\Delta x \to 0} \alpha(\Delta x) = 0$．这样，当 $|\Delta x|$ 充分小时，$\Delta x \alpha(\Delta x)$ 是比 Δx 高阶的无穷小量，因此

$$f(x_0 + \Delta x) \approx f(x_0) + f'(x_0)\Delta x．$$

上述近似计算式中，$f(x_0) + f'(x_0)\Delta x$ 是 Δx 的线性函数，这样就简化了求 $f(x_0 + \Delta x)$ 近似值的计算．注意到，$y = f(x_0) + f'(x_0)(x - x_0)$ 是曲线 $y = f(x)$ 在点 $(x_0, f(x_0))$ 处的切线方程，由此可见，在点 x_0 的邻域内，用切线 $y = f(x_0) + f'(x_0)(x - x_0)$ 上点的纵坐标代替曲线 $y = f(x)$ 上点的纵坐标，其差是 $o(x - x_0)$．用几何的语言来说，在点 $(x_0, f(x_0))$ 的小邻域内可用切线代替曲线，即"以直代曲"．由于直线的方程是一次线性函数，因此上述事实也可以说是用线性函数逼近函数值，即"线性逼近"．这样，函数值的改变量 $\Delta y = f(x_0 + \Delta x) - f(x_0)$ 能否表示成关于 Δx 的线性函数与一个比 Δx 高阶的无穷小量相加的形式，以及在能够这样表示的前提下，Δx 的线性函数的具体形式是什么，比 Δx 的高阶无穷小部分的具体表达式是怎样的更加重要，基于这样的分析，下面引进微分的概念．

定义 4.3.1 如果 $y = f(x)$ 在点 x_0 的改变量 Δy 与自变量的改变量 Δx 有下列关系：

$$\Delta y = f(x_0 + \Delta x) - f(x_0) = A\Delta x + o(\Delta x)\ (\Delta x \to 0) \tag{4.3.1}$$

其中 A 是与 Δx 无关的常数，称 $y = f(x)$ 在 x_0 点处可微，$A\Delta x$ 称为 $y = f(x)$ 在 x_0 点的微分，表示为 $\mathrm{d}y\big|_{x=x_0} = A\Delta x$ 或 $\mathrm{d}f(x_0) = A\Delta x$．

因为 $A\Delta x$ 是 Δx 的一次线性函数，而式（4.3.1）的右端 $o(\Delta x)$ 是比 Δx 高阶的无穷小量，所以在式（4.3.1）右端 $A\Delta x$ 起主要作用．故 $A\Delta x$ 也称为式（4.3.1）的**线性主要部分**．

4.3.2 可微与可导的关系

定义 4.3.1 前的一段分析表明，函数在一点处可导，则函数在该点处必定可微，且 $\mathrm{d}f(x_0) = f'(x_0)\Delta x$．反过来，如果 $y = f(x)$ 在 x_0 点处可微，且 $\mathrm{d}f(x_0) = A\Delta x$，那么常数 A 是多少呢？下面的结论回答了这一问题．

定理 4.3.1 函数 $y = f(x)$ 在 x_0 点处可微的充要条件是函数 $y = f(x)$ 在 x_0 点处可导，且此时有 $\mathrm{d}f(x_0) = f'(x_0)\Delta x$．

证明 显然只需证明必要性．设函数 $y = f(x)$ 在 x_0 点处可微，则函数 $y = f(x)$ 在点 x_0 的函数值的改变量 $\Delta y = A\Delta x + o(\Delta x)\ (\Delta x \to 0)$，其中 A 是与 Δx 无关的常数．用 Δx 除之，得 $\dfrac{\Delta y}{\Delta x} = A + \dfrac{o(\Delta x)}{\Delta x}$，所以 $\lim\limits_{\Delta x \to 0} \dfrac{\Delta y}{\Delta x} = A + \lim\limits_{\Delta x \to 0} \dfrac{o(\Delta x)}{\Delta x} = A$，即函数 $y = f(x)$ 在 x_0 点处可导且 $f'(x_0) = A$．证毕．

定理 4.3.1 告诉我们，可微与可导本质上是等价的．但从形式上说，导数与微分有区别．函数 $f(x)$ 在一点 x_0 处的导数 $f'(x_0)$ 是一个定值，而函数 $f(x)$ 在一点 x_0 处的微分 $\mathrm{d}f(x_0) = f'(x_0)\Delta x$ 是 Δx 的线性函数．从几何意义上说，导数 $f'(x_0)$ 是曲线 $y = f(x)$ 在点 $(x_0, f(x_0))$ 的切线斜率，而微分 $\mathrm{d}f(x_0) = f'(x_0)\Delta x$ 是曲线 $y = f(x)$ 在点 $(x_0, f(x_0))$ 的切线在

点 x_0 的纵坐标改变量. 导数与微分在形式上的区别对讨论函数的不同问题有着不同的作用. 一般来说，导数多用于函数性质理论的研究，而微分多用于函数值的近似计算和微分运算（如后面的微分方程的微分运算）等.

4.3.3　微分在函数近似计算中的应用

若函数 $y = f(x)$ 在 x_0 点处可微，则 $\Delta y = f'(x_0)\Delta x + o(\Delta x)\,(\Delta x \to 0)$，故当 $|\Delta x|$ 很小时，可用 $\mathrm{d}y = f'(x_0)\Delta x$ 近似代替 Δy. 这样代替有两点好处：

（1）$\mathrm{d}y$ 是 Δx 的线性函数，从而保证计算简便；

（2）$\Delta y - \mathrm{d}y = o(\Delta x)$ 保证近似程度好，即误差是比 Δx 高阶的无穷小量.

设 $y = f(x)$ 在 x_0 点处可微，则当 $\Delta x \to 0$ 时，

$$f(x_0 + \Delta x) = f(x_0) + f'(x_0)\Delta x + o(\Delta x).$$

令 $x = x_0 + \Delta x$，则上式改写为

$$f(x) = f(x_0) + f'(x_0)(x - x_0) + o(x - x_0)\ (x \to x_0).$$

故当 $|x - x_0|$ 充分小时，得到如下的**函数值近似计算公式**

$$f(x) \approx f(x_0) + f'(x_0)(x - x_0). \tag{4.3.2}$$

例 4.3.1　讨论 $f(x) = \sqrt[n]{1+x}$ 的近似计算公式（当 $|x|$ 充分小时）.

解　容易计算 $f(0) = 1$，$f'(x) = \dfrac{1}{n}(1+x)^{\frac{1}{n}-1}$，从而 $f'(0) = \dfrac{1}{n}$，这样当 $|x|$ 充分小时，

$$\sqrt[n]{1+x} \approx 1 + \frac{x}{n}.$$

由此可计算 $\sqrt[3]{131} = \sqrt[3]{5^3 + 6} = 5\sqrt[3]{1 + \dfrac{6}{5^3}} \approx 5\left(1 + \dfrac{1}{3}\cdot\dfrac{6}{5^3}\right) = 5 + \dfrac{2}{25} = 5.08$.

类似地，可推出几个常见函数的近似计算公式：当 $|x|$ 充分小时，

（1）$\sin x \approx x$；（2）$\tan x \approx x$；（3）$\dfrac{1}{1+x} \approx 1 - x$；（4）$\mathrm{e}^x \approx 1 + x$；（5）$\ln(1+x) \approx x$.

例 4.3.2　求 $\tan 31°$ 的近似值.

解　令 $f(x) = \tan x$，设 $x_0 = 30°$，$x = 31°$，则 $x - x_0 = 1° = \dfrac{\pi}{180}$. 因为 $f'(x) = \dfrac{1}{\cos^2 x}$，故 $f'(30°) = \dfrac{1}{\cos^2 30°}$. 由式（4.3.2），有

$$\tan 31° \approx \tan 30° + \frac{1}{\cos^2 30°}\cdot\frac{\pi}{180} \approx 0.60062.$$

虽然以上的这些计算都可以手工完成，但用微分法求函数近似值的缺点是无法估计近似值的误差，要弥补这个缺陷需要借助泰勒公式，我们将在第 5 章学习.

由微分的定义，当 $\Delta x \to 0$ 时，函数 $y = x$ 的微分为 $\mathrm{d}x = (x)'\Delta x = \Delta x$，**即自变量 x 的微分 $\mathrm{d}x$ 等于自变量 x 的改变量 Δx**，于是当 x 是自变量时，可用 $\mathrm{d}x$ 代替 Δx，这样当函数

$y = f(x)$ 可微时，函数 $y = f(x)$ 的微分为 $\mathrm{d}y = f'(x)\mathrm{d}x$，从而 $f'(x) = \dfrac{\mathrm{d}y}{\mathrm{d}x}$，即函数 $y = f(x)$ 的导数 $f'(x)$ 等于函数的微分 $\mathrm{d}y$ 与自变量的微分 $\mathrm{d}x$ 的商，因此导数也称**微商**.

4.3.4 微分的运算法则

由于微分是导数的另一种形式，因此由导数的运算法则和导数公式可相应地得到如下**微分运算法则和微分公式**.

设 $u(x)$, $v(x)$ 可微，则

（1）$\mathrm{d}(u(x) \pm v(x)) = \mathrm{d}u(x) \pm \mathrm{d}v(x)$；

（2）$\mathrm{d}(u(x)v(x)) = v(x)\mathrm{d}u(x) + u(x)\mathrm{d}v(x)$；

（3）$\mathrm{d}\left(\dfrac{u(x)}{v(x)}\right) = \dfrac{v(x)\mathrm{d}u(x) - u(x)\mathrm{d}v(x)}{v^2(x)}$.

习题 4.3

1．计算下列函数的微分.

（1）$y = \ln(-x)$；

（2）$y = \dfrac{x}{\sqrt{1+x^2}}$；

（3）y 是关于 x 的复合函数，其中 $y = \sin^2 t$, $t = \ln(3x+1)$.

2．设 $f(x) = \sqrt{x}$, $x_0 = 4$, $\Delta x = 0.2$，计算 f 在 x_0 点处的微分 $\mathrm{d}f(x_0)$.

3．利用函数微分近似函数值改变量的方法，求 $\sin 29^\circ$ 的近似值（保留到小数点后两位）.

4．证明近似公式 $(a^n + x)^{\frac{1}{n}} \approx a + \dfrac{x}{na^{n-1}}$，其中 $|x| \ll a^n$. 并利用此公式求下列各式的近似值.

（1）$(994)^{\frac{1}{3}}$；

（2）$(1000)^{\frac{1}{10}}$.

5．单摆振动的周期 T（以 s 为单位）由 $T = 2\pi\sqrt{\dfrac{l}{g}}$ 确定，其中 $g = 980\,\mathrm{cm/s^2}$，为了使周期增大 $0.05\mathrm{s}$，问：对摆长 $l = 20\mathrm{cm}$ 需要做多少修改？

6．设有一半径为 $1\mathrm{cm}$ 的球，为了提高球面的光洁度，需镀上厚度为 $0.01\mathrm{cm}$ 的一层铜. 试估计需要镀铜多少立方厘米？

4.4 高阶导数与高阶微分

高阶导数也有很多实际背景. 例如，加速度是速度关于时间的导数，而速度是路程关

于时间的导数，因此加速度是路程关于时间的二阶导数. 物理学的很多分支学科，如弹性力学、流体力学、电磁学、量子力学、广义相对论等，其数学表现形式都是一些特定的微分方程，而这些微分方程都涉及函数的高阶导数. 在几何上，高阶导数也有很多应用，下一章将用二阶导数刻画函数的凸性、极值问题. 多元微积分用于刻画曲线和曲面弯曲程度的几何量，如曲率、挠率等，必须借助高阶导数才能计算.

4.4.1　高阶导数

若函数 $f(x)$ 在开区间 I 上可微，对 $f(x)$ 在每一点 $x \in I$ 求导数，就得到定义在 I 上的一个新函数 $f'(x)$，即 $f(x)$ 的导函数. 对给定的 $x_0 \in I$，如果导函数 $f'(x)$ 在 x_0 点处可导，即

$$\lim_{\Delta x \to 0} \frac{f'(x_0 + \Delta x) - f'(x_0)}{\Delta x}$$

存在，称 $f(x)$ 在 x_0 点**二阶可导**，并称导函数 $f'(x)$ 在 x_0 点的导数为 $f(x)$ 在 x_0 点的**二阶导数**，记为 $f''(x_0)$. 如果函数 $f(x)$ 在 I 上的每一点都有二阶导数 $f''(x)$，则 $f''(x)$ 仍然是 x 的函数，我们又可以对 $f''(x)$ 求导，这样得到三阶导数，表示为 $f'''(x)$. 一般情况下，函数 $f(x)$ 的 $n-1$ 阶导数在 x 的导数，称为函数 $f(x)$ 在 x 的 n 阶导数. 当 $n \geqslant 4$ 时，$f(x)$ 的 n 阶导数记为 $f^{(n)}(x)$，即

$$f^{(n)}(x) = \lim_{\Delta x \to 0} \frac{f^{(n-1)}(x + \Delta x) - f^{(n-1)}(x)}{\Delta x}.$$

把二阶和二阶以上的导数，统称为高阶导数.

若函数 $f(x)$ 在 (a,b) 中的每一点处都有 n 阶导数，称 $f(x)$ 在 (a,b) 上 n 阶可导；当函数 $f(x)$ 的 n 阶导函数 $f^{(n)}(x)$ 在 (a,b) 上连续时，称 $f(x)$ 在 (a,b) 上 n 阶连续可导（或称 n 阶连续可微）. 符号 $C^k(a,b)$ 表示区间 (a,b) 上 k 阶连续可微的函数集合.

若函数 $f(x)$ 在 (a,b) 上 n 阶可导，且在 a 点有直到 n 阶的右导数，在 b 点有直到 n 阶的左导数，称 $f(x)$ 在 $[a,b]$ 上 n 阶可导；当函数 $f(x)$ 的 n 阶导函数 $f^{(n)}(x)$ 在 $[a,b]$ 上连续时，称 $f(x)$ 在 $[a,b]$ 上 n 阶连续可导（或称 n 阶连续可微）. 符号 $C^k[a,b]$ 表示区间 $[a,b]$ 上 k 阶连续可微的函数集合. 符号 $C^\infty(I)$ 表示区间 $I \subset \mathbb{R}$ 上任意阶连续可微的函数集合.

例 4.4.1　求 $f(x) = \sin x$ 的 n 阶导数.

解　$f'(x) = \cos x = \sin\left(x + \dfrac{\pi}{2}\right)$，

$$f''(x) = \cos\left(x + \frac{\pi}{2}\right) = \sin\left(x + 2\frac{\pi}{2}\right),$$

$$f'''(x) = \cos\left(x + 2\frac{\pi}{2}\right) = \sin\left(x + 3\frac{\pi}{2}\right),$$

由归纳可得 $f^{(n)}(x) = \cos\left(x + (n-1)\dfrac{\pi}{2}\right) = \sin\left(x + n\dfrac{\pi}{2}\right)$.

类似地，有 $\cos^{(n)}(x) = \cos\left(x + n\dfrac{\pi}{2}\right)$.

例 4.4.2 求 $(\sin^4 x + \cos^4 x)^{(n)}$.

解 若直接求各阶导数，计算将很烦琐. 利用三角函数的恒等变形，可简化导数的计算. 由于

$$\sin^4 x + \cos^4 x = (\sin^2 x + \cos^2 x)^2 - 2\sin^2 x \cos^2 x = 1 - \frac{1}{2}\sin^2 2x = \frac{3}{4} + \frac{1}{4}\cos 4x,$$

因此 $(\sin^4 x + \cos^4 x)^{(n)} = \left(\dfrac{3}{4} + \dfrac{1}{4}\cos 4x\right)^{(n)} = 4^{n-1}\cos\left(4x + \dfrac{n\pi}{2}\right)$.

下面的定理给出两个函数乘积的高阶导数的计算公式，称为**莱布尼茨（Leibniz）公式**.

定理 4.4.1 若 $u(x), v(x)$ 存在 n 阶导数，则 $(uv)^{(n)} = \displaystyle\sum_{k=0}^{n} C_n^k u^{(n-k)} v^{(k)}$.

证明 用数学归纳法. 当 $n = 1$ 时，公式显然成立；设 $n = m$ 时，公式成立，即

$$(uv)^{(m)} = \sum_{k=0}^{m} C_m^k u^{(m-k)} v^{(k)};$$

则当 $n = m + 1$ 时，

$$(uv)^{(m+1)} = ((uv)^{(m)})' = \sum_{k=0}^{m} C_m^k (u^{(m-k)} v^{(k)})' = \sum_{k=0}^{m} C_m^k (u^{(m+1-k)} v^{(k)} + u^{(m-k)} v^{(k+1)})$$

$$= \sum_{k=0}^{m} C_m^k u^{(m+1-k)} v^{(k)} + \sum_{k=1}^{m+1} C_m^{k-1} u^{(m+1-k)} v^{(k)}$$

$$= \sum_{k=1}^{m} (C_m^k + C_m^{k-1}) u^{(m+1-k)} v^{(k)} + C_m^0 u^{(m+1)} v + C_m^m u v^{(m+1)}$$

$$= \sum_{k=1}^{m} C_{m+1}^k u^{(m+1-k)} v^{(k)} + C_{m+1}^0 u^{(m+1)} v + C_{m+1}^{m+1} u v^{(m+1)}$$

$$= \sum_{k=0}^{m+1} C_{m+1}^k u^{(m+1-k)} v^{(k)}.$$

故定理中的公式对 $n = m + 1$ 成立. 证毕.

例 4.4.3 设 $y = x \sin x$，求 $y^{(10)}$.

解 在莱布尼茨公式中，令 $u(x) = \sin x, v(x) = x$，则

$$y^{(10)} = x(\sin x)^{(10)} + C_{10}^1 (\sin x)^{(9)} = x \sin\left(x + \frac{10\pi}{2}\right) + 10 \sin\left(x + \frac{9\pi}{2}\right) = -x \sin x + 10 \cos x.$$

例 4.4.4 求由方程 $\mathrm{e}^y = xy$ 确定的隐函数 $y = f(x)$ 的二阶导数.

解 方程两边对 x 求导，利用复合函数的链式法则，$\mathrm{e}^y y' = y + xy'$，从而 $y' = \dfrac{y}{x(y-1)}$，

两边再对 x 求导，$y'' = \left(\dfrac{y}{x(y-1)}\right)' = \dfrac{y'x(y-1) - y(y-1+xy')}{x^2(y-1)^2} = \dfrac{y(2y - y^2 - 2)}{x^2(y-1)^3}$.

例 4.4.5　求 $f(x) = \ln(1+x)$ 的 n 阶导数.

解　由于 $f'(x) = \dfrac{1}{1+x}$，因此 $(1+x)f'(x) = 1$，利用莱布尼茨公式，

$$((1+x)f'(x))^{(n-1)} = 0,$$

故 $(1+x)f^{(n)}(x) + (n-1)f^{(n-1)}(x) = 0$，所以 $f^{(n)}(x) = (-1)^{n-1}\dfrac{(n-1)!}{(1+x)^n}$.

4.4.2　高阶微分

在函数 $y = f(x)$ 的一阶微分 $\mathrm{d}y = f'(x)\mathrm{d}x$ 或 $\mathrm{d}f(x) = f'(x)\mathrm{d}x$ 中，变量 x 与 $\mathrm{d}x$ 是相互独立的. 对一阶微分 $\mathrm{d}y$ 关于变元 x 再求微分，即

$$\mathrm{d}(\mathrm{d}y) = \mathrm{d}(f'(x)\mathrm{d}x) = \mathrm{d}(f'(x))\mathrm{d}x = f''(x)(\mathrm{d}x)^2,$$

称为函数 $y = f(x)$ 的**二阶微分**，记为 $\mathrm{d}^2 y$. 将 $(\mathrm{d}x)^2$ 简记为 $\mathrm{d}x^2$，因此函数 $y = f(x)$ 的二阶微分为

$$\mathrm{d}^2 y = f''(x)\mathrm{d}x^2 \quad \text{或} \quad \mathrm{d}^2 f(x) = f''(x)\mathrm{d}x^2.$$

一般情况下，函数 $f(x)$ 的 $n-1$ 阶微分 $\mathrm{d}^{n-1}y$ 关于变量 x 的微分，称为函数 $f(x)$ 的 n **阶微分**，记为

$$\mathrm{d}^n y = f^{(n)}(x)\mathrm{d}x^n \quad \text{或} \quad \mathrm{d}^n f(x) = f^{(n)}(x)\mathrm{d}x^n.$$

把二阶及二阶以上的微分，统称为高阶微分. 从等式 $\mathrm{d}^n y = f^{(n)}(x)\mathrm{d}x^n$ 可看出 $f^{(n)}(x) = \dfrac{\mathrm{d}^n y}{\mathrm{d}x^n}$，因此函数 $y = f(x)$ 的 n 阶导数 $f^{(n)}(x)$ 也经常记为 $\dfrac{\mathrm{d}^n y}{\mathrm{d}x^n}$ 或 $\dfrac{\mathrm{d}^n f}{\mathrm{d}x^n}$. 故高阶导数又称高阶微商.

注　$\mathrm{d}x^n = (\mathrm{d}x)^n$，$\mathrm{d}(x^n) = nx^{n-1}\mathrm{d}x$，所以 $\mathrm{d}x^n \neq \mathrm{d}(x^n)$.

例 4.4.6　设摆线的参数方程 $\begin{cases} x = a(t - \sin t), \\ y = a(1 - \cos t). \end{cases}$ 求 $\dfrac{\mathrm{d}^2 y}{\mathrm{d}x^2}$.

解　由参数方程的求导法则，有 $\dfrac{\mathrm{d}y}{\mathrm{d}x} = \dfrac{\mathrm{d}y}{\mathrm{d}t} \cdot \dfrac{\mathrm{d}t}{\mathrm{d}x} = \dfrac{a\sin t}{a(1-\cos t)} = \dfrac{\sin t}{1-\cos t}$，所以

$$\frac{\mathrm{d}^2 y}{\mathrm{d}x^2} = \frac{\mathrm{d}\left(\dfrac{\mathrm{d}y}{\mathrm{d}x}\right)}{\mathrm{d}x} = \frac{\left(\dfrac{\sin t}{1-\cos t}\right)'}{a(1-\cos t)} = \frac{-1}{a(\cos t - 1)^2}.$$

4.4.3　复合函数的微分

如果在可导函数 $y = f(x)$ 中，x 不是自变量，而是关于 t 的可导函数 $x = g(t)$，则复合函数 $y = f(g(t))$ 的微分为

$$\mathrm{d}y = (f(g(t)))'\mathrm{d}t = f'(x)g'(t)\mathrm{d}t.$$

因为 $\mathrm{d}x = g'(t)\mathrm{d}t$，所以 $\mathrm{d}y = f'(x)g'(t)\mathrm{d}t = f'(x)\mathrm{d}x$．即不论 x 是自变量还是关于 t 的可导函数 $x = g(t)$，一阶微分 $\mathrm{d}y = f'(x)\mathrm{d}x$ 的形式都相同，这个性质称为**一阶微分的形式不变性**．但对一般函数，高阶微分就不再具有形式不变性了．以二阶微分为例，当 x 是自变量时，二阶可导函数 $y = f(x)$ 的二阶微分为

$$\mathrm{d}^2 y = f''(x)\mathrm{d}x^2. \tag{4.4.1}$$

如果 x 是关于自变量 t 的二阶可导函数 $x = g(t)$，则 $\mathrm{d}x = g'(t)\mathrm{d}t$，由函数乘积的微分法则，有

$$\mathrm{d}^2 y = \mathrm{d}(\mathrm{d}y) = \mathrm{d}(f'(x)\mathrm{d}x) = \mathrm{d}(f'(x))\mathrm{d}x + f'(x)\mathrm{d}(\mathrm{d}x) = f''(x)\mathrm{d}x^2 + f'(x)\mathrm{d}^2 x. \tag{4.4.2}$$

式（4.4.2）比式（4.4.1）多出一项 $f'(x)\mathrm{d}^2 x$，一般情形下，两式不相等．因此对复合函数，高阶微分不具有形式不变性．

习题 4.4

1．计算下列函数的 n 阶导数．

（1） $y = \dfrac{1}{x(1-x)}$；　　　　　　　　　　　　（2） $y = \ln(2x^2 + 5x - 3)$；

（3） $y = \arctan x$，求 $y^{(n)}(0)$．

2．设函数 $y = f(x)$ 在区间 $(-\infty, x_0]$ 上有二阶导数，问：如何选择系数 a, b, c，使函数

$$F(x) = \begin{cases} f(x), & x \leqslant x_0; \\ a(x-x_0)^2 + b(x-x_0) + c, & x > x_0 \end{cases}$$

在 x_0 点处有二阶导数？

3．（1）已知参数方程 $\begin{cases} x = t + \mathrm{e}^t, \\ y = t + \ln(1+t). \end{cases}$ 求二阶导数 $\dfrac{\mathrm{d}^2 y}{\mathrm{d}x^2}$．

（2）求曲线 $\rho = a\sin 3\theta$ 在对应 $\theta = \dfrac{\pi}{4}$ 的点处的切线方程．

4．设函数 $y = f(x)$ 存在反函数 $x = g(y)$．如果函数 $y = f(x)$ 三阶可导，并且 $f'(x) \neq 0$．试用函数 $y = f(x)$ 的前三阶导数来表示反函数 $x = g(y)$ 的前三阶导数．

5．设 $y = (\arcsin x)^2$．

（1）求证：$(1-x^2)y'' - xy' = 2$．　　　　　　（2）求 $y^{(n)}(0)$．

6．已知 $f(x)$ 三阶可导，$y = f(x^2)$，求 y''，y'''．

7．设参数方程 $\begin{cases} x = a(t - \sin t), \\ y = a(1 - \cos t). \end{cases}$ 求 $y''(x)$，$y'''(x)$．

8．求隐函数 $\mathrm{e}^y + xy - \mathrm{e} = 0$ 的二阶导数 $y''(x)$．

9．求函数 $y = x + x^5, x \in (-\infty, +\infty)$ 的反函数的二阶导数.

10．设 $y = x^2 e^{2x}$，求 $y^{(50)}(x)$.

11．对函数 $y = \arcsin x$，证明：$y^{(n)} = \dfrac{(2n-3)xy^{(n-1)} + (n-2)^2 y^{(n-2)}}{1-x^2}$，$\quad |x| < 1$.

12．称 $P_n(x) = \dfrac{1}{2^n n!} \dfrac{\mathrm{d}^n((x^2-1)^n)}{\mathrm{d}x^n}$ 为 n 次勒让德（Legendre）多项式．求 $P_n(1)$ 与 $P_n(-1)$.

第 5 章 微分学基本定理及应用

导数有两方面的应用，一方面是在数学之外的其他学科，如经济学、物理学、化学、生物学、医学等学科，乃至现实生活中的应用；另一方面，导数在数学本身中的应用也相当广泛．函数的许多性质的研究，如函数的极值、增减性、凸性及不等式的建立等，都借助于研究函数的导数来完成．因此，导数是研究函数性质的重要工具，函数的导数反映函数在一点的局部性质，但要利用导数来推断函数在区间上的整体性质，还需借助微分学基本定理——微分中值定理．微分中值定理是沟通函数与其导数的桥梁，构成微分学理论的重要内容．本章将在研究微分中值定理的基础上进一步探讨导数在研究函数性态方面的应用．

5.1 微分中值定理

5.1.1 极值的概念与费马定理

下面先给出函数在一点处取得极值的概念．

定义 5.1.1 设函数 $f(x)$ 在点 x_0 及其附近有定义．（1）如果 $\exists \delta > 0$ 使得对 $\forall x \in U(x_0, \delta)$，都有 $f(x) \leqslant f(x_0)$（或 $f(x) \geqslant f(x_0)$），则称函数 $f(x)$ 在点 x_0 取得**极大值**（或**极小值**），x_0 称为函数 $f(x)$ 的**极大值点**（或**极小值点**）．（2）若 $\exists \delta > 0$ 使得对 $\forall x \in U_\circ(x_0, \delta)$，都有 $f(x) < f(x_0)$（或 $f(x) > f(x_0)$），则称函数 $f(x)$ 在点 x_0 取得严格极大值（或严格极小值），x_0 称为 $f(x)$ 的严格极大值点（或严格极小值点）．

极大值与极小值统称为**极值**，极大值点和极小值点统称为**极值点**．

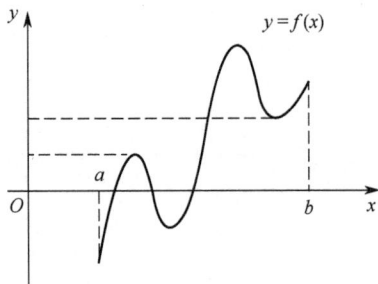

图 5-1-1

注 极值是一个局部概念．我们知道，闭区间上的连续函数一定可取到最大值和最小值，而且除常值函数外，最大值一定大于最小值，但极值可能不存在．例如，$f(x) = x$ 在 $[0,1]$ 上存在最大值 1 和最小值 0，但没有极值．一个函数，即便极值存在，极值也不一定唯一，而且极小值可能大于极大值（如图 5-1-1 所示）．从极值的定义可看出，如果函数的最值点在开区间内取得，则该最值点一定是函数的极值点．

定理 5.1.1（费马定理） 若函数 $f(x)$ 在点 x_0 处可导，且在点 x_0 取得极值，则 $f'(x_0) = 0$．

证明 我们只给出函数 $f(x)$ 在点 x_0 取得极大值的证明，极小值的情形类似可证．设函数 $f(x)$ 在点 x_0 取得极大值，则 $\exists \delta > 0$ 使得 $\forall x \in U(x_0, \delta)$，有 $f(x) \leqslant f(x_0)$．因此，

当 $x \in (x_0 - \delta, x_0)$ 时，有 $f'_-(x_0) = \lim\limits_{x \to x_0^-} \dfrac{f(x) - f(x_0)}{x - x_0} \geqslant 0$；

当 $x \in (x_0, x_0 + \delta)$ 时，有 $f'_+(x_0) = \lim\limits_{x \to x_0^+} \dfrac{f(x) - f(x_0)}{x - x_0} \leqslant 0$．

因为函数 $f(x)$ 在点 x_0 处可导，故 $f'_-(x_0) = f'_+(x_0) = f'(x_0)$，从而 $f'(x_0) = 0$．证毕．

费马定理的几何意义：如果曲线 $y = f(x)$ 在点 $(x_0, f(x_0))$ 存在切线，且函数 $y = f(x)$ 在 x_0 取得局部极值，则曲线 $y = f(x)$ 在点 $(x_0, f(x_0))$ 的切线平行于 x 轴（如图 5-1-2 所示）．

例 5.1.1（达布引理） 设函数 $f(x)$ 在 $[a,b]$ 上可导．则对介于 $f'_+(a)$ 和 $f'_-(b)$ 之间的任意数 μ，至少存在一点 $c \in (a,b)$ 使得 $f'(c) = \mu$．

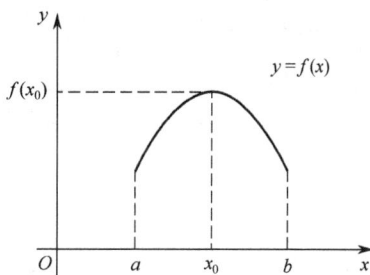

图 5-1-2

证明 不妨设 $f'_+(a) < f'_-(b)$．对 $\forall \mu \in (f'_+(a), f'_-(b))$，令 $\varphi(x) = f(x) - \mu x$．则 $\varphi(x)$ 在 $[a,b]$ 上可导，且 $\varphi'(x) = f'(x) - \mu$（$\forall x \in (a,b)$），$\varphi'_+(a) = f'_+(a) - \mu < 0$，$\varphi'_-(b) = f'_-(b) - \mu > 0$．故

$$\lim_{x \to a^+} \frac{\varphi(x) - \varphi(a)}{x - a} = \varphi'_+(a) < 0, \qquad \lim_{x \to b^-} \frac{\varphi(x) - \varphi(b)}{x - b} = \varphi'_-(b) > 0;$$

由极限的保号性，$\exists x_1, x_2 \in (a,b)$ 使得

$$\frac{\varphi(x_1) - \varphi(a)}{x_1 - a} < 0 \quad \text{且} \quad \frac{\varphi(x_2) - \varphi(b)}{x_2 - b} > 0,$$

从而 $\varphi(x_1) < \varphi(a)$ 且 $\varphi(x_2) < \varphi(b)$．这样 $[a,b]$ 上的连续函数 $\varphi(x)$ 的最小值只能在 (a,b) 内取得．设函数 $\varphi(x)$ 在点 $c \in (a,b)$ 取得最小值，则点 $c \in (a,b)$ 必为函数 $\varphi(x)$ 的极小值点．由定理 5.1.1 知

$$0 = \varphi'(c) = f'(c) - \mu,$$

即 $f'(c) = \mu$．证毕．

5.1.2 微分中值定理

洛尔（Rolle）定理、拉格朗日（Lagrange）中值定理和柯西（Cauchy）中值定理，统称为微分中值定理．

定理 5.1.2（洛尔定理） 若函数 $f(x)$ 在 $[a,b]$ 上连续，在 (a,b) 内可导，且 $f(a) = f(b)$，则至少存在一点 $c \in (a,b)$ 使得 $f'(c) = 0$．

证明 因为函数 $f(x)$ 在 $[a,b]$ 上连续，所以函数 $f(x)$ 在 $[a,b]$ 上取到最大值 M 和最小值 m．若 $M = m$，则函数 $f(x)$ 在 $[a,b]$ 上是常值函数，故对 $\forall x \in (a,b)$，有 $f'(x) = 0$．现在设 $m < M$．因为 $f(a) = f(b)$，所以 m, M 中至少有一个是被 $f(x)$ 在开区间 (a,b) 内的点 $c \in (a,b)$ 处取得，此时点 $c \in (a,b)$ 一定是函数 $f(x)$ 的极值点．由于 $f(x)$ 在 (a,b) 内可导，

因此由定理 5.1.1 知 $f'(c)=0$．证毕.

洛尔定理的几何意义：在闭区间上有定义的连续函数，曲线上每一点都存在切线，且在区间两端点的函数值相等，则曲线上至少有一点，过该点的切线平行于 x 轴（如图 5-1-3 所示）.

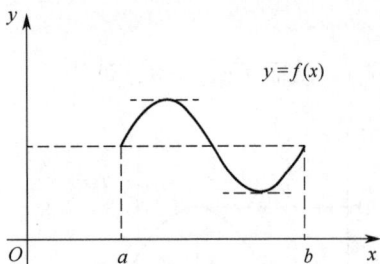

图 5-1-3

定理 5.1.3（拉格朗日中值定理） 若函数 $f(x)$ 在 $[a,b]$ 上连续，在 (a,b) 内可导，则至少存在一点 $c\in(a,b)$ 使得 $f'(c)=\dfrac{f(b)-f(a)}{b-a}$．

注意到，当 $f(a)=f(b)$ 时，拉格朗日中值定理就是洛尔定理，因此洛尔定理是拉格朗日中值定理的特殊情形. 这样，为了能用洛尔定理证明拉格朗日中值定理，需要构造一个函数使其满足洛尔定理的条件. 由于 $\dfrac{f(b)-f(a)}{b-a}$ 是连接两点 $(a,f(a))$ 和 $(b,f(b))$ 的直线斜率，经过这两点的直线方程为 $y=f(a)+\dfrac{f(b)-f(a)}{b-a}(x-a)$．作辅助函数 $\varphi(x)=f(x)-\left[f(a)+\dfrac{f(b)-f(a)}{b-a}(x-a)\right]$，由于曲线 $y=f(x)$ 与过两点 $(a,f(a)),(b,f(b))$ 的直线相交于这两点，因此 $\varphi(x)$ 满足洛尔定理的条件.

定理的证明 令

$$\varphi(x)=f(x)-\left[f(a)+\frac{f(b)-f(a)}{b-a}(x-a)\right],$$

则 $\varphi(a)=\varphi(b)=0$．因为 $f(x)$ 在 $[a,b]$ 上连续，在 (a,b) 内可导，因此 $\varphi(x)$ 在 $[a,b]$ 上连续，在 (a,b) 内可导，从而由定理 5.1.2，至少存在一点 $c\in(a,b)$ 使得

$$0=\varphi'(c)=f'(c)-\frac{f(b)-f(a)}{b-a},$$

即 $f'(c)=\dfrac{f(b)-f(a)}{b-a}$．证毕.

在拉格朗日中值定理的证明中，构造辅助函数是关键，但选取的辅助函数并不唯一，只要是 $f(x)$ 与 x 的线性组合，且在区间的两个端点处函数值相等即可. 例如，取辅助函数

$$\varphi(x)=f(x)-\frac{f(b)-f(a)}{b-a}(x-a).$$

在定理 5.1.3 中，$c\in(a,b)$ 可表示为 $c=a+\theta(b-a)$，其中 $\theta\in(0,1)$．令 $x=a$，$b=x+\Delta x$，则

$$f(x+\Delta x)=f(x)+f'(x+\theta\Delta x)\Delta x,\quad 0<\theta<1.$$

拉格朗日中值定理的几何意义：闭区间上的连续曲线段，若曲线上每一点处都存

在切线，则曲线上至少有一点 $C(c, f(c))$，过该点的切线平行于连接两点 $A(a, f(a))$ 和 $B(b, f(b))$ 的直线（如图 5-1-4 所示）.

设上述曲线段 $\overparen{AB}$ 由参数方程 $\begin{cases} x = \varphi(t), \\ y = \psi(t) \end{cases}$ 给出，且 $A(a, f(a))$ 和 $B(b, f(b))$ 两点对应参数 t 的取值分别为 α 与 β，且设 $\alpha < \beta$. 设函数 $\varphi(t), \psi(t)$ 在 $[\alpha, \beta]$ 上连续，且在 (α, β) 内可导，则连接两点 A 与 B 的直线斜率为 $\dfrac{\psi(\beta) - \psi(\alpha)}{\varphi(\beta) - \varphi(\alpha)}$. 假设 C 点对应的参数 $t = \xi$，则曲

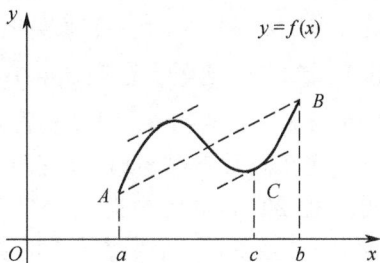

图 5-1-4

线在 C 点的切线斜率为 $\dfrac{\psi'(\xi)}{\varphi'(\xi)}$. 由定理 5.1.3 知，该切线平行于连接 A 与 B 两点的直线，故

$$\frac{\psi'(\xi)}{\varphi'(\xi)} = \frac{\psi(\beta) - \psi(\alpha)}{\varphi(\beta) - \varphi(\alpha)}.$$

更一般地，我们有下面的柯西中值定理.

定理 5.1.4（柯西中值定理） 若函数 $f(x)$ 与 $g(x)$ 在 $[a, b]$ 上连续，在 (a, b) 内可导，且对 $\forall x \in (a, b)$，有 $g'(x) \neq 0$，则至少存在一点 $c \in (a, b)$ 使得 $\dfrac{f'(c)}{g'(c)} = \dfrac{f(b) - f(a)}{g(b) - g(a)}$.

注意到，当 $g(x) = x$ 时，柯西中值定理即为拉格朗日中值定理，因此其证明需要构造适当的辅助函数.

定理的证明 因为对 $\forall x \in (a, b)$，有 $g'(x) \neq 0$，所以由定理 5.1.2 知 $g(b) \neq g(a)$. 令

$$\varphi(x) = f(x) - \frac{f(b) - f(a)}{g(b) - g(a)} g(x),$$

则 $\varphi(a) = \dfrac{f(a)g(b) - f(b)g(a)}{g(b) - g(a)} = \varphi(b)$. 由于函数 $f(x)$ 与 $g(x)$ 在 $[a, b]$ 上连续，在 (a, b) 内可导，因此 $\varphi(x)$ 满足定理 5.1.2 的条件，故至少存在一点 $c \in (a, b)$ 使得

$$0 = \varphi'(c) = f'(c) - \frac{f(b) - f(a)}{g(b) - g(a)} g'(c),$$

即 $\dfrac{f'(c)}{g'(c)} = \dfrac{f(b) - f(a)}{g(b) - g(a)}$. 证毕.

洛尔定理表明，可微函数的两个零点之间一定有导函数的零点，因此可通过洛尔定理证明方程根的存在性及根的个数问题.

例 5.1.2 设 $p(x)$ 为多项式，且方程 $p'(x) = 0$ 没有实根，则方程 $p(x) = 0$ 至多有一个重数为 1 的实根.

证明 设多项式 $p(x)$ 有 n 个实根 $\alpha_1 < \alpha_2 < \cdots < \alpha_k$，重数分别为 $n_1, n_2, \cdots, n_k$，则

$$n_1 + n_2 + \cdots + n_k = n\,(n \geq 2) \text{ 且 } p(x) = (x - \alpha_1)^{n_1}(x - \alpha_2)^{n_2} \cdots (x - \alpha_k)^{n_k} q_0(x),$$

其中 $q_0(x)$ 是没有实根的多项式，满足 $q_0(\alpha_i) \neq 0, i = 1, 2, \cdots, k$. 这样

$$p'(x) = (x - \alpha_1)^{n_1 - 1}(x - \alpha_2)^{n_2 - 1} \cdots (x - \alpha_k)^{n_k - 1} q_1(x),$$

其中 $q_1(x)$ 也是多项式，满足 $q_1(\alpha_i)\neq 0$，$i=1,2,\cdots,k$. 于是 α_1，α_2，$\cdots$，α_k 分别是 $p'(x)=0$ 的 n_1-1，n_2-1，$\cdots$，n_k-1 重实根. 对 $j=1$，2，$\cdots$，$k-1$，在 $[\alpha_j,\alpha_{j+1}]$ 上对函数 $p(x)$ 应用定理 5.1.2，则至少存在 $\xi_j\in(\alpha_j,\alpha_{j+1})$ 使得 $p'(\xi_j)=0$，这样 $p'(x)=0$ 至少有 $n_1-1+n_2-1+\cdots+n_k-1+k-1=n-1$ 个实根.

现在假设方程 $p(x)=0$ 有两个或两个以上的实根（重数计算在内），则上面的证明表明方程 $p'(x)=0$ 至少有一个实根，与已知条件方程 $p'(x)=0$ 没有实根矛盾. 故方程 $p(x)=0$ 至多有一个重数为 1 的实根. 证毕.

例 5.1.3 证明方程 $x^4+4x^3+8x^2-5x-10=0$ 有且仅有两个不相等的实根.

证明 令 $f(x)=x^4+4x^3+8x^2-5x-10$. 则 $f(0)=-10<0$. 易知 $\lim\limits_{x\to\pm\infty}f(x)=+\infty$，因此存在 $\alpha<0$ 及 $\beta>0$ 使得 $f(\alpha)>0$ 且 $f(\beta)>0$. 由闭区间上连续函数的零点存在定理知，至少存在两点 $\xi\in(\alpha,0)$ 及 $\eta\in(0,\beta)$ 使得 $f(\xi)=f(\eta)=0$. 假设方程 $f(x)=0$ 至少有三个实根，则由例 5.1.2 的证明可知，$f''(x)=0$ 至少有一个实根，而 $f''(x)=12(x+1)^2+4$ 显然没有实根，矛盾. 故方程 $f(x)=0$ 有且仅有两个不相等的实根. 证毕.

例 5.1.4 设 f,g 在 $[a,b]$ 上连续，在 (a,b) 内可导. 若 $f(a)=f(b)=0$，求证：$\exists\xi\in(a,b)$ 使得 $f'(\xi)+g'(\xi)f(\xi)=0$.

证明 令 $h(x)=f(x)\mathrm{e}^{g(x)}$. 因为 f，g 在 $[a,b]$ 上连续，在 (a,b) 内可导，且 $f(a)=f(b)=0$，则 $h(x)$ 在 $[a,b]$ 上满足定理 5.1.2 的条件，所以 $\exists\xi\in(a,b)$ 使得

$$0=h'(\xi)=f'(\xi)\mathrm{e}^{g(\xi)}+f(\xi)g'(\xi)\mathrm{e}^{g(\xi)},$$

故 $f'(\xi)+g'(\xi)f(\xi)=0$. 证毕.

例 5.1.5 设 $f(x)$ 在 $[0,1]$ 上连续，在 $(0,1)$ 内可导，且 $f(0)=0$. 当 $x\in(0,1)$ 时，$f(x)\neq 0$. 证明：对任意的自然数 n，$\exists\xi\in(0,1)$ 使得 $\dfrac{nf'(\xi)}{f(\xi)}=\dfrac{f'(1-\xi)}{f(1-\xi)}$.

证明 对任意的自然数 n，令 $F(x)=f^n(x)f(1-x)$. 因为 $f(x)$ 在 $[0,1]$ 上连续，在 $(0,1)$ 内可导，且 $f(0)=0$，所以 $F(0)=0$, $F(1)=0$，且 $F(x)$ 在 $[0,1]$ 上连续，在 $(0,1)$ 内可导，故由定理 5.1.2，$\exists\xi\in(0,1)$ 使得

$$0=F'(\xi)=nf^{n-1}(\xi)f'(\xi)f(1-\xi)-f^n(\xi)f'(1-\xi),$$

因为 $f(\xi)\neq 0$，所以 $\dfrac{nf'(\xi)}{f(\xi)}=\dfrac{f'(1-\xi)}{f(1-\xi)}$. 证毕.

利用拉格朗日中值定理可证明某些等式或不等式.

例 5.1.6 证明：当 $0<a<b$ 时，不等式 $\dfrac{b-a}{1+b^2}<\arctan b-\arctan a<\dfrac{b-a}{1+a^2}$ 成立.

证明 因为 $\arctan x$ 在 $[a,b]$ 上满足定理 5.1.3 的条件，所以存在 $c\in(a,b)$ 使得

$$\arctan b-\arctan a=\frac{b-a}{1+c^2},$$

又 $1+a^2<1+c^2<1+b^2$，故不等式 $\dfrac{b-a}{1+b^2}<\arctan b-\arctan a<\dfrac{b-a}{1+a^2}$ 成立. 证毕.

例 5.1.7　证明：不等式 $\dfrac{h}{1+h} < \ln(1+h) < h$ 对一切 $h > -1$, $h \neq 0$ 成立.

证明　令 $f(x) = \ln(1+x)$, $x > -1$, $x \neq 0$. 对函数 $f(x) = \ln(1+x)$ 在以 1 和 $1+h$ 为端点的区间上应用拉格朗日中值定理，故由定理 5.1.3，存在 $\theta \in (0,1)$ 使得

$$\ln(1+h) = \ln(1+h) - \ln 1 = \frac{h}{1+\theta h}.$$

当 $h > 0$ 时，有 $\dfrac{h}{1+h} < \dfrac{h}{1+\theta h} < h$，从而 $\dfrac{h}{1+h} < \ln(1+h) < h$ 成立；若 $-1 < h < 0$，则

$$0 < 1+h < 1+\theta h < 1,$$

因此 $\dfrac{h}{1+h} < \dfrac{h}{1+\theta h} < h$，故 $\dfrac{h}{1+h} < \ln(1+h) < h$ 成立. 所以不等式

$$\frac{h}{1+h} < \ln(1+h) < h$$

对一切 $h > -1$, $h \neq 0$ 成立. 证毕.

例 5.1.8　如果对 $\forall x \in (a,b)$，有 $f'(x) = 0$，则 $f(x) = C$（为常数）.

证明　任取 $x_0 \in (a,b)$. 对 $\forall x \in (a,b)$，函数 $f(x)$ 在以 x_0, x 为端点的区间上满足定理 5.1.3 的条件，故在 x_0 和 x 之间至少存在一点 ξ 使得

$$f(x) - f(x_0) = f'(\xi)(x - x_0).$$

因为 $f'(\xi) = 0$，所以 $f(x) = f(x_0)$，故 $f(x)$ 在 (a,b) 上是常数. 证毕.

我们知道，常值函数的导数为零，结合本例说明**一个函数为常值函数当且仅当它的导数为零**. 由此得到，若对 $\forall x \in (a,b)$，有 $f'(x) = g'(x)$，则 $f(x) = g(x) + C$，其中 C 为常数.

例 5.1.9　设 $y = y(x)$ 在区间 I 上可导，且满足方程 $y'(x) = ry(x)$, $\forall x \in I$，其中 r 是常数. 证明：$y = y(x)$ 在区间 I 上是指数函数 $y(x) = a\mathrm{e}^{rx}$（$\forall x \in I$），其中 a 是常数.

证明　在 $y'(x) = ry(x)$（$\forall x \in I$）两端同乘 e^{-rx}，则 $y'(x)\mathrm{e}^{-rx} = ry(x)\mathrm{e}^{-rx}$，所以对

$$\forall x \in I, \quad (y(x)\mathrm{e}^{-rx})' = 0,$$

故由例 5.1.8，知 $y(x)\mathrm{e}^{-rx} = a$（$\forall x \in I$），其中 a 是常数. 所以 $y(x) = a\mathrm{e}^{rx}$, $\forall x \in I$. 证毕.

例 5.1.10　假设某种细菌在培养液中繁殖，单位时间内细菌增长率（繁殖率减去死亡率）与细菌数量成正比. 假设在 t_0 时刻细菌数量为 M_0，求 t 时刻细菌数量.

解　假设 t 时刻细菌数量为 $M(t)$，由题意，有 $\dfrac{\mathrm{d}M}{\mathrm{d}t} = \alpha M$，其中 α 是比例常数. 由例 5.1.9 知，$M(t) = C\mathrm{e}^{\alpha t}$，其中 C 是常数. 令 $t = t_0$，则有 $M_0 = C\mathrm{e}^{\alpha t_0}$，即 $C = M_0\mathrm{e}^{-\alpha t_0}$，故

$$M(t) = M_0 \mathrm{e}^{\alpha(t-t_0)}, \quad t \geq t_0.$$

这个例子说明，在有充足营养液的条件下，细菌数量是指数增长的.

例 5.1.11　设 $f(x)$ 在 $[1,2]$ 上连续，在 $(1,2)$ 内可导，证明：$\exists \xi \in (1,2)$ 使得

$$f(2) - f(1) = \frac{1}{2}\xi^2 f'(\xi).$$

证明　因为 $f(x)$ 与 $g(x) = \dfrac{1}{x}$ 在 $[1,2]$ 上连续，在 $(1,2)$ 内可导，对函数 $f(x)$ 与 $g(x)$ 在

[1,2] 上应用柯西中值定理，由定理 5.1.4 知，$\exists \xi \in (1,2)$ 使得

$$\frac{f(2)-f(1)}{\frac{1}{2}-1} = \frac{f'(\xi)}{-\frac{1}{\xi^2}},$$

即 $f(2)-f(1)=\frac{1}{2}\xi^2 f'(\xi)$. 证毕.

例 5.1.12 设 $f(x)$ 在 $[a,b]$ 上二阶可导，过点 $A(a,f(a))$ 与 $B(b,f(b))$ 的直线与曲线 $y=f(x)$ 相交于点 $C(c,f(c))$，其中 $a<c<b$. 证明：$\exists \xi \in (a,b)$ 使得 $f''(\xi)=0$.

证明 因为 $f(x)$ 在 $[a,b]$ 上二阶可导且 $a<c<b$，在 $[a,c]$ 及 $[c,b]$ 上，分别对函数 $f(x)$ 应用定理 5.1.3，则 $\exists \xi_1 \in (a,c)$ 及 $\exists \xi_2 \in (c,b)$ 使得

$$f'(\xi_1)=\frac{f(c)-f(a)}{c-a} \quad \text{且} \quad f'(\xi_2)=\frac{f(b)-f(c)}{b-c}.$$

因为三点 A,B,C 位于同一直线上，所以 $f'(\xi_1)=f'(\xi_2)$. 这样 $f'(x)$ 在 $[\xi_1,\xi_2]$ 上满足洛尔定理的条件，由定理 5.1.2 知，$\exists \xi \in (\xi_1,\xi_2) \subset (a,b)$ 使得 $f''(\xi)=0$. 证毕.

习题 5.1

1. 设 $f(x)$ 在 (a,b) 内可导，且 $f'(x)$ 在 (a,b) 内有界，即 $\exists L>0$ 使得

$$|f'(x)| \le L, \ \forall x \in (a,b).$$

证明：$f(x)$ 在 (a,b) 内满足利普希茨条件，即对 $\forall x_1, x_2 \in (a,b)$，有 $|f(x_1)-f(x_2)| \le L|x_1-x_2|$.

2. 设常数 $a_0, a_1, \cdots, a_n$ 满足 $\frac{a_n}{n+1}+\frac{a_{n-1}}{n}+\cdots+\frac{a_1}{2}+a_0=0$，证明：多项式

$$a_n x^n + a_{n-1} x^{n-1} + \cdots + a_1 x + a_0$$

在 $(0,1)$ 内至少有一个零点.

3. 设 $f(x)$ 在 $\mathbb{R}$ 上有 n 阶导数，$p(x)=a_n x^n + a_{n-1} x^{n-1} + \cdots + a_1 x + a_0$ 为一个 n 次多项式，如果存在 $n+1$ 个不同的点 $x_1, x_2, \cdots, x_{n+1}$ 使得 $f(x_i)=p(x_i)$（$i=1,2,\cdots,n+1$），则 $\exists \xi \in \mathbb{R}$，使得 $a_n = \frac{f^{(n)}(\xi)}{n!}$.

4. 证明：若 $f(x)$ 在区间 I 上的 n 阶导数恒为常数，则在此区间上 $f(x)$ 必为一多项式.

5. 设函数 $f(x)$ 在区间 I 上满足：$\forall x,y \in I, |f(x)-f(y)| \le M|x-y|^2$，其中 $M>0$ 是常数. 证明：$f(x)$ 为常数.

6. 证明下列等式.

（1）$\arctan x + \operatorname{arccot} x = \frac{\pi}{2}$;

（2）$2\arctan x + \arcsin \frac{2x}{1+x^2} = \pi \operatorname{sgn}(x), \ |x| \ge 1$.

7．设函数 $f(x)$ 在 $[0,1]$ 上可导，$f(x) \not\equiv x$，$f(0)=0$，$f(1)=1$，证明：$\exists \xi \in (0,1)$，使得 $f'(\xi)>1$．

8．设 $f(x)$ 在 $\mathbb{R}$ 上可导，且满足 $\lim\limits_{x\to\infty} \dfrac{f(x)}{|x|} = +\infty$，证明：对 $\forall a \in \mathbb{R}, \exists \xi \in \mathbb{R}, f'(\xi)=a$．

9．（1）证明：若 $f(x)$ 在点 x_0 处连续，在 x_0 的某个空心邻域 $U_\circ(x_0,\delta)$ 内可导，且 $\lim\limits_{x\to x_0} f'(x)=A$，则 $f(x)$ 在点 x_0 处可导，且 $f'(x_0)=A$．

（2）证明：若 $f(x)$ 在区间 I 内可导，则 $f'(x)$ 在区间 I 内不存在第一类间断点．

10．已知 $f(x)$ 在 $(-\infty,0)$ 上可导，$\lim\limits_{x\to-\infty} f'(x)=A>0$，证明：$\lim\limits_{x\to-\infty} f(x)=-\infty$．

11．在 $[0,1]$ 上，$0<f(x)<1$，$f(x)$ 可微，且 $f'(x) \neq 1$（$\forall x \in (0,1)$），证明在 $(0,1)$ 中存在唯一的 ξ 使得 $f(\xi)=\xi$．

12．设 $f \in C[0,+\infty)$，在 $(0,+\infty)$ 内可导，$f(0)=0$，$\lim\limits_{x\to+\infty} f(x)=0$，求证：存在 $\xi \in (0,+\infty)$ 使 $f'(\xi)=0$．

13．设函数 $f(x), g(x)$ 在 $[a,b]$ 上连续，在 (a,b) 内具有二阶导数且存在相等的最大值，$f(a)=g(a)$，$f(b)=g(b)$，证明：存在 $\xi \in (a,b)$ 使得 $f''(\xi)=g''(\xi)$．

14．已知函数 $f(x)$ 在 $[0,1]$ 上连续，在 $(0,1)$ 内可导，且 $f(0)=0$，$f(1)=1$．证明：

（1）存在 $\xi \in (0,1)$，使得 $f(\xi)=1-\xi$；

（2）存在两个不同的点 $\eta, \zeta \in (0,1)$，使得 $f'(\eta)f'(\zeta)=1$．

15．设 $f(x)$ 在 $[0,1]$ 上连续，在 $(0,1)$ 内可微，且 $f(1)=0$，证明：$\exists \xi \in (0,1)$ 使得 $f'(\xi)=-\dfrac{f(\xi)}{\xi}$．

16．设函数 $f(x), g(x)$ 在 $[a,b]$ 上连续，在 (a,b) 内二阶可导，且 $f(x), g(x)$ 在区间的两个端点处单侧导数存在，$g''(x) \neq 0$（$\forall x \in (a,b)$）．已知 $f(a)=f(b)=g(a)=g(b)=0$，求证：

（1）$g(x) \neq 0$，$\forall x \in (a,b)$；

（2）$\exists c \in (a,b)$，使得 $\dfrac{f(c)}{g(c)}=\dfrac{f''(c)}{g''(c)}$．若忽略条件 $f(x), g(x)$ 在区间的两个端点处单侧导数存在，此结论是否成立？

17．证明下列各题．

（1）对任意正整数 $n>1$，证明方程 $\mathrm{e}^x - x^n = 0$ 至多有三个不同的实根．

（2）证明方程 $2^x + 2x^2 + x - 1 = 0$ 至多有两个不同实根．

18．解答下列问题．

（1）$k>0$ 为常数，求 $f(x)=\ln x - \dfrac{x}{\mathrm{e}} + k$ 在 $(0,+\infty)$ 内的零点个数．

（2）设 $f(x)$ 在 $(0,+\infty)$ 上处处可导且 $\lim\limits_{x\to+\infty} f'(x)=\mathrm{e}$．求常数 C，使得

$$\lim_{x\to+\infty}\left(\frac{x-C}{x+C}\right)^x = \lim_{x\to+\infty}\left[f(x)-f(x-1)\right].$$

19．设 $f(x)$ 在 $[a,b]$ 上连续，在 (a,b) 内可导，且 $f(a)=f(b)=1$，求证：存在

$\xi, \eta \in (a, b)$，使得 $e^{\eta-\xi}[f(\eta) + f'(\eta)] = 1$．

20．设 $f(x)$ 在 $[x_1, x_2]$ 上可导，$0 < x_1 < x_2$，证明：$\exists \xi \in (x_1, x_2)$，使得

$$\frac{1}{x_1 - x_2} \begin{vmatrix} x_1 & x_2 \\ f(x_1) & f(x_2) \end{vmatrix} = f(\xi) - \xi f'(\xi).$$

21．设函数 $f(x), g(x), h(x)$ 在 $[a, b]$ 上连续，在 (a, b) 内可导，试证明存在 $\xi \in (a, b)$，使得

$$\det \begin{pmatrix} f(a) & g(a) & h(a) \\ f(b) & g(b) & h(b) \\ f'(\xi) & g'(\xi) & h'(\xi) \end{pmatrix} = 0.$$

22．证明：n 次勒让德多项式 $P_n(x) = \dfrac{1}{2^n n!} \dfrac{d^n((x^2-1)^n)}{dx^n}$ 在 $(-1, 1)$ 内恰有 n 个不同的实零点．

5.2　洛必达法则

设函数 f, g 在 $U_\circ(x_0, \delta)$ 内有定义，又当 $x \to x_0$ 时，有 $f(x) \to l$，但 $g(x) \to 0$，这样我们不能用极限的四则运算法则"商的极限等于极限的商"求极限 $\lim\limits_{x \to x_0} \dfrac{f(x)}{g(x)}$．我们知道，若极限 $\lim\limits_{x \to x_0} \dfrac{f(x)}{g(x)}$ 存在，则一定有 $l = \lim\limits_{x \to x_0} f(x) = \lim\limits_{x \to x_0} g(x) \lim\limits_{x \to x_0} \dfrac{f(x)}{g(x)} = 0$．这样，在条件 $\lim\limits_{x \to x_0} f(x) = \lim\limits_{x \to x_0} g(x) = 0$ 下，极限 $\lim\limits_{x \to x_0} \dfrac{f(x)}{g(x)}$ 可能存在，也可能不存在，我们把这样的极限称为 $\dfrac{0}{0}$ 型不定式极限；类似地，有 $\dfrac{\infty}{\infty}$ 型不定式极限．

5.2.1　$\dfrac{0}{0}$ 型不定式极限

定理 5.2.1　设函数 f, g 在 $U_\circ(a, \delta)$ 内有定义，满足下列条件：

（i）函数 f, g 在 $U_\circ(a, \delta)$ 内可导，且 $g'(x) \neq 0$；

（ii）$\lim\limits_{x \to a} f(x) = \lim\limits_{x \to a} g(x) = 0$；

（iii）$\lim\limits_{x \to a} \dfrac{f'(x)}{g'(x)} = l$ （l 可以为 ∞），

则 $\lim\limits_{x \to a} \dfrac{f(x)}{g(x)} = l$．

证明　作 f 与 g 在点 a 的连续延拓，即令 $f_1(x) = \begin{cases} f(x), & x \neq a; \\ 0, & x = a, \end{cases}$　$g_1(x) = \begin{cases} g(x), & x \neq a; \\ 0, & x = a. \end{cases}$

对 $\forall x \in U_{\circ}(a,\delta)$，在以 a 与 x 为端点的区间上 f_1 与 g_1 满足柯西中值定理的条件，故在 a 与 x 之间存在一点 c_x 使得

$$\frac{f(x)}{g(x)} = \frac{f_1(x) - f_1(a)}{g_1(x) - g_1(a)} = \frac{f_1'(c_x)}{g_1'(c_x)} = \frac{f'(c_x)}{g'(c_x)}.$$

因为 c_x 在 a 与 x 之间，故当 $x \to a$ 时，有 $c_x \to a$，且由条件（iii）得

$$\lim_{x \to a} \frac{f(x)}{g(x)} = \lim_{c_x \to a} \frac{f'(c_x)}{g'(c_x)} = \lim_{x \to a} \frac{f'(x)}{g'(x)} = l. \qquad\text{证毕.}$$

由定理的证明可知，定理 5.2.1 对单侧极限也成立.

定理 5.2.2　设函数 f, g 满足下列条件：

（i）$\exists A > 0$ 使得当 $|x| > A$ 时皆可导，且 $g'(x) \neq 0$；

（ii）$\lim\limits_{x \to \infty} f(x) = \lim\limits_{x \to \infty} g(x) = 0$；

（iii）$\lim\limits_{x \to \infty} \dfrac{f'(x)}{g'(x)} = l$（$l$ 可能为 ∞），

则 $\lim\limits_{x \to \infty} \dfrac{f(x)}{g(x)} = l$.

证明　做变量代换，令 $x = \dfrac{1}{y}$，则当 $x \to \infty$ 时，有 $y \to 0$. 于是 $\lim\limits_{x \to \infty} \dfrac{f(x)}{g(x)} = \lim\limits_{y \to 0} \dfrac{f\left(\dfrac{1}{y}\right)}{g\left(\dfrac{1}{y}\right)}$，

其中 $\lim\limits_{y \to 0} f\left(\dfrac{1}{y}\right) = \lim\limits_{y \to 0} g\left(\dfrac{1}{y}\right) = 0$. 由定理 5.2.1，有

$$\lim_{y \to 0} \frac{f\left(\dfrac{1}{y}\right)}{g\left(\dfrac{1}{y}\right)} = \lim_{y \to 0} \frac{f'\left(\dfrac{1}{y}\right)}{g'\left(\dfrac{1}{y}\right)} = \lim_{x \to \infty} \frac{f'(x)}{g'(x)} = l,$$

故 $\lim\limits_{x \to \infty} \dfrac{f(x)}{g(x)} = \lim\limits_{x \to \infty} \dfrac{f'(x)}{g'(x)} = l$. 证毕.

定理 5.2.1 和定理 5.2.2 这种求不定式极限的方法称为**洛必达**（L'Hospital）**法则**. 在使用洛必达法则时，如果 $\lim\limits_{\substack{x \to \infty \\ (x \to a)}} \dfrac{f'(x)}{g'(x)}$ 仍然是 $\dfrac{0}{0}$ 型，且 $f'(x)$ 与 $g'(x)$ 分别满足正如 $f(x)$, $g(x)$ 所满足的条件，而 $\lim\limits_{\substack{x \to \infty \\ (x \to a)}} \dfrac{f''(x)}{g''(x)}$ 存在或为无穷，则 $\lim\limits_{\substack{x \to \infty \\ (x \to a)}} \dfrac{f(x)}{g(x)} = \lim\limits_{\substack{x \to \infty \\ (x \to a)}} \dfrac{f'(x)}{g'(x)} = \lim\limits_{\substack{x \to \infty \\ (x \to a)}} \dfrac{f''(x)}{g''(x)}$. 一般情况下，如果 $\lim\limits_{\substack{x \to \infty \\ (x \to a)}} \dfrac{f'(x)}{g'(x)}$，$\lim\limits_{\substack{x \to \infty \\ (x \to a)}} \dfrac{f''(x)}{g''(x)}$，$\cdots$，$\lim\limits_{\substack{x \to \infty \\ (x \to a)}} \dfrac{f^{(n-1)}(x)}{g^{(n-1)}(x)}$ 都是 $\dfrac{0}{0}$ 型，而 $\lim\limits_{\substack{x \to \infty \\ (x \to a)}} \dfrac{f^{(n)}(x)}{g^{(n)}(x)}$ 存在或为无穷，在一定条件下，一定有 $\lim\limits_{\substack{x \to \infty \\ (x \to a)}} \dfrac{f(x)}{g(x)} = \lim\limits_{\substack{x \to \infty \\ (x \to a)}} \dfrac{f^{(n)}(x)}{g^{(n)}(x)}$. 但在每一步应用洛必达法则

前，应将表达式简化，以减少运算次数或简化运算．遇到复杂的表达式，优先用无穷小量等价代换，再用洛必达法则，将会简化计算．

例 5.2.1 计算 $\lim\limits_{x \to \frac{\pi}{2}} \dfrac{\sqrt{1 + 2\cos x} - 1}{x - \frac{\pi}{2}}$．

解 先等价代换，再用洛必达法则，计算较简单．

$$\lim_{x \to \frac{\pi}{2}} \frac{\sqrt{1 + 2\cos x} - 1}{x - \frac{\pi}{2}} = \lim_{x \to \frac{\pi}{2}} \frac{\cos x}{x - \frac{\pi}{2}} = -\lim_{x \to \frac{\pi}{2}} \sin x = -1.$$

例 5.2.2 当 $x \to 0$ 时，$f(x) = \dfrac{6}{\sin x} - \dfrac{6}{x}$ 与 x^k 是等价无穷小量，求 k 的值．

解 由于 $\sin x \sim x \ (x \to 0)$，故

$$1 = \lim_{x \to 0} \frac{\dfrac{6}{\sin x} - \dfrac{6}{x}}{x^k} = \lim_{x \to 0} \frac{6(x - \sin x)}{x^{k+1} \sin x} = \lim_{x \to 0} \frac{6(x - \sin x)}{x^{k+2}}$$

$$= \lim_{x \to 0} \frac{6(1 - \cos x)}{(k+2)x^{k+1}} = \lim_{x \to 0} \frac{3x^2}{(k+2)x^{k+1}} = \lim_{x \to 0} \frac{3}{(k+2)x^{k-1}}$$

表明 $k = 1$．

例 5.2.3 求极限 $\lim\limits_{x \to 0} \dfrac{a^x - a^{\sin x}}{x^3}$．

解 注意到 $\lim\limits_{x \to 0} \dfrac{a^x - a^{\sin x}}{x^3} = \lim\limits_{x \to 0} a^{\sin x} \cdot \dfrac{a^{x - \sin x} - 1}{x^3}$．由于 $\lim\limits_{x \to 0} a^{\sin x} = 1$，因此原所求极限与极限 $\lim\limits_{x \to 0} \dfrac{a^{x - \sin x} - 1}{x^3}$ 相同．而

$$\lim_{x \to 0} \frac{a^{x - \sin x} - 1}{x^3} = \lim_{x \to 0} \frac{(x - \sin x)\ln a}{x^3} = \ln a \lim_{x \to 0} \frac{1 - \cos x}{3x^2} = \frac{1}{6} \ln a,$$

故 $\lim\limits_{x \to 0} \dfrac{a^x - a^{\sin x}}{x^3} = \left(\lim\limits_{x \to 0} a^{\sin x} \right) \cdot \left(\lim\limits_{x \to 0} \dfrac{a^{x - \sin x} - 1}{x^3} \right) = \dfrac{1}{6} \ln a.$

例 5.2.4 求极限 $\lim\limits_{x \to 0} \dfrac{\cos(\sin x) - \cos x}{x^4}$．

解 1 根据三角函数的和差化积公式，$\cos(\sin x) - \cos x = -2\sin\dfrac{\sin x + x}{2}\sin\dfrac{\sin x - x}{2}$，而

$$\sin\frac{\sin x + x}{2} \sim \frac{\sin x + x}{2} \ (x \to 0), \quad \sin\frac{\sin x - x}{2} \sim \frac{\sin x - x}{2} \ (x \to 0),$$

故 $\cos(\sin x) - \cos x \sim \dfrac{x^2 - \sin^2 x}{2} \ (x \to 0)$，从而

$$\lim_{x \to 0} \frac{\cos(\sin x) - \cos x}{x^4} = \lim_{x \to 0} \frac{x^2 - \sin^2 x}{2x^4} = \lim_{x \to 0} \frac{2x - \sin 2x}{8x^3}$$

$$= \lim_{x \to 0} \frac{2 - 2\cos 2x}{24x^2} = \lim_{x \to 0} \frac{4x^2}{24x^2} = \frac{1}{6}.$$

解 2　对函数 $\cos x$ 在以 x 与 $\sin x$ 为端点的区间上应用拉格朗日中值定理，则存在 ξ_x 介于 x 与 $\sin x$ 之间，使得 $\cos(\sin x) - \cos x = -(\sin x - x)\sin \xi_x$，所以

$$\lim_{x \to 0} \frac{\cos(\sin x) - \cos x}{x^4} = \lim_{x \to 0} \frac{-(\sin x - x)\sin \xi_x}{x^4} = \lim_{x \to 0} \frac{\sin \xi_x}{\xi_x} \cdot \frac{\xi_x}{x} \cdot \frac{x - \sin x}{x^3}.$$

由于 ξ_x 介于 x 与 $\sin x$ 之间，故当 $x \to 0$ 时，有 $\xi_x \to 0$. 因为 $\lim\limits_{x \to 0} \dfrac{\sin x}{x} = 1$，所以由双侧趋近定理知 $\lim\limits_{x \to 0} \dfrac{\xi_x}{x} = 1$，也知 $\lim\limits_{x \to 0} \dfrac{\sin \xi_x}{\xi_x} = 1$，$\lim\limits_{x \to 0} \dfrac{x - \sin x}{x^3} = \lim\limits_{x \to 0} \dfrac{1 - \cos x}{3x^2} = \dfrac{1}{6}$，故

$$\lim_{x \to 0} \frac{\cos(\sin x) - \cos x}{x^4} = \left(\lim_{x \to 0} \frac{\sin \xi_x}{\xi_x} \right) \cdot \left(\lim_{x \to 0} \frac{\xi_x}{x} \right) \cdot \left(\lim_{x \to 0} \frac{x - \sin x}{x^3} \right) = \frac{1}{6}.$$

5.2.2　$\dfrac{\infty}{\infty}$ 型不定式极限

定理 5.2.3　设函数 f, g 在 $U_\circ(a, \delta)$ 内有定义，满足下列条件：

（i）函数 f, g 在 $U_\circ(a, \delta)$ 内可导，且 $g'(x) \neq 0$；

（ii）$\lim\limits_{x \to a} f(x) = \infty$，$\lim\limits_{x \to a} g(x) = \infty$；

（iii）$\lim\limits_{x \to a} \dfrac{f'(x)}{g'(x)} = l$（可以为 ∞），

则 $\lim\limits_{x \to a} \dfrac{f(x)}{g(x)} = l$.

证明　对 l 是有限数与无穷两种情形分别讨论. 首先假设 $|l| < +\infty$. 因为 $\lim\limits_{x \to a} \dfrac{f'(x)}{g'(x)} = l$，所以对 $\forall \varepsilon > 0$，$\exists \delta_0 > 0$（$\delta_0 < \delta$），当 $0 < |x - a| < \delta_0$ 时，有 $l - \varepsilon < \dfrac{f'(x)}{g'(x)} < l + \varepsilon$；在 $U_\circ(a, \delta_0)$ 内 a 的任意一侧，不妨设右侧任取一个小区间 $[x, \beta] \subset (a, a + \delta_0)$. 由于函数 f, g 在 $[x, \beta]$ 上满足柯西中值定理的条件，故存在 $\xi \in (x, \beta)$ 使得 $\dfrac{f(x) - f(\beta)}{g(x) - g(\beta)} = \dfrac{f'(\xi)}{g'(\xi)}$，将上面等式的左侧改写为

$$\frac{f'(\xi)}{g'(\xi)} = \frac{f(x) - f(\beta)}{g(x) - g(\beta)} = \frac{f(x)\left(1 - \dfrac{f(\beta)}{f(x)} \right)}{g(x)\left(1 - \dfrac{g(\beta)}{g(x)} \right)} = \frac{f(x)}{g(x)} \cdot \frac{1 - \dfrac{f(\beta)}{f(x)}}{1 - \dfrac{g(\beta)}{g(x)}},$$

从而 $\dfrac{f(x)}{g(x)} = \dfrac{f'(\xi)}{g'(\xi)} \cdot \dfrac{1 - \dfrac{g(\beta)}{g(x)}}{1 - \dfrac{f(\beta)}{f(x)}}$. 因为 $\beta < a + \delta_0$，所以 $\xi \in (a, a + \delta_0)$，故 $l - \varepsilon < \dfrac{f'(\xi)}{g'(\xi)} < l + \varepsilon$.

另外，当 β 固定时，有 $\lim\limits_{x\to a^+}\dfrac{g(\beta)}{g(x)}=0$，$\lim\limits_{x\to a^+}\dfrac{f(\beta)}{f(x)}=0$，故 $\lim\limits_{x\to a^+}\dfrac{1-\dfrac{g(\beta)}{g(x)}}{1-\dfrac{f(\beta)}{f(x)}}=1$，即

$$\frac{1-\dfrac{g(\beta)}{g(x)}}{1-\dfrac{f(\beta)}{f(x)}}=1+\alpha(x)，\text{其中}\lim_{x\to a^+}\alpha(x)=0，$$

于是

$$(l-\varepsilon)[1+\alpha(x)]<\frac{f(x)}{g(x)}=\frac{f'(\xi)}{g'(\xi)}\frac{1-\dfrac{g(\beta)}{g(x)}}{1-\dfrac{f(\beta)}{f(x)}}<(l+\varepsilon)[1+\alpha(x)]，$$

因为 $\lim\limits_{x\to a^+}\alpha(x)=0$，以及 ε 的任意性，所以 $\lim\limits_{x\to a^+}\dfrac{f(x)}{g(x)}=l$．

同理可证 $\lim\limits_{x\to a^-}\dfrac{f(x)}{g(x)}=l$．故 $\lim\limits_{x\to a}\dfrac{f(x)}{g(x)}=l$．

若 $\lim\limits_{x\to a}\dfrac{f'(x)}{g'(x)}=\infty$，则 $\exists\delta_1>0$ 使得 $f'(x)\neq 0$（$\forall x\in U_\circ(a,\delta_1)$），故 $\lim\limits_{x\to a}\dfrac{g'(x)}{f'(x)}=0$．由前

面的证明知 $\lim\limits_{x\to a}\dfrac{g(x)}{f(x)}=0$，从而 $\lim\limits_{x\to a}\dfrac{f(x)}{g(x)}=\infty$．证毕．

结合定理 5.2.3，类似定理 5.2.2 的证法，可证明下面的结论．

定理 5.2.4 设函数 f，g 满足下列条件：

（i）$\exists A>0$ 使得当 $|x|>A$ 时皆可导，且 $g'(x)\neq 0$；

（ii）$\lim\limits_{x\to\infty}f(x)=\infty$，$\lim\limits_{x\to\infty}g(x)=\infty$；

（iii）$\lim\limits_{x\to\infty}\dfrac{f'(x)}{g'(x)}=l$（可以为 ∞），

则 $\lim\limits_{x\to\infty}\dfrac{f(x)}{g(x)}=l$．

例 5.2.5 计算 $\lim\limits_{x\to+\infty}\dfrac{\ln x}{x^\alpha}$（$\alpha>0$）．

解 该极限属于 $\dfrac{\infty}{\infty}$ 型不定式极限，故由洛必达法则，$\lim\limits_{x\to+\infty}\dfrac{\ln x}{x^\alpha}=\lim\limits_{x\to+\infty}\dfrac{1}{\alpha x^\alpha}=0$．

例 5.2.6 计算 $\lim\limits_{x\to+\infty}\dfrac{x^\alpha}{a^x}$（$\alpha>0$，$a>1$）．

解 对 $\forall\alpha>0$，$\exists n\in\mathbb{N}^+$ 使得 $n-1<\alpha\leqslant n$，逐次应用洛必达法则，直至第 n 次，有

$$\lim_{x\to+\infty}\frac{x^\alpha}{a^x}=\lim_{x\to+\infty}\frac{\alpha x^{\alpha-1}}{a^x\ln a}=\cdots=\lim_{x\to+\infty}\frac{\alpha(\alpha-1)\cdots(\alpha-n+1)x^{\alpha-n}}{a^x(\ln a)^n}=0．$$

例 5.2.5 和例 5.2.6 说明，对 $\forall\alpha>0$，$a>1$，当 $x\to+\infty$ 时，对数函数 $\ln x$、幂函数 x^α、指数函数 a^x 都是正无穷大量，且指数函数增长最快，幂函数次之，对数函数增长最慢．

5.2.3　其他类型不定式极限

$0 \cdot \infty$ 型、∞^0 型、0^0 型、$\infty - \infty$ 型，这样形式的不定式极限，都可转化为 $\dfrac{0}{0}$ 型或 $\dfrac{\infty}{\infty}$ 型的不定式极限.

例 5.2.7　求 $\lim\limits_{x \to -\infty} x\left(\arctan x + \dfrac{\pi}{2}\right)$.

解　$\lim\limits_{x \to -\infty} x\left(\arctan x + \dfrac{\pi}{2}\right) = \lim\limits_{x \to -\infty} \dfrac{\arctan x + \dfrac{\pi}{2}}{\dfrac{1}{x}} = \lim\limits_{x \to -\infty} \dfrac{\dfrac{1}{1+x^2}}{-\dfrac{1}{x^2}} = -\lim\limits_{x \to -\infty} \dfrac{x^2}{1+x^2} = -1$.

例 5.2.8　计算 $\lim\limits_{x \to +\infty} x^{\frac{1}{x}}$.

解　$\lim\limits_{x \to +\infty} x^{\frac{1}{x}} = \lim\limits_{x \to +\infty} \mathrm{e}^{\frac{1}{x}\ln x} = \mathrm{e}^{\lim\limits_{x \to +\infty} \frac{1}{x}\ln x} = 1$.

例 5.2.9　计算 $\lim\limits_{x \to 0^+} (\tan x)^{\sin x}$.

解　$\lim\limits_{x \to 0^+} (\tan x)^{\sin x} = \lim\limits_{x \to 0^+} \mathrm{e}^{\sin x \ln \tan x} = \mathrm{e}^{\lim\limits_{x \to 0^+} \frac{\ln \tan x}{\frac{1}{x}}} = \mathrm{e}^{\lim\limits_{x \to 0^+} \frac{-x}{\cos x}} = 1$.

例 5.2.10　求极限 $\lim\limits_{x \to 0^+} \dfrac{x^x - \sin^x x}{x^2 \ln(1+x)}$.

解　因为 $\lim\limits_{x \to 0^+} \dfrac{x^x - \sin^x x}{x^2 \ln(1+x)} = \lim\limits_{x \to 0^+} \dfrac{x^x\left(1 - \left(\dfrac{\sin x}{x}\right)^x\right)}{x^3}$，而 $\lim\limits_{x \to 0^+} x^x = \lim\limits_{x \to 0^+} \mathrm{e}^{x \ln x} = \mathrm{e}^0 = 1$，且

$$\lim\limits_{x \to 0^+} \dfrac{1 - \left(\dfrac{\sin x}{x}\right)^x}{x^3} = \lim\limits_{x \to 0^+} \dfrac{1 - \mathrm{e}^{x \ln \frac{\sin x}{x}}}{x^3} = \lim\limits_{x \to 0^+} \dfrac{-x \ln \dfrac{\sin x}{x}}{x^3}$$

$$= \lim\limits_{x \to 0^+} \dfrac{-\ln\left(1 + \dfrac{\sin x}{x} - 1\right)}{x^2} = \lim\limits_{x \to 0^+} \dfrac{-\left(\dfrac{\sin x}{x} - 1\right)}{x^2}$$

$$= \lim\limits_{x \to 0^+} \dfrac{x - \sin x}{x^3} = \lim\limits_{x \to 0^+} \dfrac{1 - \cos x}{3x^2} = \dfrac{1}{6},$$

故 $\lim\limits_{x \to 0^+} \dfrac{x^x - \sin^x x}{x^3} = \left(\lim\limits_{x \to 0^+} x^x\right) \cdot \lim\limits_{x \to 0^+} \dfrac{1 - \left(\dfrac{\sin x}{x}\right)^x}{x^3} = \dfrac{1}{6}$.

例 5.2.11　计算 $\lim\limits_{x \to 1}\left(\dfrac{1}{\ln x} - \dfrac{1}{x-1}\right)$.

解　$\lim\limits_{x \to 1}\left(\dfrac{1}{\ln x} - \dfrac{1}{x-1}\right) = \lim\limits_{x \to 1} \dfrac{x - 1 - \ln x}{(x-1)\ln(1+x-1)} = \lim\limits_{x \to 1} \dfrac{x - 1 - \ln x}{(x-1)^2} = \lim\limits_{x \to 1} \dfrac{1 - \dfrac{1}{x}}{2(x-1)} = \lim\limits_{x \to 1} \dfrac{1}{2x} = \dfrac{1}{2}$.

例 5.2.12 计算 $\lim\limits_{x\to 0}\left(\dfrac{1}{\ln(x+\sqrt{1+x^2})}-\dfrac{1}{\ln(1+x)}\right)$.

解
$$\lim_{x\to 0}\left(\frac{1}{\ln\left(x+\sqrt{1+x^2}\right)}-\frac{1}{\ln(1+x)}\right)=\lim_{x\to 0}\frac{\ln\dfrac{1+x}{x+\sqrt{1+x^2}}}{\ln(1+x)\ln\left(x+\sqrt{1+x^2}\right)}$$

$$=\lim_{x\to 0}\frac{\dfrac{1+x}{x+\sqrt{1+x^2}}-1}{x\left(x+\sqrt{1+x^2}-1\right)}=\lim_{x\to 0}\frac{1-\sqrt{1+x^2}}{x\left(x+\sqrt{1+x^2}\right)\left(x+\sqrt{1+x^2}-1\right)}$$

$$=-\lim_{x\to 0}\frac{x^2(x+\sqrt{1+x^2}+1)}{2x^2\left(\sqrt{1+x^2}+1\right)\left(x+\sqrt{1+x^2}\right)^2}=-\frac{1}{2}.$$

本例若在通分后用洛必达法则求解，计算量将相当大.

注 不能对任何比式的极限用洛必达法则求解. 第一，$\lim\limits_{\substack{x\to\infty\\(x\to a)}}\dfrac{f(x)}{g(x)}$ 必须是不定式极限. 第二，$\lim\limits_{\substack{x\to\infty\\(x\to a)}}\dfrac{f'(x)}{g'(x)}$ 存在或为无穷，若不存在也不为无穷（即振荡），则不能推出 $\lim\limits_{\substack{x\to\infty\\(x\to a)}}\dfrac{f(x)}{g(x)}$ 不存在，此时该极限不能用洛必达法则求解. 例如，$\lim\limits_{x\to\infty}\dfrac{x+\sin x}{x}$ 是 $\dfrac{\infty}{\infty}$ 型不定式极限，如果盲目用洛必达法则，则得到

$$\lim_{x\to\infty}\frac{x+\sin x}{x}=\lim_{x\to\infty}(1+\cos x)$$

不存在（也不趋于无穷）的错误结论. 而实际上，$\lim\limits_{x\to\infty}\dfrac{x+\sin x}{x}=\lim\limits_{x\to\infty}\left(1+\dfrac{\sin x}{x}\right)=1$.

习题 5.2

1. 求下列极限.

（1）$\lim\limits_{x\to 0^+}\dfrac{\ln(1-\cos x)}{\ln x}$；

（2）$\lim\limits_{x\to 0}\dfrac{e^x-e^{\sin x}}{x-\sin x}$；

（3）$\lim\limits_{x\to 0}\dfrac{\cos\alpha x-\cos\beta x}{\ln(1+x^2)}$；

（4）$\lim\limits_{x\to 1}(x-1)\tan\dfrac{\pi x}{2}$；

（5）$\lim\limits_{x\to +\infty}(\pi-2\arctan x)\ln x$；

（6）$\lim\limits_{x\to 1^-}(1-x)^{\ln x}$；

（7）$\lim\limits_{n\to\infty}n\left[\left(1+\dfrac{1}{n}\right)^n-e\right]$；

（8）$\lim\limits_{x\to 0}\dfrac{1}{x^3}\left[\left(\dfrac{2+\cos x}{3}\right)^x-1\right]$；

（9）$\lim\limits_{x\to 1}\dfrac{x^{x+1}(\ln x+1)-x}{1-x}$；

（10）$\lim\limits_{x\to +\infty}\left(\dfrac{\pi}{2}-\arctan x\right)^{\frac{1}{\ln x}}$；

（11）$\lim\limits_{x \to 0} \dfrac{\sqrt[3]{\cos x} - 1 + x^2}{(2^x - 1)\tan x}$；

（12）$\lim\limits_{x \to 0} \dfrac{\sin x - x\cos x}{(e^x - 1)(\sqrt[3]{1 + x^2} - 1)}$；

（13）$\lim\limits_{x \to 0^+} (\cot x)^{\sin x}$；

（14）$\lim\limits_{x \to 1} (3 - 2x)^{\sec \frac{\pi}{2} x}$；

（15）$\lim\limits_{x \to 0^+} x^{\sin x}$；

（16）$\lim\limits_{x \to +\infty} \dfrac{e^x + \cos x}{e^x + \sin x}$；

（17）$\lim\limits_{x \to +\infty} \dfrac{\ln(x + \sqrt{1 + x^2})}{\sqrt{x}}$；

（18）$\lim\limits_{x \to +\infty} \dfrac{\ln\left(1 + \dfrac{1}{x}\right)}{\operatorname{arccot} x}$.

2．求解下列各题.

（1）设 $f(x)$ 二阶可导，求 $\lim\limits_{h \to 0} \dfrac{f(a + h) - 2f(a) + f(a - h)}{h^2}$.

（2）设 $f(x)$ 可导，且 $f(0) = f'(0) = 1$，求 $\lim\limits_{x \to 0} \dfrac{f(\sin x) - 1}{\ln f(x)}$.

（3）设 $\lim\limits_{x \to 0} \dfrac{\sin 6x + xf(x)}{x^3} = 0$，求 $\lim\limits_{x \to 0} \dfrac{6 + f(x)}{x^2}$.

5.3　泰勒公式及应用

在初等函数中，多项式是最简单的函数. 这是因为多项式函数只有加、减、乘三种运算. 从而联想到，如果能将复杂的函数近似地用多项式函数表示出来，而误差又能满足要求，显然，这对函数性质的研究与函数值的近似计算都会带来很大方便. 由微分知道，如果 $f(x)$ 在 a 点处可微，则

$$f(x) = f(a) + f'(a)(x - a) + o(x - a)，$$

其中 $o(x - a)$ 是当 $x \to a$ 时比 $x - a$ 高阶的无穷小量. 如果允许有误差 $o(x - a)$，则 $f(x)$ 就可以用关于 $x - a$ 的多项式 $f(a) + f'(a)(x - a)$ 近似代替. 如果要求误差比 $o(x - a)$ 更小，例如，允许有误差 $o((x - a)^n)$ 存在，我们希望用关于 $x - a$ 的 n 次多项式

$$a_0 + a_1(x - a) + \cdots + a_n(x - a)^n$$

来近似 $f(x)$，其中，a_0，a_1，…，a_n 是常数. 这种设想能否实现，关键在于能否找到 $n + 1$ 个常数 a_0，a_1，…，a_n. 为了寻求这 $n + 1$ 个系数，暂不考虑 f 在 a 点的邻域内应具有的条件. 假设当 $x \to a$ 时，

$$f(x) = a_0 + a_1(x - a) + \cdots + a_n(x - a)^n + o((x - a)^n)，$$

则当 $x = a$ 时，有 $f(a) = a_0$；将上式两端对 x 求导，并令 $x = a$，有 $f'(a) = a_1$；依次类推，我们得到

$$a_k = \frac{1}{k!} f^{(k)}(a), \ k = 1, 2, \cdots, n .$$

5.3.1 泰勒公式

如果函数 $f(x)$ 在 a 点存在 n 阶导数，称如下的关于 $x-a$ 的 n 次多项式

$$f(a) + f'(a)(x-a) + \frac{f''(a)}{2!}(x-a)^2 + \cdots + \frac{f^{(n)}(a)}{n!}(x-a)^n$$

为 $f(x)$ 在 a 点的 n 次泰勒（Taylor）多项式，记为 $T_n(x)$.

引理 5.3.1 若函数 f 在 a 点存在 n 阶导数，则当 $x \to a$ 时， $f(x) - T_n(x) = o((x-a)^n)$.

证明 为便于书写，记 $h = x - a$ ，并令

$$g(h) = f(a+h) - \left[f(a) + f'(a)h + \frac{f''(a)}{2!}h^2 + \cdots + \frac{f^{(n)}(a)}{n!}h^n \right]. \tag{5.3.1}$$

我们只需证明 $g(h) = o(h^n) \ (h \to 0)$ ，即证明 $\lim\limits_{h \to 0} \dfrac{g(h)}{h^n} = 0$. 因为 $\lim\limits_{h \to 0} g(h) = 0$ ，所以 $\lim\limits_{h \to 0} \dfrac{g(h)}{h^n}$ 是 $\dfrac{0}{0}$ 型不定式极限. 由于 $f(x)$ 在 a 点存在 n 阶导数，对式（5.3.1）逐次求导，直到 $n-1$ 阶导数，

$$g'(h) = f'(a+h) - f'(a) - f''(a)h - \cdots - \frac{f^{(n-1)}(a)}{(n-2)!}h^{n-2} - \frac{f^{(n)}(a)}{(n-1)!}h^{n-1},$$

$$g''(h) = f''(a+h) - f''(a) - f'''(a)h - \cdots - \frac{f^{(n)}(a)}{(n-2)!}h^{n-2},$$

$$\vdots$$

$$g^{(n-1)}(h) = f^{(n-1)}(a+h) - f^{(n-1)}(a) - f^{(n)}(a)h,$$

容易计算 $\lim\limits_{h \to 0} g^{(k)}(h) = 0, \quad k = 1, 2, \cdots, n-1$ ，因此连续应用洛必达法则 $n-1$ 次，有

$$\begin{aligned}
\lim_{h \to 0} \frac{g(h)}{h^n} &= \lim_{h \to 0} \frac{g'(h)}{nh^{n-1}} = \cdots = \lim_{h \to 0} \frac{g^{(n-1)}(h)}{n!h} \\
&= \lim_{h \to 0} \frac{f^{(n-1)}(a+h) - f^{(n-1)}(a) - f^{(n)}(a)h}{n!h} \\
&= \lim_{h \to 0} \frac{1}{n!} \left(\frac{f^{(n-1)}(a+h) - f^{(n-1)}(a)}{h} \right) - \frac{f^{(n)}(a)}{n!} \\
&= \frac{f^{(n)}(a)}{n!} - \frac{f^{(n)}(a)}{n!} = 0.
\end{aligned}$$

证毕.

注　对上式中倒数第三个等式不能再应用洛必达法则，因为条件只给出 $f(x)$ 在 a 点存在 n 阶导数，在 a 点的邻域内是否存在 n 阶导数不知道，所以 $f^{(n)}(a+h)$ 可能没有意义.

改写引理 5.3.1 中的式子，即得

$$f(x) = f(a) + f'(a)(x-a) + \frac{f''(a)}{2!}(x-a)^2 + \cdots + \frac{f^{(n)}(a)}{n!}(x-a)^n + o((x-a)^n) \quad (x \to a),$$

上式称为 $f(x)$ 在 a 点的 **n 阶泰勒公式**，也称为 $f(x)$ 在 a 点的 **n 阶泰勒展开式**. 函数 $f(x)$ 和 $f(x)$ 在 a 点的 n 次泰勒多项式 $T_n(x)$ 之差，称为 $f(x)$ 在 a 点的 **n 阶泰勒公式的余项**，记为 $R_n(x)$，即

$$R_n(x) = f(x) - T_n(x).$$

在引理 5.3.1 中，余项 $R_n(x) = o((x-a)^n)$ 称为**皮亚诺（Peano）余项**. 故我们得到带有皮亚诺余项的泰勒公式.

定理 5.3.1　如果 $f(x)$ 在 a 点存在 n 阶导数，则 $f(x)$ 在 a 点能展开成带有皮亚诺余项的 n 阶泰勒公式

$$f(x) = f(a) + f'(a)(x-a) + \frac{f''(a)}{2!}(x-a)^2 + \cdots + \frac{f^{(n)}(a)}{n!}(x-a)^n + o((x-a)^n) \quad (x \to a).$$

在上式的右边，除最后一项外，都是不超过 n 次的多项式，从第二项开始，分别是当 $x \to a$ 时 $x-a$ 的一阶、二阶直至 n 阶无穷小量. 这个公式的意义在于，一个很复杂的函数，在 a 点附近的函数值，可以用多项式来近似代替，虽然余项一般已不再是多项式，但是比起前面那些项的总和，已是微不足道了. 因此，定理 5.3.1 是研究函数在一点附近性态的有力工具.

皮亚诺余项只是给出了余项的定性描述，无法进行定量估计. 在实际计算中，必须知道误差的范围，即在 $x-a$ 给定的情况下，误差有多大，这就需要其他形式的泰勒公式的余项.

为此，假设 f 在区间 I 内 $n+1$ 阶可导，且 $a \in I$. 任取 $x \in I$. 不妨设 $a < x$. 对 $\forall t \in [a, x]$，令

$$F(t) = f(x) - \left[f(t) + f'(t)(x-t) + \frac{f''(t)}{2!}(x-t)^2 + \cdots + \frac{f^{(n)}(t)}{n!}(x-t)^n \right],$$

则 $F(a) = R_n(x)$ 且 $F'(t) = -\frac{f^{(n+1)}(t)}{n!}(x-t)^n$. 设 $\varphi(t) = (x-t)^{n+1}$，则 $F(t)$, $\varphi(t)$ 在 $[a, x]$ 上连续，在 (a, x) 内可导，由柯西中值定理，存在 $\xi \in (a, x)$ 使得

$$\frac{F(x) - F(a)}{\varphi(x) - \varphi(a)} = \frac{F'(\xi)}{\varphi'(\xi)},$$

注意到 $F(x) = 0$, $\varphi(x) = 0$，故 $\frac{R_n(x)}{(x-a)^{n+1}} = \frac{f^{(n+1)}(\xi)}{(n+1)!}$，所以 $R_n(x) = \frac{f^{(n+1)}(\xi)}{(n+1)!}(x-a)^{n+1}$.

称余项 $R_n(x) = \frac{f^{(n+1)}(\xi)}{(n+1)!}(x-a)^{n+1}$ 为**拉格朗日（Lagrange）余项**. 这样我们得到

定理 5.3.2　设 $f(x)$ 在区间 I 内 $n+1$ 阶可导，且 $a \in I$. 则对 $\forall x \in I$, $f(x)$ 在 a 点能展开成带有拉格朗日余项的 n 阶的泰勒公式

$$f(x) = f(a) + f'(a)(x-a) + \frac{f''(a)}{2!}(x-a)^2 + \cdots + \frac{f^{(n)}(a)}{n!}(x-a)^n + \frac{f^{(n+1)}(\xi)}{(n+1)!}(x-a)^{n+1},$$

其中 ξ 介于 a 和 x 之间.

在上面表达式中，ξ 也可表示为 $\xi = a + \theta(x-a)$，$0 < \theta < 1$.

在带有拉格朗日余项的泰勒公式中，特别地，当 $n=0$ 时，泰勒公式为

$$f(x) = f(a) + f'(a + \theta(x-a))(x-a)，\quad 0 < \theta < 1.$$

这正是拉格朗日中值定理所叙述的，因此带有拉格朗日余项的泰勒公式是拉格朗日中值定理的推广.

推论 5.3.1 如果 $f(x)$ 在区间 I 上的 $n+1$ 阶导数恒等于零，则 $f(x)$ 在此区间 I 上是一个阶数不超过 n 的多项式.

在定理 5.3.2 上面的一段推导过程中，若取 $\varphi(t) = x - t$，则得到带有柯西余项的泰勒公式.

*定理 5.3.3 设 $f(x)$ 在区间 I 内 $n+1$ 阶可导，且 $a \in I$. 则对 $\forall x \in I$，$f(x)$ 在 a 点能展开成带有柯西余项的 n 阶的泰勒公式

$$f(x) = f(a) + f'(a)(x-a) + \frac{f''(a)}{2!}(x-a)^2 + \cdots + \frac{f^{(n)}(a)}{n!}(x-a)^n + \frac{f^{(n+1)}(\xi)}{n!}(x-\xi)^n(x-a),$$

其中 ξ 介于 a 和 x 之间.

称函数 $f(x)$ 在 $x=0$ 点的泰勒公式

$$f(x) = f(0) + f'(0)x + \frac{f''(0)}{2!}x^2 + \cdots + \frac{f^{(n)}(0)}{n!}x^n + R_n(x)$$

为 $f(x)$ 的**麦克劳林（C. Maclaurin）公式**.

5.3.2 基本初等函数的展开式

函数 $f(x)$ 的 n 阶麦克劳林公式 $f(x) = f(0) + f'(0)x + \frac{f''(0)}{2!}x^2 + \cdots + \frac{f^{(n)}(0)}{n!}x^n + R_n(x)$，

其中皮亚诺余项 $R_n(x) = o(x^n)$；拉格朗日余项 $R_n(x) = \frac{f^{(n+1)}(\theta x)}{(n+1)!}x^{n+1}$, $0 < \theta < 1$.

1. 指数函数 $f(x) = e^x$

因为 $f^{(n)}(x) = e^x$，所以 $f^{(n)}(0) = 1$，这样函数 e^x 带有拉格朗日余项的 n 阶麦克劳林公式为

$$e^x = 1 + x + \frac{x^2}{2!} + \cdots + \frac{x^n}{n!} + \frac{x^{n+1}}{(n+1)!}e^{\theta x} \quad (0 < \theta < 1)，\quad \forall x \in \mathbb{R}.$$

2. 正弦函数 $f(x) = \sin x$

因为 $f^{(n)}(x) = \sin\left(x + \frac{n\pi}{2}\right)$，所以 $f^{(n)}(0) = \sin\frac{n\pi}{2} = \begin{cases} 0, & n = 2k; \\ (-1)^k, & n = 2k+1. \end{cases}$ 故 $\sin x$ 的麦克劳林公式为

$$\sin x = x - \frac{x^3}{3!} + \cdots + (-1)^{k-1} \frac{x^{2k-1}}{(2k-1)!} + R_{2k}(x),$$

其中皮亚诺余项 $R_{2k}(x) = o(x^{2k})$ $(x \to 0)$，拉格朗日余项

$$R_{2k}(x) = \frac{x^{2k+1}}{(2k+1)!} \sin\left(\theta x + \frac{2k+1}{2}\pi\right) = (-1)^k \frac{x^{2k+1}}{(2k+1)!} \cos\theta x, \quad 0 < \theta < 1, \forall x \in \mathbb{R},$$

故 $|R_{2k}(x)| \leqslant \frac{|x|^{2k+1}}{(2k+1)!}$. 如果 $k = 1$，则用多项式 $y = x$ 近似代替 $\sin x$，误差不超过 $\frac{|x|^3}{3!}$；如果

$k = 2$，则用多项式 $y = x - \frac{x^3}{3!}$ 近似代替

$\sin x$，误差不超过 $\frac{|x|^5}{5!}$；如果 $k = 3$，则用

多项式 $y = x - \frac{x^3}{3!} + \frac{x^5}{5!}$ 近似代替 $\sin x$，误

差不超过 $\frac{|x|^7}{7!}$. 从图 5-3-1 可以观察到，

在 $x = 0$ 的附近，多项式的次数越高，

多项式函数与正弦函数越接近，误差也

越小.

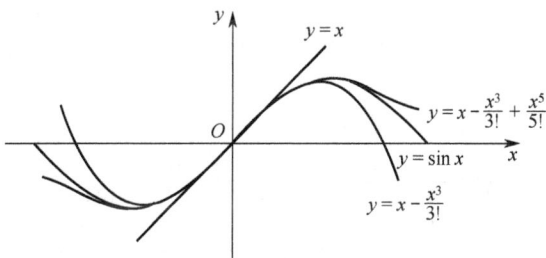

图 5-3-1

3. 余弦函数 $f(x) = \cos x$

因为 $f^{(n)}(x) = \cos\left(x + \frac{n\pi}{2}\right)$，所以 $f^{(n)}(0) = \cos\frac{n\pi}{2} = \begin{cases} 0, & n = 2k-1; \\ (-1)^k, & n = 2k, \end{cases}$ 故 $\cos x$ 的麦克

劳林公式为

$$\cos x = 1 - \frac{x^2}{2!} + \frac{x^4}{4!} + \cdots + (-1)^k \frac{x^{2k}}{(2k)!} + R_{2k+1}(x),$$

其中拉格朗日余项

$$R_{2k+1}(x) = (-1)^{k+1} \frac{x^{2k+2}}{(2k+2)!} \cos\theta x, \quad 0 < \theta < 1, \forall x \in \mathbb{R},$$

皮亚诺余项 $R_{2k+1}(x) = o(x^{2k+1})$ $(x \to 0)$.

4. 对数函数 $f(x) = \ln(1+x)$

因为 $f'(x) = \frac{1}{1+x}$，所以 $f'(x)(1+x) = 1$，两边对 x 求 $n-1$ 阶导数，利用莱布尼茨公式，

得

$$f^{(n)}(x)(1+x) = -(n-1)f^{(n-1)}(x),$$

所以 $f^{(n)}(x) = (-1)^{n-1} \frac{(n-1)!}{(1+x)^n}$，故 $f^{(n)}(0) = (-1)^{n-1}(n-1)!$，因此 $\ln(1+x)$ 的 n 阶麦克劳林公

式为

$$\ln(1+x) = x - \frac{x^2}{2} + \frac{x^3}{3} + \cdots + (-1)^{n-1}\frac{x^n}{n} + R_n(x), \quad \forall x \in (-1, +\infty),$$

其中拉格朗日余项 $R_n(x) = (-1)^n \dfrac{x^{n+1}}{(n+1)(1+\theta x)^{n+1}}$, $0 < \theta < 1$.

5. 二项式函数 $f(x) = (1+x)^\alpha$，其中 α 是任意非零实数

因为 $f^{(n)}(x) = \alpha(\alpha-1)\cdots(\alpha-n+1)(1+x)^{\alpha-n}$，所以

$$f^{(n)}(0) = \alpha(\alpha-1)\cdots(\alpha-n+1),$$

故 $(1+x)^\alpha$ 的 n 阶麦克劳林公式为

$$(1+x)^\alpha = 1 + \alpha x + \frac{\alpha(\alpha-1)}{2!}x^2 + \cdots + \frac{\alpha(\alpha-1)\cdots(\alpha-n+1)}{n!}x^n + R_n(x),$$

其中拉格朗日余项 $R_n(x) = \dfrac{\alpha(\alpha-1)\cdots(\alpha-n)(1+\theta x)^{\alpha-n-1}}{(n+1)!}x^{n+1}$, $0 < \theta < 1$.

特别地，当 $\alpha = n \in \mathbb{N}^+$ 时，$f^{(n+1)}(x) = 0$，因此 $R_n(x) = 0$，我们得到二项式公式：

$$(1+x)^n = 1 + nx + \frac{n(n-1)}{2!}x^2 + \cdots + x^n = \sum_{k=0}^{n} C_n^k x^k.$$

6. 反正切函数 $f(x) = \arctan x$

因为 $f'(x) = \dfrac{1}{1+x^2}$，所以 $(1+x^2)f'(x) = 1$，两边对 x 求 n 阶导数，有

$$(1+x^2)f^{(n+1)}(x) + 2nxf^{(n)}(x) + n(n-1)f^{(n-1)}(x) = 0,$$

将 $x = 0$ 代入上式，得 $f^{(n+1)}(0) = -(n-1)nf^{(n-1)}(0)$，$n \in \mathbb{N}^+$，故

$$f^{(n)}(0) = \begin{cases} 0, & n = 2k; \\ (-1)^k(2k)!, & n = 2k+1, \end{cases} \quad k = 0, 1, \cdots,$$

所以 $f(x) = \arctan x$ 带有皮亚诺余项的麦克劳林公式为

$$\arctan x = x - \frac{x^3}{3} + \frac{x^5}{5} + \cdots + (-1)^{n-1}\frac{x^{2n-1}}{2n-1} + o(x^{2n}) \quad (x \to 0).$$

7. 反正弦函数 $f(x) = \arcsin x$

令 $y = \arcsin x$，则 $y' = \dfrac{1}{\sqrt{1-x^2}}$. 所以 $(y')^2(1-x^2) = 1$，两边对 x 求导，注意到 $y' \neq 0$，因此

$$(1-x^2)y'' - xy' = 0.$$

对上式关于 x 求 $n-2$ 阶导数，由莱布尼茨公式可得

$$(1-x^2)y^{(n)} - 2(n-2)xy^{(n-1)} - (n-2)(n-3)y^{(n-2)} - xy^{(n-1)} - (n-2)y^{(n-2)} = 0,$$

因此

$$y^{(n)} = \frac{(2n-3)xy^{(n-1)} + (n-2)^2 y^{(n-2)}}{1-x^2},$$

所以 $y^{(n)}(0) = (n-2)^2 y^{(n-2)}(0)$，易知 $y(0) = 0$, $y'(0) = 1$，我们有 $y^{(2k)}(0) = 0$，且

$$y^{(2k+1)}(0) = ((2k-1)!!)^2, \ k = 1, 2, \cdots,$$

故

$$\arcsin x = x + \frac{1}{6}x^3 + \frac{3}{40}x^5 + \cdots + \frac{(2n-3)!!}{(2n-2)!!(2n-1)}x^{2n-1} + o(x^{2n}) \ (x \to 0).$$

利用上面几个基本初等函数的麦克劳林展开式，可间接求得其他函数在一点的泰勒展开式.

例 5.3.1 求 $f(x) = \dfrac{x}{1-x}$ 在 $x_0 = 2$ 的带有皮亚诺余项的 n 阶泰勒展开式.

解 在 $(1+t)^\alpha = 1 + \alpha t + \dfrac{\alpha(\alpha-1)}{2!}t^2 + \cdots + \dfrac{\alpha(\alpha-1)\cdots(\alpha-n+1)}{n!}t^n + o(t^n)$ （$t \to 0$）中，令 $\alpha = -1$ 且 $t = x - 2$，则

$$\frac{x}{1-x} = -1 - \frac{1}{1+(x-2)} = -2 + \sum_{k=1}^{n}(-1)^{k+1}(x-2)^k + o((x-2)^n) \ (x \to 2).$$

例 5.3.2 写出 $f(x) = \dfrac{x^2}{1+\sin x}$ 带有皮亚诺余项的 6 阶麦克劳林公式.

解 由于 $\dfrac{1}{1+t} = 1 - t + t^2 - t^3 + t^4 + \cdots + (-1)^n t^n + o(t^n)$ （$t \to 0$），且 $\sin x = x - \dfrac{x^3}{6} + o(x^4)$，在 $x \to 0$ 时，$\sin x \sim x$，因此

$$\frac{x^2}{1+\sin x} = x^2 \left[1 - \sin x + \sin^2 x - \sin^3 x + \sin^4 x + o(x^4) \right]$$

$$= x^2 - x^3 + x^4 - \frac{5}{6}x^5 + \frac{2}{3}x^6 + o(x^6) \ (x \to 0).$$

例 5.3.3 设 μ 是非零实数，写出 $\cos^\mu x$ 带有皮亚诺余项的 4 阶泰勒展开式.

解 因为 $\cos x = 1 - \dfrac{x^2}{2} + \dfrac{x^4}{24} + o(x^4)$ （$x \to 0$），且

$$(1+t)^\mu = 1 + \mu t + \frac{\mu(\mu-1)}{2}t^2 + o(t^2) \ (t \to 0),$$

所以

$$\cos^\mu x = (1 + \cos x - 1)^\mu = 1 + \mu(\cos x - 1) + \frac{\mu(\mu-1)}{2}(\cos x - 1)^2 + o((\cos x - 1)^2)$$

$$= 1 + \mu \left(-\frac{x^2}{2} + \frac{x^4}{24} + o(x^4) \right) + \frac{\mu(\mu-1)}{2} \left(-\frac{x^2}{2} + o(x^2) \right)^2 + o(x^4)$$

$$= 1 - \frac{\mu}{2}x^2 + \frac{\mu(3\mu-2)}{24}x^4 + o(x^4) \ (x \to 0).$$

例 5.3.4 写出 $f(x) = \tan x$ 带有皮亚诺余项的三阶麦克劳林展开式.

解 因为 $\dfrac{1}{1+t} = 1 - t + t^2 - t^3 + \cdots + (-1)^n t^n + o(t^n)$ （$t \to 0$），且

$$\cos x = 1 - \frac{x^2}{2} + o(x^3), \ \sin x = x - \frac{x^3}{6} + o(x^3) \ (x \to 0),$$

所以 $\tan x = \dfrac{\sin x}{1+(\cos x-1)} = \left(x-\dfrac{x^3}{6}+o(x^3)\right)\left(1+\dfrac{x^2}{2}+o(x^3)\right) = x+\dfrac{1}{3}x^3+o(x^3)$ $(x \to 0)$.

例 5.3.5 设 $f(x) = \left(e^x-1-x-\dfrac{x^2}{2}\right)^{\frac{1}{3}}$. 求 $f'(0)$.

解 因为 $e^x = 1+x+\dfrac{x^2}{2!}+\dfrac{x^3}{3!}+o(x^3)$ $(x \to 0)$，所以

$$f(x) = \left(\dfrac{x^3}{6}+o(x^3)\right)^{\frac{1}{3}} = \dfrac{x}{\sqrt[3]{6}}(1+o(1))^{\frac{1}{3}} = \dfrac{x}{\sqrt[3]{6}}+o(x)   (x \to 0),$$

由于 $f(0) = 0$，因此 $f'(0) = \lim\limits_{x \to 0}\dfrac{f(x)-f(0)}{x} = \dfrac{1}{\sqrt[3]{6}}$.

例 5.3.6 求由方程 $x^3+y^3+xy-1 = 0$ 确定的隐函数 $y = y(x)$ 的带有皮亚诺余项的三阶麦克劳林展开式.

解 将 $x = 0$ 代入上述方程，得 $y(0) = 1$. 对原方程求导，有

$$3x^2+3y^2y'+y+xy' = 0, \tag{5.3.2}$$

故 $y'(0) = -\dfrac{1}{3}$. 对式（5.3.2）求导，得

$$6x+6y(y')^2+3y^2y''+2y'+xy'' = 0, \tag{5.3.3}$$

故 $y''(0) = 0$. 对式（5.3.3）求导，有

$$6+6(y')^3+12yy'y''+6yy'y''+3y^2y'''+3y''+xy''' = 0,$$

从而求得 $y'''(0) = -\dfrac{52}{27}$. 因此 $y = y(x)$ 的带有皮亚诺余项的三阶麦克劳林展开式为

$$y(x) = \sum_{k=0}^{3}\dfrac{y^{(k)}(0)}{k!}x^k+o(x^3) = 1-\dfrac{1}{3}x-\dfrac{26}{81}x^3+o(x^3).$$

5.3.3 泰勒公式的应用

（Ⅰ）皮亚诺余项 $R_n(x) = o(x^n)$ 是比 x^n 高阶的无穷小量（当 $x \to 0$ 时），因此利用带有皮亚诺余项的泰勒公式可以求极限，也可以确定等价无穷小量的阶.

例 5.3.7 求 $\lim\limits_{x \to 0}\dfrac{e^x\sin x-x(1+x)}{\sin^3 x}$.

解 因为 $\sin x \sim x$ $(x \to 0)$，所以 $\lim\limits_{x \to 0}\dfrac{e^x\sin x-x(1+x)}{\sin^3 x} = \lim\limits_{x \to 0}\dfrac{e^x\sin x-x(1+x)}{x^3}$. 由于分母是 x^3，因此利用泰勒公式将 $e^x\sin x$ 展开到 x^3 即可，

$$e^x\sin x = \left[1+x+\dfrac{x^2}{2}+o(x^2)\right]\left[x-\dfrac{x^3}{3!}+o(x^3)\right] = x+x^2+\dfrac{x^3}{3}+o(x^3),$$

故 $\lim\limits_{x \to 0} \dfrac{\mathrm{e}^x \sin x - x(1+x)}{x^3} = \lim\limits_{x \to 0} \dfrac{\dfrac{x^3}{3} + o(x^3)}{x^3} = \dfrac{1}{3}$.

例 5.3.8　设函数 $f(x) = x + a\ln(1+x) + bx\sin x$，$g(x) = kx^3$. 若 $f(x)$ 与 $g(x)$ 在 $x \to 0$ 时是等价无穷小，求 a, b, k 的值.

解　将函数 $\ln(1+x)$ 和 $\sin x$ 泰勒展开，有

$$f(x) = x + a\ln(1+x) + bx\sin x = x + a\left(x - \dfrac{x^2}{2} + \dfrac{x^3}{3} + o(x^3)\right) + bx(x + o(x^2))$$

$$= (1+a)x + \left(b - \dfrac{a}{2}\right)x^2 + \dfrac{a}{3}x^3 + o(x^3),$$

因为 $\lim\limits_{x \to 0} \dfrac{f(x)}{g(x)} = 1$，即 $\lim\limits_{x \to 0} \dfrac{(1+a)x + \left(b - \dfrac{a}{2}\right)x^2 + \dfrac{a}{3}x^3 + o(x^3)}{kx^3} = 1$，故

$$1 + a = 0, \quad b - \dfrac{a}{2} = 0, \quad \dfrac{a}{3} = k,$$

所以 $a = -1$, $b = -\dfrac{1}{2}$, $k = -\dfrac{1}{3}$.

例 5.3.9　设函数 $f(x)$ 满足 $f(0) = 0$ 且在 $x = 0$ 存在二阶导数. 证明：函数

$$g(x) = \begin{cases} \dfrac{f(x)}{x}, & x \neq 0; \\ f'(0), & x = 0 \end{cases}$$

的导函数 $g'(x)$ 在 $x = 0$ 处连续，且 $g'(0) = \dfrac{1}{2}f''(0)$.

证明　当 $x \neq 0$ 时，$g'(x) = \dfrac{xf'(x) - f(x)}{x^2}$，且

$$g'(0) = \lim_{x \to 0} \dfrac{g(x) - g(0)}{x} = \lim_{x \to 0} \dfrac{f(x) - xf'(0)}{x^2}$$

$$= \lim_{x \to 0} \dfrac{f(0) + f'(0)x + \dfrac{1}{2}f''(0)x^2 + o(x^2) - xf'(0)}{x^2} = \dfrac{1}{2}f''(0),$$

又 $\lim\limits_{x \to 0} g'(x) = \lim\limits_{x \to 0} \dfrac{xf'(x) - f(x)}{x^2}$

$$= \lim_{x \to 0} \dfrac{f'(0)x + f''(0)x^2 - \left[f(0) + f'(0)x + \dfrac{1}{2}f''(0)x^2\right] + o(x^2)}{x^2} = \dfrac{1}{2}f''(0),$$

故函数 $g'(x)$ 在 $x = 0$ 处连续. 证毕.

例 5.3.10　设函数 $f(x)$ 在 $x = 0$ 处二阶可导且 $f(x) = 1 + 2x + x^2 + o(x^2)$ $(x \to 0)$，且设 $f(x)$ 与 $g(x)$ 互为反函数.

（1）求 $f'(0)$, $f''(0)$；

（2）求 $g''(1)$.

解 （1）函数 $f(x)$ 在 $x=0$ 处二阶可导，故函数 $f(x)$ 的带有皮亚诺余项的二阶泰勒展开式为

$$f(x) = f(0) + f'(0)x + \frac{1}{2}f''(0)x^2 + o(x^2) \ (x \to 0),$$

已知 $f(x) = 1 + 2x + x^2 + o(x^2) \ (x \to 0)$，故由泰勒展开式系数的唯一性，知

$$f(0) = 1, \quad f'(0) = 2, \quad f''(0) = 2.$$

（2）由 $g(f(x)) = x$ 得 $g'(f(x))f'(x) = 1$，且 $g''(f(x))(f'(x))^2 + g'(f(x))f''(x) = 0$，故

$$g'(1) = \frac{1}{f'(0)} = \frac{1}{2}, \quad g''(1) = -\frac{g'(1)f''(0)}{(f'(0))^2} = -\frac{1}{4}.$$

（Ⅱ）利用带有拉格朗日余项的泰勒公式可以求函数近似值并可估计多项式逼近函数时的误差.

例 5.3.11 计算 e 的值使其误差不超过 10^{-6}.

解 带有拉格朗日余项的泰勒公式 $e^x = \sum_{k=0}^{n} \frac{x^k}{k!} + \frac{x^{n+1}}{(n+1)!}e^{\theta x}$, $0 < \theta < 1$，则

$$e = 1 + 1 + \frac{1}{2!} + \cdots + \frac{1}{n!} + \frac{e^\theta}{(n+1)!}, \quad 0 < \theta < 1.$$

由于 $|R_n(1)| = \left| \frac{e^\theta}{(n+1)!} \right| < \frac{3}{(n+1)!}$，令 $\frac{3}{(n+1)!} < \frac{1}{10^6}$，求得 $n = 9$，因此

$$e \approx 1 + 1 + \frac{1}{2!} + \cdots + \frac{1}{9!} \approx 2.7182815.$$

（Ⅲ）利用带有拉格朗日余项的泰勒公式可以证明某些不等式.

例 5.3.12 若函数 f 在 (a,b) 内二阶可导，且恒有 $f''(x) > 0$. 证明：对 $\forall x_1, x_2 \in (a,b)$，有 $\frac{1}{2}(f(x_1) + f(x_2)) \geqslant f\left(\frac{x_1 + x_2}{2} \right)$，且等号成立当且仅当 $x_1 = x_2$.

证明 将 $f(x_1)$, $f(x_2)$ 在 $\frac{x_1 + x_2}{2}$ 点处展开为带有拉格朗日型余项的泰勒公式，即

$$f(x_1) = f\left(\frac{x_1 + x_2}{2} \right) + f'\left(\frac{x_1 + x_2}{2} \right)\left(x_1 - \frac{x_1 + x_2}{2} \right) + \frac{f''(\xi_1)}{2!}\left(x_1 - \frac{x_1 + x_2}{2} \right)^2,$$

其中 ξ_1 介于 x_1 与 $\frac{x_1 + x_2}{2}$ 之间.

$$f(x_2) = f\left(\frac{x_1 + x_2}{2} \right) + f'\left(\frac{x_1 + x_2}{2} \right)\left(x_2 - \frac{x_1 + x_2}{2} \right) + \frac{f''(\xi_2)}{2!}\left(x_2 - \frac{x_1 + x_2}{2} \right)^2,$$

其中 ξ_2 介于 x_2 与 $\dfrac{x_1+x_2}{2}$ 之间. 将上面两式相加, 得

$$f(x_1)+f(x_2)=2f\left(\frac{x_1+x_2}{2}\right)+\frac{(x_1-x_2)^2}{8}(f''(\xi_1)+f''(\xi_2)),\qquad(5.3.4)$$

因为在 (a,b) 内, 恒有 $f''(x)>0$, 故式 (5.3.4) 表明 $f(x_1)+f(x_2)\geqslant 2f\left(\dfrac{x_1+x_2}{2}\right)$, 且不等式中的等号成立当且仅当 $x_1=x_2$. 证毕.

例 5.3.13　设 f 在 $[0,1]$ 上二阶可导, 且 $f(0)=f(1)=0$, $\min\{f(x):x\in[0,1]\}=-1$. 证明: 存在 $\xi\in(0,1)$ 使得 $f''(\xi)\geqslant 8$.

证明　因为 f 在 $[0,1]$ 上连续且 $\min\{f(x):x\in[0,1]\}=-1$, 所以 $f(0)=f(1)=0$ 表明存在 $a\in(0,1)$ 使得 $f(a)=-1$. 故 $a\in(0,1)$ 是函数 f 的极小值点, 所以 $f'(a)=0$. 将 $f(0),f(1)$ 在 a 点处展开为带有拉格朗日型余项的泰勒公式, 即

$$0=f(0)=f(a)+f'(a)(0-a)+\frac{f''(\xi_1)}{2!}(0-a)^2=-1+\frac{f''(\xi_1)}{2}a^2,$$

其中 $\xi_1\in(0,a)$;

$$0=f(1)=f(a)+f'(a)(1-a)+\frac{f''(\xi_2)}{2!}(1-a)^2=-1+\frac{f''(\xi_2)}{2}(1-a)^2,$$

其中 $\xi_2\in(a,1)$. 于是 $f''(\xi_1)=\dfrac{2}{a^2}$, $f''(\xi_2)=\dfrac{2}{(1-a)^2}$. 记 $\xi\in(0,1)$ 使得

$$f''(\xi)=\max\{f''(\xi_1),\ f''(\xi_2)\},$$

则 $f''(\xi)=\max\left\{\dfrac{2}{a^2},\ \dfrac{2}{(1-a)^2}\right\}\geqslant\dfrac{2}{\left(\dfrac{1}{2}\right)^2}=8$. 证毕.

例 5.3.14　设函数 $f(x)=a_0x^n+a_1x^{n-1}+\cdots+a_n$ 且 $a_0\neq 0$. 若 $f^{(k)}(a)\geqslant 0$ ($k=0,1,\cdots,n$), 则函数 $f(x)$ 在 $(a,+\infty)$ 内无零点.

证明　因为 $f^{(k)}(a)\geqslant 0$　($k=0,1,\cdots,n$) 且 $a_0\neq 0$, 所以 $f^{(n)}(a)=n!a_0>0$. 将 n 次多项式函数 $f(x)$ 在 $x_0=a$ 处展开成 n 次泰勒多项式, 即

$$f(x)=\sum_{k=0}^{n}\frac{f^{(k)}(a)}{k!}(x-a)^k,$$

故当 $x\in(a,+\infty)$ 时, $f(x)\geqslant\dfrac{f^{(n)}(a)}{n!}(x-a)^n>0$, 故 $f(x)$ 在 $(a,+\infty)$ 内无零点. 证毕.

为方便读者记忆, 下面列出几个常用函数的带皮亚诺余项的麦克劳林展开式.

（1）$\mathrm{e}^x=1+x+\dfrac{x^2}{2!}+\cdots+\dfrac{x^n}{n!}+o(x^n)$　$(x\to 0)$.

(2) $\sin x = x - \dfrac{x^3}{3!} + \dfrac{x^5}{5!} + \cdots + (-1)^{k-1}\dfrac{x^{2k-1}}{(2k-1)!} + o(x^{2k})$ $(x \to 0)$.

(3) $\cos x = 1 - \dfrac{x^2}{2!} + \dfrac{x^4}{4!} + \cdots + (-1)^{k}\dfrac{x^{2k}}{(2k)!} + o(x^{2k+1})$ $(x \to 0)$.

(4) $\tan x = x + \dfrac{1}{3}x^3 + o(x^3)$ $(x \to 0)$.

(5) $\ln(1+x) = x - \dfrac{x^2}{2} + \dfrac{x^3}{3} + \cdots + (-1)^{n-1}\dfrac{x^n}{n} + o(x^n)$ $(x \to 0)$.

(6) $(1+x)^{\alpha} = 1 + \alpha x + \dfrac{\alpha(\alpha-1)}{2!}x^2 + \cdots + \dfrac{\alpha(\alpha-1)\cdots(\alpha-n+1)}{n!}x^n + o(x^n)$ $(x \to 0)$.

(7) $\arctan x = x - \dfrac{x^3}{3} + \dfrac{x^5}{5} + \cdots + (-1)^{n-1}\dfrac{x^{2n-1}}{2n-1} + o(x^{2n})$ $(x \to 0)$.

(8) $\arcsin x = x + \dfrac{1}{6}x^3 + \dfrac{3}{40}x^5 + \cdots + \dfrac{(2n-3)!!}{(2n-2)!!(2n-1)}x^{2n-1} + o(x^{2n})$ $(x \to 0)$.

习题 5.3

1. 写出下列函数在指定点的泰勒多项式.

(1) $y = \sin x$ 在 $x_0 = \dfrac{\pi}{4}$ 处展开到 4 次；

(2) $y = 1 + 2x - 4x^2 + x^3 + 6x^4$ 在 $x_0 = 1$ 处展开到 4 次；

(3) $y = \dfrac{1}{2x - x^2}$ 在 $x_0 = 1$ 处展开到 $2n$ 次；

(4) $y = \dfrac{x-2}{x^2 - 4x}$ 在 $x_0 = 2$ 处展开到 $2n+1$ 次；

(5) $y = \begin{cases} \mathrm{e}^{-\frac{1}{x^2}}, & x \neq 0; \\ 0, & x = 0 \end{cases}$ 在 $x_0 = 0$ 处展开到 n 次.

2. 求下列极限.

(1) $\lim\limits_{x \to \infty}\left[x - x^2 \ln\left(1 + \dfrac{1}{x}\right)\right]$；

(2) $\lim\limits_{x \to 0}\dfrac{\dfrac{x^2}{2} + 1 - \sqrt{1+x^2}}{(\cos x - \mathrm{e}^{x^2})\sin x^2}$；

(3) $\lim\limits_{x \to 1}\dfrac{x^{x+1}(\ln x + 1) - x}{1 - x}$；

(4) $\lim\limits_{x \to 0}\dfrac{\cos x - \mathrm{e}^{-\frac{x^2}{2}}}{x^4}$；

(5) $\lim\limits_{x \to 0^+}\dfrac{\mathrm{e}^{\sin^2 x} - \cos(2\sqrt{x}) - 2x}{x^2}$；

(6) $\lim\limits_{x \to 0}\left(1 + \dfrac{1}{x^2} - \dfrac{1}{x^3}\ln\dfrac{2+x}{2-x}\right)$.

3. 设 $f(x)$ 在 $x = 0$ 某邻域内可导，且 $f(0) = 1$，$f'(0) = 2$，求极限 $\lim\limits_{n \to \infty}\left(n\sin\left(\dfrac{1}{n}\right)\right)^{\frac{n}{1 - f\left(\frac{1}{n}\right)}}$.

4．用泰勒公式求下列近似值．

（1）$\sqrt[12]{4000}$ 精确到 10^{-4}；

（2）$\ln(1.02)$ 精确到 10^{-5}．

5．证明不等式：$\left| \dfrac{\ln \dfrac{x}{y}}{x-y} - \dfrac{1}{y} \right| < \dfrac{1}{2} |x-y|$（$x, y \geqslant 1,\ x \neq y$）．

6．设函数 $y = f(x)$ 在 $[0,1]$ 上有连续的三阶导数，且 $f(0) = f'\left(\dfrac{1}{2}\right) = 0,\ f(1) = \dfrac{1}{2}$．证明：$\exists \xi \in (0,1)$ 使得 $f'''(\xi) = 12$．

7．解答下列问题．

（1）当 $x \to 0$ 时，求无穷小量 $\ln(1 + \sin x^2) + \alpha\left(\sqrt[3]{2 - \cos x} - 1\right)$ 的阶，其中 $\alpha \in \mathbb{R}$；

（2）求 a, b, c 的值，使得 $e^x - (ax^2 + bx + c)$ 是比 x^2 高阶的无穷小量（$x \to 0$）；

（3）求 a, k 的值使得极限 $\lim\limits_{x \to 0} \dfrac{e^{ax^k} - \cos(x^2)}{x^8}$ 存在，并求出极限值．

8．设函数 $f \in C^1[a,b]$，在 (a,b) 上二阶可导，且 $f'(a) = f'(b) = 0$．求证 $\exists \xi \in (a,b)$，使得

$$\left| f''(\xi) \right| \geqslant \dfrac{4}{(b-a)^2} \left| f(b) - f(a) \right|.$$

9．证明：在 $|x| \leqslant 1$ 时存在 $\theta \in (0,1)$，使得 $\arcsin x = \dfrac{x}{\sqrt{1 - (\theta x)^2}}$ 且有 $\lim\limits_{x \to 0} \theta = \dfrac{1}{\sqrt{3}}$．

10．设 f 在 $(-1,1)$ 上 $n+1$ 阶连续可微，且 $f^{(n+1)}(0) \neq 0,\ n \in \mathbb{N}^+$．在 $0 < |x| < 1$ 上有

$$f(x) = f(0) + f'(0)x + \cdots + \dfrac{f^{(n-1)}(0)}{(n-1)!} x^{n-1} + \dfrac{f^{(n)}(\theta x)}{n!} x^n,$$

其中 $0 < \theta < 1$，证明：$\lim\limits_{x \to 0} \theta = \dfrac{1}{n+1}$．

11．设 f 在 $(x_0 - \delta, x_0 + \delta)$ 上 n 阶可微，且 $f^{(n)}(x)$ 在点 x_0 处连续，满足 $f''(x_0) = f'''(x_0) = \cdots = f^{(n-1)}(x_0) = 0$，$f^{(n)}(x_0) \neq 0$．证明：当 $0 < |h| < \delta$ 时，$f(x_0 + h) - f(x_0) = hf'(x_0 + \theta h)$（$0 < \theta < 1$）成立且 $\lim\limits_{h \to 0} \theta = \dfrac{1}{n^{\frac{1}{n-1}}}$ 成立．

12．设 $f'''(x) \in C[-1,1]$ 且 $f(1) = 1,\ f(-1) = 0,\ f'(0) = 0$．证明：$\exists \xi \in (-1,1)$ 使得 $f'''(\xi) = 3$．

13．设 $p(x)$ 是 n 次多项式函数．假设 $p(a), p'(a), \cdots, p^{(n)}(a)$ 的正负号相间，证明：$p(x)$ 在 $(-\infty, a)$ 内无零点．

5.4 单调性与极值

5.4.1 函数的单调性

我们在中学数学中学习了用代数方法研究一些函数的性态，如单调性、极值、奇偶性、周期性等．但受当时方法的限制，这些研究既不全面也不深入．导数为我们更广泛、更深入地研究函数的性态提供了有力的工具．根据导数的几何意义，如果曲线段 $y = f(x)$（$\forall x \in (a,b)$）在其上每点处都存在切线，且这些切线与 x 轴正方向的夹角是锐角，有切线斜率 $f'(x) > 0$，此时函数在 (a,b) 内严格增加；如果切线与 x 轴正方向的夹角是钝角，有切线斜率 $f'(x) < 0$，此时函数在 (a,b) 内严格减少．事实上，我们有下面的结论．

定理 5.4.1（单调的充要条件） 设 $f(x) \in C[a,b]$，且在 (a,b) 内可导，则 f 在 $[a,b]$ 上单调递增（或单调递减）的充要条件是对 $\forall x \in (a,b)$，$f'(x) \geqslant 0$（或 $f'(x) \leqslant 0$）．

证明 先证充分性．设对 $\forall x \in (a,b)$，$f'(x) \geqslant 0$．任取 $x_1, x_2 \in (a,b)$ 满足 $x_1 < x_2$，f 在 $[x_1, x_2]$ 上满足微分中值定理的条件，于是 $\exists \xi \in (x_1, x_2)$ 使得

$$f(x_2) - f(x_1) = f'(\xi)(x_2 - x_1) \geqslant 0，$$

故 $f(x_2) \geqslant f(x_1)$，从而 f 在 $[a,b]$ 上单调递增．

再证必要性．设 f 在 $[a,b]$ 上单调递增．对 $\forall x \in (a,b)$，任取 h 使得 $x+h \in (a,b)$，则有

$$\frac{f(x+h) - f(x)}{h} \geqslant 0，$$

因为 f 在 $x \in (a,b)$ 点可导，由极限的保号性知 $f'(x) = \lim\limits_{h \to 0} \dfrac{f(x+h) - f(x)}{h} \geqslant 0$．

f 在 $[a,b]$ 上单调递减的情形类似可证．证毕．

定理 5.4.2（严格单调的充要条件） 设 $f(x) \in C[a,b]$，且在 (a,b) 内可导，则 f 在 $[a,b]$ 上严格单调递增（或严格单调递减）的充要条件是

（i）对 $\forall x \in (a,b)$，$f'(x) \geqslant 0$（或 $f'(x) \leqslant 0$）；

（ii）在 (a,b) 内的任何开子区间内，$f'(x)$ 不恒等于零．

证明 先证必要性．设 f 在 $[a,b]$ 上严格单调递增，则定理 5.4.1 表明条件（i）是必要的，为证明条件（ii）成立，假设存在 (a,b) 的一个开子区间 $(c,d) \subset (a,b)$ 使得在 (c,d) 内恒有 $f'(x) = 0$，则在 (c,d) 内，f 为常数，与 f 在 $[a,b]$ 上严格单调递增矛盾，故条件（ii）成立．

再证充分性．设条件（i）和条件（ii）同时成立，则定理 5.4.1 和条件（i）表明 f 在 $[a,b]$ 上单调递增．设存在 $x_1, x_2 \in [a,b]$ 满足 $x_1 < x_2$ 使得 $f(x_1) = f(x_2)$，则对 $\forall x \in [x_1, x_2]$，有 $f(x) = f(x_1) = f(x_2)$，这表明在 (x_1, x_2) 内 f 为常数，从而在 (x_1, x_2) 内恒有 $f'(x) = 0$，与条件（ii）矛盾．故 f 在 $[a,b]$ 上严格单调递增．

严格单调递减的情形类似可证．证毕．

例 5.4.1 讨论 $f(x) = (x-1)^2 (x-2)^3$ 的严格单调性．

解　该函数的定义域是 $\mathbb{R}$. 由于 $f'(x)=(x-1)(x-2)^2(5x-7)$，令 $f'(x)=0$，其解是 $1,2,\dfrac{7}{5}$. 它们将定义域分成四个区间 $(-\infty,1),\ \left(1,\dfrac{7}{5}\right),\ \left(\dfrac{7}{5},2\right),\ (2,+\infty)$. 当 $x\in(-\infty,1),\ \left(\dfrac{7}{5},2\right),$ $(2,+\infty)$ 时，$f'(x)>0$，故在这三个区间内，函数严格单调递增；当 $x\in\left(1,\dfrac{7}{5}\right)$ 时，$f'(x)<0$，故函数在此区间内严格单调递减.

利用函数导数的符号确定函数的单调区间，可证明某些不等式.

例 5.4.2　证明：对 $\forall x\in(-1,+\infty)$，有 $\dfrac{x}{1+x}\le\ln(1+x)\le x$，且等号成立当且仅当 $x=0$.

证明　设 $F(x)=x-\ln(1+x)$，则当 $x>0$ 时，$F'(x)=1-\dfrac{1}{1+x}>0$，所以 $F(x)$ 在 $(0,+\infty)$ 内严格单调递增，故 $F(x)=x-\ln(1+x)>F(0)=0$，即 $\ln(1+x)\le x$.

当 $-1<x<0$ 时，$F'(x)=1-\dfrac{1}{1+x}<0$，所以 $F(x)$ 在 $(-1,0)$ 内严格单调递减，故
$$F(x)=x-\ln(1+x)>F(0)=0,$$
即 $\ln(1+x)\le x$. 所以对 $\forall x\in(-1,+\infty)$，恒有不等式 $\ln(1+x)\le x$ 成立，且等号成立只有当 $x=0$ 时.

设 $f(x)=\ln(1+x)-\dfrac{x}{1+x}$，则当 $x>0$ 时，$f'(x)=\dfrac{x}{(1+x)^2}>0$，所以 $f(x)$ 在 $(0,+\infty)$ 内严格单调递增，故 $f(x)=\ln(1+x)-\dfrac{x}{1+x}>f(0)=0$，即 $\ln(1+x)\ge\dfrac{x}{1+x}$.

当 $-1<x<0$ 时，$f'(x)=\dfrac{x}{(1+x)^2}<0$，所以 $f(x)$ 在 $(-1,0)$ 内严格单调递减，故
$$f(x)=\ln(1+x)-\dfrac{x}{1+x}>f(0)=0,$$
即 $\ln(1+x)\ge\dfrac{x}{1+x}$. 所以对 $\forall x\in(-1,+\infty)$，恒有不等式 $\ln(1+x)\ge\dfrac{x}{1+x}$ 成立，且等号成立只有当 $x=0$ 时. 证毕.

例 5.4.3　证明：对 $\forall a,b\in\mathbb{R}$，有不等式 $\dfrac{|a+b|}{1+|a+b|}\le\dfrac{|a|}{1+|a|}+\dfrac{|b|}{1+|b|}$ 成立，且不等式中的等号成立当且仅当 $a=0$ 或 $b=0$.

证明　对 $\forall x\ge0$，令 $f(x)=\dfrac{x}{1+x}$. 则 $f'(x)=\dfrac{1}{(1+x)^2}>0$，所以 $f(x)$ 在 $[0,+\infty)$ 上严格单调递增. 由于
$$|a+b|\le|a|+|b|,$$
因此
$$\frac{|a+b|}{1+|a+b|}\le\frac{|a|+|b|}{1+|a|+|b|}=\frac{|a|}{1+|a|+|b|}+\frac{|b|}{1+|a|+|b|}\le\frac{|a|}{1+|a|}+\frac{|b|}{1+|b|}.$$

上述最后一个不等式中的等号成立当且仅当 $a=0$ 或 $b=0$．证毕.

例 5.4.4 设实数 p,q 满足 $\dfrac{1}{p}+\dfrac{1}{q}=1$．求证：当 $x>0$ 时，有下列不等式

$$\begin{cases} x^{\frac{1}{p}} \leqslant \dfrac{1}{p}x+\dfrac{1}{q}, & p>1; \\[3mm] x^{\frac{1}{p}} \geqslant \dfrac{1}{p}x+\dfrac{1}{q}, & 0<p<1 \text{ 或 } p<0, \end{cases}$$

且等号成立当且仅当 $x=1$.

证明 令 $f(x)=x^{\frac{1}{p}}-\dfrac{1}{p}x-\dfrac{1}{q},\ x\in(0,+\infty)$．则由 $f'(x)=\dfrac{1}{p}\left(x^{\frac{1}{p}-1}-1\right)=0$ 解得 $x=1$.

当 $p>1$ 时，因为

$$f'(x)=\frac{x^{\frac{1}{p}-1}-1}{p}\begin{cases} >0, & 0<x<1; \\ <0, & x>1, \end{cases}$$

所以 $f(1)$ 是 $f(x)$ 在 $(0,+\infty)$ 上的最大值，故 $f(x)\leqslant f(1)=0$，即 $x^{\frac{1}{p}}\leqslant\dfrac{1}{p}x+\dfrac{1}{q}$ 对 $\forall x\in(0,+\infty)$ 成立.

当 $0<p<1$ 或 $p<0$ 时，类似于上面的讨论，可证 $f(1)$ 是 $f(x)$ 在 $(0,+\infty)$ 上的最小值，从而 $f(x)\geqslant f(1)=0,\ \forall x\in(0,+\infty)$，即不等式 $x^{\frac{1}{p}}\geqslant\dfrac{1}{p}x+\dfrac{1}{q}$ 对 $\forall x\in(0,+\infty)$ 成立.

由于函数的一阶导数严格大于零或严格小于零，因此不等式中的等号成立当且仅当 $x=1$．证毕.

利用函数导数的符号确定函数的单调区间，从而确定函数在给定区间内不同实根的个数.

例 5.4.5 设 $a>0,\ b>0$．证明方程 $x^3+ax+b=0$ 有唯一负实根 x_0.

证明 令 $f(x)=x^3+ax+b,\ x\in(-\infty,+\infty)$．则 $f'(x)=3x^2+a>0,\ x\in(-\infty,+\infty)$．故 $f(x)$ 在 $(-\infty,+\infty)$ 上严格单调递增．因此当 $x\geqslant0$ 时，有 $f(x)\geqslant f(0)=b>0$．又 $\lim\limits_{x\to-\infty}f(x)=-\infty$，所以 $\exists M<0$ 使得 $f(M)<0$，在 $[M,0]$ 上，由连续函数的介值性和严格单调递增性知，存在唯一的实数 $x_0\in(M,0)$ 使得 $f(x_0)=0$．即方程 $x^3+ax+b=0$ 有唯一的负实根 x_0．证毕.

5.4.2 函数取极值的条件

下面讨论函数在闭区间上的极值问题．如果 $f(x)$ 在 $[a,b]$ 上可导，且 $f(x)$ 在 $[a,b]$ 内部某点 c 取得局部极值，则费马定理表明 $f'(c)=0$．称方程 $f'(x)=0$ 的解为 f 的**驻点**．于是可导函数的极值点一定是驻点；反之，函数在驻点处不一定取得极值．例如，函数

$f(x)=x^3$，其驻点只有 $x=0$，但 0 不是 $f(x)=x^3$ 的极值点．那么在什么样的驻点处函数取得极值？设 c 是函数 $f(x)$ 的一个驻点，如果存在 $\delta>0$ 使得 $f(x)$ 在 $(c,c+\delta)$ 内严格单调递增，在 $(c-\delta,c)$ 内严格单调递减，则 $f(x)$ 在 c 点处必取极小值．而函数的严格单调性由其导数的符号决定，于是我们有下列判别驻点成为极值点的条件．

定理 5.4.3 设 $f(x)$ 在 $[a,b]$ 上连续，在 (a,b) 内可导，且 $f'(c)=0$（$c\in(a,b)$）．如果存在 $\delta>0$ 使得 $f'(x)\begin{cases}>0\ (\text{或}<0),\quad x\in(c-\delta,c);\\ <0\ (\text{或}>0),\quad x\in(c,c+\delta),\end{cases}$ 则 f 在点 c 取得极大值（或极小值）．

下面的结论给出利用高阶导数判断驻点是否是函数的极值点的判别法．

定理 5.4.4 设函数 $f(x)$ 在点 c 存在 n 阶导数，且 $f^{(k)}(c)=0,\ k=1,2,\cdots,n-1$，但 $f^{(n)}(c)\neq 0$．则

（i）当 n 是奇数时，函数 $f(x)$ 在点 c 不取极值；

（ii）当 n 是偶数时，函数 $f(x)$ 在点 c 取得极值，且当 $f^{(n)}(c)>0$ 时，f 在点 c 取得极小值；当 $f^{(n)}(c)<0$ 时，f 在点 c 取得极大值．

证明 因为 $f(x)$ 在点 c 存在 n 阶导数，且 $f^{(k)}(c)=0,\ k=1,2,\cdots,n-1$，$f^{(n)}(c)\neq 0$，将 $f(x)$ 在 c 点展开为带有皮亚诺余项的 n 阶泰勒公式

$$f(x)=f(c)+\frac{f^{(n)}(c)}{n!}(x-c)^n+o((x-c)^n)\quad (x\to c),$$

故

$$\frac{f(x)-f(c)}{(x-c)^n}=\frac{f^{(n)}(c)}{n!}+o(1)\quad (x\to c).$$

上式右端第一项是非零常数，第二项是 $x\to c$ 时的无穷小量．当 n 是偶数且 $|x-c|$ 充分小时，若 $f^{(n)}(c)>0$，则 $f(x)>f(c)$，因此 f 在点 c 取得严格的极小值；若 $f^{(n)}(c)<0$，则 $f(x)<f(c)$，因此 $f(x)$ 在点 c 取得严格的极大值．如果 n 是奇数，则在 c 的两侧，$f(x)-f(c)$ 符号相反，故 c 不是函数 $f(x)$ 的极值点．证毕．

例 5.4.6 求函数 $f(x)=x^3+3x^2-24x-20$ 的局部极值．

解 令 $f'(x)=3(x+4)(x-2)=0$，解得驻点 $x=-4,\ x=2$．又 $f''(x)=6x+6$，有

$$f''(-4)=-18<0,\quad f''(2)=18>0,$$

故由定理 5.4.4 知，$f(x)$ 在 -4 取局部极大值 $f(-4)=60$；$f(x)$ 在 2 取局部极小值 $f(2)=-48$．

例 5.4.7 从半径为 R 的圆形铁片中剪去一个扇形，将剩余部分围成一个圆锥形漏斗，问剪去的扇形的圆心角多大时，才能使圆锥形漏斗的容积最大？

解 设剪后剩余部分的圆心角为 x（$0\leqslant x\leqslant 2\pi$）．则圆锥底的周长是 Rx．设圆锥的底半径为 r，则 $r=\dfrac{Rx}{2\pi}$．圆锥的高是 $\sqrt{R^2-r^2}=\sqrt{R^2-\left(\dfrac{Rx}{2\pi}\right)^2}=\dfrac{R}{2\pi}\sqrt{4\pi^2-x^2}$．圆锥的底面

积 $\pi r^2 = \dfrac{R^2 x^2}{4\pi}$，于是圆锥的体积

$$V(x) = \frac{1}{3}\frac{R^2 x^2}{4\pi}\frac{R}{2\pi}\sqrt{4\pi^2 - x^2} = \frac{R^3 x^2}{24\pi^2}\sqrt{4\pi^2 - x^2}.$$

令 $A = \dfrac{R^3}{24\pi^2}$，则 $V(x) = Ax^2\sqrt{4\pi^2 - x^2}$. 现在求 $V(x)$ 在 $[0, 2\pi]$ 上的最大值. 令

$$V'(x) = A\frac{8\pi^2 x - 3x^3}{\sqrt{4\pi^2 - x^2}} = 0,$$

解得三个驻点 0，$-2\pi\sqrt{\dfrac{2}{3}}$，$2\pi\sqrt{\dfrac{2}{3}}$，其中 $-2\pi\sqrt{\dfrac{2}{3}} \notin [0, 2\pi]$，舍掉. 而 $V(0) = V(2\pi) = 0$. 已知 $V(x)$ 在 $[0, 2\pi]$ 上必存在最大值，故 $V(x)$ 必在驻点 $2\pi\sqrt{\dfrac{2}{3}}$ 处取得最大值. 于是，当剪去的扇形圆心角是 $2\pi - x = 2\pi\left(1 - \sqrt{\dfrac{2}{3}}\right)$ 时，所围成的圆锥形漏斗的体积最大，且最大值为 $\dfrac{2\pi}{9\sqrt{3}}R^3$.

对这样的实际问题，最大值或最小值肯定存在，如果在内部取得，而求得驻点又唯一，则此驻点即为最大值点或最小值点. 不需再验证.

一般情况下，如果函数 $f(x)$ 在 $[a,b]$ 上可导，则必连续，闭区间上的连续函数存在最大值和最小值，因此**欲求可导函数 $f(x)$ 在 $[a,b]$ 上的最大值和最小值**，要按下列步骤进行：

（1）先求出 $f(x)$ 在 (a,b) 上的极大值或极小值，极值不一定是最值；

（2）再将这些极值与 $[a,b]$ 的两个端点的函数值比较，其中最大者（或最小者）即为 $f(x)$ 在 $[a,b]$ 上的最大值（或最小值）.

如果 $f(x) \in C(I)$，其中 I 不是有限的闭区间，则 $f(x)$ 可能无最值. 我们可通过考察 $f(x)$ 在 I 上的所有驻点和不可导点的函数值，以及当 x 趋于 I 的端点（或趋于无穷）时 $f(x)$ 的变化趋势来确定 $f(x)$ 是否有最值.

例 5.4.8 讨论函数 $f(x) = \dfrac{(x-3)^2}{4(x-1)}$ 的极值与最值，若存在则求出.

解 函数 f 的定义域是 $(-\infty, 1) \cup (1, +\infty)$. 令 $f'(x) = \dfrac{(x+1)(x-3)}{4(x-1)^2} = 0$，解得驻点为 -1，3. 它们将定义域分成四个区间 $(-\infty, -1)$，$(-1, 1)$，$(1, 3)$，$(3, +\infty)$. 列表如下：

x	$(-\infty, -1)$	-1	$(-1, 1)$	$(1, 3)$	3	$(3, +\infty)$
$f'(x)$	$+$	0	$-$	$-$	0	$+$
$f(x)$	↗	极大值点	↘	↘	极小值点	↗

故极大值 $f(-1) = 2$，极小值 $f(3) = 0$. 而 $\lim\limits_{x \to 1^+} f(x) = +\infty$，$\lim\limits_{x \to 1^-} f(x) = -\infty$，因此函数没有最大值与最小值.

例 5.4.9 设 $f(x) \in C[0,1]$，在 $(0,1)$ 内可导，且 $f(0) = 0$．求证：若 $f(x)$ 在 $[0,1]$ 上不恒等于零，则 $\exists \xi \in (0,1)$ 使得 $f(\xi)f'(\xi) > 0$．

证明 用反证法．假设对 $\forall x \in (0,1)$，有 $f(x)f'(x) \leqslant 0$．令 $g(x) = f^2(x)$，则

$$g'(x) = 2f(x)f'(x) \leqslant 0 .$$

所以 $g(x)$ 在 $[0,1]$ 上单调递减，故 $g(x) \leqslant g(0) = 0$，又 $g(x) \geqslant 0$，这样，在 $[0,1]$ 上，$g(x) \equiv 0$，从而，在 $[0,1]$ 上，有 $f(x) \equiv 0$，与条件矛盾．故 $\exists \xi \in (0,1)$ 使得 $f(\xi)f'(\xi) > 0$．证毕．

例 5.4.10 （医学）麻醉药注入病人的血管后，血液里麻醉剂的浓度随时间变化．根据临床观测，某种麻醉药的一个数学模型（对不同性别、年龄及身体状况的病人，模型是不同的）是

$$C(t) = 0.29483t + 0.04253t^2 - 0.00035t^3, \ 0 \leqslant t \leqslant 120 ,$$

其中 C 的单位是 mg，时间 t 的单位是 min．求血液里麻醉药达到最大浓度的时间．

解 求导数

$$C'(t) = 0.29483 + 0.08506t - 0.00105t^2 .$$

令 $C'(t) = 0$，解得 $t_1 = 84.34$，$t_2 = -3.33$（舍），故当 $0 \leqslant t < 84.34$ 时，$C'(t) > 0$，函数 $C(t)$ 递增，即麻醉药在血液里的浓度逐渐增加；当 $84.34 < t \leqslant 120$ 时，$C'(t) < 0$，函数 $C(t)$ 递减，即麻醉药在血液里的浓度逐渐减少，所以 $t = 84.34(\text{min})$ 是最大值点，这时血液里麻醉药的浓度达到最大值．

习题 5.4

1．若 $f'(a) > 0$，能否得到函数 $f(x)$ 在点 a 的某个邻域内单调递增？

2．研究下列函数的单调性，若有极值并求出．

（1）$y = \arctan x - x$，$x \in \mathbb{R}$；

（2）$y = \left(1 + \dfrac{1}{x}\right)^x$，$x \in (0,1)$；

（3）$y = 2x^3 - 3x^2 - 12x + 1$；

（4）$y = \dfrac{2x^3 + 3x^2 - x - 4}{x^2 - 1}$；

（5）$y = \dfrac{x}{\ln x}$；

（6）$y = \sin^3 x + \cos^3 x$；

（7）$y = (x - 1)x^{\frac{2}{3}}$；

（8）$y = \dfrac{f(x)}{x}$，$x > 0$，其中 $f(0) = 0$，$f'(x)$ 单调递增．

3．讨论函数 $f(x) = 2\cos x + \mathrm{e}^x + \mathrm{e}^{-x}$ 的极值．

4．求函数 $y = \sqrt{x} \ln x$，$x > 0$ 的最值．

5．求解下列各题．

（1）求函数 $f_p(x) = p^2 x^2 (1-x)^p$（ $p > 0$ ）在 $[0,1]$ 上的最大值，设最大值为 $g(p)$，并求 $\lim\limits_{p \to +\infty} g(p)$.

（2）求函数 $f_n(x) = x^n \mathrm{e}^{-n^2 x}$（ $n \in \mathbb{N}$，$n \geq 2$ ）在 $[0,+\infty)$ 上的最值，并对 $\forall x \in [0,+\infty)$，求极限 $\lim\limits_{n \to \infty} f_n(x)$.

6. 证明下列不等式.

（1）$\mathrm{e}^{-x^2} \leq \dfrac{1}{1+x^2}$ ；

（2）$\dfrac{1-x}{1+x} \leq \mathrm{e}^{-2x}$（ $x \in [0,1]$ ）；

（3）$\sin x + \cos x \geq 1 + x - x^2$（ $x \geq 0$ ）；

（4）$\dfrac{2}{\pi} x < \sin x < x$ $\left(0 < x < \dfrac{\pi}{2} \right)$ ；

（5）$\ln(1+x) > \dfrac{\arctan x}{x}$（ $x > 0$ ）；

（6）$x - \dfrac{x^3}{6} < \sin x < x$（ $x > 0$ ）；

（7）$x - \dfrac{1}{2} x^2 < \ln(1+x) < x$（ $x > 0$ ）；

（8）$\dfrac{1}{2^{p-1}} \leq x^p + (1-x)^p \leq 1$（ $x \in [0,1]$, $p > 1$ ）；

（9）$\dfrac{x}{y} < \dfrac{\sin x}{\sin y}$ $\left(0 < x < y < \dfrac{\pi}{2} \right)$ ；

（10）$(x^\beta + y^\beta)^{\frac{1}{\beta}} < (x^\alpha + y^\alpha)^{\frac{1}{\alpha}}$（ $x > 0, y > 0, \beta > \alpha > 0$ ）.

7. 证明下列各题.

（1）方程 $x^3 - 3x + c = 0$ 在 $[0,1]$ 上至多有一个实根.

（2）方程 $x^n + px + q = 0$，当 n 为偶数时至多有两个实根，当 n 为奇数时至多有三个实根.

8. 解答下列各题.

（1）求内接于椭圆 $\dfrac{x^2}{a^2} + \dfrac{y^2}{b^2} = 1$ 且边平行于坐标轴的面积最大的矩形.

（2）设有一长为 8cm、宽为 5cm 的矩形铁片，在每个角上剪去同样大小的正方形. 问：剪去正方形的边长多大，才能使剩下的铁片折起来做成开口盒子的容积最大.

（3）测量某个量 A，由于仪器的精度和测量的技术等原因，对量 A 做了 n 次测量，测量的数值分别是 $a_1, a_2, \cdots, a_n$. 取数 x 作为量 A 的近似值，问 x 取何值时才能使 x 与 a_i（ $i = 1, 2, \cdots, n$ ）之差的平方和最小？

9. 证明：若函数 $f(x)$ 在 (a,b) 内存在二阶导数，且存在 $\xi \in (a,b)$ 使得 $f''(\xi) > 0$，则存在 $x_1, x_2 \in (a,b)$ 使得 $\dfrac{f(x_2) - f(x_1)}{x_2 - x_1} = f'(\xi)$.

10．数列 $\left\{ n^2\left(\dfrac{1}{2}\right)^{n+1}\right\}$ 中哪一项最大？

11．证明：若函数 $f(x)$ 在 $[a,b]$ 上存在二阶导数，$f(a)=f(b)=0$ 且对 $\forall x\in(a,b)$，$f''(x)<0$，则对 $\forall x\in(a,b)$，$f(x)>0$．

5.5　函数的凸性与函数作图

著名数学家希尔伯特（Hilbert）曾说："算术是写下来的图形，几何图形是画下来的公式．"运用几何图形的直观性和数形结合可解决一些代数问题．

我们已知，根据函数一阶导数 $f'(x)$ 的符号，可知函数 $f(x)$ 的单调性．但是，仅仅知道函数 $f(x)$ 在 (a,b) 内的单调性，还不能准确地描绘出函数的图像．例如，$y=x^2$ 和 $y=\sqrt{x}$ 在 $[0,+\infty)$ 内都是严格增加的，但是这两条曲线却有显著的不同，曲线 $y=x^2$ 是向下凸出的（如图 5-5-1 所示），曲线 $y=\sqrt{x}$ 是向上凸起的（如图 5-5-2 所示）．

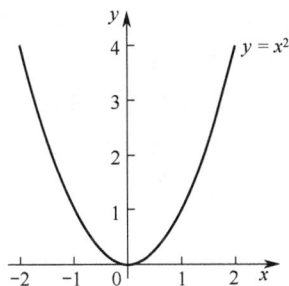

图 5-5-1

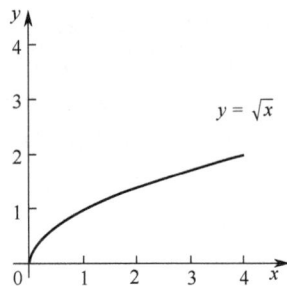

图 5-5-2

本节介绍如何用导数刻画函数的凸性．

5.5.1　函数的凸性

设 Ω 是一个平面点集．若对任意两点 $A,B\in\Omega$，以 A 与 B 为端点的线段都在点集 Ω 中，称点集 Ω 是**凸集**．例如，图 5-5-3 中的集合是凸集，图 5-5-4 中的集合不是凸集．

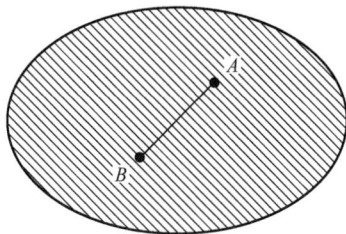

图 5-5-3

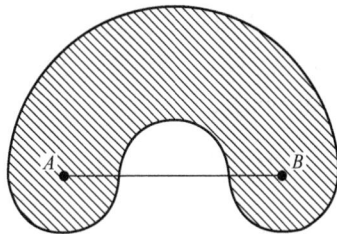

图 5-5-4

给定区间 (a,b) 上的函数 $f(x)$，若曲线 $y = f(x)$ 的上方图形
$$\{(x,y): x \in (a,b), \ y \geq f(x)\}$$
是平面上的凸集，则称函数 $f(x)$ 是区间 (a,b) 上的**下凸函数**（如图 5-5-5 所示）；若曲线 $y = f(x)$ 的下方图形
$$\{(x,y): x \in (a,b), \ y \leq f(x)\}$$
是平面上的凸集，则称 $f(x)$ 是区间 (a,b) 上的**上凸函数**（如图 5-5-6 所示）．

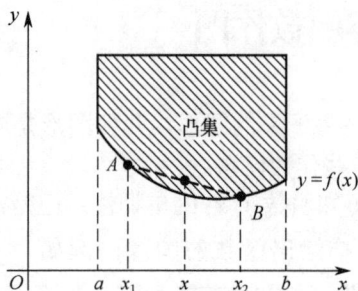

图 5-5-5

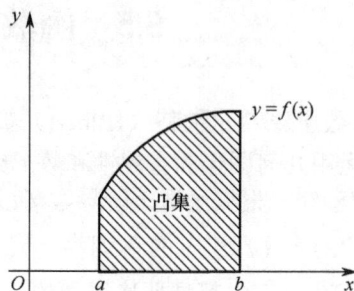

图 5-5-6

容易看出，一个平面点集是凸集当且仅当这个点集的边界在各个部分都是向外凸的，即端点在边界上的任意线段都整体落在这个点集中，因此函数 $f(x)$ 是下凸的充要条件是对曲线 $y = f(x)$ 上的任意两点 $A(x_1, f(x_1))$ 和 $B(x_2, f(x_2))$，以这两点为端点的直线段 AB 都在曲线 $y = f(x)$ 在这两点之间的弧段上方（如图 5-5-5 所示）．由于 $[x_1, x_2]$ 上的任意一点 x 都可以写成 $x = \lambda x_1 + (1-\lambda)x_2$，其中 $0 \leq \lambda \leq 1$，而直线段 AB 和曲线 $y = f(x)$ 上的对应点的纵坐标分别等于
$$\lambda f(x_1) + (1-\lambda)f(x_2) \quad \text{和} \quad f(\lambda x_1 + (1-\lambda)x_2),$$
所以 $f(x)$ 是区间 (a,b) 上的下凸函数当且仅当
$$f(\lambda x_1 + (1-\lambda)x_2) \leq \lambda f(x_1) + (1-\lambda)f(x_2), \quad \forall x_1, \ x_2 \in (a,b) \ \text{及} \ \lambda \in [0,1].$$

定义 5.5.1 设 $f(x)$ 在区间 I 上有定义．

（i）若对 $\forall x_1, x_2 \in I$ 及 $\forall \lambda \in [0,1]$，有 $f(\lambda x_1 + (1-\lambda)x_2) \leq \lambda f(x_1) + (1-\lambda)f(x_2)$，称 $f(x)$ 是 I 上的下凸函数；

（ii）若对 $\forall x_1, x_2 \in I$ 满足 $x_1 \neq x_2$ 及 $\forall \lambda \in (0,1)$，有 $f(\lambda x_1 + (1-\lambda)x_2) < \lambda f(x_1) + (1-\lambda)f(x_2)$，称 $f(x)$ 是 I 上的严格下凸函数．

类似分析，有函数上凸及严格上凸的概念．

定义 5.5.2 设 $f(x)$ 在区间 I 上有定义．

（i）若对 $\forall x_1, x_2 \in I$ 及 $\forall \lambda \in [0,1]$，有 $f(\lambda x_1 + (1-\lambda)x_2) \geq \lambda f(x_1) + (1-\lambda)f(x_2)$，则称 $f(x)$ 是 I 上的上凸函数；

（ii）若对 $\forall x_1, x_2 \in I$ 满足 $x_1 \neq x_2$ 及 $\forall \lambda \in (0,1)$，有
$$f(\lambda x_1 + (1-\lambda)x_2) > \lambda f(x_1) + (1-\lambda)f(x_2),$$
则称 $f(x)$ 是 I 上的严格上凸函数．

显然，$f(x)$ 是上凸的当且仅当 $-f(x)$ 是下凸的，所以我们只需对下凸函数进行讨论，

有关下凸函数的所有结果只要把其中的不等号反向，就得到关于上凸函数的相应结论.

定理 5.5.1　设函数 $f(x)$ 在区间 I 上有定义. 则 $f(x)$ 是区间 I 上的下凸函数当且仅当对任意 $(x_1, x_2) \subset I$ 及 $\forall x \in (x_1, x_2)$，下列不等式

$$\frac{f(x) - f(x_1)}{x - x_1} \leqslant \frac{f(x_2) - f(x_1)}{x_2 - x_1} \leqslant \frac{f(x_2) - f(x)}{x_2 - x} \tag{5.5.1}$$

成立；$f(x)$ 为严格下凸的充要条件是不等式（5.5.1）中的两个不等号均为严格不等号.

证明　先证明必要性. 任取 $(x_1, x_2) \subset I$，对 $\forall x \in (x_1, x_2)$，令 $\lambda = \dfrac{x_2 - x}{x_2 - x_1}$，则 $\lambda \in (0, 1)$ 且

$1 - \lambda = \dfrac{x - x_1}{x_2 - x_1}$. 显然 $\lambda x_1 + (1 - \lambda) x_2 = x$. 由于 $f(x)$ 在区间 I 上是下凸的，因此

$$f(x) = f(\lambda x_1 + (1 - \lambda) x_2) \leqslant \lambda f(x_1) + (1 - \lambda) f(x_2), \tag{5.5.2}$$

从而 $\lambda(f(x) - f(x_1)) \leqslant (1 - \lambda)(f(x_2) - f(x))$，两端同除以 $\lambda(1 - \lambda)$，得

$$\frac{f(x) - f(x_1)}{x - x_1} \leqslant \frac{f(x_2) - f(x)}{x_2 - x}. \tag{5.5.3}$$

由于当 $b > 0, d > 0$ 时，$\dfrac{a}{b} \leqslant \dfrac{c}{d}$ 蕴含 $\dfrac{a}{b} \leqslant \dfrac{a + c}{b + d} \leqslant \dfrac{c}{d}$，故由不等式（5.5.3）可得到不等式（5.5.1）成立.

再证明充分性. 假设不等式（5.5.1）成立，则不等式（5.5.3）成立，将不等式（5.5.3）倒推回去，则得不等式（5.5.2），即 $f(x)$ 在区间 I 上是下凸的.

对严格下凸的情形，只要在证明过程中将不等号改为严格不等号，就建立相应的充要条件. 证毕.

不等式（5.5.1）的几何意义：设 $P(x_1, f(x_1))$, $Q(x_2, f(x_2))$, $R(x, f(x))$ 是曲线 $y = f(x)$ 上的任意三点，则三条直线 PQ, PR, RQ 的斜率满足 $k_{PR} \leqslant k_{PQ} \leqslant k_{RQ}$（如图 5-5-7 所示）.

函数的下凸性与函数的导数有如下关系.

定理 5.5.2　设函数 $f(x) \in C[a, b]$. 则下列结论成立.

（i）若 $f(x)$ 在 (a, b) 上可导，则 $f(x)$ 在 (a, b) 上是下凸（或严格下凸）的充要条件是 $f'(x)$ 在 (a, b) 上单调递增（或严格单调递增）.

（ii）若函数 $f(x)$ 在 (a, b) 内二阶可导，则 $f(x)$ 在 (a, b) 上是下凸（或严格下凸）的充要条件是

$$f''(x) \geqslant 0, \ \forall x \in (a, b)$$

（或 $f''(x) \geqslant 0, \ \forall x \in (a, b)$，且在 (a, b) 内的任意开子区间内，$f''(x)$ 不恒为零）.

图 5-5-7

证明　只需证明结论（i）成立，因为结论（ii）可由结论（i）、定理 5.4.1 和定理 5.4.2 得到. 假设 $f(x)$ 在 (a, b) 上是下凸的. 对 $\forall x_1, x_2 \in (a, b)$ 满足 $x_1 < x_2$，任取 $x, x' \in (x_1, x_2)$ 使得 $x < x'$，由定理 5.5.1 知

$$\frac{f(x) - f(x_1)}{x - x_1} \leqslant \frac{f(x_2) - f(x_1)}{x_2 - x_1} \leqslant \frac{f(x_2) - f(x')}{x_2 - x'},$$

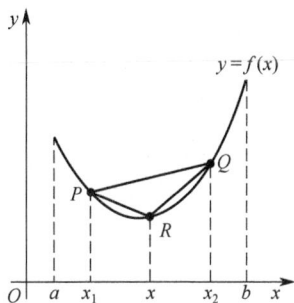

在上式中令 $x \to x_1^+$，$x' \to x_2^-$，由于 $f(x)$ 在 (a,b) 上可导，得

$$f'(x_1) \leqslant \frac{f(x_2) - f(x_1)}{x_2 - x_1} \leqslant f'(x_2),$$

故 $f'(x)$ 在 (a,b) 上单调递增.

如果 $f(x)$ 在 (a,b) 上是严格下凸的，取 $x^* \in (a,b)$ 满足 $x_1 < x < x^* < x' < x_2$，从而

$$\frac{f(x) - f(x_1)}{x - x_1} < \frac{f(x^*) - f(x_1)}{x^* - x_1} < \frac{f(x_2) - f(x^*)}{x_2 - x^*} < \frac{f(x_2) - f(x')}{x_2 - x'},$$

故

$$f'(x_1) \leqslant \frac{f(x^*) - f(x_1)}{x^* - x_1} < \frac{f(x_2) - f(x^*)}{x_2 - x^*} \leqslant f'(x_2),$$

所以 $f'(x)$ 在 (a,b) 上严格递增. 完成必要性的证明.

下面证明充分性. 设 $f'(x)$ 在 (a,b) 上单调递增. 对 $\forall x \in (x_1, x_2) \subset (a,b)$，由拉格朗日中值定理，存在 $\xi \in (x_1, x)$，$\eta \in (x, x_2)$ 使得

$$\frac{f(x) - f(x_1)}{x - x_1} = f'(\xi), \qquad \frac{f(x_2) - f(x)}{x_2 - x} = f'(\eta).$$

因为 $\xi < x < \eta$，所以 $f'(\xi) \leqslant f'(\eta)$. 从而 $\dfrac{f(x) - f(x_1)}{x - x_1} \leqslant \dfrac{f(x_2) - f(x)}{x_2 - x}$. 由定理 5.5.1 知 $f(x)$ 在 (a,b) 上是下凸的.

如果 $f'(x)$ 在 (a,b) 上是严格单调递增的，则 $f'(\xi) < f'(\eta)$，故上述不等式为严格不等式，由定理 5.5.1 知 $f(x)$ 在 (a,b) 上是严格下凸的. 证毕.

定义 5.5.3 如果连续曲线 $y = f(x)$ 在其上一点 $(c, f(c))$ 的左右两侧函数的凸性不同，则称点 $(c, f(c))$ 为曲线 $y = f(x)$ 的**拐点**.

定理 5.5.3 如果函数 $f(x)$ 在 $U(c, \delta)$ 内存在二阶导数，且点 $(c, f(c))$ 为曲线 $y = f(x)$ 的拐点，则 $f''(c) = 0$.

证明 因为点 $(c, f(c))$ 为曲线 $y = f(x)$ 的拐点，所以函数 $f(x)$ 在点 $(c, f(c))$ 的左右两侧具有不同的凸性，从而定理 5.5.2 表明 $f'(x)$ 在点 c 的左右两侧单调性不同，因此点 c 为 $f'(x)$ 的极值点，从而费马定理表明 $f''(c) = 0$. 证毕.

注 若点 $(c, f(c))$ 为曲线 $y = f(x)$ 的拐点，则 $f''(c) = 0$；反之，若 $f''(c) = 0$，则点 $(c, f(c))$ 不一定是曲线 $y = f(x)$ 的拐点. 例如，对函数 $f(x) = x^4$，$f''(x) = 12x^2 = 0$ 的根只有 $x = 0$，但在 0 点的附近，$f''(x) = 12x^2 > 0$，即曲线 $f(x) = x^4$ 在 $(0,0)$ 点的左右两侧函数的凸性不变化，故 $(0,0)$ 不是曲线 $f(x) = x^4$ 的拐点.

由以上分析，对二阶可导的函数 $f(x)$，判断一点是否是曲线 $y = f(x)$ 的拐点，应先求 $f''(x) = 0$ 的点，这些点将 $f(x)$ 的定义域分成若干开区间；再判断 $f''(x)$ 在每个小区间的符号，可知 $f(x)$ 的凸性，从而判断出其是否是拐点.

例 5.5.1 讨论 $f(x) = x^4 - 2x^3 + 1$ 的凸性及拐点.

解 函数的定义域是 $\mathbb{R}$. 令 $f''(x) = 12x(x-1) = 0$，解得 $x = 0$ 和 $x = 1$. 它们将 $\mathbb{R}$ 分成三个区间 $(-\infty, 0)$，$(0,1)$，$(1, +\infty)$. 当 $x \in (-\infty, 0)$ 时，有 $f''(x) > 0$，故 $f(x)$ 在此区间内是下凸的；当 $x \in (0,1)$ 时，$f''(x) < 0$，故 $f(x)$ 在此区间内是上凸的；当 $x \in (1, +\infty)$ 时，

$f''(x) > 0$，故 $f(x)$ 在此区间内是下凸的，所以 $(0,1)$ 和 $(1,0)$ 都是曲线 $y = f(x)$ 的拐点.

下面的结论给出了根据函数的上凸性、下凸性建立不等式的一个很有用的方法.

定理 5.5.4（詹森不等式）　设函数 $f(x)$ 在区间 I 上是下凸的，则对 $\forall x_1,\ x_2,\ \cdots,\ x_n \in I$ 及 $\forall t_1,\ t_2,\ \cdots,\ t_n \in (0,1)$ 满足 $\sum\limits_{i=1}^{n} t_i = 1$，有

$$f\left(\sum_{i=1}^{n} t_i x_i \right) \leqslant \sum_{i=1}^{n} t_i f(x_i);$$

若函数 $f(x)$ 在区间 I 上是严格下凸的，则上述不等式中的等号只在 $x_1 = x_2 = \cdots = x_n$ 时成立.

证明　用数学归纳法. 已知 $k = 2$ 时不等式成立，设 $k = n-1$ 时不等式成立，下面证明 $k = n$ 时不等式也成立. 对 $\forall x_1, x_2, \cdots, x_n \in I$ 及 $\forall t_1, t_2, \cdots, t_n \in (0,1)$ 满足 $\sum\limits_{i=1}^{n} t_i = 1$，根据归纳假设，有

$$\begin{aligned}
f\left(\sum_{k=1}^{n} t_k x_k \right) &= f\left(\sum_{k=1}^{n-1} t_k x_k + t_n x_n \right) = f\left((1-t_n)\sum_{k=1}^{n-1} \frac{t_k}{1-t_n} x_k + t_n x_n \right) \\
&\leqslant (1-t_n) f\left(\sum_{k=1}^{n-1} \frac{t_k}{1-t_n} x_k \right) + t_n f(x_n) \\
&\leqslant (1-t_n) \sum_{k=1}^{n-1} \frac{t_k}{1-t_n} f(x_k) + t_n f(x_n) = \sum_{k=1}^{n} t_k f(x_k).
\end{aligned}$$

若 $f(x)$ 在区间 I 上是严格下凸的，且 $x_1, \cdots, x_n$ 不全相等，则应有严格的不等式

$$f\left(\sum_{i=1}^{n} t_i x_i \right) < \sum_{i=1}^{n} t_i f(x_i).$$

为说明这一事实，重新审查上面的归纳证明。对于 $k = 2$，由函数严格下凸的定义，此时显然是严格不等式. 假设 $k = n-1$ 时严格不等式成立，则当 $k = n$ 时，分两种情形考虑：若 $\sum\limits_{k=1}^{n-1} \frac{t_k}{1-t_n} x_k \neq x_n$，则上面推导的第一个不等式中的等号不成立；而若 $\sum\limits_{k=1}^{n-1} \frac{t_k}{1-t_n} x_k = x_n$，则必有 $x_1, \cdots, x_{n-1}$ 不全相等。事实上，假设 $x_1 = x_2 = \cdots = x_{n-1}$，则 $x_n = \sum\limits_{k=1}^{n-1} \frac{t_k}{1-t_n} x_k = x_1 \sum\limits_{k=1}^{n-1} \frac{t_k}{1-t_n} = x_1$ 矛盾。故 $x_1, \cdots, x_{n-1}$ 不全相等，由归纳假设，上面推导的第二个不等式中的等号不成立。所以只要 $x_1, \cdots, x_n$ 不全相等，上面推导中的不等式就是严格不等式，因此不等式中的等号成立当且仅当 $x_1 = x_2 = \cdots = x_n$. 证毕.

例 5.5.2　利用函数的凸性证明：$\sum\limits_{i=1}^{n} \lambda_i a_i \geqslant a_1^{\lambda_1} a_2^{\lambda_2} \cdots a_n^{\lambda_n}$，其中 $a_i > 0,\ \lambda_i > 0$（$i = 1, 2, \cdots, n$）满足 $\sum\limits_{i=1}^{n} \lambda_i = 1$. 不等式中的等号成立当且仅当 $a_1 = a_2 = \cdots = a_n$.

证明　令 $f(x) = \ln x$，$x \in (0, +\infty)$．则 $f'(x) = \dfrac{1}{x}$，$f''(x) = -\dfrac{1}{x^2} < 0$，$x \in (0, +\infty)$．因此 $f(x)$ 在 $(0, +\infty)$ 上是严格上凸的，故由詹森不等式，有

$$\ln\left(\sum_{i=1}^{n} \lambda_i a_i\right) \geqslant \sum_{i=1}^{n} \lambda_i \ln a_i = \ln a_1^{\lambda_1} a_2^{\lambda_2} \cdots a_n^{\lambda_n},$$

从而 $\displaystyle\sum_{i=1}^{n} \lambda_i a_i \geqslant a_1^{\lambda_1} a_2^{\lambda_2} \cdots a_n^{\lambda_n}$，且等号成立当且仅当 $a_1 = a_2 = \cdots = a_n$．证毕．

注　在例 5.5.2 中取 $\lambda_1 = \lambda_2 = \cdots = \lambda_n = \dfrac{1}{n}$，则得到几何平均与算术平均之间的不等式关系

$$\frac{a_1 + a_2 + \cdots + a_n}{n} \geqslant \sqrt[n]{a_1 a_2 \cdots a_n},$$

且等号成立当且仅当 $a_1 = a_2 = \cdots = a_n$．如果取 $a_i = \dfrac{1}{x_i} \in (0, +\infty)$，则得到 $\dfrac{n}{\dfrac{1}{x_1} + \dfrac{1}{x_2} + \cdots + \dfrac{1}{x_n}} \leqslant$

$\sqrt[n]{x_1 x_2 \cdots x_n}$，且等号成立当且仅当 $x_1 = x_2 = \cdots = x_n$．故对 $\forall x_i > 0$（$i = 1, 2, \cdots, n$），有不等式

$$\frac{n}{\dfrac{1}{x_1} + \dfrac{1}{x_2} + \cdots + \dfrac{1}{x_n}} \leqslant \sqrt[n]{x_1 x_2 \cdots x_n} \leqslant \frac{x_1 + x_2 + \cdots + x_n}{n}.$$

5.5.2　曲线的渐近性

在中学学习的平面解析几何中，给出了双曲线 $\dfrac{x^2}{a^2} - \dfrac{y^2}{b^2} = 1$ 的渐近线是两条直线 $\dfrac{x}{a} \pm \dfrac{y}{b} = 0$．有了渐近线，即便画不出全部曲线，也能知道曲线无限延伸时的走向及趋势．因此，为了使函数的几何形态尽可能精确，求出它的渐近线是很必要的．

定义 5.5.4　当曲线 L 上动点 P 沿着曲线 L 无限远移时，若动点 P 到某直线 l 的距离无限趋近于零，则称直线 l 是曲线 L 的渐近线．

曲线的渐近线有三种：垂直渐近线、水平渐近线、斜渐近线．

1．垂直渐近线

若 $\lim\limits_{x \to a^+} f(x) = \infty$ 或 $\lim\limits_{x \to a^-} f(x) = \infty$，则直线 $x = a$ 称为曲线 $y = f(x)$ 的垂直渐近线．

2．水平渐近线

若 $\lim\limits_{x \to +\infty} f(x) = c$ 或 $\lim\limits_{x \to -\infty} f(x) = d$，则直线 $y = c$ 或 $y = d$ 称为曲线 $y = f(x)$ 的水平渐近线．

3．斜渐近线

若存在常数 $a \neq 0$ 及 b 使得直线 $y = ax + b$ 是曲线 $y = f(x)$ 的斜渐近线，则由点到直线的距离公式，曲线 $y = f(x)$ 上点 $(x, f(x))$ 到直线 $y = ax + b$ 的距离为 $\dfrac{|f(x) - ax - b|}{\sqrt{1 + a^2}}$．因此，

直线 $y = ax + b$ 是曲线 $y = f(x)$ 的斜渐近线当且仅当 $\lim\limits_{\substack{x \to +\infty \\ (x \to -\infty)}} \dfrac{|f(x) - ax - b|}{\sqrt{1 + a^2}} = 0$，当且仅当

$$\lim_{x \to +\infty} (f(x) - (ax + b)) = 0 \text{ 或 } \lim_{x \to -\infty} (f(x) - (ax + b)) = 0 .$$

假设 $\lim\limits_{x \to +\infty} (f(x) - (ax + b)) = 0$，则

$$\lim_{x \to +\infty} \frac{f(x) - (ax + b)}{x} = 0 ,$$

从而 $\lim\limits_{x \to +\infty} \dfrac{f(x)}{x} = a$，且 $b = \lim\limits_{x \to +\infty} (f(x) - ax)$.

例 5.5.3　求曲线 $f(x) = \dfrac{(x-3)^2}{4(x-1)}$ 的渐近线.

解　$\lim\limits_{x \to 1^+} \dfrac{(x-3)^2}{4(x-1)} = +\infty$, $\lim\limits_{x \to 1^-} \dfrac{(x-3)^2}{4(x-1)} = -\infty$，所以 $x = 1$ 是曲线的垂直渐近线. 又

$$a = \lim_{x \to \infty} \frac{f(x)}{x} = \lim_{x \to \infty} \frac{(x-3)^2}{4x(x-1)} = \frac{1}{4} ,$$

$$b = \lim_{x \to \infty} \left(f(x) - \frac{1}{4}x \right) = \lim_{x \to \infty} \frac{-5x + 9}{4(x-1)} = -\frac{5}{4} ,$$

因此 $y = \dfrac{1}{4}x - \dfrac{5}{4}$ 是曲线的斜渐近线. 曲线无水平渐近线.

5.5.3　函数作图

我们已掌握了应用导数讨论函数的单调性、凸性、极值点、拐点等的方法，从而能比较准确地描绘出一个函数的图像. 具体步骤如下.

（1）求函数的定义域（确定图像的范围）.

（2）判别函数是否具有奇偶性或周期性（缩小描绘函数图像的范围）.

（3）求曲线的渐近线（包括垂直渐近线、水平渐近线及斜渐近线）.

（4）求函数 $f(x)$ 的一阶导数和二阶导数，求出 $f'(x) = 0$, $f''(x) = 0$ 的解，并讨论 $f(x)$ 的单调性、极值、凸性及曲线的拐点，以及导数可能不存在的点的函数值.

（5）计算函数的驻点、局部极值点，曲线的拐点坐标及曲线与坐标轴交点的坐标.

（6）在直角坐标系中，先标明上述关键点的坐标，画出渐近线，再按照曲线的性态逐段描绘.

例 5.5.4　描绘例 5.5.3 中函数 $f(x) = \dfrac{(x-3)^2}{4(x-1)}$ 的图像.

解　函数的定义域是 $(-\infty, 1) \bigcup (1, +\infty)$，由例 5.5.3 知曲线有两条渐近线 $x = 1$ 和 $y = \dfrac{1}{4}x - \dfrac{5}{4}$. 解 $f'(x) = \dfrac{(x+1)(x-3)}{4(x-1)^2} = 0$，求得驻点 $-1, 3$. 它们将定义域分成四个区间

$(-\infty,-1),\ (-1,1),\ (1,3),\ (3,+\infty)$．对 $\forall x$，$f''(x)=\dfrac{2}{(x-1)^3}\neq 0$，因此曲线无拐点．列表如下：

x	$(-\infty,-1)$	-1	$(-1,1)$	$(1,3)$	3	$(3,+\infty)$
$f'(x)$	$+$	0	$-$	$-$	0	$+$
$f''(x)$	$-$	$-$	$-$	$+$	$+$	$+$
$f(x)$	单调递增	极大值-2	单调递减	单调递减	极小值 0	单调递增
	上凸		上凸	下凸		下凸

解得特殊点的坐标 $(0,f(0))=\left(0,-\dfrac{9}{4}\right)$，据此画出函数的图像（如图 5-5-8 所示）．

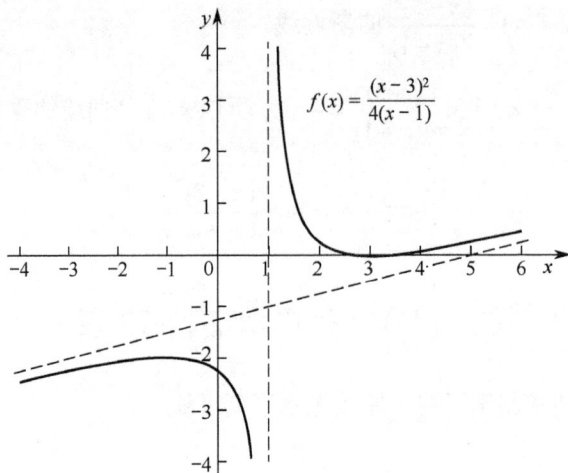

图 5-5-8

例 5.5.5 画出函数 $f(x)=x\sqrt{\dfrac{x}{1+x}}$ 的图像．

解 易知函数 $f(x)$ 的定义域是 $(-\infty,-1)\cup[0,+\infty)$．解得

$$f'(x)=\frac{2x+3}{2(x+1)}\sqrt{\frac{x}{1+x}}\begin{cases}>0,&x>0\ \text{或}\ x<-\dfrac{3}{2};\\=0,&x=-\dfrac{3}{2};\\<0,&-\dfrac{3}{2}<x<-1,\end{cases}$$

且

$$f''(x)=\frac{3}{4x(1+x)^2}\sqrt{\frac{x}{1+x}}\begin{cases}>0,&x>0;\\<0,&x<-1.\end{cases}$$

将函数的单调性和凸性列表如下：

x	$\left(-\infty,-\dfrac{3}{2}\right)$	$-\dfrac{3}{2}$	$\left(-\dfrac{3}{2},-1\right)$	$(0,+\infty)$
$f'(x)$	+	0	−	+
$f''(x)$	−	−	−	+
$f(x)$	严格单调递增	极大值 $-\dfrac{3}{2}\sqrt{3}$	严格单调递减	严格单调递增
	严格上凸		严格上凸	严格下凸

容易观察到曲线无拐点. 因为

$$\lim_{x\to(-1)^-}f(x)=-\infty,\ \lim_{x\to\pm\infty}\frac{f(x)}{x}=1,\ \lim_{x\to\pm\infty}[f(x)-x]=-\frac{1}{2},$$

所以 $x=-1$ 是曲线 $y=f(x)$ 的垂直渐近线，$y=x-\dfrac{1}{2}$ 是曲线 $y=f(x)$ 的双向延伸的斜渐近线. 由以上性质，可画出函数 $f(x)$ 的图像（如图 5-5-9 所示）.

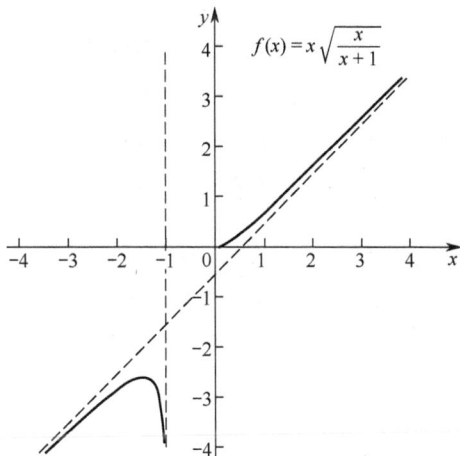

图 5-5-9

习题 5.5

1. 讨论下列函数的凸性及其曲线的拐点.

（1）$f(x)=3x^2-x^3$；　　　　　　　　（2）$f(x)=\mathrm{e}^{-x^2}$；

（3）$f(x)=x\arctan\dfrac{1}{x}$.

2. 求 a,b 为何值时，点 $(1,3)$ 是曲线 $y=ax^3+bx^2$ 的拐点？

3. 证明：曲线 $y=\dfrac{x+1}{x^2+1}$ 有三个拐点，且位于一条直线上.

4. 讨论由参数方程给出的函数 $\begin{cases}x=3\cos^3 t,\\ y=3\sin^3 t\end{cases}$（$t\in[0,\pi]$）的凸性.

5. 证明下列不等式.

（1）设 $a > 0$. 对 $\forall x_1, x_2 \in \mathbb{R}$，有 $a^{\frac{x_1+x_2}{2}} \leqslant \frac{1}{2}(a^{x_1} + a^{x_2})$；

（2）设 $p \geqslant 1$. 对 $\forall x_i \in [0, +\infty)$（$i = 1, 2 \cdots, n$），有 $\left(\frac{1}{n}(\sum_{i=1}^{n} x_i)\right)^p \leqslant \frac{1}{n}\left(\sum_{i=1}^{n} x_i^p\right)$；

（3）对 $\forall x, y \in (0, +\infty)$，有 $(x+y)\ln\frac{x+y}{2} \leqslant x\ln x + y\ln y$；

（4）对 $\forall \theta_i \in (0, \pi)$（$i = 1, 2, \cdots, n$）满足 $\theta_1 < \theta_2 < \cdots < \theta_n$，有 $\frac{1}{n}\sum_{i=1}^{n} \sin\theta_i < \sin\left(\frac{1}{n}\sum_{i=1}^{n} \theta_i\right)$.

6. 设 $g(x)$ 是 $[a, b]$ 上的下凸函数，且 $g([a, b]) \subseteq [c, d]$，$f(y)$ 是 $[c, d]$ 上单调递增的下凸函数. 证明：复合函数 $f \circ g$ 是 $[a, b]$ 上的下凸函数.

7. 设 $f(x)$ 是 $[a, b]$ 上的下凸函数，证明：$\max\{f(x) : x \in [a, b]\} = \max\{f(a), f(b)\}$.

8. 设 $f(x)$ 是 $[a, b]$ 上可微的下凸函数，且 $\exists x_0 \in (a, b)$ 使得 $f'(x_0) = 0$. 证明：

$$f(x_0) = \min\{f(x) : x \in [a, b]\}.$$

9. 证明：设函数 $f(x)$ 在 (a, b) 上可导. 则下列叙述等价：

（1）对 $\forall x_1, x_2 \in (a, b)$ 及 $\forall t \in (0, 1)$，$f(tx_1 + (1-t)x_2) \leqslant tf(x_1) + (1-t)f(x_2)$；

（2）对 $\forall x_1, x_2 \in (a, b)$，$f\left(\frac{x_1 + x_2}{2}\right) \leqslant \frac{f(x_1) + f(x_2)}{2}$；

（3）对 $\forall x_1, x_2 \in (a, b)$，$f(x_2) \geqslant f'(x_1)(x_2 - x_1) + f(x_1)$.

10. 设函数 $f(x)$ 是 (a, b) 上的下凸函数. 证明下列结论.

（1）对 $\forall x_0 \in (a, b)$，$f(x)$ 在 x_0 的左、右导数都存在且 $f'_-(x_0) \leqslant f'_+(x_0)$；

（2）$f(x) \in C(a, b)$.

11. 证明：$f(x)$ 是 (a, b) 上的下凸函数当且仅当 $f(x)$ 在 (a, b) 上连续，且对 $\forall x_1, x_2 \in (a, b)$，有

$$f\left(\frac{x_1 + x_2}{2}\right) \leqslant \frac{f(x_1) + f(x_2)}{2}.$$

12. 设 $a_k > 0, b_k > 0$（$k = 1, 2, \cdots, n$）. 又设 $p > 1, q > 1, \frac{1}{p} + \frac{1}{q} = 1$. 证明赫尔德不等式：$\sum_{k=1}^{n} a_k b_k \leqslant \left(\sum_{k=1}^{n} a_k^p\right)^{\frac{1}{p}} \left(\sum_{k=1}^{n} b_k^q\right)^{\frac{1}{q}}$，且等号成立当且仅当存在 $c > 0$ 使得 $a_k^p = cb_k^q$，$k = 1, 2, \cdots, n$.

13. 证明：若函数 $f(x)$ 在 (a, b) 内可导，且对 $\forall x, y \in (a, b)$ 满足 $x < y$，存在唯一的 $z \in (x, y)$ 使得 $\frac{f(y) - f(x)}{y - x} = f'(z)$，则 $f(x)$ 在 (a, b) 内严格上凸或严格下凸.

14. 证明：若函数 $f(x)$ 在 $[a, b]$ 上存在二阶导数，$f(a) = f(b) = 0$，且存在 $c \in (a, b)$ 使得 $f(c) > 0$，则存在 $\xi \in (a, b)$ 使得 $f''(\xi) < 0$.

15. 证明：若函数 $f(x)$ 在 $\mathbb{R}$ 上有界，且对 $\forall x \in \mathbb{R}$，有 $f''(x) \geqslant 0$，则 $f(x)$ 在 $\mathbb{R}$ 上是

常值函数.

16．求下列曲线的渐近线并描绘其图像.

（1）$y = \dfrac{x^2 + 2x - 1}{x}$；　　　　　　　　（2）$y = x \arctan x$；

（3）$y = \mathrm{e}^{-x^2}$.

*5.6　方程求根的牛顿迭代公式

方程的求根问题是一个基本数学问题，在应用科学和工程技术领域有着广泛的应用．我们知道，闭区间上连续函数的零点存在定理给出了方程有根的一个很一般的充分条件，但这只是一个存在性定理，只保证了根的存在性，而没有给出如何求根．在许多实际问题中，往往需要求出误差可以很小的根的近似值．例如，实际应用中存在许多求函数的最大值、最小值问题，如果函数的最值是在开区间内取得的，该最值点即为极值点，而求函数 $f(x)$ 的极值问题，可归结为求方程 $f'(x) = 0$ 的根的问题．再有，应用科学和工程技术领域有许多问题最后归结为求代数方程

$$x^n + a_1 x^{n-1} + \cdots + a_{n-1} x + a_n = 0$$

的根的问题．代数学基本定理告诉我们，每个 n 次代数方程都有 n 个复根（重根按重数计算），但只有 $n \leqslant 4$ 的方程有求根公式，挪威数学家阿贝尔和意大利数学家拉菲尼独立证明了当 $n \geqslant 5$ 时便没有一般性的求根公式．法国数学家伽罗瓦给出了当 $n \geqslant 5$ 时特殊系数条件下存在求根公式的充要条件，顺带发明群论这一数学分支．对一般的高阶多项式，可以应用数值方法求解方程的近似根．而设计一个快速收敛的数值算法，进而求出一个给定方程的误差可任意小的近似根，在理论及实际应用中都具有非常重要的意义.

作为导数的另一个重要应用，下面介绍求方程 $f(x) = 0$ 根的近似值方法——牛顿迭代法．运用这个方法可求出方程 $f(x) = 0$ 实根的精度可以任意好的近似值，而且这样得到的根的近似值数列具有相当快的收敛速度．牛顿迭代法又称切线法，其思想是，为求方程 $f(x) = 0$ 的根 $\bar{x}$，先大致估计出这个根 $\bar{x}$ 的范围，然后在这个范围内任意找一个点 x_1，作曲线 $y = f(x)$ 在点 $(x_1, f(x_1))$ 的切线，该切线的方程 $y = f(x_1) + f'(x_1)(x - x_1)$，若 x_1 找得较好，则这个切线与曲线 $y = f(x)$ 非常接近，因而它与 Ox 轴的交点 x_2 就可作为方程 $f(x) = 0$ 的根 $\bar{x}$ 的近似值，即 $x_2 = x_1 - \dfrac{f(x_1)}{f'(x_1)}$

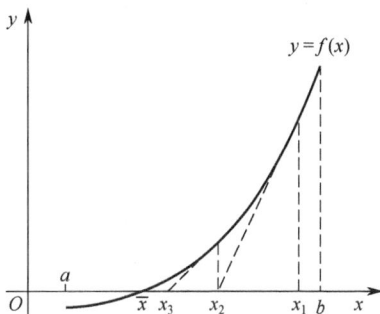

图 5-6-1

为所求根 $\bar{x}$ 的近似值，如图 5-6-1 所示.

若对这个近似值不满意，再作曲线 $y = f(x)$ 在点 $(x_2, f(x_2))$ 的切线，该切线方程

$$y = f(x_2) + f'(x_2)(x - x_2)$$

与 x 轴的交点 $x_3 = x_2 - \dfrac{f(x_2)}{f'(x_2)}$ 可作为方程 $f(x)=0$ 的根 $\bar{x}$ 的新的近似值. 如此继续做下去，就得到一个数列 $\{x_n\}$，该数列按照递推公式

$$x_{n+1} = x_n - \frac{f(x_n)}{f'(x_n)}, \quad n=1,2,\cdots \tag{5.6.1}$$

得到. 由图 5-6-1 可看出，随着 n 越来越大，x_n 作为 $\bar{x}$ 的近似值，其误差越来越小.

牛顿迭代法的思想，实际就是用线性函数 $g_n(x) = f(x_n) + f'(x_n)(x - x_n)$ 作为非线性函数 $f(x)$ 的近似，用这个线性函数的零点作为非线性函数 $f(x)$ 零点的近似值. 这样就把求解非线性方程 $f(x)=0$ 的问题，化归为求解一系列线性方程 $f(x_n) + f'(x_n)(x - x_n)=0$（$n=1,2,\cdots$）的问题.

下面证明当函数 $f(x)$ 满足一定条件时，由迭代公式（5.6.1）定义的数列 $\{x_n\}$ 收敛于方程 $f(x)=0$ 的根 $\bar{x}$.

定理 5.6.1（牛顿迭代法） 设 $f(x)$ 在 $[a,b]$ 上二阶可导，且 $f'(x)$ 与 $f''(x)$ 在此区间上都无零点. 又设 $f(a)f(b)<0$. 任取 $x_1 \in [a,b]$ 使得 $f(x_1)f''(x_1)>0$，按照式（5.6.1）定义数列 $\{x_n\}$，则这个数列收敛于 $f(x)$ 在 $[a,b]$ 上的唯一零点.

证明 由于 $f'(x)$ 在 $[a,b]$ 上无零点，不妨设 $f'(x)>0$，$\forall x \in [a,b]$. 则 $f(x)$ 在 $[a,b]$ 上严格单调递增，再由 $f(a)f(b)<0$，可知 $f(a)<0$ 且 $f(b)>0$. 由闭区间上连续函数的零点存在定理，$f(x)$ 在 (a,b) 上有唯一的零点，记为 $\bar{x}$. 由于 $x_1 \in [a,b]$ 满足 $f(x_1)f''(x_1)>0$，所以要么 $f(x_1)>0$ 且 $f''(x_1)>0$，要么 $f(x_1)<0$ 且 $f''(x_1)<0$.

不妨设 $f(x_1)>0$ 且 $f''(x_1)>0$. 另一种情形类似可证. 则

$$x_2 = x_1 - \frac{f(x_1)}{f'(x_1)} < x_1.$$

由于 $f(x)$ 在 $[a,b]$ 上严格单调递增，因此 $f(x_1)>0$ 表明 $x_1 > \bar{x}$. 另，由于 $f''(x)$ 在 $[a,b]$ 上无零点，因此 $f''(x_1)>0$ 表明 $f''(x)>0$，$\forall x \in [a,b]$. 故 $f(x)$ 是 $[a,b]$ 上的严格下凸函数，曲线 $y=f(x)$ 位于其任一条切线的上方，因此 $0 = f(\bar{x}) > f(x_1) + f'(x_1)(\bar{x} - x_1)$，即 $\bar{x} < x_1 - \dfrac{f(x_1)}{f'(x_1)} = x_2$，从而有 $f(x_2) > f(\bar{x})=0$. 假设 $\bar{x} < x_n < x_{n-1}$（$n \geq 2$）. 我们用归纳法证明 $\bar{x} < x_{n+1} < x_n$. 由于 $f(x_n) > f(\bar{x})=0$ 且 $f'(x_n)>0$，因此 $x_{n+1} = x_n - \dfrac{f(x_n)}{f'(x_n)} < x_n$，又函数 $f(x)$ 严格下凸表明 $0 = f(\bar{x}) > f(x_n) + f'(x_n)(\bar{x} - x_n)$，故 $\bar{x} < x_n - \dfrac{f(x_n)}{f'(x_n)} = x_{n+1}$.

这样我们证明了数列 $\{x_n\}$ 单调递减且有下界，因此极限存在，记 $\lim\limits_{n\to\infty} x_n = c$. 现在我们只需证明 $c = \bar{x}$. 由于 $\bar{x} < x_{n+1} < x_n < x_1$，因此 $c \in [\bar{x}, x_1] \subset [a,b]$. 令 $n\to\infty$，对递推式 $x_{n+1} = x_n - \dfrac{f(x_n)}{f'(x_n)}$ 两边取极限，有 $c = c - \dfrac{f(c)}{f'(c)}$，从而 $f(c)=0$. 因为函数 $f(x)$ 在 $[a,b]$ 上严格单调递增，且 $f(\bar{x})=0$，所以 $c = \bar{x}$. 证毕.

下面估计用 x_n 近似代替 $\bar{x}$ 时的误差大小. 记

$$M = \frac{1}{2}\max\left\{\left|\frac{f''(x)}{f'(x)}\right|: \ x \in [a,b]\right\}.$$

将 $f(\overline{x})$ 在点 x_n 处展开成带有拉格朗日余项的一阶泰勒公式，即

$$0 = f(\overline{x}) = f(x_n) + f'(x_n)(\overline{x} - x_n) + \frac{1}{2}f''(\xi_n)(\overline{x} - x_n)^2 ,$$

其中 ξ_n 介于 $\overline{x}$ 和 x_n 之间. 所以

$$x_{n+1} - \overline{x} = x_n - \frac{f(x_n)}{f'(x_n)} - \overline{x} = -\frac{(\overline{x} - x_n)f'(x_n) + f(x_n)}{f'(x_n)}$$

$$= \frac{f''(\xi_n)}{2f'(x_n)}(x_n - \overline{x})^2 ,$$

故 $\left|x_{n+1} - \overline{x}\right| = \left|\dfrac{f''(\xi_n)}{2f'(x_n)}\right|(x_n - \overline{x})^2 \leqslant M(x_n - \overline{x})^2 ,\quad n = 1,2,\cdots.$ 递推可得

$$\left|x_{n+1} - \overline{x}\right| \leqslant M(x_n - \overline{x})^2 \leqslant \cdots \leqslant M^{2^n - 1}\left|x_1 - \overline{x}\right|^{2^n} = M^{-1}\left(M\left|x_1 - \overline{x}\right|\right)^{2^n} ,\quad n = 1,2,\cdots,$$

所以只有选取 x_1 充分靠近 $\overline{x}$ 使得 $M\left|x_1 - \overline{x}\right| < 1$ ，x_n 才以指数次幂阶速度非常快地收敛于 $\overline{x}$.

例如，给定正数 c . 应用牛顿迭代法求它的平方根 $\sqrt{c}$. 这相当于求方程 $x^2 - c = 0$ 的正根. 令 $f(x) = x^2 - c$（ $x > 0$ ）. 则 $f'(x) = 2x > 0$ ，且 $f''(x) = 2 > 0$. 所以定理 5.6.1 的条件对任意一个包含 $\sqrt{c}$ 的闭区间 $[a,b] \subseteq (0, +\infty)$ 都满足. 应用此定理，得

$$x_{n+1} = \frac{1}{2}\left(x_n + \frac{c}{x_n}\right),\quad n = 1,2,\cdots,$$

这就是求正数 c 的平方根的迭代公式.

类似地，对任意的正整数 k ，求正数 c 的 k 次方根 $\sqrt[k]{c}$ 的迭代公式是

$$x_{n+1} = \frac{k-1}{k}x_n + \frac{c}{k x_n^{k-1}},\quad n = 1,2,\cdots.$$

牛顿迭代法是数值计算里的经典方法，在数值分析课程中将会深入学习.

第6章 不定积分

前面学习了函数的求导运算，本章学习求导运算的逆运算——求不定积分，即求一个可导函数，使其导函数为已知函数．不定积分有两方面的应用，一是为后面将要学习的定积分的计算服务；二是为学习后继课程——微分方程等服务．例如，物理学中经常碰到的一个问题：已知物体运动的加速度，求这个物体运动的速度函数和路程函数．本章内容的任务是学习一些求初等函数不定积分的基本技巧，核心是分部积分法和积分换元法，这些积分技巧的提炼或掌握需要通过做必要的练习来达到．因此，在学习的过程中，需要多动脑，分析总结各种各样的不定积分，从而达到启迪智慧、强化记忆的目的．

6.1 原函数与不定积分

6.1.1 原函数与不定积分的概念

定义 6.1.1 设函数 $f(x)$ 在区间 I 上有定义，如果存在可导函数 $F(x)$ 使得 $F'(x) = f(x)$，$\forall x \in I$，称 $F(x)$ 是函数 $f(x)$ 在区间 I 上的一个**原函数**．

如果函数 $F(x)$ 是函数 $f(x)$ 的一个原函数，则 $F'(x) = f(x)$，从而对任意的常数 C，有 $(F(x) + C)' = f(x)$，即 $F(x) + C$ 也是函数 $f(x)$ 的原函数．这样，若函数 $f(x)$ 存在一个原函数 $F(x)$，则它必有无穷多个原函数，那么是否函数 $f(x)$ 的原函数都具有形式 $F(x) + C$ 呢？设 $\Phi(x)$ 是函数 $f(x)$ 的任意一个原函数，则 $\Phi'(x) = f(x)$，这样 $(F(x) - \Phi(x))' = F'(x) - \Phi'(x) = 0$，故 $\Phi(x) = F(x) + C$．所以我们有

定理 6.1.1 若 $F(x)$ 是函数 $f(x)$ 的一个原函数，则 $f(x)$ 的全体原函数是 $F(x) + C$（C 为任意常数）．

定理 6.1.1 指出，一个函数的所有原函数之间仅相差一个常数．这样，如果想求 $f(x)$ 的所有原函数，只需先求出它的一个原函数，再加上任意常数 C，就得到 $f(x)$ 的所有原函数．

定义 6.1.2 函数 $f(x)$ 的所有原函数 $F(x) + C$（C 为任意常数），称为 $f(x)$ 的**不定积分**，表示为 $\int f(x)\mathrm{d}x = F(x) + C$，其中，$\int$ 为不定积分符号，$f(x)$ 为被积函数，$f(x)\mathrm{d}x$ 为被积表达式，x 为积分变量，C 为积分常数．

由此可见，一个函数的不定积分是一个函数族．设 $F(x)$ 是函数 $f(x)$ 的一个原函数，则

（1）$\dfrac{\mathrm{d}\left(\int f(x)\mathrm{d}x\right)}{\mathrm{d}x} = (F(x) + C)' = f(x)$，或 $\mathrm{d}\left(\int f(x)\mathrm{d}x\right) = \mathrm{d}(F(x) + C) = F'(x)\mathrm{d}x = f(x)\mathrm{d}x$，即不定积分的导数（或微分）等于被积函数（或被积表达式）；

（2）$\int \mathrm{d}F(x) = \int F'(x)\mathrm{d}x = \int f(x)\mathrm{d}x = F(x) + C$，即 $F(x)$ 的微分（或导数）的不定积分

等于函数族 $F(x)+C$.

我们说 **$F(x)$是函数 $f(x)$的原函数,总是对一个区间而言**,原函数 $F(x)$ 必须在所讨论的区间上每一点都可导,当然原函数在此区间上连续,如下面的例子.

例 6.1.1　求 $\int \dfrac{1}{x}\mathrm{d}x$.

解　当 $x>0$ 时,因为 $(\ln x)'=\dfrac{1}{x}$,所以 $\ln x$ 是 $\dfrac{1}{x}$ 在 $(0,+\infty)$ 内的一个原函数,因此在 $(0,+\infty)$ 内,

$$\int \frac{1}{x}\mathrm{d}x = \ln x + C ;$$

当 $x<0$ 时,由于 $(\ln(-x))'=\dfrac{1}{x}$,因此 $\int \dfrac{1}{x}\mathrm{d}x = \ln(-x)+C$. 从而综合 $x>0$ 和 $x<0$ 两种情形,有

$$\int \frac{1}{x}\mathrm{d}x = \ln|x| + C .$$

我们说 $F(x)$ 是函数 $f(x)$ 在 $[a,b]$ 上的原函数,则 $F(x)$ 在 (a,b) 内可导,$F'(x)=f(x)$,$F(x)$ 在区间的两个端点 a,b 处分别单侧可导,且 $F'_+(a)=f(a)$,$F'_-(b)=f(b)$.

根据达布引理(例 5.1.1),函数的导函数没有第一类间断点. 反之,若函数 $f(x)$ 有第一类间断点,则函数 $f(x)$ 一定不存在原函数. 例如,$x=0$ 是函数 $f(x)=\begin{cases}1, & x>0; \\ 0, & x\leqslant 0\end{cases}$ 的第一类间断点,则它在包含 0 点的任何开区间上都不存在原函数.

例 6.1.2　求 $\int a^x\mathrm{d}x$. 其中 $a>0$,$a\neq 1$.

解　因为 $\left(\dfrac{a^x}{\ln a}\right)'=a^x$,所以 $\int a^x\mathrm{d}x = \dfrac{a^x}{\ln a}+C$.

从几何上看,$f(x)$ 的所有原函数的图像是一族铺满了整个坐标平面的"平行"曲线,它们在各自横坐标为 x 的点处的切线平行(斜率都是 $f(x)$),这族曲线 $F(x)+C_i$ 称为 $f(x)$ 的**积分曲线族**. 这族积分曲线由某条积分曲线沿着纵轴方向任意平行移动而得到,如图 6-1-1 所示. 在求函数 $f(x)$ 的原函数问题中,往往要从原函数族 $y=F(x)+C$ 中确定一个满足条件 $y(x_0)=y_0$ 的原函数,换句话说,就是求积分曲线族中通过某一点 (x_0,y_0) 的那条积分曲线.

例 6.1.3　设曲线通过点 $(1,3)$,且其上任一点 (x,y) 处的切线斜率为 $2x$,求此曲线的方程.

解　设所求曲线方程为 $y=f(x)$. 由题设,曲线上一点 (x,y) 处的切线斜率等于 $2x$,所以 $f'(x)=2x$,两边求不定积分,求得 $f(x)=x^2+C$,即存在某个常数 C 使得曲线方程为 $y=x^2+C$. 又知曲线通过点 $(1,3)$,所以 $1+C=3$,即 $C=2$. 故所求曲线方程为 $y=x^2+2$.

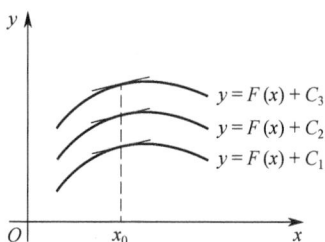

图 6-1-1

6.1.2　不定积分的线性运算

求已知函数的原函数的运算，称为**积分运算**．可见，积分运算是微分运算的逆运算，因此不定积分满足线性运算．即，若 $f(x)$ 与 $g(x)$ 都存在原函数，则

（1）对任意的非零常数 a，$\int af(x)\mathrm{d}x = a\int f(x)\mathrm{d}x$；

（2）$\int (f(x)+g(x))\mathrm{d}x = \int f(x)\mathrm{d}x + \int g(x)\mathrm{d}x$．

此运算法则可推广到任意有限个函数线性组合的不定积分，其等于每个函数不定积分的相应线性组合．即，若 $\int f_i(x)\mathrm{d}x$ 存在，$i=1,\ 2,\ \cdots,\ n$，则对 $\forall \alpha_i \in \mathbb{R}$，

$$\int \left(\sum_{i=1}^{n} \alpha_i f_i(x) \right) \mathrm{d}x = \sum_{i=1}^{n} \alpha_i \int f_i(x)\mathrm{d}x.$$

由于求不定积分的运算是求导运算的逆运算，因此将导数公式中的每个公式反转过来就得到不定积分的公式．

6.1.3　常用不定积分公式（1）

（1）$\int a\mathrm{d}x = ax + C$，$a$ 是常数．　　　　（2）$\int x^{\alpha}\mathrm{d}x = \dfrac{1}{\alpha+1}x^{\alpha+1} + C$，$\alpha \neq -1$ 为常数．

（3）$\int \dfrac{1}{x}\mathrm{d}x = \ln|x| + C$．

（4）$\int a^x \mathrm{d}x = \dfrac{a^x}{\ln a} + C$，$0 < a \neq 1$ 为常数；特别地，$\int \mathrm{e}^x \mathrm{d}x = \mathrm{e}^x + C$．

（5）$\int \sin x\mathrm{d}x = -\cos x + C$．　　　　（6）$\int \cos x\mathrm{d}x = \sin x + C$．

（7）$\int \sec^2 x\mathrm{d}x = \int \dfrac{1}{\cos^2 x}\mathrm{d}x = \tan x + C$．　　（8）$\int \csc^2 x\mathrm{d}x = \int \dfrac{1}{\sin^2 x}\mathrm{d}x = -\cot x + C$．

（9）$\int \sec x \tan x\mathrm{d}x = \sec x + C$．　　　（10）$\int \csc x \cot x\mathrm{d}x = -\csc x + C$．

（11）$\int \dfrac{\mathrm{d}x}{\sqrt{1-x^2}} = \arcsin x + C = -\arccos x + C$．

（12）$\int \dfrac{1}{1+x^2}\mathrm{d}x = \arctan x + C = -\operatorname{arccot} x + C$．

注　以上等式成立的自变量 x 的变化范围，是使得等式右端的函数有定义且可导的那些点的集合．利用上述不定积分公式及不定积分线性运算法则可求一些简单函数的不定积分，所以要熟记上述不定积分公式．

例 6.1.4　求 $\int (4x^3 + \sin x + 2^x)\mathrm{d}x$．

解 $\int (4x^3 + \sin x + 2^x)\mathrm{d}x = \int 4x^3 \mathrm{d}x + \int \sin x \mathrm{d}x + \int 2^x \mathrm{d}x = x^4 - \cos x + \dfrac{2^x}{\ln 2} + C$.

注 上面等式右端的每个不定积分都有一个任意常数, 任意常数的有限和还是任意常数, 故只需写一个任意常数即可.

例 6.1.5 求 $\int \left(2 - \dfrac{1}{x^2}\right)\sqrt{x\sqrt{x}}\,\mathrm{d}x$.

解 $\int \left(2 - \dfrac{1}{x^2}\right)\sqrt{x\sqrt{x}}\,\mathrm{d}x = \int \left(2 - \dfrac{1}{x^2}\right)x^{\frac{3}{4}}\mathrm{d}x = 2\int x^{\frac{3}{4}}\mathrm{d}x - \int x^{-\frac{5}{4}}\mathrm{d}x = \dfrac{8}{7}x^{\frac{7}{4}} + 4x^{-\frac{1}{4}} + C$.

例 6.1.6 求 $\int \dfrac{x^4 + 1}{1 + x^2}\mathrm{d}x$.

解 $\displaystyle\int \frac{x^4 + 1}{1 + x^2}\mathrm{d}x = \int \left(\frac{x^4 - 1}{1 + x^2} + \frac{2}{1 + x^2}\right)\mathrm{d}x = \int \left(x^2 - 1 + \frac{2}{1 + x^2}\right)\mathrm{d}x$

$\displaystyle\qquad = \int x^2 \mathrm{d}x - \int \mathrm{d}x + \int \frac{2}{1 + x^2}\mathrm{d}x = \frac{1}{3}x^3 - x + 2\arctan x + C$.

对某些三角函数的不定积分, 可先利用三角恒等变换, 再由常用的不定积分公式表中的公式求出.

例 6.1.7 求 $\int \dfrac{2}{\sin^2 x \cos^2 x}\mathrm{d}x$.

解 $\displaystyle\int \frac{2}{\sin^2 x \cos^2 x}\mathrm{d}x = 2\int \frac{\sin^2 x + \cos^2 x}{\sin^2 x \cos^2 x}\mathrm{d}x = 2\int \frac{1}{\cos^2 x}\mathrm{d}x + 2\int \frac{1}{\sin^2 x}\mathrm{d}x$

$\displaystyle\qquad = 2\tan x - 2\cot x + C$.

例 6.1.8 求 $\int (\tan^2 x - 1)\mathrm{d}x$.

解 $\int (\tan^2 x - 1)\mathrm{d}x = \int (\sec^2 x - 2)\mathrm{d}x = \int \sec^2 x \mathrm{d}x - 2\int \mathrm{d}x = \tan x - 2x + C$.

例 6.1.9 求 $\int \cos^2 \dfrac{x}{2}\mathrm{d}x$.

解 $\displaystyle\int \cos^2 \frac{x}{2}\mathrm{d}x = \int \frac{1 + \cos x}{2}\mathrm{d}x = \frac{1}{2}\left(\int \mathrm{d}x + \int \cos x \mathrm{d}x\right) = \frac{1}{2}(x + \sin x) + C$.

例 6.1.10 求 $\int \cot^2 x \mathrm{d}x$.

解 $\int \cot^2 x \mathrm{d}x = \int (\csc^2 x - 1)\mathrm{d}x = \int \csc^2 x \mathrm{d}x - \int \mathrm{d}x = -\cot x - x + C$.

习题 6.1

1. 讨论下列函数在 $(-\infty, +\infty)$ 上是否有原函数, 若有则求出其原函数, 否则说明理由.

（1）$f(x) = \begin{cases} 2x\sin\dfrac{1}{x} - \cos\dfrac{1}{x}, & x \neq 0; \\ 0, & x = 0. \end{cases}$
　　　（2）$f(x) = \begin{cases} -\sin x, & x \leqslant 0; \\ \dfrac{1}{\sqrt{x}}, & x > 0. \end{cases}$

(3) $f(x) = \begin{cases} 1, & x \leqslant 0; \\ x, & x > 0. \end{cases}$　　　　　(4) $f(x) = \begin{cases} x^2 + 1, & x \leqslant 0; \\ \cos x + \dfrac{\pi}{4}, & x > 0. \end{cases}$

2. 利用常用的不定积分公式求下列不定积分.

(1) $\displaystyle\int (\sqrt{x} + 1)\,\mathrm{d}x$;　　　　(2) $\displaystyle\int \dfrac{1 - x^2}{1 + x^2}\,\mathrm{d}x$;　　　(3) $\displaystyle\int a^x \mathrm{e}^x \mathrm{d}x, 1 \neq ae > 0$;

(4) $\displaystyle\int \left(\dfrac{2}{x} + \dfrac{x}{3}\right)^3 \mathrm{d}x$;　　　(5) $\displaystyle\int \dfrac{\sqrt[3]{x^2} - \sqrt[4]{x}}{\sqrt{x}}\,\mathrm{d}x$;　　(6) $\displaystyle\int (\sqrt{x} + 1)(x - \sqrt{x} + 1)\,\mathrm{d}x$;

(7) $\displaystyle\int (2^x + 3^x)^2 \mathrm{d}x$;　　　(8) $\displaystyle\int \dfrac{2 \cdot 3^x - 5 \cdot 2^x}{3^x}\,\mathrm{d}x$; (9) $\displaystyle\int \dfrac{x^4}{1 + x^2}\,\mathrm{d}x$;

(10) $\displaystyle\int |(x - 1)(3x - 2)|\,\mathrm{d}x$;　(11) $\displaystyle\int \dfrac{\cos 2x}{\sin^2 x}\,\mathrm{d}x$;　(12) $\displaystyle\int \dfrac{1 + x + x^2}{x(1 + x^2)}\,\mathrm{d}x$.

3. 求满足下列条件的函数 $F(x)$.

(1) $F'(x) = 2x,\ F(0) = 1$;　　　　　　(2) $F'(x) = (3x - 5)(1 - x),\ F(1) = 3$;

(3) $F'(x) = \left(\sin \dfrac{x}{2} - \cos \dfrac{x}{2}\right)^2,\ F\left(\dfrac{\pi}{2}\right) = 0$.

4. 求一条平面曲线的方程，该曲线通过点 $A(1,0)$ ，并且曲线上每一点 $P(x,y)$ 的切线斜率是 $2x - 2$ （$x \in \mathbb{R}$）.

5. 若曲线 $y = f(x)$ 上点 (x, y) 处的切线斜率与 x^3 成正比，并且曲线通过点 $A(1,6)$ 与 $B(2,-9)$ ，求该曲线方程.

6. 设 $F(x)$ 是连续函数 $f(x)$ 在 $\mathbb{R}$ 上的原函数，问：

(1) 如果 $f(x)$ 是以 T 为周期的函数，那么 $F(x)$ 是否也是周期函数？

(2) 如果 $f(x)$ 是偶函数，那么 $F(x)$ 是否是奇函数？

6.2　不定积分计算

　　一般来说，求不定积分要比求导运算困难得多．这是因为，如果函数存在导数，根据导数运算法则和导数公式或导数定义，总能求出函数的导数．我们知道，初等函数的导数仍然是初等函数，但初等函数的原函数却不一定是初等函数．根据不定积分运算法则和不定积分公式只能求出很少一部分比较简单函数的不定积分，因此求不定积分有较大的灵活性．下面介绍最常用也最基本的两种方法——分部积分法和积分换元法．这两种方法都起到化繁为简的作用，即使用这两种方法能将一些不定积分的被积函数化简，以便能应用常用的不定积分公式表中的公式来求出其不定积分．

6.2.1　分部积分法

回忆两个函数乘积的导数，如果 u, v 都是 x 的可微函数，则 $(uv)' = u'v + uv'$，故

$$\int u \mathrm{d}v = \int uv' \mathrm{d}x = \int (uv)' \mathrm{d}x - \int vu' \mathrm{d}x = uv - \int v \mathrm{d}u .$$

称如下公式

$$\int uv' \mathrm{d}x = uv - \int vu' \mathrm{d}x \quad \text{或} \quad \int u \mathrm{d}v = uv - \int v \mathrm{d}u$$

为**分部积分公式**. 分部积分公式把求等式左端的原函数问题转化为求其右端的原函数，这样当等式右端的原函数容易求得时，分部积分公式起到了化繁为简或化难为易的作用，利用该公式求不定积分的方法称为**分部积分法**.

分部积分法用于求两个函数乘积形式的不定积分，一般来说，求下列形式的不定积分：

$$\int P(x)\sin \alpha x \mathrm{d}x, \quad \int P(x)\mathrm{e}^{\alpha x}\mathrm{d}x, \quad \int P(x)(\ln x)^m \mathrm{d}x, \quad \int P(x)\arctan x \mathrm{d}x, \quad \int P(x)\arcsin x \mathrm{d}x$$

等，需要用分部积分法，从而化去这些非有理函数，其中 $P(x)$ 为多项式函数.

例 6.2.1　求 $\int x\sin x \mathrm{d}x$.

解　$\int x\sin x \mathrm{d}x = \int x \mathrm{d}(-\cos x) = -x\cos x + \int \cos x \mathrm{d}x = -x\cos x + \sin x + C$.

例 6.2.2　求 $\int \dfrac{\ln x}{x^2}\mathrm{d}x$.

解　$\int \dfrac{\ln x}{x^2}\mathrm{d}x = \int \ln x \mathrm{d}\left(-\dfrac{1}{x}\right) = -\dfrac{\ln x}{x} + \int \dfrac{1}{x^2}\mathrm{d}x = -\dfrac{\ln x}{x} - \dfrac{1}{x} + C$.

例 6.2.3　求 $\int x\arctan x \mathrm{d}x$.

解　$\int x\arctan x \mathrm{d}x = \int \arctan x \mathrm{d}\dfrac{x^2}{2} = \dfrac{x^2}{2}\arctan x - \dfrac{1}{2}\int \dfrac{x^2}{1+x^2}\mathrm{d}x$

$\qquad = \dfrac{x^2}{2}\arctan x - \dfrac{1}{2}\int \left(1 - \dfrac{1}{1+x^2}\right)\mathrm{d}x = \dfrac{x^2}{2}\arctan x - \dfrac{x}{2} + \dfrac{1}{2}\arctan x + C.$

例 6.2.4　求 $\int x^2 \mathrm{e}^x \mathrm{d}x$.

解　$\int x^2 \mathrm{e}^x \mathrm{d}x = \int x^2 \mathrm{d}\mathrm{e}^x = x^2 \mathrm{e}^x - 2\int \mathrm{e}^x x \mathrm{d}x = x^2 \mathrm{e}^x - 2\int x \mathrm{d}\mathrm{e}^x = x^2 \mathrm{e}^x - 2x\mathrm{e}^x + 2\int \mathrm{e}^x \mathrm{d}x$

$\qquad = x^2 \mathrm{e}^x - 2x\mathrm{e}^x + 2\mathrm{e}^x + C.$

例 6.2.5　求 $I = \int \mathrm{e}^x \cos x \mathrm{d}x$.

解　$I = \int \mathrm{e}^x \cos x \mathrm{d}x = \int \cos x \mathrm{d}\mathrm{e}^x = \mathrm{e}^x \cos x + \int \mathrm{e}^x \sin x \mathrm{d}x$

$\qquad = \mathrm{e}^x \cos x + \int \sin x \mathrm{d}\mathrm{e}^x = \mathrm{e}^x \cos x + \mathrm{e}^x \sin x - \int \mathrm{e}^x \cos x \mathrm{d}x$

$\qquad = \mathrm{e}^x \cos x + \mathrm{e}^x \sin x - I,$

故 $I = \dfrac{1}{2}\mathrm{e}^x(\sin x + \cos x) + C$.

同理，可求得 $\int e^x \sin x dx = \dfrac{1}{2} e^x (\sin x - \cos x) + C$.

6.2.2 积分换元法

如果不能直接应用分部积分公式求出不定积分，则观察被积表达式能否凑成一个复合函数的微分．由于求不定积分是求导运算的逆运算，而在求导数时，关于复合函数有链式法则，因此，相应地，求不定积分便有积分换元法．逆向使用复合函数的链式法则就得到如下的**第一积分换元法**，又称**凑微分法**，即把 $f(x)dx$ 凑成一个复合函数 $G(\varphi(x))$ 的微分．

定理 6.2.1（第一积分换元法） 若 $\int f(t)dt = G(t) + C$，则
$$\int f(\varphi(x))\varphi'(x)dx = G(\varphi(x)) + C,$$
其中 $\varphi(x)$ 为连续可导函数．

例 6.2.6 求 $\int \sqrt[3]{x+5}\,dx$.

解 令 $t = x + 5$，则 $\int \sqrt[3]{x+5}\,dx = \int \sqrt[3]{t}\,dt = \dfrac{3}{4} t^{\frac{4}{3}} + C = \dfrac{3}{4}(x+5)^{\frac{4}{3}} + C$.

注意到 $d(x+5) = dx$，熟练之后可省略中间变量 t，即如下直接计算
$$\int \sqrt[3]{x+5}\,dx = \int \sqrt[3]{x+5}\,d(x+5) = \dfrac{3}{4}(x+5)^{\frac{4}{3}} + C.$$

例 6.2.7 求 $\int (5x^2 + 11)^5 x dx$.

解 $\int (5x^2+11)^5 x dx = \dfrac{1}{2} \int (5x^2+11)^5 dx^2 = \dfrac{1}{10} \int (5x^2+11)^5 d(5x^2+11) = \dfrac{1}{60}(5x^2+11)^6 + C$.

例 6.2.8 求 $\int \dfrac{1}{a^2+x^2}\,dx$，$a \neq 0$.

解 $\int \dfrac{1}{a^2+x^2}\,dx = \dfrac{1}{a^2} \int \dfrac{dx}{1+\left(\dfrac{x}{a}\right)^2} = \dfrac{1}{a} \int \dfrac{1}{1+\left(\dfrac{x}{a}\right)^2}\,d\dfrac{x}{a} = \dfrac{1}{a}\arctan\dfrac{x}{a} + C$.

例 6.2.9 求 $\int \dfrac{1}{\sqrt{a^2-x^2}}\,dx$，$a > 0$.

解 $\int \dfrac{1}{\sqrt{a^2-x^2}}\,dx = \int \dfrac{1}{\sqrt{1-\left(\dfrac{x}{a}\right)^2}}\,d\left(\dfrac{x}{a}\right) = \arcsin\dfrac{x}{a} + C$.

例 6.2.10 求 $\int \dfrac{1}{x^2-a^2}\,dx$，$a \neq 0$.

解 $\int \dfrac{1}{x^2-a^2}\,dx = \dfrac{1}{2a} \int \left(\dfrac{1}{x-a} - \dfrac{1}{x+a}\right)dx = \dfrac{1}{2a}\left(\int \dfrac{1}{x-a}\,d(x-a) - \int \dfrac{1}{x+a}\,d(x+a)\right)$
$$= \dfrac{1}{2a}\ln\left|\dfrac{x-a}{x+a}\right| + C.$$

例 6.2.11　求 $\int \dfrac{1}{x\ln x}\mathrm{d}x$.

解　$\displaystyle\int \dfrac{1}{x\ln x}\mathrm{d}x = \int \dfrac{1}{\ln x}\mathrm{d}\ln x = \ln\left|\ln x\right| + C$.

例 6.2.12　求 $\int \dfrac{1}{\sin x}\mathrm{d}x$ 及 $\int \dfrac{1}{\cos x}\mathrm{d}x$.

解 1　$\displaystyle\int \dfrac{1}{\sin x}\mathrm{d}x = \int \dfrac{1}{2\sin\dfrac{x}{2}\cos\dfrac{x}{2}}\mathrm{d}x = \int \dfrac{1}{2\tan\dfrac{x}{2}\cos^2\dfrac{x}{2}}\mathrm{d}x$

$\qquad\qquad = \displaystyle\int \dfrac{1}{\tan\dfrac{x}{2}}\mathrm{d}\tan\dfrac{x}{2} = \ln\left|\tan\dfrac{x}{2}\right| + C$.

因为

$$\tan\dfrac{x}{2} = \dfrac{\sin\dfrac{x}{2}}{\cos\dfrac{x}{2}} = \dfrac{2\sin^2\dfrac{x}{2}}{\sin x} = \dfrac{1-\cos x}{\sin x} = \csc x - \cot x ,$$

所以

$$\int \dfrac{1}{\sin x}\mathrm{d}x = \ln\left|\csc x - \cot x\right| + C .$$

解 2　$\displaystyle\int \dfrac{1}{\sin x}\mathrm{d}x = \int \dfrac{\sin x}{\sin^2 x}\mathrm{d}x = -\int \dfrac{\mathrm{d}\cos x}{1-\cos^2 x}$

$\qquad\qquad = -\dfrac{1}{2}\displaystyle\int\left(\dfrac{1}{1-\cos x} + \dfrac{1}{1+\cos x}\right)\mathrm{d}\cos x$

$\qquad\qquad = \dfrac{1}{2}\ln\dfrac{1-\cos x}{1+\cos x} + C = \ln\left|\dfrac{1-\cos x}{\sin x}\right| + C = \ln\left|\csc x - \cot x\right| + C .$

解 3　$\displaystyle\int \dfrac{1}{\sin x}\mathrm{d}x = \int \csc x\,\mathrm{d}x = \int \dfrac{\csc x(\csc x - \cot x)}{\csc x - \cot x}\mathrm{d}x = \ln\left|\csc x - \cot x\right| + C .$

由此得到

$$\int \dfrac{1}{\cos x}\mathrm{d}x = \int \dfrac{\mathrm{d}\left(x+\dfrac{\pi}{2}\right)}{\sin\left(x+\dfrac{\pi}{2}\right)} = \ln\left|\csc\left(x+\dfrac{\pi}{2}\right) - \cot\left(x+\dfrac{\pi}{2}\right)\right| + C$$

$$= \ln\left|\sec x + \tan x\right| + C .$$

例 6.2.13　求 $\int \tan^5 x\sec^3 x\,\mathrm{d}x$.

解　$\displaystyle\int \tan^5 x\sec^3 x\,\mathrm{d}x = \int \tan^4 x\sec^2 x\,\mathrm{d}\sec x = \int (\sec^2 x - 1)^2\sec^2 x\,\mathrm{d}\sec x$

$\qquad\qquad = \displaystyle\int \sec^6 x\,\mathrm{d}\sec x - 2\int \sec^4 x\,\mathrm{d}\sec x + \int \sec^2 x\,\mathrm{d}\sec x$

$\qquad\qquad = \dfrac{1}{7}\sec^7 x - \dfrac{2}{5}\sec^5 x + \dfrac{1}{3}\sec^3 x + C .$

例 6.2.14 求 $\int \cos x \cos 2x \mathrm{d}x$.

解 由三角函数的积化和差公式，

$$\int \cos x \cos 2x \mathrm{d}x = \frac{1}{2}\int (\cos 3x + \cos x)\mathrm{d}x$$

$$= \frac{1}{2}\left(\int \cos 3x \mathrm{d}x + \int \cos x \mathrm{d}x\right) = \frac{1}{6}\sin 3x + \frac{1}{2}\sin x + C.$$

例 6.2.15 求 $\int \dfrac{1}{1-\sin x}\mathrm{d}x$.

解 $\displaystyle\int \frac{1}{1-\sin x}\mathrm{d}x = \int \frac{1+\sin x}{\cos^2 x}\mathrm{d}x = \tan x + \frac{1}{\cos x} + C.$

例 6.2.16 求 $\int \dfrac{1}{\cos^6 x}\mathrm{d}x$.

解 1 $\displaystyle\int \frac{1}{\cos^6 x}\mathrm{d}x = \int \frac{(\sin^2 x + \cos^2 x)^2}{\cos^6 x}\mathrm{d}x = \int \frac{\sin^4 x}{\cos^6 x}\mathrm{d}x + \int \frac{2\sin^2 x}{\cos^4 x}\mathrm{d}x + \int \frac{1}{\cos^2 x}\mathrm{d}x$

$$= \int \tan^4 x \mathrm{d}\tan x + 2\int \tan^2 x \mathrm{d}\tan x + \int \mathrm{d}\tan x$$

$$= \frac{1}{5}\tan^5 x + \frac{2}{3}\tan^3 x + \tan x + C.$$

解 2 $\displaystyle\int \frac{1}{\cos^6 x}\mathrm{d}x = \int (\sec^2 x)^2 \sec^2 x \mathrm{d}x = \int (1+\tan^2 x)^2 \mathrm{d}\tan x$

$$= \int (1 + 2\tan^2 x + \tan^4 x)\mathrm{d}\tan x = \frac{1}{5}\tan^5 x + \frac{2}{3}\tan^3 x + \tan x + C.$$

例 6.2.17 求 $\int \dfrac{\sin^2 x + 1}{\cos^4 x}\mathrm{d}x$.

解 $\displaystyle\int \frac{\sin^2 x + 1}{\cos^4 x}\mathrm{d}x = \int (2\tan^2 x + 1)\mathrm{d}\tan x = \frac{2}{3}\tan^3 x + \tan x + C.$

例 6.2.18 求 $\int \dfrac{1}{\sqrt{x}(1+x)}\mathrm{d}x$.

解 $\displaystyle\int \frac{1}{\sqrt{x}(1+x)}\mathrm{d}x = \int \frac{2}{1+x}\mathrm{d}\sqrt{x} = \int \frac{2}{1+(\sqrt{x})^2}\mathrm{d}\sqrt{x} = 2\arctan \sqrt{x} + C.$

例 6.2.19 求 $\int \dfrac{1}{x\sqrt{x^2-1}}\mathrm{d}x$.

解 $\displaystyle\int \frac{1}{x\sqrt{x^2-1}}\mathrm{d}x = \int \frac{1}{x|x|\sqrt{1-\left(\frac{1}{x}\right)^2}}\mathrm{d}x = -(\operatorname{sgn} x)\int \frac{1}{\sqrt{1-\left(\frac{1}{x}\right)^2}}\mathrm{d}\left(\frac{1}{x}\right)$

$$= -(\operatorname{sgn} x)\arcsin \frac{1}{x} + C = -\arcsin \frac{1}{|x|} + C.$$

对积分 $\int f(x)\mathrm{d}x$，如果分部积分法不能计算出结果，且 $f(x)\mathrm{d}x$ 也不能凑成一个复合函数的微分，通常需要将自变量 x 用关于新变量 t 的连续可导函数 $\varphi(t)$ 代换，而积分

$\int f(\varphi(t))\varphi'(t)\mathrm{d}t$ 可求出，即存在可导函数 $G(t)$ 使得 $\int f(\varphi(t))\varphi'(t)\mathrm{d}t = G(t) + C$. 则

$$\int f(x)\mathrm{d}x = \int f(\varphi(t))\varphi'(t)\mathrm{d}t = G(t) + C.$$

注意到上式左边 $\int f(x)\mathrm{d}x$ 是关于变量 x 的函数族，右边是关于变量 t 的函数族，因此需要将变量 t 换回变量 x，这样就要求变换 $x = \varphi(t)$ 存在反函数.

定理 6.2.2（第二积分换元法） 设 $x = \varphi(t)$ 有连续的导数，且存在反函数 $t = \varphi^{-1}(x)$. 若存在可导函数 $G(t)$ 使得 $\int f(\varphi(t))\varphi'(t)\mathrm{d}t = G(t) + C$，则 $\int f(x)\mathrm{d}x = G(\varphi^{-1}(x)) + C$.

当被积函数中含有根式 $\sqrt{a^2 - x^2}$，$\sqrt{x^2 \pm a^2}$ 时，用**三角函数代换法**化去根式是常用的一种代换方式.

例 6.2.20 求 $\int \sqrt{a^2 - x^2}\mathrm{d}x, \ a > 0$.

解 令 $x = a\sin t$，$-\dfrac{\pi}{2} \leqslant t \leqslant \dfrac{\pi}{2}$. 则 $\mathrm{d}x = a\cos t\mathrm{d}t$，且 $t = \arcsin\dfrac{x}{a}$. 故

$$\int \sqrt{a^2 - x^2}\mathrm{d}x = a^2 \int \cos^2 t\mathrm{d}t = \frac{a^2}{2}\int (1 + \cos 2t)\mathrm{d}t$$

$$= \frac{a^2}{2}t + \frac{a^2}{4}\sin 2t + C = \frac{a^2}{2}\arcsin\frac{x}{a} + \frac{x}{2}\sqrt{a^2 - x^2} + C.$$

例 6.2.21 求 $\int \dfrac{1}{\sqrt{x^2 - a^2}}\mathrm{d}x, \ a > 0$.

解 1 令 $x = a\sec t$，其中 $t \in \left(0, \dfrac{\pi}{2}\right) \cup \left(\dfrac{\pi}{2}, \pi\right)$，则 $\mathrm{d}x = a\sec t\tan t\mathrm{d}t$. 当 $0 < t < \dfrac{\pi}{2}$ 时，有

$$\int \frac{1}{\sqrt{x^2 - a^2}}\mathrm{d}x = \int \frac{a\sec t\tan t\mathrm{d}t}{a\tan t} = \int \sec t\mathrm{d}t = \int \frac{1}{\cos t}\mathrm{d}t$$

$$= \ln|\sec t + \tan t| + C = \ln\left|x + \sqrt{x^2 - a^2}\right| + C',$$

其中 $C' = C - \ln a$.

若 $t \in \left(\dfrac{\pi}{2}, \pi\right)$，类似计算得 $\int \dfrac{1}{\sqrt{x^2 - a^2}}\mathrm{d}x = \ln\left|x + \sqrt{x^2 - a^2}\right| + C$.

*解 2 利用双曲余弦函数代换.

当 $x > a$ 时，令 $x = a\cosh t \ (t > 0)$. 则

$$t = \ln\frac{x + \sqrt{x^2 - a^2}}{a}，\quad \sqrt{x^2 - a^2} = a\sinh t，\quad \text{且} \ \mathrm{d}x = a\sinh t\mathrm{d}t.$$

因此

$$\int \frac{1}{\sqrt{x^2 - a^2}}\mathrm{d}x = \int \frac{a\sinh t}{a\sinh t}\mathrm{d}t = t + C = \ln\left(\frac{x}{a} + \sqrt{\left(\frac{x}{a}\right)^2 - 1}\right) + C = \ln(x + \sqrt{x^2 - a^2}) + C',$$

其中 $C' = C - \ln a$.

当 $x < -a$ 时，令 $x = -a\cosh t$ （$t > 0$），类似计算可得

$$\int \frac{1}{\sqrt{x^2 - a^2}}\mathrm{d}x = \ln\left(-x - \sqrt{x^2 - a^2}\right) + C.$$

结合以上两种情形，故 $\int \dfrac{1}{\sqrt{x^2-a^2}}dx = \operatorname{arcosh}\dfrac{x}{a}+C = \ln\left|x+\sqrt{x^2-a^2}\right|+C.$

例 6.2.22 求 $\int \sqrt{x^2-a^2}\,dx$.

解1 $K = \int \sqrt{x^2-a^2}\,dx = x\sqrt{x^2-a^2} - \int \dfrac{x^2}{\sqrt{x^2-a^2}}dx = x\sqrt{x^2-a^2} - \int \dfrac{x^2-a^2+a^2}{\sqrt{x^2-a^2}}dx$

$= x\sqrt{x^2-a^2} - \int\left(\sqrt{x^2-a^2} + \dfrac{a^2}{\sqrt{x^2-a^2}}\right)dx = x\sqrt{x^2-a^2} - K - \int \dfrac{a^2}{\sqrt{x^2-a^2}}dx.$

由例 6.2.21 知 $\int \dfrac{1}{\sqrt{x^2-a^2}}dx = \ln\left|x+\sqrt{x^2-a^2}\right|+C.$ 所以

$$K = \int \sqrt{x^2-a^2}\,dx = \dfrac{x}{2}\sqrt{x^2-a^2} - \dfrac{a^2}{2}\ln\left|x+\sqrt{x^2-a^2}\right|+C'.$$

*解2 当 $x>a$ 时，令 $x = a\cosh t\ (t>0)$，则有 $dx = a\sinh t\,dt$，

$$\int \sqrt{x^2-a^2}\,dx = a^2\int \sinh^2 t\,dt = \dfrac{a^2}{2}\int(\cosh 2t-1)dt = \dfrac{a^2}{2}\left(\dfrac{\sinh 2t}{2}-t\right)+C$$

$$= \dfrac{a^2}{2}(\sinh t\cosh t - t)+C = \dfrac{1}{2}\left(x\sqrt{x^2-a^2} - a^2\operatorname{arcosh}\dfrac{x}{a}\right).$$

当 $x<a$ 时，令 $x = -a\cosh t\ (t<0)$，类似计算可得同样的结论.

例 6.2.23 求 $\int \sqrt{a^2+x^2}\,dx,\ a>0$.

解1 $\int \sqrt{a^2+x^2}\,dx = x\sqrt{a^2+x^2} - \int \dfrac{x^2}{\sqrt{a^2+x^2}}dx$

$= x\sqrt{a^2+x^2} - \int \sqrt{a^2+x^2}\,dx + \int \dfrac{a^2}{\sqrt{a^2+x^2}}dx,$

故

$$\int \sqrt{a^2+x^2}\,dx = \dfrac{1}{2}x\sqrt{a^2+x^2} + \dfrac{1}{2}\int \dfrac{a^2}{\sqrt{a^2+x^2}}dx.$$

令 $x = a\tan t$，则 $dx = a\sec^2 t\,dt$，当 $-\dfrac{\pi}{2}<t<\dfrac{\pi}{2}$ 时，$x = a\tan t$ 存在反函数，故

$$\int \dfrac{1}{\sqrt{a^2+x^2}}dx = \int \dfrac{a\sec^2 t\,dt}{a\sqrt{1+\tan^2 t}} = \int \dfrac{a\sec^2 t\,dt}{a\sec t} = \int \sec t\,dt = \int \dfrac{1}{\cos t}dt$$

$$= \ln|\sec t+\tan t|+C = \ln\left|x+\sqrt{a^2+x^2}\right|+C,$$

从而 $\int \sqrt{a^2+x^2}\,dx = \dfrac{1}{2}x\sqrt{a^2+x^2} + \dfrac{a^2}{2}\ln\left|x+\sqrt{a^2+x^2}\right|+C.$

*解2 利用双曲正弦函数代换.

令 $x = a\sinh t$，$t\in\mathbb{R}$，则 $dx = a\cosh t\,dt$ 且 $t = \ln\dfrac{x+\sqrt{x^2+a^2}}{a}$，所以

$$\int \sqrt{a^2+x^2}\,dx = a^2\int \cosh^2 t\,dt = \frac{a^2}{2}\int(1+\cosh 2t)\,dt = \frac{a^2}{2}\left(t+\frac{1}{2}\sinh 2t\right)+C$$

$$= \frac{a^2}{2}(t+\sinh t\cosh t)+C = \frac{1}{2}\left(x\sqrt{a^2+x^2}+a^2\,\text{arsinh}\,\frac{x}{a}\right)+C$$

$$= \frac{a^2}{2}\ln\left|x+\sqrt{a^2+x^2}\right|+\frac{1}{2}x\sqrt{a^2+x^2}+C',$$

其中 $C' = C - \frac{1}{2}a^2\ln a$.

例 6.2.24 求 $\displaystyle\int \frac{1}{x^2\sqrt{1+x^2}}\,dx$.

解 1 令 $t=\dfrac{1}{x}$，则 $dx = -\dfrac{1}{t^2}dt$. 设 $t>0$. 则

$$\int \frac{1}{x^2\sqrt{1+x^2}}\,dx = -\int \frac{t}{\sqrt{1+t^2}}\,dt = -\frac{1}{2}\int \frac{d(t^2+1)}{\sqrt{1+t^2}} = -\sqrt{1+t^2}+C = -\frac{\sqrt{1+x^2}}{x}+C;$$

当 $t<0$ 时， $\displaystyle\int \frac{1}{x^2\sqrt{1+x^2}}\,dx = \int \frac{t}{\sqrt{1+t^2}}\,dt = \sqrt{1+t^2}+C = -\frac{\sqrt{1+x^2}}{x}+C$. 故

$$\int \frac{1}{x^2\sqrt{1+x^2}}\,dx = -\frac{\sqrt{1+x^2}}{x}+C.$$

解 2 令 $x=\tan t,\ t\in\left(-\dfrac{\pi}{2},\dfrac{\pi}{2}\right)$，则 $dx = \sec^2 t\,dt$，故

$$\int \frac{1}{x^2\sqrt{1+x^2}}\,dx = \int \frac{\sec^2 t}{\tan^2 t\sec t}\,dt = \int \frac{d\sin t}{\sin^2 t} = -\frac{1}{\sin t}+C = -\frac{\sec t}{\tan t}+C$$

$$= -\frac{\sqrt{1+\tan^2 t}}{\tan t}+C = -\frac{\sqrt{1+x^2}}{x}+C.$$

例 6.2.25 求 $\displaystyle\int \frac{\ln x\,dx}{x\sqrt{1+\ln x}}$.

解 令 $t=\ln x$，则

$$\int \frac{\ln x\,dx}{x\sqrt{1+\ln x}} = \int \frac{t\,dt}{\sqrt{1+t}} = \int\left(\frac{t+1}{\sqrt{1+t}}-\frac{1}{\sqrt{1+t}}\right)dt = \frac{2}{3}(t+1)^{\frac{3}{2}}-2\sqrt{1+t}+C$$

$$= \frac{2}{3}(\ln x+1)^{\frac{3}{2}}-2\sqrt{1+\ln x}+C.$$

例 6.2.26 求 $\displaystyle\int \frac{\sqrt{a^2-x^2}}{x^4}\,dx,\ a\neq 0$.

解 令 $x=\dfrac{1}{t}$，则 $dx = -\dfrac{1}{t^2}dt$，且

$$\int \frac{\sqrt{a^2 - x^2}}{x^4} \mathrm{d}x = \int \frac{\sqrt{a^2 - \dfrac{1}{t^2}}}{\dfrac{1}{t^4}} \cdot \left(-\frac{1}{t^2}\right) \mathrm{d}t = -\int \sqrt{a^2 t^2 - 1} |t| \mathrm{d}t$$

$$= -\operatorname{sgn} t \int t \sqrt{a^2 t^2 - 1} \mathrm{d}t = -\frac{1}{2a^2} \operatorname{sgn} t \int \sqrt{a^2 t^2 - 1} \mathrm{d}(a^2 t^2 - 1)$$

$$= -\frac{1}{3a^2} \operatorname{sgn} t (a^2 t^2 - 1)^{\frac{3}{2}} + C = -\frac{(a^2 - x^2)^{\frac{3}{2}}}{3a^2 x^3} + C.$$

注 求某些函数的不定积分，有时可用不同的函数做变量代换，因此得到的不定积分在形式上也可能不同，但它们都仅差一个常数. 例如：

（1）$\displaystyle\int \sin x \cos x \mathrm{d}x = \int \sin x \mathrm{d} \sin x = \frac{1}{2} \sin^2 x + C;$

（2）$\displaystyle\int \sin x \cos x \mathrm{d}x = -\int \cos x \mathrm{d} \cos x = -\frac{1}{2} \cos^2 x + C;$

（3）$\displaystyle\int \sin x \cos x \mathrm{d}x = \frac{1}{2} \int \sin 2x \mathrm{d}x = -\frac{1}{4} \cos 2x + C.$

综合运用分部积分和积分换元这两种积分技巧及积分的线性运算与不定积分表，就可计算出许多初等函数的不定积分. 由于求导运算是求不定积分的逆运算，而求导运算相对容易，在求得不定积分后应当用求导运算加以验证，这样可纠正绝大部分的计算错误.

例 6.2.27 求 $\displaystyle\int \frac{\mathrm{e}^{\arctan x}}{(1 + x^2)^2} \mathrm{d}x.$

解 令 $x = \tan t$，$t \in \left(-\dfrac{\pi}{2}, \dfrac{\pi}{2}\right)$. 则 $t = \arctan x$. 所以

$$\int \frac{\mathrm{e}^{\arctan x}}{(1 + x^2)^2} \mathrm{d}x = \int \frac{\mathrm{e}^t \cos^4 t}{\cos^2 t} \mathrm{d}t = \int \mathrm{e}^t \cos^2 t \mathrm{d}t = \frac{1}{2} \int \mathrm{e}^t (1 + \cos 2t) \mathrm{d}t$$

$$= \frac{1}{2} \mathrm{e}^t + \frac{1}{2} \int \mathrm{e}^t \cos 2t \mathrm{d}t$$

$$= \frac{1}{2} \mathrm{e}^t + \frac{1}{2} \mathrm{e}^t \cos 2t + \int \mathrm{e}^t \sin 2t \mathrm{d}t$$

$$= \frac{1}{2} \mathrm{e}^t + \frac{1}{2} \mathrm{e}^t \cos 2t + \mathrm{e}^t \sin 2t - 2 \int \mathrm{e}^t \cos 2t \mathrm{d}t,$$

因此 $\dfrac{1}{2} \displaystyle\int \mathrm{e}^t \cos 2t \mathrm{d}t = \frac{1}{10} \mathrm{e}^t (\cos 2t + 2 \sin 2t) + C.$ 从而

$$\int \frac{\mathrm{e}^{\arctan x}}{(1 + x^2)^2} \mathrm{d}x = \frac{1}{10} \mathrm{e}^t (5 + \cos 2t + 2 \sin 2t) + C = \frac{2x^2 + 2x + 3}{5(1 + x^2)} \mathrm{e}^{\arctan x} + C.$$

例 6.2.28 设 $I_n = \displaystyle\int \frac{1}{(x^2 + a^2)^n} \mathrm{d}x$ $(a > 0,\ n = 1, 2, \cdots).$ 求 I_n 的递推式.

解 分部积分，得

$$I_n = \int \frac{1}{(x^2+a^2)^n}\,dx = \frac{x}{(x^2+a^2)^n} + 2n\int \frac{x^2}{(x^2+a^2)^{n+1}}\,dx$$

$$= \frac{x}{(x^2+a^2)^n} + 2n\int \frac{x^2+a^2-a^2}{(x^2+a^2)^{n+1}}\,dx$$

$$= \frac{x}{(x^2+a^2)^n} + 2nI_n - 2na^2I_{n+1},$$

从而求得 I_n 的递推表达式

$$I_{n+1} = \frac{2n-1}{2na^2}I_n + \frac{x}{2na^2(x^2+a^2)^n}, \quad n = 1,2,\cdots,$$

其中 $I_1 = \int \dfrac{1}{x^2+a^2}\,dx = \dfrac{1}{a}\arctan\dfrac{x}{a} + C.$

6.2.3　常用不定积分公式（2）

我们注意到，在不定积分的计算中，经常会用到下面一些积分，为方便查阅及记忆，将下面的不定积分列为常用不定积分公式.

（13）$\displaystyle\int \frac{1}{a^2+x^2}dx = \frac{1}{a}\arctan\frac{x}{a} + C$，$a \neq 0$.

（14）$\displaystyle\int \frac{1}{a^2-x^2}dx = \frac{1}{2a}\ln\left|\frac{x+a}{x-a}\right| + C$，$a \neq 0$.

（15）$\displaystyle\int \tan x\,dx = -\ln|\cos x| + C$.

（16）$\displaystyle\int \cot x\,dx = \ln|\sin x| + C$.

（17）$\displaystyle\int \frac{1}{\sin x}dx = \int \csc x\,dx = \ln|\csc x - \cot x| + C$.

（18）$\displaystyle\int \frac{1}{\cos x}dx = \int \sec x\,dx = \ln|\sec x + \tan x| + C$.

（19）$\displaystyle\int \frac{1}{\sqrt{a^2-x^2}}dx = \arcsin\frac{x}{a} + C$，$a > 0$.

（20）$\displaystyle\int \frac{1}{\sqrt{a^2+x^2}}dx = \operatorname{arsinh}\frac{x}{a} + C = \ln\left|x + \sqrt{a^2+x^2}\right| + C$，$a > 0$.

（21）$\displaystyle\int \sqrt{a^2+x^2}\,dx = \frac{1}{2}x\sqrt{a^2+x^2} + \frac{a^2}{2}\ln\left|x + \sqrt{a^2+x^2}\right| + C$，$a > 0$.

（22）$\displaystyle\int \frac{1}{\sqrt{x^2-a^2}}dx = \operatorname{arcosh}\frac{x}{a} + C = \ln\left|x + \sqrt{x^2-a^2}\right| + C$，$a > 0$.

（23）$\displaystyle\int \sqrt{a^2-x^2}\,dx = \frac{a^2}{2}\arcsin\frac{x}{a} + \frac{x}{2}\sqrt{a^2-x^2} + C$，$a > 0$.

（24）$\displaystyle\int \sqrt{x^2-a^2}\,dx = \frac{x}{2}\sqrt{x^2-a^2} - \frac{a^2}{2}\ln\left|x + \sqrt{x^2-a^2}\right| + C$，$a > 0$.

$*$（25）$\int \sinh x\mathrm{d}x = \cosh x + C$.

$*$（26）$\int \cosh x\mathrm{d}x = \sinh x + C$.

习题 6.2

1. 利用分部积分法求下列不定积分.

（1）$\int x\sqrt{2-5x}\mathrm{d}x$；   （2）$\int \ln x\mathrm{d}x$；   （3）$\int x^2\mathrm{e}^{-2x}\mathrm{d}x$；

（4）$\int x^2\sin 2x\,\mathrm{d}x$；   （5）$\int \arctan x\mathrm{d}x$；   （6）$\int x\ln\dfrac{1+x}{1-x}\mathrm{d}x$；

（7）$\int \dfrac{1+\sin x}{1+\cos x}\mathrm{e}^x\mathrm{d}x$；   （8）$\int x\cos 2x\mathrm{d}x$；   （9）$\int x\arctan x\mathrm{d}x$；

（10）$\int x\ln(x-1)\mathrm{d}x$；   （11）$\int \ln\left(x+\sqrt{1+x^2}\right)\mathrm{d}x$；   （12）$\int (\arccos x)^2\mathrm{d}x$；

（13）$\int x\tan^2 x\mathrm{d}x$；   （14）$\int \sin(\ln x)\mathrm{d}x$；   （15）$\int \dfrac{\ln(\cos x)}{\cos^2 x}\mathrm{d}x$；

（16）$\int x^2\mathrm{e}^x\sin x\mathrm{d}x$.

2. 求下列递推式.

（1）$I_n = \int \tan^n x\mathrm{d}x,\ n\in\mathbb{N}^+$；   （2）$J_k = \int \dfrac{\sin kx}{\sin x}\mathrm{d}x,\ k\in\mathbb{N}^+$.

3. 利用积分换元法求下列不定积分.

（1）$\int \dfrac{\mathrm{d}x}{1+\mathrm{e}^x}$；   （2）$\int \dfrac{1}{(1+x^2)\arctan x}\mathrm{d}x$；   （3）$\int \dfrac{\sec^2 x}{\sqrt{1+\tan x}}\mathrm{d}x$；

（4）$\int \dfrac{x}{\sqrt{1+x^2}}\sin\sqrt{1+x^2}\mathrm{d}x$；   （5）$\int \dfrac{1}{\mathrm{e}^x+\mathrm{e}^{-x}}\mathrm{d}x$；   （6）$\int \dfrac{1}{(x\ln x)\ln(\ln x)}\mathrm{d}x$；

（7）$\int \dfrac{1}{3-x^2}\mathrm{d}x$；   （8）$\int \dfrac{x}{x^2+x+6}\mathrm{d}x$；   （9）$\int \dfrac{x-1}{x^2-4x+8}\mathrm{d}x$；

（10）$\int \dfrac{2x+1}{\sqrt{4x-x^2}}\mathrm{d}x$；   （11）$\int \cos^2(1-2x)\mathrm{d}x$；   （12）$\int \sqrt{1+\cos x}\mathrm{d}x$；

（13）$\int \sin\alpha x\cos\beta x\mathrm{d}x,\ \alpha\neq 0,\ \beta\neq 0,\ \alpha\neq\pm\beta$；   （14）$\int \dfrac{\sin 2x}{1+\sin^4 x}\mathrm{d}x$.

4. 求下列不定积分.

（1）$\int \dfrac{x^2}{\sqrt{a^2+x^2}}\mathrm{d}x,\ a>0$；   （2）$\int \dfrac{\sqrt{x^2-4}}{x}\mathrm{d}x$；   （3）$\int \dfrac{1}{x\sqrt{a^2-x^2}}\mathrm{d}x,\ a>0$；

（4）$\int \dfrac{1}{x^2\sqrt{x^2-1}}\mathrm{d}x$；   （5）$\int \dfrac{2x-1}{\sqrt{4x^2+4x+5}}\mathrm{d}x$；   （6）$\int \dfrac{x^2}{\sqrt{3+2x-x^2}}\mathrm{d}x$；

（7）$\int \dfrac{\arcsin\mathrm{e}^x}{\mathrm{e}^x}\mathrm{d}x$；   （8）$\int \dfrac{\sin 2x}{\sqrt{1+\sin^2 x}}\mathrm{d}x$；   （9）$\int \dfrac{1}{\sqrt{1+\mathrm{e}^{2x}}}\mathrm{d}x$；

（10）$\int \dfrac{1}{1-x^2}\ln\dfrac{1+x}{1-x}\mathrm{d}x$.

6.3 有理函数的不定积分

前面学习了计算不定积分的两种常用方法——分部积分法和积分换元法，它们统称为初等积分法．应熟练掌握并灵活应用这些方法，并要熟悉各种基本积分方法所能解决的一些典型例题．我们看到，即使是形式比较简单的初等函数，其原函数也未必是初等函数，即其原函数不一定能"积"出来，那么什么样的不定积分能用初等积分法"积"出来？或者说什么样的初等函数其原函数仍然是初等函数？数学家们证明了，有理函数的不定积分理论上是能用初等积分法"积"出来的；但同时他们也证明了，即使像 $\int e^{-x^2}dx$, $\int \dfrac{dx}{\sqrt{1+x^3}}$, $\int \sin(x^2)dx$ 这样一些形式并不复杂的不定积分用初等积分法也是"积"不出来的，当然不能误认为这些被积函数的原函数不存在．

设 $P(x)$ 和 $Q(x)$ 是两个变量为 x 的多项式函数，它们的商 $\dfrac{P(x)}{Q(x)}$ 称为 x 的有理分式函数，简称**有理函数**．当 $Q(x)$ 的次数大于 $P(x)$ 的次数时，这种有理函数称为真分式．如果是假分式，则通过多项式除法可将其化为一个多项式与一个有理真分式之和．例如，$\dfrac{x^9}{1+x^4}=x^5-x+\dfrac{x}{1+x^4}$．多项式函数的不定积分我们已经掌握，因此我们主要学习有理真分式的不定积分求法．其方法就是将有理真分式分解成最简分式的和．

代数学基本定理告诉我们，m 次实系数多项式有且仅有 m 个根（重度计算在内）．这样，理论上，任意一个有理真分式都可以分解成下列四种最简分式的线性组合：

$$\dfrac{1}{x-a}, \quad \dfrac{1}{(x-a)^n}\ (n\geq 2), \quad \dfrac{bx+c}{x^2+px+q}, \quad \dfrac{dx+e}{(x^2+px+q)^n}\ (n\geq 2),$$

其中 $x^2+px+q=0$ 没有实根．但实际上，并非每个多项式的这种因式分解都能求出，原因在于，并非每个多项式的根都能具体求出来，因此并不是每个有理函数的不定积分都能实际求出来．但是，通过例 6.2.28 对不定积分 $\int \dfrac{1}{(x^2+a^2)^n}dx$ 的探讨，可知有理函数的原函数一定是初等函数．下面通过例子说明有理真分式不定积分的解法．

例 6.3.1 求 $\int \dfrac{6x^2-11x+4}{x(x-1)^2}dx$．

解 由于 $x, (x-1), (x-1)^2$ 是 $x(x-1)^2$ 的三个最简因子，因此将有理真分式 $\dfrac{6x^2-11x+4}{x(x-1)^2}$ 分解为最简真分式 $\dfrac{A}{x}, \dfrac{B}{x-1}, \dfrac{C}{(x-1)^2}$ 的和，然后分别求出 A, B, C．即，令

$$\dfrac{6x^2-11x+4}{x(x-1)^2}=\dfrac{A}{x}+\dfrac{B}{x-1}+\dfrac{C}{(x-1)^2},$$

通分得到

$$A(x-1)^2+Bx(x-1)+Cx=6x^2-11x+4, \tag{6.3.1}$$

比较式（6.3.1）两边 x 的同次幂项的系数，求得 $A=4$, $B=2$, $C=-1$，这样

$$\int \frac{6x^2-11x+4}{x(x-1)^2}dx=\int\frac{4}{x}dx+\int\frac{2}{x-1}dx+\int\frac{-1}{(x-1)^2}dx=\ln x^4+\ln(x-1)^2+\frac{1}{x-1}+c$$

$$=\frac{1}{x-1}+\ln x^4(x-1)^2+c,$$

其中 c 是任意常数.

式（6.3.1）中 A,B,C 的另一求法，也可通过在式（6.3.1）中对 x 取特殊的点而得到. 在式（6.3.1）中，分别取 $x=1$, $x=0$, $x=2$，得

$$\begin{cases} C=-1, \\ A=4, \\ A+2B+2C=6, \end{cases}$$

从而解得 $A=4$, $B=2$, $C=-1$.

例 6.3.2 求 $\displaystyle\int\frac{1}{x^3+1}dx$.

解 因为 $x^3+1=(x+1)(x^2-x+1)$，所以令 $\dfrac{1}{x^3+1}=\dfrac{A}{x+1}+\dfrac{Bx+C}{x^2-x+1}$. 则 $A(x^2-x+1)+(Bx+C)(x+1)=1$，由此解得 $A=\dfrac{1}{3}$, $B=-\dfrac{1}{3}$, $C=\dfrac{2}{3}$，所以

$$\int\frac{1}{x^3+1}dx=\frac{1}{3}\int\frac{1}{x+1}dx-\frac{1}{3}\int\frac{x-2}{x^2-x+1}dx=\frac{1}{3}\ln|x+1|-\frac{1}{6}\left(\int\frac{2x-1}{x^2-x+1}dx-\int\frac{3}{x^2-x+1}dx\right)$$

$$=\frac{1}{3}\ln|x+1|-\frac{1}{6}\ln(x^2-x+1)+\frac{1}{2}\int\frac{1}{x^2-x+1}dx$$

$$=\frac{1}{3}\ln|x+1|-\frac{1}{6}\ln(x^2-x+1)+\frac{1}{2}\int\frac{1}{\left(x-\frac{1}{2}\right)^2+\left(\frac{\sqrt{3}}{2}\right)^2}dx$$

$$=\frac{1}{6}\ln\frac{(x+1)^2}{x^2-x+1}+\frac{1}{\sqrt{3}}\arctan\frac{2x-1}{\sqrt{3}}+C,$$

其中 C 是任意常数.

例 6.3.3 求 $\displaystyle\int\frac{2x^2+2x+13}{(x-2)(x^2+1)^2}dx$.

解 令 $\dfrac{2x^2+2x+13}{(x-2)(x^2+1)^2}=\dfrac{A}{x-2}+\dfrac{Bx+C}{x^2+1}+\dfrac{Dx+E}{(x^2+1)^2}$. 则

$$A(x^2+1)^2+(Bx+C)(x-2)(x^2+1)+(Dx+E)(x-2)=2x^2+2x+13. \tag{6.3.2}$$

在式（6.3.2）中，分别取 $x=2, x=1, x=0, x=\mathrm{i}$，得

$$\begin{cases} 25A=25, \\ 4A-2(B+C)-D-E=17, \\ A-2C-2E=13, \\ (D\mathrm{i}+E)(\mathrm{i}-2)=-2+2\mathrm{i}+13. \end{cases}$$

解上述方程组，求得 $A=1$, $B=-1$, $C=-2$, $D=-3$, $E=-4$. 故

$$\frac{2x^2+2x+13}{(x-2)(x^2+1)^2}=\frac{1}{x-2}-\frac{x+2}{x^2+1}-\frac{3x+4}{(x^2+1)^2},$$

从而 $\int\frac{2x^2+2x+13}{(x-2)(x^2+1)^2}dx=\int\frac{1}{x-2}dx-\int\frac{x+2}{x^2+1}dx-\int\frac{3x+4}{(x^2+1)^2}dx$．下面分别求这三个不定积分．

（1）$\int\frac{1}{x-2}dx=\ln|x-2|+C_1$；

（2）$\int\frac{x+2}{x^2+1}dx=\frac{1}{2}\int\frac{2x}{x^2+1}dx+2\int\frac{1}{x^2+1}dx=\frac{1}{2}\ln(x^2+1)+2\arctan x+C_2$；

（3）$\int\frac{3x+4}{(x^2+1)^2}dx=3\int\frac{x}{(x^2+1)^2}dx+4\int\frac{1}{(x^2+1)^2}dx=-\frac{3}{2(x^2+1)}+4\int\frac{1}{(x^2+1)^2}dx$．

接下来求 $\int\frac{1}{(x^2+1)^2}dx$．令 $x=\tan t$，则 $t=\arctan x,\ dx=\sec^2 tdt$，因此

$$\int\frac{1}{(x^2+1)^2}dx=\int\cos^2 tdt=\frac{1}{2}\int(1+\cos 2t)dt$$

$$=\frac{1}{2}\left(t+\frac{1}{2}\sin 2t\right)+C_3=\frac{1}{2}\arctan x+\frac{x}{2(1+x^2)}+C_3,$$

故 $\int\frac{2x^2+2x+13}{(x-2)(x^2+1)^2}dx=\frac{1}{2}\ln\frac{(x-2)^2}{x^2+1}-\frac{4x-3}{2(x^2+1)}-4\arctan x+C$，其中 C 是任意常数．

例 6.3.4　求 $\int\frac{1}{1+x^4}dx$．

解 1　$\int\frac{1}{1+x^4}dx=\frac{1}{2}\int\frac{x^2+1-x^2+1}{1+x^4}dx=\frac{1}{2}\int\frac{x^2+1}{1+x^4}dx-\frac{1}{2}\int\frac{x^2-1}{1+x^4}dx$

$$=\frac{1}{2}\int\frac{\frac{1}{x^2}+1}{\frac{1}{x^2}+x^2}dx-\frac{1}{2}\int\frac{1-\frac{1}{x^2}}{\frac{1}{x^2}+x^2}dx$$

$$=\frac{1}{2}\int\frac{1}{\left(x-\frac{1}{x}\right)^2+2}d\left(x-\frac{1}{x}\right)-\frac{1}{2}\int\frac{1}{\left(x+\frac{1}{x}\right)^2-2}d\left(x+\frac{1}{x}\right)$$

$$=\frac{1}{2\sqrt{2}}\arctan\frac{1}{\sqrt{2}}\left(x-\frac{1}{x}\right)-\frac{1}{4\sqrt{2}}\int\frac{1}{x+\frac{1}{x}-\sqrt{2}}d\left(x+\frac{1}{x}\right)+$$

$$\frac{1}{4\sqrt{2}}\int\frac{1}{x+\frac{1}{x}+\sqrt{2}}d\left(x+\frac{1}{x}\right)$$

$$=\frac{1}{2\sqrt{2}}\arctan\frac{1}{\sqrt{2}}\left(x-\frac{1}{x}\right)+\frac{1}{4\sqrt{2}}\ln\frac{x+\frac{1}{x}+\sqrt{2}}{x+\frac{1}{x}-\sqrt{2}}+C$$

$$=\frac{\sqrt{2}}{4}\arctan\frac{\sqrt{2}(x^2-1)}{2x}+\frac{\sqrt{2}}{8}\ln\frac{x^2+\sqrt{2}x+1}{x^2-\sqrt{2}x+1}+C.$$

解2 因为 $1+x^4=(1+x^2)^2-2x^2=\left(1+x^2-\sqrt{2}x\right)\left(1+x^2+\sqrt{2}x\right)$，所以

$$\frac{1}{1+x^4}=\frac{Ax+B}{1+x^2-\sqrt{2}x}+\frac{Cx+D}{1+x^2+\sqrt{2}x},$$

故 $A=-\dfrac{1}{2\sqrt{2}}$，$C=\dfrac{1}{2\sqrt{2}}$，$B=D=\dfrac{1}{2}$．这样有

$$\int\frac{1}{1+x^4}\mathrm{d}x=\int\frac{-\dfrac{1}{2\sqrt{2}}x+\dfrac{1}{2}}{1+x^2-\sqrt{2}x}\mathrm{d}x+\int\frac{\dfrac{1}{2\sqrt{2}}x+\dfrac{1}{2}}{1+x^2+\sqrt{2}x}\mathrm{d}x$$

$$=-\frac{1}{4\sqrt{2}}\left(\int\frac{2x-\sqrt{2}}{1+x^2-\sqrt{2}x}\mathrm{d}x-\int\frac{\sqrt{2}}{1+x^2-\sqrt{2}x}\mathrm{d}x\right)+$$

$$\frac{1}{4\sqrt{2}}\left(\int\frac{2x+\sqrt{2}}{1+x^2+\sqrt{2}x}\mathrm{d}x+\int\frac{\sqrt{2}}{1+x^2+\sqrt{2}x}\mathrm{d}x\right)$$

$$=\frac{1}{4\sqrt{2}}\ln\frac{1+x^2+\sqrt{2}x}{1+x^2-\sqrt{2}x}+\frac{\sqrt{2}}{4}\arctan\left(\sqrt{2}x-1\right)+\frac{\sqrt{2}}{4}\arctan\left(\sqrt{2}x+1\right)+C$$

$$=\frac{\sqrt{2}}{8}\ln\frac{1+x^2+\sqrt{2}x}{1+x^2-\sqrt{2}x}+\frac{\sqrt{2}}{4}\arctan\frac{\sqrt{2}x}{1-x^2}+C.$$

例 6.3.5 求 $\displaystyle\int\frac{1}{x(x^{10}+1)^2}\mathrm{d}x$．

解 由于

$$\int\frac{1}{x(x^{10}+1)^2}\mathrm{d}x=\int\frac{x^9}{x^{10}(x^{10}+1)^2}\mathrm{d}x=\frac{1}{10}\int\frac{\mathrm{d}(x^{10}+1)}{x^{10}(x^{10}+1)^2},$$

令 $x^{10}+1=t$，则

$$\int\frac{1}{x(x^{10}+1)^2}\mathrm{d}x=\frac{1}{10}\int\frac{\mathrm{d}t}{t^2(t-1)}=\frac{1}{10}\int\left(\frac{1}{t-1}-\frac{1}{t}-\frac{1}{t^2}\right)\mathrm{d}t$$

$$=\frac{1}{10}\left(\ln(t-1)-\ln t+\frac{1}{t}\right)+C=\ln\sqrt[10]{\frac{x^{10}}{x^{10}+1}}+\frac{1}{10(x^{10}+1)}+C.$$

习题 6.3

求下列不定积分．

(1) $\displaystyle\int\frac{1}{(x+1)(x+2)^2}\mathrm{d}x$；
(2) $\displaystyle\int\frac{1}{x(1+x^2)^2}\mathrm{d}x$；
(3) $\displaystyle\int\frac{1+x^3}{x^3-5x^2+6x}\mathrm{d}x$；

(4) $\displaystyle\int\frac{x(x^2+3)}{(x^2-1)(x^2+1)^2}\mathrm{d}x$；
(5) $\displaystyle\int\frac{1}{x(1+x^3)^2}\mathrm{d}x$；
(6) $\displaystyle\int\frac{3x+5}{(x^2+2x+2)^2}\mathrm{d}x$；

(7) $\displaystyle\int\frac{x^4}{x^4+5x^2+4}\mathrm{d}x$；
(8) $\displaystyle\int\frac{1}{x^4(2x^2-1)}\mathrm{d}x$；
(9) $\displaystyle\int\frac{x^7}{(1-x^2)^5}\mathrm{d}x$．

6.4　可化为有理函数的不定积分

6.4.1　三角有理函数的不定积分

符号 $R(s,t)$ 表示由变量 s, t 及常数经过有限次四则运算得到的函数. 则符号 $R(\sin x, \cos x)$ 就是由 $\sin x$, $\cos x$ 与常数经过有限次四则运算得到的三角有理函数. 对三角有理函数的不定积分 $\displaystyle\int R(\sin x, \cos x)\mathrm{d}x$，做**万能代换**或**半角代换** $t = \tan\dfrac{x}{2}$ 后，一定能化成关于 t 的有理函数 $R_1(t)$ 的不定积分 $\displaystyle\int R_1(t)\mathrm{d}t$，从而用初等积分法求出.

令 $t = \tan\dfrac{x}{2}$，$x \in (-\pi, \pi)$. 则 $x = 2\arctan t$，$\mathrm{d}x = \dfrac{2}{1+t^2}\mathrm{d}t$，且

$$\sin x = 2\sin\frac{x}{2}\cos\frac{x}{2} = \frac{2\tan\dfrac{x}{2}}{\sec^2\dfrac{x}{2}} = \frac{2\tan\dfrac{x}{2}}{1+\tan^2\dfrac{x}{2}} = \frac{2t}{1+t^2},$$

$$\cos x = \cos^2\frac{x}{2} - \sin^2\frac{x}{2} = \frac{1-\tan^2\dfrac{x}{2}}{\sec^2\dfrac{x}{2}} = \frac{1-t^2}{1+t^2},$$

因此 $\displaystyle\int R(\sin x, \cos x)\mathrm{d}x = \int R\left(\frac{2t}{1+t^2}, \frac{1-t^2}{1+t^2}\right)\frac{2}{1+t^2}\mathrm{d}t.$ 该式右端的被积函数是关于 t 的有理函数的积分.

例 6.4.1　求 $\displaystyle\int \frac{\cot x}{\sin x + \cos x + 1}\mathrm{d}x.$

解　令 $t = \tan\dfrac{x}{2}$，则 $x = 2\arctan t$ 且 $\mathrm{d}x = \dfrac{2}{1+t^2}\mathrm{d}t$. 因为

$$\sin x = \frac{2t}{1+t^2}, \quad \cos x = \frac{1-t^2}{1+t^2}, \quad \cot x = \frac{1-t^2}{2t},$$

所以 $\displaystyle\int \frac{\cot x}{\sin x + \cos x + 1}\mathrm{d}x = \int \frac{\dfrac{1-t^2}{2t}}{\dfrac{2t}{1+t^2} + \dfrac{1-t^2}{1+t^2} + 1}\frac{2}{1+t^2}\mathrm{d}t = \int \frac{1-t}{2t}\mathrm{d}t = \frac{1}{2}(\ln|t| - t) + C$

$$= \frac{1}{2}\left(\ln\left|\tan\frac{x}{2}\right| - \tan\frac{x}{2}\right) + C.$$

例 6.4.2　求 $\displaystyle\int \frac{1}{2+\sin x}\mathrm{d}x.$

解　令 $t = \tan\dfrac{x}{2}$，则 $x = 2\arctan t$，$\sin x = \dfrac{2t}{1+t^2}$，$\mathrm{d}x = \dfrac{2}{1+t^2}\mathrm{d}t$.

$$\int \frac{1}{2+\sin x}dx = \int \frac{1}{t^2+t+1}dt = \int \frac{1}{\left(t+\frac{1}{2}\right)^2+\frac{3}{4}}dt = \frac{2}{\sqrt{3}}\arctan\frac{2t+1}{\sqrt{3}}+C$$

$$= \frac{2}{\sqrt{3}}\arctan\frac{1}{\sqrt{3}}\left(2\tan\frac{x}{2}+1\right)+C.$$

不是所有三角有理函数的不定积分都要用半角代换或万能代换计算，有些可凑成复合函数的微分，计算要简单一些.

例 6.4.3 求 $\int \frac{\cos x-\sin x}{1+\sin x\cos x}dx$.

解 $\int \frac{\cos x-\sin x}{1+\sin x\cos x}dx = 2\int \frac{d(\sin x+\cos x)}{1+(\sin x+\cos x)^2} = 2\arctan(\sin x+\cos x)+C.$

例 6.4.4 求 $\int \frac{\cos x+\sin x}{1+\sin x\cos x}dx$.

解 $\int \frac{\cos x+\sin x}{1+\sin x\cos x}dx = -2\int \frac{d(\sin x-\cos x)}{-3+(\sin x-\cos x)^2}$

$$= 2\int \frac{d(\sin x-\cos x)}{(\sqrt{3}+(\sin x-\cos x))(\sqrt{3}-(\sin x-\cos x))}$$

$$= \frac{1}{\sqrt{3}}\int \frac{d(\sin x-\cos x)}{(\sqrt{3}-(\sin x-\cos x))} + \frac{1}{\sqrt{3}}\int \frac{d(\sin x-\cos x)}{(\sqrt{3}+(\sin x-\cos x))}$$

$$= \frac{1}{\sqrt{3}}\ln \frac{\sqrt{3}+\sin x-\cos x}{\sqrt{3}-\sin x+\cos x}+C.$$

如果三角有理函数 $R(\sin x,\cos x)$ 关于 $\sin x,\cos x$ 有某种性质，则应用一些特殊的变量代换能简化不定积分的计算.

（Ⅰ）如果 $R(\sin x,\cos x)$ 是 $\cos x$ 的奇函数，即 $R(\sin x,-\cos x)=-R(\sin x,\cos x)$，令 $t=\sin x$.

例 6.4.5 求 $\int \frac{\sin 2x}{\cos^2 x+2\sin x}dx$.

解 令 $t=\sin x$. 则 $dt=\cos xdx$，故

$$\int \frac{\sin 2x}{\cos^2 x+2\sin x}dx = \int \frac{2t}{1+2t-t^2}dt = \int \frac{2t-2}{1+2t-t^2}dt + \int \frac{2}{1+2t-t^2}dt$$

$$= -\ln\left|1+2t-t^2\right| + \frac{1}{\sqrt{2}}\ln \frac{\sqrt{2}+t-1}{\sqrt{2}-t+1}+C$$

$$= -\ln\left|\cos^2 x+2\sin x\right| + \frac{1}{\sqrt{2}}\ln \frac{\sqrt{2}+\sin x-1}{\sqrt{2}-\sin x+1}+C,$$

其中 C 是任意常数.

例 6.4.6 求 $\int \frac{3\sin x\cos x}{(2+\sin x)(3-\cos^2 x)}dx$.

解 令 $t=\sin x$. 则 $dt=\cos xdx$，且 $\int \frac{3\sin x\cos x}{(2+\sin x)(3-\cos^2 x)}dx = \int \frac{3t}{(2+t)(2+t^2)}dt.$

令 $\dfrac{3t}{(2+t)(2+t^2)}=\dfrac{a}{2+t}+\dfrac{bt+c}{2+t^2}$，则 $3t=a(t^2+2)+(t+2)(bt+c)$，从而解得 $a=-1$，$b=c=1$. 故

$$\int\dfrac{3t}{(2+t)(2+t^2)}dt=-\int\dfrac{1}{2+t}dt+\int\dfrac{t+1}{2+t^2}dt=-\ln(t+2)+\dfrac12\ln(t^2+2)+\dfrac{\sqrt2}{2}\arctan\dfrac{t}{\sqrt2}+C.$$

所以 $\displaystyle\int\dfrac{3\sin x\cos x}{(2+\sin x)(3-\cos^2 x)}dx=\ln\dfrac{\sqrt{\sin^2 x+2}}{2+\sin x}+\dfrac{\sqrt2}{2}\arctan\dfrac{\sin x}{\sqrt2}+C.$

例 6.4.7 求 $\displaystyle\int\dfrac{\tan x\cos^6 x}{\sin^4 x}dx.$

解 令 $t=\sin x$. 则 $dt=\cos x dx$，故

$$\int\dfrac{\tan x\cos^6 x}{\sin^4 x}dx=\int\dfrac{\cos^4 x}{\sin^3 x}\cos x dx=\int\dfrac{(1-t^2)^2}{t^3}dt=\int\dfrac{1}{t^3}dt-\int\dfrac{2}{t}dt+\int t dt$$

$$=-\dfrac{1}{2\sin^2 x}-2\ln|\sin x|+\dfrac{\sin^2 x}{2}+C.$$

（Ⅱ）如果 $R(\sin x,\cos x)$ 是 $\sin x$ 的奇函数，即 $R(-\sin x,\cos x)=-R(\sin x,\cos x)$，令 $t=\cos x$.

例 6.4.8 求 $\displaystyle\int\dfrac{1}{\cos^2 x\sin x}dx.$

解 令 $t=\cos x$. 则 $dt=-\sin x dx$，故

$$\int\dfrac{1}{\cos^2 x\sin x}dx=\int\dfrac{1}{t^2(t^2-1)}dt=\int\dfrac{1}{t^2-1}dt-\int\dfrac{1}{t^2}dt$$

$$=\dfrac1t+\dfrac12\ln\left|\dfrac{t-1}{t+1}\right|+C=\dfrac{1}{\cos x}+\dfrac12\ln\left(\dfrac{1-\cos x}{\cos x+1}\right)+C.$$

例 6.4.9 求 $\displaystyle\int\dfrac{1}{(1+\cos x)\sin x}dx.$

解 令 $t=\cos x$. 则 $dt=-\sin x dx$，且

$$\int\dfrac{1}{(1+\cos x)\sin x}dx=\int\dfrac{1}{(1+t)(t^2-1)}dt=\dfrac14\int\dfrac{1}{t-1}dt-\dfrac14\int\dfrac{1}{t+1}dt-\dfrac12\int\dfrac{1}{(t+1)^2}dt$$

$$=\dfrac14\ln\left|\dfrac{t-1}{t+1}\right|+\dfrac{1}{2(1+t)}+C=\dfrac14\ln\left(\dfrac{1-\cos x}{1+\cos x}\right)+\dfrac{1}{2(1+\cos x)}+C.$$

（Ⅲ）如果 $R(-\sin x,-\cos x)=R(\sin x,\cos x)$，令 $t=\tan x$.

例 6.4.10 求 $\displaystyle\int\dfrac{1}{a^2\sin^2 x+b^2\cos^2 x}dx$ $(a\neq0,\ b\neq0,\ a\neq b)$.

解 令 $t=\tan x$. 则

$$\int\dfrac{1}{a^2\sin^2 x+b^2\cos^2 x}dx=\int\dfrac{1}{(a^2\tan^2 x+b^2)\cos^2 x}dx=\int\dfrac{1}{a^2t^2+b^2}dt$$

$$=\dfrac{1}{ab}\arctan\dfrac{a}{b}t+C=\dfrac{1}{ab}\arctan\left(\dfrac{a}{b}\tan x\right)+C.$$

6.4.2 某些无理函数的不定积分

一般情形下，无理函数的原函数不是初等函数，因此无理函数的不定积分一般是"积"不出来的．但对某些特殊形式的无理函数，其不定积分可通过做变量代换转化为有理函数的不定积分来求出．下面分别讨论几种简单情形下无理函数的不定积分解法．

（Ⅰ）形如 $R\left(x, \sqrt[n]{\dfrac{ax+b}{cx+d}}\right)$ 的无理函数的不定积分，其中 a,b,c,d 是常数，满足 $ad \ne bc$．常

规的方法是将根式去掉，通常做变换 $t=\sqrt[n]{\dfrac{ax+b}{cx+d}}$，从而将其转化为有理函数的不定积分．

例 6.4.11 求 $\displaystyle\int \frac{x+1}{x\sqrt{x-2}}\mathrm{d}x$.

解 令 $t=\sqrt{x-2}$，则 $x=2+t^2,\ \mathrm{d}x=2t\mathrm{d}t$，故

$$\int \frac{x+1}{x\sqrt{x-2}}\mathrm{d}x = \int \frac{t^2+3}{t(t^2+2)}2t\mathrm{d}t = 2\int \frac{t^2+3}{t^2+2}\mathrm{d}t = 2t+2\int \frac{\mathrm{d}t}{t^2+2}$$

$$= 2t+\sqrt{2}\arctan\frac{t}{\sqrt{2}}+C = 2\sqrt{x-2}+\sqrt{2}\arctan\sqrt{\frac{x-2}{2}}+C.$$

例 6.4.12 求 $\displaystyle\int \frac{1}{\sqrt{x+2}+\sqrt[3]{x+2}}\mathrm{d}x$.

解 令 $t=\sqrt[6]{x+2}$，则 $x=t^6-2,\ \mathrm{d}x=6t^5\mathrm{d}t$，所以

$$\int \frac{1}{\sqrt{x+2}+\sqrt[3]{x+2}}\mathrm{d}x = \int \frac{6t^5}{t^3+t^2}\mathrm{d}t = 6\int \left(t^2-t+1-\frac{1}{t+1}\right)\mathrm{d}t$$

$$= 2t^3-3t^2+6t-6\ln(t+1)+C$$

$$= 2\sqrt{2+x}-3\sqrt[3]{x+2}+6\sqrt[6]{x+2}-6\ln\left(\sqrt[6]{x+2}+1\right)+C.$$

（Ⅱ）形如 $R\left(x, \sqrt{ax^2+bx+c}\right)$ 的无理函数的不定积分，其中 a,b,c 是常数且 $a\ne 0$，$b^2-4ac\ne 0$．分以下两种情况．

① 若 $b^2-4ac>0$，则 $ax^2+bx+c=0$ 有两个不同的实根 α，β，即 $ax^2+bx+c=a(x-\alpha)(x-\beta)$．令

$$\sqrt{ax^2+bx+c}=t(x-\alpha),$$

等式两端平方，整理得 $x=\dfrac{a\beta-\alpha t^2}{a-t^2}$，从而

$$\mathrm{d}x=\frac{2a(\beta-\alpha)t}{(a-t^2)^2}\mathrm{d}t,\quad \sqrt{ax^2+bx+c}=t(x-\alpha)=\frac{a(\beta-\alpha)t}{a-t^2},$$

于是 $\displaystyle\int R(x,\sqrt{ax^2+bx+c})\mathrm{d}x=\int R\left(\frac{a\beta-\alpha t^2}{a-t^2},\frac{a(\beta-\alpha)t}{a-t^2}\right)\frac{2a(\beta-\alpha)t}{(a-t^2)^2}\mathrm{d}t$，该式右端的被积函数

是关于 t 的有理函数.

例 6.4.13　求 $\int \dfrac{1}{(1+x)\sqrt{2+x-x^2}}\,dx$.

解　因为 $2+x-x^2=(1+x)(2-x)$，令 $\sqrt{2+x-x^2}=t(1+x)$，则

$$x=\frac{2-t^2}{1+t^2},\quad \sqrt{2+x-x^2}=\frac{3t}{1+t^2},\quad dx=\frac{-6t}{(1+t^2)^2}\,dt.$$

于是 $\displaystyle\int \frac{1}{(1+x)\sqrt{2+x-x^2}}\,dx=-\frac{2}{3}\int dt=-\frac{2}{3}t+C=-\frac{2}{3}\sqrt{\frac{2-x}{1+x}}+C$.

②　若 $b^2-4ac<0$，则 $ax^2+bx+c=0$ 没有实根，此时 $c>0,\ a>0$．令

$$\sqrt{ax^2+bx+c}=tx\pm\sqrt{c}.$$

为便于计算，上式中 $\sqrt{c}$ 前的符号可取成与 b 同号．将上式两端平方整理得到 $x=\dfrac{b\mp 2\sqrt{c}\,t}{t^2-a}=\varphi(t)$，从而 $dx=\varphi'(t)\,dt$，$\sqrt{ax^2+bx+c}=t\varphi(t)\pm\sqrt{c}$，于是

$$\int R(x,\sqrt{ax^2+bx+c})\,dx=\int R(\varphi(t),t\varphi(t)\pm\sqrt{c})\varphi'(t)\,dt.$$

上式右端的被积函数是关于 t 的有理函数.

例 6.4.14　求 $\int \dfrac{1}{x+\sqrt{1-x+x^2}}\,dx$.

解　因为 $c=1,\ b=-1<0$，设 $\sqrt{1-x+x^2}=tx-1$，则

$$x=\frac{2t-1}{t^2-1},\quad dx=\frac{-2(t^2-t+1)}{(t^2-1)^2}\,dt,\quad x+\sqrt{1-x+x^2}=\frac{t}{t-1}.$$

故 $\displaystyle\int \frac{1}{x+\sqrt{1-x+x^2}}\,dx=\int\frac{-2t^2+2t-2}{t(t-1)(t+1)^2}\,dt=\int\left(\frac{2}{t}-\frac{1}{2(t-1)}-\frac{3}{2(t+1)}-\frac{3}{(t+1)^2}\right)dt$

$$=2\ln|t|-\frac{1}{2}\ln|t-1|-\frac{3}{2}\ln|t+1|+\frac{3}{t+1}+C.$$

将 $t=\dfrac{1+\sqrt{1-x+x^2}}{x}$ 代入上式，即得所求不定积分.

对其他类型无理函数的不定积分，可根据被积函数的特点灵活选择变量代换.

例 6.4.15　求 $\int \dfrac{x\,dx}{\sqrt{1+\sqrt[3]{x^2}}}$.

解　令 $u=\sqrt[3]{x^2}$，则 $x=u^{\frac{3}{2}}$，$dx=\dfrac{3}{2}u^{\frac{1}{2}}\,du$，从而

$$\int\frac{x\,dx}{\sqrt{1+\sqrt[3]{x^2}}}=\frac{3}{2}\int\frac{u^2\,du}{\sqrt{1+u}}.$$

再令 $v=\sqrt{1+u}$，则 $u=v^2-1$，且 $du=2v\,dv$，所以

$$\int \frac{x\mathrm{d}x}{\sqrt{1+\sqrt[3]{x^2}}} = \frac{3}{2}\int \frac{u^2\mathrm{d}u}{\sqrt{1+u}} = 3\int (v^2-1)^2\mathrm{d}v = \frac{3}{5}v^5 - 2v^3 + 3v + C$$

$$= \frac{3}{5}\left(1+\sqrt[3]{x^2}\right)^{\frac{5}{2}} - 2\left(1+\sqrt[3]{x^2}\right)^{\frac{3}{2}} + 3\sqrt{1+\sqrt[3]{x^2}} + C.$$

例 6.4.16　求 $\displaystyle\int \frac{x}{\sqrt{2x^2+2x+1}}\mathrm{d}x$.

解　由于 $\sqrt{2x^2+2x+1} = \sqrt{2}\sqrt{\left(x+\frac{1}{2}\right)^2 + \left(\frac{1}{2}\right)^2}$，令 $x+\frac{1}{2} = \frac{1}{2}t$，则

$$\int \frac{x}{\sqrt{2x^2+2x+1}}\mathrm{d}x = \frac{1}{2\sqrt{2}}\int \frac{t-1}{\sqrt{t^2+1}}\mathrm{d}t = \frac{1}{2\sqrt{2}}\left(\int \frac{t}{\sqrt{t^2+1}}\mathrm{d}t - \int \frac{1}{\sqrt{t^2+1}}\mathrm{d}t\right)$$

$$= \frac{1}{2\sqrt{2}}\sqrt{t^2+1} - \frac{1}{2\sqrt{2}}\ln\left(t+\sqrt{t^2+1}\right) + C$$

$$= \frac{1}{2}\sqrt{2x^2+2x+1} - \frac{1}{2\sqrt{2}}\ln\left(2x+1+\sqrt{4x^2+4x+2}\right) + C.$$

由 6.2 节最后不定积分公式（20）可知 $\displaystyle\int \frac{1}{\sqrt{t^2+1}}\mathrm{d}t = \ln(t+\sqrt{1+t^2}) + C$，其中 C 是任意常数.

例 6.4.17　求 $\displaystyle\int \frac{\sqrt{x}}{1+\sqrt[3]{x}}\mathrm{d}x$.

解　令 $x = t^6$（$t>0$），则

$$\int \frac{\sqrt{x}}{1+\sqrt[3]{x}}\mathrm{d}x = \int \frac{6t^8}{1+t^2}\mathrm{d}t = 6\int \left(t^6 - t^4 + t^2 - 1 + \frac{1}{1+t^2}\right)\mathrm{d}t$$

$$= 6\left(\frac{1}{7}t^7 - \frac{1}{5}t^5 + \frac{1}{3}t^3 - t + \arctan t\right) + C$$

$$= \frac{6}{7}x^{\frac{7}{6}} - \frac{6}{5}x^{\frac{5}{6}} + 2x^{\frac{1}{2}} - 6x^{\frac{1}{6}} + 6\arctan \sqrt[6]{x} + C,$$

其中 C 是任意常数.

例 6.4.18　求 $\displaystyle\int \frac{\sqrt{x^2-2x+2}}{x-1}\mathrm{d}x$.

解　令 $\sqrt{x^2-2x+2} = u$，则 $u^2-1 = (x-1)^2$ 且 $u\mathrm{d}u = (x-1)\mathrm{d}x$. 故

$$\int \frac{\sqrt{x^2-2x+2}}{x-1}\mathrm{d}x = \int \frac{u^2}{u^2-1}\mathrm{d}u = u + \int \frac{1}{u^2-1}\mathrm{d}u$$

$$= u + \frac{1}{2}\ln\left|\frac{u-1}{u+1}\right| + C = \sqrt{x^2-2x+2} + \ln\left|\frac{\sqrt{x^2-2x+2}-1}{x-1}\right| + C,$$

其中 C 是任意常数.

切比雪夫证明了，除了以上几种情况，对函数 $x^p(a+bx^q)^r$，其中 a, b 是非零常数，p, q, r 是非零有理数，且 r 不是整数，其原函数不是初等函数，因而积分 $\displaystyle\int x^p(a+bx^q)^r\mathrm{d}x$

是求不出的.

求不定积分是积分学中的基本运算, 对工科学生来说, 这部分内容尤其重要, 需要多做练习, 并熟记常用的不定积分公式, 掌握求不定积分的基本方法. 由于求不定积分比求导数复杂得多, 一般没有固定的法则和步骤可循, 并且有些复杂的不定积分需要连续运用几次不同的技巧才能最终获得结果, 因此解题的效率取决于对各种基本技巧掌握的熟练程度. 另外, 求一些复杂初等函数的不定积分, 也可借助一些现代数学软件, 如 Mathematica, MATLAB, WolframAlpha, GeoGebra 等.

习题 6.4

1. 求下列三角有理函数的不定积分.

（1）$\int \dfrac{\sin x \cos x}{\sin^4 x + \cos^4 x} \mathrm{d}x$；

（2）$\int \dfrac{1}{\sin x \cos^4 x} \mathrm{d}x$；

（3）$\int \tan^3 x \mathrm{d}x$；

（4）$\int \sec^8 x \mathrm{d}x$；

（5）$\int \sin x \sin 3x \mathrm{d}x$；

（6）$\int \dfrac{1}{(2+\cos x)\sin x} \mathrm{d}x$；

（7）$\int \dfrac{1}{4-5\sin x} \mathrm{d}x$；

（8）$\int \dfrac{1}{5+4\sin x} \mathrm{d}x$；

（9）$\int \dfrac{\sin x}{1+\sin x} \mathrm{d}x$；

（10）$\int \dfrac{1}{8-4\sin x+7\cos x} \mathrm{d}x$；

（11）$\int \dfrac{\sin x}{\cos x+\sin x} \mathrm{d}x$；

（12）$\int \dfrac{\cos x}{\sin^3 x-\cos^3 x} \mathrm{d}x$.

2. 求下列无理函数的不定积分.

（1）$\int \dfrac{1}{\sqrt{x}\left(\sqrt{x}+\sqrt[3]{x}\right)} \mathrm{d}x$；

（2）$\int \dfrac{\sqrt{x+1}-\sqrt{x-1}}{\sqrt{x+1}+\sqrt{x-1}} \mathrm{d}x$；

（3）$\int \dfrac{x^2-1}{x^2+1} \dfrac{1}{\sqrt{1+x^2+x^4}} \mathrm{d}x$；

（4）$\int \dfrac{1}{x\sqrt{4-x^2}} \mathrm{d}x$；

（5）$\int \dfrac{1}{\sqrt{1+4x-5x^2}} \mathrm{d}x$；

（6）$\int \sqrt{\dfrac{a-x}{x-b}} \mathrm{d}x$，$a>b$；

（7）$\int \dfrac{1}{\sqrt{(a^2-x^2)^3}} \mathrm{d}x$，$a>0$；

（8）$\int \dfrac{\sqrt{x^2+2x}}{x} \mathrm{d}x$；

（9）$\int \dfrac{1}{x-\sqrt{x^2-1}} \mathrm{d}x$；

（10）$\int \dfrac{1-\sqrt{1+x+x^2}}{x\sqrt{1+x+x^2}} \mathrm{d}x$；

（11）$\int \dfrac{x+1}{(2x+x^2)\sqrt{2x+x^2}} \mathrm{d}x$；

（12）$\int \dfrac{1}{\sqrt{x}\left(1+\sqrt[4]{x}\right)^3} \mathrm{d}x$；

（13）$\int x\sqrt{x^4+2x^2-1} \mathrm{d}x$；

（14）$\int \dfrac{1}{x}\sqrt{\dfrac{x+2}{x-2}} \mathrm{d}x$；

（15）$\int \arctan \sqrt{\dfrac{a-x}{a+x}}\,\mathrm{d}x$，$a>0$；

（16）$\int x^2 \sqrt{x^2+1}\,\mathrm{d}x$．

3．计算下列不定积分．

（1）$\int \dfrac{\sqrt{1+\cos x}}{\sin x}\,\mathrm{d}x,\ x\in(0,\pi)$；

（2）$\int \dfrac{x^2 \arctan x}{1+x^2}\,\mathrm{d}x$；

（3）$\int \dfrac{\arctan x}{x^2(1+x^2)}\,\mathrm{d}x$；

（4）$\int \dfrac{\sqrt{1+\ln x}}{x\ln x}\,\mathrm{d}x$；

（5）$\int \dfrac{\sin^3 x}{\sqrt[3]{\cos^4 x}}\,\mathrm{d}x$；

（6）$\int \sin^5 x\sqrt[3]{\cos x}\,\mathrm{d}x$；

（7）$\int \dfrac{x}{1-\cos x}\,\mathrm{d}x$；

（8）$\int \sqrt{1+\csc x}\,\mathrm{d}x$；

（9）$\int \dfrac{\arctan \sqrt{x}}{\sqrt{x}(1+x)}\,\mathrm{d}x$．

第 7 章 定积分

微积分是微分学与积分学的合称. 微分和积分的概念在 17 世纪后半叶由牛顿（Newton）和莱布尼茨（Leibniz）各自独立提出. 因此，牛顿和莱布尼茨被公认为是微积分的创立者. 但是在那个时代，由于受到数学整体发展水平的局限，微积分中的许多概念，包括积分概念，缺少严密的表述，存在许多含混不清之处. 到了 18 世纪，法国数学家柯西（Cauchy）用极限理论对积分给出了严格的概念. 到 19 世纪中叶，又经过德国数学家黎曼（Riemann）和法国数学家达布（Darboux）的进一步发展，建立了积分的近代体系. 黎曼是当时在世界上负有盛名的伟大数学家，后人为了纪念他，将积分冠以黎曼的名字，黎曼积分由此而来，因此定积分又称黎曼积分.

7.1 定积分的概念及可积条件

7.1.1 引例

定积分来源于几何中计算曲边梯形的面积和物理中物体做变速直线运动的路程.

例 7.1.1 设曲边梯形 D 由非负连续曲线 $y = f(x)$ $(a \leqslant x \leqslant b)$，$x$ 轴及直线 $x = a$ 和 $x = b$ 围成，求曲边梯形 D 的面积.

解 如图 7-1-1 所示，如果曲线段很短，曲边形就可近似地看成直边形. 任意分割 $[a,b]$，即在 $[a,b]$ 内任意插入 $n-1$ 个分点：x_1, x_2, $\cdots$, x_{n-1}. 为书写方便，记 $a = x_0$，$b = x_n$ 使得

$$a = x_0 < x_1 < \cdots < x_{n-1} < x_n = b,$$

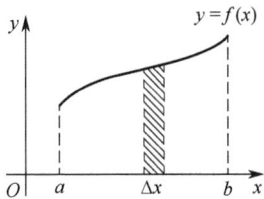

这样的分割称为 $[a,b]$ 的一个划分，记为 T，于是划分 T 将闭区间 $[a,b]$ 分成 n 个小区间 $[x_0,x_1]$，$[x_1,x_2]$，$\cdots$，$[x_{n-1},x_n]$，第 k 个小区间 $[x_{k-1},x_k]$ 的长度记为 $\Delta x_k = x_k - x_{k-1}$ $(k = 1,2,\cdots,n)$，过每个分点 x_k 作 x 轴的垂线，这些垂线与曲线 $y = f(x)$ 相交，将曲边梯形分成 n 个小曲边梯形. 在第 k 个小区间 $[x_{k-1},x_k]$ 上任取一点 ξ_k，则以 $f(\xi_k)$ 为长、以 Δx_k 为宽的矩形的面积就可以作为第 k 个小曲边梯形面积 ΔS_k 的近似值，即 $\Delta S_k \approx f(\xi_k)\Delta x_k$，显然，$\Delta x_k$ 越小，其近似程度越好. 将 n 个矩形面积加起来，就得到曲边梯形 D 的面积的近似值 $S_D \approx \sum_{i=1}^{n} f(\xi_i)\Delta x_i$. 对 $[a,b]$ 分割得到的每个小区间长度越小，这个和的近似程度就越高. 在任何有限过程中，n 个矩形面积之和 $\sum_{i=1}^{n} f(\xi_i)\Delta x_i$ 总是曲边梯形面积的近似值，只有在无限的过程中，应用极限的方法才能过渡到曲边梯形的面积. 令

图 7-1-1

$$|T| = \max\{\Delta x_i : i = 1, 2, \cdots, n\},$$

则当 $|T| \to 0$ 时，就相当于将 $[a,b]$ 无限次分割下去，使每个小区间的长度都无限趋近于零，如果 $\lim\limits_{|T| \to 0} \sum\limits_{i=1}^{n} f(\xi_i) \Delta x_i$ 存在，则这个极限就是曲边梯形的面积．而曲边梯形的面积是客观存在的一个数，它与对 $[a,b]$ 的划分方式 T 无关，也与在每个小区间 $[x_{k-1}, x_k]$ 上点 ξ_k 的取法无关．

例 7.1.2 设质点做变速直线运动，其运动速度 $v(t)$ 随时间 t 而变化，求质点从时刻 a 运动到时刻 b 所走过的路程．

解 如果质点做匀速直线运动，则质点从时刻 a 运动到时刻 b 所走的路程等于速度乘时间（$b-a$），这样我们将时间区间分割成无限小段，在每一小段时间内，质点的运动可近似地看成做匀速直线运动．因此任意分割 $[a,b]$，即在 $[a,b]$ 内任意插入 $n-1$ 个分点：

$$a = x_0 < x_1 < \cdots < x_{n-1} < x_n = b,$$

此分法记为 T，于是划分 T 将闭区间 $[a,b]$ 分成 n 个小区间 $[x_0, x_1]$, $[x_1, x_2]$, $\cdots$, $[x_{n-1}, x_n]$，第 k 个小区间 $[x_{k-1}, x_k]$ 的长度记为 $\Delta x_k = x_k - x_{k-1}$, $k = 1, 2, \cdots, n$．在第 k 个小区间 $[x_{k-1}, x_k]$ 上任取一点 ξ_k，以速度 $v(\xi_k)$ 代替 $[x_{k-1}, x_k]$ 上每一时刻的速度，这样在 $[x_{k-1}, x_k]$ 上质点以等速 $v(\xi_k)$ 运动所走过的路程 $v(\xi_k) \Delta x_k$ 就可以作为 $[x_{k-1}, x_k]$ 上质点以非匀速 $v(t)$ 运动所走过路程 ΔS_k 的近似值，即 $\Delta S_k \approx v(\xi_k) \Delta x_k$；将每个小区间上质点做匀速直线运动的路程加起来，就得到质点在 $[a,b]$ 上以变速 $v(t)$ 运动所走过路程的近似值 $S \approx \sum\limits_{i=1}^{n} v(\xi_i) \Delta x_i$．当 $|T| = \max\{\Delta x_i : i = 1, 2, \cdots, n\}$ 越小时，以 $\sum\limits_{i=1}^{n} v(\xi_i) \Delta x_i$ 近似代替质点以变速直线运动的路程，其近似程度越好．如果 $\lim\limits_{|T| \to 0} \sum\limits_{i=1}^{n} v(\xi_i) \Delta x_i$ 存在，极限值就是质点从时刻 a 运动到时刻 b 所走过的路程．另，质点从时刻 a 运动到时刻 b 所走过的路程是客观存在的一个数，它与 $[a,b]$ 的划分方式无关，也与在每个小区间 $[x_{k-1}, x_k]$ 上点 ξ_k 的取法无关．

7.1.2 定积分的概念

上面两个例子，一个是几何学中的面积问题，一个是物理学中的距离问题，尽管它们的实际意义完全不同，但是从抽象的数量关系来看，它们的分析结构完全一样，都是对区间进行分割，然后取点、求和、取极限，我们把这种解决问题的共同的思想方法加以概括，即抽象出定积分的定义．

先介绍一些符号．设函数 $f(x)$ 在 $[a,b]$ 上有定义．在 $[a,b]$ 内任意插入 $n-1$ 个分点：

$$a = x_0 < x_1 < \cdots < x_n = b,$$

称为 $[a,b]$ 的一个划分，记为 $T = \{x_0, x_1, \cdots, x_n\}$，划分 T 将闭区间 $[a,b]$ 分成 n 个小区间

$$[x_0, x_1], [x_1, x_2], \cdots, [x_{n-1}, x_n].$$

第 k 个小区间 $[x_{k-1}, x_k]$ 的长度记为 $\Delta x_k = x_k - x_{k-1}$, $k = 1, 2, \cdots, n$．在第 k 个小区间

$[x_{k-1}, x_k]$ 上任取一点 ξ_k，作和 $\sigma_n = \sum_{i=1}^{n} f(\xi_i)\Delta x_i$，称之为函数 $f(x)$ 在 $[a,b]$ 上的**积分和**，也称**黎曼和**. 令

$$|T| = \max\{\Delta x_i : i = 1, 2, \cdots, n\},$$

称为划分 T 的**直径**.

定义 7.1.1　设函数 $f(x)$ 在 $[a,b]$ 上有定义. 任给 $[a,b]$ 的一个划分 $T = \{x_0, x_1, \cdots, x_n\}$，任取 $\xi_k \in [x_{k-1}, x_k]$（$k = 1, 2, \cdots, n$），如果 $\lim\limits_{|T| \to 0} \sum_{i=1}^{n} f(\xi_i)\Delta x_i$ 存在，且极限值与划分方式 T 无关，也与点 ξ_k 在 $[x_{k-1}, x_k]$ 上的取法无关，则称 $f(x)$ 在 $[a,b]$ 上**可积**，上述极限值称为函数 $f(x)$ 在 $[a,b]$ 上的**定积分**，也称**黎曼积分**，记为 $\int_a^b f(x)\mathrm{d}x = \lim\limits_{|T| \to 0} \sum_{i=1}^{n} f(\xi_i)\Delta x_i$. 如果 $\lim\limits_{|T| \to 0} \sum_{i=1}^{n} f(\xi_i)\Delta x_i$ 不存在，称 $f(x)$ 在 $[a,b]$ 上**不可积**.

定积分 $\int_a^b f(x)\mathrm{d}x$ 中，a, b 分别称为定积分的下限与上限，$f(x)$ 是被积函数，$f(x)\mathrm{d}x$ 是被积表达式，x 是积分变量.

定积分的定义用极限的 $\varepsilon - \delta$ 语言可叙述如下：设函数 $f(x)$ 在 $[a,b]$ 上有定义，γ 为一实数，若任给 $\varepsilon > 0$, $\exists \delta > 0$，对 $[a,b]$ 的任意一个划分 $T = \{x_0, x_1, \cdots, x_n\}$ 和 $\forall \xi_k \in [x_{k-1}, x_k]$，只要

$$|T| = \max\{\Delta x_k : k = 1, 2, \cdots, n\} < \delta,$$

就有 $\left| \sum_{i=1}^{n} f(\xi_i)\Delta x_i - \gamma \right| < \varepsilon$，则称 $f(x)$ 在 $[a,b]$ 上可积.

$R[a,b]$ 表示 $[a,b]$ 上所有可积函数的全体.

7.1.3　定积分的几何意义

设 $f(x) \in C[a,b]$. 由定积分的定义及例 7.1.1，定积分的几何意义如下：

（1）若 $f(x) \geqslant 0$，则定积分 $\int_a^b f(x)\mathrm{d}x$ 表示由非负曲线 $y = f(x)$（$a \leqslant x \leqslant b$），$x$ 轴及直线 $x = a$ 和 $x = b$ 围成曲边梯形的面积（如图 7-1-2 所示）.

（2）若 $f(x) \leqslant 0$，则定积分 $\int_a^b f(x)\mathrm{d}x$ 表示由曲线 $y = f(x)$（$a \leqslant x \leqslant b$），$x$ 轴及直线 $x = a$ 和 $x = b$ 围成曲边梯形的面积的负数（如图 7-1-3 所示）.

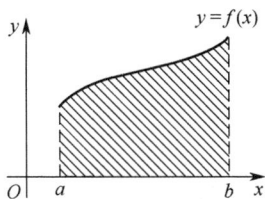

图 7-1-2

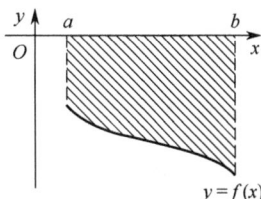

图 7-1-3

（3）若 $f(x)$ 在 $[a,b]$ 上的符号不定，则 $\int_a^b f(x)\mathrm{d}x$ 表示曲边梯形面积的代数和（如图 7-1-4 所示）.

例 7.1.3 设 $f(x)$ 在 $[a,b]$ 上非负，且 $f''(x)\leqslant 0$，证明：$\int_a^b f(x)\mathrm{d}x \leqslant (b-a)f\left(\dfrac{a+b}{2}\right)$.

证明 因为 $f''(x)\leqslant 0$，故 $f(x)$ 是 $[a,b]$ 上的上凸函数，所以曲线 $y=f(x)$ 在点 $M\left(\dfrac{a+b}{2}, f\left(\dfrac{a+b}{2}\right)\right)$ 的切线 l 位于曲线的上方（如图 7-1-5 所示）. 注意到切线 l 与两条直线 $x=a$，$x=b$ 及 x 轴围成的梯形面积等于 $(b-a)f\left(\dfrac{a+b}{2}\right)$，显然，由曲线 $y=f(x)$，直线 $x=a$，$x=b$ 及 x 轴围成的曲边梯形的面积不超过上述梯形的面积，故

$$\int_a^b f(x)\mathrm{d}x \leqslant (b-a)f\left(\frac{a+b}{2}\right). \qquad 证毕.$$

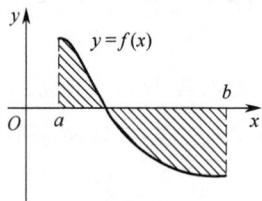

图 7-1-4

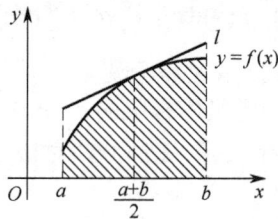

图 7-1-5

7.1.4 可积的必要条件

定理 7.1.1 若 $f(x)\in R[a,b]$，则 $f(x)$ 在 $[a,b]$ 上必有界.

证明 因为 $f(x)\in R[a,b]$，所以存在 $\delta_0>0$，对 $[a,b]$ 的任意划分 $T=\{x_0,x_1,\cdots,x_n\}$ 及 $\forall \xi_k\in[x_{k-1},x_k]$，只要 $|T|=\max\{\Delta x_k: k=1,2,\cdots,n\}<\delta_0$，就有

$$\left|\sum_{i=1}^n f(\xi_i)\Delta x_i - \int_a^b f(x)\mathrm{d}x\right|<1,$$

从而 $\left|\sum_{i=1}^n f(\xi_i)\Delta x_i\right|<1+\left|\int_a^b f(x)\mathrm{d}x\right|$. 故当 $|T|<\delta_0$ 时，所有积分和都有界. 如果 $f(x)$ 在 $[a,b]$ 上无界，则对 $[a,b]$ 的任意一个直径小于 δ_0 的划分 $T=\{x_0,x_1,\cdots,x_n\}$，$f(x)$ 至少在其中一个子区间上无界，不妨设 $f(x)$ 在 $[x_0,x_1]$ 上无界. 取定 $\xi_k\in[x_{k-1},x_k]$ $(k=2,3,\cdots,n)$. 则对

$$\forall M>0，\exists \xi_1\in[x_0,x_1] 使得 |f(\xi_1)|>\frac{\left|\sum_{k=2}^n f(\xi_k)\Delta x_k\right|+M}{\Delta x_1}，从而$$

$$\left|\sum_{i=1}^n f(\xi_i)\Delta x_i\right|\geqslant f(\xi_1)\Delta x_1 - \left|\sum_{i=2}^n f(\xi_i)\Delta x_i\right|>M，$$

这与积分和在 $|T|<\delta_0$ 时有界矛盾. 故 $f(x)$ 在 $[a,b]$ 上必有界. 证毕.

但, 不是所有的有界函数都是可积的, 见下面的例子.

例 7.1.4 证明狄利克雷函数 $D(x)=\begin{cases}1, & x\in\mathbb{Q};\\0, & x\notin\mathbb{Q}\end{cases}$ 在 $[0,1]$ 上不可积.

证明 任给 $[0,1]$ 的一个划分 $T=\{x_0,x_1,\cdots,x_n\}$, 因为 $[0,1]$ 中的有理数与无理数是处处稠密的, 若在每个区间 $[x_{k-1},x_k]$ 上取点 ξ_k 为有理数, 则积分和 $\sigma_n=\sum_{k=1}^n D(\xi_k)\Delta x_k=1$; 若在每个区间 $[x_{k-1},x_k]$ 上取 ξ_k 为无理数, 则积分和 $\sigma_n=\sum_{k=1}^n D(\xi_k)\Delta x_k=0$, 于是 $\lim_{|T|\to 0}\sigma_n$ 不存在, 故 $D(x)\notin R[0,1]$. 证毕.

显然 $D(x)$ 在 $[0,1]$ 上有界. 因此, 定理 7.1.1 及例 7.1.4 表明函数有界是函数可积的必要条件.

7.1.5 可积准则

定积分作为黎曼和式的极限, 其构造十分复杂, 因此想要计算这个和式的极限来研究定积分, 实际上是不可行的. 另一研究途径是研究其存在性, 要先简化和式结构, 把"两个任意"简化为"一个任意", 这就是达布和的由来. 由于函数有界是函数可积的必要条件, 因此为研究其可积性, 我们可假设函数是有界的.

下面的命题均假设 $f(x)$ 在 $[a,b]$ 上有界. 任给 $[a,b]$ 的一个划分 $T=\{x_0,x_1,\cdots,x_n\}$, 将 $[a,b]$ 分成 n 个小区间 $\Delta_k=[x_{k-1},x_k]$, $k=1,2,\cdots,n$. 记

$$M=\sup\{f(x):x\in[a,b]\},\quad m=\inf\{f(x):x\in[a,b]\},$$
$$M_k=\sup\{f(x):x\in\Delta_k\},\quad m_k=\inf\{f(x):x\in\Delta_k\}.$$

称 $S(T)=\sum_{k=1}^n M_k\Delta x_k$ 与 $s(T)=\sum_{k=1}^n m_k\Delta x_k$ 为 $f(x)$ 对应划分 T 的（**达布**）**上和**与（**达布**）**下和**, 统称为**达布和**.

性质 7.1.1 对 $\forall\xi_k\in\Delta_k$, $m(b-a)\leqslant s(T)\leqslant\sum_{k=1}^n f(\xi_k)\Delta x_k\leqslant S(T)\leqslant M(b-a)$.

性质 7.1.2 对同一个划分 $T=\{x_0,x_1,\cdots,x_n\}$,

$$s(T)=\inf\left\{\sum_{k=1}^n f(\xi_k)\Delta x_k:\forall\xi_k\in\Delta_k\right\},\quad S(T)=\sup\left\{\sum_{k=1}^n f(\xi_k)\Delta x_k:\forall\xi_k\in\Delta_k\right\}.$$

证明 只证明下和的情形. 对同一个划分 $T=\{x_0,x_1,\cdots,x_n\}$, 因为 $m_k=\inf\{f(x):\forall x\in\Delta_k\}$, 所以对 $\forall\xi_k\in[x_{k-1},x_k]$, 有

$$s(T)=\sum_{k=1}^n m_k\Delta x_k\leqslant\sum_{k=1}^n f(\xi_k)\Delta x_k.$$

又对 $\forall\varepsilon>0$, $\exists\xi_k\in[x_{k-1},x_k]$ 使得 $f(\xi_k)<m_k+\varepsilon$, 故

$$\sum_{k=1}^{n} f(\xi_k)\Delta x_k < \sum_{k=1}^{n}(m_k+\varepsilon)\Delta x_k = s(T)+\varepsilon(b-a),$$

所以 $s(T)=\inf\left\{\sum_{k=1}^{n} f(\xi_k)\Delta x_k : \xi_k\in\Delta_k\right\}$. 证毕.

性质 7.1.3 若 T' 是划分 T 增加分点后的划分，则 $S(T')\leqslant S(T),\ s(T')\geqslant s(T)$.

证明 只需证明在划分 T 的基础上仅增加一个新分点 x'，结论成立，其余的新分点可逐次增加一个分点而得到. 设新增加一个分点 x' 位于划分 $T=\{x_0,x_1,\cdots,x_n\}$ 的第 k 个小区间 $[x_{k-1},x_k]$ 内，用 T' 表示此划分，即 $T'=T\bigcup\{x'\}$. 在两个下和 $s(T')$，$s(T)$ 中，不相同的项仅在 $[x_{k-1},x_k]$ 上出现. 下和 $s(T)$ 在 $[x_{k-1},x_k]$ 上的项是 $m_k\Delta x_k=m_k(x_k-x_{k-1})$，下和 $s(T')$ 在 $[x_{k-1},x_k]$ 上的项是

$$m_k'(x'-x_{k-1})+m_k''(x_k-x'),$$

其中 $m_k'=\inf\{f(x): x\in[x_{k-1},x']\}$，$m_k''=\inf\{f(x): x\in[x',x_k]\}$，因为 $m_k\leqslant m_k'$，$m_k\leqslant m_k''$，这样

$$m_k\Delta x_k=m_k(x_k-x_{k-1})\leqslant m_k'(x'-x_{k-1})+m_k''(x_k-x'),$$

故 $s(T')\geqslant s(T)$. 同理可证 $S(T')\leqslant S(T)$. 证毕.

性质 7.1.4 对 $[a,b]$ 的任意两个划分 T 与 T'，有 $s(T)\leqslant S(T'),\ s(T')\leqslant S(T)$.

证明 把划分 T 与 T' 的分点放在一起构成 $[a,b]$ 的一个新划分，记为 T''. 故划分 T'' 的分点是在划分 T（或 T'）的基础上增加了划分 T'（或 T）的分点所构成，由性质 7.1.3 知

$$S(T'')\leqslant S(T'),\quad S(T'')\geqslant s(T).$$

对划分 T''，有 $s(T'')\leqslant S(T'')$，这样 $s(T)\leqslant s(T'')\leqslant S(T'')\leqslant S(T')$. 同理可得 $s(T')\leqslant S(T)$. 证毕.

此性质说明，对任意两个划分，一个划分的上和恒大于或等于另一个划分的下和，于是，上和对一切划分存在下确界，下和对一切划分存在上确界，由此得到

性质 7.1.5 对 $[a,b]$ 的各种可能的划分 T，下和的上确界不超过上和的下确界，即

$$\sup_T\{s(T)\}\leqslant\inf_T\{S(T)\}.$$

定义 7.1.2 设 $f(x)$ 在 $[a,b]$ 上有界，分别称 $\sup\limits_T\{s(T)\}$ 和 $\inf\limits_T\{S(T)\}$ 为 $f(x)$ 在 $[a,b]$ 上的下积分与上积分，记为

$$\sup_T\{s(T)\}=\underline{\int_a^b} f(x)\mathrm{d}x,\ \inf_T\{S(T)\}=\overline{\int_a^b} f(x)\mathrm{d}x.$$

定理 7.1.2（达布定理） 设 $f(x)$ 在 $[a,b]$ 上有界，则

$$\lim_{|T|\to 0} S(T)=\overline{\int_a^b} f(x)\mathrm{d}x,\ \lim_{|T|\to 0} s(T)=\underline{\int_a^b} f(x)\mathrm{d}x.$$

证明 我们只证明 $\lim\limits_{|T|\to 0} S(T)=\overline{\int_a^b} f(x)\mathrm{d}x$. 另一等式类似可证. 记 $\gamma=\inf\limits_T\{S(T)\}$. 则对 $\forall\varepsilon>0$，存在 $[a,b]$ 的一个划分 T_1 使得 $\gamma\leqslant S(T_1)<\gamma+\dfrac{\varepsilon}{2}$. 任给 $[a,b]$ 的一个划分 $T=\{x_0,x_1,\cdots,x_n\}$，令 $T_2=T\bigcup T_1$，则 $S(T_2)\leqslant S(T_1),\ S(T_2)\leqslant S(T)$，从而

$$0 \leqslant S(T) - \gamma = S(T) - S(T_2) + S(T_2) - \gamma$$

$$\leqslant S(T) - S(T_2) + S(T_1) - \gamma < S(T) - S(T_2) + \frac{\varepsilon}{2},$$

当划分 T_1 中的分点只有一点 t 不是划分 T 的分点时，即 T_2 是由 T 叠加一个分点构成的，不妨设 $t \in (x_{i-1}, x_i)$ ，则

$$0 \leqslant S(T) - S(T_2) = M_i(x_i - x_{i-1}) - M_i'(t - x_{i-1}) - M_i''(x_i - t)$$

$$\leqslant M(x_i - x_{i-1}) - m(t - x_{i-1}) - m(x_i - t)$$

$$= (M - m)(x_i - x_{i-1}) \leqslant (M - m)|T|,$$

其中

$$M = \sup\{f(x) \colon x \in [a,b]\}, \quad m = \inf\{f(x) \colon x \in [a,b]\}, \quad M_i = \sup\{f(x) \colon x \in [x_{i-1}, x_i]\},$$

$$M_i' = \sup\{f(x) \colon x \in [x_{i-1}, t]\}, \quad M_i'' = \sup\{f(x) \colon x \in [t, x_i]\}.$$

记划分 T_1 中分点的个数为 n_1 ，则 n_1 相对于划分 T 是常数，由上面的结果，划分 T_2 中至多有 n_1 个分点不是划分 T 的分点．故

$$0 \leqslant S(T) - S(T_2) \leqslant n_1(M - m)|T|.$$

对上述 $\varepsilon > 0$ ，取 $\delta = \dfrac{\varepsilon}{2n_1(M - m)}$ ，则当 $|T| < \delta$ 时，有

$$0 \leqslant S(T) - S(T_2) \leqslant n_1(M - m)|T| < \frac{\varepsilon}{2},$$

从而 $0 \leqslant S(T) - \gamma < \varepsilon.$ 故 $\lim\limits_{|T| \to 0} S(T) = \gamma$ ．证毕．

定理 7.1.3（可积充要条件） 设函数 $f(x)$ 在 $[a,b]$ 上有界。则下列叙述等价：

（i）对 $\forall \varepsilon > 0$ ，存在 $[a,b]$ 的分割 T 使得 $S(T) - s(T) < \varepsilon$ ；

（ii）函数 $f(x)$ 在 $[a,b]$ 上的上积分与下积分相等，即 $\underline{\int_a^b} f(x)\mathrm{d}x = \overline{\int_a^b} f(x)\mathrm{d}x$ ；

（iii）$f(x) \in R[a,b]$ ．

证明 先证 "(i) $\Rightarrow$ (ii)" ．设对 $\forall \varepsilon > 0$ ，存在 $[a,b]$ 的分割 T 使得 $S(T) - s(T) < \varepsilon$ ．由于

$$0 \leqslant \overline{\int_a^b} f(x)\mathrm{d}x - \underline{\int_a^b} f(x)\mathrm{d}x \leqslant S(T) - s(T) ,$$

因此 $0 \leqslant \overline{\int_a^b} f(x)\mathrm{d}x - \underline{\int_a^b} f(x)\mathrm{d}x < \varepsilon$ ，ε 的任意性表明 $\underline{\int_a^b} f(x)\mathrm{d}x = \overline{\int_a^b} f(x)\mathrm{d}x$ ．

下证 "(ii) $\Rightarrow$ (iii)" ．记 $\underline{\int_a^b} f(x)\mathrm{d}x = \overline{\int_a^b} f(x)\mathrm{d}x = I$ ．则对 $[a,b]$ 的任意划分 $T = \{x_0, x_1, \cdots, x_n\}$ ，有 $\lim\limits_{|T| \to 0} S(T) = \lim\limits_{|T| \to 0} s(T) = I.$ 任取 $\xi_k \in [x_{k-1}, x_k]$ ，因为

$$s(T) \leqslant \sum_{k=1}^n f(\xi_k)\Delta x_k \leqslant S(T) ,$$

所以双侧趋近定理表明 $\lim\limits_{|T| \to 0} \sum\limits_{k=1}^n f(\xi_k)\Delta x_k = I$ ，故 $f(x) \in R[a,b]$ ．

现在证明 "(iii) $\Rightarrow$ (i)" ．设 $f(x) \in R[a,b]$ ．记 $\int_a^b f(x)\mathrm{d}x = I$ ．则由可积的定义，任给 $\varepsilon > 0$ ，$\exists \delta > 0$ ，对 $[a,b]$ 的任意划分 $T = \{x_0, x_1, \cdots, x_n\}$ 及 $\forall \xi_k \in [x_{k-1}, x_k]$（$k = 1, 2, \cdots, n$），当 $|T| < \delta$ 时，有

$$\left|\sum_{k=1}^{n} f(\xi_k)\Delta x_k - I\right| < \frac{1}{3}\varepsilon,$$

即 $I - \frac{1}{3}\varepsilon < \sum_{k=1}^{n} f(\xi_k)\Delta x_k < I + \frac{1}{3}\varepsilon$. 取定一个这样的分割 T，由性质 7.1.2 知，下和 $s(T)$ 与上

和 $S(T)$ 分别是积分和的下确界与上确界，所以 $I - \frac{1}{3}\varepsilon \leqslant s(T) \leqslant S(T) \leqslant I + \frac{1}{3}\varepsilon$，从而

$S(T) - s(T) \leqslant \frac{2}{3}\varepsilon < \varepsilon$. 证毕.

定义 7.1.3 设 $f(x)$ 在 $[a,b]$ 上有界. 令
$$M = \sup\{f(x): x \in [a,b]\} \text{ 且 } m = \inf\{f(x): x \in [a,b]\},$$
称 $\omega = M - m$ 为 $f(x)$ 在 $[a,b]$ 上的振幅.

由定理 7.1.2，立得下面结论.

定理 7.1.4 设 $f(x)$ 在 $[a,b]$ 上有界. 则 $f(x) \in R[a,b]$ 当且仅当 $\lim\limits_{|T| \to 0} \sum\limits_{k=1}^{n} \omega_k \Delta x_k = 0$，其中
$$\omega_k = \sup\{f(x) - f(y): x, y \in [x_{k-1}, x_k]\}$$
为 $f(x)$ 在划分 $T = \{x_0, x_1, \cdots, x_n\}$ 对应的第 k 个小区间 $[x_{k-1}, x_k]$ 上的振幅.

例 7.1.5 利用可积的充要条件证明：设 $f(x) \in R[a,b]$，且 $x' \in [a,b]$，$g(x)$ 在 $[a,b]$ 上仅在一点 x' 处与 $f(x)$ 取值不同，则 $g(x) \in R[a,b]$ 且 $\int_a^b f(x)\mathrm{d}x = \int_a^b g(x)\mathrm{d}x$.

证明 因为 $f(x) \in R[a,b]$，故 $f(x)$ 在 $[a,b]$ 上有界，从而 $g(x)$ 在 $[a,b]$ 上有界. 设 $\omega(f)$，$\omega(g)$ 分别为 $f(x)$，$g(x)$ 在 $[a,b]$ 上的振幅，因此存在 $M > 0$，使得 $\omega(f) \leqslant M$，$\omega(g) \leqslant M$. 任给 $[a,b]$ 的一个划分 $T = \{x_0, x_1, \cdots, x_n\}$，设 $\omega_k(f)$，$\omega_k(g)$ 分别表示 $f(x)$，$g(x)$ 在第 k 个小区间 $[x_{k-1}, x_k]$ 上的振幅. 不妨设 $x' \in [x_{k-1}, x_k]$（$1 \leqslant k < n$），则包含 x' 的小区间至多有两个（当 $x' = x_{k-1}$，$x_{k-1} \neq a$ 时，有两个小区间 $[x_{k-2}, x_{k-1}]$，$[x_{k-1}, x_k]$；当 $x' \in (x_{k-1}, x_k)$ 或 $x' = a$ 或 $x' = b$ 时，只有一个小区间），有

$$\sum_{k=1}^{n} \omega_k(g)\Delta x_k = \sum_{k=1}^{n} (\omega_k(g) - \omega_k(f))\Delta x_k + \sum_{k=1}^{n} \omega_k(f)\Delta x_k$$
$$= \sum_{k=1}^{n} \omega_k(f)\Delta x_k + (\omega_{k-1}(g) - \omega_{k-1}(f))\Delta x_{k-1} + (\omega_k(g) - \omega_k(f))\Delta x_k,$$

其中

$$(\omega_{k-1}(g) - \omega_{k-1}(f))\Delta x_{k-1} + (\omega_k(g) - \omega_k(f))\Delta x_k$$
$$\leqslant \left|(\omega_{k-1}(g) - \omega_{k-1}(f))\Delta x_{k-1} + (\omega_k(g) - \omega_k(f))\Delta x_k\right|$$
$$\leqslant 2M(\Delta x_{k-1} + \Delta x_k) \leqslant 4M|T|,$$

故 $0 \leqslant \sum\limits_{k=1}^{n} \omega_k(g)\Delta x_k \leqslant \sum\limits_{k=1}^{n} \omega_k(f)\Delta x_k + 4M|T|$. 因为 $f(x) \in R[a,b]$，所以 $\lim\limits_{|T| \to 0} \sum\limits_{k=1}^{n} \omega_k(f)\Delta x_k = 0$，

从而由双侧趋近定理得到 $\lim\limits_{|T| \to 0} \sum\limits_{k=1}^{n} \omega_k(g)\Delta x_k = 0$，故 $g(x) \in R[a,b]$.

因为 $f(x)$，$g(x) \in R[a,b]$，对 $[a,b]$ 的任意划分 $T = \{x_0, x_1, \cdots, x_n\}$，取 $\xi_k \in [x_{k-1}, x_k]$ 使得

$\xi_k \neq x'$（$k=1,2,\cdots,n$），有 $\displaystyle\sum_{k=1}^{n} f(\xi_k)\Delta x_k = \sum_{k=1}^{n} g(\xi_k)\Delta x_k$，故

$$\lim_{|T| \to 0}\sum_{k=1}^{n} f(\xi_k)\Delta x_k = \lim_{|T| \to 0}\sum_{k=1}^{n} g(\xi_k)\Delta x_k,$$

即 $\displaystyle\int_a^b f(x)\mathrm{d}x = \int_a^b g(x)\mathrm{d}x$．证毕．

此例说明：改变闭区间上可积函数的一个点或有限个点的函数值，函数的可积性不变，且积分值也不变．

习题 7.1

1．利用定积分的几何意义求积分值．

（1）$\displaystyle\int_{-1}^{1}\sqrt{1-x^2}\,\mathrm{d}x$；

（2）$\displaystyle\int_{-\frac{1}{2}}^{1}\sqrt{1-x^2}\,\mathrm{d}x$；

（3）$\displaystyle\int_{-1}^{1}(3+4x)\mathrm{d}x$；

（4）$\displaystyle\int_{0}^{1}\left(\sqrt{2x-x^2}-x\right)\mathrm{d}x$．

2．设 $f(x)=\begin{cases} x(1-x), & x \in \mathbb{Q}; \\ 0, & x \notin \mathbb{Q}. \end{cases}$ 问 f 在 $[0,1]$ 上是否可积？

3．设 $f \in R[a,b]$ 且 $I = \displaystyle\int_a^b f(x)\mathrm{d}x > 0$．证明：存在子区间 $[c,d] \subset [a,b]$ 和 $\mu > 0$，使在区间 $[c,d]$ 上，有 $f(x) \geqslant \mu$．

4．设 $f \in R[a,b]$，且 $f(x) \geqslant d > 0$（$\forall x \in [a,b]$）．求证：$\dfrac{1}{f(x)} \in R[a,b]$．

5．设 $f(x) \in R[a,b]$．证明：$\cos(f(x)) \in R[a,b]$．

6．设 $f(x) \in R[a,b]$．令 $F(x) = \sup\limits_{t \in [a,x]} f(t)$，问：$F(x) \in R[a,b]$ 对吗？

7．函数 $f(x) \in R[a,b]$ 当且仅当对 $\forall \varepsilon > 0$ 与 $\eta > 0$，存在 $\delta > 0$，对 $[a,b]$ 的任意划分 $T = \{x_0, x_1, \cdots, x_n\}$，当 $|T| < \delta$ 时，振幅 $\omega_{k'} \geqslant \eta$ 的那些小区间的长度 $\Delta x_{k'}$ 之和 $\displaystyle\sum_{k'} \Delta x_{k'} < \varepsilon$．

8．证明：若函数 $f(x)$ 在 $[0,1]$ 上可积，且 $\displaystyle\int_0^1 f(x)\mathrm{d}x > 0$，则存在闭区间 $[a,b] \subset [0,1]$ 使得 $f(x) > 0$ 对 $\forall x \in [a,b]$ 都成立．

7.2　可积函数类及定积分的性质

本节讨论闭区间上可积的三类函数．

7.2.1　闭区间上的可积函数类

定理 7.2.1　若 $f(x) \in C[a,b]$，则 $f(x) \in R[a,b]$．

证明　因为 $f(x) \in C[a,b]$，所以 $f(x)$ 在 $[a,b]$ 上一致连续，即对 $\forall \varepsilon > 0$，$\exists \delta > 0$，对 $\forall x'$，$x'' \in [a,b]$，当 $|x' - x''| < \delta$ 时，有 $|f(x') - f(x'')| < \dfrac{\varepsilon}{b-a}$．对 $[a,b]$ 的任意划分 $T = \{x_0, x_1, \cdots, x_n\}$，$f(x) \in C[x_{k-1}, x_k]$（$k = 1, 2, \cdots, n$），故 $\exists \xi_k'$，$\xi_k'' \in [x_{k-1}, x_k]$ 使得 $f(\xi_k') = \min\{f(x): x \in [x_{k-1}, x_k]\}$ 且 $f(\xi_k'') = \max\{f(x): x \in [x_{k-1}, x_k]\}$．这样，当 $|T| < \delta$ 时，有 $|\xi_k' - \xi_k''| < \delta$，从而

$$\omega_k = |f(\xi_k') - f(\xi_k'')| < \frac{\varepsilon}{b-a},$$

所以

$$\sum_{k=1}^{n} \omega_k \Delta x_k < \frac{\varepsilon}{b-a} \sum_{k=1}^{n} \Delta x_k = \varepsilon,$$

故 $f(x) \in R[a,b]$．证毕．

定理 7.2.2　若 $f(x)$ 在 $[a,b]$ 上有界且有有限个间断点，则 $f(x) \in R[a,b]$．

证明　假设 $f(x)$ 在 $[a,b]$ 上有界且仅有一个间断点 $c \in (a,b)$．对 $\forall \varepsilon > 0$ 使得

$$(c - \varepsilon, c + \varepsilon) \subset [a,b].$$

任给 $[a,b]$ 的一个划分 $T = \{x_0, x_1, \cdots, x_n\}$，该划分将 $[a,b]$ 分成 n 个小区间 $[x_{k-1}, x_k]$（$k = 1, 2, \cdots, n$），这 n 个小区间分成两类：第一类小区间 $[x_{k-1}, x_k]$ 全部包含在 $[a, c - \varepsilon]$ 与 $[c + \varepsilon, b]$ 中；第二类小区间 $[x_{k-1}, x_k]$ 与 $(c - \varepsilon, c + \varepsilon)$ 至少有一个公共点．于是

$$\sum_{k=1}^{n} \omega_k \Delta x_k = \sum_{k}^{\mathrm{I}} \omega_k \Delta x_k + \sum_{k}^{\mathrm{II}} \omega_k \Delta x_k,$$

其中 $\sum^{\mathrm{I}}$，$\sum^{\mathrm{II}}$ 分别表示对第一类小区间和第二类小区间所做的和．因为 $f(x) \in C[a, c-\varepsilon]$，$C[c+\varepsilon, b]$，故定理 7.2.1 表明 $f(x) \in R[a, c-\varepsilon]$，$R[c+\varepsilon, b]$，所以对上述给定的 $\varepsilon > 0$，$\exists \delta > 0$（$\delta < \varepsilon$）使得当 $|T| < \delta$ 时，有 $\sum_{k}^{\mathrm{I}} \omega_k \Delta x_k < \varepsilon$．又当 $|T| < \delta$ 时，第二类小区间的总长度小于 4ε，而 $f(x)$ 在每个小区间上的振幅不超过 $f(x)$ 在 $[a,b]$ 上的振幅 ω，所以 $\sum_{k}^{\mathrm{II}} \omega_k \Delta x_k \leqslant 4\omega\varepsilon$，故

$$\sum_{k=1}^{n} \omega_k \Delta x_k = \sum_{k}^{\mathrm{I}} \omega_k \Delta x_k + \sum_{k}^{\mathrm{II}} \omega_k \Delta x_k < (1 + 4\omega)\varepsilon,$$

从而 $f(x) \in R[a,b]$．函数有界且有有限个间断点的情形类似可证．证毕．

定理 7.2.3　若 $f(x)$ 在 $[a,b]$ 上单调，则 $f(x) \in R[a,b]$．

证明　不妨设 $f(x)$ 在 $[a,b]$ 上单调递增且不是常函数．任给 $[a,b]$ 的一个划分 $T = \{x_0, x_1, \cdots, x_n\}$，将 $[a,b]$ 分成 n 个小区间 $[x_{k-1}, x_k]$（$k = 1, 2, \cdots, n$），有 $f(x_{k-1}) \leqslant f(x) \leqslant f(x_k)$，$\forall x \in [x_{k-1}, x_k]$，所以

$$\sum_{k=1}^{n} \omega_k \Delta x_k = \sum_{k=1}^{n} [f(x_k) - f(x_{k-1})] \Delta x_k,$$

这样对 $\forall \varepsilon > 0$，取 $\delta = \dfrac{\varepsilon}{f(b) - f(a)}$，则当 $|T| < \delta$ 时，有

$$\sum_{k=1}^{n} \omega_k \Delta x_k = \sum_{k=1}^{n} [f(x_k) - f(x_{k-1})] \Delta x_k < \delta \sum_{k=1}^{n} [f(x_k) - f(x_{k-1})] = \delta [f(b) - f(a)] = \varepsilon,$$

故 $f(x) \in R[a,b]$ ．证毕．

*7.2.2　再论可积的充要条件

7.1 节给出的函数可积的充要条件，是借助上、下积分相等得到的．上积分与下积分是"外测度与内测度"的思想，将在后继课程"实变函数论"中介绍．这个可积的充要条件，没有把函数可积与函数内在的分析性（如连续性）联系起来，应用它验证函数可积比较烦琐．

定理 7.2.3 表明闭区间上的单调函数是可积的．虽然单调函数可能有无穷多个间断点，但例 3.4.8 表明单调函数的间断点集至多可数．例如，函数

$$f(x) = \begin{cases} 0, & x = 0; \\ \dfrac{1}{n}, & x \in \left(\dfrac{1}{n+1}, \dfrac{1}{n} \right] \end{cases}$$

在 $[0,1]$ 上单调递增，故可积．显然，$x = \dfrac{1}{n}$（$n = 2,3,\cdots$）是函数的无穷多个间断点．这个事实也说明可积性与函数的间断点的多少可能有着密切的关系．后面的勒贝格定理刻画了闭区间上函数可积的内在本质，为证明该定理，先引入零测集的概念．

定义 7.2.1　设点集 $E \subset \mathbb{R}$．若对 $\forall \varepsilon > 0$，存在开区间列 $\{I_n\}$ 覆盖 E，即 $E \subset \overset{\infty}{\underset{n=1}{\cup}} I_n$，且 $\sum\limits_{n=1}^{\infty} |I_n| < \varepsilon$，其中符号 $|I_n|$ 表示开区间 I_n 的长度，则称点集 E 是**零测集**．

定义 7.2.1 表明，点集 E 是零测集，即可被长度总和任意小的可数个开区间所覆盖．容易得到，有限个点构成的集合是零测集；零测集的子集是零测集，从而空集是零测集．有关零测集，还有下面的结论．

定理 7.2.4　（i）可数个点构成的集合是零测集；（ii）可数个零测集的并集是零测集．

证明　（i）设 $E = \{a_1, a_2, \cdots, a_n, \cdots\}$．对 $\forall \varepsilon > 0$，令 $I_n = \left(a_n - \dfrac{\varepsilon}{2^{n+2}}, a_n + \dfrac{\varepsilon}{2^{n+2}} \right)$，$n = 1, 2, \cdots$，则

$$E \subset \overset{\infty}{\underset{n=1}{\cup}} I_n \text{ 且 } \sum\limits_{n=1}^{\infty} |I_n| = \sum\limits_{n=1}^{\infty} \dfrac{\varepsilon}{2^{n+1}} < \varepsilon .$$

故可数点集 E 是零测集．

（ii）设 E_n（$n = 1, 2, \cdots$）是零测集．则 E_n 能被可数个开区间列 $I_1^{(n)}, I_2^{(n)}, \cdots, I_m^{(n)}, \cdots$ 覆盖．对 $\forall \varepsilon > 0$，有

$$E_n \subset \overset{\infty}{\underset{m=1}{\cup}} I_m^{(n)} \text{ 且 } \sum\limits_{m=1}^{\infty} \left| I_m^{(n)} \right| < \dfrac{\varepsilon}{2^{n+1}} .$$

从而 $\overset{\infty}{\underset{n=1}{\cup}} E_n \subset \overset{\infty}{\underset{n=1}{\cup}} \overset{\infty}{\underset{m=1}{\cup}} I_m^{(n)}$ 且 $\sum\limits_{n=1}^{\infty} \sum\limits_{m=1}^{\infty} \left| I_m^{(n)} \right| < \sum\limits_{n=1}^{\infty} \dfrac{\varepsilon}{2^{n+1}} < \varepsilon$．故可数个零测集的并集是零测集．证毕．

由于实数轴上的有理数集合 $\mathbb{Q} \subset \mathbb{R}$ 是可数集，因此 $\mathbb{Q}$ 是零测集，即对 $\forall \varepsilon > 0$，存在

开区间序列 $\{I_n\}_{n=1}^{\infty}$ 满足 $\sum_{n=1}^{\infty}|I_n| < \varepsilon$，且能够覆盖 $\mathbb{Q}$，即 $\mathbb{Q} \subset \bigcup_{n=1}^{\infty} I_n$．也就是说，整个实轴上的有理数集，可以被一个总长度为任意小的开区间序列覆盖．我们知道，有理数集在实数集里稠密，即任何一个无理数的任何一个小的邻域，都存在无穷多（可数）个有理数，因此 $\mathbb{Q}$ 能够被总长度任意小的区间序列 $\{I_n\}_{n=1}^{\infty}$ 覆盖这个结论是直观上非常难以想象的，但它却是正确的．

定理 7.2.5（黎曼可积函数类的勒贝格定理） 设 $f(x)$ 在 $[a,b]$ 上有界．则 $f(x) \in R[a,b]$ 当且仅当 $f(x)$ 在 $[a,b]$ 上的间断点集是零测集．

证明 设 $f(x) \in R[a,b]$．令

$$\omega_\delta(f, x_0) = \sup\{|f(x) - f(y)|: x, y \in U(x_0, \delta)\}$$

是函数 $f(x)$ 在 $x_0 \in [a,b]$ 的一个 δ-邻域内的振幅．当 f 和 x_0 给定时，$\omega_\delta(f, x_0)$ 显然是 δ 的增函数，因此定义函数 f 在 x_0 这一点的振幅为

$$\omega(f, x_0) = \lim_{\delta \to 0} \omega_\delta(f, x_0) = \inf_{\delta > 0} \omega_\delta(f, x_0).$$

易知 $f(x)$ 在点 x_0 处连续当且仅当 $\omega(f, x_0) = 0$；$f(x)$ 在点 x_0 处不连续当且仅当 $\exists \eta > 0$ 使得 $\omega(f, x_0) \geqslant \eta$．令 $E_\delta = \{x \in [a,b]: \omega(f, x) \geqslant \delta\}$．故如果函数 $f(x)$ 有间断点，则其间断点集是

$$E = E_1 \bigcup E_{1/2} \bigcup E_{1/3} \bigcup \cdots \bigcup E_{1/n} \bigcup \cdots = \bigcup_{n=1}^{\infty} E_{1/n}.$$

为证明 $E_{1/n}$（$n = 1, 2, \cdots$）是零测集，只需证明对 $\forall \delta > 0$，E_δ 是零测集．

因为 $f(x) \in R[a,b]$，所以对 $\forall \varepsilon > 0$ 及 $\forall \delta > 0$，存在 $\hat{\delta}(\varepsilon, \delta) > 0$，对 $[a,b]$ 的任意划分 $T = \{x_0 = a, x_1, x_2, \cdots, x_n = b\}$ 使得当 $|T| < \hat{\delta}(\varepsilon, \delta)$ 时，有

$$\sum_{k=1}^{n} \omega_k \Delta x_k < \delta \varepsilon,$$

只要闭区间 $T_k = [x_{k-1}, x_k]$（$k = 1, 2, \cdots, n$）内含有 E_δ 的点 x，就都有 $\omega(f, x) = \omega_k \geqslant \delta$，因此

$$\delta \sum_{E_\delta \bigcap T_k \neq \varnothing} \Delta x_k \leqslant \sum_{E_\delta \bigcap T_k \neq \varnothing} \omega_k \Delta x_k \leqslant \sum_{k=1}^{n} \omega_k \Delta x_k < \delta \varepsilon,$$

即 $\sum_{E_\delta \bigcap T_k \neq \varnothing} \Delta x_k < \varepsilon$．由于 $E_\delta \subset \bigcup_{\substack{E_\delta \bigcap T_k \neq \varnothing \\ k \in \{1,2,\cdots,n\}}} T_k$，因此 E_δ 是零测集．至此完成必要性的证明．

下面证明充分性．设函数 $f(x)$ 在 $[a,b]$ 上有界且间断点集 E 是零测集，则对 $\forall x \in E$，有 $\omega(f, x) > 0$．另外，由于 $f(x)$ 在 $[a,b]$ 上有界，故 $\exists M > 0$ 使得对 $\forall x \in [a,b]$，有 $|f(x)| \leqslant M$，从而 $f(x)$ 在 $[a,b]$ 上的振幅 $\omega(f, [a,b]) \leqslant 2M$．由于 E 是零测集，因此对 $\forall \varepsilon > 0$，存在可数个开区间 I_n（$n \in \mathbb{N}$）使得 $E \subset I = \bigcup_{n=1}^{\infty} I_n$ 且 $\sum_{n=1}^{\infty} |I_n| < \varepsilon$．因为集合 $[a,b] \setminus I$ 非空（总长度为 $\varepsilon < b - a$ 的开区间序列不可能覆盖 $[a,b]$），故对 $\forall x \in [a,b] \setminus I$，函数 $f(x)$ 在点 x 处连续，即对上述给定的 $\varepsilon > 0$，$\exists \delta > 0$，对 $\forall t \in [a,b]$，当 $|t - x| < \delta$ 时，有 $|f(x) - f(t)| < \varepsilon$．令 $\Delta(x, \delta) = (x - \delta, x + \delta) \bigcap (a, b)$，则对 $\forall t, \tau \in \Delta(x, \delta)$，有

$$|f(t) - f(\tau)| = |(f(t) - f(x)) - (f(\tau) - f(x))| \leqslant |f(t) - f(x)| + |f(\tau) - f(x)| < 2\varepsilon,$$

从而函数 $f(x)$ 在开区间 $\Delta(x,\delta)$ 上的振幅 $\omega(f,\Delta(x,\delta)) \leqslant 2\varepsilon$. 于是开区间序列 $\{I_n\}_{n\in\mathbb{N}}$ 与开区间集 $\{\Delta(x,\delta)\}_{x\in[a,b]\setminus I}$ （可能是不可数个开区间），覆盖了闭区间 $[a,b]$. 由有限覆盖定理，存在有限个开区间

$$I_1, I_2, \cdots, I_l \quad \text{与} \quad \Delta_1, \Delta_2, \cdots, \Delta_m$$

覆盖了 $[a,b]$.

令 $\alpha = \max\limits_{1\leqslant i\leqslant l, 1\leqslant j\leqslant m}\{|I_i|, |\Delta_j|\}$. 任给 $[a,b]$ 的一个划分 $T = \{x_0, x_1, \cdots, x_n\}$ 满足 $|T| < \dfrac{\delta}{2}$ ，定义

$$\omega_k = \omega(f, [x_k, x_{k+1}]) = \sup_{x,y\in[x_k, x_{k+1}]}|f(x)-f(y)| ,$$

则要么有 $2\varepsilon < \omega(f,[x_k,x_{k+1}]) \leqslant 2M$ ，此时 $[x_k, x_{k+1}] \cap \left(\bigcup\limits_{i=1}^{l} I_i\right) \neq \varnothing$ ，$[x_k, x_{k+1}]$ 被有限个开区间 $\{I_i\}_{i=1}^{l}$ 覆盖，即 $[x_k, x_{k+1}] \subset \bigcup\limits_{i=1}^{l} I_i$ ；要么有 $\omega(f,[x_k,x_{k+1}]) \leqslant 2\varepsilon$ ，此时 $[x_k, x_{k+1}]$ 被开区间集 $\{\Delta_j\}_{j=1}^{m}$ 和 $\{I_i\}_{i=1}^{l}$ 覆盖，即 $[x_k, x_{k+1}] \subset \left(\bigcup\limits_{j=1}^{m}\Delta_j\right) \cup \left(\bigcup\limits_{i=1}^{l} I_i\right)$. 因此其振幅和 $\sum\limits_{k=1}^{n}\omega_k\Delta x_k$ 可以写成下面两部分和

$$\sum_{k=1}^{n}\omega_k\Delta x_k = \sum{}^{I}\omega_k\Delta x_k + \sum{}^{\Delta}\omega_k\Delta x_k ,$$

其中，和号 $\sum{}^{I}$ 中的子区间 $[x_{k-1}, x_k]$ 满足 $[x_{k-1}, x_k] \subset \bigcup\limits_{i=1}^{l} I_i$ ，其振幅满足 $2\varepsilon < \omega_k \leqslant 2M$ ，且 $\sum\limits_{i=1}^{l}|I_i| < \varepsilon$ ；和号 $\sum{}^{\Delta}$ 中的子区间 $[x_{k-1}, x_k]$ 满足 $[x_{k-1}, x_k] \subset \left(\bigcup\limits_{k=1}^{m}\Delta_k\right) \cup \left(\bigcup\limits_{k=1}^{l} I_k\right)$ ，其振幅满足 $\omega_k \leqslant 2\varepsilon$ ，且 $\sum\limits_{k=1}^{l}|\Delta_k| \leqslant b-a+2\alpha$. 因此，

$$\sum_{k=1}^{n}\omega_k\Delta x_k = \sum{}^{I}\omega_k\Delta x_k + \sum{}^{\Delta}\omega_k\Delta x_k \leqslant 2\varepsilon(b-a+2\alpha) + 2M\varepsilon = 2(M+b-a+2\alpha)\varepsilon ,$$

所以 $f(x)$ 在 $[a,b]$ 上可积. 证毕.

注 勒贝格定理充分性证明的核心是对连续点用长度很小（小于 δ）的开区间集去覆盖，控制振幅小于 ε，对不连续点用总长度小于 ε 的开区间序列覆盖，之后利用有限覆盖定理选出有限子覆盖. 勒贝格定理指出闭区间上的有界可积函数基本上是连续函数，不连续的点集测度为零，即可积函数是"几乎处处连续"的. 换句话说，勒贝格定理说一个函数黎曼可积的充要条件是这个函数有界且几乎处处连续，即黎曼可积函数集合就是几乎处处连续的有界函数集合.

例 3.4.10 证明了黎曼函数在 $[0,1]$ 上的非零有理点都是间断点，零点和无理点都是连续点. 而有理点在 $[0,1]$ 中是稠密的，有理点集是零测集，因此黎曼函数在 $[0,1]$ 上可积. 说明在 $[0,1]$ 中的无理点比有理点多得多，这是实数集的一个特征. 这也告诉我们，黎曼积分的可积函数可以有不连续点，但是"不连续点不能太多"，这在一定程度上限制了黎曼可积函数的范围. 在 $[a,b]$ 上黎曼可积的函数列 $\{f_n(x)\}$，它的极限函数 $f(x)$（对 $\forall x \in [a,b]$，数列 $\{f_n(x)\}$ 都收敛，且 $\lim\limits_{n\to\infty} f_n(x) = f(x)$）在 $[a,b]$ 上不一定还是黎曼可积的. 例如，将 $[0,1]$ 中所有的有理数排成数列

$$r_1, r_2, \cdots, r_n, \cdots.$$

设

$$f_n(x) = \begin{cases} 1, & x = r_1, r_2, \cdots, r_n; \\ 0, & x \in [0,1], \ x \neq r_1, r_2, \cdots, r_n. \end{cases}$$

因为 $f_n(x)$ 在 $[0,1]$ 中只有有限个不连续点 $r_1, r_2, \cdots, r_n$，所以 $f_n(x)$ 在 $[0,1]$ 上黎曼可积，但极限函数

$$f(x) = \lim_{n \to \infty} f_n(x) = \begin{cases} 1, & x \in [0,1] \bigcap \mathbb{Q}; \\ 0, & x \in [0,1] \setminus \mathbb{Q} \end{cases}$$

是狄利克雷函数，在 $[0,1]$ 上不是黎曼可积的. 这个例子说明，与有理数集合类似，黎曼可积函数集是不完备的. 正因为黎曼可积函数类有上述缺陷，勒贝格在 1902 年的博士论文中创造了一种新的积分即勒贝格积分，推广了黎曼积分. 类似于有理数集合的完备化是实数集，黎曼可积函数集的完备化就是勒贝格可积函数集. 勒贝格积分的产生是积分学的一次革命，将在"实变函数论"课程中深入介绍.

即使可积函数列 $\{f_n(x)\}$ 的极限函数 $f(x)$ 在 $[a,b]$ 上是黎曼可积的，下式

$$\lim_{n \to \infty} \int_a^b f_n(x)\mathrm{d}x = \int_a^b \left(\lim_{n \to \infty} f_n(x) \right) \mathrm{d}x = \int_a^b f(x)\mathrm{d}x$$

也不一定成立，即极限与积分不一定能交换顺序. 积分与极限要交换顺序，也需附加某些条件. 将在本套教材下册中级数一章中介绍.

7.2.3 定积分的性质

设 $f(x) \in R[a,b]$. 这里 $a < b$，因此 $\int_a^b f(x)\mathrm{d}x$ 意义明确，但 $\int_a^a f(x)\mathrm{d}x$ 和 $\int_b^a f(x)\mathrm{d}x$ 没有意义. 为使定积分的运算与定积分的符号和谐一致，规定 $\int_a^a f(x)\mathrm{d}x = 0$ 且 $\int_b^a f(x)\mathrm{d}x = -\int_a^b f(x)\mathrm{d}x$. 这样不管是 $a < b$ 还是 $a > b$ 或 $a = b$，我们都可以统一书写为 $\int_a^b f(x)\mathrm{d}x$，从而给定积分的计算带来方便. 由定积分的定义容易验证定积分满足线性运算.

性质 7.2.1（线性） 设 $f(x), g(x) \in R[a,b]$，则对 $\forall \alpha, \beta \in \mathbb{R}$，$\alpha f(x) + \beta g(x) \in R[a,b]$ 且

$$\int_a^b (\alpha f(x) + \beta g(x))\mathrm{d}x = \alpha \int_a^b f(x)\mathrm{d}x + \beta \int_a^b g(x)\mathrm{d}x.$$

性质 7.2.2（积分区间可加性） $f(x) \in R[a,b] \Leftrightarrow \forall c \in (a,b)$，$f(x) \in R[a,c]$，$f(x) \in R[c,b]$ 且

$$\int_a^b f(x)\mathrm{d}x = \int_a^c f(x)\mathrm{d}x + \int_c^b f(x)\mathrm{d}x.$$

证明 首先证必要性. 假设 $f(x) \in R[a,b]$. 下面证明对 $\forall [a',b'] \subset [a,b]$，有 $f(x) \in R[a',b']$，从而结论成立. 因为 $f(x) \in R[a,b]$，所以对 $\forall \varepsilon > 0$，$\exists \delta > 0$，对 $[a,b]$ 的任意划分 $T = \{x_0, x_1, \cdots, x_n\}$，当 $|T| < \delta$ 时，有 $\sum_{k=1}^n \omega_k \Delta x_k < \varepsilon$. 对 $\forall [a',b'] \subset [a,b]$，任给 $[a',b']$ 的一个

划分 T' 使得 $|T'| < \delta$ ，同时将区间 $[a,a']$ ，$[b',b]$ 也分成若干小区间，使这些小区间的长都小于 δ ，于是将这些分点放在一起构成 $[a,b]$ 的一个划分 T ，故 $|T| < \delta$ ，从而

$$\sum_{[a,a']} \omega_k \Delta x_k + \sum_{[a',b']} \omega_k \Delta x_k + \sum_{[b',b]} \omega_k \Delta x_k = \sum_{k=1}^{n} \omega_k \Delta x_k < \varepsilon ,$$

而 $\displaystyle\sum_{[a,a']} \omega_k \Delta x_k$ 与 $\displaystyle\sum_{[b',b]} \omega_k \Delta x_k$ 都是非负数，故 $\displaystyle\sum_{[a',b']} \omega_k \Delta x_k < \varepsilon$ ，所以 $f(x) \in R[a',b']$.

然后证充分性．设对 $\forall c \in (a,b)$ ，$f(x) \in R[a,c]$, $R[c,b]$ ．任取 $[a,b]$ 的划分 $T = \{x_0, x_1, \cdots, x_n\}$ ，若 c 不是划分 T 的分点，令 $T' = T \bigcup \{c\}$ ．设 $c \in (x_{i-1}, x_i)$ ．则在分法 T 中，包含 c 的小区间只有一个；而在分法 T' 中，包含 c 的小区间有两个，用 $\displaystyle\sum_{k=1}^{n}{}^{T} \omega_k \Delta x_k$ 表示关于划分 T 的振幅面积，$\displaystyle\sum_{k=1}^{n+1}{}^{T'} \omega_k \Delta x_k$ 表示关于划分 T' 的振幅面积，因此

$$\sum_{k=1}^{n}{}^{T} \omega_k \Delta x_k - \sum_{k=1}^{n+1}{}^{T'} \omega_k \Delta x_k = \omega_i \Delta x_i - \omega_i'(c - x_{i-1}) - \omega_i''(x_i - c) ,$$

其中 $\omega = \sup\{f(x) - f(y): x, y \in [a,b]\}$ ，$\omega_i = \sup\{f(x) - f(y): x, y \in [x_{i-1}, x_i]\}$ ，

$\omega_i' = \sup\{f(x) - f(y): x, y \in [x_{i-1}, c]\}$ ，$\omega_i'' = \sup\{f(x) - f(y): x, y \in [c, x_i]\}$ ，

故

$$0 \leqslant \sum_{k=1}^{n}{}^{T} \omega_k \Delta x_k \leqslant \sum_{k=1}^{n+1}{}^{T'} \omega_k \Delta x_k + \omega |T| .$$

因为 $f(x) \in R[a,c]$, $R[c,b]$ ，所以 $\displaystyle\lim_{|T'| \to 0} \sum_{k=1}^{n+1}{}^{T'} \omega_k \Delta x_k = 0$ ．而当 $|T| \to 0$ 时，有 $|T'| \to 0$ ，故双侧趋近定理表明 $\displaystyle\lim_{|T| \to 0} \sum_{k=1}^{n}{}^{T} \omega_k \Delta x_k = 0$ ，因此 $f(x) \in R[a,b]$.

最后证 $\displaystyle\int_a^b f(x)\mathrm{d}x = \int_a^c f(x)\mathrm{d}x + \int_c^b f(x)\mathrm{d}x$ ．因为 $f(x) \in R[a,b]$ ，$f(x) \in R[a,c]$ ，且 $f(x) \in R[c,b]$ ，任取 $[a,b]$ 的划分 $T = \{x_0, x_1, \cdots, x_n\}$ 使得 c 总是划分 T 的分点，不妨假设 $c = x_i$ ，则相应的积分和 $\displaystyle\sum_{k=1}^{n} f(\xi_k) \Delta x_k = \sum_{k=1}^{i} f(\xi_k) \Delta x_k + \sum_{k=i+1}^{n} f(\xi_k) \Delta x_k$ ，所以

$$\lim_{|T| \to 0} \sum_{k=1}^{n} f(\xi_k) \Delta x_k = \lim_{|T| \to 0} \sum_{k=1}^{i} f(\xi_k) \Delta x_k + \lim_{|T| \to 0} \sum_{k=i+1}^{n} f(\xi_k) \Delta x_k ,$$

故 $\displaystyle\int_a^b f(x)\mathrm{d}x = \int_a^c f(x)\mathrm{d}x + \int_c^b f(x)\mathrm{d}x$ ．证毕.

性质 7.2.3（积分不等式） 设 $f(x)$, $g(x) \in R[a,b]$ ，若 $f(x) \leqslant g(x)$（$\forall x \in [a,b]$），则
$$\int_a^b f(x)\mathrm{d}x \leqslant \int_a^b g(x)\mathrm{d}x .$$

证明 对 $[a,b]$ 的任意划分 $T = \{x_0, x_1, \cdots, x_n\}$ ，将 $[a,b]$ 分成 n 个小区间 $[x_{k-1}, x_k]$（ $k = 1, 2, \cdots, n$ ），对 $\forall \xi_k \in [x_{k-1}, x_k]$ ，有 $f(\xi_k) \leqslant g(\xi_k)$ ，因此 $\displaystyle\sum_{k=1}^{n} f(\xi_k) \Delta x_k \leqslant \sum_{k=1}^{n} g(\xi_k) \Delta x_k$ ，从而由极限的保号性得

$$\lim_{|T|\to 0}\sum_{k=1}^{n}f(\xi_k)\Delta x_k \leqslant \lim_{|T|\to 0}\sum_{k=1}^{n}g(\xi_k)\Delta x_k ,$$

即 $\int_a^b f(x)\mathrm{d}x \leqslant \int_a^b g(x)\mathrm{d}x$. 证毕.

性质 7.2.4（绝对可积性） 若 $f(x)\in R[a,b]$ ，则 $|f(x)|\in R[a,b]$ ，且

$$\left|\int_a^b f(x)\mathrm{d}x\right| \leqslant \int_a^b |f(x)|\mathrm{d}x .$$

证明 设 $f(x)\in R[a,b]$ ，对 $[a,b]$ 的任意划分 $T=\{x_0,x_1,\cdots,x_n\}$ ，记 ω_k , ω_k^* 分别为 $f(x),|f(x)|$ 在 $[x_{k-1},x_k]$ 上的振幅，则 $\omega_k=\sup\{f(x)-f(y): x,y\in[x_{k-1},x_k]\}$ 且

$$\omega_k^*=\sup\{|f(x)|-|f(y)|: x,y\in[x_{k-1},x_k]\},$$

显然 $\omega_k^*\leqslant\omega_k$ （ $\forall k=1,2,\cdots,n$ ），所以 $\sum_{k=1}^{n}\omega_k^*\Delta x_k \leqslant \sum_{k=1}^{n}\omega_k\Delta x_k$. 因为 $f(x)\in R[a,b]$ ，所以对 $\forall\varepsilon>0$, $\exists\delta>0$ ，对 $[a,b]$ 的任意划分 T ，当 $|T|<\delta$ 时，有 $\sum_{k=1}^{n}\omega_k\Delta x_k<\varepsilon$ ，从而 $\sum_{k=1}^{n}\omega_k^*\Delta x_k<\varepsilon$ ，故 $|f(x)|\in R[a,b]$.

对 $\forall x\in[a,b]$ ，有 $-|f(x)|\leqslant f(x)\leqslant |f(x)|$ ，所以由积分不等式得 $\left|\int_a^b f(x)\mathrm{d}x\right| \leqslant \int_a^b |f(x)|\mathrm{d}x$. 证毕.

性质 7.2.4 的逆一般不成立，例如， $f(x)=\begin{cases}1, & x\in\mathbb{Q};\\ -1, & x\notin\mathbb{Q},\end{cases}$ 则 $|f(x)|\in R[0,1]$ ，但 $f(x)\notin R[0,1]$.

性质 7.2.5（乘积可积性） 若 $f(x),g(x)\in R[a,b]$ ，则 $f(x)g(x)\in R[a,b]$.

证明 因为 $f(x),g(x)\in R[a,b]$ ，所以存在 $M>0$ 使得对 $\forall x\in[a,b], |f(x)|\leqslant M$, $|g(x)|\leqslant M$. 任给 $[a,b]$ 的一个划分 $T=\{x_0,x_1,\cdots,x_n\}$ ，将 $[a,b]$ 分成 n 个小区间 $[x_{k-1},x_k]$ （ $k=1,2,\cdots,n$ ），令 $\omega_k(f)$, $\omega_k(g)$, $\omega_k(fg)$ 分别表示 f , g , fg 在 $[x_{k-1},x_k]$ 上的振幅. 对 $\forall x,y\in[x_{k-1},x_k]$ ，有

$$|f(x)g(x)-f(y)g(y)| \leqslant |f(x)||g(x)-g(y)|+|g(y)||f(x)-f(y)|$$
$$\leqslant M(|g(x)-g(y)|+|f(x)-f(y)|),$$

故 $\omega_k(fg)=\sup\{f(x)g(x)-f(y)g(y): x,y\in[x_{k-1},x_k]\}\leqslant M(\omega_k(f)+\omega_k(g))$ ，从而

$$0\leqslant \sum_{k=1}^{n}\omega_k(fg)\Delta x_k \leqslant M\left(\sum_{k=1}^{n}\omega_k(f)\Delta x_k+\sum_{k=1}^{n}\omega_k(g)\Delta x_k\right)\to 0 \quad (|T|\to 0),$$

故 $\lim\limits_{|T|\to 0}\sum_{k=1}^{n}\omega_k(fg)\Delta x_k=0$ ，所以 $f(x)g(x)\in R[a,b]$. 证毕.

例 7.2.1（Cauchy-Schwarz 不等式） 设 $f(x),g(x)\in R[a,b]$ ，证明：

$$\left(\int_a^b f(x)g(x)\mathrm{d}x\right)^2 \leqslant \int_a^b f(x)^2\mathrm{d}x\int_a^b g(x)^2\mathrm{d}x .$$

证明 对 $\forall t\in\mathbb{R}$ ， $(tf(x)-g(x))^2\geqslant 0$ ，因此 $\int_a^b (tf(x)-g(x))^2\mathrm{d}x\geqslant 0$ ，即

$$t^2\int_a^b f(x)^2\mathrm{d}x-2t\int_a^b f(x)g(x)\mathrm{d}x+\int_a^b g(x)^2\mathrm{d}x\geqslant 0,$$

故 $\left(2\int_a^b f(x)g(x)\mathrm{d}x\right)^2 - 4\int_a^b f(x)^2\mathrm{d}x\int_a^b g(x)^2\mathrm{d}x \le 0$，从而不等式得证．证毕．

例 7.2.2　设 $f(x) \in C[a,b]$．证明：$\left(\int_a^b f(x)\cos x\mathrm{d}x\right)^2 + \left(\int_a^b f(x)\sin x\mathrm{d}x\right)^2 \le \left(\int_a^b |f(x)|\mathrm{d}x\right)^2$．

证明　应用 Cauthy-Schwarz 不等式，有

$$\left(\int_a^b f(x)\cos x\mathrm{d}x\right)^2 \le \left(\int_a^b \sqrt{|f(x)|}\cdot\sqrt{|f(x)|}|\cos x|\mathrm{d}x\right)^2$$
$$\le \int_a^b |f(x)|\mathrm{d}x \cdot \int_a^b |f(x)|\cos^2 x\mathrm{d}x.$$

同理，得 $\left(\int_a^b f(x)\sin x\mathrm{d}x\right)^2 \le \int_a^b |f(x)|\mathrm{d}x\cdot\int_a^b |f(x)|\sin^2 x\mathrm{d}x$．将两式相加，即得要证不等式．证毕．

例 7.2.3　设 $f(x) \in C[0,1]$，且 $m = \min\{f(x): \forall x \in [0,1]\}$，$M = \max\{f(x): \forall x \in [0,1]\}$．假设 $h(x) \in C[m,M]$ 是下凸函数，证明：$h\left(\int_0^1 f(x)\mathrm{d}x\right) \le \int_0^1 h(f(x))\mathrm{d}x$．

证明　因为 $h(x)$ 是 $[m,M]$ 上的下凸函数，所以对 $\forall n \in \mathbb{N}^+$，有

$$h\left(\sum_{k=1}^n \frac{1}{n}f\left(\frac{k}{n}\right)\right) \le \sum_{k=1}^n \frac{1}{n}h\left(f\left(\frac{k}{n}\right)\right).$$

显然 $h(f(x)) \in C[0,1]$．由定理 7.2.1 知，$f(x)$ 与 $h(f(x))$ 在 $[0,1]$ 上可积，因此对上面不等式在 $n \to \infty$ 时取极限，得 $h\left(\int_0^1 f(x)\mathrm{d}x\right) \le \int_0^1 h(f(x))\mathrm{d}x$．证毕．

例 7.2.4　证明：$f(x)^2 \in R[a,b]$ 当且仅当 $|f(x)| \in R[a,b]$．

证明　设 $|f(x)| \in R[a,b]$，则由乘积的可积性知 $f(x)^2 \in R[a,b]$．

下证必要性．假设 $f(x)^2 \in R[a,b]$．任给 $[a,b]$ 的一个划分 $T = \{x_0, x_1, \cdots, x_n\}$，将 $[a,b]$ 分成 n 个小区间 $[x_{k-1}, x_k]$（$k = 1,2,\cdots,n$）．设 $\omega_k(f^2), \omega_k(|f|)$ 分别表示 $f(x)^2$，$|f(x)|$ 在 $[x_{k-1}, x_k]$ 上的振幅．对 $\forall x,y \in [x_{k-1}, x_k]$，因为

$$(|f(x)| - |f(y)|)^2 \le \big||f(x)| - |f(y)|\big|\cdot\big||f(x)| + |f(y)|\big| = \big||f(x)|^2 - |f(y)|^2\big|,$$

所以 $\omega_k(|f|) \le \sqrt{\omega_k(f^2)}$，从而

$$0 \le \sum_{k=1}^n \omega_k(|f|)\Delta x_k \le \sum_{k=1}^n \sqrt{\omega_k(f^2)}\Delta x_k = \sum_{k=1}^n \sqrt{\omega_k(f^2)\Delta x_k}\sqrt{\Delta x_k}$$
$$\le \left(\sum_{k=1}^n \omega_k(f^2)\Delta x_k\right)^{\frac{1}{2}}\left(\sum_{k=1}^n \Delta x_k\right)^{\frac{1}{2}} = \sqrt{b-a}\left(\sum_{k=1}^n \omega_k(f^2)\Delta x_k\right)^{\frac{1}{2}} \to 0 \ (|T| \to 0),$$

故 $|f(x)| \in R[a,b]$．证毕．

习题 7.2

1．思考下列问题．

（1）两个可积函数的复合函数是否可积？

（2）可积函数与不可积函数的乘积是否不可积？

2．证明：若函数 $z = \varphi(y)$ 在 $[A,B]$ 上连续，函数 $y = f(x)$ 在 $[a,b]$ 上可积，且 $[A,B] = \{f(x): \forall x \in [a,b]\}$，则复合函数 $\varphi \circ f$ 在 $[a,b]$ 上可积.

3．设 $f(x) \in R[a,b]$，求证：对 $\forall \varepsilon > 0$，存在分段常值函数 $g(x)$，使得

$$\int_a^b |f(x) - g(x)| \mathrm{d}x < \varepsilon.$$

4．设 $f(x)$ 在 $[a,b]$ 上连续、非负，且不恒等于 0．证明：$\int_a^b f(x)\mathrm{d}x > 0$．

5．设 $f(x) \in C[a,b]$．若对 $\forall g(x) \in C[a,b]$，均有 $\int_a^b f(x)g(x)\mathrm{d}x = 0$，则 $f(x)$ 恒为零．

6．证明函数 $f(x) = \begin{cases} \dfrac{1}{x} - \left[\dfrac{1}{x}\right], & x \in (0,1]; \\ 0, & x = 0 \end{cases}$ 在 $[0,1]$ 上可积.

7．设非负函数 $f \in C[a,b]$，证明：$\displaystyle\lim_{n \to \infty} \left(\int_a^b f^n(x)\mathrm{d}x\right)^{\frac{1}{n}} = \max\{f(x) | x \in [a,b]\}$.

8．证明下列结论.

（1）$\displaystyle\int_0^{\frac{\pi}{2}} \sqrt{\sin 2x}\,\mathrm{d}x \leqslant \sqrt{\dfrac{\pi}{2}}$；　　　　　（2）$\ln\dfrac{p}{q} \leqslant \dfrac{p-q}{\sqrt{pq}}$，$0 < q \leqslant p$；

（3）如果 $f(x)$ 在 $[a,b]$ 上连续且 $f(x) > 0$，证明 $\left(\displaystyle\int_a^b f(x)\mathrm{d}x\right)\left(\int_a^b \dfrac{1}{f(x)}\mathrm{d}x\right) \geqslant (b-a)^2$.

9．证明：若 $f(x),\ g(x) \in R[a,b]$，则 $\max\{f(x), g(x)\}$，$\min\{f(x), g(x)\} \in R[a,b]$.

10．设 $f(x)$ 在 $[a,b]$ 上严格单调递增，且 $f''(x) > 0$，证明：

$$(b-a)f(a) < \int_a^b f(x)\mathrm{d}x < (b-a)\frac{f(a)+f(b)}{2}.$$

11．证明：若 $f(x), g(x) \in R[a,b]$，则任给 $[a,b]$ 的划分 $T = \{x_0, x_1, \cdots, x_n\}$ 及对 $\forall \xi_k, \eta_k \in [x_{k-1}, x_k]$，有

$$\lim_{|T| \to 0} \sum_{k=1}^n f(\xi_k)g(\eta_k)\Delta x_k = \int_a^b f(x)g(x)\mathrm{d}x.$$

12．设函数 $f(x)$ 在 $[a,b]$ 上连续，在 (a,b) 内可导，且 $f(a) = f(b) = 0$．证明：

$$\sup\{|f'(x)|: \forall x \in (a,b)\} \geqslant \frac{4}{(b-a)^2} \int_a^b |f(x)|\mathrm{d}x.$$

7.3　定积分的计算

设 $f(x) \in R[a,b]$，则 $\displaystyle\int_a^b f(x)\mathrm{d}x$ 是一个数，这个数与积分变量 x 无关，因此 $\displaystyle\int_a^b f(x)\mathrm{d}x = \int_a^b f(t)\mathrm{d}t$．设 $f(x) \in C[a,b]$ 且非负．固定 $x \in [a,b]$，则定积分 $\displaystyle\int_a^x f(t)\mathrm{d}t$ 表示由曲线 $y = f(t)$，

t 轴和直线 $t=a$, $t=x$ 所围成的曲边梯形的面积, 它是 x 的函数, 记为 $S(x)=\int_a^x f(t)\mathrm{d}t$. 给自变量 x 一个改变量 Δx, 使得 $x+\Delta x \in [a,b]$, 则相应的面积改变量 $\Delta S = S(x+\Delta x)-S(x)$, 其线性主要部分即 $S(x)$ 的微分是什么? 牛顿和莱布尼茨研究发现, 它就是小块矩形区域的面积 $f(x)\mathrm{d}x$, 即 $\mathrm{d}S(x)=f(x)\mathrm{d}x$ 或者 $\mathrm{d}\left(\int_a^x f(t)\mathrm{d}t\right)=f(x)\mathrm{d}x$, 他们得到了微分和积分之间的重要关系——微积分基本定理.

7.3.1　变上限积分

设 $f(x)\in R[a,b]$, 则对 $\forall x \in [a,b]$, $f(t)\in R[a,x]$, 且对应唯一一个积分值 $\int_a^x f(t)\mathrm{d}t$, 这样定义了 $[a,b]$ 上的一个函数 $F(x)=\int_a^x f(t)\mathrm{d}t$（$\forall x \in [a,b]$）, 称为**变上限积分**.

定理 7.3.1　设 $f(x)\in R[a,b]$, 且 $F(x)=\int_a^x f(t)\mathrm{d}t$. 则

(i) 对 $\forall x \in [a,b]$, 变上限积分 $F(x)$ 在 $[a,b]$ 上连续;

(ii) 若函数 $f(x)$ 在 $x_0 \in [a,b]$ 处连续, 则 $F(x)$ 在 x_0 处可导且 $F'(x_0)=f(x_0)$;

(iii) 若 $f(x)\in C[a,b]$, 则变上限积分 $F(x)=\int_a^x f(t)\mathrm{d}t$ 在 $[a,b]$ 上可导, 且 $F'(x)=f(x)$, 即变上限积分是被积函数的原函数.

证明（i）因为 $f(x)\in R[a,b]$, 故 $\exists M>0$, 使得 $|f(x)|\le M$. 任取 $x_0 \in [a,b]$, 对 $\forall x \in [a,b]$, 有 $|F(x)-F(x_0)|=\left|\int_{x_0}^x f(t)\mathrm{d}t\right| \le M|x-x_0|$, 该不等式表明 $F(x)$ 在 x_0 处连续. 因为 $x_0 \in [a,b]$ 是任意的, 所以 $F(x)$ 在 $[a,b]$ 上连续.

（ii）因为 $f(x)$ 在 $x_0 \in [a,b]$ 处连续, 所以对 $\forall \varepsilon>0$, $\exists \delta>0$, 对 $\forall x \in [a,b]$, 当 $|x-x_0|<\delta$ 时, 有 $|f(x)-f(x_0)|<\varepsilon$, 从而

$$\left|\frac{F(x)-F(x_0)}{x-x_0}-f(x_0)\right|=\frac{1}{|x-x_0|}\left|\int_{x_0}^x (f(t)-f(x_0))\mathrm{d}t\right| \le \frac{1}{|x-x_0|}\left|\int_{x_0}^x |f(t)-f(x_0)|\mathrm{d}t\right|<\varepsilon,$$

故 $F(x)$ 在 x_0 处可导且 $F'(x_0)=\lim\limits_{x\to x_0}\dfrac{F(x)-F(x_0)}{x-x_0}=f(x_0)$.

（iii）因为 $f(x)\in C[a,b]$, 所以 $f(x)$ 在任意一点 $x_0 \in [a,b]$ 处连续, 由（ii）知 $F(x)=\int_a^x f(t)\mathrm{d}t$ 在 $[a,b]$ 上可导, 且 $F'(x)=f(x)$. 证毕.

注（1）定理 7.3.1 指出闭区间上的连续函数一定存在原函数, 变上限积分就是被积函数的一个原函数, 但变上限积分不一定是初等函数;（2）由于初等函数在其定义域内都是连续的, 因此初等函数都有原函数.

若 $f(x)\in R[a,b]$, 类似地, 可考虑变下限积分 $\int_x^b f(t)\mathrm{d}t$. 进一步假定 $f(x)\in C[a,b]$, 则由

$$\int_x^b f(t)\mathrm{d}t=-\int_b^x f(t)\mathrm{d}t$$

求得 $\dfrac{\mathrm{d}}{\mathrm{d}x}\left(\displaystyle\int_x^b f(t)\mathrm{d}t\right) = -f(x)$.

定理 7.3.2 设 $\phi(x)$ 和 $\varphi(x)$ 是定义在 $[a,b]$ 上且取值于 $[a,b]$ 的可导函数. 若 $f(x) \in C[a,b]$，则 $F(x) = \displaystyle\int_{\varphi(x)}^{\phi(x)} f(t)\mathrm{d}t$ 在 $[a,b]$ 上可导，且 $F'(x) = f(\phi(x))\phi'(x) - f(\varphi(x))\varphi'(x)$.

证明 对 $\forall s \in [a,b]$，令 $G(s) = \displaystyle\int_a^s f(t)\mathrm{d}t$. 则由定理 7.3.1 知，$G(s)$ 可导且 $G'(s) = f(s)$，也有

$$F(x) = \int_a^{\phi(x)} f(t)\mathrm{d}t - \int_a^{\varphi(x)} f(t)\mathrm{d}t = G(\phi(x)) - G(\varphi(x)) .$$

由复合函数的求导法则知 $F(x)$ 可导且 $F'(x) = G'(\phi(x))\phi'(x) - G'(\varphi(x))\varphi'(x)$. 证毕.

例 7.3.1 设 $F(x) = \displaystyle\int_a^{\sin x} x\sqrt{1-t^3}\,\mathrm{d}t$，求 $F'(x)$.

解 $F(x) = \displaystyle\int_a^{\sin x} x\sqrt{1-t^3}\,\mathrm{d}t = x\int_a^{\sin x}\sqrt{1-t^3}\,\mathrm{d}t$，故由定理 7.3.2 知

$$F'(x) = \int_a^{\sin x}\sqrt{1-t^3}\,\mathrm{d}t + x\sqrt{1-\sin^3 x}\cos x .$$

例 7.3.2 已知连续函数 $f(x)$ 满足 $\displaystyle\int_0^1 xf(x)\mathrm{d}x = 3$，求 $\displaystyle\int_0^1\left[\int_1^x f(t)\mathrm{d}t\right]\mathrm{d}x$.

解 由分部积分公式，$\displaystyle\int_0^1\left[\int_1^x f(t)\mathrm{d}t\right]\mathrm{d}x = x\int_1^x f(t)\mathrm{d}t\Big|_0^1 - \int_0^1 xf(x)\mathrm{d}x = -3$.

例 7.3.3 求极限 $\displaystyle\lim_{x\to 0}\frac{1}{x^3}\int_0^x\left[\int_{\sin u}^0 t\mathrm{d}t\right]\mathrm{d}u$.

解 $\displaystyle\lim_{x\to 0}\frac{1}{x^3}\int_0^x\left[\int_{\sin u}^0 t\mathrm{d}t\right]\mathrm{d}u = \lim_{x\to 0}\frac{\int_{\sin x}^0 t\mathrm{d}t}{3x^2} = \lim_{x\to 0}\frac{-\sin x\cos x}{6x} = -\frac{1}{6}$.

例 7.3.4 试给出 a 与 b 的关系，使得极限 $\displaystyle\lim_{x\to 0}\left(\frac{a}{x^2} + \frac{b}{x^3}\int_0^x \mathrm{e}^{-t^2}\mathrm{d}t\right)$ 存在.

解 要使极限 $\displaystyle\lim_{x\to 0}\left(\frac{a}{x^2} + \frac{b}{x^3}\int_0^x \mathrm{e}^{-t^2}\mathrm{d}t\right) = \lim_{x\to 0}\frac{1}{x^2}\left(a + \frac{b}{x}\int_0^x \mathrm{e}^{-t^2}\mathrm{d}t\right)$ 存在，则一定有

$$\lim_{x\to 0}\left(a + \frac{b}{x}\int_0^x \mathrm{e}^{-t^2}\mathrm{d}t\right) = 0 ,$$

从而 $\displaystyle\lim_{x\to 0}\frac{1}{x}\int_0^x \mathrm{e}^{-t^2}\mathrm{d}t = -\frac{a}{b}$. 由 $\displaystyle\lim_{x\to 0}\frac{1}{x}\int_0^x \mathrm{e}^{-t^2}\mathrm{d}t = \lim_{x\to 0}\mathrm{e}^{-x^2} = 1$，故 $b = -a$.

例 7.3.5 设 $f(x) \in C(-1,1)$ 且 $f(0) = 2$. 求 $\displaystyle\lim_{x\to 0}\frac{\int_0^x f(t)\mathrm{d}t}{\sin x}$ 和 $\displaystyle\lim_{x\to 0}\frac{\int_0^x tf(t)\mathrm{d}t}{x\int_0^x f(t)\mathrm{d}t}$.

解 应用定理 7.3.2 及洛必达法则，得

$$\lim_{x\to 0}\frac{\int_0^x f(t)\mathrm{d}t}{\sin x} = \lim_{x\to 0}\frac{f(x)}{\cos x} = 2.$$

由此可知 $\displaystyle\int_0^x f(t)\mathrm{d}t \sim 2x \ (x\to 0)$. 故通过等价无穷小代换及洛必达法则，有

$$\lim_{x \to 0} \frac{\int_0^x tf(t)\mathrm{d}t}{x\int_0^x f(t)\mathrm{d}t} = \lim_{x \to 0} \frac{\int_0^x tf(t)\mathrm{d}t}{2x^2} = \lim_{x \to 0} \frac{xf(x)}{4x} = \frac{1}{2}.$$

例 7.3.6 求极限 $\lim_{x \to 0}\left(\dfrac{1+\int_0^x \mathrm{e}^{t^2}\mathrm{d}t}{\mathrm{e}^x-1} - \dfrac{1}{\sin x}\right)$.

解 因为 $\lim_{x \to 0}\left(\dfrac{1+\int_0^x \mathrm{e}^{t^2}\mathrm{d}t}{\mathrm{e}^x-1} - \dfrac{1}{\sin x}\right) = \lim_{x \to 0} \dfrac{\left(1+\int_0^x \mathrm{e}^{t^2}\mathrm{d}t\right)\sin x - (\mathrm{e}^x-1)}{(\mathrm{e}^x-1)\sin x}$ ，观察到分母为 2 阶无

穷小量，又

$$\left(\int_0^x \mathrm{e}^{t^2}\mathrm{d}t\right)' = \mathrm{e}^{x^2} = 1 + x^2 + o(x^2) \ (x \to 0)$$

故 $\int_0^x \mathrm{e}^{t^2}\mathrm{d}t = x + o(x^2) \ (x \to 0)$ ，从而由泰勒展开式 $\sin x = x + o(x^2)$ ， $\mathrm{e}^x = 1 + x + \dfrac{x^2}{2} + o(x^2)$

$(x \to 0)$ ，得

$$\lim_{x \to 0}\left(\frac{1+\int_0^x \mathrm{e}^{t^2}\mathrm{d}t}{\mathrm{e}^x-1} - \frac{1}{\sin x}\right) = \lim_{x \to 0} \frac{[1+x+o(x^2)][x+o(x^2)] - \left[x+\dfrac{x^2}{2}+o(x^2)\right]}{x^2} = \frac{1}{2}.$$

例 7.3.7 试求 $a,\ b$ 的值，使得 $\lim_{x \to 0} \dfrac{1}{bx-\sin x}\int_0^x \dfrac{t^2}{\sqrt{a+t}}\mathrm{d}t = 1$.

解 若 $b \neq 1$ ，因为 $\lim_{x \to 0} \dfrac{\dfrac{x^2}{\sqrt{a+x}}}{b-\cos x} = 0$ ，所以由洛必达法则可知，此时与 $\lim_{x \to 0} \dfrac{\int_0^x \dfrac{t^2}{\sqrt{a+t}}\mathrm{d}t}{bx-\sin x} = 1$

矛盾，故 $b=1$. 这样利用洛必达法则和等价无穷小代换，得

$$1 = \lim_{x \to 0} \frac{\int_0^x \dfrac{t^2}{\sqrt{a+t}}\mathrm{d}t}{x-\sin x} = \lim_{x \to 0} \frac{\dfrac{x^2}{\sqrt{a+x}}}{1-\cos x} = \lim_{x \to 0} \frac{\dfrac{x^2}{\sqrt{a+x}}}{\dfrac{x^2}{2}} = \frac{2}{\sqrt{a}},$$

所以 $a=4$.

例 7.3.8 设 $f(x) \in C[0,+\infty)$ 且 $f(x) > 0$. 证明： $F(x) = \dfrac{\int_0^x tf(t)\mathrm{d}t}{\int_0^x f(t)\mathrm{d}t}$ 在 $(0,+\infty)$ 内单调

递增.

证明 由定理 7.3.1，有

$$F'(x) = \frac{xf(x)\int_0^x f(t)\mathrm{d}t - f(x)\int_0^x tf(t)\mathrm{d}t}{\left(\int_0^x f(t)\mathrm{d}t\right)^2} = \frac{f(x)\int_0^x (x-t)f(t)\mathrm{d}t}{\left(\int_0^x f(t)\mathrm{d}t\right)^2}.$$

因为对 $\forall x \in [0,+\infty)$ ， $f(x) > 0$ ，且当 $t \in (0,x)$ 时， $(x-t)f(t) > 0$ ，也有 $(x-t)f(t) \in C[0,x]$,

所以 $\int_0^x (x-t)f(t)\mathrm{d}t > 0$ ，从而 $F'(x) > 0$ （$\forall x \in (0,+\infty)$），故 $F(x)$ 在 $(0,+\infty)$ 内单调递增．证毕．

例7.3.9 设 $f(x) \in C(-\infty,+\infty)$ 满足 $f(0) = 0$ 且在零点处可导．令

$$F(x) = \begin{cases} \int_0^x \dfrac{tf(t)\mathrm{d}t}{x^2}, & x \neq 0; \\ 0, & x = 0. \end{cases}$$

证明：$F(x) \in C^1(-\infty,+\infty)$ 且 $F'(0) = \dfrac{f'(0)}{3}$．

证明 当 $x \neq 0$ 时，由于 $f(x) \in C(-\infty,+\infty)$，因此

$$F'(x) = \frac{x^3 f(x) - 2x\int_0^x tf(t)\mathrm{d}t}{x^4} = \frac{f(x)}{x} - \frac{2\int_0^x tf(t)\mathrm{d}t}{x^3},$$

故 $F'(x)$ 在 $x \neq 0$ 处连续．因为

$$\lim_{x \to 0} F'(x) = \lim_{x \to 0} \frac{f(x)}{x} - \lim_{x \to 0} \frac{2\int_0^x tf(t)\mathrm{d}t}{x^3} = \lim_{x \to 0} \frac{f(x) - f(0)}{x} - \lim_{x \to 0} \frac{2xf(x)}{3x^2} = \frac{1}{3}f'(0),$$

且

$$F'(0) = \lim_{x \to 0} \frac{F(x) - F(0)}{x} = \lim_{x \to 0} \frac{\int_0^x tf(t)\mathrm{d}t}{x^3} = \lim_{x \to 0} \frac{xf(x)}{3x^2} = \frac{1}{3}f'(0),$$

所以 $F'(x)$ 在 $x = 0$ 处连续．故 $F(x) \in C^1(-\infty,+\infty)$．证毕．

7.3.2 微积分基本定理

若 $f(x) \in C[a,b]$ ，则变上限积分 $F(x) = \int_a^x f(t)\mathrm{d}t$ 是 $f(x)$ 的一个原函数，且 $F(b) = \int_a^b f(x)\mathrm{d}x$ ，$F(a) = 0$ ，这样 $\int_a^b f(x)\mathrm{d}x = F(b) - F(a)$．若 $G(x)$ 是 $f(x)$ 在 $[a,b]$ 上的任意一个原函数，则存在常数 C 使得 $G(x) = F(x) + C$ ，这样，$G(b) - G(a) = F(b) - F(a)$．从而 $\int_a^b f(x)\mathrm{d}x = G(b) - G(a)$．由此可得到如下的微积分基本定理．

定理 7.3.3（牛顿-莱布尼茨公式） 设 $f(x) \in C[a,b]$ ，若 $F(x)$ 是 $f(x)$ 在 $[a,b]$ 上的一个原函数，则 $\int_a^b f(x)\mathrm{d}x = F(b) - F(a) = F(x)\Big|_a^b$．

牛顿-莱布尼茨（Newton-Leibniz）公式把计算定积分的问题转化为求被积函数的原函数问题，由此给出了计算定积分的一种有效方法．又设 $F(x) \in C[a,b]$ ，在 (a,b) 内可导，且设 $F'(x) = f(x)$ ，则由微分中值定理，$\exists \xi \in (a,b)$ 使得

$$\int_a^b f(x)\mathrm{d}x = F(b) - F(a) = F'(\xi)(b-a) = f(\xi)(b-a)．$$

因此牛顿-莱布尼茨公式在微分学与积分学之间搭建了一座桥梁，故牛顿-莱布尼茨公式又称**微积分基本定理**．这一公式在本套教材下册的多元函数积分学一章中得到进一步推广．

设函数 $f(x) \in R[a,b]$ 不一定连续，但它在 $[a,b]$ 上存在连续的原函数，则可得到如下**弱化的牛顿–莱布尼茨公式**.

*定理 7.3.4（弱化的牛顿–莱布尼茨公式） 设 $f(x) \in R[a,b]$，且存在 $F(x)$ 使得 $F'(x) = f(x)$，$\forall x \in (a,b)$. 又设 $F(x) \in C[a,b]$，则 $\int_a^b f(x)\mathrm{d}x = F(b) - F(a)$.

证明 任取 $[a,b]$ 的划分 $T = \{x_0, x_1, \cdots, x_n\}$，将 $[a,b]$ 分成 n 个小区间 $[x_{k-1}, x_k]$（$k = 1, 2, \cdots, n$）. 因为 $F(x) \in C[a,b]$ 且在 (a,b) 内可导，对 $F(x)$ 在 $[x_{k-1}, x_k]$ 上应用微分中值定理，$\exists \xi_k \in (x_{k-1}, x_k)$ 使得

$$F(x_k) - F(x_{k-1}) = F'(\xi_k)(x_k - x_{k-1}) = f(\xi_k)(x_k - x_{k-1}),$$

所以 $\sum\limits_{k=1}^n f(\xi_k)(x_k - x_{k-1}) = \sum\limits_{k=1}^n (F(x_k) - F(x_{k-1})) = F(b) - F(a)$. 由于 $f(x) \in R[a,b]$，从而

$$\int_a^b f(x)\mathrm{d}x = \lim_{|T| \to 0} \sum_{k=1}^n f(\xi_k)(x_k - x_{k-1}) = F(b) - F(a).$$

证毕.

应用弱化的牛顿–莱布尼茨公式计算定积分，一定注意这个公式成立的如下条件：

（1）被积函数 $f(x) \in R[a,b]$；

（2）被积函数存在原函数 $F(x)$，即 $F'(x) = f(x)$，$\forall x \in (a,b)$；

（3）原函数 $F(x)$ 在 $[a,b]$ 上连续.

定积分是积分和的极限，利用定积分可计算某些和式的极限.

例 7.3.10 求极限 $I = \lim\limits_{n \to \infty} \sum\limits_{k=1}^n \dfrac{1}{n+k}$.

解 上述和式极限可转化为积分和的极限，由于 $\dfrac{1}{1+x} \in C[0,1]$，因此 $\dfrac{1}{1+x} \in R[0,1]$，故

$$I = \lim_{n \to \infty} \sum_{k=1}^n \frac{1}{n+k} = \lim_{n \to \infty} \sum_{k=1}^n \frac{1}{1+\dfrac{k}{n}} \frac{1}{n} = \int_0^1 \frac{1}{1+x}\mathrm{d}x = \ln 2.$$

例 7.3.11 求极限 $I = \lim\limits_{n \to \infty} \dfrac{1}{n} \sum\limits_{k=1}^{n-1} \sin\dfrac{k\pi}{n}$.

解 $I = \lim\limits_{n \to \infty} \dfrac{1}{n} \sum\limits_{k=1}^{n-1} \sin\dfrac{k\pi}{n} = \dfrac{1}{\pi} \lim\limits_{n \to \infty} \dfrac{\pi}{n} \sum\limits_{k=1}^{n-1} \sin\dfrac{k\pi}{n} = \dfrac{1}{\pi} \int_0^\pi \sin x\mathrm{d}x = \dfrac{2}{\pi}$.

例 7.3.12 求极限 $\lim\limits_{n \to \infty} \sum\limits_{k=1}^n \dfrac{k}{n^3} \sqrt{n^2 - k^2}$.

解 因 $\sum\limits_{k=1}^n \dfrac{k}{n^3} \sqrt{n^2 - k^2} = \sum\limits_{k=1}^n \dfrac{1}{n} \dfrac{k}{n} \sqrt{1 - \left(\dfrac{k}{n}\right)^2}$，上述和式可看成 $f(x) = x\sqrt{1-x^2}$ 在 $[0,1]$ 上的一个积分和，故 $\lim\limits_{n \to \infty} \sum\limits_{k=1}^n \dfrac{k}{n^3} \sqrt{n^2 - k^2} = \int_0^1 x\sqrt{1-x^2}\mathrm{d}x = \dfrac{1}{3}$.

例 7.3.13 设 $0 < a < b$. 证明不等式

$$\frac{2}{a+b} < \frac{\ln b - \ln a}{b-a} < \frac{1}{2}\left(\frac{1}{a} + \frac{1}{b}\right). \tag{7.3.1}$$

证明 因为函数 $f(x) = \dfrac{1}{x}$ 在第一象限是下凸的，所以连接两点 $\left(a, \dfrac{1}{a}\right)$ 与 $\left(b, \dfrac{1}{b}\right)$ 的弦在曲线段 $y = \dfrac{1}{x}$（$a \leqslant x \leqslant b$）的上方. 故由定积分的几何意义，曲边梯形的面积小于直边梯形的面积，所以

$$\ln b - \ln a = \int_a^b \frac{1}{x}\mathrm{d}x < \frac{1}{2}\left(\frac{1}{a} + \frac{1}{b}\right)(b-a),$$

从而得到不等式（7.3.1）的右边. 经过曲线段 $y = \dfrac{1}{x}$（$a \leqslant x \leqslant b$）上一点 $\left(\dfrac{a+b}{2}, f\left(\dfrac{a+b}{2}\right)\right)$ 的切线在该曲线段下方，因此该切线与两条直线 $x=a$，$x=b$ 及 x 轴围成的直边梯形的面积小于曲边梯形的面积，所以 $\dfrac{2}{a+b}(b-a) < \int_a^b \dfrac{1}{x}\mathrm{d}x = \ln b - \ln a$，从而得到不等式（7.3.1）的左边. 证毕.

在不等式（7.3.1）中，特别地，取 $a = n \in \mathbb{N}^+$，$b = n+1$，则

$$\frac{1}{n+\dfrac{1}{2}} < \ln\left(1 + \frac{1}{n}\right) < \frac{1}{2}\left(\frac{1}{n} + \frac{1}{n+1}\right).$$

在上面不等式的各端同乘以 $n + \dfrac{1}{2}$，有

$$1 < \left(n + \frac{1}{2}\right)\ln\left(1 + \frac{1}{n}\right) < \frac{1}{2}\left(n + \frac{1}{2}\right)\left(\frac{1}{n} + \frac{1}{n+1}\right),$$

这样得到不等式

$$0 < \left(n + \frac{1}{2}\right)\ln\left(1 + \frac{1}{n}\right) - 1 < \frac{1}{2}\left(n + \frac{1}{2}\right)\left(\frac{1}{n} + \frac{1}{n+1}\right) - 1 = \frac{1}{4}\left(\frac{1}{n} - \frac{1}{n+1}\right). \tag{7.3.2}$$

不等式（7.3.2）在 7.5 节证明斯特林公式时会用到.

例 7.3.14 设 $f(x) \in C^1[a,b]$ 且 $f(a) = 0$. 证明：$\int_a^b f^2(x)\mathrm{d}x \leqslant \dfrac{1}{2}(a-b)^2 \int_a^b (f'(x))^2 \mathrm{d}x$.

证明 因为 $f'(x) \in C[a,b]$ 且 $f(a) = 0$，由牛顿–莱布尼茨公式，对 $\forall x \in [a,b]$，有

$$f(x) = \int_a^x f'(t)\mathrm{d}t.$$

应用 Cauchy-Schwarz 不等式，故

$$f^2(x) = \left[\int_a^x f'(t)\mathrm{d}t\right]^2 \leqslant \int_a^x \mathrm{d}t \cdot \int_a^x (f'(t))^2 \mathrm{d}t \leqslant (x-a)\int_a^b (f'(t))^2 \mathrm{d}t,$$

所以积分不等式表明 $\int_a^b f^2(x)\mathrm{d}x \leqslant \left(\int_a^b (x-a)\mathrm{d}x\right)\int_a^b (f'(t))^2 \mathrm{d}t = \dfrac{(a-b)^2}{2}\int_a^b (f'(t))^2 \mathrm{d}t$. 证毕.

7.3.3 积分换元法和分部积分法

如果被积函数没有初等原函数，则不能直接利用牛顿–莱布尼茨公式求出定积分. 如果

$F(x)$ 是 $f(x)$ 的一个原函数，则 $F(\varphi(t))$ 就是 $f(\varphi(t))\varphi'(t)$ 的一个原函数，利用不定积分的积分换元法，从而微积分基本定理表明 $F(b)-F(a)=\int_a^b f(x)\mathrm{d}x=\int_\alpha^\beta f(\varphi(t))\varphi'(t)\mathrm{d}t=F(\varphi(\beta))-F(\varphi(\alpha))$. 其中 $\varphi(\beta)=b,\ \varphi(\alpha)=a$. 这样，由不定积分的积分换元法，可得到定积分的积分换元法.

定理 7.3.5（积分换元法） 设 $f(x)\in C[a,b]$，函数 $\varphi:[\alpha,\beta]\to[a,b]$ 满足

（i）$\varphi\in C^1[\alpha,\beta]$；

（ii）$\varphi'(t)\neq 0,\ \forall t\in[\alpha,\beta]$；

（iii）$\varphi(\alpha)=a,\ \varphi(\beta)=b$，

则 $\int_a^b f(x)\mathrm{d}x=\int_\alpha^\beta f(\varphi(t))\varphi'(t)\mathrm{d}t$.

例 7.3.15 设 $f(x)\in C[-a,a]$.

（1）若 $f(x)$ 为偶函数，则 $\int_{-a}^a f(x)\mathrm{d}x=2\int_0^a f(x)\mathrm{d}x$.

（2）若 $f(x)$ 为奇函数，则 $\int_{-a}^a f(x)\mathrm{d}x=0$.

证明 （1）设 $f(x)$ 为偶函数，则

$$\int_{-a}^a f(x)\mathrm{d}x=\int_{-a}^0 f(x)\mathrm{d}x+\int_0^a f(x)\mathrm{d}x=-\int_a^0 f(-t)\mathrm{d}t+\int_0^a f(x)\mathrm{d}x=2\int_0^a f(x)\mathrm{d}x.$$

（2）设 $f(x)$ 为奇函数，则

$$\int_{-a}^a f(x)\mathrm{d}x=\int_{-a}^0 f(x)\mathrm{d}x+\int_0^a f(x)\mathrm{d}x=-\int_a^0 f(-t)\mathrm{d}t+\int_0^a f(x)\mathrm{d}x=0.$$

例 7.3.16 设 $f(x)$ 是以 $T(>0)$ 为周期的连续函数，则

（1）对任意的实数 a，有 $\int_a^{a+T} f(x)\mathrm{d}x=\int_0^T f(x)\mathrm{d}x$；

（2）$\int_a^{a+nT} f(x)\mathrm{d}x=n\int_0^T f(x)\mathrm{d}x$ （$n\in\mathbb{N}^+$）.

证明 （1）$\int_a^{a+T} f(x)\mathrm{d}x=\int_a^0 f(x)\mathrm{d}x+\int_0^T f(x)\mathrm{d}x+\int_T^{a+T} f(x)\mathrm{d}x$，对 $\int_T^{a+T} f(x)\mathrm{d}x$，设 $x=t+T$，则

$$\int_T^{a+T} f(x)\mathrm{d}x=\int_0^a f(t+T)\mathrm{d}t=\int_0^a f(x)\mathrm{d}x=-\int_a^0 f(x)\mathrm{d}x,$$

故 $\int_a^{a+T} f(x)\mathrm{d}x=\int_0^T f(x)\mathrm{d}x$.

（2）因为 $\int_a^{a+nT} f(x)\mathrm{d}x=\sum_{k=0}^{n-1}\int_{a+kT}^{a+kT+T} f(x)\mathrm{d}x$，由（1）知 $\int_{a+kT}^{a+kT+T} f(x)\mathrm{d}x=\int_0^T f(x)\mathrm{d}x$，所以

$$\int_a^{a+nT} f(x)\mathrm{d}x=n\int_0^T f(x)\mathrm{d}x.$$

例 7.3.17 设 $f(x)\in R[a,b]$，则

$$\int_a^b f(x)\mathrm{d}x=\int_a^b f(a+b-x)\mathrm{d}x. \tag{7.3.3}$$

证明 令 $y=a+b-x$，则易得结论成立. 证毕.

例 7.3.18 计算 $I=\int_0^\pi \dfrac{x\sin x}{1+\cos^2 x}\mathrm{d}x$.

解 由式（7.3.3），可得

$$I = \int_0^\pi \frac{x\sin x}{1+\cos^2 x}\mathrm{d}x = \int_0^\pi \frac{(\pi-x)\sin x}{1+\cos^2 x}\mathrm{d}x = \pi\int_0^\pi \frac{\sin x}{1+\cos^2 x}\mathrm{d}x - \int_0^\pi \frac{x\sin x}{1+\cos^2 x}\mathrm{d}x,$$

故 $I = \dfrac{\pi}{2}\displaystyle\int_0^\pi \dfrac{\sin x}{1+\cos^2 x}\mathrm{d}x = -\dfrac{\pi}{2}\arctan(\cos x)\Big|_0^\pi = \dfrac{\pi^2}{4}$.

例 7.3.19 计算 $I = \displaystyle\int_{-\pi}^\pi \dfrac{x\sin x\arctan \mathrm{e}^x}{1+\cos^2 x}\mathrm{d}x$.

解 由式（7.3.3），可得

$$I = \int_{-\pi}^\pi \frac{x\sin x\arctan \mathrm{e}^{-x}}{1+\cos^2 x}\mathrm{d}x = \int_{-\pi}^\pi \frac{x\sin x\left(\dfrac{\pi}{2}-\arctan \mathrm{e}^x\right)}{1+\cos^2 x}\mathrm{d}x = \frac{\pi}{2}\int_{-\pi}^\pi \frac{x\sin x}{1+\cos^2 x}\mathrm{d}x - I,$$

故 $I = \dfrac{\pi}{2}\displaystyle\int_0^\pi \dfrac{x\sin x}{1+\cos^2 x}\mathrm{d}x$，由例 7.3.18 知 $I = \dfrac{\pi^3}{8}$.

例 7.3.20 求 $\displaystyle\int_0^{\ln 2}\sqrt{\mathrm{e}^x-1}\mathrm{d}x$.

解 设 $\sqrt{\mathrm{e}^x-1}=t$，则 $x=\ln(t^2+1)$ 且 $\mathrm{d}x=\dfrac{2t}{t^2+1}\mathrm{d}t$. 当 $x=0$ 时，$t=0$；当 $x=\ln 2$ 时，$t=1$. 故

$$\int_0^{\ln 2}\sqrt{\mathrm{e}^x-1}\mathrm{d}x = 2\int_0^1 \frac{t^2}{t^2+1}\mathrm{d}t = 2\int_0^1\left(1-\frac{1}{t^2+1}\right)\mathrm{d}t = 2(t-\arctan t)\Big|_0^1 = 2-\frac{\pi}{2}.$$

由不定积分的分部积分公式，可直接得到定积分的分部积分公式.

定理 7.3.6（分部积分法） 设 $u(x),\ v(x)\in C^1[a,b]$，则

$$\int_a^b u(x)v'(x)\mathrm{d}x = u(x)v(x)\Big|_a^b - \int_a^b u'(x)v(x)\mathrm{d}x.$$

例 7.3.21 计算 $I = \displaystyle\int_{-\pi}^\pi \dfrac{x\sin^3 x}{1+\mathrm{e}^x}\mathrm{d}x$.

解 由式（7.3.3），有 $I = \displaystyle\int_{-\pi}^\pi \dfrac{x\sin^3 x}{1+\mathrm{e}^x}\mathrm{d}x = \int_{-\pi}^\pi \dfrac{(-x)\sin^3(-x)}{1+\mathrm{e}^{-x}}\mathrm{d}x = \int_{-\pi}^\pi \dfrac{\mathrm{e}^x x\sin^3 x}{1+\mathrm{e}^x}\mathrm{d}x$，故

$$2I = \int_{-\pi}^\pi \frac{x\sin^3 x}{1+\mathrm{e}^x}\mathrm{d}x + \int_{-\pi}^\pi \frac{\mathrm{e}^x x\sin^3 x}{1+\mathrm{e}^x}\mathrm{d}x = \int_{-\pi}^\pi x\sin^3 x\mathrm{d}x,$$

所以

$$I = \frac{1}{2}\int_{-\pi}^\pi x\sin^3 x\mathrm{d}x = \int_0^\pi x\sin^3 x\mathrm{d}x = -\int_0^\pi x(1-\cos^2 x)\mathrm{d}\cos x = -\int_0^\pi x\mathrm{d}\left(\cos x - \frac{1}{3}\cos^3 x\right)$$

$$= -x\left(\cos x - \frac{1}{3}\cos^3 x\right)\Big|_0^\pi + \int_0^\pi \left(\cos x - \frac{1}{3}\cos^3 x\right)\mathrm{d}x = \frac{2}{3}\pi.$$

例 7.3.22 计算 $\displaystyle\int_0^{\frac{\pi}{2}}\sin^n x\mathrm{d}x$, $\displaystyle\int_0^{\frac{\pi}{2}}\cos^n x\mathrm{d}x$，其中 n 是非负整数.

解 令 $I_n = \displaystyle\int_0^{\frac{\pi}{2}}\sin^n x\mathrm{d}x$，则 $I_0 = \displaystyle\int_0^{\frac{\pi}{2}}\mathrm{d}x = \frac{\pi}{2}$，$I_1 = \displaystyle\int_0^{\frac{\pi}{2}}\sin x\mathrm{d}x = 1$. 对 $n\geqslant 2$，有

$$I_n = \int_0^{\frac{\pi}{2}} \sin^n x \mathrm{d}x = -\int_0^{\frac{\pi}{2}} \sin^{n-1} x \mathrm{d}\cos x = -\sin^{n-1} x \cos x \Big|_0^{\frac{\pi}{2}} + \int_0^{\frac{\pi}{2}} (n-1)\sin^{n-2} x \cos^2 x \mathrm{d}x$$

$$= (n-1)\left(\int_0^{\frac{\pi}{2}} \sin^{n-2} x \mathrm{d}x - \int_0^{\frac{\pi}{2}} \sin^n x \mathrm{d}x \right) = (n-1)(I_{n-2} - I_n),$$

所以 $I_n = \dfrac{n-1}{n} I_{n-2}$, $n = 2,3,\cdots$. 递推得到

$$I_{2n+1} = \frac{2n}{2n+1} I_{2n-1} = \frac{2n}{2n+1} \frac{2n-2}{2n-1} I_{2n-3} = \cdots = \frac{2n}{2n+1} \frac{2n-2}{2n-1} \cdots \frac{2}{3} I_1 = \frac{(2n)!!}{(2n+1)!!},$$

$$I_{2n} = \frac{2n-1}{2n} I_{2n-2} = \frac{2n-1}{2n} \frac{2n-3}{2n-2} I_{2n-4} = \cdots = \frac{2n-1}{2n} \frac{2n-3}{2n-2} \cdots \frac{1}{2} I_0 = \frac{(2n-1)!!}{(2n)!!} \frac{\pi}{2}.$$

由式（7.3.3），有 $\int_0^{\frac{\pi}{2}} \cos^n x \mathrm{d}x = \int_0^{\frac{\pi}{2}} \cos^n \left(\dfrac{\pi}{2} - x \right) \mathrm{d}x = \int_0^{\frac{\pi}{2}} \sin^n x \mathrm{d}x$，即 $\sin^n t$ 与 $\cos^n t$ 在 $\left[0, \dfrac{\pi}{2} \right]$

上的定积分相等. 其几何意义是明显的，因为它们在 $\left[0, \dfrac{\pi}{2} \right]$ 上关于直线 $x = \dfrac{\pi}{4}$ 对称.

习题 7.3

1．求下列极限.

（1）$\displaystyle\lim_{n\to\infty} \sin\frac{\pi}{n} \sum_{k=1}^{n} \frac{1}{2 + \cos\dfrac{k\pi}{n}}$；

（2）$\displaystyle\lim_{n\to\infty} \frac{\sqrt[n]{n(n+1)\cdots[n+(n-1)]}}{n}$；

（3）$\displaystyle\lim_{n\to\infty} \sum_{k=1}^{n} \left(1 + \frac{k}{n} \right) \sin\frac{k\pi}{n^2}$；

（4）$\displaystyle\lim_{n\to\infty} \sum_{k=1}^{n} \frac{2^{\frac{k}{n}}}{n + \dfrac{1}{k}}$.

2．求下列函数的导数.

（1）$F(x) = \displaystyle\int_x^1 \sqrt{1 + t^2} \mathrm{d}t$；

（2）$F(x) = \displaystyle\int_0^{x^2} \ln(2 + t) \mathrm{d}t$；

（3）$F(x) = \displaystyle\int_0^{\arctan x} \tan t \mathrm{d}t$；

（4）$F(x) = \displaystyle\int_{\sqrt{x}}^{x^2} \mathrm{e}^{-t^2} \mathrm{d}t$.

3．求解下列各题.

（1）设 $F(x) = \displaystyle\int_0^x \sin\frac{1}{t} \mathrm{d}t$，求 $F'(0)$.

（2）设函数 $y = y(x)$ 由方程 $\displaystyle\int_0^y \mathrm{e}^{-t^2} \mathrm{d}t + \int_0^x \cos^2 t \mathrm{d}t = 0$ 确定，求 $y'(x)$.

（3）设曲线 $y = y(x)$ 由方程 $x = \displaystyle\int_1^t \frac{\cos u}{u} \mathrm{d}u$, $y = \displaystyle\int_1^t \frac{\sin u}{u} \mathrm{d}u$ 确定，求该曲线在 $t = \dfrac{\pi}{4}$ 时的

斜率.

4．设 $f(x) \in C[0, +\infty)$ 且 $\displaystyle\int_0^{\sqrt{x}} f(t) \mathrm{d}t = x + \sin x$，求 $f(x)$ 的表达式.

5．求函数 $F(x) = \int_0^x t e^{-t^2} dt$ 的极值点与曲线 $y = F(x)$ 的拐点．

6．求下列极限．

（1）$\lim_{x \to 0} \dfrac{\int_0^x \cos t^2 dt}{x}$ ；

（2）$\lim_{x \to 0} \dfrac{\int_0^{2x} \ln(1 + t^2) dt}{x^2}$ ；

（3）$\lim_{x \to +\infty} \dfrac{\int_0^x \arctan t^2 dt}{\sqrt{1 + x^2}}$ ；

（4）$\lim_{x \to 0} \dfrac{\int_{\sin x}^x \sqrt{1 - t^2} dt}{x^3}$ ．

7．证明下列各题．

（1）设 $f(x)$ 在 $[a, b]$ 上连续且无零点，证明 $F(x) = \int_a^x f(t) dt + \int_b^x \dfrac{1}{f(t)} dt$ 在 $[a, b]$ 上仅有一个零点．

（2）设 $f(x) \in C[a, b]$ 且单调递增，令 $F(x) = \int_a^x f(t) dt$．证明：$F(x)$ 是 $[a, b]$ 上的下凸函数．

（3）若函数 $f(x)$ 在 $\mathbb{R}$ 上连续，且 $f(x) = \int_0^x f(t) dt$，则 $f(x) \equiv 0$．

（4）设 $f(x)$ 为连续函数，证明：$\int_0^x (x - t) f(t) dt = \int_0^x \left[\int_0^t f(s) ds \right] dt$．

8．求下列定积分．

（1）$\int_0^n (x - [x]) dx$，其中 $[x]$ 表示不超过 x 的最大整数，n 为大于 1 的正整数；

（2）$\int_0^{200\pi} \sqrt{1 - \cos 2x} dx$ ；

（3）$\int_0^1 \dfrac{1}{(x + 1)\sqrt{x^2 + 1}} dx$ ；

（4）$\int_0^{\sqrt{3}} x \arctan x dx$ ；

（5）$\int_0^{\frac{\pi}{4}} x \tan^2 x dx$ ；

（6）$\int_0^{2a} x \sqrt{a^2 - (x - a)^2} dx$ ；

（7）$\int_0^\pi \sqrt{\sin x - \sin^3 x} dx$ ；

（8）$\int_1^2 \dfrac{dx}{x + \sqrt{x}}$ ；

（9）$\int_{-a}^a (1 - x)\sqrt{a^2 - x^2} dx$ ；

（10）$\int_0^\pi \dfrac{\cos x}{\sqrt{a^2 \sin^2 x + b^2 \cos^2 x}} dx$ ；

（11）$\int_0^1 \dfrac{\ln(1 + x)}{1 + x^2} dx$ ．

9．设 $a_n = \int_{n-1}^{n+1} \left| \dfrac{1}{x} - \dfrac{1}{n} \right| dx$，$S_n = \sum_{k=2}^n a_k$．计算 a_n，S_n 及 $\lim_{n \to \infty} n(S_n - \ln 2)$．

10．证明下列不等式．

（1）证明：存在正数 $A < 1$，对任意大于 1 的正整数 n，有不等式 $\sum_{k=1}^n \sqrt{k} < A n^{\frac{3}{2}}$ 成立．

（2）设 $f(x) \in C^1[0, 1]$ 且 $f(1) - f(0) = 1$．证明：$\int_0^1 \left(f'(x) \right)^2 dx \geqslant 1$．

11. 证明下列各题.

（1）若函数 $f(x)$ 是连续周期函数，周期是 $T>0$，则 $\lim\limits_{x\to+\infty}\dfrac{1}{x}\int_0^x f(t)\mathrm{d}t=\dfrac{1}{T}\int_0^T f(t)\mathrm{d}t$.

（2）设 $f(x)$ 为连续函数，证明：$\int_0^\pi xf(\sin x)\mathrm{d}x=\dfrac{\pi}{2}\int_0^\pi f(\sin x)\mathrm{d}x$.

（3）设 $f(x)$ 为连续函数，且关于直线 $x=l$（$a<l<b$）对称，证明：

$$\int_a^b f(x)\mathrm{d}x=2\int_l^b f(x)\mathrm{d}x+\int_a^{2l-b} f(x)\mathrm{d}x.$$

（4）设 $f\in C^2[-a,a]$ 且 $f(0)=0$，求证：在 $[-a,a]$ 上至少存在一点 ξ，使得

$$a^3 f''(\xi)=3\int_{-a}^a f(x)\mathrm{d}x.$$

（5）证明：$\int_{-a}^a f(x)\mathrm{d}x=\dfrac{1}{2}\int_{-a}^a[f(x)+f(-x)]\mathrm{d}x$，并计算 $\int_{-\frac{\pi}{2}}^{\frac{\pi}{2}}\dfrac{\sin^2 x}{1+\mathrm{e}^{-x}}\mathrm{d}x$.

12. 设 $f(x)$ 在 $[0,1]$ 上连续，在 $(0,1)$ 内可导，且 $\int_0^1 f(x)\mathrm{d}x=0$，证明：

（1）在 $(0,1)$ 内至少存在一点 ξ，使得 $\int_0^\xi f(x)\mathrm{d}x=-\xi f(\xi)$；

（2）在 $(0,1)$ 内至少存在一点 η，使得 $2f(\eta)+\eta f'(\eta)=0$.

13. 设 $f(x)$ 在 $[0,1]$ 上可导，且 $2\int_0^{\frac{1}{2}}xf(x)\mathrm{d}x=f(1)$，证明：存在一点 $\xi\in(0,1)$，使得 $f(\xi)+\xi f'(\xi)=0$.

14. 设 $f\in R[A,B]$，$a,b\in(A,B)$ 是 f 的两个连续点，证明：

$$\lim\limits_{h\to0}\int_a^b\frac{f(x+h)-f(x)}{h}\mathrm{d}x=f(b)-f(a).$$

15. 设 $f(x),g(x)$ 和 $y(x)$ 为 $[a,b]$ 上的连续函数，$f(x)>0$，且

$$y(x)\leqslant g(x)+\int_a^x f(t)y(t)\mathrm{d}t,\ \forall x\in[a,b].$$

证明：$y(x)\leqslant g(x)+\int_a^x f(t)g(t)\mathrm{e}^{\int_t^x f(s)\mathrm{d}s}\mathrm{d}t,\ \forall x\in[a,b]$.

16. 证明：$\lim\limits_{x\to+\infty}\int_x^{x+1}\sin t^2\mathrm{d}t=0$.

17. 证明：$\displaystyle\int_0^{\frac{\pi}{2}}\mathrm{e}^{-a\sin x}\mathrm{d}x\begin{cases}<\dfrac{\pi}{2a}(1-\mathrm{e}^{-a}),&a>0;\\[2mm]>\dfrac{\pi}{2a}(1-\mathrm{e}^{-a}),&a<0.\end{cases}$

18. 证明：当 $n\geqslant2$ 时，有不等式 $\int_\pi^{n\pi}\dfrac{|\sin x|}{x}\mathrm{d}x>\dfrac{2}{\pi}\ln\dfrac{n+1}{2}$ 成立.

19. 证明：狄利克雷积分 $\displaystyle\int_0^\pi\dfrac{\sin\left(n+\dfrac{1}{2}\right)x}{\sin\dfrac{x}{2}}\mathrm{d}x=\pi,\quad n=0,1,2,\cdots$.

20. 证明：若函数 $f(x)$ 在 $[0,+\infty)$ 上连续，且严格增加，又 $f(0)=0$. 对 $\forall a>0,b>0$，则

$$ab \leqslant \int_0^a f(x)\mathrm{d}x + \int_0^b f^{-1}(y)\mathrm{d}y.$$

特别是，当 $p > 1$ 且 $\dfrac{1}{p} + \dfrac{1}{q} = 1$ 时，有 $ab \leqslant \dfrac{a^p}{p} + \dfrac{b^q}{q}$.

7.4 积分中值定理

积分中值定理在定积分估值、含参变量积分的极限和积分不等式的证明等问题中有着广泛的应用.

定理 7.4.1（积分第一中值定理） 若 $f(x), g(x) \in R[a,b]$，且 $g(x)$ 在 $[a,b]$ 上不变号，令

$$M = \sup\{f(x) : x \in [a,b]\}, \quad m = \inf\{f(x) : x \in [a,b]\},$$

则 $\exists \mu \in [m, M]$ 使得 $\int_a^b f(x)g(x)\mathrm{d}x = \mu \int_a^b g(x)\mathrm{d}x$.

证明 显然 $f(x)g(x) \in R[a,b]$. 因为 $m \leqslant f(x) \leqslant M, \ \forall x \in [a,b]$，且 $g(x)$ 在 $[a,b]$ 上不变号，不妨设 $g(x) \geqslant 0, \ \forall x \in [a,b]$，则 $mg(x) \leqslant f(x)g(x) \leqslant Mg(x), \ \forall x \in [a,b]$，从而

$$m\int_a^b g(x)\mathrm{d}x \leqslant \int_a^b f(x)g(x)\mathrm{d}x \leqslant M\int_a^b g(x)\mathrm{d}x.$$

因为 $\int_a^b g(x)\mathrm{d}x \geqslant 0$，若 $\int_a^b g(x)\mathrm{d}x = 0$，显然有 $\int_a^b f(x)g(x)\mathrm{d}x = 0$，故设 $\int_a^b g(x)\mathrm{d}x > 0$，则

$$m \leqslant \frac{\int_a^b f(x)g(x)\mathrm{d}x}{\int_a^b g(x)\mathrm{d}x} \leqslant M,$$

记 $\dfrac{\int_a^b f(x)g(x)\mathrm{d}x}{\int_a^b g(x)\mathrm{d}x} = \mu$，则 $\mu \in [m, M]$ 且 $\int_a^b f(x)g(x)\mathrm{d}x = \mu \int_a^b g(x)\mathrm{d}x$. 证毕.

注 在定理 7.4.1 中，当 $f(x)$ 给定后，μ 随 $g(x)$ 而异. 当 $g(x) \equiv 1$ 时，结论变为

$$\int_a^b f(x)\mathrm{d}x = \mu(b - a).$$

称 $\mu = \dfrac{1}{b-a} \int_a^b f(x)\mathrm{d}x$ 为 $f(x)$ 在 $[a,b]$ 上的**平均值**.

定理 7.4.2 若 $f(x) \in C[a,b]$，$g(x) \in R[a,b]$ 且 $g(x)$ 在 $[a,b]$ 上不变号，则 $\exists \xi \in (a,b)$ 使得 $\int_a^b f(x)g(x)\mathrm{d}x = f(\xi)\int_a^b g(x)\mathrm{d}x$.

证明 不妨假设 $g(x) \geqslant 0 \ (\forall x \in [a,b])$，从而 $\int_a^b g(x)\mathrm{d}x \geqslant 0$. 因为 $f(x) \in C[a,b]$，记

$$M = \max\{f(x) : x \in [a,b]\}, \quad m = \min\{f(x) : x \in [a,b]\}.$$

由定理 7.4.1 的证明，只需讨论 $\int_a^b g(x)\mathrm{d}x > 0$ 且 $m < M$ 的情形. 则 $\exists \mu \in [m, M]$ 使得

$$\int_a^b f(x)g(x)\mathrm{d}x = \mu \int_a^b g(x)\mathrm{d}x.$$

由区间上连续函数的介值定理，$\exists \xi \in [a,b]$ 使得 $\mu = f(\xi)$，从而

$$\int_a^b f(x)g(x)\mathrm{d}x = f(\xi)\int_a^b g(x)\mathrm{d}x .$$

下面证明 $\xi \in (a,b)$．假设对 $\forall x \in (a,b)$，有

$$f(x) \neq \mu = \frac{\int_a^b f(x)g(x)\mathrm{d}x}{\int_a^b g(x)\mathrm{d}x} ,$$

则由 $f(x)$ 的连续性知，必有对 $\forall x \in (a,b)$, $f(x) > \mu$ 或对 $\forall x \in (a,b)$, $f(x) < \mu$. 不妨假设对 $\forall x \in (a,b)$，有 $f(x) > \mu$．则 $f(a) \geqslant \mu$ 且 $f(b) \geqslant \mu$．即对 $\forall x \in [a,b]$, $f(x) \geqslant \mu$．

对 $\forall x \in [a,b]$, 记 $G(x) = \int_a^x g(t)\mathrm{d}t$．因为 $g(x) \in R[a,b]$，由定理 7.3.1 知，$G(x) \in C[a,b]$. 由于 $G(b) > 0$，极限的保号性表明 $\exists b_1 \in (a,b)$ 使得 $G(b_1) > 0$．对 $\forall x \in [a,b_1]$，记

$$G_1(x) = \int_x^{b_1} g(t)\mathrm{d}t ,$$

则 $G_1(x) \in C[a,b_1]$，由 $G_1(a) = \int_a^{b_1} g(x)\mathrm{d}x = G(b_1) > 0$ 知存在 $a_1 \in (a,b_1)$ 使得 $G_1(a_1) > 0$，即

$$\int_{a_1}^{b_1} g(t)\mathrm{d}t > 0 .$$

由于

$$m_1 = \min\{f(x): \ \forall x \in [a_1,b_1] \subset (a,b)\} > \mu ,$$

且对 $\forall x \in [a,b]$, $f(x) - \mu \geqslant 0$, $g(x) \geqslant 0$，因此

$$\int_a^b (f(x)-\mu)g(x)\mathrm{d}x \geqslant \int_{a_1}^{b_1} (f(x)-\mu)g(x)\mathrm{d}x \geqslant (m_1-\mu)\int_{a_1}^{b_1} g(x)\mathrm{d}x > 0 ,$$

即 $\int_a^b f(x)g(x)\mathrm{d}x > \mu\int_a^b g(x)\mathrm{d}x$，与 $\mu = \dfrac{\int_a^b f(x)g(x)\mathrm{d}x}{\int_a^b g(x)\mathrm{d}x}$ 矛盾．故 $\xi \in (a,b)$．证毕．

例 7.4.1　证明：若 $f(x)$ 为 $[0,1]$ 上的递减函数，则对 $\forall a \in (0,1)$，恒有

$$a\int_0^1 f(x)\mathrm{d}x \leqslant \int_0^a f(x)\mathrm{d}x .$$

证明　因为 $f(x)$ 在 $[0,1]$ 上递减，所以 $\dfrac{1}{1-a}\int_a^1 f(x)\mathrm{d}x \leqslant \dfrac{1}{1-a}\int_a^1 f(a)\mathrm{d}x = f(a) \leqslant \dfrac{1}{a}\int_0^a f(x)\mathrm{d}x$，从而不等式 $a\int_0^1 f(x)\mathrm{d}x \leqslant \int_0^a f(x)\mathrm{d}x$ 得证．证毕．

例 7.4.2　估计积分 $\displaystyle\int_0^\pi \frac{x\mathrm{d}x}{\sqrt{1-\frac{1}{2}\sin^2 x}}$ 的值．

解　函数 $f(x) = \dfrac{1}{\sqrt{1-\frac{1}{2}\sin^2 x}} \in C[0,\pi]$，故由定理 7.4.2 知，$\exists \xi \in (0,\pi)$ 使得

$$\int_0^\pi \frac{x\mathrm{d}x}{\sqrt{1-\frac{1}{2}\sin^2 x}} = f(\xi)\int_0^\pi x\mathrm{d}x = f(\xi)\frac{\pi^2}{2} .$$

因为 $1 < f(x) \le \sqrt{2}$，$\forall x \in (0, \pi)$，所以 $\dfrac{\pi^2}{2} < \displaystyle\int_0^\pi \dfrac{x\mathrm{d}x}{\sqrt{1 - \dfrac{1}{2}\sin^2 x}} \le \dfrac{\pi^2}{\sqrt{2}}$．

例 7.4.3 证明：$\displaystyle\lim_{n\to\infty} \int_0^1 \dfrac{1}{1+x^n}\mathrm{d}x = 1$．

证法一 由定理 7.4.2 知，$\exists \eta_n \in (0,1)$ 使得 $\displaystyle\int_0^1 \dfrac{1}{1+x^n}\mathrm{d}x = \dfrac{1}{1+\eta_n^n} < 1$．

对 $\forall \varepsilon > 0$（$\varepsilon < 1$），因为 $\displaystyle\int_{1-\varepsilon}^1 \dfrac{1}{1+x^n}\mathrm{d}x > 0$，所以

$$\int_0^1 \frac{1}{1+x^n}\mathrm{d}x = \int_0^{1-\varepsilon} \frac{1}{1+x^n}\mathrm{d}x + \int_{1-\varepsilon}^1 \frac{1}{1+x^n}\mathrm{d}x > \int_0^{1-\varepsilon} \frac{1}{1+x^n}\mathrm{d}x．$$

又对 $\forall n \in \mathbb{N}^+$，$\dfrac{1}{1+x^n} \in C[0, 1-\varepsilon]$，因此 $\exists \xi_n \in (0, 1-\varepsilon)$ 使得

$$\int_0^{1-\varepsilon} \frac{1}{1+x^n}\mathrm{d}x = \frac{1}{1+\xi_n^n}(1-\varepsilon) > \frac{1-\varepsilon}{1+(1-\varepsilon)^n} \to 1-\varepsilon \ (n\to\infty)，$$

因 $\varepsilon > 0$ 是任意的，故由双侧趋近定理表明 $\displaystyle\lim_{n\to\infty} \int_0^1 \dfrac{1}{1+x^n}\mathrm{d}x = 1$．

证法二 注意到 $\displaystyle\lim_{n\to+\infty} \int_0^1 \dfrac{\mathrm{d}x}{1+x^n} = 1$ 当且仅当 $\displaystyle\lim_{n\to+\infty} \int_0^1 \dfrac{x^n}{1+x^n}\mathrm{d}x = 0$．由于

$$0 < \int_0^1 \frac{x^n}{1+x^n}\mathrm{d}x \le \int_0^1 x^n\mathrm{d}x = \frac{1}{n+1} \to 0 \ (n\to+\infty)，$$

故 $\displaystyle\lim_{n\to+\infty} \int_0^1 \dfrac{x^n\mathrm{d}x}{1+x^n} = 0$，从而 $\displaystyle\lim_{n\to+\infty} \int_0^1 \dfrac{\mathrm{d}x}{1+x^n} = 1$．证毕．

注 由定理 7.4.2 知，$\exists \xi_n \in (0,1)$ 使得 $\displaystyle\int_0^1 \dfrac{1}{1+x^n}\mathrm{d}x = \dfrac{1}{1+\xi_n^n} \to 1 \ (n\to\infty)$，这是错误的，原因是 ξ_n^n 不一定趋于零（$n\to\infty$）．例如，$\xi_n = 1 - \dfrac{1}{n}$，$\xi_n^n \to \mathrm{e}^{-1} \ (n\to\infty)$．

例 7.4.4 证明：若 $f(x)$ 在 $[0,+\infty)$ 上连续，且 $\displaystyle\lim_{x\to+\infty} f(x) = A$，则 $\displaystyle\lim_{x\to+\infty} \dfrac{1}{x}\int_0^x f(t)\mathrm{d}t = A$．

证明 因为 $f(x)$ 在 $[0,+\infty)$ 上连续，且 $\displaystyle\lim_{x\to+\infty} f(x) = A$，故 $f(x)$ 在 $[0,+\infty)$ 上有界，即 $\exists M > 0$ 使得 $|f(x)| \le M$，$\forall x \in [0,+\infty)$．又 $\dfrac{1}{x}\displaystyle\int_0^x f(t)\mathrm{d}t = \dfrac{1}{x}\int_0^{\sqrt{x}} f(t)\mathrm{d}t + \dfrac{1}{x}\int_{\sqrt{x}}^x f(t)\mathrm{d}t$，且

$$\left| \frac{1}{x}\int_0^{\sqrt{x}} f(t)\mathrm{d}t \right| \le \frac{1}{x}\int_0^{\sqrt{x}} |f(t)|\mathrm{d}t \le \frac{M}{\sqrt{x}} \to 0 \ (x\to+\infty)，$$

故 $\displaystyle\lim_{x\to+\infty} \dfrac{1}{x}\int_0^{\sqrt{x}} f(t)\mathrm{d}t = 0$；对积分 $\dfrac{1}{x}\displaystyle\int_{\sqrt{x}}^x f(t)\mathrm{d}t$，应用定理 7.4.2，$\exists \xi_x \in (\sqrt{x}, x)$ 使得

$$\frac{1}{x}\int_{\sqrt{x}}^x f(t)\mathrm{d}t = f(\xi_x)\frac{x-\sqrt{x}}{x}，$$

因为当 $x \to +\infty$ 时，有 $\sqrt{x} \to +\infty$，从而 $\xi_x \to +\infty$，所以

$$\frac{1}{x}\int_{\sqrt{x}}^{x}f(t)\mathrm{d}t = f(\xi_x)\frac{x-\sqrt{x}}{x} \to A \ (x \to +\infty) \ ,$$

故 $\lim\limits_{x\to+\infty}\dfrac{1}{x}\int_0^x f(t)\mathrm{d}t = A.$ 证毕.

例 7.4.5 证明: $0 < \int_0^{\frac{\pi}{2}}\sin^{n+1}x\mathrm{d}x < \int_0^{\frac{\pi}{2}}\sin^n x\mathrm{d}x.$

证明 应用定理 7.4.2, $\exists \xi_n \in \left(0, \dfrac{\pi}{2}\right)$ 使得

$$\int_0^{\frac{\pi}{2}}\sin^{n+1}x\mathrm{d}x = \int_0^{\frac{\pi}{2}}\sin^n x \cdot \sin x\mathrm{d}x = \sin\xi_n\int_0^{\frac{\pi}{2}}\sin^n x\mathrm{d}x \ ,$$

显然 $0 < \sin\xi_n < 1$, 故 $\int_0^{\frac{\pi}{2}}\sin^{n+1}x\mathrm{d}x < \int_0^{\frac{\pi}{2}}\sin^n x\mathrm{d}x.$ 由于 $\sin^{n+1}x \in C\left[0,\dfrac{\pi}{2}\right]$, 因此定理 7.4.2 表明 $\exists\eta_n \in \left(0,\dfrac{\pi}{2}\right)$ 使得 $\int_0^{\frac{\pi}{2}}\sin^{n+1}x\mathrm{d}x = \dfrac{\pi}{2}\sin^{n+1}\eta_n > 0$, 从而结论成立. 证毕.

对积分中值定理, 除上面讨论的积分第一中值定理, 还有下面的积分第二中值定理. 该定理除可估计积分的值, 还用于证明下一章判断广义积分的条件收敛及下册中含参广义积分一致收敛的狄利克雷判别法和阿贝尔判别法.

定理 7.4.3（积分第二中值定理） 设 $f(x) \in R[a,b]$, $g(x)$ 在 $[a,b]$ 上单调, 则 $\exists\xi \in [a,b]$ 使得

$$\int_a^b f(x)g(x)\mathrm{d}x = g(a)\int_a^{\xi}f(x)\mathrm{d}x + g(b)\int_{\xi}^b f(x)\mathrm{d}x.$$

证明 不妨设 $g(x)$ 在 $[a,b]$ 上单调递减. 令 $\varphi(x) = g(x) - g(b)$, 则 $\varphi(x)$ 在 $[a,b]$ 上单调递减且非负. 令 $\psi(x) = \varphi(a)\int_a^x f(t)\mathrm{d}t$, 则 $\psi(x) \in C[a,b]$. 下证

$$\min_{x\in[a,b]}\psi(x) \leqslant \int_a^b \varphi(x)f(x)\mathrm{d}x \leqslant \max_{x\in[a,b]}\psi(x).$$

因为 $f(x) \in R[a,b]$, 故存在 $M > 0$ 使得 $|f(x)| \leqslant M$ ($\forall x \in [a,b]$). 任给 $[a,b]$ 的一个划分

$$T: \ a = x_0 < x_1 < \cdots < x_{n-1} < x_n = b,$$

有 $\int_a^b \varphi(x)f(x)\mathrm{d}x = \sum\limits_{i=1}^n\int_{x_{i-1}}^{x_i}\varphi(x)f(x)\mathrm{d}x.$ 故

$$\left|\int_a^b\varphi(x)f(x)\mathrm{d}x - \sum_{i=1}^n\varphi(x_{i-1})\int_{x_{i-1}}^{x_i}f(x)\mathrm{d}x\right| = \left|\sum_{i=1}^n\int_{x_{i-1}}^{x_i}(\varphi(x)-\varphi(x_{i-1}))f(x)\mathrm{d}x\right|$$

$$\leqslant \sum_{i=1}^n\int_{x_{i-1}}^{x_i}|\varphi(x)-\varphi(x_{i-1})|\cdot|f(x)|\mathrm{d}x \leqslant M\sum_{i=1}^n\omega_i(\varphi)\Delta x_i,$$

其中 $\omega_i(\varphi) = \sup\{|\varphi(x)-\varphi(y)|: x,y \in [x_{i-1},x_i]\}$. 因为 $\varphi(x) \in R[a,b]$, 所以 $\lim\limits_{|T|\to 0}\sum\limits_{i=1}^n\omega_i(\varphi)\Delta x_i = 0$, 所以

$$\lim_{|T|\to 0}\sum_{i=1}^{n}\varphi(x_{i-1})\int_{x_{i-1}}^{x_i}f(x)\mathrm{d}x=\int_a^b\varphi(x)f(x)\mathrm{d}x\,.\qquad(7.4.1)$$

记 $F(x)=\int_a^x f(t)\mathrm{d}t$ ，则

$$\sum_{i=1}^{n}\varphi(x_{i-1})\int_{x_{i-1}}^{x_i}f(x)\mathrm{d}x=\sum_{i=1}^{n}\varphi(x_{i-1})[F(x_i)-F(x_{i-1})]$$

$$=\sum_{i=1}^{n}\varphi(x_{i-1})F(x_i)-\sum_{i=1}^{n}\varphi(x_{i-1})F(x_{i-1})=\sum_{i=1}^{n}\varphi(x_{i-1})F(x_i)-\sum_{i=0}^{n-1}\varphi(x_i)F(x_i)$$

$$=\sum_{i=1}^{n}\varphi(x_{i-1})F(x_i)-\sum_{i=1}^{n-1}\varphi(x_i)F(x_i)=\sum_{i=1}^{n}[\varphi(x_{i-1})-\varphi(x_i)]F(x_i)+\varphi(x_n)F(x_n).$$

因为 $\varphi(x_{i-1})-\varphi(x_i)\geqslant 0,\ \varphi(x_n)=0$ ，所以上面的等式表明

$$\sum_{i=1}^{n}\varphi(x_{i-1})\int_{x_{i-1}}^{x_i}f(x)\mathrm{d}x$$

$$\geqslant\left\{\sum_{i=1}^{n}[\varphi(x_{i-1})-\varphi(x_i)]+\varphi(x_n)\right\}\min_{x\in[a,b]}F(x)=\varphi(a)\min_{x\in[a,b]}F(x).$$

同理可得 $\sum_{i=1}^{n}\varphi(x_{i-1})\int_{x_{i-1}}^{x_i}f(x)\mathrm{d}x\leqslant\varphi(a)\max_{x\in[a,b]}F(x).$ 这样我们证明了

$$\varphi(a)\min_{x\in[a,b]}F(x)\leqslant\sum_{i=1}^{n}\varphi(x_{i-1})\int_{x_{i-1}}^{x_i}f(x)\mathrm{d}x\leqslant\varphi(a)\max_{x\in[a,b]}F(x),$$

即 $\min\limits_{x\in[a,b]}\psi(x)\leqslant\sum\limits_{i=1}^{n}\varphi(x_{i-1})\int_{x_{i-1}}^{x_i}f(x)\mathrm{d}x\leqslant\max\limits_{x\in[a,b]}\psi(x)$ ，令 $|T|\to 0$ ，则由式（7.4.1）知

$$\min_{x\in[a,b]}\psi(x)\leqslant\int_a^b\varphi(x)f(x)\mathrm{d}x\leqslant\max_{x\in[a,b]}\psi(x).$$

因为 $\psi(x)\in C[a,b]$ ，所以 $\exists\xi\in[a,b]$ 使得 $\psi(\xi)=\int_a^b\varphi(x)f(x)\mathrm{d}x$ ，即

$$[g(a)-g(b)]\int_a^{\xi}f(x)\mathrm{d}x=\int_a^b f(x)[g(x)-g(b)]\mathrm{d}x,$$

从而 $\int_a^b f(x)g(x)\mathrm{d}x=g(a)\int_a^{\xi}f(x)\mathrm{d}x+g(b)\int_{\xi}^b f(x)\mathrm{d}x.$ 证毕.

例 7.4.6 证明： $\lim\limits_{x\to+\infty}\int_x^{x+1}\sin t^2\mathrm{d}t=0.$

证明 令 $t^2=y$ ，则 $\int_x^{x+1}\sin t^2\mathrm{d}t=\int_{x^2}^{(x+1)^2}\dfrac{\sin y}{2\sqrt{y}}\mathrm{d}y$ ，而函数 $g(y)=\dfrac{1}{\sqrt{y}}$ 在 $(0,+\infty)$ 上单调递

减且非负，由定理 7.4.3 知，当 x 充分大时，存在 $\xi\in[x^2,(x+1)^2]$ 使得 $\int_{x^2}^{(x+1)^2}\dfrac{\sin y}{2\sqrt{y}}\mathrm{d}y=$

$\dfrac{1}{2x}\int_{x^2}^{\xi}\sin y\mathrm{d}y$ ，故

$$0\leqslant\left|\int_x^{x+1}\sin t^2\mathrm{d}t\right|=\left|\dfrac{1}{2x}\int_{x^2}^{\xi}\sin y\mathrm{d}y\right|=\left|\dfrac{1}{2x}(\cos x^2-\cos\xi)\right|\leqslant\dfrac{1}{x}\to 0\quad(x\to+\infty),$$

由双侧趋近定理知， $\lim\limits_{x\to+\infty}\int_x^{x+1}\sin t^2\mathrm{d}t=0.$ 证毕.

习题 7.4

1．比较下列积分的大小．

（1）$\int_0^1 \mathrm{e}^{-x^3}\mathrm{d}x$ 与 $\int_0^1 \mathrm{e}^{-x^2}\mathrm{d}x$；

（2）$\int_0^1 \dfrac{\sin x}{2+x}\mathrm{d}x$ 与 $\int_0^1 \dfrac{\sin x}{2+x^2}\mathrm{d}x$．

2．求下列极限．

（1）$\lim\limits_{n\to\infty}\int_0^1 \dfrac{2+x^n}{1+x}\mathrm{d}x$；

（2）$\lim\limits_{n\to\infty}\int_n^{n+p} \dfrac{\sin x}{x}\mathrm{d}x, p>0$．

3．设 $f(x)\in C[0,+\infty)$ 且 $0<a<b$，求 $\lim\limits_{\varepsilon\to 0^+}\int_{\varepsilon a}^{\varepsilon b}\dfrac{f(x)}{x}\mathrm{d}x$．

4．证明下列极限．

（1）$\lim\limits_{n\to\infty}\int_{n^2}^{n^2+n}\dfrac{1}{\sqrt{x}}\mathrm{e}^{-\frac{1}{x}}\mathrm{d}x=1$；

（2）$\lim\limits_{n\to+\infty}\int_0^{\frac{\pi}{2}}\sin^n x\mathrm{d}x=0$．

5．设 $f(x)$ 在 $[0,1]$ 上连续，在 $(0,1)$ 内可导，且满足 $f(1)=k\int_0^{\frac{1}{k}}x\mathrm{e}^{1-x}f(x)\mathrm{d}x\,(k>1)$，证明：至少存在一点 $\xi\in(0,1)$，使得 $f'(\xi)=(1-\xi^{-1})f(\xi)$．

6．设函数 $f(x)$ 在区间 $[0,\pi]$ 上连续．根据定积分的定义证明

$$\lim_{n\to\infty}\int_0^\pi f(x)|\sin nx|\mathrm{d}x=\frac{2}{\pi}\int_0^\pi f(x)\mathrm{d}x.$$

7.5　定积分的应用

本节讨论定积分在分析学、几何和物理中的应用．

*7.5.1　分析学应用

1．带有积分型余项的泰勒公式

在 5.4 节，我们学习了带有拉格朗日余项的泰勒公式．回忆，如果 f 在区间 I 内存在 $n+1$ 阶导数，则对 $\forall x\in I$，$f(x)$ 在 $x_0\in I$ 处能展成带有拉格朗日余项的 n 阶的泰勒公式

$$f(x)=f(x_0)+f'(x_0)(x-x_0)+\cdots+\frac{f^{(n)}(x_0)}{n!}(x-x_0)^n+\frac{f^{(n+1)}(\xi)}{(n+1)!}(x-x_0)^{n+1},$$

其中 ξ 介于 x_0 和 x 之间．在这个公式中，ξ 与 x 的关系不确定，所以在有些应用问题中，这个公式使用起来并不方便．为克服这一困难，下面的结论给出了带有积分型余项的泰勒公式．

　　定理 7.5.1　设 $f(x)$ 在区间 I 内有 $n+1$ 阶连续导数，$x_0\in I$．则对 $\forall x\in I$，有

$$f(x)=f(x_0)+f'(x_0)(x-x_0)+\cdots+\frac{f^{(n)}(x_0)}{n!}(x-x_0)^n+\frac{1}{n!}\int_{x_0}^x(x-t)^n f^{(n+1)}(t)\mathrm{d}t.$$

　　证明　当 $n=0$ 时，牛顿–莱布尼茨公式表明 $f(x)=f(x_0)+\int_{x_0}^x f'(t)\mathrm{d}t$，定理中的等式

成立；

假设当 $n = m-1$ 时定理中的等式成立，即

$$f(x) = f(x_0) + f'(x_0)(x-x_0) + \cdots + \frac{f^{(m-1)}(x_0)}{(m-1)!}(x-x_0)^{m-1} + \frac{1}{(m-1)!}\int_{x_0}^x (x-t)^{m-1} f^{(m)}(t)\mathrm{d}t.$$

因为

$$\frac{1}{(m-1)!}\int_{x_0}^x (x-t)^{m-1} f^{(m)}(t)\mathrm{d}t = -\int_{x_0}^x f^{(m)}(t)\mathrm{d}\frac{(x-t)^m}{m!}$$

$$= -\frac{f^{(m)}(t)}{m!}(x-t)^m \Bigg|_{x_0}^x + \frac{1}{m!}\int_{x_0}^x (x-t)^m f^{(m+1)}(t)\mathrm{d}t$$

$$= \frac{f^{(m)}(x_0)}{m!}(x-x_0)^m + \frac{1}{m!}\int_{x_0}^x (x-t)^m f^{(m+1)}(t)\mathrm{d}t,$$

所以

$$f(x) = f(x_0) + f'(x_0)(x-x_0) + \cdots + \frac{f^{(m)}(x_0)}{m!}(x-x_0)^m + \frac{1}{m!}\int_{x_0}^x (x-t)^m f^{(m+1)}(t)\mathrm{d}t,$$

故 $n = m$ 时定理中的等式成立. 由数学归纳法知，定理的结论成立. 证毕.

2. 瓦利斯（Wallis）公式

由例 7.3.22 知

$$\int_0^{\frac{\pi}{2}} \sin^{2n} x\mathrm{d}x = \frac{(2n-1)!!}{(2n)!!}\frac{\pi}{2},$$

$$\int_0^{\frac{\pi}{2}} \sin^{2n+1} x\mathrm{d}x = \frac{(2n)!!}{(2n+1)!!}.$$

再由例 7.4.5 知

$$\int_0^{\frac{\pi}{2}} \sin^{2n+1} x\mathrm{d}x < \int_0^{\frac{\pi}{2}} \sin^{2n} x\mathrm{d}x < \int_0^{\frac{\pi}{2}} \sin^{2n-1} x\mathrm{d}x,$$

故

$$\frac{(2n)!!}{(2n+1)!!} < \frac{(2n-1)!!}{(2n)!!}\frac{\pi}{2} < \frac{(2n-2)!!}{(2n-1)!!},$$

从而

$$\left(\frac{(2n)!!}{(2n-1)!!}\right)^2 \frac{1}{2n+1} < \frac{\pi}{2} < \left(\frac{(2n)!!}{(2n-1)!!}\right)^2 \frac{1}{2n}.$$

记 $u_n = \left(\dfrac{(2n)!!}{(2n-1)!!}\right)^2$. 则上式改写为

$$1 < \frac{\pi}{2}\frac{2n+1}{u_n} < \frac{2n+1}{2n},$$

因为 $\lim\limits_{n \to \infty} \dfrac{2n+1}{2n} = 1$，由双侧趋近定理得 $\lim\limits_{n \to \infty} \dfrac{\pi}{2}\dfrac{2n+1}{u_n} = 1$，故 $\lim\limits_{n \to \infty} \dfrac{u_n}{2n+1} = \dfrac{\pi}{2}$，即

$$\lim_{n\to\infty}\frac{1}{2n+1}\left(\frac{(2n)!!}{(2n-1)!!}\right)^2=\frac{\pi}{2}. \tag{7.5.1}$$

这就是著名的**瓦利斯公式**，把无理数 π（实质是超越数）表示成容易计算的有理数列的极限，这在理论上很有意义．

3. 斯特林（Stirling）公式

因为 $\dfrac{(2n)!!}{(2n-1)!!}=\dfrac{(2^n n!)^2}{(2n)!}$，且 $\sqrt{n+\dfrac{1}{2}}\sim\sqrt{n}\ (n\to\infty)$，所以瓦利斯公式（7.5.1）又可写为下面的形式

$$\lim_{n\to\infty}\frac{2^{2n}(n!)^2}{(2n)!\sqrt{n}}=\sqrt{\pi}. \tag{7.5.2}$$

令 $x_n=\dfrac{\mathrm{e}^n n!}{n^n\sqrt{n}}$，则

$$\frac{x_n}{x_{n+1}}=\frac{1}{\mathrm{e}}\left(1+\frac{1}{n}\right)^n\sqrt{1+\frac{1}{n}}>1. \tag{7.5.3}$$

对不等式（7.5.3）两端取对数，并应用不等式（7.3.2），得

$$0<\ln\left(\frac{x_n}{x_{n+1}}\right)=\left(n+\frac{1}{2}\right)\ln\left(1+\frac{1}{n}\right)-1<\frac{1}{4}\left(\frac{1}{n}-\frac{1}{n+1}\right),$$

所以

$$1<\frac{x_n}{x_{n+1}}<\mathrm{e}^{\frac{1}{4}\left(\frac{1}{n}-\frac{1}{n+1}\right)}=\frac{\mathrm{e}^{\frac{1}{4n}}}{\mathrm{e}^{\frac{1}{4(n+1)}}}, \tag{7.5.4}$$

故数列 $\{x_n\}$ 单调递减且有下界 0，所以数列 $\{x_n\}$ 极限存在．设 $\lim\limits_{n\to\infty}x_n=a$．下面利用瓦利斯公式（7.5.2）求数列 $\{x_n\}$ 的极限 a．

记 $y_n=x_n\mathrm{e}^{-\frac{1}{4n}}$．则 $\lim\limits_{n\to\infty}y_n=\lim\limits_{n\to\infty}x_n=a\geqslant0$．不等式（7.5.4）表明

$$\frac{y_n}{y_{n+1}}=\frac{x_n\mathrm{e}^{-\frac{1}{4n}}}{x_{n+1}\mathrm{e}^{-\frac{1}{4(n+1)}}}<1,$$

所以 $\{y_n\}$ 递增收敛到 a，因此 $a>0$．从而由瓦利斯公式（7.5.2）得

$$a=\lim_{n\to\infty}\frac{x_n^2}{x_{2n}}=\sqrt{2}\lim_{n\to\infty}\frac{2^{2n}(n!)^2}{(2n)!\sqrt{n}}=\sqrt{2\pi},$$

即 $\lim\limits_{n\to\infty}\dfrac{\mathrm{e}^n n!}{n^n\sqrt{n}}=\sqrt{2\pi}$．故该极限给出了当 n 充分大时，$n!$ 的一个渐进估计式

$$n!\sim\sqrt{2n\pi}\left(\frac{n}{\mathrm{e}}\right)^n\quad(n\to\infty). \tag{7.5.5}$$

式（7.5.5）称为**斯特林公式**．

利用斯特林公式，对 $\forall A>0$，有

$$\frac{A^n}{n!} \sim \frac{1}{\sqrt{2n\pi}}\left(\frac{\mathrm{e}A}{n}\right)^n \to 0 \ (n \to \infty),$$

因此，当 $n \to \infty$ 时，$n!$ 比任何指数 A^n 增长都快. 当然，它比 A^{n^α}（$A>1$, $\alpha>1$）增长速度要慢.

7.5.2 定积分的几何应用

定积分概念的产生有许多实际背景，因此积分在许多领域有广泛的应用. 用定积分可以计算平面区域的面积，还可以计算平面曲线的弧长、旋转体的体积与旋转曲面的面积.

1. 平面图形的面积

（1）直角坐标系

设 $f(x) \in C[a,b]$，且 $f(x) \geqslant 0$. 则由曲线 $y=f(x)$，x 轴及两条直线 $x=a$, $x=b$ 围成的曲边梯形的面积 $S = \int_a^b f(x)\mathrm{d}x$. 如果在 $[a,b]$ 上，$f(x) \leqslant 0$，则曲边梯形的面积 $S = -\int_a^b f(x)\mathrm{d}x$. 如果 $y=f(x)$ 在 $[a,b]$ 上的符号不确定，则由曲线 $y=f(x)$，x 轴及两条直线 $x=a$, $x=b$ 围成的曲边梯形的面积 $S = \int_a^b |f(x)|\mathrm{d}x$. 除可计算曲边梯形的面积，利用定积分，我们还可以计算一些比较复杂的平面图形的面积. 若平面区域由 $[a,b]$ 上的两条连续曲线 $y=f(x)$，$y=g(x)$（彼此可能相交）及两条直线 $x=a$, $x=b$ 围成，则该区域的面积 $S = \int_a^b |f(x)-g(x)|\mathrm{d}x$.

例 7.5.1 求由三条曲线 $y=x^2$, $y=\dfrac{x^2}{4}$, $y=1$ 围成的平面图形的面积.

解 所围平面图形关于 y 轴对称，故其面积是第一象限中图形面积的 2 倍. 如图 7-5-1 所示，在第一象限中，直线 $y=1$ 与曲线 $y=x^2$，$y=\dfrac{x^2}{4}$ 的交点分别是 $(1,1)$, $(2,1)$，则所围平面图形的面积

$$S = 2\left[\int_0^1\left(x^2-\frac{x^2}{4}\right)\mathrm{d}x + \int_1^2\left(1-\frac{x^2}{4}\right)\mathrm{d}x\right] = \frac{4}{3}.$$

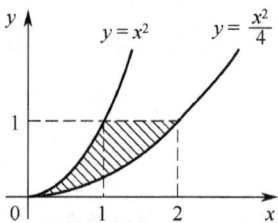

图 7-5-1

例 7.5.2 求由抛物线 $y^2=4x$ 与直线 $y=x-3$ 围成的图形的面积.

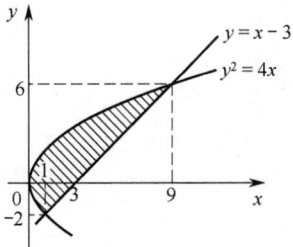

图 7-5-2

解 如图 7-5-2 所示，所围平面图形可看成由曲线 $x=\dfrac{1}{4}y^2$ 与 $x=y+3$ 围成，故其面积

$$S = \int_{-2}^6\left[(y+3)-\frac{1}{4}y^2\right]\mathrm{d}y = \frac{64}{3}.$$

（2）参数方程

许多平面图形，其边界曲线的方程由参数方程给出.

定理 7.5.2　设封闭曲线 l 的参数方程为 $\begin{cases} x = \varphi(t), \\ y = \psi(t), \end{cases} t \in [a,b]$，其中 $\varphi(t)$, $\psi(t) \in C^1[a,b]$ 且

$\varphi(a) = \varphi(b)$, $\psi(a) = \psi(b)$. 设曲线 l 的走向（参数 t 增加的方向）是逆时针方向（即沿曲线 l 的参数增加的方向行走时，它所围成的区域 Ω 位于左侧），则由此封闭曲线 l 围成区域 D 的面积

$$S = -\int_a^b \psi(t)\varphi'(t)\mathrm{d}t = \int_a^b \varphi(t)\psi'(t)\mathrm{d}t. \tag{7.5.6}$$

证明　如图 7-5-3 所示，用通过点 $A(\varphi(a),\psi(a))$ 的直线 $x = \varphi(a)$ 把区域 Ω 分成两个小区域 Ω_1 与 Ω_2，则区域 Ω 的面积等于 Ω_1 与 Ω_2 面积的和. 设 B, C, D 所对应的参数 t 的值分别为 t_1, t_2, t_3. 又设在 $[a,t_1]$, $[t_1,t_2]$, $[t_2,t_3]$, $[t_3,b]$ 上，函数 $x = \varphi(t)$ 的反函数分别为 $t = \phi_1(x)$, $t = \phi_2(x)$, $t = \phi_3(x)$, $t = \phi_4(x)$，则曲线段 AB, BC, CD, DA 的方程分别为

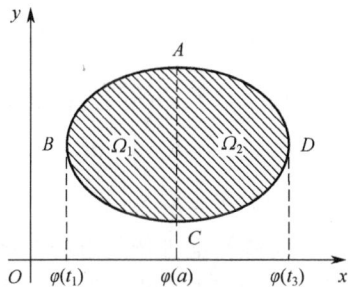

图 7-5-3

AB：$y = \psi(\phi_1(x))$, $\varphi(t_1) \leqslant x \leqslant \varphi(a)$;

BC：$y = \psi(\phi_2(x))$, $\varphi(t_1) \leqslant x \leqslant \varphi(t_2)$;

CD：$y = \psi(\phi_3(x))$, $\varphi(t_2) \leqslant x \leqslant \varphi(t_3)$;

DA：$y = \psi(\phi_4(x))$, $\varphi(b) \leqslant x \leqslant \varphi(t_3)$.

因为 $\varphi(t_2) = \varphi(a) = \varphi(b)$，所以

$$\begin{aligned}
S &= \int_{\varphi(t_1)}^{\varphi(t_2)} [\psi(\phi_1(x)) - \psi(\phi_2(x))]\mathrm{d}x + \int_{\varphi(t_2)}^{\varphi(t_3)} [\psi(\phi_4(x)) - \psi(\phi_3(x))]\mathrm{d}x \\
&= \int_{\varphi(t_1)}^{\varphi(a)} \psi(\phi_1(x))\mathrm{d}x - \int_{\varphi(t_1)}^{\varphi(t_2)} \psi(\phi_2(x))\mathrm{d}x - \int_{\varphi(t_2)}^{\varphi(t_3)} \psi(\phi_3(x))\mathrm{d}x + \int_{\varphi(b)}^{\varphi(t_3)} \psi(\phi_4(x))\mathrm{d}x \\
&= \int_{t_1}^{a} \psi(t)\varphi'(t)\mathrm{d}t - \int_{t_1}^{t_2} \psi(t)\varphi'(t)\mathrm{d}t - \int_{t_2}^{t_3} \psi(t)\varphi'(t)\mathrm{d}t + \int_{b}^{t_3} \psi(t)\varphi'(t)\mathrm{d}t \\
&= -\left(\int_{a}^{t_1} \psi(t)\varphi'(t)\mathrm{d}t + \int_{t_1}^{t_2} \psi(t)\varphi'(t)\mathrm{d}t + \int_{t_2}^{t_3} \psi(t)\varphi'(t)\mathrm{d}t + \int_{t_3}^{b} \psi(t)\varphi'(t)\mathrm{d}t \right) \\
&= -\int_a^b \psi(t)\varphi'(t)\mathrm{d}t = \int_a^b \varphi(t)\psi'(t)\mathrm{d}t.
\end{aligned}$$

以上针对封闭曲线的图形比较简单：它所包围的区域可分为两个小区域，且 $x = \varphi(t)$ 存在反函数的情形给出了式（7.5.6）的证明. 对比较复杂的情形（如图 7-5-4 所示），将曲线围成的区域分割成上面的情形，式（7.5.6）同样成立，此处不再详细讨论了. 证毕.

例 7.5.3　求椭圆 $\dfrac{x^2}{a^2} + \dfrac{y^2}{b^2} = 1$ 围成图形的面积.

解　椭圆的参数方程 $x = a\cos t$, $y = b\sin t$, $\forall t \in [0, 2\pi]$. 选取曲线的走向是逆时针方向，则椭圆围成图形的面积 $S = -4\int_0^{\frac{\pi}{2}} b\sin t(-a\sin t)\mathrm{d}t = \pi ab$.

例 7.5.4　求由旋轮线 $x = a(t - \sin t)$, $y = a(1 - \cos t)$　（$a > 0$, $0 \leqslant t \leqslant 2\pi$，如图 7-5-5 所示）与 x 轴围成图形的面积.

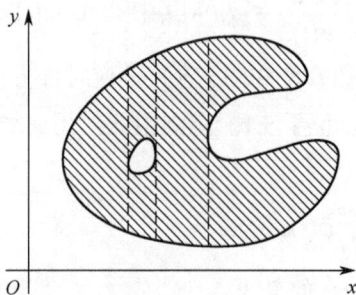

图 7-5-4

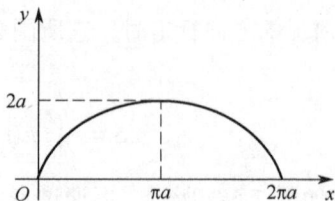

图 7-5-5

解 选取曲线的走向是逆时针方向，则平面图形的面积

$$S = \int_0^{2\pi} a(1-\cos t)a(1-\cos t)\mathrm{d}t = \int_0^{2\pi} a^2(1-2\cos t + \cos^2 t)\mathrm{d}t = 3\pi a^2.$$

（3）极坐标系

有些平面曲线的方程在极坐标系下表示比较简单．接下来讨论在极坐标系下用微元法求平面图形的面积．所谓微元法，就是将定积分中积分和与取极限合并为一步，即分割积分变量所在区间，相应地，平面图形被分割成若干小区域，求出小区域面积的近似值，就得到面积微元，面积微元连续累加，从而求得平面图形的面积．

定理 7.5.3 设曲线的极坐标方程 $r = r(\theta) \in C[\alpha, \beta]$，则由曲线 $r = r(\theta)$ 与两条射线

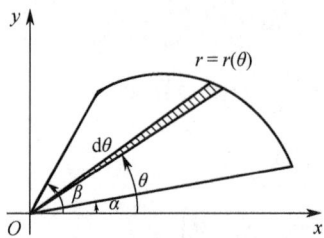

图 7-5-6

$\theta = \alpha$，$\theta = \beta$ 围成区域的面积 $S = \dfrac{1}{2}\int_\alpha^\beta r^2(\theta)\mathrm{d}\theta$.

证明 如图 7-5-6 所示，应用微元法，在 $[\alpha, \beta]$ 内任取 θ，由扇形的面积公式，向径为 $r(\theta)$，夹角为 $\mathrm{d}\theta$ 的扇形面积微元 $\mathrm{d}S = \dfrac{1}{2}r^2(\theta)\mathrm{d}\theta$，将扇形面积微元从 α 到 β 连续累加起来，就得到此区域的面积

$$S = \frac{1}{2}\int_\alpha^\beta r^2(\theta)\mathrm{d}\theta. \tag{7.5.7}$$

例 7.5.5 求双纽线 $r^2 = 2a^2\cos 2\theta$（$a > 0$，如图 7-5-7 所示）围成区域的面积．

解 双纽线关于两个坐标轴对称，双纽线围成区域的面积是第一象限图形面积的 4 倍．双纽线 $r = a\sqrt{2\cos 2\theta}$，在第一象限中，$\theta$ 由 0 变化到 $\dfrac{\pi}{4}$，于是由式（7.5.7），双纽线围成区域的面积

$$S = \frac{4}{2}\int_0^{\frac{\pi}{4}} 2a^2\cos 2\theta\,\mathrm{d}\theta = 2a^2.$$

例 7.5.6 求心脏线 $r = a(1+\cos\theta)$（$-\pi \leqslant \theta \leqslant \pi$，$a > 0$，如图 7-5-8 所示）围成平面图形的面积．

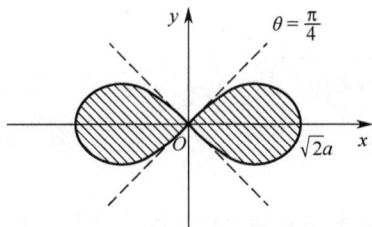

图 7-5-7

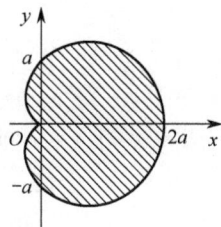

图 7-5-8

解 由式（7.5.7），心脏线所围平面图形的面积

$$S = \frac{1}{2}\int_{-\pi}^{\pi} a^2 (1+\cos\theta)^2 \mathrm{d}\theta = \frac{1}{2} a^2 \int_{-\pi}^{\pi}\left(\frac{3}{2}+2\cos\theta+\frac{1}{2}\cos 2\theta\right)\mathrm{d}\theta = \frac{3}{2}\pi a^2.$$

例 7.5.7 求三叶玫瑰线 $r = a\cos 3\theta$（$a > 0$，如图 7-5-9 所示）围成区域的面积.

解 三叶玫瑰线围成的三个叶全等，故三叶玫瑰线围成区域的面积是第一象限部分区域面积的 6 倍. 在第一象限中，角 θ 由 0 变化到 $\frac{\pi}{6}$，因此三叶玫瑰线围成区域的面积

$$S = 6 \times \frac{1}{2}\int_{0}^{\frac{\pi}{6}} a^2 \cos^2 3\theta \mathrm{d}\theta = a^2 \int_{0}^{\frac{\pi}{6}} \cos^2 3\theta \mathrm{d}3\theta$$

$$= a^2 \int_{0}^{\frac{\pi}{2}} \cos^2 \varphi \mathrm{d}\varphi = \frac{a^2}{2}\left(\varphi + \frac{\sin 2\varphi}{2}\right)\Big|_{0}^{\frac{\pi}{2}} = \frac{\pi a^2}{4}.$$

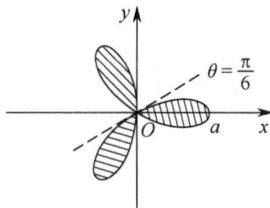

图 7-5-9

2. 平面曲线的弧长

（1）参数方程.

设平面曲线 l 的参数方程 $\begin{cases} x = x(t), \\ y = y(t), \end{cases} t \in [\alpha,\beta]$. 如果 $x(t)$，$y(t) \in C^1[\alpha,\beta]$ 且

$$x'(t)^2 + y'(t)^2 \neq 0,$$

则称这样的曲线 l 是**光滑的**. 设平面曲线 l 是光滑的. 分割曲线段 l，当曲线段很短时，以直代曲，得弧长微元 $\mathrm{d}s = \sqrt{(\mathrm{d}x)^2 + (\mathrm{d}y)^2}$，因为 $\mathrm{d}x = x'(t)\mathrm{d}t$，$\mathrm{d}y = y'(t)\mathrm{d}t$，所以弧长微元

$$\mathrm{d}s = \sqrt{x'(t)^2 + y'(t)^2}\,\mathrm{d}t,$$

从而光滑曲线段 l 的弧长

$$s = \int_{\alpha}^{\beta} \sqrt{x'(t)^2 + y'(t)^2}\,\mathrm{d}t.$$

（2）直角坐标系：曲线 $y = f(x) \in C^1[a,b]$.

在直角坐标系中，将 x 看成参数，得到直角坐标系下的弧长微元 $\mathrm{d}s = \sqrt{1 + y'(x)^2}\,\mathrm{d}x$. 从而其弧长

$$s = \int_{a}^{b} \sqrt{1 + f'(x)^2}\,\mathrm{d}x.$$

（3）极坐标系：光滑曲线的极坐标方程 $r = r(\theta) \in C^1[\alpha,\beta]$.

将 θ 作为参数，有 $x(\theta) = r(\theta)\cos\theta$，$y(\theta) = r(\theta)\sin\theta$，因此极坐标系下的弧长微元

$$\mathrm{d}s = \sqrt{x'(\theta)^2 + y'(\theta)^2}\,\mathrm{d}\theta = \sqrt{r(\theta)^2 + r'(\theta)^2}\,\mathrm{d}\theta,$$

从而弧长

$$s = \int_\alpha^\beta \sqrt{r(\theta)^2 + r'(\theta)^2}\,d\theta.$$

例 7.5.8 求星形线 $x = a\cos^3\theta$, $y = a\sin^3\theta$, $a > 0$, $0 \leqslant \theta \leqslant 2\pi$（如图 7-5-10 所示）的全长.

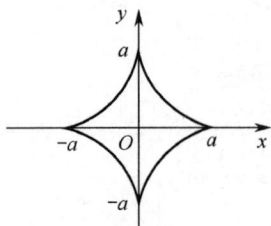

解 星形线关于两个坐标轴对称，因此星形线的全长是它在第一象限部分曲线段弧长的 4 倍. 由参数方程弧长的计算公式，得

$$s = 4\int_0^{\frac{\pi}{2}} \sqrt{x'(\theta)^2 + y'(\theta)^2}\,d\theta = 12a\int_0^{\frac{\pi}{2}} \sqrt{\sin^2\theta\cos^2\theta}\,d\theta$$

$$= 12a\int_0^{\frac{\pi}{2}} \sin\theta\cos\theta\,d\theta = 6a.$$

图 7-5-10

例 7.5.9 求悬链线 $f(x) = \dfrac{a}{2}\left(e^{\frac{x}{a}} + e^{-\frac{x}{a}}\right)$ 在 $[0,a]$ 上的弧长.

解 计算得 $f'(x) = \dfrac{1}{2}\left(e^{\frac{x}{a}} - e^{-\frac{x}{a}}\right)$ 且 $\sqrt{1 + f'(x)^2} = \dfrac{1}{2}\left(e^{\frac{x}{a}} + e^{-\frac{x}{a}}\right)$，因此悬链线在 $[0,a]$ 上的弧长

$$s = \int_0^a \frac{1}{2}\left(e^{\frac{x}{a}} + e^{-\frac{x}{a}}\right)dx = \frac{a}{2}\left(e^{\frac{x}{a}} - e^{-\frac{x}{a}}\right)\Bigg|_0^a = \frac{a}{2}(e - e^{-1}).$$

3. 平面曲线的曲率

曲率是度量曲线弯曲程度的一个量，应用微分可研究曲线在一点附近的弯曲程度. 从直观上可看出，半径越大的圆周弯曲程度越小. 另外，即使同一条曲线，如抛物线 $y = x^2$，在不同的点弯曲程度也不相同. 在工程技术中，有时需要研究曲线的弯曲程度. 例如，机床的转轴、船体结构中的钢梁等，它们在荷载作用下会产生弯曲，在工程设计时就需要对它们的弯曲有一定的限制，故需要定量研究它们的弯曲程度.

从图 7-5-11 观察到，弧段 $\overset{\frown}{P_1P_2}$ 比较平直，当动点沿着这段弧从 P_1 运动到 P_2 时，切线转过的角度 α_1 不大；而弧段 $\overset{\frown}{P_2P_3}$ 的弯曲程度相对较大，当动点沿着这段弧从 P_2 运动到 P_3 时，切线转过的角度 α_2 也较大. 但切线转过的角度大小还不能完全反映曲线的弯曲程度，如图 7-5-12 所示，弧段 $\overset{\frown}{P_1P_2}$ 与弧段 $\overset{\frown}{Q_1Q_2}$ 切线转过的角度都是 α，显然小弧段 $\overset{\frown}{P_1P_2}$ 比大弧段 $\overset{\frown}{Q_1Q_2}$ 的弯曲程度更大. 因此，曲线的弯曲程度也与弧段的弧长有关.

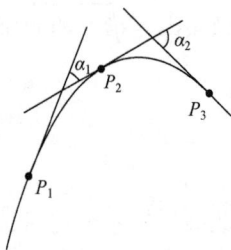

图 7-5-11

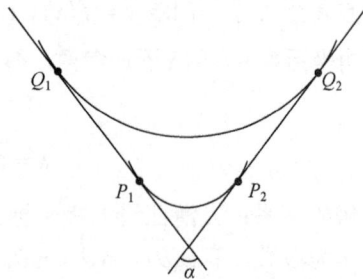

图 7-5-12

考虑平面光滑曲线 $l:\begin{cases} x=x(t), \\ y=y(t). \end{cases}$ 设 $x(t)$，$y(t)$ 二阶可导，M 是曲线 l 上的任意一点．曲线在 M 点的切线 L 的倾角为 α．在 l 上任取点 M_1，设曲线在该点的切线 L_1 的倾角为 $\alpha+\Delta\alpha$，如图 7-5-13 所示，Δs 表示曲线 l 在 M 和 M_1 之间的弧长．当动点 M_1 沿曲线 l 运动偏离定点 M 时，切线转过的角度为 $|\Delta\alpha|$．单位弧段上切线转过的角度大小 $\left|\dfrac{\Delta\alpha}{\Delta s}\right|$ 表示弧段 $\overset{\frown}{MM_1}$ 的平均弯曲程度，比值 $\left|\dfrac{\Delta\alpha}{\Delta s}\right|$ 越小，说明这一小段曲线的平均弯曲程度越低．如果存在极限 $\kappa=\lim\limits_{\Delta s\to 0}\left|\dfrac{\Delta\alpha}{\Delta s}\right|$，则该

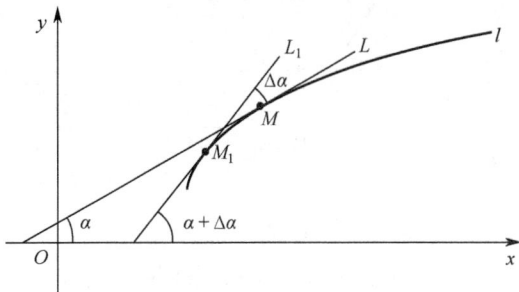

图 7-5-13

极限就是曲线 l 在 M 点的曲率．因此**极限 $\kappa=\left|\dfrac{\mathrm{d}\alpha}{\mathrm{d}s}\right|$ 称为曲线 l 在点 M 的曲率**．因 $\tan\alpha=\dfrac{y'(t)}{x'(t)}$，两边关于 t 求导，得

$$\mathrm{d}\alpha=\frac{x'y''-x''y'}{x'^2+y'^2}\mathrm{d}t,$$

故由参数形式的弧微分公式得曲率

$$\kappa=\left|\frac{\mathrm{d}\alpha}{\mathrm{d}s}\right|=\left|\frac{x'y''-x''y'}{\left(x'^2+y'^2\right)^{\frac{3}{2}}}\right|;$$

若曲线 l 的方程是在直角坐标系中给出的 $y=f(x)$，则曲率

$$\kappa=\left|\frac{\mathrm{d}\alpha}{\mathrm{d}s}\right|=\left|\frac{y''}{\left(1+y'^2\right)^{\frac{3}{2}}}\right|;$$

若曲线 l 的方程是以极坐标的形式给出的 $r=r(\theta)$，则曲率

$$\kappa=\left|\frac{\mathrm{d}\alpha}{\mathrm{d}s}\right|=\left|\frac{r^2+2r'^2-rr''}{\left(r^2+r'^2\right)^{\frac{3}{2}}}\right|.$$

定义 7.5.1 若曲线 l 在 M 点的曲率为 κ，则称 $R=\dfrac{1}{\kappa}$ 为曲线 l 在 M 点的**曲率半径**．

过 M 点做曲线的切线，再做切线的法线，在法线上曲线凹的一侧取点 O，使得 $|MO|=\dfrac{1}{\kappa}$，则以点 O 为原点，以曲率半径为半径的圆称为**曲率圆**，而点 O 称为曲率中心，如图 7-5-14 所示．

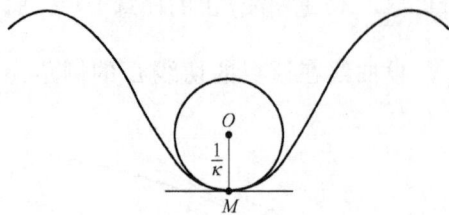

图 7-5-14

例 **7.5.10** 证明圆的曲率是处处相等的.

证明 不妨设圆的圆心在原点，半径为 r ，则圆的参数方程 $\begin{cases} x = r\cos t, \\ y = r\sin t \end{cases}$ $(t \in [0, 2\pi])$. 由曲率的

公式得 $\kappa = \left| \dfrac{(-r\sin t)(-r\sin t) - (-r\cos t)(r\cos t)}{[(-r\cos t)^2 + (-r\sin t)^2]^{\frac{3}{2}}} \right| = \dfrac{1}{r}$.

证毕.

4．旋转体的体积

一个平面区域绕一条直线旋转生成一个旋转体，这条直线称为旋转轴.

（1）绕 x 轴旋转生成旋转体的体积

定理 7.5.4 设 $f(x) \in C[a,b]$, $f(x) \geqslant 0$. 则由 $y = f(x)$, $x = a$, $x = b$ 及 x 轴围成的区域绕 x 轴旋转生成的旋转体（如图 7-5-15 所示）的体积 $V = \pi \int_a^b f(x)^2 dx$.

证明 在 $[a,b]$ 上任取一点 x ，体积微元是圆柱体的体积，该圆柱体是由长为 $f(x)$ 、宽为 dx 的小矩形绕 x 轴旋转生成，因此体积微元 $dV = \pi f(x)^2 dx$ ，从而旋转体的体积 $V = \pi \int_a^b f(x)^2 dx$. 证毕.

（2）绕 y 轴旋转生成旋转体的体积

定理 7.5.5 设 $f(x) \in C[a,b]$, $f(x) \geqslant 0$. 则由 $y = f(x)$, $x = a$, $x = b$ 及 x 轴围成的区域绕 y 轴旋转生成的旋转体（如图 7-5-16 所示）的体积 $V = 2\pi \int_a^b x f(x) dx$.

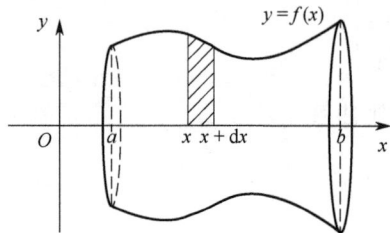

图 7-5-15

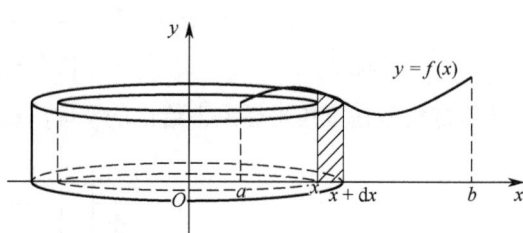

图 7-5-16

证明 在 $[a,b]$ 上任取一点 x ，体积微元是薄壁圆筒的体积，该薄壁圆筒由长为 $f(x)$ 、宽为 dx 的小矩形绕 y 轴旋转生成，因此体积微元 $dV = 2\pi x f(x) dx$ ，从而旋转体的体积 $V = 2\pi \int_a^b x f(x) dx$. 证毕.

例 **7.5.11** 求由抛物线 $y^2 = 2px$ 绕对称轴旋转所得旋转抛物面与平面 $x = a$ （$a > 0, p > 0$ 为常数）所围立体的体积.

解 该立体是由曲线 $y(x) = \sqrt{2px}$ （$0 \leqslant x \leqslant a$）与直线 $x = a$ 及 x 轴围成的平面区域绕 x 轴旋转一周所得的旋转体，故

$$V = \pi \int_0^a y^2(x) \mathrm{d}x = p\pi \int_0^a 2x \mathrm{d}x = \pi p a^2.$$

例 7.5.12 求圆 $(x-b)^2 + y^2 = a^2$（$0 < a < b$）所围区域绕 y 轴旋转一周的旋转体（环体）的体积.

解 右半圆的方程 $x_1 = g_1(y) = b + \sqrt{a^2 - y^2}$，左半圆的方程 $x_2 = g_2(y) = b - \sqrt{a^2 - y^2}$，环体的体积是两个半圆 $g_1(y)$ 与 $g_2(y)$（$-a \leqslant y \leqslant a$）分别与直线 $x = b$ 所围的平面区域绕 y 轴旋转一周所得旋转体体积的差，故

$$V = \pi \int_{-a}^a g_1(y)^2 \mathrm{d}y - \pi \int_{-a}^a g_2(y)^2 \mathrm{d}y = 4b\pi \int_{-a}^a \sqrt{a^2 - y^2} \mathrm{d}y = 2a^2 b \pi^2.$$

由旋转体体积的计算过程可知，也可利用定积分应用截面面积计算立体的体积.

定理 7.5.6 设一个立体 Ω 夹在两平面 $x = a$ 与 $x = b$ 之间（$a < b$），且对 $\forall x \in [a,b]$，该立体 Ω 的相应截面积为 $S(x)$，且 $S(x) \in C[a,b]$. 则立体 Ω 的体积为 $V = \int_a^b S(x) \mathrm{d}x$.

例 7.5.13 求由半径为 a 的圆柱被一与底面成 θ 角而过底面直径的平面所截出的楔形体的体积.

解 将圆柱置于空间直角坐标系中（如图 7-5-17 所示），使其底面位于 Oxy 平面上，对称轴与 z 轴重合，并使楔形体的棱线在 x 轴上，则圆柱面的方程为 $x^2 + y^2 = a^2$. 通过 x 轴上点 x（$-a \leqslant x \leqslant a$）而与 Oyz 平面平行的平面与该楔形体的截面（是一个三角形）的面积

$$S(x) = \frac{1}{2}\sqrt{a^2 - x^2} \sqrt{a^2 - x^2} \tan\theta = \frac{1}{2}(a^2 - x^2)\tan\theta,$$

所以 $V = \int_{-a}^a S(x)\mathrm{d}x = \frac{1}{2}\tan\theta \int_{-a}^a (a^2 - x^2)\mathrm{d}x = \frac{2}{3}a^3 \tan\theta.$

5. 旋转曲面的面积

定理 7.5.7 设 $f(x) \in C^1[a,b]$. 则由光滑曲线 $y = f(x)$ 绕 x 轴旋转生成的旋转曲面（如图 7-5-18 所示）的面积

$$S = \int_a^b 2\pi |f(x)| \sqrt{1 + f'(x)^2} \mathrm{d}x.$$

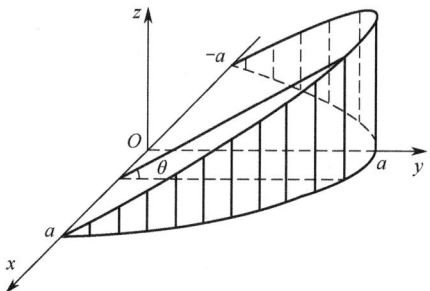

图 7-5-17

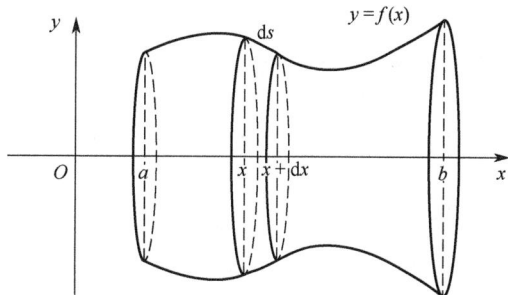

图 7-5-18

证明 在 $[a,b]$ 上任取一点 x，曲面的面积微元是圆台的侧面积，该圆台由长度为弧长微元 $\mathrm{d}s$ 的一小段直线段绕 x 轴旋转而成，因此曲面的面积微元是母线长为弧长微元 $\mathrm{d}s$，

上、下底面半径为 $|f(x)|$ 的圆台的侧面积

$$dS = 2\pi|f(x)|ds = 2\pi|f(x)|\sqrt{1+f'(x)^2}dx ,$$

故面积微元连续累加，即得到旋转曲面的面积 $S = \int_a^b 2\pi|f(x)|\sqrt{1+f'(x)^2}dx$. 证毕.

例 7.5.14 求圆 $x^2 + (y-b)^2 = a^2$ （$0 < a < b$）绕 x 轴旋转一周所得曲面（环面）的面积.

解 上、下半圆的方程分别是 $y_1 = b + \sqrt{a^2-x^2}$，$y_2 = b - \sqrt{a^2-x^2}$，因此旋转曲面的面积是上、下半圆绕 x 轴旋转所得曲面面积之和

$$S = 2\pi\int_{-a}^a y_1\sqrt{1+(y_1')^2}dx + 2\pi\int_{-a}^a y_2\sqrt{1+(y_2')^2}dx = 4ab\pi\int_{-a}^a \frac{dx}{\sqrt{a^2-x^2}} = 4ab\pi^2 .$$

例 7.5.15 求半径为 r 的球的面积.

解 半径为 r 的球的面积等于半圆 $y = \sqrt{r^2-x^2}$ （$-r \leqslant x \leqslant r$）绕 x 轴旋转一周所得曲面的面积. 故

$$S = \int_{-r}^r 2\pi y(x)\sqrt{1+y'(x)^2}dx = \int_{-r}^r 2\pi r dx = 4\pi r^2 .$$

注 古希腊数学家、力学家阿基米德（公元前 287—公元前 212）给出了球面面积公式.

例 7.5.16 设函数 $f(x)$ 满足 $\int \frac{f(x)}{\sqrt{x}}dx = \frac{1}{6}x^2 - x + C$，$L$ 为曲线段 $y = f(x)(4 \leqslant x \leqslant 9)$. 求曲线段 L 的弧长 l 及曲线段 L 绕 x 轴旋转所得曲面的面积 S.

解 对 $\int \frac{f(x)}{\sqrt{x}}dx = \frac{1}{6}x^2 - x + C$ 两边求导，得 $f(x) = \frac{1}{3}x\sqrt{x} - \sqrt{x}$，故

$$f'(x) = \frac{1}{2}\left(\sqrt{x} - \frac{1}{\sqrt{x}}\right) ,$$

所以

$$l = \int_4^9 \sqrt{1+f'(x)^2}dx = \int_4^9 \frac{1}{2}\left(\sqrt{x} + \frac{1}{\sqrt{x}}\right)dx = \left(\frac{1}{3}x\sqrt{x} + \sqrt{x}\right)\Big|_4^9 = \frac{22}{3} ,$$

$$S = \int_4^9 2\pi|f(x)|\sqrt{1+f'(x)^2}dx = \pi\int_4^9\left(\frac{x^2}{3} - \frac{2}{3}x - 1\right)dx = \pi\left(\frac{x^3}{9} - \frac{x^2}{3} - x\right)\Big|_4^9 = \frac{425\pi}{9} .$$

7.5.3 定积分的物理应用

1. 平面光滑曲线的质量与质心

（1）设光滑曲线 $l : \begin{cases} x = x(t), \\ y = y(t), \end{cases} \alpha \leqslant t \leqslant \beta$，它的线密度（单位长度曲线的质量）为 $\rho(t)$.

选取一小段曲线，其质量可看成是均匀分布的，这一小段曲线的质量即质量微元

$$dM = \rho(t)ds = \rho(t)\sqrt{x'(t)^2 + y'(t)^2}dt ,$$

故曲线的质量

$$M = \int_\alpha^\beta \rho(t)\sqrt{x'(t)^2 + y'(t)^2}dt .$$

下面求曲线关于坐标轴的静力矩. 曲线上一点 $M(x,y)$ 关于 x 轴和 y 轴的静力矩（曲线关于两个坐标轴的静力矩微元）分别等于

$$\mathrm{d}M_x = y\mathrm{d}M, \qquad \mathrm{d}M_y = x\mathrm{d}M,$$

（这里假设重力单位与质量单位相同，都是千克）从而曲线关于 x 轴和 y 轴的静力矩分别为

$$M_x = \int_\alpha^\beta y(t)\rho(t)\sqrt{x'(t)^2 + y'(t)^2}\,\mathrm{d}t, \quad M_y = \int_\alpha^\beta x(t)\rho(t)\sqrt{x'(t)^2 + y'(t)^2}\,\mathrm{d}t.$$

已知曲线关于坐标轴的静力矩等于将曲线的质量集中到质心时，质心对坐标轴的静力矩. 设平面光滑曲线 l 的质心坐标为 $(\bar{x}, \bar{y})$，则 $\bar{x} = \dfrac{M_y}{M}$，$\bar{y} = \dfrac{M_x}{M}$. 故质心坐标

$$\bar{x} = \frac{M_y}{M} = \frac{\int_\alpha^\beta x(t)\rho(t)\sqrt{x'(t)^2 + y'(t)^2}\,\mathrm{d}t}{\int_\alpha^\beta \rho(t)\sqrt{x'(t)^2 + y'(t)^2}\,\mathrm{d}t}, \quad \bar{y} = \frac{M_x}{M} = \frac{\int_\alpha^\beta y(t)\rho(t)\sqrt{x'(t)^2 + y'(t)^2}\,\mathrm{d}t}{\int_\alpha^\beta \rho(t)\sqrt{x'(t)^2 + y'(t)^2}\,\mathrm{d}t}.$$

（2）如果光滑曲线在直角坐标系中的方程是 $y = f(x) \in C^1[a,b]$，则质心坐标

$$\bar{x} = \frac{M_y}{M} = \frac{\int_a^b x\rho(x)\sqrt{1 + f'(x)^2}\,\mathrm{d}x}{\int_a^b \rho(x)\sqrt{1 + f'(x)^2}\,\mathrm{d}x}, \quad \bar{y} = \frac{M_x}{M} = \frac{\int_a^b y\rho(x)\sqrt{1 + f'(x)^2}\,\mathrm{d}x}{\int_a^b \rho(x)\sqrt{1 + f'(x)^2}\,\mathrm{d}x}.$$

例 7.5.17 求密度均匀分布的上半圆周 $x^2 + y^2 = R^2$（$y \geq 0$）的质心.

解 设上半圆周的参数方程：$x = R\cos t$，$y = R\sin t$，$0 \leq t \leq \pi$. 不妨设密度为 1，则上半圆周的质量即为弧长 πR，由对称性得，$\bar{x} = 0$（即质心位于 y 轴），因此 $\bar{y} = \dfrac{\int_0^\pi R^2 \sin t\,\mathrm{d}t}{\pi R} = \dfrac{2R}{\pi}$，故质心坐标是 $\left(0, \dfrac{2R}{\pi}\right)$.

2. 转动惯量

正在转动的飞轮被切断机器的动力后还要持续转动一段时间才会慢慢停下来，转动物体所具有的这种能够保持原有转动状态的性质，称为转动惯性；而反映转动惯性大小的物理量，称为转动惯量. 由物理学知识可知，质量为 m 的质点绕某一轴转动的转动惯量是 $J = mr^2$，其中 r 是质点到轴的垂直距离.

例 7.5.18 设有长度为 l 的细杆，其质量分布不均匀. 若杆绕位于杆之一端且垂直于它的轴转动，求其转动惯量（不计杆的直径）.

解 取细杆与转轴的交点为原点，细杆为 x 轴，建立直角坐标系（如图 7-5-19 所示），则细杆所在区间为 $[0,l]$，在细杆上任取一点 x，设杆的线密度函数为 $\rho(x)$，则长度为 $\mathrm{d}x$ 的细杆视为一质点，其质量是 $\mathrm{d}m = \rho(x)\mathrm{d}x$，因此其绕转轴转动的转动惯量为 $x^2\mathrm{d}m = x^2\rho(x)\mathrm{d}x$，即转动惯量微元 $\mathrm{d}J$，故转动惯量是 $J = \int_0^l x^2\rho(x)\mathrm{d}x$.

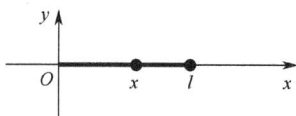

图 7-5-19

如果杆是匀质的，即 $\rho = \dfrac{m}{l}$，则杆绕过端点且垂直于杆的轴转动的转动惯量为 $J = \dfrac{1}{3}ml^2$.

3. 引力

由万有引力定律，两个质量分别为 m_1 和 m_2、相距为 r 的质点之间的引力大小与距离的平方成反比，故引力 $F = G\dfrac{m_1 m_2}{r^2}$，其中 G 为万有引力常数，引力的方向沿着两质点的连线方向. 如果要计算一根细杆对一个质点的引力，由于细杆上各质点与该质点的距离是变化的，且各点对该质点的引力方向也在变化，因此不能把杆的总质量 M 集中在质心处来求它对质点的引力.

例 7.5.19 设有一质量均匀分布、长为 l 且总质量为 M 的细直杆，在沿着杆所在的直线上，距杆的一端 a 处放一质量为 m 的质点 P，试求杆对质点 P 的引力.

解 将杆所在的直线作为 x 轴，把细杆远离质点 P 的端点作为原点，建立直角坐标系，如图 7-5-20 所示. 因为沿着同一方向的力是可加的，所以可用定积分计算. 用微元法，在细杆上任取一点 x，长度为 $\mathrm{d}x$ 的细杆质量为 $\dfrac{M}{l}\mathrm{d}x$，因此对点 P 在水平方向的引力微元

$$\mathrm{d}F_x = -G\frac{m}{(l+a-x)^2}\frac{M}{l}\mathrm{d}x.$$ 于是整个细杆对质点的引力在水平方向的分力

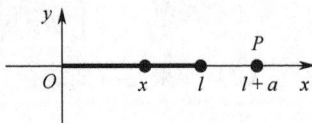

图 7-5-20

$$F_x = -\int_0^l G\frac{m}{(l+a-x)^2}\frac{M}{l}\mathrm{d}x = -\frac{GMm}{a(l+a)}.$$

由对称性知，引力在垂直方向的分力 $F_y = 0$.

4. 变力沿直线做功

物体在常力 F（大小与方向都不变）的作用下沿着直线运动，且力的方向与物体运动的方向一致，当物体运动了距离 s 时，力 F 对物体所做的功 $W = F \cdot s$. 如果物体在运动过程中所受的力是变化的，下面用微元法求物体在变力的作用下沿着直线运动所做的功.

例 7.5.20 已知物体在变力 $F(x)$（方向不变）的作用下，沿着力 $F(x)$ 的方向由点 a 移动到点 b，计算变力 $F(x)$ 对物体所做的功.

解 在 $[a,b]$ 内任取一点 x，在点 x 的力 $F(x)$，假设物体移动的距离是 $\mathrm{d}x$，在很短的距离内，可看成常力在做功，因此功微元 $\mathrm{d}W = F(x)\mathrm{d}x$，这样变力 $F(x)$ 对物体所做的功

$$W = \int_a^b F(x)\mathrm{d}x.$$

例 7.5.21 有一圆锥形水池，池口直径为 20m，深为 15m，池中盛满水，求将全部池水抽到池口外所做的功（重力加速度 $g = 10\mathrm{m/s}^2$，水的密度 $\rho = 1000\mathrm{kg/m}^3$）.

解 如图 7-5-21 所示，建立直角坐标系，对 $\forall x \in [0,15]$，下求功的微元 $\mathrm{d}W$，即池中从 x 到 $x+\mathrm{d}x$ 的一薄

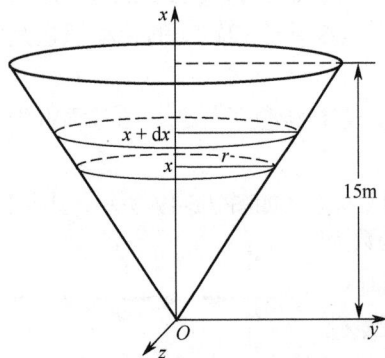

图 7-5-21

层水量抽出池口所做的功. 设 x 处的截面半径为 r，故截面面积为 πr^2. 因为 $\dfrac{x}{15} = \dfrac{r}{10}$，所

以 $r = \dfrac{2}{3}x$. 故

$$dW = \rho g(15-x)\pi r^2 dx = \frac{4}{9}\rho g\pi x^2(15-x)dx ,$$

从而将全部池水抽到池口外所做的功

$$W = \frac{4}{9}\rho g\pi \int_0^{15} x^2(15-x)dx = \frac{3}{16}\times 10^8 \pi \quad (\text{J}) .$$

例 7.5.22 从地面垂直向上发射质量为 m 的火箭,当火箭距地面为 r 时,求火箭克服地球引力所做的功. 如果火箭脱离地球引力范围,问火箭的初速度 v_0 至少应多大? (忽略空气阻力)

解 设地球的半径为 R,地球的质量为 M,且设火箭距地面的高度为 x,已知火箭的质量为 m,则由万有引力定律,火箭受到地球的引力 $f = G\dfrac{Mm}{(R+x)^2}$,其中 G 是万有引力常数. 若 $x=0$,则 $f = mg$,其中 g 是重力加速度. 故 $mg = G\dfrac{Mm}{R^2}$,从而 $G = \dfrac{R^2 g}{M}$,于是火箭受到的地球引力

$$f = \frac{R^2 mg}{(R+x)^2} .$$

在 x 处火箭升高 dx,则在 x 处火箭克服地球引力所做的功,即功微元

$$dW = f dx = \frac{R^2 mg}{(R+x)^2} dx .$$

故当火箭距地面 r 时,火箭克服地球引力所做的功

$$W = \int_0^r \frac{R^2 mg}{(R+x)^2} dx = R^2 mg\left(\frac{1}{R} - \frac{1}{R+r}\right) .$$

火箭脱离地球引力范围,即相当于 r 无限增大,此时火箭克服地球引力所做的功

$$W = \lim_{r\to +\infty} R^2 mg\left(\frac{1}{R} - \frac{1}{R+r}\right) = Rmg .$$

火箭做的功全部转化为火箭的势能,而势能来源于动能. 若火箭离开地面时的初速度为 v_0,则它的动能为 $\dfrac{1}{2}mv_0^2$. 于是给予火箭的动能要不小于火箭克服地球引力所做的功,即

$$\frac{1}{2}mv_0^2 \geqslant Rmg ,$$

从而 $v_0 \geqslant \sqrt{2Rg}$.

已知 $g = 9.81\text{m/s}^2$,地球半径 $R = 6.371\times 10^6 \text{m}$,则

$$v_0 \geqslant \sqrt{2\times 6.371\times 10^6 \times 9.81} \approx 11.2\times 10^3 \quad (\text{m/s}) = 11.2 \quad (\text{km/s}) .$$

$v_0 = 11.2\text{km/s}$ 是火箭脱离地球引力范围最小的初速度,即第二宇宙速度.

5. 液体压力

物理学知识告诉我们，在液体深度为 h 处的压强 $p = \rho g h$，其中 ρ 是液体的密度，g 是重力加速度. 如果有一面积为 S 的平板水平地放置在液体深为 h 的地方，则平板一侧所受的液体压力 $F = \rho g h S$. 在同一深度任何方向上的压强都相等. 如果将平板竖直放置在液体中，则液体深度不同的点处压强不等，下面用微元法计算平板一侧所受的液体压力.

例 7.5.23 设水渠闸门的形状是一个底为 a、高为 h 的倒置的等腰三角形，求闸门所承受的最大压力.

解 取等腰三角形底边中点为坐标原点，底边上的高所在直线为 y 轴，y 轴正方向向下，建立直角坐标系，如图 7-5-22 所示. 设在深度为 y 的地方闸门的宽为 $f(y)$. 则 $f(y) = \dfrac{h-y}{h} a$. 用水平线将平板分成若干窄条，深度从 y 到 $y + \mathrm{d}y$ 的窄条所受到的液体压力，即压力微元

$$\mathrm{d}F = \rho g y f(y) \mathrm{d}y = a \rho g y \frac{h-y}{h} \mathrm{d}y,$$

于是整个平板所承受的液体压力

$$F = a \rho g \int_0^h \frac{y(h-y)}{h} \mathrm{d}y = \frac{1}{6} a \rho g h^2.$$

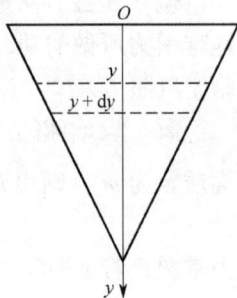

图 7-5-22

习题 7.5

1. 求下列平面图形的面积.

（1）由抛物线 $x = y^2 - 2y$ 与 $x = 2y^2 - 8y + 6$ 所围的图形；

（2）由 $x = 2t - t^2$，$y = 2t^2 - t^3$ 确定的封闭曲线所围的图形；

（3）由四叶玫瑰线 $r = a \sin 2\theta$（$a > 0$）所围的图形；

（4）由星形线 $x = a \cos^3 t$，$y = a \sin^3 t$（$a > 0$，$t \in [0, 2\pi]$）所围的图形；

（5）由曲线 $y = \mathrm{e}^{-x} \sin x$ 与 x 轴在区间 $[0, 2n\pi]$ 上所围的图形.

2. 解答下列问题.

（1）求曲线段 $y = \ln x$（$2 \leqslant x \leqslant 6$）的一条切线，使由此曲线段与该切线及两条直线 $x = 2$，$x = 6$ 所围平面图形的面积最小.

（2）求过抛物线 $y^2 = 4ax$（$a > 0$）焦点的一条直线，使其与抛物线所围平面图形的面积最小.

3. 求下列曲线段的弧长.

（1）曲线段 $y = \int_{\frac{\pi}{2}}^{x} \sqrt{\cos t}\, \mathrm{d}t$（$-\dfrac{\pi}{2} \leqslant x \leqslant \dfrac{\pi}{2}$）；

（2）曲线段 $x = \arctan t$，$y = \ln \sqrt{1 + t^2}$（$0 \leqslant t \leqslant 1$）；

（3）阿基米德螺线段 $\rho = a\theta$（$0 \leqslant \theta \leqslant 2\pi$，$a > 0$）；

（4）旋轮线的一拱 $x = a(t - \sin t)$，$y = a(1 - \cos t)$（$t \in [0, 2\pi]$，$a > 0$）；

（5）心脏线 $r = a(1 + \cos \theta)$（$-\pi \leqslant \theta \leqslant \pi$，$a > 0$）.

4．求下列曲线的曲率：

（1）$x = a(t - \sin t)$, $y = a(1 - \cos t)$ （$a > 0$, $t \in [0, 2\pi]$）；

（2）$\rho = a(1 + \cos \theta)$ （$a > 0$, $\theta \in [-\pi, \pi]$）．

5．求曲线 $y = \ln x$ 曲率最大的点及在点 $(1, 0)$ 处的曲率圆方程．

6．求下列旋转体的体积．

（1）由 $y = x^2$，$y = x^3$ 围成的图形绕 x 轴旋转生成的旋转体；

（2）星形线 $x = a \cos^3 t$，$y = a \sin^3 t$ （$a > 0$, $t \in [0, 2\pi]$）绕 x 轴旋转生成的旋转体；

（3）过点 $(2a, 0)$ 向椭圆 $\dfrac{x^2}{a^2} + \dfrac{y^2}{b^2} = 1$ 作两条切线．求椭圆与两条切线围成的区域绕 y 轴旋转生成旋转体的体积．

7．解答或证明下列各题．

（1）求截楔形体的体积，其平行的下底与上底分别为边长 A, B 与 a, b 的矩形，高为 h；

（2）求椭圆柱面 $\dfrac{x^2}{a^2} + \dfrac{y^2}{b^2} = 1$ 及两平面 $z = \dfrac{c}{a} x$, $z = 0$ 围成立体的体积；

（3）证明底面积为 S、高为 h 的锥体的体积 $V = \dfrac{1}{3} Sh$．

8．求下列旋转曲面的面积．

（1）抛物线 $y = \sqrt{x}$ （$0 \leqslant x \leqslant 2$）绕 x 轴旋转生成的旋转面；

（2）星形线 $x = a \cos^3 t$，$y = a \sin^3 t$ （$a > 0$, $t \in [0, 2\pi]$）绕 x 轴旋转生成的旋转面；

（3）椭圆 $\dfrac{x^2}{a^2} + \dfrac{y^2}{b^2} = 1$ （$0 < b < a$）绕 y 轴旋转生成的旋转椭球面．

9．已知曲线 $L: \begin{cases} x = t - \sin t, \\ y = 1 - \cos t \end{cases}$ （$t \in [0, 2\pi]$）．

（1）求 L 的长度；

（2）求 L 与 x 轴围成平面图形的面积．

10．设曲线 $y = f(x)$ 由 $x(t) = \displaystyle\int_{\frac{\pi}{2}}^{t} \mathrm{e}^{t-u} \sin \dfrac{u}{3} \mathrm{d}u$ 及 $y(t) = \displaystyle\int_{\frac{\pi}{2}}^{t} \mathrm{e}^{t-u} \cos 2u \mathrm{d}u$ 确定，求该曲线在 $t = \dfrac{\pi}{2}$ 对应点处的法线方程．

11．设 $D = \{(x, y) \mid x^2 + y^2 \leqslant 2x, y \geqslant x\}$，求 D 绕直线 $x = 2$ 旋转而成的旋转体的体积 V．

12．过点 $(1, 0)$ 作曲线 $y = \sqrt{x - 2}$ 的切线，该切线与上述曲线及 x 轴围成一平面图形 A．

（1）求 A 的面积；

（2）求 A 绕 x 轴旋转所成旋转体的体积；

（3）求 A 绕 y 轴旋转所成旋转体的体积．

13．设 D 是由圆弧 $y = \sqrt{1 - x^2}$ 与 $y = 1 - \sqrt{2x - x^2}$ 围成的平面区域，求 D 绕 x 轴旋转一周所得旋转体的体积和表面积．

14．设有曲线 $y = \sqrt{x - 1}$，过原点作其切线，求此曲线、切线及 x 轴围成的平面区域

绕 x 轴旋转一周所得的旋转体的表面积.

15．求曲线 $x^4 + y^4 = a^2(x^2 + y^2)$ 所围平面图形的面积.

16．设函数 $f(x)$ 在 $[0,1]$ 上连续，在 $(0,1)$ 内大于零，并满足 $xf'(x) = f(x) + \dfrac{3a}{2}x^2$（$a$ 为常数），又曲线 $y = f(x)$ 与直线 $x = 0$，$x = 1$，$y = 0$ 所围图形 S 的面积为 2.

（1）求函数 $f(x)$；

（2）a 为何值时，图形 S 绕 x 轴旋转一周所得旋转体的体积最小.

17．证明：在极坐标系下，由 $0 \leqslant \alpha \leqslant \theta \leqslant \beta \leqslant \pi$，$0 \leqslant r \leqslant r(\theta)$ 表示的区域绕极轴旋转一周所生成的旋转体的体积 $V = \dfrac{2\pi}{3}\int_\alpha^\beta r^3(\theta)\sin\theta\mathrm{d}\theta$，其中 $r(\theta) \in C[\alpha, \beta]$；并求心脏线 $r = a(1 + \cos\theta)$（$a > 0$）所围平面图形绕极轴旋转一周所得旋转体的体积.

18．设曲线段 Γ 为圆心在点 $(0,1)$ 的单位圆周位于正方形 $0 \leqslant x \leqslant 1$，$0 \leqslant y \leqslant 1$ 的部分，平面区域 D 为由 Γ、x 轴及直线 $x = 1$ 围成的有界区域，如图 7-5-23 所示.

（1）求区域 D 绕 x 轴旋转一周所生成的旋转体的体积；

（2）求曲线段 Γ 绕 x 轴旋转一周所生成的旋转面的面积.

19．求下列半圆弧的质心：$l : x^2 + y^2 = 1$（$y \geqslant 0$）.（线密度 ρ 为常数）

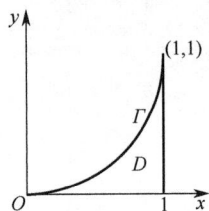

图 7-5-23

20．有内半径为 $10\,\mathrm{m}$ 的半球容器，其中盛满水．求将容器中的水抽出所做的功.（$g = 9.8\,\mathrm{m/s^2}$）

21．有一矩形板垂直水面浸入水中，其底宽 $5\mathrm{m}$，高 $12\mathrm{m}$，上沿与水平面平行，并距水面 $5\mathrm{m}$，求矩形板的一侧所受的水压力.（$g = 9.8\,\mathrm{m/s^2}$）

22．设空气压缩机的活塞面积为 S，在等温的压缩过程中，活塞由 b 处（此时气体体积 $V_1 = Sb$）压缩到 a 处（此时气体体积 $V_2 = Sa$，$a < b$）．假设压缩机中的气体是理想气体，求空气压缩机在这段压缩过程中消耗的功.

第8章 广义积分

定积分是有界函数在闭区间上的积分，但在许多实际问题中，需要考虑函数在无限区间上的积分和无界函数在有限区间上的积分．将积分区间由有限区间推广到无穷区间，即得到有界函数在无限区间上的积分，这样的积分就是无穷积分；将函数由有界推广到无界，即得到无界函数在有限区间上的积分，这类积分就是瑕积分．无穷积分和瑕积分统称为广义积分，广义积分将作为定积分的极限来处理，因此广义积分的核心问题是判断其敛散性．

8.1 无穷积分

8.1.1 无穷积分的概念

定义 8.1.1 设 $f(x)$ 定义在 $[a,+\infty)$（或 $(-\infty,b]$ 或 $(-\infty,+\infty)$）上，且 $f(x)$ 在其定义域内的任意有限区间 $[p,q]$ 上可积，称符号 $\int_a^{+\infty} f(x)\mathrm{d}x$（或 $\int_{-\infty}^b f(x)\mathrm{d}x$，$\int_{-\infty}^{+\infty} f(x)\mathrm{d}x$）为 $f(x)$ 的**无穷积分**．

定义 8.1.2 （i）若对 $\forall p > a$，$f(x) \in R[a,p]$ 且 $\lim\limits_{p \to +\infty} \int_a^p f(x)\mathrm{d}x$ 存在（或不存在），则称 $\int_a^{+\infty} f(x)\mathrm{d}x$ 收敛（或发散），且当 $\int_a^{+\infty} f(x)\mathrm{d}x$ 收敛时，$\int_a^{+\infty} f(x)\mathrm{d}x = \lim\limits_{p \to +\infty} \int_a^p f(x)\mathrm{d}x$．

（ii）若对 $\forall q < b$，$f(x) \in R[q,b]$ 且 $\lim\limits_{q \to -\infty} \int_q^b f(x)\mathrm{d}x$ 存在（或不存在），则称 $\int_{-\infty}^b f(x)\mathrm{d}x$ 收敛（或发散），且当 $\int_{-\infty}^b f(x)\mathrm{d}x$ 收敛时，$\int_{-\infty}^b f(x)\mathrm{d}x = \lim\limits_{q \to -\infty} \int_q^b f(x)\mathrm{d}x$．

下面给出 $\int_{-\infty}^{+\infty} f(x)\mathrm{d}x$ 敛散性的概念．

定义 8.1.3 设 $f(x)$ 定义在 $(-\infty,+\infty)$ 上．若对 $\forall p,\ q \in \mathbb{R}, q < p, f(x) \in R[q,p]$ 且对 $\forall c \in \mathbb{R}$，两个无穷积分 $\int_c^{+\infty} f(x)\mathrm{d}x, \int_{-\infty}^c f(x)\mathrm{d}x$ 都收敛（或至少有一个发散），则称 $\int_{-\infty}^{+\infty} f(x)\mathrm{d}x$ 收敛（或发散），且当 $\int_{-\infty}^{+\infty} f(x)\mathrm{d}x$ 收敛时，

$$\int_{-\infty}^{+\infty} f(x)\mathrm{d}x = \int_c^{+\infty} f(x)\mathrm{d}x + \int_{-\infty}^c f(x)\mathrm{d}x .$$

因为无穷积分是定积分的推广，所以收敛的无穷积分承袭了定积分的许多性质，例如，满足线性运算，关于积分区间的可加性 $\int_a^{+\infty} f(x)\mathrm{d}x = \int_a^c f(x)\mathrm{d}x + \int_c^{+\infty} f(x)\mathrm{d}x\ (a < c < +\infty)$ 等．

若 $\int_{-\infty}^{+\infty} f(x)\mathrm{d}x$ 收敛，则 $\int_{-\infty}^{+\infty} f(x)\mathrm{d}x = \int_c^{+\infty} f(x)\mathrm{d}x + \int_{-\infty}^c f(x)\mathrm{d}x$，且 $\int_{-\infty}^{+\infty} f(x)\mathrm{d}x$ 的值与数 c 的选取无关．事实上，由关于积分区间的可加性，对 $\forall c,\ d \in \mathbb{R}, c \neq d$，有

$$\int_{-\infty}^{+\infty} f(x)\mathrm{d}x = \int_{-\infty}^{c} f(x)\mathrm{d}x + \int_{c}^{+\infty} f(x)\mathrm{d}x = \int_{-\infty}^{c} f(x)\mathrm{d}x + \int_{c}^{d} f(x)\mathrm{d}x + \int_{d}^{c} f(x)\mathrm{d}x + \int_{c}^{+\infty} f(x)\mathrm{d}x$$

$$= \int_{-\infty}^{d} f(x)\mathrm{d}x + \int_{d}^{+\infty} f(x)\mathrm{d}x.$$

由定义，若 $\int_{-\infty}^{+\infty} f(x)\mathrm{d}x$ 收敛，则一定有 $\lim\limits_{p\to+\infty}\int_{c}^{p} f(x)\mathrm{d}x$ 和 $\lim\limits_{q\to-\infty}\int_{q}^{c} f(x)\mathrm{d}x$ 都存在. 注意，这里的极限过程 $p\to+\infty$ 与 $q\to-\infty$ 相互独立，即

$$\int_{-\infty}^{+\infty} f(x)\mathrm{d}x = \lim_{\substack{p\to+\infty \\ q\to-\infty}} \int_{q}^{p} f(x)\mathrm{d}x.$$

特别地，若取 $q = -p$，即若 $\lim\limits_{p\to+\infty}\int_{-p}^{p} f(x)\mathrm{d}x$ 存在，则定义了另一种较弱意义下的收敛性，称此极限是 $\int_{-\infty}^{+\infty} f(x)\mathrm{d}x$ 的柯西主值，表示为 $\text{p.v.}\int_{-\infty}^{+\infty} f(x)\mathrm{d}x = \lim\limits_{p\to+\infty}\int_{-p}^{p} f(x)\mathrm{d}x$（p.v.是 principal value 的缩写）.

这样，无穷积分发散，但它可能存在柯西主值. 例如，$\int_{-\infty}^{+\infty} \sin x\mathrm{d}x$ 发散，但

$$\text{p.v.}\int_{-\infty}^{+\infty} \sin x\mathrm{d}x = \lim_{p\to+\infty}\int_{-p}^{p} \sin x\mathrm{d}x = 0.$$

8.1.2　无穷积分求值

对收敛的无穷积分的求值问题，原则上按定义求，因此定积分的计算方法和运算技巧在这里都适用.

例 8.1.1　讨论 $\int_{1}^{+\infty} \dfrac{1}{x^p}\mathrm{d}x$ 的敛散性，其中 p 是任意实数.

解　当 $p = 1$ 时，$\int_{1}^{+\infty} \dfrac{1}{x}\mathrm{d}x = \lim\limits_{x\to+\infty}\ln x = +\infty$，故 $\int_{1}^{+\infty} \dfrac{1}{x}\mathrm{d}x$ 发散；

若 $p > 1$，则 $\int_{1}^{+\infty} \dfrac{1}{x^p}\mathrm{d}x = \lim\limits_{q\to+\infty}\int_{1}^{q} \dfrac{1}{x^p}\mathrm{d}x = \lim\limits_{q\to+\infty}\dfrac{q^{1-p}-1}{1-p} = \dfrac{1}{p-1}$，故 $\int_{1}^{+\infty} \dfrac{1}{x^p}\mathrm{d}x$ 收敛；

若 $p < 1$，则 $\int_{1}^{+\infty} \dfrac{1}{x^p}\mathrm{d}x = \lim\limits_{q\to+\infty}\int_{1}^{q} \dfrac{1}{x^p}\mathrm{d}x = \lim\limits_{q\to+\infty}\dfrac{q^{1-p}-1}{1-p} = +\infty$，故 $\int_{1}^{+\infty} \dfrac{1}{x^p}\mathrm{d}x$ 发散.

因此，当 $p > 1$ 时，$\int_{1}^{+\infty} \dfrac{1}{x^p}\mathrm{d}x$ 收敛；当 $p \leqslant 1$ 时，$\int_{1}^{+\infty} \dfrac{1}{x^p}\mathrm{d}x$ 发散.

例 8.1.2　求 $\int_{0}^{+\infty} \mathrm{e}^{-x}\sin x\mathrm{d}x$.

解　利用分部积分公式，有

$$\int_{0}^{+\infty} \mathrm{e}^{-x}\sin x\mathrm{d}x = -\mathrm{e}^{-x}\cos x\,|_{0}^{+\infty} - \int_{0}^{+\infty} \mathrm{e}^{-x}\cos x\mathrm{d}x$$

$$= 1 - \mathrm{e}^{-x}\sin x\,|_{0}^{+\infty} - \int_{0}^{+\infty} \mathrm{e}^{-x}\sin x\mathrm{d}x = 1 - \int_{0}^{+\infty} \mathrm{e}^{-x}\sin x\mathrm{d}x,$$

所以 $\int_{0}^{+\infty} \mathrm{e}^{-x}\sin x\mathrm{d}x = \dfrac{1}{2}$.

例 8.1.3 计算 $\int_0^{+\infty} \dfrac{1}{(a^2+x^2)^{\frac{3}{2}}} dx, a > 0$.

解 令 $x = a\tan t$，当 t 从 0 变化到 $\dfrac{\pi}{2}$ 时，x 从 0 递增地变化到 $+\infty$，且 $dx = \dfrac{a}{\cos^2 t} dt$，因此

$$\int_0^{+\infty} \frac{1}{(a^2+x^2)^{\frac{3}{2}}} dx = \frac{1}{a^2}\int_0^{\frac{\pi}{2}} \cos t\, dt = \frac{1}{a^2}.$$

因此，一个无穷积分经过变量替换之后变成定积分；反过来，一个定积分经过变量代换之后也可能变成无穷积分．

8.1.3 无穷积分敛散性判别法

下面探讨无穷积分敛散性判别法．前面介绍了三种类型的无穷积分，它们之间是有联系的．无穷积分 $\int_{-\infty}^{+\infty} f(x)dx$ 的敛散性可归结为两个无穷积分 $\int_a^{+\infty} f(x)dx$ 和 $\int_{-\infty}^a f(x)dx$ 的敛散性．对无穷积分 $\int_{-\infty}^a f(x)dx$，做变量代换，令 $x = -y$，则

$$\int_{-\infty}^a f(x)dx = -\int_{+\infty}^{-a} f(-y)dy = \int_{-a}^{+\infty} f(-y)dy = \int_{-a}^{+\infty} g(y)dy,$$

因此对三类无穷积分的敛散性，只需讨论形如 $\int_a^{+\infty} f(x)dx$ 的无穷积分的敛散性即可．由于

$$\int_a^{+\infty} f(x)dx = \lim_{p\to+\infty}\int_a^p f(x)dx,$$

令 $F(p) = \int_a^p f(x)dx$，则由极限的柯西收敛原理，$\lim\limits_{p\to+\infty} F(p)$ 存在当且仅当

$$\forall \varepsilon > 0,\ \exists A > a,\ \forall p_1,\ p_2 > A,\ 有 |F(p_1) - F(p_2)| < \varepsilon,$$

即 $\left|\int_{p_1}^{p_2} f(x)dx\right| < \varepsilon$．这样得到无穷积分的柯西收敛原理．

定理 8.1.1（柯西收敛原理） 无穷积分 $\int_a^{+\infty} f(x)dx$ 收敛当且仅当

$$\forall \varepsilon > 0,\ \exists A > a,\ \forall p_1,\ p_2 > A,\ 有 \left|\int_{p_1}^{p_2} f(x)dx\right| < \varepsilon.$$

推论 8.1.1 若 $\int_a^{+\infty} f(x)dx$ 收敛，则 $\lim\limits_{p\to+\infty}\int_p^{+\infty} f(x)dx = 0$.

证明 设 $\int_a^{+\infty} f(x)dx$ 收敛，由定理 8.1.1，

$$\forall \varepsilon > 0,\ \exists A > a,\ \forall p_1,\ p_2 > A,\ p_2 > p_1,\ 有 \left|\int_{p_1}^{p_2} f(x)dx\right| < \varepsilon.$$

令 $p_2 \to +\infty$，有 $\left|\int_{p_1}^{+\infty} f(x)dx\right| \leqslant \varepsilon$．即 $\lim\limits_{p\to+\infty}\int_p^{+\infty} f(x)dx = 0$．证毕.

推论 8.1.2 $\int_a^{+\infty} f(x)dx$ 收敛当且仅当对 $\forall b > a$，$\int_b^{+\infty} f(x)dx$ 收敛.

推论 8.1.3 若 $\int_a^{+\infty} |f(x)|dx$ 收敛，则 $\int_a^{+\infty} f(x)dx$ 收敛.

证明　设 $\int_a^{+\infty}|f(x)|\mathrm{d}x$ 收敛，由定理 8.1.1，

$$\forall \varepsilon > 0,\ \exists A > a,\ \forall p_1,\ p_2 > A,\ \text{有} \left|\int_{p_1}^{p_2}|f(x)|\mathrm{d}x\right| < \varepsilon.$$

而 $\left|\int_{p_1}^{p_2}f(x)\mathrm{d}x\right| \leqslant \left|\int_{p_1}^{p_2}|f(x)|\mathrm{d}x\right| < \varepsilon$. 故再一次由定理 8.1.1 知 $\int_a^{+\infty}f(x)\mathrm{d}x$ 收敛. 证毕.

定义 8.1.4　（i）若 $\int_a^{+\infty}|f(x)|\mathrm{d}x$ 收敛，称 $\int_a^{+\infty}f(x)\mathrm{d}x$ 绝对收敛；

（ii）若 $\int_a^{+\infty}f(x)\mathrm{d}x$ 收敛但 $\int_a^{+\infty}|f(x)|\mathrm{d}x$ 发散，称 $\int_a^{+\infty}f(x)\mathrm{d}x$ 条件收敛.

定理 8.1.2（比较判别法）　设对 $\forall x \in [a, +\infty)$，有 $|f(x)| \leqslant g(x)$.

（i）若 $\int_a^{+\infty}g(x)\mathrm{d}x$ 收敛，则 $\int_a^{+\infty}|f(x)|\mathrm{d}x$ 收敛；

（ii）若 $\int_a^{+\infty}|f(x)|\mathrm{d}x$ 发散，则 $\int_a^{+\infty}g(x)\mathrm{d}x$ 发散.

证明　（i）若 $\int_a^{+\infty}g(x)\mathrm{d}x$ 收敛，由定理 8.1.1，

$$\forall \varepsilon > 0,\ \exists A > a,\ \forall p_1,\ p_2 > A,\ \text{有} \left|\int_{p_1}^{p_2}g(x)\mathrm{d}x\right| < \varepsilon.$$

因为对 $\forall x \in [a, +\infty)$，有 $|f(x)| \leqslant g(x)$，故

$$\left|\int_{p_1}^{p_2}|f(x)|\mathrm{d}x\right| \leqslant \left|\int_{p_1}^{p_2}g(x)\mathrm{d}x\right| < \varepsilon.$$

定理 8.1.1 表明 $\int_a^{+\infty}|f(x)|\mathrm{d}x$ 收敛.

（ii）设 $\int_a^{+\infty}|f(x)|\mathrm{d}x$ 发散. 用反证法，假设 $\int_a^{+\infty}g(x)\mathrm{d}x$ 收敛，则结论（i）表明 $\int_a^{+\infty}|f(x)|\mathrm{d}x$ 收敛，矛盾. 故 $\int_a^{+\infty}g(x)\mathrm{d}x$ 发散. 证毕.

定理 8.1.3（比较判别法的极限形式）　设对 $\forall x \in [a, +\infty)$，有 $g(x) > 0$，且 $\lim\limits_{x \to +\infty}\dfrac{|f(x)|}{g(x)} = c$.

（i）当 $0 < c < +\infty$ 时，$\int_a^{+\infty}|f(x)|\mathrm{d}x$ 与 $\int_a^{+\infty}g(x)\mathrm{d}x$ 同收敛同发散；

（ii）当 $c = 0$ 时，若 $\int_a^{+\infty}g(x)\mathrm{d}x$ 收敛，则 $\int_a^{+\infty}|f(x)|\mathrm{d}x$ 收敛；

（iii）当 $c = +\infty$ 时，若 $\int_a^{+\infty}g(x)\mathrm{d}x$ 发散，则 $\int_a^{+\infty}|f(x)|\mathrm{d}x$ 发散.

证明　（i）设 $0 < c < +\infty$. 因为 $\lim\limits_{x \to +\infty}\dfrac{|f(x)|}{g(x)} = c$，则

$$\text{取} \varepsilon = \frac{c}{2} > 0,\ \exists M > 0,\ \forall x > M,\ \text{有} \left|\frac{|f(x)|}{g(x)} - c\right| < \frac{c}{2},$$

从而 $\dfrac{c}{2}g(x) < |f(x)| < \dfrac{3c}{2}g(x)$，定理 8.1.2 表明 $\int_a^{+\infty}|f(x)|\mathrm{d}x$ 与 $\int_a^{+\infty}g(x)\mathrm{d}x$ 同收敛同发散.

结论（ii）、（iii）的证明类似，证明留给读者. 证毕.

由于 $\int_1^{+\infty}\dfrac{1}{x^p}\mathrm{d}x$ 的敛散性已知，当选用 $\int_1^{+\infty}\dfrac{1}{x^p}\mathrm{d}x$ 作为比较对象时，比较判别法及其极

限形式即为如下的比阶判别法及其极限形式.

定理 8.1.4（比阶判别法） 设 $f(x)$ 定义在 $[a,+\infty)$ 上. 若 $\exists N \in [a,+\infty)$ 使得对 $\forall x \in [N,+\infty)$，有

(i) $|f(x)| \leq \dfrac{1}{x^p}$（$p > 1$），则 $\displaystyle\int_a^{+\infty} |f(x)| \mathrm{d}x$ 收敛；

(ii) $|f(x)| \geq \dfrac{1}{x^p}$（$p \leq 1$），则 $\displaystyle\int_a^{+\infty} |f(x)| \mathrm{d}x$ 发散.

定理 8.1.5（比阶判别法的极限形式） 设 $f(x)$ 定义在 $[a,+\infty)$ 上. 若 $\displaystyle\lim_{x \to +\infty} x^p |f(x)| = c$，则

(i) 当 $0 \leq c < +\infty$ 且 $p > 1$ 时，$\displaystyle\int_a^{+\infty} |f(x)| \mathrm{d}x$ 收敛；

(ii) 当 $0 < c \leq +\infty$ 且 $p \leq 1$ 时，$\displaystyle\int_a^{+\infty} |f(x)| \mathrm{d}x$ 发散.

例 8.1.4 讨论无穷积分 $\displaystyle\int_{-\infty}^{+\infty} \mathrm{e}^{-x^2} \mathrm{d}x$ 的敛散性.

解 因为 $\displaystyle\lim_{x \to +\infty} x^2 \mathrm{e}^{-x^2} = 0$，故 $\displaystyle\int_0^{+\infty} \mathrm{e}^{-x^2} \mathrm{d}x$ 收敛；同理可知 $\displaystyle\int_{-\infty}^0 \mathrm{e}^{-x^2} \mathrm{d}x$ 收敛，故 $\displaystyle\int_{-\infty}^{+\infty} \mathrm{e}^{-x^2} \mathrm{d}x$ 收敛.

例 8.1.5 设 $p, q > 0$. 讨论无穷积分 $\displaystyle\int_1^{+\infty} \sin\left(\dfrac{1}{x^p}\right) \ln\left(1 + \dfrac{1}{x^q}\right) \mathrm{d}x$ 的敛散性.

解 注意到被积函数是正的. 因为
$$\sin t \sim t,\quad \ln(1+t) \sim t\ (t \to 0),$$
所以 $\sin\left(\dfrac{1}{x^p}\right) \sim \dfrac{1}{x^p}$，$x \to +\infty$，$\ln\left(1 + \dfrac{1}{x^q}\right) \sim \dfrac{1}{x^q}$，$x \to +\infty$，故
$$\lim_{x \to +\infty} x^{p+q} \sin\left(\frac{1}{x^p}\right) \ln\left(1 + \frac{1}{x^q}\right) = \lim_{x \to +\infty} x^p \sin\left(\frac{1}{x^p}\right) \lim_{x \to +\infty} x^q \ln\left(1 + \frac{1}{x^q}\right) = 1.$$
因此由定理 8.1.5 知，当 $p + q > 1$ 时无穷积分收敛，当 $p + q \leq 1$ 时无穷积分发散.

例 8.1.6 设 $p > 0$. 讨论无穷积分 $\displaystyle\int_1^{+\infty} \ln\left(\cos\dfrac{1}{x^p} + \sin\dfrac{1}{x^p}\right) \mathrm{d}x$ 的敛散性.

解 当 $x \to +\infty$ 时，由泰勒展开，
$$\cos\frac{1}{x^p} = 1 + o\left(\frac{1}{x^p}\right),\quad \sin\frac{1}{x^p} = \frac{1}{x^p} + o\left(\frac{1}{x^p}\right),$$
因此
$$\ln\left(\cos\frac{1}{x^p} + \sin\frac{1}{x^p}\right) = \ln\left(1 + \frac{1}{x^p} + o\left(\frac{1}{x^p}\right)\right) = \frac{1}{x^p} + o\left(\frac{1}{x^p}\right),$$
故 $\displaystyle\lim_{x \to +\infty} x^p \ln\left(\cos\dfrac{1}{x^p} + \sin\dfrac{1}{x^p}\right) = 1$，所以当 $p > 1$ 时无穷积分收敛，当 $p \leq 1$ 时无穷积分发散.

例 8.1.7 讨论 $\displaystyle\int_1^{+\infty} \left(\dfrac{x}{x^2 + m} - \dfrac{m}{x+1}\right) \mathrm{d}x\ (m \neq 0)$ 的敛散性.

解 1 因为

$$f(x) = \frac{x}{x^2+m} - \frac{m}{x+1} = \frac{(1-m)x^2 + x - m^2}{(x^2+m)(x+1)},$$

当 $m=1$ 时，$\lim\limits_{x \to +\infty} x^2 f(x) = 1$，所以 $\int_1^{+\infty}\left(\frac{x}{x^2+m} - \frac{m}{x+1}\right)dx$ 收敛；当 $m \neq 1$ 时，对充分大的

x，$f(x)$ 与 $1-m$ 保持同号，因此 $\int_1^{+\infty}\left(\frac{x}{x^2+m} - \frac{m}{x+1}\right)dx$ 收敛与绝对收敛是一回事. 而

$\lim\limits_{x \to +\infty} x|f(x)| = |1-m| \neq 0$，所以 $\int_1^{+\infty}\left(\frac{x}{x^2+m} - \frac{m}{x+1}\right)dx$ 与 $\int_1^{+\infty}\left|\frac{x}{x^2+m} - \frac{m}{x+1}\right|dx$ 发散. 故当

$m=1$ 时，$\int_1^{+\infty}\left(\frac{x}{x^2+m} - \frac{m}{x+1}\right)dx$ 绝对收敛；当 $m \neq 1$ 时，$\int_1^{+\infty}\left(\frac{x}{x^2+m} - \frac{m}{x+1}\right)dx$ 发散.

解 2 对 $\forall A > 1$，有

$$\int_1^A \left(\frac{x}{x^2+m} - \frac{m}{x+1}\right)dx = \frac{1}{2}\ln(A^2+m) - \frac{1}{2}\ln(1+m) - m\ln(A+1) + m\ln 2$$

$$= \ln\frac{\sqrt{A^2+m}}{(A+1)^m} - \frac{1}{2}\ln(1+m) + m\ln 2,$$

当 $A \to +\infty$ 时，若 $m=1$，则上式收敛到 $\frac{1}{2}\ln 2$，故无穷积分收敛；若 $m \neq 1$，则上式趋于

无穷（$m<1$ 时趋于正无穷，$m>1$ 时趋于负无穷），故无穷积分发散.

例 8.1.8 设 $p \in \mathbb{R}$ 任意，$0 \neq \alpha \in \mathbb{R}$. 讨论 $\int_1^{+\infty}\frac{\sin \alpha x}{x^p}dx$ 的敛散性，并指出何时绝对收

敛或条件收敛.

解 （1）设 $p > 1$. 因为 $\left|\frac{\sin \alpha x}{x^p}\right| \leqslant \frac{1}{x^p}$，故由定理 8.1.2 知 $\int_1^{+\infty}\frac{\sin \alpha x}{x^p}dx$ 绝对收敛.

（2）设 $0 < p \leqslant 1$. 因为

$$\int_1^{+\infty}\frac{\sin \alpha x}{x^p}dx = \frac{\cos \alpha}{\alpha} - \frac{p}{\alpha}\int_1^{+\infty}\frac{\cos \alpha x}{x^{p+1}}dx,$$

且 $p+1 > 1$，故类似（1）的讨论知 $\int_1^{+\infty}\frac{\cos \alpha x}{x^{p+1}}dx$ 收敛，从而 $\int_1^{+\infty}\frac{\sin \alpha x}{x^p}dx$ 收敛.

下证 $\int_1^{+\infty}\left|\frac{\sin \alpha x}{x^p}\right|dx$ 发散. 因为

$$\left|\frac{\sin \alpha x}{x^p}\right| \geqslant \frac{\sin^2 \alpha x}{x^p}, \ \forall x \in [1, +\infty),$$

而 $\frac{\sin^2 \alpha x}{x^p} = \frac{1}{2x^p} - \frac{\cos 2\alpha x}{2x^p}$，且 $\int_1^{+\infty}\frac{1}{2x^p}dx$ 发散，$\int_1^{+\infty}\frac{\cos 2\alpha x}{2x^p}dx$ 收敛，故 $\int_1^{+\infty}\frac{\sin^2 \alpha x}{x^p}dx$ 发

散，从而定理 8.1.2 表明 $\int_1^{+\infty}\left|\frac{\sin \alpha x}{x^p}\right|dx$ 发散.

（3）设 $p \leqslant 0$. 令 $\alpha x = y$，不妨设 $\alpha > 0$. 则

$$\int_1^{+\infty}\frac{\sin \alpha x}{x^p}dx = \alpha^{p-1}\int_\alpha^{+\infty}y^{-p}\sin y\,dy,$$

对任意的正整数 k , 有 $\int_{2k\pi}^{2k\pi+\pi} y^{-p}\sin y\mathrm{d}y \geqslant \int_{2k\pi}^{2k\pi+\pi}\sin y\mathrm{d}y = 2$, 因此无穷积分的柯西收敛准则表明 $\int_a^{+\infty} y^{-p}\sin y\mathrm{d}y$ 发散. 故当 $p\leqslant 0$ 时 , $\int_1^{+\infty}\dfrac{\sin\alpha x}{x^p}\mathrm{d}x$ 发散.

综上 , $0<p\leqslant 1$ 时 , $\int_1^{+\infty}\dfrac{\sin\alpha x}{x^p}\mathrm{d}x$ 条件收敛 ; $p>1$ 时 , $\int_1^{+\infty}\dfrac{\sin\alpha x}{x^p}\mathrm{d}x$ 绝对收敛 ; $p\leqslant 0$ 时 , $\int_1^{+\infty}\dfrac{\sin\alpha x}{x^p}\mathrm{d}x$ 发散.

注意到 , 定理 8.1.2 到定理 8.1.5 只能判别广义积分的绝对收敛性 , 而对条件收敛的无穷积分 , 有如下的狄利克雷（Dirichlet）判别法和阿贝尔（Abel）判别法. 其证明需要用到 7.4 节的积分第二中值定理 7.4.3.

定理 8.1.6（狄利克雷判别法） 设 $F(x)=\int_a^x f(y)\mathrm{d}y$ 在 $[a,+\infty)$ 上有界 , $g(x)$ 在 $[a,+\infty)$ 上单调 , 且 $\lim\limits_{x\to+\infty} g(x)=0$, 则 $\int_a^{+\infty} f(x)g(x)\mathrm{d}x$ 收敛.

证明 因为 $F(x)=\int_a^x f(y)\mathrm{d}y$ 在 $[a,+\infty)$ 上有界 , 故

$$\exists C>0 \text{ 使得 } |F(x)|\leqslant C,\ \forall x\geqslant a .$$

对 $\forall\varepsilon>0$, 因为 $\lim\limits_{x\to+\infty} g(x)=0$, 故 $\exists M>a$ 使得对 $\forall x>M$, 有 $|g(x)|<\dfrac{\varepsilon}{4C}$.

对任意的 $p_2>p_1>M$, 对 $f(x),g(x)$ 在 $[p_1,p_2]$ 上应用积分第二中值定理 7.4.3 , 则 $\exists\xi\in[p_1,p_2]$ 使得

$$\int_{p_1}^{p_2} f(x)g(x)\mathrm{d}x = g(p_1)\int_{p_1}^{\xi} f(x)\mathrm{d}x + g(p_2)\int_{\xi}^{p_2} f(x)\mathrm{d}x .$$

从而对任意的 $t_2>t_1\geqslant a$, $\left|\int_{t_1}^{t_2} f(x)\mathrm{d}x\right| = |F(t_2)-F(t_1)|\leqslant 2C$. 所以

$$\left|\int_{p_1}^{p_2} f(x)g(x)\mathrm{d}x\right| \leqslant |g(p_1)|\left|\int_{p_1}^{\xi} f(x)\mathrm{d}x\right| + |g(p_2)|\left|\int_{\xi}^{p_2} f(x)\mathrm{d}x\right| < \varepsilon .$$

由定理 8.1.1 知 , $\int_a^{+\infty} f(x)g(x)\mathrm{d}x$ 收敛. 证毕.

定理 8.1.7（阿贝尔判别法） 设 $\int_a^{+\infty} f(x)\mathrm{d}x$ 收敛 , 若 $g(x)$ 在 $[a,+\infty)$ 上单调有界 , 则 $\int_a^{+\infty} f(x)g(x)\mathrm{d}x$ 收敛.

证明 因为 $g(x)$ 在 $[a,+\infty)$ 上单调有界 , 故 $\lim\limits_{x\to+\infty} g(x)=b$ 存在. 于是 $g_1(x)=g(x)-b$ 在 $[a,+\infty)$ 上单调且 $\lim\limits_{x\to+\infty} g_1(x)=0$. 由此可知 , $F(x)=\int_a^x f(t)\mathrm{d}t\ (\forall x\geqslant a)$, $g_1(x)$ 满足定理 8.1.6 的条件 , 从而

$$\int_a^{+\infty} f(x)g_1(x)\mathrm{d}x = \int_a^{+\infty} f(x)[g(x)-b]\mathrm{d}x = \int_a^{+\infty} f(x)g(x)\mathrm{d}x - b\int_a^{+\infty} f(x)\mathrm{d}x$$

收敛. 因为 $\int_a^{+\infty} f(x)\mathrm{d}x$ 收敛 , 故 $\int_a^{+\infty} f(x)g(x)\mathrm{d}x$ 收敛. 证毕.

例 8.1.9 判断无穷积分 $\int_1^{+\infty} \sin x^2 dx$ 的敛散性，并指出是条件收敛还是绝对收敛？

解 设 $y = x^2$，则 $\int_1^{+\infty} \sin x^2 dx = \int_1^{+\infty} \frac{1}{2\sqrt{y}} \sin y \, dy$。由于 $F(y) = \int_1^y \sin t dt$ 在 $[1, +\infty)$ 上有界，$g(y) = \frac{1}{\sqrt{y}}$ 在 $[1, +\infty)$ 上单调递减且 $\lim\limits_{y \to +\infty} g(y) = 0$，因此由定理 8.1.6 知

$$\int_1^{+\infty} \sin x^2 dx = \int_1^{+\infty} \frac{1}{2\sqrt{y}} \sin y dy$$

收敛。又 $\left| \frac{1}{\sqrt{y}} \sin y \right| \geqslant \frac{1}{\sqrt{y}} \sin^2 y = \frac{1 - \cos 2y}{2\sqrt{y}}$，而 $\int_1^{+\infty} \frac{1}{\sqrt{y}} dy$ 发散，且 $\int_1^{+\infty} \frac{1}{2\sqrt{y}} \cos 2y dy$ 收敛，因此由定理 8.1.2 知 $\int_1^{+\infty} |\sin x^2| dx = \int_1^{+\infty} \left| \frac{1}{2\sqrt{y}} \sin y \right| dy$ 发散。故 $\int_1^{+\infty} \sin x^2 dx$ 条件收敛。

例 8.1.10 证明无穷积分 $\int_2^{+\infty} \frac{\sin^2 x}{x \ln x} dx$ 发散。

证明 因为 $\frac{\sin^2 x}{x \ln x} = \frac{1 - \cos 2x}{2x \ln x} = \frac{1}{2x \ln x} - \frac{\cos 2x}{2x \ln x}$，类似例 8.1.8 的讨论知 $\int_2^{+\infty} \frac{\cos 2x}{2x} dx$ 收敛，而 $g(x) = \frac{1}{\ln x}$ 在 $[2, +\infty)$ 上单调递减且有界，所以定理 8.1.7 表明 $\int_2^{+\infty} \frac{\cos 2x}{2x \ln x} dx$ 收敛；又

$$\int_2^{+\infty} \frac{1}{2x \ln x} dx = \frac{1}{2} \lim_{x \to +\infty} \ln(|\ln x|) - \frac{\ln(\ln 2)}{2} = +\infty,$$

故 $\int_2^{+\infty} \frac{1}{2x \ln x} dx$ 发散，所以 $\int_2^{+\infty} \frac{\sin^2 x}{x \ln x} dx$ 发散。证毕。

习题 8.1

1．证明：假设对 $\forall A > a$，$f(x) \in R[a, A]$，且设 $F(x)$ 是 $f(x)$ 在 $[a, +\infty)$ 上的一个原函数，且 $\lim\limits_{x \to +\infty} F(x) = F(+\infty)$ 存在，则无穷积分 $\int_a^{+\infty} f(x) dx$ 收敛且 $\int_a^{+\infty} f(x) dx = F(+\infty) - F(a)$ 成立。

2．判断下列无穷积分的敛散性。

（1）$\int_1^{+\infty} \frac{\arctan x}{x^2} dx$；　　　　（2）$\int_2^{+\infty} \frac{\sin x}{x\sqrt{x^2+1}} dx$；　　　　（3）$\int_1^{+\infty} \frac{x \ln x}{\sqrt{x^5+1}} dx$；

（4）$\int_1^{+\infty} \frac{x^\alpha}{1+x^\beta} dx, \beta > 0$；（5）$\int_1^{+\infty} x \cos(x^3) dx$；（6）$\int_1^{+\infty} \frac{x^p \arctan x}{2 + x^q} dx$；

（7）$\int_1^{+\infty} \sin\left(\frac{1}{x^2}\right) dx$；　　（8）$\int_0^{+\infty} \frac{1}{\sqrt{e^x}} dx$；　　　　（9）$\int_{-\infty}^{+\infty} \frac{x}{e^{-x} + e^x} dx$。

3．计算下列无穷积分的值。

（1）$\int_1^{+\infty} \frac{1}{x^2\sqrt{1+x^2}} dx$；　（2）$\int_0^{+\infty} \frac{1}{(1+5x^2)\sqrt{1+x^2}} dx$；　（3）$\int_0^{+\infty} \frac{1+x^2}{1+x^4} dx$；

(4) $\displaystyle\int_0^{+\infty}\frac{\mathrm{d}x}{1+x^3}$；   (5) $\displaystyle\int_0^{+\infty}\frac{\mathrm{d}x}{(1+x^2)(1+x^a)}$，$a>0$； (6) $\displaystyle\int_0^{+\infty}\frac{1}{1+x^4}\mathrm{d}x$；

(7) $\displaystyle\int_0^{+\infty}\frac{\sin^2 x}{x^2}\mathrm{d}x$（已知 $\displaystyle\int_0^{+\infty}\frac{\sin x}{x}\mathrm{d}x=\frac{\pi}{2}$）；   (8) $\displaystyle\int_0^{+\infty}\frac{\sin^4 x}{x^2}\mathrm{d}x$；

(9) $\displaystyle\int_0^{+\infty}\frac{\sin^3 \alpha x}{x}\mathrm{d}x$，$\alpha>0$．

4．求由曲线 $y=\dfrac{1}{\sqrt{x}}$（$0<x\leqslant 1$），$y=\dfrac{1}{x^2}$（$x\geqslant 1$）和 x 轴、y 轴围成的图形的面积．

5．一个固定的点电荷 $+q$ 产生的电场，对场内其他电荷有作用力．由库伦定律知，距点电荷 $+q$ 为 r 的单位正电荷受到的电场力，其方向与径向一致指向外，大小为 $F=\dfrac{kq}{r^2}$，其中 k 为常数．当单位正电荷从 $r=a$ 沿径向移到 $r=b$ 时，电场力所做的功称为该电场在这两点处的电位差；当单位正电荷从 $r=a$ 移到无穷远处时，电场力所做的功称为该电场在点 a 处的电位．求 a,b 两点的电位差及 a 点的电位．

6．解答下列各题．

（1）若 $\displaystyle\lim_{x\to+\infty} f(x)$ 不存在，则是否一定有 $\displaystyle\int_a^{+\infty} f(x)\mathrm{d}x$ 发散？

（2）若 $\displaystyle\int_a^{+\infty} f(x)\mathrm{d}x$ 收敛，且 $\displaystyle\lim_{x\to+\infty} g(x)=A$，则是否有 $\displaystyle\int_a^{+\infty} f(x)g(x)\mathrm{d}x$ 一定收敛？

7．证明下列各题．

（1）若 $\displaystyle\int_1^{+\infty} xf(x)\mathrm{d}x$ 收敛，证明：$\displaystyle\int_1^{+\infty} f(x)\mathrm{d}x$ 收敛．

（2）若 $\displaystyle\lim_{x\to+\infty} f(x)=A$（存在），且 $\displaystyle\int_a^{+\infty} f(x)\mathrm{d}x$ 收敛，则 $A=0$．

（3）若 $f(x)$ 在 $[a,+\infty)$ 上单调，且 $\displaystyle\int_a^{+\infty} f(x)\mathrm{d}x$ 收敛，则 $\displaystyle\lim_{x\to+\infty} f(x)=0$．

（4）若 $f(x)$ 在 $[a,+\infty)$ 上一致连续，且 $\displaystyle\int_a^{+\infty} f(x)\mathrm{d}x$ 收敛，则 $\displaystyle\lim_{x\to+\infty} f(x)=0$．

8．若 $\displaystyle\int_a^{+\infty}|f(x)|\mathrm{d}x$ 收敛，且 $\displaystyle\lim_{x\to+\infty} f(x)=0$，证明：$\displaystyle\int_a^{+\infty} f^2(x)\mathrm{d}x$ 收敛．若去掉条件 $\displaystyle\lim_{x\to+\infty} f(x)=0$，结论是否成立？若将 $\displaystyle\int_a^{+\infty}|f(x)|\mathrm{d}x$ 收敛改为 $\displaystyle\int_a^{+\infty} f(x)\mathrm{d}x$ 收敛，结论是否成立？

9．证明：若 $\displaystyle\int_a^{+\infty} f(x)\mathrm{d}x=A$，则 $\displaystyle\lim_{n\to\infty}\int_a^n f(x)\mathrm{d}x=A$，反之不真．

10．证明：若 $\displaystyle\int_a^{+\infty}|f(x)|\mathrm{d}x$ 收敛，对 $\forall p>a$，$g(x)\in R[a,p]$，且 $\displaystyle\lim_{x\to+\infty} g(x)=A$，则 $\displaystyle\int_a^{+\infty}|f(x)g(x)|\mathrm{d}x$ 收敛．

11．设 $f(x)$ 单调递减，且 $\displaystyle\lim_{x\to+\infty} f(x)=0$．证明：若 $f'(x)\in C[0,+\infty)$，则 $\displaystyle\int_0^{+\infty} f'(x)\sin^2 x\mathrm{d}x$ 收敛．

12．判断下列无穷积分的绝对收敛性．

（1）$\displaystyle\int_1^{+\infty}\sin x\sin\frac{1}{x}\mathrm{d}x$；   (2) $\displaystyle\int_1^{+\infty}\frac{\sin\left(x+\dfrac{1}{x}\right)}{x^p}\mathrm{d}x$，$0<p\leqslant 1$；

(3) $\int_1^{+\infty} \frac{1}{\sqrt{x}} \sin\left(\frac{\sin x}{\sqrt{x}}\right) dx$；

(4) $\int_0^{+\infty} x^2 \sin\left(\frac{\cos x^3}{1+x^2}\right) dx$；

(5) $\int_1^{+\infty} \frac{1+x}{x^p} \sin x^3 dx$；

(6) $\int_2^{+\infty} \frac{\cos\sqrt{x}}{x^p \ln x} dx$；

(7) $\int_1^{+\infty} \frac{\sin x}{x^p - \sin x} dx,\ p > 0$；

(8) $\int_1^{+\infty} x \cdot \sin x^4 \cdot \sin x dx$．

8.2 瑕积分

先举一例．因为 $\lim\limits_{x\to 0^+} \frac{1}{\sqrt{x}} = +\infty$，所以作为定积分，$\int_0^1 \frac{1}{\sqrt{x}} dx$ 没有意义．但是，对 $\forall \varepsilon \in (0,1)$，$\frac{1}{\sqrt{x}} \in C[\varepsilon,1]$，故 $\int_\varepsilon^1 \frac{1}{\sqrt{x}} dx$ 是变下限积分，由于 $\lim\limits_{\varepsilon\to 0^+} \int_\varepsilon^1 \frac{1}{\sqrt{x}} dx = \lim\limits_{\varepsilon\to 0^+} 2(1-\sqrt{\varepsilon}) = 2$ 存在，定义 $\int_0^1 \frac{1}{\sqrt{x}} dx = \lim\limits_{\varepsilon\to 0^+} \int_\varepsilon^1 \frac{1}{\sqrt{x}} dx = 2$．更一般地，有下面瑕积分的概念．

8.2.1 瑕积分收敛的概念

定义 8.2.1 若 $f(x)$ 在点 a 的邻域内无界，称 a 是 $f(x)$ 的**瑕点**．

定义 8.2.2 （i）设 $f(x)$ 在 $(a,b]$ 上有定义，且设 a 是 $f(x)$ 的唯一瑕点．若对 $\forall \varepsilon > 0, \varepsilon < b-a$，$f(x) \in R[a+\varepsilon,b]$，称 $\int_a^b f(x)dx$ 为瑕积分．若 $\lim\limits_{\varepsilon\to 0^+} \int_{a+\varepsilon}^b f(x)dx$ 存在（或不存在），则称瑕积分 $\int_a^b f(x)dx$ 收敛（或发散），且 $\int_a^b f(x)dx = \lim\limits_{\varepsilon\to 0^+} \int_{a+\varepsilon}^b f(x)dx$．

（ii）设 $f(x)$ 在 $[a,b)$ 上有定义，且设 b 是 $f(x)$ 的唯一瑕点．若对任意的正数 $\varepsilon(<b-a)$，$f(x) \in R[a,b-\varepsilon]$，称 $\int_a^b f(x)dx$ 为瑕积分．若 $\lim\limits_{\varepsilon\to 0^+} \int_a^{b-\varepsilon} f(x)dx$ 存在（或不存在），则称瑕积分 $\int_a^b f(x)dx$ 收敛（或发散），且 $\int_a^b f(x)dx = \lim\limits_{\varepsilon\to 0^+} \int_a^{b-\varepsilon} f(x)dx$．

定义 8.2.3 设 $c \in (a,b)$ 为 $f(x)$ 的唯一瑕点，若瑕积分 $\int_a^c f(x)dx$，$\int_c^b f(x)dx$ 都收敛（或至少有一个发散），则称瑕积分 $\int_a^b f(x)dx$ 收敛（或发散），且当 $\int_a^b f(x)dx$ 收敛时，

$$\int_a^b f(x)dx = \int_a^c f(x)dx + \int_c^b f(x)dx.$$

由定义，若 $c \in (a,b)$ 为 $f(x)$ 的唯一瑕点，且瑕积分 $\int_a^b f(x)dx$ 收敛，则下列两个极限都存在：

$$\lim_{\varepsilon_1\to 0^+} \int_a^{c-\varepsilon_1} f(x)dx \text{ 和 } \lim_{\varepsilon_2\to 0^+} \int_{c+\varepsilon_2}^b f(x)dx.$$

注意，上述两个极限过程 $\varepsilon_1 \to 0^+$ 和 $\varepsilon_2 \to 0^+$ 彼此独立．如果只考虑 $c-\varepsilon$ 和 $c+\varepsilon$ 从 c

的两侧对称地趋于 c 的情形，当

$$\lim_{\varepsilon \to 0^+} \left(\int_a^{c-\varepsilon} f(x)\,\mathrm{d}x + \int_{c+\varepsilon}^b f(x)\,\mathrm{d}x \right)$$

存在时，称这种较弱意义下的极限为瑕积分 $\int_a^b f(x)\mathrm{d}x$ 的柯西主值积分，记为

$$\mathrm{p.v.}\int_a^b f(x)\,\mathrm{d}x = \lim_{\varepsilon \to 0^+} \left(\int_a^{c-\varepsilon} f(x)\,\mathrm{d}x + \int_{c+\varepsilon}^b f(x)\,\mathrm{d}x \right).$$

即便瑕积分的柯西主值积分存在，瑕积分也不一定收敛. 例如，

$$\mathrm{p.v.}\int_{-1}^1 \frac{1}{x}\,\mathrm{d}x = \lim_{\varepsilon \to 0^+} \left(\int_{-1}^{-\varepsilon} \frac{1}{x}\,\mathrm{d}x + \int_\varepsilon^1 \frac{1}{x}\,\mathrm{d}x \right) = 0,$$

但瑕积分 $\int_{-1}^1 \frac{1}{x}\,\mathrm{d}x$ 发散（因为 $\int_0^1 \frac{1}{x}\,\mathrm{d}x$ 发散）.

例 8.2.1 讨论瑕积分 $\int_a^b \frac{1}{(x-a)^p}\,\mathrm{d}x$ 的敛散性，其中 $p \in \mathbb{R}$ 是任意非零常数.

解 当 $p > 0$ 时，a 为 $\frac{1}{(x-a)^p}$ 的瑕点. 若 $p = 1$，则 $\int_a^b \frac{1}{x-a}\,\mathrm{d}x = \ln(b-a) - \lim_{\varepsilon \to 0^+} \ln(\varepsilon) = +\infty$；

当 $p \neq 1$ 时，由于 $\int_{a+\varepsilon}^b \frac{1}{(x-a)^p}\,\mathrm{d}x = \frac{(b-a)^{1-p}}{1-p} - \frac{\varepsilon^{1-p}}{1-p}$，故当 $p < 1$ 时，

$$\int_a^b \frac{1}{(x-a)^p}\,\mathrm{d}x = \lim_{\varepsilon \to 0^+} \int_{a+\varepsilon}^b \frac{1}{(x-a)^p}\,\mathrm{d}x = \frac{(b-a)^{1-p}}{1-p};$$

当 $p > 1$ 时，$\int_a^b \frac{1}{(x-a)^p}\,\mathrm{d}x = \lim_{\varepsilon \to 0^+} \int_{a+\varepsilon}^b \frac{1}{(x-a)^p}\,\mathrm{d}x = +\infty$.

综上，当 $p < 1$ 时，$\int_a^b \frac{1}{(x-a)^p}\,\mathrm{d}x$ 收敛；当 $p \geqslant 1$ 时，$\int_a^b \frac{1}{(x-a)^p}\,\mathrm{d}x$ 发散.

8.2.2 无穷积分与瑕积分的关系

无穷积分与瑕积分有着密切的关系，以 $[a,b]$ 的左端点 a 为 $f(x)$ 的唯一瑕点为例. 瑕积分 $\int_a^b f(x)\mathrm{d}x$ 收敛，则

$$\int_a^b f(x)\,\mathrm{d}x = \lim_{\varepsilon \to 0^+} \int_{a+\varepsilon}^b f(x)\,\mathrm{d}x \quad (\forall \varepsilon > 0,\ \varepsilon < b-a).$$

令 $x = a + \frac{1}{y}$，有 $\mathrm{d}x = -\frac{1}{y^2}\,\mathrm{d}y$，因此

$$\int_a^b f(x)\,\mathrm{d}x = \lim_{\varepsilon \to 0^+} \int_{a+\varepsilon}^b f(x)\,\mathrm{d}x = -\lim_{\varepsilon \to 0^+} \int_{\frac{1}{\varepsilon}}^{\frac{1}{b-a}} f\left(a + \frac{1}{y}\right)\frac{1}{y^2}\,\mathrm{d}y$$

$$= \lim_{\varepsilon \to 0^+} \int_{\frac{1}{b-a}}^{\frac{1}{\varepsilon}} \varphi(y)\,\mathrm{d}y = \int_{\frac{1}{b-a}}^{+\infty} \varphi(y)\,\mathrm{d}y,$$

其中 $\varphi(y) = f\left(a + \frac{1}{y}\right)\frac{1}{y^2}$.

由此可见，瑕积分经过适当的变量代换可变换为无穷积分，反之亦然，即它们可相互转化. 于是，关于无穷积分的性质及其敛散性判别法都可相应地转移到瑕积分上来. 下面我们不加证明地列出.

8.2.3 瑕积分敛散性判别法

定理 8.2.1（柯西收敛原理） 设 a 为 $f(x)$ 的唯一瑕点，则瑕积分 $\int_a^b f(x)\mathrm{d}x$ 收敛当且仅当对 $\forall \varepsilon > 0$，$\exists \delta > 0\ (<b-a)$，对 $\forall x_1, x_2 \in (a, a+\delta)$，有 $\left| \int_{x_1}^{x_2} f(x)\mathrm{d}x \right| < \varepsilon$.

定义 8.2.4 设 a 为函数 $f(x)$ 的唯一瑕点，若瑕积分 $\int_a^b |f(x)|\mathrm{d}x$ 收敛，称 $\int_a^b f(x)\mathrm{d}x$ 绝对收敛；若 $\int_a^b f(x)\mathrm{d}x$ 收敛但 $\int_a^b |f(x)|\mathrm{d}x$ 发散，称 $\int_a^b f(x)\mathrm{d}x$ 条件收敛.

定理 8.2.2 设 a 为 $f(x)$ 的唯一瑕点，若 $\int_a^b |f(x)|\mathrm{d}x$ 收敛，则 $\int_a^b f(x)\mathrm{d}x$ 收敛.

定理 8.2.3（比较判别法） 设 a 为 $f(x)$ 与 $g(x)$ 的唯一瑕点. 若对 $\forall x \in (a,b]$，有不等式 $|f(x)| \leqslant g(x)$ 成立，则当 $\int_a^b g(x)\mathrm{d}x$ 收敛时，有 $\int_a^b |f(x)|\mathrm{d}x$ 收敛；当 $\int_a^b |f(x)|\mathrm{d}x$ 发散时，有 $\int_a^b g(x)\mathrm{d}x$ 发散.

定理 8.2.4（比较判别法的极限形式） 设 a 为 $f(x)$ 与 $g(x)$ 的唯一瑕点. 若对 $\forall x \in (a,b]$，有 $g(x) > 0$，且 $\lim\limits_{x \to a^+} \dfrac{|f(x)|}{g(x)} = c$. 则

（i）当 $0 < c < +\infty$ 时，$\int_a^b |f(x)|\mathrm{d}x$ 与 $\int_a^b g(x)\mathrm{d}x$ 同收敛同发散；

（ii）当 $c = 0$ 时，若 $\int_a^b g(x)\mathrm{d}x$ 收敛，则 $\int_a^b |f(x)|\mathrm{d}x$ 收敛；

（iii）当 $c = +\infty$ 时，若 $\int_a^b g(x)\mathrm{d}x$ 发散，则 $\int_a^b |f(x)|\mathrm{d}x$ 发散.

定理 8.2.5（比阶判别法及其极限形式） 设 a 为 $f(x)$ 的唯一瑕点. 若 $\exists c \in (a,b]$ 使得对 $\forall x \in (a,c]$，有

（i）$|f(x)| \leqslant \dfrac{1}{(x-a)^p}\ (p < 1)$，则 $\int_a^b |f(x)|\mathrm{d}x$ 收敛；

（ii）$|f(x)| \geqslant \dfrac{1}{(x-a)^p}\ (p \geqslant 1)$，则 $\int_a^b |f(x)|\mathrm{d}x$ 发散；

（iii）若 $\lim\limits_{x \to a^+} (x-a)^p |f(x)| = l$，则

（a）当 $0 \leqslant l < +\infty$ 且 $p < 1$ 时，$\int_a^b |f(x)|\mathrm{d}x$ 收敛；

（b）当 $0 < l \leqslant +\infty$ 且 $p \geqslant 1$ 时，$\int_a^b |f(x)|\mathrm{d}x$ 发散.

以下两个定理是判别瑕积分条件收敛的判别法. 下面的结论以区间的右端点为函数的瑕点为例.

定理 8.2.6（狄利克雷判别法） 设 b 为 $f(x)$ 和 $g(x)$ 的唯一瑕点，若 $F(x) = \int_a^x f(y)\mathrm{d}y$ 在 $[a,b)$ 上有界，$g(x)$ 在 $[a,b)$ 上单调，且 $\lim\limits_{x \to b^-} g(x) = 0$，则瑕积分 $\int_a^b f(x)g(x)\mathrm{d}x$ 收敛.

定理 8.2.7（阿贝尔判别法） 设 b 为 $f(x)$ 的唯一瑕点，且瑕积分 $\int_a^b f(x)\mathrm{d}x$ 收敛，若 $g(x)$ 在 $[a,b)$ 上单调有界，则瑕积分 $\int_a^b f(x)g(x)\mathrm{d}x$ 收敛.

下面讨论在数学和物理中都很有用的伽玛函数与贝塔函数两个函数的定义域，有关它们的性质将在下册的含参积分部分介绍.

例 8.2.2 讨论伽玛函数 $\Gamma(\alpha) = \int_0^{+\infty} x^{\alpha-1}\mathrm{e}^{-x}\mathrm{d}x$ 的定义域.

解 当 $\alpha < 1$ 时，$x = 0$ 是被积函数的瑕点，因此将伽玛函数分为两部分：
$$\Gamma(\alpha) = \int_0^{+\infty} x^{\alpha-1}\mathrm{e}^{-x}\mathrm{d}x = \int_0^1 x^{\alpha-1}\mathrm{e}^{-x}\mathrm{d}x + \int_1^{+\infty} x^{\alpha-1}\mathrm{e}^{-x}\mathrm{d}x .$$

因为 $\lim\limits_{x \to 0^+} x^{1-\alpha} x^{\alpha-1}\mathrm{e}^{-x} = 1$，故当 $p = 1 - \alpha < 1$，即 $\alpha > 0$ 时，瑕积分 $\int_0^1 x^{\alpha-1}\mathrm{e}^{-x}\mathrm{d}x$ 收敛；对 $\forall \alpha \in \mathbb{R}$，有 $\lim\limits_{x \to +\infty} x^2 x^{\alpha-1}\mathrm{e}^{-x} = 0$，其中 $p = 2 > 1$，故无穷积分 $\int_1^{+\infty} x^{\alpha-1}\mathrm{e}^{-x}\mathrm{d}x$ 收敛，所以 $\Gamma(\alpha) = \int_0^{+\infty} x^{\alpha-1}\mathrm{e}^{-x}\mathrm{d}x$ 的定义域是 $(0, +\infty)$.

例 8.2.3 讨论贝塔函数 $\mathrm{B}(\alpha, \beta) = \int_0^1 x^{\alpha-1}(1-x)^{\beta-1}\mathrm{d}x$ 的定义域.

解 被积函数可能的瑕点为 $x = 0$，$x = 1$，将积分改写为
$$\mathrm{B}(\alpha, \beta) = \int_0^{\frac{1}{2}} x^{\alpha-1}(1-x)^{\beta-1}\mathrm{d}x + \int_{\frac{1}{2}}^1 x^{\alpha-1}(1-x)^{\beta-1}\mathrm{d}x .$$

当 $\alpha < 1$ 时，$x = 0$ 是被积函数的瑕点，因为 $\lim\limits_{x \to 0^+} x^{1-\alpha} x^{\alpha-1}(1-x)^{\beta-1} = 1$，故当 $p = 1 - \alpha < 1$，即 $\alpha > 0$ 时，由定理 8.2.5 知 $\int_0^{\frac{1}{2}} x^{\alpha-1}(1-x)^{\beta-1}\mathrm{d}x$ 收敛；当 $p = 1 - \alpha \geq 1$，即 $\alpha \leq 0$ 时，$\int_0^{\frac{1}{2}} x^{\alpha-1}(1-x)^{\beta-1}\mathrm{d}x$ 发散.

当 $\beta < 1$ 时，$x = 1$ 是被积函数的瑕点，使用同样的方法得到

当 $\beta > 0$ 时，$\int_{\frac{1}{2}}^1 x^{\alpha-1}(1-x)^{\beta-1}\mathrm{d}x$ 收敛；

当 $\beta \leq 0$ 时，$\int_{\frac{1}{2}}^1 x^{\alpha-1}(1-x)^{\beta-1}\mathrm{d}x$ 发散.

所以贝塔函数的定义域是 $\{(\alpha, \beta) \mid \alpha > 0, \ \beta > 0\}$.

例 8.2.4 证明 Euler 积分 $\int_0^{\frac{\pi}{2}} \ln(\sin x)\mathrm{d}x$ 收敛，并求其值.

解 由于 $\ln(\sin x) \leq 0$，故只需证明瑕积分 $\int_0^{\frac{\pi}{2}} |\ln(\sin x)|\mathrm{d}x$ 收敛. 当 $x \to 0$ 时，$\sin x \sim x$，进而 $\ln(\sin x) \sim \ln x$. 因为 $\lim\limits_{x \to 0} x^{\frac{1}{2}} \ln x = 0$，所以由比阶判别法知 $\int_0^{\frac{\pi}{2}} |\ln x|\mathrm{d}x$ 收敛，从而

$\int_0^{\frac{\pi}{2}} \left| \ln(\sin x) \right| \mathrm{d}x$ 收敛，故 $\int_0^{\frac{\pi}{2}} \ln(\sin x)\mathrm{d}x$ 收敛.

记 $I = \int_0^{\frac{\pi}{2}} \ln(\sin x)\mathrm{d}x$. 令 $x = 2t$ ，则

$$I = \int_0^{\frac{\pi}{2}} \ln(\sin x)\mathrm{d}x = 2\int_0^{\frac{\pi}{4}} \ln(\sin 2t)\mathrm{d}t = \frac{\pi}{2}\ln 2 + 2\int_0^{\frac{\pi}{4}} \ln(\sin t)\mathrm{d}t + 2\int_0^{\frac{\pi}{4}} \ln(\cos t)\mathrm{d}t ,$$

令 $u = \frac{\pi}{2} - t$ ，则 $\int_0^{\frac{\pi}{4}} \ln(\cos t)\mathrm{d}t = \int_{\frac{\pi}{4}}^{\frac{\pi}{2}} \ln(\sin t)\mathrm{d}t$ ，故

$$I = \int_0^{\frac{\pi}{2}} \ln(\sin x)\mathrm{d}x = \frac{\pi}{2}\ln 2 + 2\int_0^{\frac{\pi}{2}} \ln(\sin t)\mathrm{d}t ,$$

所以 $I = -\frac{\pi}{2}\ln 2$.

例 8.2.5 讨论广义积分 $\int_0^{+\infty} \frac{\ln(1+x)}{x^m} \mathrm{d}x$ 的敛散性.

解 当 $m > 0$ 时， $x = 0$ 可能是被积函数的瑕点，因此原积分可分为两部分：

$$\int_0^{+\infty} \frac{\ln(1+x)}{x^m} \mathrm{d}x = \int_0^1 \frac{\ln(1+x)}{x^m} \mathrm{d}x + \int_1^{+\infty} \frac{\ln(1+x)}{x^m} \mathrm{d}x .$$

因为

$$\lim_{x \to 0^+} \frac{\ln(1+x)}{x^m} = \lim_{x \to 0^+} x^{1-m} = \begin{cases} 1, & m = 1; \\ 0, & 0 < m < 1; \\ +\infty, & m > 1, \end{cases}$$

故当 $m > 1$ 时， $x = 0$ 是被积函数的瑕点，而

$$\frac{\ln(1+x)}{x^m} = \frac{1}{x^{m-1}} \cdot \frac{\ln(1+x)}{x} \sim \frac{1}{x^{m-1}} \quad (x \to 0^+) ,$$

所以当 $m < 2$ 时，瑕积分 $\int_0^1 \frac{\ln(1+x)}{x^m} \mathrm{d}x$ 收敛；当 $m \geqslant 2$ 时， $\int_0^1 \frac{\ln(1+x)}{x^m} \mathrm{d}x$ 发散.

对无穷积分 $\int_1^{+\infty} \frac{\ln(1+x)}{x^m} \mathrm{d}x$ ，当 $m > 1$ 时，取 $\delta > 0$ 使得 $m = 1 + \delta$ ，因为

$$\lim_{x \to +\infty} x^{1+\frac{\delta}{2}} \frac{\ln(1+x)}{x^{1+\delta}} = \lim_{x \to +\infty} \frac{\ln(1+x)}{x^{\frac{\delta}{2}}} = 0 ,$$

所以 $\int_1^{+\infty} \frac{\ln(1+x)}{x^m} \mathrm{d}x$ 收敛；当 $m \leqslant 1$ 时，因为 $\lim_{x \to +\infty} x \frac{\ln(1+x)}{x^m} = \lim_{x \to +\infty} \frac{\ln(1+x)}{x^{m-1}} = +\infty$ ，故

$\int_1^{+\infty} \frac{\ln(1+x)}{x^m} \mathrm{d}x$ 发散.

所以，当 $1 < m < 2$ 时广义积分收敛，其他情况广义积分发散.

例 8.2.6 判断瑕积分 $\int_0^1 \ln^2 x\mathrm{d}x$ 的敛散性.

解 1 对 $\forall \delta > 0$ （ $\delta < 1$ ），因为

$$\lim_{x \to 0^+} x^{1-\delta} \ln^2 x = \lim_{x \to 0^+} \frac{\ln^2 x}{x^{\delta-1}} = \frac{2}{\delta-1} \lim_{x \to 0^+} \frac{\ln x}{x^{\delta-1}} = \frac{2}{(\delta-1)^2} \lim_{x \to 0^+} x^{1-\delta} = 0 ,$$

且 $p = 1 - \delta < 1$，所以 $\int_0^1 \ln^2 x \mathrm{d}x$ 收敛.

解 2　对 $\forall \varepsilon \in (0,1)$，$\int_\varepsilon^1 \ln^2 x \mathrm{d}x = -\varepsilon \ln^2 \varepsilon + 2\varepsilon \ln \varepsilon + 2(1-\varepsilon) \to 2 \ (\varepsilon \to 0^+)$，故 $\int_0^1 \ln^2 x \mathrm{d}x$ 收敛.

例 8.2.7　判断广义积分 $\int_1^{+\infty} \dfrac{1}{\ln x} \mathrm{d}x$ 的敛散性.

解　$\int_1^{+\infty} \dfrac{1}{\ln x} \mathrm{d}x = \int_1^2 \dfrac{1}{\ln x} \mathrm{d}x + \int_2^{+\infty} \dfrac{1}{\ln x} \mathrm{d}x$，对瑕积分 $\int_1^2 \dfrac{1}{\ln x} \mathrm{d}x$，因为 $\lim\limits_{x \to 1^+} (x-1) \dfrac{1}{\ln x} = 1$，所以该瑕积分发散. 对无穷积分 $\int_2^{+\infty} \dfrac{1}{\ln x} \mathrm{d}x$，对 $\forall \delta \in (0,1)$，因为 $\lim\limits_{x \to +\infty} x^{1-\delta} \dfrac{1}{\ln x} = +\infty$，故无穷积分发散，所以广义积分 $\int_1^{+\infty} \dfrac{1}{\ln x} \mathrm{d}x$ 发散.

注　无穷积分与瑕积分相加，只有二者都收敛时，该广义积分才收敛.

例 8.2.8　讨论广义积分 $\int_0^{+\infty} \dfrac{\sin^2 x}{x^m} \mathrm{d}x$ 的敛散性.

解　当 $m > 0$ 时，0 可能成为被积函数的瑕点，因此将其分为两部分：
$$\int_0^{+\infty} \frac{\sin^2 x}{x^m} \mathrm{d}x = \int_0^1 \frac{\sin^2 x}{x^m} \mathrm{d}x + \int_1^{+\infty} \frac{\sin^2 x}{x^m} \mathrm{d}x.$$
记 $I_1 = \int_0^1 \dfrac{\sin^2 x}{x^m} \mathrm{d}x$，$I_2 = \int_1^{+\infty} \dfrac{\sin^2 x}{x^m} \mathrm{d}x$. 令 $f(x) = \dfrac{\sin^2 x}{x^m}$，$\forall x \in (0, +\infty)$.

对 I_1，因为
$$\lim_{x \to 0^+} \frac{\sin^2 x}{x^m} = \lim_{x \to 0^+} x^{2-m} = \begin{cases} 1, & m = 2; \\ 0, & m < 2; \\ +\infty, & m > 2, \end{cases}$$

故当 $m > 2$ 时，I_1 为瑕积分. 因为 $\lim\limits_{x \to 0^+} x^{m-2} f(x) = \lim\limits_{x \to 0^+} x^{m-2} \dfrac{\sin^2 x}{x^m} = 1$，所以当 $m < 3$ 时 I_1 收敛，当 $m \geqslant 3$ 时 I_1 发散. 对无穷积分 I_2，当 $m > 1$ 时，因为 $\dfrac{\sin^2 x}{x^m} \leqslant \dfrac{1}{x^m}$，故 I_2 收敛；当 $0 < m \leqslant 1$ 时，
$$\int_1^{+\infty} \frac{\sin^2 x}{x^m} \mathrm{d}x = \int_1^{+\infty} \frac{1 - \cos 2x}{2x^m} \mathrm{d}x = \int_1^{+\infty} \frac{1}{2x^m} \mathrm{d}x - \int_1^{+\infty} \frac{\cos 2x}{2x^m} \mathrm{d}x,$$
其中 $\int_1^{+\infty} \dfrac{1}{2x^m} \mathrm{d}x$ 发散，$\int_1^{+\infty} \dfrac{\cos 2x}{2x^m} \mathrm{d}x$ 收敛，故此情形无穷积分 I_2 发散；当 $m \leqslant 0$ 时，因为 $\dfrac{\sin^2 x}{x^m} \geqslant \sin^2 x$（$x \geqslant 1$），而 $\int_1^{+\infty} \sin^2 x \mathrm{d}x = \int_1^{+\infty} \dfrac{1 - \cos 2x}{2} \mathrm{d}x$ 发散，故此情形 I_2 发散.

综合 I_1 和 I_2，当 $1 < m < 3$ 时原广义积分收敛，其他情形下原广义积分发散.

例 8.2.9　判断广义积分 $\int_0^{+\infty} \dfrac{1}{x^p} \sin \dfrac{1}{x} \mathrm{d}x$ 的敛散性，并指出是条件收敛还是绝对收敛.

解　令 $\dfrac{1}{x} = t$. 则 $\int_0^{+\infty} \dfrac{1}{x^p} \sin \dfrac{1}{x} \mathrm{d}x = \int_0^{+\infty} \dfrac{\sin t}{t^{2-p}} \mathrm{d}t = \int_0^1 \dfrac{\sin t}{t^{2-p}} \mathrm{d}t + \int_1^{+\infty} \dfrac{\sin t}{t^{2-p}} \mathrm{d}t$.

由于 $\dfrac{\sin t}{t^{2-p}} \sim \dfrac{1}{t^{1-p}}$ $(t \to 0^+)$，故 $p > 0$ 时瑕积分 $\displaystyle\int_0^1 \dfrac{\sin t}{t^{2-p}}\mathrm{d}t$ 绝对收敛；由例 8.1.8 知，当

$0 < p < 1$ 时，无穷积分 $\displaystyle\int_1^{+\infty} \dfrac{\sin t}{t^{2-p}}\mathrm{d}t$ 绝对收敛；当 $1 \leqslant p < 2$ 时，无穷积分 $\displaystyle\int_1^{+\infty} \dfrac{\sin t}{t^{2-p}}\mathrm{d}t$ 条件收敛.

当 $p \geqslant 2$ 时，无穷积分 $\displaystyle\int_1^{+\infty} \dfrac{\sin t}{t^{2-p}}\mathrm{d}t$ 发散.

综上，$0 < p < 1$ 时，原广义积分绝对收敛；$1 \leqslant p < 2$ 时，原广义积分条件收敛；$p \geqslant 2$ 时，原广义积分发散.

习题 8.2

1. 判断下列广义积分的敛散性.

(1) $\displaystyle\int_0^{\frac{\pi}{2}} \cos x \ln(\tan x)\mathrm{d}x$；

(2) $\displaystyle\int_0^1 \left|\ln x\right|^p \mathrm{d}x$；

(3) $\displaystyle\int_0^1 \dfrac{1}{\sqrt[3]{x(\mathrm{e}^x - \mathrm{e}^{-x})}}\mathrm{d}x$；

(4) $\displaystyle\int_0^{\frac{\pi}{2}} \dfrac{1}{\sqrt{1-\sin\theta}}\mathrm{d}x$；

(5) $\displaystyle\int_0^{\frac{\pi}{2}} \dfrac{1}{\sin^p x \cos^q x}\mathrm{d}x$；

(6) $\displaystyle\int_0^1 \dfrac{\ln x}{\sqrt{x(1-x)^2}}\mathrm{d}x$；

(7) $\displaystyle\int_1^{+\infty} \dfrac{1}{x\sqrt{x^2-1}}\mathrm{d}x$；

(8) $\displaystyle\int_0^{+\infty} \dfrac{\ln x}{x^2}\mathrm{d}x$；

(9) $\displaystyle\int_0^1 \dfrac{x^p \arctan x}{2 + x^q}\mathrm{d}x$；

(10) $\displaystyle\int_0^1 \dfrac{x^\alpha}{1 + x^\beta}\mathrm{d}x,\ \beta > 0$.

2. 计算下列积分的值.

(1) $\displaystyle\int_0^{\frac{\pi}{2}} \dfrac{x}{\tan x}\mathrm{d}x$；

(2) $\displaystyle\int_0^1 \dfrac{\arcsin x}{x}\mathrm{d}x$；

(3) $\displaystyle\int_0^{\pi} \dfrac{x \sin x}{1 - \cos x}\mathrm{d}x$；

(4) $\displaystyle\int_a^b \dfrac{\mathrm{d}x}{\sqrt{(x-a)(b-x)}},\ b > a$；

(5) $\displaystyle\int_0^{+\infty} \dfrac{\ln x}{1 + x^2}\mathrm{d}x$；

(6) $\displaystyle\int_0^{+\infty} \dfrac{x \ln x}{(1+x^2)^2}\mathrm{d}x$.

3. 设 $\lambda > 0$. 证明：瑕积分 $\displaystyle\int_0^1 \dfrac{\mathrm{d}x}{\left[x(1-\cos x)\right]^\lambda}$，当 $\lambda < \dfrac{1}{3}$ 时收敛，当 $\lambda \geqslant \dfrac{1}{3}$ 时发散.

4. 判断广义积分 $\displaystyle\int_0^{+\infty} x^p \sin(x^q)\mathrm{d}x$（$q > 0$）的绝对收敛与条件收敛性.

5. 证明：若瑕积分 $\displaystyle\int_0^1 f(x)\mathrm{d}x$ 收敛，且当 $x \to 0^+$ 时，函数 $f(x)$ 单调趋向于 $+\infty$，则 $\displaystyle\lim_{x\to 0^+} xf(x) = 0$.

6. 一热电子 e 从原点处的阴极发出，射向 $x = b$ 的板极，已知飞行速度与飞过距离的平方根成正比，即 $\dfrac{\mathrm{d}x}{\mathrm{d}t} = k\sqrt{x}$，其中 k 是常数. 求热电子从阴极到板极的飞行时间.

第 9 章　常微分方程

　　微分方程是伴随着微积分和牛顿力学的成长而发展起来的一门数学分支，是研究函数变量之间的一门学科，也是建立数学模型的重要手段之一．笛卡儿（Descartes）在 400 多年前宣言"在我这里一切问题都可以归结为数学问题"，而很多数学问题最终归结为解方程问题．

　　常微分方程已有悠久的历史，而且继续保持着进一步发展的活力，究其原因是它的根源深扎在各种重要的实际问题之中．牛顿的运动定律和万有引力定律应用到质点与有限个质点系上就是一组常微分方程．牛顿利用他创立的牛顿第二运动定律和万有引力定律研究行星运动规律，通过求解一组常微分方程，在理论上证明了开普勒从海量天文观测数据总结出来的行星运动三大定律．法国天文学家勒维列（Le Verrier）和英国天文学家亚当斯（Adams）通过对已有的天王星轨道数据的分析，计算出另一个行星的大致位置，1846 年 9 月 23—24 日，德国天文学家伽勒（Galle）根据勒维列预测的位置发现了海王星，这是第一次通过计算发现了肉眼看不到的天体．利用牛顿定律，欧拉给出了刚体运动的常微分方程．此外，欧拉还给出了无黏流体运动方程（偏微分方程）．可以说，在经典力学、近代物理和现代物理领域，包括电磁学、量子力学和相对论，对物质世界本质的认识就是发现基本原理，而物理学的基本原理都是由微分方程描述的（一般来说都是偏微分方程）．

　　19 世纪早期，柯西发明的 $\varepsilon - \delta$ 语言给微积分学注入了严格性的要素．1868 年，李普希兹给出了常微分方程解的存在性和唯一性定理．到 19 世纪末期，庞加莱（Poincaré）和李雅普诺夫（Lyapunov）创立了常微分方程的定性理论．常微分方程这门学科还在不断发展与完善中，尤其是近 50 年来，微分方程越来越多地出现在生物学、经济学及社会科学等许多领域．

　　我们知道，函数是客观事物的内部联系在数量方面的反映，利用函数关系可以对客观事物的规律性进行研究．在许多问题中，往往不能直接找出所需的函数关系，但是可以根据实际背景与各种客观规律建立起关于未知函数及其导数的一个关系式，即微分方程．研究微分方程就可以求出这个函数，从而获得它的各方面的有用信息．本章主要介绍几类常用的常微分方程的解法．

9.1　常微分方程的概念

　　许多自然规律可以表述成函数及其导数的关系式，下面我们通过实例引出微分方程的概念．

9.1.1　引例

　　例 9.1.1（自由落体运动）　设质量为 m 的物体自由下落．实验表明，如果物体几何

尺寸 D 不是很大，下落速度 v 不是很快（雷诺数 $\text{Re} = \dfrac{Dv}{\vartheta} < 100$，其中 $\vartheta = 1.5 \times 10^{-5} \ \text{m}^2/\text{s}$ 为空气黏性系数），则物体在下落过程中受到的空气阻力与物体下落的速度成正比，因此作用在该物体上的力是 $F = mg - kv$，由牛顿第二运动定律，$F = ma$ 或 $F = m\dfrac{\text{d}v}{\text{d}t} = m\dfrac{\text{d}^2 s}{\text{d}t^2}$，得到物体运动速度与导数的关系式 $m\dfrac{\text{d}v}{\text{d}t} + kv = mg$，或者物体下落距离 s 与其一阶、二阶导数的关系式 $m\dfrac{\text{d}^2 s}{\text{d}t^2} + k\dfrac{\text{d}s}{\text{d}t} = mg$，其中待求的 $s(t)$，$v(t)$ 是时间 t 的函数，其余都是常数.

例 9.1.2（探照灯反光镜面的生成模型） 物理学知识告诉我们，凹面镜有聚光作用. 如果把光源放在凹面镜的焦点上，可使光源发出的光线经凹面镜反射后形成一束平行光射出去，我们生活中见到的探照灯、汽车的前灯和手电筒就是根据这个原理制造的. 反光镜面是一张旋转曲面，它的形状由 Oxy 坐标面上位于 x 轴上方的一条曲线 L 绕 x 轴旋转而成. 为分析反光镜面的形状，现考虑生成此反光镜面的曲线 L 的方程.

解 如图 9-1-1 所示，取光源为坐标原点 O，光轴为 x 轴，建立直角坐标系. 设生成反光镜面的曲线方程为 $y = f(x)$，则曲线上任意一点 $P(x, y)$ 处的切线方程 $Y - y = y'(X - x)$，故点 A 的坐标为 $A\left(x - \dfrac{y}{y'}, 0\right)$. 由光线的反射定律可知，$\angle OAP = \angle OPA$，所以 $|OA| = |OP|$，故

$$\frac{y}{y'} - x = \sqrt{x^2 + y^2} \ \text{或} \ y' = \frac{y}{x + \sqrt{x^2 + y^2}},$$

图 9-1-1

这即是 $y = f(x)$ 与其导数 y' 所满足的关系式，即反光镜面模型.

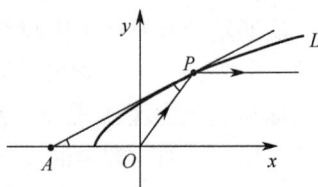

例 9.1.3（放射性物质衰变的规律） 在每一时刻 t，放射性物质衰变的速率 $-\dfrac{\text{d}m(t)}{\text{d}t}$ 与其尚存的质量 $m(t)$ 成正比，因此剩余质量 $m = m(t)$ 与其衰变速率满足关系 $\dfrac{\text{d}m}{\text{d}t} = -km$.

例 9.1.4 在地球上以初始速度 v_0 垂直向上射出一物体，设地球引力与物体到地心的距离的平方成反比（不计空气阻力，地球半径 $R = 6370\text{km}$），求物体能达到的高度随时间变化的关系.

解 取地球表面的物体为坐标原点，连接地心与物体的直线为 s 轴，其方向竖直向上，建立直角坐标系. 设时刻 t 物体的坐标为 $s = s(t)$，则有初始条件 $s(0) = 0$ 且 $s'(0) = v_0$. 设物体在离地面高 s 处所受的引力为 F，则 $F = -\dfrac{k}{(R + s)^2}$. 由于当 $s(0) = 0$ 时，$F = -mg$，因此 $k = mgR^2$，从而 $F = -\dfrac{mgR^2}{(R + s)^2}$. 由牛顿第二运动定律可知，

$$-\frac{mgR^2}{(R + s)^2} = m\frac{\text{d}^2 s}{\text{d}t^2},$$

故 $\dfrac{\text{d}^2 s}{\text{d}t^2} = -\dfrac{gR^2}{(R + s)^2}$，且满足 $s(0) = 0$，$s'(0) = v_0$.

9.1.2　常微分方程的概念

以上几个例子中的关系式都含有未知函数和未知函数的导数,我们把这样的关系式称为**微分方程**. 在微分方程中,如果涉及的函数都是一元函数,则称为**常微分方程**. 一般地,有

定义 9.1.1　设 $y(x)$ 是在区间 I 上有定义的未知函数,则称含有 $y = y(x)$ 及其各阶导数的方程

$$F(x, y(x), y'(x), y''(x), \cdots, y^{(n)}(x)) = 0 \tag{9.1.1}$$

为常微分方程,其中 $F(x, y(x), y'(x), y''(x), \cdots, y^{(n)}(x))$ 是 $x, y, y', y'', \cdots, y^{(n)}$ 的已知函数. 若方程中导数的最高阶数为 n,则称为 n 阶常微分方程.

定义 9.1.2　若微分方程中未知函数 y 及其各阶导数都是以一次方幂的形式出现的,则称为线性常微分方程,即对 $\forall \alpha, \beta \in \mathbb{R}$, $\forall \varphi(x), \psi(x) \in C^n(\mathbb{R})$, $y(x) = \alpha\varphi(x) + \beta\psi(x)$,有

$$F(x, y(x), y'(x), y''(x), \cdots, y^{(n)}(x)) = \alpha F(x, \varphi(x), \varphi'(x), \varphi''(x), \cdots, \varphi^{(n)}(x)) +$$
$$\beta F(x, \psi(x), \psi'(x), \psi''(x), \cdots, \psi^{(n)}(x))$$

否则称为非线性常微分方程.

n 阶线性常微分方程的一般形式

$$y^{(n)} + a_1(x)y^{(n-1)} + a_2(x)y^{(n-2)} + \cdots + a_n(x)y = f(x),$$

其中 $f(x)$ 称为自由项, $a_1(x), a_2(x), \cdots, a_n(x)$ 和 $f(x)$ 都是 x 的已知函数. 当 $f(x) \equiv 0$ 时,该方程称为 n **阶齐次线性常微分方程**,否则称为 n **阶非齐次线性常微分方程**.

9.1.3　常微分方程的解

定义 9.1.3　若存在区间 I 上的 n 阶可微函数 $y = y(x)$ 满足常微分方程(9.1.1),则称 $y = y(x)$ 是该微分方程在区间 I 上的一个(显式)解. 如果常微分方程(9.1.1)的解 $y = y(x)$ 由关系式 $\varphi(x, y) = 0$ 确定,则称 $\varphi(x, y) = 0$ 为常微分方程(9.1.1)的隐式解.

以后,我们不再区分方程的显式解和隐式解,统称为方程的解.

例 9.1.5　求解微分方程 $y' + x = 0$.

解　$y = -\dfrac{1}{2}x^2 + c_1$,其中 c_1 是任意的常数.

例 9.1.6　求解微分方程 $y'' + x = 0$.

解　$y' = -\dfrac{1}{2}x^2 + c_1$, $y = -\dfrac{1}{6}x^3 + c_1 x + c_2$,其中 c_1, c_2 是任意的常数.

例 9.1.7　可验证 $y = \sin x$, $y = \cos x$ 是方程 $y'' + y = 0$ 的解,且对任意的常数 c_1, c_2, $y = c_1 \cos x + c_2 \sin x$ 都是方程的解.

如果一个常微分方程的通解能够用自变量的初等函数、初等函数的积分及初等函数的级数等形式表示出来,则称为是**可积的**. 但不是任何微分方程的解都能用不定积分求出,绝大部分的微分方程是**不可积的**. 经典力学中不可积系统的典型例子是天体力学中的三体

问题，以及一般的重刚体定点运动问题.

一般来说，n 阶微分方程含有 n 个独立常数，把含有 n 个独立常数的解称为该方程的**一般解**或**通解**. 粗略地说，通解是微分方程所有解的共同表达式. 微分方程的通解包含任意常数，如果要完全确定地反映某一客观事物的规律性，就需要确定这些常数值，也就需要对方程附加某种定解条件，从而得到微分方程满足某个特定条件的解，即微分方程的**特解**. 例如，求微分方程 $y' = f(x, y)$ 满足初值条件 $y(x_0) = y_0$ 的那个解，这样的问题称为**微分方程的初值问题**（或柯西问题）.

更一般地，n 阶常微分方程的初值问题：

$$\begin{cases} F(x, y, y', y'', \cdots, y^{(n)}) = 0, \\ y^{(k)}(x_0) = y_k, \quad k = 0, 1, \cdots, n-1. \end{cases}$$

微分方程的解 $y = y(x)$ 的图形是平面上的一条曲线，称为该微分方程的一条**积分曲线**. 一阶微分方程的初值问题 $\begin{cases} y' = f(x, y), \\ y(x_0) = y_0 \end{cases}$ 的几何意义，是求微分方程 $y' = f(x, y)$ 通过点 (x_0, y_0) 的那条积分曲线；二阶微分方程的初值问题 $\begin{cases} y'' = f(x, y, y'), \\ y(x_0) = y_0, \\ y'(x_0) = y_1 \end{cases}$ 的几何意义是求微分方程 $y'' = f(x, y, y')$ 通过 (x_0, y_0) 且在该点的切线斜率为 y_1 的那条积分曲线.

例 9.1.8 求曲线族 $y = x^2 + c$ 中与直线 $y = -3x + 1$ 正交的曲线.

解 曲线族 $y = x^2 + c$ 满足的微分方程 $y' = 2x$. 与直线 $y = -3x + 1$ 正交的曲线在正交点处的切线斜率满足 $2x = \dfrac{1}{3}$，即 $x = \dfrac{1}{6}$，求得正交点坐标 $\left(\dfrac{1}{6}, \dfrac{1}{2} \right)$，代入 $y = x^2 + c$，解得 $c = \dfrac{17}{36}$，因此所求曲线为 $y = x^2 + \dfrac{17}{36}$.

例 9.1.9 已知 $y = c_1 \cos x + c_2 \sin x$ 是微分方程 $y'' + y = 0$ 的通解，求满足初值条件

$$y\left(\frac{\pi}{2} \right) = A, \quad y'\left(\frac{\pi}{2} \right) = 0$$

的微分方程 $y'' + y = 0$ 的特解.

解 将条件 $y\left(\dfrac{\pi}{2} \right) = A, \ y'\left(\dfrac{\pi}{2} \right) = 0$ 代入方程的通解表达式 $y = c_1 \cos x + c_2 \sin x$ 中，求得 $c_2 = A, \ c_1 = 0$. 故微分方程 $y'' + y = 0$ 的特解是 $y = A \sin x$.

习题 9.1

1. 指出下列常微分方程的阶，并指出哪些是线性常微分方程.

(1) $x^2 y'' + x y' + 2y = \sin x$；

(2) $y'y - 3(y')^2 = 0$；

(3) $(1 + y^2) y'' + x y' = \mathrm{e}^x$；

(4) $(x + y)\mathrm{d}x + x\mathrm{d}y = 0$；

(5) $y^{(4)} - 4y'' + 4y = \tan x$；

(6) $\dfrac{\mathrm{d}y}{\mathrm{d}x} = \sin(x + y)$；

（7）$y' - \dfrac{x}{1-x^2}y = x$；

（8）$2xy\mathrm{d}y - (x^2 + y^2)\mathrm{d}x = 0$；

（9）$\dfrac{\mathrm{d}y}{\mathrm{d}x} = y^2 + x^5$；

（10）$\dfrac{\mathrm{d}^4 y}{\mathrm{d}x^4} - 2x^2\dfrac{\mathrm{d}^3 y}{\mathrm{d}x^3} + x^3\dfrac{\mathrm{d}^2 y}{\mathrm{d}x^2} = 0$．

2．设 $y_1(x), y_2(x)$ 分别是线性常微分方程

$$y'' + a_1(x)y' + a_2(x)y = f(x)$$

与 $y'' + a_1(x)y' + a_2(x)y = g(x)$ 的解，证明：$k_1 y_1(x) + k_2 y_2(x)$ 是方程

$$y'' + a_1(x)y' + a_2(x)y = k_1 f(x) + k_2 g(x)$$

的解．

3．判断下列函数是否为所给微分方程的解．

（1）$(x+y)\mathrm{d}x + x\mathrm{d}y = 0$，$y = \dfrac{C - x^2}{2x}$（$C$ 为任意常数）．

（2）$x^2 y'' - 2xy' + 2y = 0$，$y = x^2 + x$．

（3）$y' - 2xy = 1$，$y = \mathrm{e}^{x^2}\left(1 + \displaystyle\int_0^x \mathrm{e}^{-t^2}\mathrm{d}t\right)$．

（4）$y'' + \omega^2 y = \mathrm{e}^{-x}$，$y = C_1\cos\omega x + C_2\sin\omega x + \dfrac{1}{1+\omega^2}\mathrm{e}^{-x}$（$C_1, C_2$ 为任意常数）．

（5）$(x - y + 1)y' = 1$，$y - x = C\mathrm{e}^y$（C 为任意常数）．

（6）$y'' = y(y')^2$，$\displaystyle\int_0^y \mathrm{e}^{-\frac{t^2}{2}}\mathrm{d}t + x = 1$．

4．确定常数 k 的值，使下列方程具有相应的特解．

（1）$y' + 2y = 0$，$y = \mathrm{e}^{kx}$．

（2）$y'' - 3y' - 4y = 0$，$y = \mathrm{e}^{kx}$．

（3）$x^2 y'' + 4xy' - 10y = 0$，$y = x^k$．

（4）$x^2 y'' - 4xy' + 4y = 0$，$y = x^k$．

5．求与抛物线族 $y = cx^2$ 正交的曲线族．

9.2　一阶常微分方程的初等解法

本节我们讨论一阶常微分方程 $\dfrac{\mathrm{d}y}{\mathrm{d}x} = f(x, y)$ 的一些初等解法．

9.2.1　可分离变量的微分方程

如果变量 x, y 能分离在等式的两边，即一个微分方程能写成形如 $g(y)\mathrm{d}y = f(x)\mathrm{d}x$ 的形式，称原微分方程为**可分离变量的方程**．对可分离变量的微分方程，等式两端积分，即得 $\displaystyle\int g(y)\mathrm{d}y = \int f(x)\mathrm{d}x$．这种求解微分方程的方法，称为**分离变量法**．

　　例 9.2.1　求解微分方程 $\dfrac{\mathrm{d}y}{\mathrm{d}x} = \dfrac{x(y-1)}{(1+x^2)y}$ $(y > 1)$.

解 该方程是可分离变量的，分离变量后化为 $\left(1+\dfrac{1}{y-1}\right)\mathrm{d}y=\dfrac{x\mathrm{d}x}{1+x^2}$. 等式两边积分，得到

$y+\ln|y-1|=\dfrac{1}{2}\ln(1+x^2)+C_1$. 两边取指数得到 $\mathrm{e}^y(y-1)=C\sqrt{1+x^2}$， 其中 $C=\pm\mathrm{e}^{C_1}\neq 0$.

例 9.2.2 求解微分方程 $x\sqrt{1+y^2}+y\sqrt{1+x^2}\,\dfrac{\mathrm{d}y}{\mathrm{d}x}=0$.

解 将方程化为 $\dfrac{y\mathrm{d}y}{\sqrt{1+y^2}}+\dfrac{x\mathrm{d}x}{\sqrt{1+x^2}}=0$. 积分得到方程的通解

$$\sqrt{1+x^2}+\sqrt{1+y^2}=C \ \ (C>2).$$

注意，有时方程的解被表示成隐函数的形式，如前两个例子.

例 9.2.3 设 $f(x)$ 在区间 I 上可导且导数大于零. 若对 $\forall x_0\in I$，曲线 $y=f(x)$ 在 $(x_0,f(x_0))$ 的切线与直线 $x=x_0$ 及 x 轴所围成的区域面积恒为 4，且 $f(0)=2$. 求 $f(x)$ 的表达式.

解 曲线 $y=f(x)$ 在 $(x_0,f(x_0))$ 的切线方程 $y-f(x_0)=f'(x_0)(x-x_0)$，解得切线与 x 轴交点的横坐标 $x_1=x_0-\dfrac{f(x_0)}{f'(x_0)}$，因为 $\dfrac{1}{2}(x_0-x_1)f(x_0)=4$，故 $\dfrac{(f(x_0))^2}{8}=f'(x_0)$，所以 $f(x)$ 是微分方程初值问题 $\begin{cases} y'=\dfrac{1}{8}y^2, \\ y(0)=2 \end{cases}$ 的解，由 $\dfrac{\mathrm{d}y}{y^2}=\dfrac{1}{8}\mathrm{d}x$ 解得

$$\frac{1}{f(x)}-\frac{1}{f(0)}=-\frac{x}{8},$$

从而 $f(x)=\dfrac{8}{4-x}$.

例 9.2.4 放射性元素铀由于不断地由原子放射出微粒子而变成其他元素，铀的含量会不断减少，这种现象称为衰变. 由原子物理学知，铀的衰变速度与当时未衰变的铀原子的含量 M 成正比. 已知 $t=0$ 时铀原子的含量为 M_0，求在衰变过程中铀原子的含量 $M(t)$ 随时间 t 变化的规律.

解 铀的衰变速度是 $M(t)$ 对时间 t 的导数 $\dfrac{\mathrm{d}M}{\mathrm{d}t}$. 由于铀的衰变速度与当时未衰变的铀原子的含量成正比，因此在衰变过程中铀原子含量 $M(t)$ 满足微分方程

$$\frac{\mathrm{d}M}{\mathrm{d}t}=-\lambda M，\tag{9.2.1}$$

其中 $\lambda>0$ 是常数，称为衰变系数. 上述方程中的负号是因为随着时间 t 的延长，$M(t)$ 在减小，即 $\dfrac{\mathrm{d}M}{\mathrm{d}t}<0$. 由题意，式（9.2.1）满足初值条件 $M\big|_{t=0}=M_0$. 将式（9.2.1）分离变量，得 $\dfrac{\mathrm{d}M}{M}=-\lambda\mathrm{d}t$，两边求不定积分得 $M=c\mathrm{e}^{-\lambda t}$，将初值条件 $M\big|_{t=0}=M_0$ 代入，解得 $c=M_0$，从而 $M=M_0\mathrm{e}^{-\lambda t}$ 即为所求铀原子的衰变规律.

9.2.2　齐次方程

形如 $\dfrac{\mathrm{d}y}{\mathrm{d}x} = g\left(\dfrac{y}{x}\right)$ 的微分方程称为**齐次方程**.

齐次方程, 通过做变量代换, 可化为变量分离方程. 令 $u = \dfrac{y}{x}$, 则 $y = xu(x)$, 且 $\dfrac{\mathrm{d}y}{\mathrm{d}x} = u + x\dfrac{\mathrm{d}u}{\mathrm{d}x}$, 于是原方程化为 $u + x\dfrac{\mathrm{d}u}{\mathrm{d}x} = g(u)$. 当 $g(u) \neq u$ 时, 分离变量并积分得

$$\int \frac{\mathrm{d}u}{g(u) - u} = \int \frac{\mathrm{d}x}{x} ,$$

解出 $u(x)$, 从而得到 $y = xu$. 如果 $g(u) = u$, 则方程 $u + x\dfrac{\mathrm{d}u}{\mathrm{d}x} = g(u)$ 知 u 是常数, 此时也包含在结论 $y = xu$ 中.

例 9.2.5　求微分方程 $\dfrac{\mathrm{d}y}{\mathrm{d}x} = \dfrac{y}{x} + \tan\dfrac{y}{x}$, $y(1) = \dfrac{\pi}{2}$ 的解.

解　令 $u = \dfrac{y}{x}$, 则 $\dfrac{\mathrm{d}y}{\mathrm{d}x} = u + x\dfrac{\mathrm{d}u}{\mathrm{d}x}$. 于是原方程变为关于未知函数 u 的微分方程

$$u + x\frac{\mathrm{d}u}{\mathrm{d}x} = u + \tan u ,$$

进一步化简为 $x\dfrac{\mathrm{d}u}{\mathrm{d}x} = \tan u$. 当 $\sin u \neq 0$ 时, 分离变量得

$$\frac{\cos u}{\sin u}\mathrm{d}u = \frac{\mathrm{d}x}{x} ,$$

两边积分, 得 $\ln|\sin u| = \ln|x| + C_1$, 取指数, 有 $\sin u = Cx$ （ $C = \pm\mathrm{e}^{C_1} \neq 0$ ）. 由于 $y(1) = \dfrac{\pi}{2}$, 因此满足初值条件的微分方程的解 $\sin\dfrac{y}{x} = x$.

例 9.2.6　求解例 9.1.2 中建立的微分方程 $\dfrac{y}{y'} = x + \sqrt{x^2 + y^2}$.

解　把方程中的 y 看成自变量, x 是因变量. 当 $y > 0$ 时, 方程改写为

$$\frac{\mathrm{d}x}{\mathrm{d}y} = \frac{x}{y} + \sqrt{\left(\frac{x}{y}\right)^2 + 1} .$$

该方程是齐次方程. 令 $u = \dfrac{x}{y}$, 则 $x = uy$ 且 $\dfrac{\mathrm{d}x}{\mathrm{d}y} = u + y\dfrac{\mathrm{d}u}{\mathrm{d}y}$. 代入上面的微分方程, 得

$$y\frac{\mathrm{d}u}{\mathrm{d}y} = \sqrt{u^2 + 1} ,$$

分离变量得 $\dfrac{\mathrm{d}u}{\sqrt{u^2 + 1}} = \dfrac{\mathrm{d}y}{y}$, 两边求不定积分, 得 $\ln(u + \sqrt{u^2 + 1}) = \ln y + c_1$, 故

$$u + \sqrt{u^2 + 1} = cy \, ,$$

其中 $c = \mathrm{e}^{c_1} > 0$．由于 $u^2 + 1 = (cy - u)^2$，并将 $x = uy$ 代入，解得

$$y^2 = \frac{2}{c}\left(x + \frac{1}{2c}\right).$$

若 $y < 0$，则方程为 $\dfrac{\mathrm{d}x}{\mathrm{d}y} = \dfrac{x}{y} - \sqrt{\left(\dfrac{x}{y}\right)^2 + 1}$，类似地，可解得 $y^2 = \dfrac{2}{c}\left(x + \dfrac{1}{2c}\right)$．所以方程

的通解为 $y^2 = \dfrac{2}{c}\left(x + \dfrac{1}{2c}\right)$，其中 $c > 0$ 为任意常数．

这是以 x 轴为对称轴、焦点在原点的抛物线族．

9.2.3 可化为齐次方程类型的方程

考虑方程 $\dfrac{\mathrm{d}y}{\mathrm{d}x} = \dfrac{a_1 x + b_1 y + c_1}{a_2 x + b_2 y + c_2}$．

情形 1 $c_1 = c_2 = 0$．

此时 $\dfrac{\mathrm{d}y}{\mathrm{d}x} = \dfrac{a_1 x + b_1 y}{a_2 x + b_2 y} = \dfrac{a_1 + b_1 \dfrac{y}{x}}{a_2 + b_2 \dfrac{y}{x}} = g\left(\dfrac{y}{x}\right)$ 为齐次方程．

情形 2 $\begin{vmatrix} a_1 & a_2 \\ b_1 & b_2 \end{vmatrix} = 0$，即 $\dfrac{a_1}{a_2} = \dfrac{b_1}{b_2} = k$．

则 $\dfrac{\mathrm{d}y}{\mathrm{d}x} = \dfrac{k(a_2 x + b_2 y) + c_1}{a_2 x + b_2 y + c_2} = f(a_2 x + b_2 y)$．令 $u = a_2 x + b_2 y$，则方程化为

$$\frac{\mathrm{d}u}{\mathrm{d}x} = a_2 + b_2 \frac{\mathrm{d}y}{\mathrm{d}x} = a_2 + b_2 f(u).$$

分离变量得 $\dfrac{\mathrm{d}u}{a_2 + b_2 f(u)} = \mathrm{d}x$，进而解出未知函数 $u(x)$．

例 9.2.7 求解微分方程 $\dfrac{\mathrm{d}y}{\mathrm{d}x} = \dfrac{x - y + 1}{2x - 2y - 3}$．

解 令 $u = x - y$，两边求导得 $\dfrac{\mathrm{d}u}{\mathrm{d}x} = 1 - \dfrac{\mathrm{d}y}{\mathrm{d}x}$，从而

$$\frac{\mathrm{d}u}{\mathrm{d}x} = \frac{u - 4}{2u - 3}. \tag{9.2.2}$$

当 $u \neq 4$ 时，分离变量，求得式（9.2.2）的通解

$$(u - 4)^5 = C\mathrm{e}^{x - 2u} \quad (C \neq 0).$$

注意到 $u = 4$ 也是式（9.2.2）的解，此时上式中的 $C = 0$．故得原方程的通解

$$(x - y - 4)^5 = C\mathrm{e}^{2y - x},$$

其中 C 是任意常数．

例 9.2.8 求微分方程 $\dfrac{\mathrm{d}y}{\mathrm{d}x}=(x+y)^2$ 的通解.

解 令 $x+y=u$，两边求导得 $\dfrac{\mathrm{d}u}{\mathrm{d}x}=\dfrac{\mathrm{d}y}{\mathrm{d}x}+1$，从而 $\dfrac{\mathrm{d}u}{\mathrm{d}x}=u^2+1$，分离变量，求得 $\arctan u = x+C$，进而微分方程的通解 $\arctan(x+y)=x+C$，其中 C 是任意常数.

情形 3 $\begin{vmatrix} a_1 & a_2 \\ b_1 & b_2 \end{vmatrix} \neq 0$ 且 $c_1^2+c_2^2 \neq 0$.

两直线 $\begin{cases} a_1x+b_1y+c_1=0, \\ a_2x+b_2y+c_2=0 \end{cases}$ 相交于一点 $(\alpha,\beta)\neq(0,0)$，即 $\begin{cases} a_1(x-\alpha)+b_1(y-\beta)=0, \\ a_2(x-\alpha)+b_2(y-\beta)=0. \end{cases}$

令 $X=x-\alpha,\ Y=y-\beta$，则

$$\frac{\mathrm{d}Y}{\mathrm{d}X}=\frac{\mathrm{d}y}{\mathrm{d}x}=\frac{a_1(x-\alpha)+b_1(y-\beta)}{a_2(x-\alpha)+b_2(y-\beta)}=\frac{a_1X+b_1Y}{a_2X+b_2Y}=g\left(\frac{Y}{X}\right),$$

解齐次方程 $\dfrac{\mathrm{d}Y}{\mathrm{d}X}=g\left(\dfrac{Y}{X}\right)$，求得 Y 是 X 的函数，进而求得原方程的解.

例 9.2.9 求微分方程 $\dfrac{\mathrm{d}y}{\mathrm{d}x}=\dfrac{x-y+1}{x+y-3}$ 的通解.

解 由 $\begin{cases} x-y+1=0, \\ x+y-3=0 \end{cases}$ 解得 $x=1,\ y=2$. 令 $\begin{cases} X=x-1, \\ Y=y-2, \end{cases}$ 则 $\dfrac{\mathrm{d}Y}{\mathrm{d}X}=\dfrac{X-Y}{X+Y}$.

令 $u=\dfrac{Y}{X}$，即 $Y=uX$，则 $\dfrac{\mathrm{d}Y}{\mathrm{d}X}=X\dfrac{\mathrm{d}u}{\mathrm{d}X}+u=\dfrac{1-u}{1+u}$，故

$$X\frac{\mathrm{d}u}{\mathrm{d}X}=\frac{1-2u-u^2}{1+u}, \tag{9.2.3}$$

当 $1-2u-u^2 \neq 0$ 时分离变量，得 $\dfrac{\mathrm{d}X}{X}=\dfrac{1+u}{1-2u-u^2}\mathrm{d}u$，两边积分，

$$\ln X^2=-\ln\left|u^2+2u-1\right|+C_1,$$

从而 $X^2(u^2+2u-1)=C,\ C=\pm e^{C_1}\neq 0$. 此外，容易验证 $u^2+2u-1=0$ 也是式（9.2.3）的解，故 $X^2(u^2+2u-1)=C$ 中的 C 可取任意常数，代回原变量得原方程的通解

$$y^2+2xy-x^2-6y-2x=C,\ C\in\mathbb{R}.$$

9.2.4 常数变易法

一阶非齐次线性常微分方程的标准形式

$$\frac{\mathrm{d}y}{\mathrm{d}x}=p(x)y+q(x). \tag{9.2.4}$$

式（9.2.4）变形为 $\dfrac{\mathrm{d}y}{y}=\left(p(x)+\dfrac{q(x)}{y}\right)\mathrm{d}x$，因为 y 是关于 x 的函数，对上式两边求不定积分，得 $\ln|y|=\int p(x)\mathrm{d}x+\int\dfrac{q(x)}{y(x)}\mathrm{d}x$，所以 $y=e^{\int\frac{q(x)}{y(x)}\mathrm{d}x}e^{\int p(x)\mathrm{d}x}$. 故式（9.2.4）有形如

$$y=u(x)e^{\int p(x)\mathrm{d}x} \tag{9.2.5}$$

的解，其中 $u(x) = \mathrm{e}^{\int \frac{q(x)}{y(x)}\mathrm{d}x}$ 是关于 x 的待定函数. 另外，注意到与式（9.2.4）对应的齐次线性常微分方程为 $\dfrac{\mathrm{d}y}{\mathrm{d}x} = p(x)y$，分离变量，求得该齐次方程的通解

$$y(x) = c\mathrm{e}^{\int p(x)\mathrm{d}x},$$

其中 c 是任意常数. 将常数 c 变易为关于 x 的待定函数 $c(x)$，则 $y(x) = c(x)\mathrm{e}^{\int p(x)\mathrm{d}x}$. 这就是前面分析的式（9.2.4）有式（9.2.5）形式的解. 故可设 $y(x) = c(x)\mathrm{e}^{\int p(x)\mathrm{d}x}$ 为式（9.2.4）的解. 将其代入式（9.2.4）解出函数 $c(x) = \int q(x)\mathrm{e}^{-\int p(x)\mathrm{d}x}\mathrm{d}x$，故求得式（9.2.4）的通解

$$y = \mathrm{e}^{\int p(x)\mathrm{d}x}\int q(x)\mathrm{e}^{-\int p(x)\mathrm{d}x}\mathrm{d}x,$$

这样，为求非齐次线性常微分方程（9.2.4）的解，我们先求相应齐次线性常微分方程的通解，进而通过变易常数为函数求得非齐次方程解，此方法称为**常数变易法**.

常数变易法还有另一个简单的解释，就是寻找积分因子，式（9.2.4）两边乘以一个待定的乘子 $M(x)$，得到

$$M(x)y' - M(x)p(x)y = M(x)q(x). \tag{9.2.6}$$

假设 $M(x)$ 的选取使得上式左边是一个函数的微分，即

$$M(x)y' - M(x)p(x)y = (M(x)y)',$$

因此 $M(x)$ 满足 $M' = -Mp(x)$，解出 $M(x) = c\mathrm{e}^{-\int p(x)\mathrm{d}x}$，取积分常数 $c = 1$. 此时，式（9.2.6）可以写成 $(M(x)y)' = M(x)q(x)$，两边积分，得到 $M(x)y = \int M(x)q(x)\mathrm{d}x$. 因此，得到式（9.2.4）的通解

$$y(x) = \frac{1}{M(x)}\int M(x)q(x)\mathrm{d}x = \mathrm{e}^{\int p(x)\mathrm{d}x}\left(\int q(x)\mathrm{e}^{-\int p(x)\mathrm{d}x}\mathrm{d}x + C\right).$$

例 9.2.10 求 $y\mathrm{d}x + (y - x)\mathrm{d}y = 0$ 的通解.

解一 当 $y \neq 0$ 时，将方程改写为 $\dfrac{\mathrm{d}x}{\mathrm{d}y} = \dfrac{x}{y} - 1$. 求得相应齐次线性方程 $\dfrac{\mathrm{d}x}{\mathrm{d}y} = \dfrac{x}{y}$ 的通解为 $x = cy$. 设非齐次方程 $\dfrac{\mathrm{d}x}{\mathrm{d}y} = \dfrac{x}{y} - 1$ 的通解为 $x = c(y)y$，代入得 $c'(y)y + c(y) = c(y) - 1$，即 $c'(y) = \dfrac{-1}{y}$，所以 $c(y) = -\ln|y| + c, c \in \mathbb{R}$. 故原方程的通解 $\dfrac{x}{y} + \ln|y| = c, c \in \mathbb{R}$. 此外，方程还有特解 $y \equiv 0$.

解二 将方程改写为 $\dfrac{\mathrm{d}y}{\mathrm{d}x} = \dfrac{y}{x - y}$，这是齐次方程，令 $u = \dfrac{y}{x}$，代入得 $\dfrac{1 - u}{u^2}\mathrm{d}u = \dfrac{\mathrm{d}x}{x}$. 故该方程通解满足的隐式表达式为 $-\dfrac{1}{u} - \ln|u| = \ln|x| - c, c \in \mathbb{R}$，代回原来的变量，即得原方程的通解满足的隐式表达式 $\dfrac{x}{y} + \ln|y| = c, c \in \mathbb{R}$. 此外，$y \equiv 0$ 是方程的特解.

例 9.2.11 设 $f \in C^1[0, +\infty)$ 且 $\lim\limits_{x \to +\infty}(f(x) + f'(x)) = 0$，证明：$\lim\limits_{x \to +\infty} f(x) = 0$.

证明 令 $g(x) = f(x) + f'(x)$，则 $\lim\limits_{x \to +\infty} g(x) = 0$. 求得齐次线性微分方程 $f(x) + f'(x) = 0$ 的通解为 ce^{-x}. 通过常数变易法，设 $c(x)e^{-x}$ 是非齐次线性微分方程 $g(x) = f(x) + f'(x)$ 的解，解得 $c'(x) = e^x g(x)$，所以 $c(x) = c(0) + \int_0^x g(t)e^t \mathrm{d}t$，且

$$f(x) = e^{-x}\left(c_0 + \int_0^x g(t)e^t \mathrm{d}t\right),$$

其中 $c_0 = c(0)$. 由洛必达法则，有

$$\lim_{x \to +\infty} f(x) = \lim_{x \to +\infty} \frac{g(x)e^x}{e^x} = \lim_{x \to +\infty} g(x) = 0.$$

证毕.

例 9.2.12 设 $y = y(x)$（$x > 0$）是微分方程 $xy' - 6y = -6$ 满足条件 $y(\sqrt{3}) = 10$ 的解.

（1）求 $y(x)$；

（2）设 P 为曲线 $y = y(x)$ 上一点，记曲线 $y = y(x)$ 在点 P 处的法线在 y 轴上的截距为 I_P. 当 I_P 最小时，求点 P 的坐标.

解 （1）相应的齐次线性方程 $xy' - 6y = 0$，解得 $y = cx^6$. 利用常数变易法，令

$$y = c(x)x^6$$

是非齐次方程 $xy' - 6y = -6$ 的解，则 $c'(x)x^7 = -6$，解得 $c(x) = \dfrac{1}{x^6} + c_1$，从而非齐次方程的通解是 $y = 1 + c_1 x^6$. 将初值条件 $y(\sqrt{3}) = 10$ 代入得到 $y = 1 + \dfrac{1}{3}x^6$.

（2）过点 $P(x, y)$ 的切线方程为 $Y - \left(1 + \dfrac{1}{3}x^6\right) = 2x^5(X - x)$，且法线方程为

$$Y - \left(1 + \frac{1}{3}x^6\right) = -\frac{1}{2x^5}(X - x).$$

故法线在 y 轴上的截距 $I_P = 1 + \dfrac{x^6}{3} + \dfrac{1}{2x^4}$. 令

$$\frac{\mathrm{d}I_P}{\mathrm{d}x} = 2x^5 - \frac{2}{x^5} = 0,$$

解得 $x = \pm 1$，又由于 $I_P''(\pm 1) = 20 > 0$，故 I_P 在 $x = \pm 1$ 处取到最小值，此时 P 点坐标为 $\left(1, \dfrac{4}{3}\right)$ 或 $\left(-1, \dfrac{4}{3}\right)$.

9.2.5 伯努利方程

称方程

$$\frac{\mathrm{d}y}{\mathrm{d}x} = p(x)y + q(x)y^n, \ n \neq 0,1$$

为伯努利（Bernoulli）方程.

注意到伯努利方程是一阶非线性常微分方程，通过变量代换，可转化为一阶线性常微分方程. 当 $y \neq 0$ 时，以 y^{-n} 乘方程的两边，得 $y^{-n}\frac{\mathrm{d}y}{\mathrm{d}x} = p(x)y^{1-n} + q(x)$，令 $z = y^{1-n}$，则

$$\frac{\mathrm{d}z}{\mathrm{d}x} = (1-n)p(x)z + (1-n)q(x) ,$$

这是关于 z 的一阶线性常微分方程，利用常数变易法求出 z，从而得到方程的通解

$$y(x) = \mathrm{e}^{\int p(x)\mathrm{d}x}\left((1-n)\int q(x)\mathrm{e}^{(n-1)\int p(x)\mathrm{d}x}\,\mathrm{d}x + C\right)^{\frac{1}{1-n}}.$$

此外，若 $n > 0$，伯努利方程还有特解 $y \equiv 0$.

例 9.2.13 求方程 $\frac{\mathrm{d}y}{\mathrm{d}x} = 6\frac{y}{x} - xy^2$ 的通解.

解 当 $y \neq 0$ 时，令 $z = y^{-1}$，则 $\frac{\mathrm{d}z}{\mathrm{d}x} = -\frac{1}{y^2}\frac{\mathrm{d}y}{\mathrm{d}x}$. 代入原方程得

$$\frac{\mathrm{d}z}{\mathrm{d}x} = -\frac{6}{x}z + x , \tag{9.2.7}$$

这是线性方程. 求得其相应的齐次线性方程 $\frac{\mathrm{d}z}{\mathrm{d}x} = -\frac{6}{x}z$ 的解 $z = cx^{-6}$. 通过常数变易法，令 $z = c(x)x^{-6}$，将其代入非齐次线性方程（9.2.7），解得 $c'(x) = x^7$，故 $c(x) = \frac{1}{8}x^8 + C$，从而求得原方程的通解为 $\frac{1}{y} = \frac{C}{x^6} + \frac{x^2}{8}, \ C \in \mathbb{R}$. 此外 $y = 0$ 也是方程的解.

例 9.2.14 有高为 R 的半球形容器，水从它的底部小孔流出，小孔横截面面积为 S. 开始时容器内盛满了水，求水从小孔流出的过程中容器里水面的高度 h（水面与孔口中心间的距离）随时间 t 变化的规律，并求水流完所需的时间.

解 由流体力学关于无黏、不可压缩、定常流动流体的能量守恒，即伯努利方程

$$\frac{p}{\rho} + \frac{1}{2}v^2 + gz = c ,$$

其中 c 是常数，p 是压力，ρ 是流体密度，v 是速度，g 是重力加速度，z 是流体质点高度. 假设大气压力为 p_0，则容器顶部压力和小孔流出水面压力均为大气压，假设容器横截面积远远大于小孔面积，则容器液面处流体速度认为是零. 因此根据伯努利方程，小孔流出水的速度为 $v = \sqrt{2gh}$. 从孔口流出的体积流量（通过孔口横截面的水的体积 V 对时间 t 的变化率）

$$\frac{\mathrm{d}V}{\mathrm{d}t} = Q = Sv = S\sqrt{2gh} ,$$

其中 S 为孔口横截面面积. 另外，设在微小时间间隔 $[t, t+\mathrm{d}t]$ 内，水面高度由 h 降至 $h+\mathrm{d}h$，则可得到 $\mathrm{d}V = -\pi r^2 \mathrm{d}h$，其中 r 是时刻 t 时的水面半径. 又 $r = \sqrt{R^2-(R-h)^2}$，所以有

$$S\sqrt{2gh}\mathrm{d}t = -\pi(2Rh-h^2)\mathrm{d}h$$

即为 $h(t)$ 满足的微分方程. $h(t)$ 满足初值条件 $h(0)=R$，分离变量并积分，得到

$$t = -\frac{\pi}{S\sqrt{2g}}\int_R^h\left(2Rh^{\frac12}-h^{\frac32}\right)\mathrm{d}h = \frac{\pi R^2}{S}\sqrt{\frac{R}{2g}}\left(\frac{14}{15}-\frac43\left(\frac{h}{R}\right)^{\frac32}+\frac25\left(\frac{h}{R}\right)^{\frac52}\right),$$

注意到上式右端项的量纲是时间.

习题 9.2

1. 求下列微分方程的通解.

（1）$\dfrac{\mathrm{d}y}{\mathrm{d}x}=2xy$；

（2）$(2x+y-4)\mathrm{d}x+(x+y-1)\mathrm{d}y=0$；

（3）$\sqrt{1-y^2}\mathrm{d}x+y\sqrt{1-x^2}\mathrm{d}y=0$；

（4）$\dfrac{\mathrm{d}y}{\mathrm{d}x}=\dfrac{y}{2x-y^2}$；

（5）$\dfrac{\mathrm{d}y}{\mathrm{d}x}=\dfrac{2x^3+3xy^2-7x}{2y^3+3x^2y-8y}$；

（6）$\dfrac{\mathrm{d}y}{\mathrm{d}x}=\dfrac13(1-2x)y^4-\dfrac13 y$；

（7）$\dfrac{\mathrm{d}y}{\mathrm{d}x}=\sqrt{xy}$，$x>0$；

（8）$y'+xy=x^3$，$y(0)=0$；

（9）$\left(2x\tan\dfrac{y}{x}+y\right)\mathrm{d}x=x\mathrm{d}y,\ y(1)=\dfrac{\pi}{2}$；

（10）$y'=\dfrac{y-x+2}{x+y+4}$.

2. 求一条曲线方程，使曲线上任一点平分过该点的法线在两坐标轴之间的线段.

3. 设函数 $f(x)$ 在 $[0,+\infty)$ 内非负连续，$f(0)=0, f(1)=\dfrac12$. 若由曲线 $y=f(x)$，直线 $x=t$ 与 x 轴所围成的平面图形绕 x 轴旋转所生成的旋转体的体积

$$V(t)=\frac{\pi}{3}t^2 f(t),$$

试求 $f(x)$.

4. 求满足关系式 $y(x)=1+x^2+2\displaystyle\int_0^x y(t)\mathrm{d}t$ 的函数 $y(x)$.

5. 设 $f(x)\in C[0,+\infty)$ 且 $\lim\limits_{x\to+\infty}f(x)=b$，又 $a>0$，证明方程

$$\frac{\mathrm{d}y}{\mathrm{d}x}+ay=f(x)$$

的一切解 $y(x)$ 均有 $\lim\limits_{x\to+\infty}y(x)=\dfrac{b}{a}$.

6. 曲线上任一点处的切线的斜率等于原点与该切点的连线斜率的 3 倍，且曲线过点 $(-1,1)$，求该曲线方程.

7. 求微分方程 $x\mathrm{d}y+(x-2y)\mathrm{d}x=0$ 的一个解 $y=y(x)$ 使得曲线 $y=y(x)$ 与直线 $x=1$,

$x=2$ 及 x 轴围成的平面图形绕 x 轴一周所生成的旋转体的体积最小.

8. 设降落伞从跳伞塔下落后，所受空气阻力与速度成正比（比例系数为 k），并设降落伞离开跳伞塔时（$t=0$）速度为零，设跳伞者（含降落伞）的质量为 m，求降落伞的下落速度与时间的函数关系.

*9.3　一阶微分方程初值问题的解

9.2 节介绍了一阶微分方程的初等解法来求解某些类型的方程，但也有很多一阶微分方程不能用初等解法求出其通解，而实际问题所需要的通常是求满足某个初值条件的微分方程的解，因此对微分方程初值问题的研究就被提到了重要的地位.

9.3.1　初值问题解的存在唯一性定理

观察到微分方程 $y'(x)=2\sqrt{y}$ 经过点 $(0,0)$ 的解存在但不唯一. 容易看出 $y\equiv 0$ 是经过点 $(0,0)$ 的方程的解；$y=x^2$ 也是经过点 $(0,0)$ 的方程的解；更一般地，

$$y=\begin{cases}(x-c)^2, & c<x\leqslant 1;\\ 0, & 0\leqslant x\leqslant c\end{cases}$$

都是方程的经过点 $(0,0)$ 且定义在 $[0,1]$ 上的解，其中 $c\in(0,1)$.

下面要介绍的 Cauchy-Picard 定理就是解的存在唯一性定理. 这个定理明确肯定了方程的解在一定条件下的存在性及唯一性，是常微分方程理论的基石. 这个定理的证明用到函数列的一致收敛，将在下册级数部分介绍.

定理 9.3.1（Cauchy-Picard 定理） 设 $f(x,y)$ 在矩形区域

$$D=\left\{(x,y):|x-x_0|\leqslant a,|y-y_0|\leqslant b\right\}$$

内连续，并且关于变元 y 满足**利普希茨**（Lipschitz）条件：即存在正数 L 使得

对 $\forall (x,y_1),\ (x,y_2)\in D$，有 $|f(x,y_1)-f(x,y_2)|\leqslant L|y_1-y_2|$，

则一阶微分方程的初值问题

$$\begin{cases}y'=f(x,y),\\ y(x_0)=y_0\end{cases}$$

在 $[x_0-h,x_0+h]$ 上存在唯一解，其中 $h=\min\left\{a,\dfrac{b}{M}\right\}$ 且 $|f(x,y)|\leqslant M,\ \forall (x,y)\in D$.

注意到上面例子中的方程 $y'(x)=2\sqrt{y}$ 就不满足利普希茨条件.

9.3.2　奇解

对某些微分方程，存在一条特殊的积分曲线，它并不属于此方程的积分曲线族，但在这条特殊的积分曲线上的每一点处，都有积分曲线族中的一条曲线和它在此点相切. 在几何上，这条特殊的积分曲线称为上述积分曲线族的**包络**. 在微分方程里，这条特殊的积分

曲线所对应的解称为方程的**奇解**.

　　曲线族的**包络**是指这样的曲线，它本身并不包含在曲线族中，但过此曲线的每一点，有曲线族中的一条曲线和它在该点相切. 例如，单参数曲线族

$$(x-c)^2 + y^2 = r^2$$

（其中 $r>0$ 是常数，c 是参数）表示圆心为 $(c,0)$、半径为 r 的一族圆，此曲线族显然有包络 $y=r$ 或 $y=-r$.

　　微分方程的某一个解称为**奇解**，如果在这个解的每一点上至少还有方程的另一个解存在，即奇解是这样的一个解，在它上面的每一点唯一性都不成立，或者说，奇解对应的曲线上每一点至少有方程的两条积分曲线通过.

　　从奇解的定义易知，一阶微分方程的通解的包络（若存在）一定是奇解；反之，微分方程的奇解（若存在）也是微分方程的通解的包络. 因此，为求微分方程的奇解，可先求它的通解，再求通解的包络.

　　例 9.3.1　求方程 $\left(\dfrac{\mathrm{d}y}{\mathrm{d}x}\right)^2 + y^2 - 1 = 0$ 的奇解.

　　解　容易求得方程的通解 $y=\sin(x+c)$，其中 c 是任意常数. 而 $y=\pm 1$ 是微分方程的奇解.

9.4　高阶线性常微分方程

　　线性常微分方程在物理学、力学和工程技术、自然科学中有着广泛的应用. 本节首先讨论某些可降阶的高阶微分方程的解法；然后探讨高阶齐次线性常微分方程解的结构；最后讨论高阶非齐次线性常微分方程的解，通过常数变易法，主要讨论二阶非齐次线性常微分方程的通解求法.

9.4.1　可降阶的高阶微分方程

　　某些高阶的微分方程可以用变量代换的方法降低阶数，进而求出方程的解. 下面讨论三类特殊方程的求解问题.

　　1. 方程 $y^{(n)}(x)=f(x)$

　　对微分方程 $y^{(n)}(x)=f(x)$，由于 $\dfrac{\mathrm{d}(y^{(n-1)})}{\mathrm{d}x}=y^{(n)}$，因此原方程可写为

$$\frac{\mathrm{d}(y^{(n-1)})}{\mathrm{d}x}=f(x).$$

这是可分离变量方程，解得 $y^{(n-1)}(x)=\displaystyle\int f(x)\mathrm{d}x$，两边逐次求不定积分，可求得原方程的通解.

　　例 9.4.1　求微分方程 $y'''(x)=\mathrm{e}^x+\sin x$ 的通解.

　　解　对方程 $y'''(x)=\mathrm{e}^x+\sin x$ 两边求不定积分，求得 $y''(x)=\mathrm{e}^x-\cos x+c_1$，再次求不

定积分，解得 $y'(x) = e^x - \sin x + c_1 x + c_2$，从而求得原方程的通解

$$y(x) = e^x + \cos x + \frac{c_1}{2}x^2 + c_2 x + c_3.$$

2. 不显含未知函数 $y(x)$ 的方程 $\dfrac{d^2 y}{dx^2} = f\left(x, \dfrac{dy}{dx}\right)$

令 $p = \dfrac{dy}{dx}$，此时把 p 看成关于 x 的函数，则 $\dfrac{d^2 y}{dx^2} = \dfrac{dp}{dx}$，代入原方程化为

$$\frac{dp}{dx} = f(x, p),$$

这是关于未知函数 p 的一阶微分方程，求出解 $p = \varphi(x, c_1)$，对 $\dfrac{dy}{dx} = \varphi(x, c_1)$ 两边积分，求得

$$y = \int \varphi(x, c_1)\, dx + c_2,$$

其中 c_1, c_2 是任意常数.

例 9.4.2 求 $\dfrac{d^2 y}{dx^2} - \dfrac{1}{x}\dfrac{dy}{dx} = 0$ 的通解.

解 该方程不显含未知函数 $y = y(x)$，令 $\dfrac{dy}{dx} = u$，则 $\dfrac{d^2 y}{dx^2} = \dfrac{du}{dx}$，从而方程化为

$$\frac{du}{dx} - \frac{1}{x}u = 0,$$

分离变量解得 $u = cx$，其中 c 是任意常数，故 $y = c_1 x^2 + c_2$，其中 $c_1 = \dfrac{1}{2}c$，c_2 是任意常数.

例 9.4.3 设一根长为 L、质量为 W 的均匀软绳索，两端固定在同一水平面，距离为 l，仅受重力的作用而下垂，求该绳索在平衡状态时的形状所满足的曲线方程.

解 设绳索的最低点为坐标原点 O，通过 O 点垂直向上的方向为 y 轴正向，x 轴正向为水平向右，建立直角坐标系，如图 9-4-1 所示.

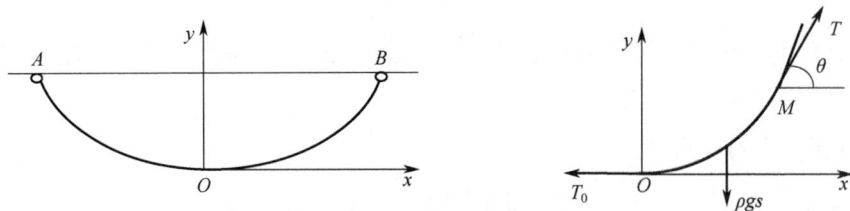

图 9-4-1

设绳索曲线的方程 $y = f(x)$. 在绳索上另取一点 $M(x, y)$，设弧段 $\overset{\frown}{OM}$ 的长为 s. 由于绳索是均匀的，设其线密度为 ρ，则弧 $\overset{\frown}{OM}$ 的重力为 $\rho g s$. 由于绳索是软的，因此在点 O 处的张力沿水平切线方向，其大小设为 T_0；在点 M 处的张力沿该点处的切线方向，设其倾角为 θ，大小为 T. 因绳索处于平衡状态，有

$$T\sin\theta = \rho g s, \quad T\cos\theta = T_0,$$

故 $\tan\theta=\dfrac{s}{a}$，其中 $a=\dfrac{T_0}{\rho g}$．因为 $\tan\theta=y'$，$s=\displaystyle\int_0^x\sqrt{1+y'^2}\,\mathrm{d}t$，所以 $y'=\dfrac{1}{a}\displaystyle\int_0^x\sqrt{1+y'^2}\,\mathrm{d}t$，两边对 x 求导，得

$$y''=\frac{1}{a}\sqrt{1+y'^2}\,,\qquad\qquad(9.4.1)$$

则上述方程满足初值条件 $y(0)=0$ 且 $y'(0)=0$．式（9.4.1）不显含未知函数 y，令 $y'=p$，则 $y''=\dfrac{\mathrm{d}p}{\mathrm{d}x}$，代入式（9.4.1），分离变量，得 $\dfrac{\mathrm{d}p}{\sqrt{1+p^2}}=\dfrac{\mathrm{d}x}{a}$．两边求不定积分，得

$$\frac{x}{a}=\operatorname{arsinh}p+c=\ln(p+\sqrt{1+p^2})+c\,,$$

代入 $0=y'(0)=p(0)$，则 $c=0$，因此 $p=\sinh\dfrac{x}{a}$，即 $y'=\sinh\dfrac{x}{a}$，从而 $y=a\cosh\dfrac{x}{a}+C$．代入初值条件 $y(0)=0$，解得 $C=-a$，故该绳索在平衡状态时的形状所满足的曲线方程，即悬链线为双曲余弦函数 $y=a\left(\cosh\dfrac{x}{a}-1\right)$，其中 $a=\dfrac{T_0}{\rho g}$．下面求出 T_0 满足的关系式．由对称性知，弧 $\overset{\frown}{OB}$ 长度为 $\dfrac{L}{2}$．又

$$T_0=\frac{\rho gL}{2\tan\theta}=\frac{\rho gL}{2y'}=\frac{\rho gL}{2\sinh\dfrac{l}{2a}}=\frac{\rho gL}{2\sinh\dfrac{\rho gl}{2T_0}}\,,$$

即 T_0 满足超越方程　$\sinh\dfrac{\rho gl}{2T_0}=\dfrac{\rho gL}{2T_0}$．

3. 不显含自变量 x 的方程 $\dfrac{\mathrm{d}^2y}{\mathrm{d}x^2}=f\left(y,\dfrac{\mathrm{d}y}{\mathrm{d}x}\right)$

令 $u=\dfrac{\mathrm{d}y}{\mathrm{d}x}$，此时把 u 看成关于 y 的函数 $u(y)$，则

$$\frac{\mathrm{d}^2y}{\mathrm{d}x^2}=\frac{\mathrm{d}u}{\mathrm{d}y}\frac{\mathrm{d}y}{\mathrm{d}x}=u\frac{\mathrm{d}u}{\mathrm{d}y}\,,$$

代入原方程化为 $u\dfrac{\mathrm{d}u}{\mathrm{d}y}=f(y,u)$，解得 $u=\varphi(y,c_1)$，故 $\dfrac{\mathrm{d}y}{\varphi(y,c_1)}=\mathrm{d}x$，两边积分得到

$$\int\frac{\mathrm{d}y}{\varphi(y,c_1)}=x+c_2\,,$$

由此可以求出原方程的解 $y=y(x)$．

例 9.4.4　求方程 $y(x)\dfrac{\mathrm{d}^2y}{\mathrm{d}x^2}-\left(\dfrac{\mathrm{d}y}{\mathrm{d}x}\right)^2=0$ 的通解．

解　该方程不显含自变量 x，令 $u(y)=\dfrac{\mathrm{d}y}{\mathrm{d}x}$．则 $\dfrac{\mathrm{d}^2y}{\mathrm{d}x^2}=\dfrac{\mathrm{d}u}{\mathrm{d}y}\dfrac{\mathrm{d}y}{\mathrm{d}x}=u\dfrac{\mathrm{d}u}{\mathrm{d}y}$．因此原方程化为

$$yu\frac{\mathrm{d}u}{\mathrm{d}y} - u^2 = 0 \,,$$

即 $y\frac{\mathrm{d}u}{\mathrm{d}y} - u = 0$（该方程隐含 $u = 0$ 是方程的解），解得 $u = c_1 y$，故由 $\frac{\mathrm{d}y}{\mathrm{d}x} = c_1 y$ 解得 $y = c_2 \mathrm{e}^{c_1 x}$，其中 c_1, c_2 是任意常数.

例 9.4.5 求例 9.1.4 中的微分方程初值问题 $\begin{cases} \dfrac{\mathrm{d}^2 s}{\mathrm{d}t^2} = -\dfrac{gR^2}{(R+s)^2}, \\ s(0) = 0, \ s'(0) = v_0 \end{cases}$ 的解.

解 设 $s'(t) = v(s)$，则 $s''(t) = v'(s)s'(t) = v'(s)v(s)$，即

$$v'(s)v(s) = -\frac{gR^2}{(R+s)^2} \,,$$

两边求不定积分，得 $v^2 = \frac{2gR^2}{R+s} + c$. 由初值条件，得 $c = v_0^2 - 2gR$，故

$$v^2 - v_0^2 = -\frac{2gRs}{R+s} \,.$$

值得一提的是，上面的变量代换 $\dfrac{\mathrm{d}^2 s}{\mathrm{d}t^2} = \dfrac{\mathrm{d}v}{\mathrm{d}t} = \dfrac{\mathrm{d}v}{\mathrm{d}s}\dfrac{\mathrm{d}s}{\mathrm{d}t} = v\dfrac{\mathrm{d}v}{\mathrm{d}s} = \dfrac{\mathrm{d}}{\mathrm{d}s}\left(\dfrac{v^2}{2}\right)$ 说明了一个物理事实，即约束在曲线上的单位质量质点切向加速度（惯性力）等于质点动能对弧长的微商.

当物体达到最大高度时，$v = 0$，因此

$$s_{\max} = \frac{v_0^2 R}{2gR - v_0^2} \,.$$

如果要使发射的物体脱离地球的影响，即 $s_{\max} \to +\infty$，则有 $\dfrac{2gR}{v_0^2} \to 1$，因此发射物体的初速度至少为

$$v_0 = \sqrt{2gR} \approx 11.2 (\mathrm{km/s}) \,.$$

这个速度称为第二宇宙速度.

例 9.4.6 假设有一物体离地面很高，受地球引力的作用，由静止开始下落. 求它落到地面时的速度和所需的时间（不计空气阻力）.

解 取地心为坐标原点 O，连接地心与该物体的直线为 y 轴，正向向上，建立直角坐标系. 设地球的半径为 R，质量为 M，物体的质量为 m，物体开始下落时与地心的距离为 l（$l > R$），在时刻 t 物体所在位置为 $y = f(t)$，于是速度 $v(t) = \dfrac{\mathrm{d}y}{\mathrm{d}t}$. 由万有引力定律，

$m\dfrac{\mathrm{d}^2 y}{\mathrm{d}t^2} = -\dfrac{GMm}{y^2}$，即

$$\frac{\mathrm{d}^2 y}{\mathrm{d}t^2} = -\frac{GM}{y^2} \,, \tag{9.4.2}$$

其中 G 是万有引力常数. 因为当 $y = R$ 时，$\dfrac{\mathrm{d}^2 y}{\mathrm{d}t^2} = -g$（这里的负号是由于物体运动加速度

的方向与 y 轴的正向相反），所以 $g = \dfrac{GM}{R^2}$．于是式（9.4.2）成为

$$\frac{\mathrm{d}^2 y}{\mathrm{d}t^2} = -\frac{gR^2}{y^2},$$

（9.4.3）

且满足初值条件 $y(0) = l$，$y'(0) = 0$．

下面求物体到达地面时的速度．由于 $\dfrac{\mathrm{d}y}{\mathrm{d}t} = v$，因此

$$\frac{\mathrm{d}^2 y}{\mathrm{d}t^2} = \frac{\mathrm{d}v}{\mathrm{d}t} = \frac{\mathrm{d}v}{\mathrm{d}y} \cdot \frac{\mathrm{d}y}{\mathrm{d}t} = v\frac{\mathrm{d}v}{\mathrm{d}y},$$

代入式（9.4.3），得 $v\dfrac{\mathrm{d}v}{\mathrm{d}y} = -\dfrac{gR^2}{y^2}$，所以 $v^2 = \dfrac{2gR^2}{y} + c_1$，将初值条件 $y(0) = l, 0 = y'(0) = v(0)$

代入，解得 $c_1 = -\dfrac{2gR^2}{l}$，因此 $v^2 = 2gR^2\left(\dfrac{1}{y} - \dfrac{1}{l}\right)$，从而

$$v = -R\sqrt{2g\left(\frac{1}{y} - \frac{1}{l}\right)},$$

（9.4.4）

这里的负号是由于物体运动的方向与 y 轴的正向相反．在式（9.4.4）中，令 $y = R$，就得

到物体到达地面时的速度 $v = -\sqrt{\dfrac{2gR(l-R)}{l}}$．

下面求物体落到地面时所需要的时间．由式（9.4.4），有

$$\frac{\mathrm{d}y}{\mathrm{d}t} = v = -R\sqrt{2g\left(\frac{1}{y} - \frac{1}{l}\right)},$$

分离变量，$\mathrm{d}t = -\dfrac{1}{R}\sqrt{\dfrac{l}{2g}}\sqrt{\dfrac{y}{l-y}}\mathrm{d}y$，两边求不定积分，对右边积分做变量代换 $y = l\cos^2\theta$，得

$$t = \frac{1}{R}\sqrt{\frac{l}{2g}}\left(\sqrt{ly - y^2} + l\arccos\sqrt{\frac{y}{l}}\right) + c,$$

由初值条件 $y(0) = l$ 知 $c = 0$，所以 $t = \dfrac{1}{R}\sqrt{\dfrac{l}{2g}}\left(\sqrt{ly - y^2} + l\arccos\sqrt{\dfrac{y}{l}}\right)$．令 $y = R$，求得物体

到达地面时所需的时间 $t = \sqrt{\dfrac{l}{2g}}\left(\sqrt{\dfrac{l}{R} - 1} + \dfrac{l}{R}\arccos\sqrt{\dfrac{R}{l}}\right)$．

9.4.2　高阶线性常微分方程解的结构

下面讨论 n 阶齐次线性常微分方程

$$x^{(n)} + a_1(t)x^{(n-1)} + \cdots + a_{n-1}(t)x' + a_n(t)x = 0$$

（9.4.5）

和 n 阶非齐次线性常微分方程

$$x^{(n)} + a_1(t)x^{(n-1)} + \cdots + a_{n-1}(t)x' + a_n(t)x = f(t)$$

（9.4.6）

解的结构．类似于定理 9.3.1，式（9.4.6）有如下的解的存在唯一性定理，对探讨高阶齐

次线性常微分方程解的结构非常重要.

定理 9.4.1 假设函数 $a_1(t), a_2(t), \cdots, a_n(t)$ 及 $f(t)$ 在区间 I 上连续，$t_0 \in I$. 则对任意一组实数 $x_0, x_1, \cdots, x_{n-1}$，初值问题

$$\begin{cases} x^{(n)} + a_1(t)x^{(n-1)} + \cdots + a_{n-1}(t)x' + a_n(t)x = f(t), \\ x(t_0) = x_0, x'(t_0) = x_1, \cdots, x^{(n-1)}(t_0) = x_{n-1} \end{cases}$$

在区间 I 上存在唯一解 $x(t)$.

下面的结论给出了高阶微分方程解的性质，容易验证，证明留给读者.

定理 9.4.2 (i) 设 $x_1(t)$, $x_2(t)$ 是方程（9.4.5）的两个解，则对 $\forall c_1, c_2 \in \mathbb{R}$，$c_1 x_1(t) + c_2 x_2(t)$ 也是方程（9.4.5）的解.

(ii) 若 $x_1(t)$, $x_2(t)$ 是方程（9.4.6）的两个解，则 $x_1(t) - x_2(t)$ 是与方程（9.4.6）对应的齐次方程（9.4.5）的解.

因此，n 阶齐次线性常微分方程（9.4.5）的解集合对线性运算封闭，从而是一个线性空间. 这样，为求得齐次方程（9.4.5）的通解，我们需要知道这个线性空间的维数及一组线性无关的基. 另，若求得非齐次方程（9.4.6）的一个特解 $x_0(t)$，以及齐次方程（9.4.5）的通解 $\varphi(t)$，则非齐次方程（9.4.6）的通解为 $x(t) = \varphi(t) + x_0(t)$. 因此，为求齐次方程（9.4.5）的通解，我们需要引入函数组的线性相关与线性无关的概念.

定义 9.4.1 设 $\varphi_1(t)$, $\varphi_2(t)$, $\cdots$, $\varphi_m(t)$ 是定义在区间 I 上的函数. 若存在不全为零的常数 c_1, $c_2, \cdots$, c_m 使得对 $\forall t \in I$，有

$$c_1 \varphi_1(t) + c_2 \varphi_2(t) + \cdots + c_m \varphi_m(t) \equiv 0,$$

则称 $\varphi_1(t)$, $\varphi_2(t)$, $\cdots$, $\varphi_m(t)$ 在区间 I 上线性相关，否则称 $\varphi_1(t)$, $\varphi_2(t)$, $\cdots$, $\varphi_m(t)$ 在区间 I 上线性无关.

容易观察，函数组 $1, t, t^2, \cdots, t^n$ 在任何区间上都线性无关.

例 9.4.7 设 $\lambda_1, \lambda_2, \cdots, \lambda_m \in \mathbb{R}$ 且 $\lambda_i \neq \lambda_j$，$i, j = 1, 2, \cdots, m$. 证明：$e^{\lambda_1 t}, e^{\lambda_2 t}, \cdots, e^{\lambda_m t}$ 在任意区间上线性无关.

证明 任取区间 $I \subset \mathbb{R}$，假设有 n 个常数 $c_1, c_2, \cdots, c_m$ 满足

$$c_1 e^{\lambda_1 t} + c_2 e^{\lambda_2 t} + \cdots + c_m e^{\lambda_m t} \equiv 0 \quad (\forall t \in I).$$

上式两边对 t 求各阶导数，则 c_1, c_2, $\cdots$, c_m 满足方程组

$$\begin{cases} c_1 e^{\lambda_1 t} + c_2 e^{\lambda_2 t} + \cdots + c_m e^{\lambda_m t} \equiv 0, \\ \lambda_1 c_1 e^{\lambda_1 t} + \lambda_2 c_2 e^{\lambda_2 t} + \cdots + \lambda_m c_m e^{\lambda_m t} \equiv 0, \\ \cdots \\ \lambda_1^{m-1} c_1 e^{\lambda_1 t} + \lambda_2^{m-1} c_2 e^{\lambda_2 t} + \cdots + \lambda_m^{m-1} c_m e^{\lambda_m t} \equiv 0. \end{cases} \tag{9.4.7}$$

此方程组的系数矩阵的行列式

$$\det \begin{pmatrix} e^{\lambda_1 t} & e^{\lambda_2 t} & \cdots & e^{\lambda_m t} \\ \lambda_1 e^{\lambda_1 t} & \lambda_2 e^{\lambda_2 t} & \cdots & \lambda_m e^{\lambda_m t} \\ \vdots & \vdots & & \vdots \\ \lambda_1^{m-1} e^{\lambda_1 t} & \lambda_2^{m-1} e^{\lambda_2 t} & \cdots & \lambda_m^{m-1} e^{\lambda_m t} \end{pmatrix} = e^{\sum\limits_{k=1}^{m} \lambda_k t} \prod_{1 \leqslant i < j \leqslant m} (\lambda_j - \lambda_i) \neq 0, \quad \forall t \in I.$$

故方程组（9.4.7）只有零解，因此 $c_1 = c_2 = \cdots = c_m = 0$. 所以 $e^{\lambda_1 t}$, $e^{\lambda_2 t}$, $\cdots$, $e^{\lambda_m t}$ 在区间 I 上线性无关．注意到上面利用了范德蒙德（Vandermonde）矩阵的行列式公式．证毕．

下面的概念对探讨齐次线性微分方程解的线性相关性具有重要的作用．

定义 9.4.2　设 $\varphi_1(t)$, $\varphi_2(t)$, $\cdots$, $\varphi_n(t)$ 在区间 I 上 $n-1$ 阶可导．称下列行列式

$$\det \begin{pmatrix} \varphi_1(t) & \varphi_2(t) & \cdots & \varphi_n(t) \\ \varphi_1'(t) & \varphi_2'(t) & \cdots & \varphi_n'(t) \\ \vdots & \vdots & & \vdots \\ \varphi_1^{(n-1)}(t) & \varphi_2^{(n-1)}(t) & \cdots & \varphi_n^{(n-1)}(t) \end{pmatrix}$$

为 $\varphi_1(t)$, $\varphi_2(t)$, $\cdots$, $\varphi_n(t)$ 的**朗斯基行列式（Wronskian）**，记为 $W[\varphi_1, \varphi_2, \cdots, \varphi_n](t)$．在不致引起混淆的情况下，也用 $W(t)$ 表示函数组的朗斯基行列式．

下面给出判断函数组在区间上线性相关的一个法则．

定理 9.4.3　设在区间 I 上 $n-1$ 阶可导的函数组 $\varphi_1(t)$, $\varphi_2(t)$, $\cdots$, $\varphi_n(t)$ 在区间 I 上线性相关，则 $W[\varphi_1, \varphi_2, \cdots, \varphi_n](t) \equiv 0, \forall t \in I$．

证明　假设函数组 $\varphi_1(t), \varphi_2(t), \cdots, \varphi_n(t)$ 在区间 I 上线性相关，则存在不全为零的常数 $c_1, c_2, \cdots, c_n$ 使得

$$c_1 \varphi_1(t) + c_2 \varphi_2(t) + \cdots + c_n \varphi_n(t) \equiv 0 \quad (\forall t \in I).$$

上式两边对 t 求导，则 c_1, c_2, $\cdots$, c_n 是齐次线性方程组

$$\begin{cases} c_1 \varphi_1(t) + c_2 \varphi_2(t) + \cdots + c_n \varphi_n(t) \equiv 0, \\ c_1 \varphi_1'(t) + c_2 \varphi_2'(t) + \cdots + c_n \varphi_n'(t) \equiv 0, \\ \cdots \\ c_1 \varphi_1^{(n-1)}(t) + c_2 \varphi_2^{(n-1)}(t) + \cdots + c_n \varphi_n^{(n-1)}(t) \equiv 0 \end{cases}$$

的一组非零解，因此方程组的系数矩阵的行列式 $W[\varphi_1, \varphi_2, \cdots, \varphi_n](t) \equiv 0$．证毕．

注意到，定理 9.4.3 的逆在一般情形下是不成立的．原因在于，尽管由系数矩阵的行列式 $W[\varphi_1, \varphi_2, \cdots, \varphi_n](t) \equiv 0$ 可推出非零解 c_1, c_2, $\cdots$, c_n 的存在性，但 c_1, c_2, $\cdots$, c_n 可能是 t 的函数，而非常数．例如，令

$$\varphi(t) = \begin{cases} 0, & t \leqslant 0; \\ t^2, & t > 0, \end{cases} \qquad \psi(t) = \begin{cases} t^2, & t \leqslant 0; \\ 0, & t > 0, \end{cases}$$

则 φ, ψ 的朗斯基行列式 $W[\varphi, \psi](t) \equiv 0, \forall t \in [-1,1]$，但 $\varphi(t)$, $\psi(t)$ 在 $[-1,1]$ 上线性无关．实际上，假设

$$c_1 \varphi(t) + c_2 \psi(t) \equiv 0, \ \forall t \in [-1,1], \tag{9.4.8}$$

则当 $t \leqslant 0$ 时，有 $c_2 = 0$；当 $t > 0$ 时，有 $c_1 = 0$．因此我们找不到不全为零的常数 c_1, c_2 使得式（9.4.8）成立，故 $\varphi(t)$, $\psi(t)$ 在 $[-1,1]$ 上线性无关．

但是，当 $\varphi_1(t), \varphi_2(t), \cdots, \varphi_n(t)$ 是 n 阶齐次线性常微分方程（9.4.5）的 n 个解时，我们有下列等价条件．

定理 9.4.4　设函数 $a_k(t) \in C(I)$（$k=1,2,\cdots,n$），且设 $\varphi_1(t)$, $\varphi_2(t)$, $\cdots$, $\varphi_n(t)$ 是 n 阶齐次线性常微分方程（9.4.5）的 n 个解，则下列等价：

（i）$\varphi_1(t), \varphi_2(t), \cdots, \varphi_n(t)$ 在区间 I 上线性相关；

（ii）$W[\varphi_1, \varphi_2, \cdots, \varphi_n](t) \equiv 0$ （$\forall t \in I$）；

（iii）$\exists t_0 \in I$ 使得 $W[\varphi_1, \varphi_2, \cdots, \varphi_n](t_0) = 0$．

证明 显然只需证明(iii)$\Rightarrow$(i)．设存在 $t_0 \in I$ 使得 $W[\varphi_1, \varphi_2, \cdots, \varphi_n](t_0) = 0$．则存在一组不全为零的常数 $c_1, c_2, \cdots, c_n$ 使得

$$\begin{pmatrix} \varphi_1(t_0) & \varphi_2(t_0) & \cdots & \varphi_n(t_0) \\ \varphi_1'(t_0) & \varphi_2'(t_0) & \cdots & \varphi_n'(t_0) \\ \vdots & \vdots & & \vdots \\ \varphi_1^{n-1}(t_0) & \varphi_2^{n-1}(t_0) & \cdots & \varphi_n^{n-1}(t_0) \end{pmatrix} \begin{pmatrix} c_1 \\ c_2 \\ \vdots \\ c_n \end{pmatrix} = 0.$$

令 $x(t) = c_1\varphi_1(t) + c_2\varphi_2(t) + \cdots + c_n\varphi_n(t)$．则 $x(t)$ 为式（9.4.5）的解，且上面的方程组表明 $x(t)$ 满足初值条件

$$x(t_0) = x'(t_0) = \cdots = x^{(n-1)}(t_0) = 0.$$

由解的存在唯一性定理 9.4.1，$x(t) \equiv 0$，即存在一组不全为零的常数 $c_1, c_2, \cdots, c_n$ 满足

$$c_1\varphi_1(t) + c_2\varphi_2(t) + \cdots + c_n\varphi_n(t) \equiv 0,$$

故 $\varphi_1(t), \varphi_2(t), \cdots, \varphi_n(t)$ 在区间 I 上线性相关．证毕．

由定理 9.4.4 可直接得到下面的结论．

定理 9.4.5 设函数 $a_k(t) \in C(I)$ （$k = 1, 2, \cdots, n$），且设 φ_1, φ_2, $\cdots$, φ_n 是 n 阶齐次线性常微分方程（9.4.5）的 n 个解，则下列等价：

（i）$\varphi_1(t), \varphi_2(t), \cdots, \varphi_n(t)$ 在区间 I 上线性无关；

（ii）对 $\forall t \in I$，$W[\varphi_1, \varphi_2, \cdots, \varphi_n](t) \neq 0$；

（iii）$\exists t_0 \in I$ 使得 $W[\varphi_1, \varphi_2, \cdots, \varphi_n](t_0) \neq 0$．

定理 9.4.6 设函数 $a_k(t) \in C(I)$ （$k = 1, 2, \cdots, n$），则 n 阶齐次线性常微分方程（9.4.5）的解集合是连续函数空间 $C(I)$ 的一个 n 维线性子空间．

证明 先找出式（9.4.5）的 n 个线性无关解．

取 $\mathbb{R}^n$ 的一组标准正交基 $\mathbf{e}_1, \mathbf{e}_2, \cdots, \mathbf{e}_n$．任取 $t_0 \in I$．由定理 9.4.1，式（9.4.5）存在唯一的解 $\varphi_k(t)$ 满足初值条件

$$(\varphi_k(t_0), \varphi_k'(t_0), \cdots, \varphi_k^{(n-1)}(t_0))^{\mathrm{T}} = \mathbf{e}_k \quad （k = 1, 2, \cdots, n）.$$

因此 $W[\varphi_1, \varphi_2, \cdots, \varphi_n](t_0) = 1$，故由定理 9.4.5 知，$\varphi_1(t)$, $\varphi_2(t)$, $\cdots$, $\varphi_n(t)$ 在区间 I 上线性无关．

再证式（9.4.5）的任意一个解都能表示为 $\varphi_1(t)$, $\varphi_2(t)$, $\cdots$, $\varphi_n(t)$ 的线性组合．

任取式（9.4.5）的一个解 $x(t)$．记

$$(x(t_0),\ x'(t_0),\ \cdots,\ x^{(n-1)}(t_0))^{\mathrm{T}} = (c_1,\ c_2,\ \cdots,\ c_n)^{\mathrm{T}}.$$

令 $y(t) = c_1\varphi_1(t) + c_2\varphi_2(t) + \cdots + c_n\varphi_n(t)$．则 $y(t)$ 是式（9.4.5）的解，且与 $x(t)$ 满足相同的初值条件

$$(y(t_0),\ y'(t_0),\ \cdots,\ y^{(n-1)}(t_0))^{\mathrm{T}} = (c_1,\ c_2,\ \cdots,\ c_n)^{\mathrm{T}}.$$

由定理 9.4.1 得 $x(t) \equiv y(t) = c_1\varphi_1(t) + c_2\varphi_2(t) + \cdots + c_n\varphi_n(t)$．证毕．

n 阶齐次线性微分方程（9.4.5）的 n 个线性无关解，称为方程（9.4.5）的一个**基本解组**．

定理 9.4.7 设 φ_1, φ_2, $\cdots$, φ_n 是 n 阶齐次线性常微分方程（9.4.5）的 n 个线性无关解，且 $x_0(t)$ 是非齐次线性常微分方程（9.4.6）的一个特解，则非齐次线性常微分方程（9.4.6）的通解

$$x(t) = x_0(t) + c_1\varphi_1(t) + c_2\varphi_2(t) + \cdots + c_n\varphi_n(t) ,$$

其中 c_1, c_2, $\cdots$, c_n 是任意常数.

注意到，n 阶非齐次线性常微分方程（9.4.6）的解集合不再是一个线性空间. 这是因为 $x(t) \equiv 0$ 不是非齐次线性常微分方程（9.4.6）的解. 由上面的定理 9.4.7 知，式（9.4.6）有 $n+1$ 个线性无关的解

$$x_0(t),\ x_0(t) + \varphi_1(t),\ \cdots,\ x_0(t) + \varphi_n(t) .$$

反之，任给式（9.4.6）的 $n+1$ 个线性无关的解 $x_0(t)$, $x_1(t)$, $\cdots$, $x_n(t)$，则式（9.4.6）的通解

$$x(t) = x_0(t) + c_1(x_1(t) - x_0(t)) + c_2(x_2(t) - x_0(t)) + \cdots + c_n(x_n(t) - x_0(t)) ,$$

其中 c_1, c_2, $\cdots$, c_n 是任意常数.

例 9.4.8 已知二阶非齐次线性微分方程的三个特解 $y_1 = 1$，$y_2 = x$，$y_3 = x^3$，试求其通解及此微分方程.

解 由于非齐次微分方程的两解之差是对应齐次方程的解，因此 $y_2 - y_1 = x - 1$ 与 $y_3 - y_1 = x^3 - 1$ 是对应齐次方程的解. 又因

$$W(x) = \begin{vmatrix} x-1 & x^3-1 \\ 1 & 3x^2 \end{vmatrix} = 2x^3 - 3x^2 + 1 , \quad W(0) = 1 \neq 0 ,$$

因此由定理 9.4.5 知 $x-1, x^3-1$ 线性无关，故构成相应二阶齐次方程的基本解组，所以齐次方程的通解

$$y = c_1(x-1) + c_2(x^3-1) ,$$

从而二阶非齐次方程的通解

$$y = 1 + c_1(x-1) + c_2(x^3-1) , \tag{9.4.9}$$

其中 c_1, c_2 是任意常数. 对式（9.4.9）求导两次，得 $y' = c_1 + 3c_2 x^2$，$y'' = 6c_2 x$，解得

$$c_1 = y' - \frac{1}{2}y''x, \quad c_2 = \frac{y''}{6x} .$$

代入非齐次方程的通解表达式（9.4.9）中，求得微分方程

$$y = 1 + \left(y' - \frac{1}{2}y''x\right)(x-1) + \frac{y''}{6x}(x^3-1) ,$$

即 $(2x^3 - 3x^2 + 1)y'' - 6x(x-1)y' + 6xy - 6x = 0$.

例 9.4.9 证明斯图姆（Sturm）分离定理：设 $p(x)$ 与 $q(x)$ 在区间 I 上连续，且设 $y_1(x)$ 和 $y_2(x)$ 是二阶齐次线性常微分方程

$$y'' + p(x)y' + q(x)y = 0 \tag{9.4.10}$$

在 I 上的两个线性无关解，则 $y_1(x)$ 的任意两个相邻零点之间有且仅有 $y_2(x)$ 的一个零点，进而 $y_1(x)$ 和 $y_2(x)$ 的零点交替分布.

证明 由于 $y_1(x)$ 和 $y_2(x)$ 是式（9.4.10）在 I 上的两个线性无关解，由定理 9.4.5 知 $y_1(x)$ 与 $y_2(x)$ 的朗斯基行列式

$$W(x) = y_1(x)y_2'(x) - y_1'(x)y_2(x) \neq 0, \quad \forall x \in I . \tag{9.4.11}$$

故 $y_1(x)$ 和 $y_2(x)$ 在区间 I 上没有公共零点. 假设 $x_1, x_2 \in I$ 是 $y_1(x)$ 相邻的两个零点，则 $y_2(x_1) \neq 0$ 且 $y_2(x_2) \neq 0$. 不妨设 $x_1 < x_2$. 我们证明在 (x_1, x_2) 内有且仅有 $y_2(x)$ 的一个零点.

假设对 $\forall x \in [x_1, x_2]$，$y_2(x) \neq 0$. 记 $k(x) = \dfrac{y_1(x)}{y_2(x)}$，则由假设知 $k(x_1) = k(x_2) = 0$，由洛尔定理，至少存在一点 $\xi \in (x_1, x_2)$ 使得 $k'(\xi) = 0$. 而

$$k'(\xi) = \frac{y_2(\xi)y_1'(\xi) - y_2'(\xi)y_1(\xi)}{y_2(\xi)^2} = -\frac{W(\xi)}{y_2(\xi)^2}$$

蕴含 $W(\xi) = 0$，与式（9.4.11）矛盾. 所以至少存在一点 $x_0 \in (x_1, x_2)$ 使得 $y_2(x_0) = 0$. 假设还存在另一点 $y_0 \in (x_1, x_2)$ 满足 $x_0 < y_0$ 使得 $y_2(y_0) = 0$，则在 $[x_0, y_0]$ 上对函数 $h(x) = \dfrac{y_2(x)}{y_1(x)}$ 应用洛尔定理，至少存在一点 $\eta \in (x_0, y_0)$ 使得

$$0 = h'(\eta) = \frac{y_1(\eta)y_2'(\eta) - y_1'(\eta)y_2(\eta)}{y_1(\eta)^2} = \frac{W(\eta)}{y_1(\eta)^2} ,$$

故 $W(\eta) = 0$，又一次与式（9.4.11）矛盾，因此在 (x_1, x_2) 内有且仅有 $y_2(x)$ 的一个零点，所以 $y_1(x)$ 和 $y_2(x)$ 的零点交替分布. 证毕.

下面的定理称为解的叠加原理，在求某些非齐次方程的特解时比较方便，读者自行验证.

定理 9.4.8 设 $\varphi_1(t)$ 与 $\varphi_2(t)$ 分别是方程

$$x^{(n)} + a_1(t)x^{(n-1)} + \cdots + a_{n-1}(t)x' + a_n(t)x = f_1(t)$$

与

$$x^{(n)} + a_1(t)x^{(n-1)} + \cdots + a_{n-1}(t)x' + a_n(t)x = f_2(t)$$

的特解，则 $\varphi_1(t) + \varphi_2(t)$ 是方程

$$x^{(n)} + a_1(t)x^{(n-1)} + \cdots + a_{n-1}(t)x' + a_n(t)x = f_1(t) + f_2(t)$$

的一个特解.

9.4.3 高阶非齐次方程的常数变易法

若已知齐次线性常微分方程（9.4.1）的 n 个线性无关解 φ_1, φ_2, $\cdots$, φ_n，则其通解为

$$x(t) = \sum_{k=1}^{m} c_k \varphi_k(t),$$

其中 c_k（$k = 1, 2, \cdots, m$）为任意常数. 将常数 c_k 变易为待定函数 $c_k(t)$，并设非齐次方程（9.4.2）的通解为 $x(t) = \sum\limits_{k=1}^{m} c_k(t)\varphi_k(t)$，求出待定函数 $c_k(t)$，理论上即求得式（9.4.2）的通解.

下面以二阶微分方程为例探讨非齐次方程的求解.

$$x'' + p(t)x' + q(t)x = 0 , \tag{9.4.12}$$
$$x'' + p(t)x' + q(t)x = f(t) . \tag{9.4.13}$$

情形 1　已知齐次线性常微分方程（9.4.12）的两个线性无关解 $x_1(t)$, $x_2(t)$.

设非齐次线性常微分方程（9.4.13）的通解为 $x(t) = c_1(t)x_1(t) + c_2(t)x_2(t)$. 则
$$x' = c_1'x_1 + c_2'x_2 + c_1x_1' + c_2x_2' ,$$

假设
$$c_1'x_1 + c_2'x_2 = 0 . \tag{9.4.14}$$

这一假设的合理性将在 9.7 节给出解释. 于是 $x' = c_1x_1' + c_2x_2'$, 且 $x'' = c_1'x_1' + c_2'x_2' + c_1x_1'' + c_2x_2''$. 将 x, x', x'' 代入式（9.4.13），并注意到 x_1, x_2 是式（9.4.12）的解，于是有
$$c_1'x_1' + c_2'x_2' = f(t). \tag{9.4.15}$$

联立式（9.4.14）与式（9.4.15），解得 $c_1'(t) = -\dfrac{x_2(t)f(t)}{W(t)}$, $c_2'(t) = \dfrac{x_1(t)f(t)}{W(t)}$，其中 $W(t)$ 为 x_1, x_2 的朗斯基行列式. 求出 $c_1(t)$, $c_2(t)$，进而求得式（9.4.13）的通解.

例 9.4.10　已知 t, e^t 是齐次线性常微分方程 $(t-1)x''(t) - tx'(t) + x(t) = 0$ 的两个线性无关解，求非齐次线性常微分方程 $(t-1)x''(t) - tx'(t) + x(t) = (t-1)^2$ 的通解.

解　设 $x(t) = u(t)t + v(t)e^t$ 为非齐次线性常微分方程 $(t-1)x'' - tx' + x = (t-1)^2$ 的解，且满足
$$u'(t)t + v'(t)e^t = 0, \tag{9.4.16}$$

则将 $x(t)$, $x'(t) = u(t) + v(t)e^t$, $x''(t) = u'(t) + v'(t)e^t + v(t)e^t$ 代入非齐次线性常微分方程中，得
$$u'(t) + v'(t)e^t = t - 1. \tag{9.4.17}$$

将式（9.4.16）与式（9.4.17）联立，解得 $u'(t) = -1$, $v'(t) = te^{-t}$，从而
$$u(t) = -t + c_1, \quad v(t) = -e^{-t} - te^{-t} + c_2.$$

故非齐次线性常微分方程的通解是 $x(t) = (-t + c_1)t + (-e^{-t} - te^{-t} + c_2)e^t$，其中 c_1, c_2 是任意常数.

情形 2　已知齐次线性常微分方程（9.4.12）的一个非零解 $x_0(t)$.

设非齐次线性常微分方程（9.4.13）的解为 $x(t) = c(t)x_0(t)$，其中 $c(t)$ 待定. 将
$$x(t) = c(t)x_0(t), \quad x' = c'x_0 + cx_0', \quad x'' = c''x_0 + 2c'x_0' + cx_0''$$

代入式（9.4.13），并注意到 $x_0(t)$ 是式（9.4.12）的解，则
$$x_0c'' + [2x_0' + p(t)x_0]c' = f(t),$$

该方程中不显含未知函数 $c(t)$，令 $u(t) = c'(t)$，则方程降为一阶线性常微分方程
$$x_0u' + [2x_0' + p(t)x_0]u = f(t).$$

求解此方程，解出 $u(t)$，它含有一个任意常数；再由 $u(t) = c'(t)$ 求得函数 $c(t)$，它含有两个任意常数，故求得 $x(t) = c(t)x_0(t)$ 是式（9.4.13）的通解.

例 9.4.11　已知 $x_0(t) = e^t$ 是齐次线性常微分方程 $x''(t) - 2x'(t) + x(t) = 0$ 的解，求非齐次线性常微分方程 $x''(t) - 2x'(t) + x(t) = \dfrac{e^t}{t}$ 的通解.

解　设 $x(t)=c(t)\mathrm{e}^t$ 是非齐次方程 $x''(t)-2x'(t)+x(t)=\dfrac{\mathrm{e}^t}{t}$ 的解．将

$$x'(t)=(c(t)+c'(t))\mathrm{e}^t,\quad x''(t)=(c''(t)+2c'(t)+c(t))\mathrm{e}^t$$

代入非齐次线性常微分方程中，得 $c''=\dfrac{1}{t}$．解得 $c(t)=t\ln|t|+c_1t+c_2$，故

$$x(t)=\mathrm{e}^t(t\ln|t|+c_1t+c_2)$$

为非齐次线性常微分方程的通解，其中 $c_1,\ c_2$ 是任意常数．

例 9.4.12　已知方程 $x''+x=0$ 的两个线性无关解 $\sin t$，$\cos t$，求非齐次方程 $x''+x=\dfrac{1}{\cos t}$ 的通解．

解　令 $x=c_1(t)\cos t+c_2(t)\sin t$ 是非齐次方程的解，且满足下列方程组

$$\begin{cases} c_1'(t)\cos t+c_2'(t)\sin t=0,\\ -c_1'(t)\sin t+c_2'(t)\cos t=\dfrac{1}{\cos t}, \end{cases}$$

解得 $c_1'(t)=-\tan t$，$c_2'(t)=1$．从而 $c_1(t)=\ln|\cos t|+\alpha_1$，$c_2(t)=t+\alpha_2$．故非齐次方程的通解

$$x(t)=(\ln|\cos t|+\alpha_1)\cos t+(t+\alpha_2)\sin t,$$

其中 $\alpha_1,\ \alpha_2$ 是任意常数．

习题 9.4

1．利用降阶法求解下列微分方程．

（1）$y''=2x-\cos x,\ y(0)=1,\ y'(0)=-1$；

（2）$y''+\dfrac{2}{1-y}(y')^2=0$；

（3）$(1+x^2)y''=2xy',\ y(0)=1$，$y'(0)=3$；

（4）$yy''-(y')^2=0$；

（5）$y''=\mathrm{e}^x+x$；

（6）$xy'''-3y''=2x-3$；

（7）$xy''-y'=x^2$；

（8）$yy''=2(y')^2$．

2．设 $f(x)$ 是以 T 为周期的连续函数，$y=\varphi(x)$ 是方程 $\dfrac{\mathrm{d}y}{\mathrm{d}x}+y=f(x)$ 的解，且满足 $\varphi(T)=\varphi(0)$，求证：$\varphi(x)$ 是以 T 为周期的周期函数．

3．证明：n 阶非齐次线性常微分方程

$$y^{(n)}+a_1(x)y^{(n-1)}+\cdots+a_{n-1}(x)y'+a_n(x)y=f(x)$$

存在且最多存在 $(n+1)$ 个线性无关的解．

4．设 $y_1(x),y_2(x),y_3(x)$ 为非齐次线性微分方程组 $y''+a_1(x)y'+a_2(x)y=f(x)$ 的三个特解，在什么条件下，由这三个特解可以写出非齐次线性微分方程组的通解？通解的表达式又是什么？

5．求解下列微分方程．

（1）验证 $\mathrm{e}^x,\mathrm{e}^{-x}$ 为 $\dfrac{\mathrm{d}^2y}{\mathrm{d}x^2}-y=0$ 的基本解，并求方程 $\dfrac{\mathrm{d}^2y}{\mathrm{d}x^2}-y=\cos x$ 的通解；

（2）验证 x 为 $\dfrac{1}{2}x^2\dfrac{d^2y}{dx^2}-x\dfrac{dy}{dx}+y=0$ 的解，并求方程 $\dfrac{1}{2}x^2\dfrac{d^2y}{dx^2}-x\dfrac{dy}{dx}+y=x^3$ 的通解.

6．e^x,e^{-x} 为 $\dfrac{d^2y}{dx^2}-y=0$ 的基本解组，分别求方程满足初始条件 $y(0)=1$，$y'(0)=0$ 及 $y(0)=0$，$y'(0)=1$ 的解，由此求出满足条件 $y(0)=a$，$y'(0)=b$ 的解.

7．求出以下列函数 y 为通解的微分方程.

（1）$y=(c_1+c_2x)e^{-x}$；　　　　　　（2）$y=c_1+c_2\cos x+c_3\sin x$.

8．已知三阶非齐次微分方程有特解 x^2+x 与 x^2+x^3，对应的齐次微分方程有解 1 与 x，写出非齐次微分方程的通解.

9．已知 $y(x)=e^x$ 为 $(2x-1)y''-(2x+1)y'+2y=0$ 的一个解，求方程的通解.

10．设 $y_1(x)$ 是二阶齐次线性方程 $y''+p(x)y'+q(x)y=0$ 的解（非零）．求证：

$$y_2(x)=y_1\cdot\int\frac{1}{y_1^2}e^{-\int p(x)dx}dx$$

是方程的另一个解，且与 $y_1(x)$ 线性无关.

9.5　常系数高阶线性常微分方程

对一般的线性常微分方程，要想得到其通解表达式是非常困难的．本节讨论常系数线性常微分方程的解法.

n 阶常系数齐次线性常微分方程的标准形式为
$$x^{(n)}+a_1x^{(n-1)}+\cdots+a_{n-1}x'+a_nx=0；\tag{9.5.1}$$
n 阶常系数非齐次线性常微分方程的标准形式为
$$x^{(n)}+a_1x^{(n-1)}+\cdots+a_{n-1}x'+a_nx=f(t)，\tag{9.5.2}$$
其中 a_1，a_2，$\cdots$，$a_n\in\mathbb{R}$ 是常数.

9.5.1　常系数齐次线性常微分方程的特征值法

为讨论常系数齐次线性常微分方程的解，需要考虑微分方程的复值解．我们把定义在实数区间上取值为复数的函数称为实变复值函数，实变复值函数可表示为 $f(t)=u(t)+iv(t)$，其中 i 是虚数单位，满足 $i^2=-1$，实部 $u(t)$ 和虚部 $v(t)$ 都是实值函数.

定义 9.5.1　对实变复值函数 $f(t)=u(t)+iv(t)$，

（i）如果 $u(t)$ 和 $v(t)$ 都在 t_0 处可导（或连续），称 $f(t)$ 在 t_0 处可导（或连续），且
$$f'(t_0)=u'(t_0)+iv'(t_0)；$$

（ii）若 $u(t)$ 和 $v(t)$ 都在 $[a,b]$ 上可积，称 $f(t)$ 在 $[a,b]$ 上可积，且
$$\int_a^b f(t)dt=\int_a^b u(t)dt+i\int_a^b v(t)dt.$$

命题 9.5.1　设 $u(t)$，$v(t)$，$f_1(t)$，$f_2(t)$ 都是实值函数.

（i）如果 $x(t) = u(t) + iv(t)$ 为式（9.5.1）的实变复值解，则 $u(t)$ 和 $v(t)$ 都是式（9.5.1）的实值解.

（ii）如果 $x(t) = u(t) + iv(t)$ 是方程

$$x^{(n)} + a_1 x^{(n-1)} + \cdots + a_{n-1} x' + a_n x = f_1(t) + if_2(t)$$

的实变复值解，则 $u(t)$ 是方程

$$x^{(n)} + a_1 x^{(n-1)} + \cdots + a_{n-1} x' + a_n x = f_1(t)$$

的实值解；且 $v(t)$ 是方程

$$x^{(n)} + a_1 x^{(n-1)} + \cdots + a_{n-1} x' + a_n x = f_2(t)$$

的实值解.

证明 （i）将 $x(t) = u(t) + iv(t)$ 代入式（9.5.1）中，实部与虚部分离，则

$$u^{(n)} + a_1 u^{(n-1)} + \cdots + a_{n-1} u' + a_n u = 0,$$

且 $v^{(n)} + a_1 v^{(n-1)} + \cdots + a_{n-1} v' + a_n v = 0$，故 $u(t)$ 和 $v(t)$ 都是式（9.5.1）的实值解.

（ii）将 $x(t) = u(t) + iv(t)$ 代入方程

$$x^{(n)} + a_1 x^{(n-1)} + \cdots + a_{n-1} x' + a_n x = f_1(t) + if_2(t),$$

等号两边实部与虚部分别对应相等，有 $u^{(n)} + a_1 u^{(n-1)} + \cdots + a_{n-1} u' + a_n u = f_1(t)$，且

$$v^{(n)} + a_1 v^{(n-1)} + \cdots + a_{n-1} v' + a_n v = f_2(t),$$

故得证. 证毕.

回忆，欧拉（Euler）公式 $e^{ix} = \cos x + i \sin x$，对 $\forall \beta \in \mathbb{R}$，有

$$(e^{i\beta x})' = -\beta \sin \beta x + i\beta \cos \beta x = i\beta e^{i\beta x},$$

故对 $\forall \lambda = \alpha + i\beta$，其中 $\alpha, \beta \in \mathbb{R}$，有

$$(e^{\lambda x})' = (e^{\alpha x} e^{i\beta x})' = \alpha e^{\alpha x} e^{i\beta x} + i\beta e^{\alpha x} e^{i\beta x} = \lambda e^{\lambda x}.$$

注意到对任意的复数 λ，函数 $e^{\lambda t}$ 与其各阶导数都只差一个常数因子. 把 $x(t) = e^{\lambda t}$ 代入式（9.5.1）得

$$(\lambda^n + a_1 \lambda^{n-1} + \cdots + a_{n-1} \lambda + a_n) e^{\lambda t} = 0,$$

由于 $e^{\lambda t} \neq 0$，从而

$$\lambda^n + a_1 \lambda^{n-1} + \cdots + a_{n-1} \lambda + a_n = 0. \tag{9.5.3}$$

故只要 λ 满足代数方程（9.5.3），则 $e^{\lambda t}$ 就是式（9.5.1）的解.

定义 9.5.2 称一元 n 次多项式方程（9.5.3）为常系数线性微分方程（9.5.1）的特征方程. 特征方程的根称为式（9.5.1）的特征根.

为讨论 n 阶齐次线性常微分方程（9.5.1）的解，首先考虑二阶常系数齐次线性常微分方程

$$x''(t) + px'(t) + qx(t) = 0 \tag{9.5.4}$$

的解. 其特征方程

$$\lambda^2 + p\lambda + q = 0. \tag{9.5.5}$$

如果特征方程（9.5.5）有两个不相等的实根 λ_1, λ_2，则 $e^{\lambda_1 t}$，$e^{\lambda_2 t}$ 是式（9.5.4）的两个线性无关的解.

如果特征方程（9.5.5）有两个相等的实根 $\lambda_1 = \lambda_2 = \lambda$，则 $\mathrm{e}^{\lambda t}$ 是式（9.5.4）的一个解．由于式（9.5.4）有两个线性无关解，因此这两个解不成比例，故令 $x(t) = c(t)\mathrm{e}^{\lambda t}$ 是式（9.5.4）的另一个解，其中函数 $c(t)$ 待定．将 $x(t) = c(t)\mathrm{e}^{\lambda t}$ 代入式（9.5.4），有

$$c''(t) + (2\lambda + p)c'(t) + (\lambda^2 + p\lambda + q)c(t) = 0.$$

注意到 $2\lambda + p = 0$ 且 $\lambda^2 + p\lambda + q = 0$，故 $c''(t) = 0$．取 $c(t) = t$，容易验证 $\mathrm{e}^{\lambda t}$，$t\mathrm{e}^{\lambda t}$ 是式（9.5.4）的两个线性无关的解．

如果特征方程（9.5.5）没有实根，则式（9.5.5）有一对共轭复根 $\lambda_1 = \alpha + \mathrm{i}\beta$，$\lambda_2 = \alpha - \mathrm{i}\beta$．其中 $\beta \neq 0$．此时 $x_1(t) = \mathrm{e}^{(\alpha+\mathrm{i}\beta)t}$，$x_2(t) = \mathrm{e}^{(\alpha-\mathrm{i}\beta)t}$ 是式（9.5.4）的两个复值解，由命题 9.5.1 知，其实部 $\mathrm{e}^{\alpha t}\cos\beta t$ 与虚部 $\mathrm{e}^{\alpha t}\sin\beta t$ 分别是式（9.5.4）的两个实值解．

上面的讨论可类似地推广到 n 阶常系数齐次线性常微分方程（9.5.1）．由代数学基本定理，n 次代数方程有 n 个根（重根按重数计算），而特征方程中的每个根都对应着式（9.5.1）通解中的一项，因此得到 n 阶齐次线性常微分方程（9.5.1）的解如下．

定理 9.5.1 （i）若 λ 是齐次方程（9.5.1）的实的单特征根，则 $\mathrm{e}^{\lambda t}$ 是齐次方程（9.5.1）的一个解．

（ii）若 λ 是齐次方程（9.5.1）的 k 重实特征根（$1 < k \leqslant n$），则齐次方程（9.5.1）有 k 个线性无关解：

$$\mathrm{e}^{\lambda t}, \ t\mathrm{e}^{\lambda t}, \ \cdots, \ t^{k-1}\mathrm{e}^{\lambda t}.$$

（iii）若 $\lambda = \alpha + \mathrm{i}\beta$ 是齐次方程（9.5.1）的复的单特征根，则齐次方程（9.5.1）有两个线性无关的实值解：

$$\mathrm{e}^{\alpha t}\cos\beta t, \mathrm{e}^{\alpha t}\sin\beta t.$$

（iv）若 $\lambda = \alpha + \mathrm{i}\beta$ 是齐次方程（9.5.1）的 k 重复特征根 $\left(1 < k \leqslant \dfrac{n}{2}\right)$，则齐次方程（9.5.1）有 $2k$ 个线性无关的实值解：

$$\mathrm{e}^{\alpha t}\cos\beta t, \ \mathrm{e}^{\alpha t}\sin\beta t;$$
$$t\mathrm{e}^{\alpha t}\cos\beta t, \ t\mathrm{e}^{\alpha t}\sin\beta t;$$
$$\cdots$$
$$t^{k-1}\mathrm{e}^{\alpha t}\cos\beta t, \ t^{k-1}\mathrm{e}^{\alpha t}\sin\beta t.$$

例 9.5.1 求方程 $x''(t) - 2x'(t) - 3x(t) = 0$ 的通解．

解 该方程的特征方程

$$\lambda^2 - 2\lambda - 3 = 0,$$

所以方程的特征根 $\lambda_1 = 3$，$\lambda_2 = -1$，故方程的两个线性无关解是 e^{3t} 和 e^{-t}，从而方程的通解为

$$x(t) = c_1\mathrm{e}^{3t} + c_2\mathrm{e}^{-t},$$

其中 $\forall c_1, \ c_2 \in \mathbb{R}$.

例 9.5.2 求方程 $x^{(4)}(t) + 2x''(t) + x(t) = 0$ 的通解．

解 该方程的特征方程

$$\lambda^4 + 2\lambda^2 + 1 = 0,$$

解得特征根 $\lambda = \pm\mathrm{i}$ 是二重复根．于是方程的 4 个线性无关解

$$\sin t, \ \cos t, \ t\sin t, \ t\cos t ,$$

故方程的通解

$$x(t) = c_1\sin t + c_2\cos t + c_3 t\sin t + c_4 t\cos t ,$$

其中 c_i（ $i=1,2,3,4$ ）是任意实数.

例 9.5.3 求方程 $x^{(4)}(t) - 4x^{(3)}(t) + 10x''(t) - 12x'(t) + 5x(t) = 0$ 的通解.

解 方程的特征方程

$$\lambda^4 - 4\lambda^3 + 10\lambda^2 - 12\lambda + 5 = 0 .$$

用待定系数法分解因式，设

$$\lambda^4 - 4\lambda^3 + 10\lambda^2 - 12\lambda + 5 = (\lambda^2 + a\lambda + b)(\lambda^2 + c\lambda + d) ,$$

则

$$\lambda^4 - 4\lambda^3 + 10\lambda^2 - 12\lambda + 5 = \lambda^4 + (a+c)\lambda^3 + (b+d+ac)\lambda^2 + (ad+bc)\lambda + bd ,$$

比较两边 λ 的同次幂项的系数，可得

$$\begin{cases} a+c=-4, \\ ac+b+d=10, \\ ad+bc=-12, \\ bd=5. \end{cases}$$

由 $bd=5$ 解得 $b=1$, $d=5$ ，从而解得 $a=-2$, $c=-2$. 故由

$$\lambda^4 - 4\lambda^3 + 10\lambda^2 - 12\lambda + 5 = (\lambda-1)^2(\lambda^2 - 2\lambda + 5) = 0 ,$$

可得 $\lambda=1$ 是二重实特征根及一对共轭复根 $\lambda=1\pm 2\mathrm{i}$ ，因此对应方程的线性无关解是

$$\mathrm{e}^t, \ t\mathrm{e}^t, \ \mathrm{e}^t\cos 2t, \ \mathrm{e}^t\sin 2t .$$

故方程的通解

$$x(t) = c_1\mathrm{e}^t + c_2 t\mathrm{e}^t + c_3\mathrm{e}^t\cos 2t + c_4\mathrm{e}^t\sin 2t ,$$

其中 c_i（ $i=1,2,3,4$ ）是任意实数.

例 9.5.4 求方程 $x^{(4)}(t) + 4x(t) = 0$ 的通解.

解 方程的特征方程 $\lambda^4 + 4 = 0$. 由于

$$\lambda^4 + 4 = (\lambda^2 + 2)^2 - 4\lambda^2 = (\lambda^2 + 2 - 2\lambda)(\lambda^2 + 2 + 2\lambda) ,$$

求得两对共轭复特征根分别为 $\lambda_{1,2} = 1\pm\mathrm{i}$, $\lambda_{3,4} = -1\pm\mathrm{i}$. 因此方程的 4 个线性无关解为

$$\mathrm{e}^t\sin t, \ \mathrm{e}^t\cos t, \ \mathrm{e}^{-t}\sin t, \ \mathrm{e}^{-t}\cos t .$$

故方程的通解

$$x(t) = c_1\mathrm{e}^t\sin t + c_2\mathrm{e}^t\cos t + c_3\mathrm{e}^{-t}\sin t + c_4\mathrm{e}^{-t}\cos t ,$$

其中 c_i（ $i=1,2,3,4$）是任意实数.

例 9.5.5 求方程 $x'''(t) - 3x''(t) + 3x'(t) - x(t) = 0$ 的通解.

解 方程的特征方程

$$\lambda^3 - 3\lambda^2 + 3\lambda - 1 = 0 ,$$

即 $(\lambda-1)^3 = 0$. 故 $\lambda=1$ 是三重特征根，所以方程的 3 个线性无关解为 e^t, $t\mathrm{e}^t$, $t^2\mathrm{e}^t$ ，从而方程的通解为

$$x(t) = c_1\mathrm{e}^t + c_2 t\mathrm{e}^t + c_3 t^2\mathrm{e}^t ,$$

其中 c_i（ $i=1,2,3$ ）是任意实数.

例 9.5.6 求方程 $x^{(4)}(t) - 2x'''(t) + 5x''(t) = 0$ 的通解.

解 方程的特征方程

$$\lambda^4 - 2\lambda^3 + 5\lambda^2 = 0 ,$$

故求得 $\lambda_1 = \lambda_2 = 0$，$\lambda_{3,4} = 1 \pm 2\mathrm{i}$，所以方程的通解

$$x(t) = c_1 + c_2 t + c_3 \mathrm{e}^t \cos 2t + c_4 \mathrm{e}^t \sin 2t ,$$

其中 c_i（$i = 1, 2, 3, 4$）是任意实数.

9.5.2 常系数非齐次线性常微分方程的待定系数法

设 $x(t) = \sum_{i=1}^{n} c_i x_i(t)$ 是常系数齐次线性常微分方程（9.5.1）的通解，通过常数变易法，理论上可求出非齐次线性常微分方程（9.5.2）的通解. 但当 n 较大时，这种方法的计算量很大. 下面以二阶微分方程为例，探讨当自由项 $f(t)$ 是某些特殊情形时求常系数非齐次方程特解的待定系数法.

二阶常系数非齐次线性常微分方程的标准形式：

$$x''(t) + px'(t) + qx(t) = f(t) \tag{9.5.6}$$

其中 p, q 是常数，$f(t)$ 不恒为零. 设 $f(t) = p_m(t)\mathrm{e}^{\lambda t}$. 其中 $\lambda \in \mathbb{R}$ 且 $p_m(t)$ 为 m 阶实系数多项式

$$p_m(t) = a_0 t^m + a_1 t^{m-1} + \cdots + a_{m-1} t + a_m .$$

注意到，一个多项式与 $\mathrm{e}^{\lambda t}$ 的乘积，其各阶导数仍然是多项式与 $\mathrm{e}^{\lambda t}$ 乘积的形式，因此猜测非齐次方程（9.5.6）有此形式的特解. 故设式（9.5.6）有特解 $x(t) = P(t)\mathrm{e}^{\lambda t}$，其中 $P(t)$ 是一个多项式. 因为

$$x'(t) = (P'(t) + \lambda P(t))\mathrm{e}^{\lambda t}, \quad x''(t) = (P''(t) + 2\lambda P'(t) + \lambda^2 P(t))\mathrm{e}^{\lambda t} ,$$

代入式（9.5.6），消去 $\mathrm{e}^{\lambda t}$，有

$$P''(t) + (2\lambda + p)P'(t) + (\lambda^2 + p\lambda + q)P(t) = p_m(t) . \tag{9.5.7}$$

为使式（9.5.7）成立，等式的左端必须是 m 次多项式，设出 $P(t)$ 的表达式，比较式（9.5.7）两边 t 的同次幂项的系数，求出多项式 $P(t)$，这种求解方法称为**待定系数法**. 下面分三种情况讨论多项式 $P(t)$ 的阶数.

（1）若 λ 不是特征方程 $\lambda^2 + p\lambda + q = 0$ 的根，则式（9.5.7）左端是一个与 $P(t)$ 有相同次数的多项式，因此 $P(t)$ 是一个 m 次多项式，系数待定.

（2）若 λ 是特征方程 $\lambda^2 + p\lambda + q = 0$ 的单根，则 $\lambda^2 + p\lambda + q = 0$ 但 $2\lambda + p \neq 0$，故式（9.5.7）左端是一个与 $P'(t)$ 有相同次数的多项式，因此 $P(t)$ 是一个 $m+1$ 次多项式. 所以式（9.5.6）的特解具有阶数

$$x(t) = t q_m(t) \mathrm{e}^{\lambda t} ,$$

其中 $q_m(t)$ 是一个 m 次多项式，系数待定.

（3）若 λ 是方程 $\lambda^2 + p\lambda + q = 0$ 的重根，则 $\lambda^2 + p\lambda + q = 0$ 且 $2\lambda + p = 0$，故式（9.5.7）左端 $P''(t)$ 是一个 m 次多项式，因此 $P(t)$ 是一个 $m+2$ 次多项式. 所以式（9.5.6）的特解

具有形式

$$x(t) = t^2 q_m(t) e^{\lambda t},$$

其中 $q_m(t)$ 是一个 m 次多项式，系数待定.

将上述结论推广到 n 阶常系数非齐次常微分方程（9.5.2），有下面的结论.

定理 9.5.2 设非齐次方程（9.5.2）中的自由项 $f(t) = p_m(t) e^{\lambda t}$ ， $\lambda \in \mathbb{R}$ 且 $p_m(t)$ 为 m 阶实系数多项式. 则式（9.5.2）有特解形如 $x(t) = q_m(t) t^k e^{\lambda t}$ ，其中， k 是 λ 作为与该非齐次方程对应的齐次方程（9.5.1）的特征根的重数（当 λ 是单根时， $k=1$ ；当 λ 不是特征根时， $k=0$ ）， $q_m(t)$ 为 m 阶实系数多项式，系数待定.

例 9.5.7 求方程 $x'' - 2x' - 3x = 3t + 1$ 的通解.

解 与该方程对应的齐次方程的特征方程

$$\lambda^2 - 2\lambda - 3 = 0$$

有两个根 $\lambda_1 = 3$, $\lambda_2 = -1$. 故齐次方程的两个线性无关解为 e^{3t} , e^{-t} . 由于非齐次方程的自由项

$$f(t) = 3t + 1,$$

而 $\lambda = 0$ 不是特征方程的特征根，因此非齐次方程有特解 $x(t) = at + b$. 将其代入非齐次方程，有

$$-2a - 3at - 3b = 3t + 1,$$

比较两边 t 的同次幂项的系数，可得 $a = -1$, $b = \frac{1}{3}$. 故非齐次方程的通解

$$x(t) = c_1 e^{3t} + c_2 e^{-t} - t + \frac{1}{3},$$

其中 $\forall c_1, c_2 \in \mathbb{R}$.

例 9.5.8 求方程 $x'' - 2x' + x = 4t e^t$ 的通解.

解 与此非齐次方程对应的齐次方程的特征方程

$$\lambda^2 - 2\lambda + 1 = 0$$

有二重实特征根 $\lambda = 1$ ，因此齐次方程有两个线性无关的解 e^t , $t e^t$. 设非齐次方程的特解为

$$x(t) = t^2(at + b) e^t,$$

将其代入非齐次方程，整理得 $(6at + 2b) e^t = 4t e^t$. 比较系数，得 $a = \frac{2}{3}$, $b = 0$. 故非齐次方程的通解

$$x(t) = \frac{2}{3} t^3 e^t + (c_1 + c_2 t) e^t, \ \forall c_1, c_2 \in \mathbb{R}.$$

注意到，若式（9.5.2）中的自由项 $f(t) = p(t) e^{\lambda t}$ ，其中 $\lambda \in \mathbb{C}$ 且 $p(t)$ 为 m 阶复系数多项式，则式（9.5.2）仍有形如 $x(t) = q(t) t^k e^{\lambda t}$ 的特解，其中 k 是 λ 作为与该非齐次方程对应的齐次方程（9.5.1）的特征根的重数（若 λ 不是特征根，则 $k=0$ ；若 λ 是单特征根，则 $k=1$ ）， $q(t)$ 为 m 阶复系数多项式.

记 $\lambda = \alpha + i\beta$ ，其中 $\alpha, \beta \in \mathbb{R}$. 令 m 阶复系数多项式 $p(t) = A(t) + iB(t)$ ，其中 $A(t)$, $B(t)$

是实系数多项式且其最高阶数为 m. 因此，$f(t)=p(t)\mathrm{e}^{\lambda t}$ 的实部和虚部分别是 $\mathrm{e}^{\alpha t}[A(t)\cos\beta t-B(t)\sin\beta t]$，$\mathrm{e}^{\alpha t}[A(t)\sin\beta t+B(t)\cos\beta t]$. 令特解 $x(t)=q(t)t^k\mathrm{e}^{\lambda t}=a(t)+\mathrm{i}b(t)$，则 $a(t)$, $b(t)$ 都形如

$$t^k\mathrm{e}^{\alpha t}(P(t)\cos\beta t+Q(t)\sin\beta t)，$$

其中 $P(t)$, $Q(t)$ 均为次数不超过 m 的实系数多项式. 这样我们得到下面的结论.

定理 9.5.3　设非齐次方程（9.5.2）中的自由项

$$f(t)=\mathrm{e}^{\alpha t}(A(t)\cos\beta t+B(t)\sin\beta t)，$$

其中 α, $\beta\in\mathbb{R}$，$A(t)$, $B(t)$ 是实系数多项式且其最高阶数为 m. 则非齐次方程（9.5.2）有如下形式的特解

$$x(t)=t^k\mathrm{e}^{\alpha t}(P(t)\cos\beta t+Q(t)\sin\beta t)，$$

其中，k 是 $\lambda=\alpha+\mathrm{i}\beta$ 作为与该非齐次方程对应的齐次方程（9.5.1）的特征根的重数（若 λ 是单特征根，则 $k=1$；若 λ 不是特征根，则 $k=0$），$P(t)$, $Q(t)$ 为次数不高于 m 阶的实系数多项式，系数待定.

例 9.5.9　求方程 $x''(t)-4x'(t)+13x(t)=4\sin 3t$ 的通解.

解　与此非齐次方程对应的齐次方程的特征方程

$$\lambda^2-4\lambda+13=0，$$

求得其特征根为 $2\pm 3\mathrm{i}$，因此对应的齐次方程的两个线性无关解为

$$\mathrm{e}^{2t}\cos 3t,\ \mathrm{e}^{2t}\sin 3t.$$

因为 $3\mathrm{i}$ 不是特征方程的特征根，所以该方程有如下形式的特解

$$x_0(t)=a\cos 3t+b\sin 3t.$$

将其代入原方程，得

$$(4a-12b)\cos 3t+(4b+12a)\sin 3t=4\sin 3t.$$

比较系数得到 $4a-12b=0$，$4b+12a=4$，解得 $a=\dfrac{3}{10}$, $b=\dfrac{1}{10}$，于是得到非齐次方程的一个特解

$$x_0(t)=\frac{3}{10}\cos 3t+\frac{1}{10}\sin 3t，$$

从而非齐次方程的通解

$$x(t)=\frac{3}{10}\cos 3t+\frac{1}{10}\sin 3t+c_1\mathrm{e}^{2t}\cos 3t+c_2\mathrm{e}^{2t}\sin 3t，$$

其中 c_1, $c_2\in\mathbb{R}$ 是任意常数.

例 9.5.10　求方程 $x''-x=4\cos t$ 的通解.

解　先求方程

$$x''-x=4\mathrm{e}^{\mathrm{i}t}=4(\cos t+\mathrm{i}\sin t)\tag{9.5.8}$$

的特解，因为与此非齐次方程对应的齐次方程的特征方程是 $\lambda^2-1=0$，解得特征根 $\lambda=\pm 1$，故齐次方程的两个线性无关的解为 e^t, e^{-t}. 因为 $\lambda=\mathrm{i}$ 不是齐次方程的特征根，因此式（9.5.8）有特解

$$x(t)=(a+\mathrm{i}b)\mathrm{e}^{\mathrm{i}t}，$$

代入式（9.5.8），得 $-2(a+ib)e^{it}=4e^{it}$，所以 $a=-2$，$b=0$，故 $-2e^{it}$ 的实部 $x(t)=-2\cos t$ 是所求方程的特解，从而原方程的通解 $x(t)=-2\cos t+c_1e^t+c_2e^{-t}$，其中 c_1，$c_2\in\mathbb{R}$ 是任意常数.

例 9.5.11　求方程 $x''(t)-x(t)=t\cos 2t$ 的特解.

解　该方程对应的齐次方程的特征方程 $\lambda^2-1=0$，从而齐次方程的特征根 $\lambda=\pm 1$，所以该非齐次方程有如下形式的特解

$$x(t)=(at+b)\cos 2t+(ct+d)\sin 2t，$$

将其代入非齐次方程，得

$$(4c-5at-5b)\cos 2t-(4a+5ct+5d)\sin 2t=t\cos 2t，$$

比较两端同类项的系数，有

$$\begin{cases} 4c-5b=0, \\ -5a=1, \\ 4a+5d=0, \\ 5c=0, \end{cases}$$

从而解得 $a=-\dfrac{1}{5}$，$b=0$，$c=0$，$d=\dfrac{4}{25}$. 所以方程有特解 $x(t)=-\dfrac{1}{5}t\cos 2t+\dfrac{4}{25}\sin 2t$.

例 9.5.12　求下列初值问题的解：$\begin{cases} x''(t)-3x'(t)+2x(t)=2e^t, \\ x(1)=1, \\ x'(1)=-1. \end{cases}$

解　该方程对应的齐次方程的特征方程为

$$\lambda^2-3\lambda+2=0，$$

求得 $\lambda_1=1$，$\lambda_2=2$，因此非齐次方程的特解具有形式

$$x(t)=tae^t，$$

其中 a 是待定常数. 将其代入非齐次方程，解得 $a=-2$. 故非齐次方程的通解

$$x(t)=c_1e^t+c_2e^{2t}-2te^t，$$

将初值条件 $x(1)=1$，$x'(1)=-1$ 代入，解得 $c_1=\dfrac{3}{e}$，$c_2=\dfrac{2e-2}{e^2}$. 从而满足初值条件的微分方程的解

$$x(t)=3e^{t-1}+(2e-2)e^{2t-2}-2te^t.$$

例 9.5.13　求微分方程 $x'''(t)+3x''(t)+3x'(t)+x(t)=te^{-t}$ 的特解.

解　与该方程对应的齐次方程的特征方程

$$\lambda^3+3\lambda^2+3\lambda+1=0，$$

故 $\lambda=-1$ 是三重特征根，从而非齐次方程有特解

$$x(t)=(at+b)t^3e^{-t}，$$

其中 a，b 是待定常数. 将其代入原非齐次方程，得 $a=\dfrac{1}{24}$，$b=0$，故方程有特解

$$x(t)=\dfrac{1}{24}t^3e^{-t}.$$

若方程（9.5.2）的自由项 $f(t)$ 是以上两种类型的线性组合，可以利用解的叠加原理

（定理 9.4.8）求出非齐次方程（9.5.2）的一个特解.

例 9.5.14　求方程 $x'' - x = t^2 + 1 + t\mathrm{e}^{2t}$ 的特解.

解　该方程对应的齐次方程的特征方程 $\lambda^2 - 1 = 0$，从而齐次方程的特征根 $\lambda = \pm 1$，所以非齐次方程 $x'' - x = t^2 + 1$ 有特解形如 $x_1(t) = at^2 + bt + c$；非齐次方程 $x'' - x = t\mathrm{e}^{2t}$ 有特解形如

$$x_2(t) = (\alpha t + \beta)\mathrm{e}^{2t},$$

求得 $x_1(t) = -t^2 - 3$, $x_2(t) = \left(\dfrac{1}{3}t - \dfrac{4}{9}\right)\mathrm{e}^{2t}$，故 $x(t) = x_1(t) + x_2(t) = -t^2 - 3 + \left(\dfrac{1}{3}t - \dfrac{4}{9}\right)\mathrm{e}^{2t}$ 就是方程

$x'' - x = t^2 + 1 + t\mathrm{e}^{2t}$ 的特解.

*9.5.3　常系数线性常微分方程的应用——质点的振动

质点的振动是日常生活和工程技术中常见的一种运动，如弹簧的振动、乐器中弦线的振动、机床主轴的振动、钟摆的往复摆动、电路中的电磁振荡等. 在一定条件下，振动问题可归结为二阶常系数线性常微分方程的求解问题. 下面以力学典型例子——弹簧振动为具体模型，讨论有关自由振动和强迫振动的问题.

例 9.5.15　将一弹簧的上端固定，下端挂一个质量为 m 的小球. 当小球处于静止状态时，小球所受的重力和弹性力大小相等，方向相反. 这个位置就是小球的平衡位置. 如图 9-5-1 所示，取 x 轴正向垂直向下，小球的平衡位置为坐标原点. 小球从平衡位置开始，在空气中做上下振动. 用 $x(t)$ 表示小球在时刻 t 的位置，为了确定小球的振动规律，需要求出函数关系 $x(t)$.

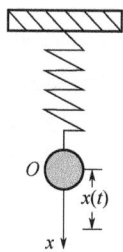

小球在运动过程中受到的弹簧弹性恢复力与位移成正比，方向与位移相反，大小为 $-kx(t)$，其中 k 为弹簧的劲度系数；小球在运动过程中还受到空气阻力的作用，使得振动逐渐趋向停止. 阻力与速度成正比，方向与速度相

图 9-5-1

反，大小为 $-\mu x'(t)$，其中 $\mu > 0$ 是比例常数. 假设弹簧在运动过程中受到沿 x 轴方向的外力 $F(t)$ 的作用，则由牛顿运动第二定律，小球的运动方程为

$$mx''(t) + \mu x'(t) + kx(t) = F(t).$$

为解方程方便，记 $2n = \dfrac{\mu}{m}$，$\omega^2 = \dfrac{k}{m}$，$f(t) = \dfrac{F(t)}{m}$. 则上述方程改写为

$$x''(t) + 2nx'(t) + \omega^2 x(t) = f(t). \tag{9.5.9}$$

除弹簧振动，还有许多运动，如电路震荡、机械振动、钟摆的往复振动，都可以用这个方程作为其数学模型. 我们讨论下面几种情形.

1. 自由振动

自由振动即无外力作用（$f(t) = 0$），分为以下两种.

（1）无阻尼自由振动

此时阻尼系数 $\mu = 0$，从而 $n = 0$. 式（9.5.9）变为

$$x''(t) + \omega^2 x(t) = 0, \tag{9.5.10}$$

其通解为 $x(t) = c_1 \sin \omega t + c_2 \cos \omega t = A \sin(\omega t + \alpha)$，其中 $A, \alpha \in \mathbb{R}$.

因此对无阻尼自由振动，运动规律总是一个正弦函数，其周期为 $\dfrac{2\pi}{\omega}$，振动频率 ω 与初始位置、初始速度无关. 振幅 A 与初始相位 α 由初始位置和初始速度决定.

（2）有阻尼自由振动

此时阻尼系数 $\mu > 0$，从而 $n > 0$. 式（9.5.9）变为

$$x''(t) + 2nx'(t) + \omega^2 x(t) = 0, \tag{9.5.11}$$

其特征方程 $\lambda^2 + 2n\lambda + \omega^2 = 0$ 的特征根 $\lambda = -n \pm \sqrt{n^2 - \omega^2}$.

① 若 $n < \omega$，即小阻尼自由振动，此时特征根是一对共轭复根 $\lambda_{1,2} = -n \pm \mathrm{i}\sqrt{\omega^2 - n^2}$，因此式（9.5.11）的通解

$$\begin{aligned}
x(t) &= \mathrm{e}^{-nt}(c_1 \sin\sqrt{\omega^2 - n^2}\,t + c_2 \cos\sqrt{\omega^2 - n^2}\,t) \\
&= A\mathrm{e}^{-nt}\sin(\sqrt{\omega^2 - n^2}\,t + \alpha), \quad A, \alpha \in \mathbb{R},
\end{aligned}$$

上式表明小阻尼自由振动随着时间的增长而衰减.

② 若 $n = \omega$，即临界阻尼振动，此时特征根 $\lambda_1 = \lambda_2 = -n$，因此式（9.5.11）的通解

$$x(t) = \mathrm{e}^{-nt}(c_1 + c_2 t).$$

若初始位置为 x_0，初始速度为 v_0，则 $x(t) = \mathrm{e}^{-nt}[x_0 + (v_0 + nx_0)t]$ 表明弹簧的运动是一个衰减运动，不发生振动.

③ 若 $n > \omega$，即大阻尼自由振动，此时特征方程有两个不相等的负实特征根 λ_1 与 λ_2，因此式（9.5.11）的通解

$$x(t) = c_1 \mathrm{e}^{-\lambda_1 t} + c_2 \mathrm{e}^{-\lambda_2 t},$$

上式表明此时是衰减运动，不发生振动.

2. 强迫振动

强迫振动即 $f(t)$ 不恒为零. 假定弹簧只受到周期外力 $f(t) = H \sin pt$ 的作用，其中 $H, p > 0$.

（1）无阻尼强迫振动

此时式（9.5.9）变为

$$x''(t) + \omega^2 x(t) = H \sin pt, \tag{9.5.12}$$

对应的齐次方程的通解为 $x(t) = A \sin(\omega t + \alpha)$.

① $p \neq \omega$. 即外加频率不等于固有频率，则可求得式（9.5.12）的一个特解 $x_0(t) = \dfrac{H}{\omega^2 - p^2} \cdot \sin pt$，从式（9.5.12）的通解

$$x(t) = \frac{H}{\omega^2 - p^2} \sin pt + A \sin(\omega t + \alpha),$$

上式表明这是一个由固有振动和外力干扰导致的强迫振动叠加而成的有界振动.

② $p = \omega$. 即外加频率等于固有频率，则可求得式（9.5.12）的一个特解 $x_0(t) = -\dfrac{H}{2\omega} t \cdot \cos \omega t$，从而式（9.5.12）的通解

$$x(t) = -\frac{H}{2\omega}t\cos\omega t + A\sin(\omega t + \alpha),$$

上式表明虽然外力是有界的，但振动随时间的增长是无界的．这就是物理学中著名的共振现象，即小的外力导致大的振动．

（2）有阻尼强迫振动

此时式（9.5.9）变为

$$x''(t) + 2nx'(t) + \omega^2 x(t) = H\sin pt . \tag{9.5.13}$$

根据实际需要，只讨论小阻尼的情形，即 $0 < n < \omega$．求得其一个特解

$$x_0(t) = \frac{-2npH}{(\omega^2 - p^2)^2 + 4n^2 p^2}\cos pt + \frac{(\omega^2 - p^2)H}{(\omega^2 - p^2)^2 + 4n^2 p^2}\sin pt .$$

令 $\beta = \arctan\dfrac{-2np}{\omega^2 - p^2}$ 且

$$B = \frac{H}{\sqrt{(\omega^2 - p^2)^2 + 4n^2 p^2}} > 0 , \tag{9.5.14}$$

则 $x_0(t) = B\sin(pt + \beta)$．解得与式（9.5.13）对应的齐次方程的通解 $x(t) = A\mathrm{e}^{-nt}\sin(\omega_1 t + \alpha)$，其中 $\omega_1 = \sqrt{\omega^2 - n^2}$．故式（9.5.13）的通解

$$x(t) = A\mathrm{e}^{-nt}\sin(\omega_1 t + \alpha) + B\sin(pt + \beta).$$

从上式可看出，此时弹簧的运动由两部分叠加而成，第一部分是有阻尼自由振动，它是系统本身的固有振动，随时间的增长而衰减；第二部分是周期外力引起的强迫周期振动，振幅不随时间的增长而衰减．

从式（9.5.14）可看出，当 $(\omega^2 - p^2)^2 + 4n^2 p^2$ 达到最小值时，外力引起的强迫振动的振幅 B 达到最大值．令 $g(p) = (\omega^2 - p^2)^2 + 4n^2 p^2$，只要 $2n^2 < \omega^2$，即阻尼很小，则由

$$g'(p) = 4p(p - \omega^2 + 2n^2) = 0$$

解得 $p = \sqrt{\omega^2 - 2n^2}$，此时 $g''(p) = 8p^2 > 0$，因此当外力的频率 $p = \sqrt{\omega^2 - 2n^2}$ 时，外力产生的强迫振幅最大，最大振幅值为 $\dfrac{H}{2n\sqrt{\omega^2 - n^2}}$．频率 $p = \sqrt{\omega^2 - 2n^2}$ 称为共振频率，所产生的现象称为共振现象．

习题 9.5

1．求解下列微分方程．

（1）$y'' - 6y' + 9y = 0, y(0) = 1, y'(0) = 1$；　　　　（2）$y'' - 4y' - 12y = x^2$；

（3）$y'' - 4y' + 4y = x\mathrm{e}^{2x}$；　　　　（4）$y'' + 2y' + y = \mathrm{e}^x\cos x$；

（5）$y'' - 2y' - 3y = 3x + 1$；　　　　（6）$y'' - 5y' + 6y = x\mathrm{e}^{2x}$；

（7）$y'' + 3y' + 2y = 3x\mathrm{e}^{-x}$；　　　　（8）$y'' - 6y' + 9y = (x + 1)\mathrm{e}^{3x}$；

（9）$y'' + y = x\cos 2x$；　　　　（10）$y'' + y = \mathrm{e}^x + \cos x$．

2．设 $\varphi(x)$ 连续，且 $\varphi(x) = \mathrm{e}^x + \displaystyle\int_0^x t\varphi(t)\mathrm{d}t - x\int_0^x \varphi(t)\mathrm{d}t$．求 $\varphi(x)$．

3. 设 $y = e^{2x} + (1+x)e^x$ 为微分方程 $y'' + ay' + by = ce^x$ 的一个解，求常系数 a, b, c 及微分方程的通解.

4. 已知连续函数 $y = f(x)$ 满足

$$f(x) = \sin x + \int_0^x (t-x)f(t)\mathrm{d}t,$$

求 $y = f(x)$.

5. 试讨论当 p, q 取何值时，方程 $y'' + py' + qy = 0$ 的一切解当 $x \to +\infty$ 时都趋于零.

6. 设 $f(x) \in C[a, +\infty)$ 且 $\lim\limits_{x \to +\infty} f(x) = 0$．证明方程 $y'' + 3y' + 2y = f(x)$ 的任一解 $y(x)$ 满足 $\lim\limits_{x \to +\infty} y(x) = 0$.

9.6 欧拉方程

欧拉方程是一类特殊的变系数线性常微分方程，可通过变量代换转化为常系数线性常微分方程. 称如下形式的微分方程

$$t^n \frac{\mathrm{d}^n x}{\mathrm{d}t^n} + a_1 t^{n-1} \frac{\mathrm{d}^{n-1} x}{\mathrm{d}t^{n-1}} + \cdots + a_{n-1} t \frac{\mathrm{d}x}{\mathrm{d}t} + a_n x = f(t) \tag{9.6.1}$$

为**欧拉方程**，其中 $a_1, a_2, \cdots, a_n$ 是常数.

当 $t > 0$ 时，做变量代换 $t = e^s$，并记 $x(t) = x(e^s) = z(s)$．则

$$\frac{\mathrm{d}z}{\mathrm{d}s} = \frac{\mathrm{d}x}{\mathrm{d}t} \cdot \frac{\mathrm{d}t}{\mathrm{d}s} = \frac{\mathrm{d}x}{\mathrm{d}t} \cdot e^s = t\frac{\mathrm{d}x}{\mathrm{d}t},$$

$$\frac{\mathrm{d}^2 z}{\mathrm{d}s^2} = \frac{\mathrm{d}}{\mathrm{d}s}\left(t\frac{\mathrm{d}x}{\mathrm{d}t}\right) = t^2 \frac{\mathrm{d}^2 x}{\mathrm{d}t^2} + t\frac{\mathrm{d}x}{\mathrm{d}t},$$

$$\frac{\mathrm{d}^3 z}{\mathrm{d}s^3} = \frac{\mathrm{d}}{\mathrm{d}s}\left(t^2 \frac{\mathrm{d}^2 x}{\mathrm{d}t^2} + t\frac{\mathrm{d}x}{\mathrm{d}t}\right) = 3t^2 \frac{\mathrm{d}^2 x}{\mathrm{d}t^2} + t^3 \frac{\mathrm{d}^3 x}{\mathrm{d}t^3} + t\frac{\mathrm{d}x}{\mathrm{d}t},$$

$$\cdots$$

从而

$$t\frac{\mathrm{d}x}{\mathrm{d}t} = \frac{\mathrm{d}z}{\mathrm{d}s},$$

$$t^2 \frac{\mathrm{d}^2 x}{\mathrm{d}t^2} = \frac{\mathrm{d}^2 z}{\mathrm{d}s^2} - \frac{\mathrm{d}z}{\mathrm{d}s},$$

$$t^3 \frac{\mathrm{d}^3 x}{\mathrm{d}t^3} = \frac{\mathrm{d}^3 z}{\mathrm{d}s^3} - 3\frac{\mathrm{d}^2 z}{\mathrm{d}s^2} + 2\frac{\mathrm{d}z}{\mathrm{d}s},$$

$$\cdots$$

记微分算子 $D = \dfrac{\mathrm{d}}{\mathrm{d}s}$，且 $D^k = \dfrac{\mathrm{d}^k}{\mathrm{d}s^k}$，则

$$t\frac{\mathrm{d}x}{\mathrm{d}t} = Dz,$$

$$t^2 \frac{\mathrm{d}^2 x}{\mathrm{d}t^2} = (D^2 - D)z = D(D-1)z,$$

$$t^3 \frac{\mathrm{d}^3 x}{\mathrm{d}t^3} = (D^3 - 3D^2 + 2D)z = D(D-1)(D-2)z,$$

一般地, 有

$$t^k \frac{\mathrm{d}^k x}{\mathrm{d}t^k} = D(D-1)\cdots(D-k+1)z,$$

代入欧拉方程 (9.6.1), 便得到一个以 s 为自变量的常系数线性常微分方程, 求出该方程的解后, 再将 $s = \ln t$ 代入, 就得到欧拉方程的解.

当 $t < 0$ 时, 令 $t = -\mathrm{e}^s$, 类似的分析可求出欧拉方程的解.

例 9.6.1 求方程 $t^2 x''(t) - tx'(t) + x(t) = 0$ 的通解.

解 当 $t > 0$ 时, 令 $s = \ln t$, 则 $t = \mathrm{e}^s$, 并记 $z(s) = x(\mathrm{e}^s)$. 则

$$z'(s) = x'(\mathrm{e}^s)\mathrm{e}^s = tx'(t), \quad z''(s) = x''(\mathrm{e}^s)\mathrm{e}^{2s} + x'(\mathrm{e}^s)\mathrm{e}^s = t^2 x''(t) + tx'(t),$$

代入原方程得

$$z''(s) - 2z'(s) + z(s) = 0. \tag{9.6.2}$$

该方程的特征方程 $\lambda^2 - 2\lambda + 1 = 0$, 解得 $\lambda = 1$ 是方程的二重特征根, 故式 (9.6.2) 的通解为

$$z(s) = c_1 \mathrm{e}^s + c_2 s \mathrm{e}^s. \tag{9.6.3}$$

若 $t < 0$, 令 $t = -\mathrm{e}^s$ 且记 $z(s) = x(-\mathrm{e}^s)$, 类似的讨论有式 (9.6.3) 成立, 所以原方程的通解为 $x(t) = c_1 |t| + c_2 |t| \ln |t|$, 其中 $\forall c_1, c_2 \in \mathbb{R}$.

例 9.6.2 求方程 $t^2 x''(t) + 2tx'(t) - 2x(t) = 4\ln t + 2$ 的通解.

解 令 $t = \mathrm{e}^s$, 记 $z(s) = x(\mathrm{e}^s)$. 则

$$tx'(t) = z'(s), \quad t^2 x''(t) = z''(s) - z'(s),$$

代入原方程, 得

$$z''(s) + z'(s) - 2z(s) = 4s + 2. \tag{9.6.4}$$

解得与式 (9.6.4) 对应的齐次方程的特征根是 -2 和 1, 因此齐次方程的通解

$$z(s) = c_1 \mathrm{e}^{-2s} + c_2 \mathrm{e}^s.$$

式 (9.6.4) 有特解 $z_0(s) = as + b$. 代入式 (9.6.4) 得 $z_0(s) = -2s - 2$. 故式 (9.6.4) 的通解

$$z(s) = -2s - 2 + c_1 \mathrm{e}^{-2s} + c_2 \mathrm{e}^s,$$

从而原方程的通解 $x(t) = -2\ln t - 2 + c_1 t^{-2} + c_2 t$, 其中 $\forall c_1, c_2 \in \mathbb{R}$.

例 9.6.3 求方程 $t^3 \frac{\mathrm{d}^3 x}{\mathrm{d}t^3} + t^2 \frac{\mathrm{d}^2 x}{\mathrm{d}t^2} - 4t \frac{\mathrm{d}x}{\mathrm{d}t} - 3t^2 = 0$ 的通解.

解 当 $t > 0$ 时, 令 $s = \ln t$, 则 $t = \mathrm{e}^s$. 记 $z(s) = x(\mathrm{e}^s)$. 则原方程化为

$$\frac{\mathrm{d}^3 z}{\mathrm{d}s^3} - 2\frac{\mathrm{d}^2 z}{\mathrm{d}s^2} - 3\frac{\mathrm{d}z}{\mathrm{d}s} = 3\mathrm{e}^{2s}. \tag{9.6.5}$$

与该方程对应的齐次方程的特征方程 $\lambda^3 - 2\lambda^2 - 3\lambda = 0$, 解得 $\lambda_1 = 0$, $\lambda_2 = -1$, $\lambda_3 = 3$. 故

式（9.6.5）有特解 $z_0(s) = ae^{2s}$，代入式（9.6.5），求得 $a = -\dfrac{1}{2}$，所以式（9.6.5）的通解

$$z(s) = -\frac{e^{2s}}{2} + c_1 + c_2 e^{-s} + c_3 e^{3s}. \tag{9.6.6}$$

若 $t < 0$，类似的讨论得到式（9.6.6），故原方程的通解

$$x(t) = -\frac{t^2}{2} + c_1 + c_2 |t|^{-1} + c_3 |t|^3,$$

其中 $\forall c_1, c_2, c_3 \in \mathbb{R}$.

习题 9.6

1．求解下列微分方程的通解.

（1）$x^2 y'' + 2xy' - n(n+1)y = 0$，$n \geq 1$；　　（2）$x^3 y''' + 3x^2 y'' + xy' - 8y = 7x + 4$；

（3）$xy'' + 2y' = 12\ln x$；　　　　　　　　　　（4）$x^2 y'' - 5xy' + 9y = x^3 \ln x$.

2．设曲线 $y = y(x)$ 满足 $4x^2 y'' + 4xy' - y = 0$，过点 $(1,4)$，且在点 $(1,4)$ 处与 x 轴正向夹

角为 $\dfrac{\pi}{4}$，求 $y = y(x)$.

9.7 一阶线性常微分方程组

前几节讨论了由一个未知函数及其导数所满足的一个微分方程的情形. 在许多实际问题中，还会遇到由几个微分方程联立起来共同确定几个具有同一自变量的函数情形， 即微分方程组. 本节我们探讨一阶线性常微分方程组解的结构.

9.7.1 解的叠加原理及解的存在唯一性

设 $a_{ij}(t)$（$i = 1, 2, \cdots, m, j = 1, 2, \cdots, n$）是区间 I 上的函数，称形如

$$A(t) = \begin{pmatrix} a_{11}(t) & a_{12}(t) & \cdots & a_{1n}(t) \\ a_{21}(t) & a_{22}(t) & \cdots & a_{2n}(t) \\ \vdots & \vdots & & \vdots \\ a_{m1}(t) & a_{m2}(t) & \cdots & a_{mn}(t) \end{pmatrix} = (a_{ij}(t))_{m \times n}$$

的矩阵为**矩阵函数**. 其导数和积分分别定义为

$$\frac{\mathrm{d}A(t)}{\mathrm{d}t} = A'(t) = (a'_{ij}(t))_{m \times n}, \qquad \int_{t_0}^{t} A(s)\mathrm{d}s = \left(\int_{t_0}^{t} a_{ij}(s)\mathrm{d}s \right)_{m \times n}.$$

令

$$x(t) = \begin{pmatrix} x_1(t) \\ x_2(t) \\ \vdots \\ x_n(t) \end{pmatrix}, \quad f(t) = \begin{pmatrix} f_1(t) \\ f_2(t) \\ \vdots \\ f_n(t) \end{pmatrix}.$$

有时也将列向量写为行向量的转置，如
$$\boldsymbol{x}(t) = (x_1(t), x_2(t), \cdots, x_n(t))^{\mathrm{T}}, \quad \boldsymbol{f}(t) = (f_1(t), f_2(t), \cdots, f_n(t))^{\mathrm{T}},$$
则一阶非齐次线性常微分方程组
$$\begin{cases} x_1'(t) = a_{11}(t)x_1 + a_{12}(t)x_2 + \cdots + a_{1n}(t)x_n + f_1(t), \\ x_2'(t) = a_{21}(t)x_1 + a_{22}(t)x_2 + \cdots + a_{2n}(t)x_n + f_2(t), \\ \qquad\qquad\qquad\qquad \cdots \\ x_n'(t) = a_{n1}(t)x_1 + a_{n2}(t)x_2 + \cdots + a_{nn}(t)x_n + f_n(t) \end{cases}$$

写成向量值函数的形式为
$$\boldsymbol{x}'(t) = \boldsymbol{A}(t)\boldsymbol{x}(t) + \boldsymbol{f}(t) , \tag{9.7.1}$$
与此方程组对应的一阶齐次线性常微分方程组为
$$\boldsymbol{x}'(t) = \boldsymbol{A}(t)\boldsymbol{x}(t). \tag{9.7.2}$$

容易验证方程组（9.7.1）和方程组（9.7.2）的解有如下性质.

定理 9.7.1 （i）若 $\boldsymbol{\varphi}(t)$, $\boldsymbol{\psi}(t)$ 是一阶齐次线性常微分方程组（9.7.2）的解，则对 $\forall \alpha, \beta \in \mathbb{R}$，$\alpha\boldsymbol{\varphi}(t) + \beta\boldsymbol{\psi}(t)$ 也是齐次方程组（9.7.2）的解.

（ii）若 $\boldsymbol{\varphi}^*(t)$ 是非齐次方程组（9.7.1）的一个特解，任取齐次方程组（9.7.2）的一个解 $\boldsymbol{\varphi}(t)$，则 $\boldsymbol{\varphi}^*(t) + \boldsymbol{\varphi}(t)$ 是非齐次方程组（9.7.1）的解.

定理 9.7.2 设矩阵函数 $\boldsymbol{A}(t)$ 和向量值函数 $\boldsymbol{f}(t)$ 在区间 I 上连续，$t_0 \in I$ 是任意一点. 则对 $\forall \boldsymbol{\xi} = (\xi_1, \xi_2, \cdots, \xi_n)^{\mathrm{T}} \in \mathbb{R}^n$，初值问题
$$\begin{cases} \boldsymbol{x}'(t) = \boldsymbol{A}(t)\boldsymbol{x}(t) + \boldsymbol{f}(t), \\ \boldsymbol{x}(t_0) = \boldsymbol{\xi} \end{cases}$$

在区间 I 上存在唯一解.

定理 9.7.2 是方程组满足初值条件解的存在唯一性定理，在一阶齐次线性常微分方程组解的结构探讨中起着重要的作用.

9.7.2 一阶线性常微分方程组解的结构

由定理 9.7.1，一阶齐次线性常微分方程组（9.7.2）的解集合是一个线性空间. 这样我们需要知道这个解空间的维数及一组线性无关的基. 为此，需要引入向量值函数的线性相关与线性无关的概念.

定义 9.7.1 设 $\boldsymbol{\varphi}_i(t) = (\varphi_{1i}(t), \varphi_{2i}(t), \cdots, \varphi_{ni}(t))^{\mathrm{T}}$（$i = 1, 2, \cdots, n$）是定义在区间 I 上的 n 个向量值函数. 如果存在一组不全为零的常数 $c_1, c_2, \cdots, c_n$ 使得
$$c_1\boldsymbol{\varphi}_1(t) + c_2\boldsymbol{\varphi}_2(t) + \cdots + c_n\boldsymbol{\varphi}_n(t) \equiv 0 \quad (\forall t \in I),$$
则称 $\boldsymbol{\varphi}_1, \boldsymbol{\varphi}_2, \cdots, \boldsymbol{\varphi}_n$ 在 I 上线性相关；否则，称 $\boldsymbol{\varphi}_1, \boldsymbol{\varphi}_2, \cdots, \boldsymbol{\varphi}_n$ 在 I 上线性无关.

定义 9.7.2 设 $\boldsymbol{\varphi}_k(t) = (\varphi_{1k}(t), \varphi_{2k}(t), \cdots, \varphi_{nk}(t))^{\mathrm{T}}$（$k = 1, 2, \cdots, n$）是区间 I 上的 n 个向量值函数. 称以这些向量值函数为列的矩阵行列式

$$\det \begin{pmatrix} \varphi_{11}(t) & \varphi_{12}(t) & \cdots & \varphi_{1n}(t) \\ \varphi_{21}(t) & \varphi_{22}(t) & \cdots & \varphi_{2n}(t) \\ \vdots & \vdots & & \vdots \\ \varphi_{n1}(t) & \varphi_{n2}(t) & \cdots & \varphi_{nn}(t) \end{pmatrix}$$

为向量值函数 $\boldsymbol{\varphi}_1, \boldsymbol{\varphi}_2, \cdots, \boldsymbol{\varphi}_n$ 的朗斯基行列式，记为 $W(t) = W[\boldsymbol{\varphi}_1, \boldsymbol{\varphi}_2, \cdots, \boldsymbol{\varphi}_n](t)$.

定理 9.7.3 若向量值函数 $\boldsymbol{\varphi}_1, \boldsymbol{\varphi}_2, \cdots, \boldsymbol{\varphi}_n$ 在区间 I 上线性相关，则它们的朗斯基行列式

$$W[\boldsymbol{\varphi}_1, \boldsymbol{\varphi}_2, \cdots, \boldsymbol{\varphi}_n](t) \equiv 0, \ \forall t \in I,$$

证明 设向量值函数 $\boldsymbol{\varphi}_1, \boldsymbol{\varphi}_2, \cdots, \boldsymbol{\varphi}_n$ 在区间 I 上线性相关，则存在不全为零的常数 c_1, $c_2, \cdots, c_n$ 使得

$$c_1 \boldsymbol{\varphi}_1(t) + c_2 \boldsymbol{\varphi}_2(t) + \cdots + c_n \boldsymbol{\varphi}_n(t) \equiv 0 \ （\forall t \in I），$$

即 $c_1, c_2, \cdots, c_n$ 是下面方程组的一组非零解：

$$\begin{cases} c_1 \varphi_{11}(t) + c_2 \varphi_{12}(t) + \cdots + c_n \varphi_{1n}(t) = 0, \\ c_1 \varphi_{21}(t) + c_2 \varphi_{22}(t) + \cdots + c_n \varphi_{2n}(t) = 0, \\ \qquad \cdots \\ c_1 \varphi_{n1}(t) + c_2 \varphi_{n2}(t) + \cdots + c_n \varphi_{nn}(t) = 0. \end{cases}$$

故齐次线性方程组的系数矩阵的行列式 $W[\boldsymbol{\varphi}_1, \boldsymbol{\varphi}_2, \cdots, \boldsymbol{\varphi}_n](t) \equiv 0, \ \forall t \in I$. 证毕.

定理 9.7.4 设矩阵函数 $\boldsymbol{A}(t)$ 在区间 I 上连续，且 $\boldsymbol{\varphi}_k(t) = (\varphi_{1k}(t), \varphi_{2k}(t), \cdots, \varphi_{nk}(t))^{\mathrm{T}}$ $(k = 1, 2, \cdots, n)$ 是一阶齐次线性常微分方程组（9.7.2）的 n 个解. 则下列等价：

（i）向量值函数 $\boldsymbol{\varphi}_1, \boldsymbol{\varphi}_2, \cdots, \boldsymbol{\varphi}_n$ 在区间 I 上线性相关；

（ii） $W[\boldsymbol{\varphi}_1, \boldsymbol{\varphi}_2, \cdots, \boldsymbol{\varphi}_n](t) \equiv 0, \ \forall t \in I$；

（iii） $\exists t_0 \in I$ 使得 $W[\boldsymbol{\varphi}_1, \boldsymbol{\varphi}_2, \cdots, \boldsymbol{\varphi}_n](t_0) = 0$.

证明 只需证明（iii）推出（i）成立. 假设 $\exists t_0 \in I$ 使得 $W[\boldsymbol{\varphi}_1, \boldsymbol{\varphi}_2, \cdots, \boldsymbol{\varphi}_n](t_0) = 0$. 则存在一组不全为零的常数 $c_1, c_2, \cdots, c_n$ 使得

$$\begin{cases} c_1 \varphi_{11}(t_0) + c_2 \varphi_{12}(t_0) + \cdots + c_n \varphi_{1n}(t_0) = 0, \\ c_1 \varphi_{21}(t_0) + c_2 \varphi_{22}(t_0) + \cdots + c_n \varphi_{2n}(t_0) = 0, \\ \qquad \cdots \\ c_1 \varphi_{n1}(t_0) + c_2 \varphi_{n2}(t_0) + \cdots + c_n \varphi_{nn}(t_0) = 0, \end{cases}$$

即 $c_1 \boldsymbol{\varphi}_1(t_0) + c_2 \boldsymbol{\varphi}_2(t_0) + \cdots + c_n \boldsymbol{\varphi}_n(t_0) = 0$. 令

$$\boldsymbol{x}(t) = c_1 \boldsymbol{\varphi}_1(t) + c_2 \boldsymbol{\varphi}_2(t) + \cdots + c_n \boldsymbol{\varphi}_n(t),$$

则由定理 9.7.1， $\boldsymbol{x}(t)$ 是齐次线性常微分方程组（9.7.2）的解，且满足初值条件 $\boldsymbol{x}(t_0) = 0$. 由解的存在唯一性定理 9.7.2， $\boldsymbol{x}(t) \equiv 0$，即

$$c_1 \boldsymbol{\varphi}_1(t) + c_2 \boldsymbol{\varphi}_2(t) + \cdots + c_n \boldsymbol{\varphi}_n(t) \equiv 0 （\forall t \in I），$$

所以向量值函数 $\boldsymbol{\varphi}_1, \boldsymbol{\varphi}_2, \cdots, \boldsymbol{\varphi}_n$ 在区间 I 上线性相关. 证毕.

由定理 9.7.4，直接得到下列结论.

定理 9.7.5 设矩阵函数 $\boldsymbol{A}(t)$ 在区间 I 上连续，且 $\boldsymbol{\varphi}_k(t) = (\varphi_{1k}(t), \varphi_{2k}(t), \cdots, \varphi_{nk}(t))^{\mathrm{T}}$ $(k = 1, 2, \cdots, n)$ 是一阶齐次线性常微分方程组（9.7.2）的 n 个解. 则下列等价：

（i）向量值函数 $\boldsymbol{\varphi}_1, \boldsymbol{\varphi}_2, \cdots, \boldsymbol{\varphi}_n$ 在区间 I 上线性无关；

（ii）$W[\boldsymbol{\varphi}_1, \boldsymbol{\varphi}_2, \cdots, \boldsymbol{\varphi}_n](t) \neq 0, \ \forall t \in I$；

（iii）$\exists t_0 \in I$ 使得 $W[\boldsymbol{\varphi}_1, \boldsymbol{\varphi}_2, \cdots, \boldsymbol{\varphi}_n](t_0) \neq 0$.

定理 9.7.6　设矩阵函数 $\boldsymbol{A}(t)$ 在区间 I 上连续. 则一阶齐次线性常微分方程组 $\boldsymbol{x}'(t) = \boldsymbol{A}(t)\boldsymbol{x}(t)$ 的解集合是一个 n 维线性空间.

证明　要证明一阶齐次线性常微分方程组 $\boldsymbol{x}'(t) = \boldsymbol{A}(t)\boldsymbol{x}(t)$ 的解集合是一个 n 维线性空间，需要先找出方程组 $\boldsymbol{x}'(t) = \boldsymbol{A}(t)\boldsymbol{x}(t)$ 的 n 个线性无关解，再证明方程组 $\boldsymbol{x}'(t) = \boldsymbol{A}(t)\boldsymbol{x}(t)$ 的任一解都可表示为这 n 个线性无关解的线性组合.

任取 $t_0 \in I$. 由定理 9.7.2，对每个 $k = 1, 2, \cdots, n$，方程组 $\boldsymbol{x}'(t) = \boldsymbol{A}(t)\boldsymbol{x}(t)$ 都存在唯一的解 $\boldsymbol{\varphi}_k(t)$ 满足

$$\boldsymbol{\varphi}_k(t_0) = \boldsymbol{e}_k,$$

其中 $\boldsymbol{e}_k \in \mathbb{R}^n$ 是第 k 个分量为 1、其余分量都为 0 的列向量. 则

$$W[\boldsymbol{\varphi}_1, \boldsymbol{\varphi}_2, \cdots, \boldsymbol{\varphi}_n](t_0) = 1.$$

由定理 9.7.5 可知，$\boldsymbol{\varphi}_1, \boldsymbol{\varphi}_2, \cdots, \boldsymbol{\varphi}_n$ 在区间 I 上线性无关.

任取方程组 $\boldsymbol{x}'(t) = \boldsymbol{A}(t)\boldsymbol{x}(t)$ 的一个解 $\boldsymbol{x}(t) = (x_1(t), x_2(t), \cdots, x_n(t))^{\mathrm{T}}$，则

$$\boldsymbol{x}(t_0) = (x_1(t_0), x_2(t_0), \cdots, x_n(t_0))^{\mathrm{T}} \in \mathbb{R}^n.$$

令

$$\boldsymbol{y}(t) = x_1(t_0)\boldsymbol{\varphi}_1(t) + x_2(t_0)\boldsymbol{\varphi}_2(t) + \cdots + x_n(t_0)\boldsymbol{\varphi}_n(t),$$

则 $\boldsymbol{y}(t)$ 是方程组 $\boldsymbol{x}'(t) = \boldsymbol{A}(t)\boldsymbol{x}(t)$ 的解，且满足初值条件

$$\boldsymbol{y}(t_0) = (x_1(t_0), x_2(t_0), \cdots, x_n(t_0))^{\mathrm{T}},$$

由解的存在唯一性定理 9.7.2 可知 $\boldsymbol{x}(t) \equiv \boldsymbol{y}(t)$，即 $\boldsymbol{x}(t)$ 表示为 $\boldsymbol{\varphi}_1, \boldsymbol{\varphi}_2, \cdots, \boldsymbol{\varphi}_n$ 的线性组合. 证毕.

定义 9.7.3　设 $\boldsymbol{\varphi}_k(t) = (\varphi_{1k}(t), \varphi_{2k}(t), \cdots, \varphi_{nk}(t))^{\mathrm{T}}$（$k = 1, 2, \cdots, n$）是方程组 $\boldsymbol{x}'(t) = \boldsymbol{A}(t)\boldsymbol{x}(t)$ 的 n 个线性无关解，称 $\boldsymbol{\varphi}_1(t), \ \boldsymbol{\varphi}_2(t), \ \cdots, \ \boldsymbol{\varphi}_n(t)$ 是方程组 $\boldsymbol{x}'(t) = \boldsymbol{A}(t)\boldsymbol{x}(t)$ 的一个**基本解组**.

称矩阵函数

$$\boldsymbol{\Phi}(t) = \begin{pmatrix} \varphi_{11}(t) & \varphi_{12}(t) & \cdots & \varphi_{1n}(t) \\ \varphi_{21}(t) & \varphi_{22}(t) & \cdots & \varphi_{2n}(t) \\ \vdots & \vdots & & \vdots \\ \varphi_{n1}(t) & \varphi_{n2}(t) & \cdots & \varphi_{nn}(t) \end{pmatrix}$$

为方程组 $\boldsymbol{x}'(t) = \boldsymbol{A}(t)\boldsymbol{x}(t)$ 的一个**基本解矩阵**.

假设 $\boldsymbol{\Phi}(t)$ 是方程组 $\boldsymbol{x}'(t) = \boldsymbol{A}(t)\boldsymbol{x}(t)$ 的基本解矩阵，则方程组 $\boldsymbol{x}'(t) = \boldsymbol{A}(t)\boldsymbol{x}(t)$ 的通解可表示为 $\boldsymbol{x}(t) = \boldsymbol{\Phi}(t)\boldsymbol{c}$，其中 $\boldsymbol{c} \in \mathbb{R}^n$ 是任意一个向量.

注意，方程组 $\boldsymbol{x}'(t) = \boldsymbol{A}(t)\boldsymbol{x}(t)$ 的基本解矩阵不唯一，因为基本解组实际上是方程组 $\boldsymbol{x}'(t) = \boldsymbol{A}(t)\boldsymbol{x}(t)$ 的解空间的一组基，而线性空间有不同的基. 事实上，我们有下列结论.

推论 9.7.1　假设 $\boldsymbol{\Phi}(t), \boldsymbol{\Psi}(t)$ 是方程组 $\boldsymbol{x}'(t) = \boldsymbol{A}(t)\boldsymbol{x}(t)$ 在区间 I 上的两个基本解矩阵，则一定存在可逆矩阵 $\boldsymbol{T}$ 使得 $\boldsymbol{\Psi}(t) = \boldsymbol{\Phi}(t)\boldsymbol{T}$.

证明　因为 $\boldsymbol{\Phi}(t), \boldsymbol{\Psi}(t)$ 是方程组 $\boldsymbol{x}'(t) = \boldsymbol{A}(t)\boldsymbol{x}(t)$ 的基本解矩阵，因此 $\boldsymbol{\Phi}(t), \boldsymbol{\Psi}(t)$ 可逆. 令

$$\boldsymbol{\Psi}(t) = \boldsymbol{\Phi}(t)\boldsymbol{X}(t),$$

则矩阵函数 $X(t)$ 可导，且 $\det X(t) \neq 0$．于是

$$
\begin{aligned}
A(t)\boldsymbol{\varPsi}(t) = \boldsymbol{\varPsi}'(t) &= \boldsymbol{\varPhi}'(t)X(t) + \boldsymbol{\varPhi}(t)X'(t) \\
&= A(t)\boldsymbol{\varPhi}(t)X(t) + \boldsymbol{\varPhi}(t)X'(t) \\
&= A(t)\boldsymbol{\varPsi}(t) + \boldsymbol{\varPhi}(t)X'(t)
\end{aligned}
$$

表明 $\boldsymbol{\varPhi}(t)X'(t) = 0$，从而 $X'(t) = 0$，即 $X(t)$ 为数值矩阵，记为 $\boldsymbol{T}$，即 $\boldsymbol{\varPsi}(t) = \boldsymbol{\varPhi}(t)\boldsymbol{T}$．证毕.

例 9.7.1 验证 $\boldsymbol{\varPhi}(t) = \begin{pmatrix} \mathrm{e}^t & t\mathrm{e}^t \\ 0 & \mathrm{e}^t \end{pmatrix}$ 和 $\boldsymbol{\varPsi}(t) = \begin{pmatrix} \mathrm{e}^t + t\mathrm{e}^t & t\mathrm{e}^t \\ \mathrm{e}^t & \mathrm{e}^t \end{pmatrix}$ 都是方程组 $\dfrac{\mathrm{d}\boldsymbol{x}}{\mathrm{d}t} = \begin{pmatrix} 1 & 1 \\ 0 & 1 \end{pmatrix}\boldsymbol{x}$ 的基本解矩阵.

证明 因为

$$
\frac{\mathrm{d}}{\mathrm{d}t}\begin{pmatrix} \mathrm{e}^t \\ 0 \end{pmatrix} = \begin{pmatrix} \mathrm{e}^t \\ 0 \end{pmatrix} = \begin{pmatrix} 1 & 1 \\ 0 & 1 \end{pmatrix}\begin{pmatrix} \mathrm{e}^t \\ 0 \end{pmatrix}, \quad \frac{\mathrm{d}}{\mathrm{d}t}\begin{pmatrix} t\mathrm{e}^t \\ \mathrm{e}^t \end{pmatrix} = \begin{pmatrix} t\mathrm{e}^t + \mathrm{e}^t \\ \mathrm{e}^t \end{pmatrix} = \begin{pmatrix} 1 & 1 \\ 0 & 1 \end{pmatrix}\begin{pmatrix} t\mathrm{e}^t \\ \mathrm{e}^t \end{pmatrix},
$$

即 $\boldsymbol{\varPhi}(t)$ 的列向量都是方程组 $\dfrac{\mathrm{d}\boldsymbol{x}}{\mathrm{d}t} = \begin{pmatrix} 1 & 1 \\ 0 & 1 \end{pmatrix}\boldsymbol{x}$ 的解，而 $\boldsymbol{\varPsi}(t)$ 的列向量是 $\boldsymbol{\varPhi}(t)$ 的列向量的线性组合，因而也是方程组的解．又 $\det\boldsymbol{\varPhi}(0) = 1 \neq 0$，$\det\boldsymbol{\varPsi}(0) = 1 \neq 0$，因此 $\boldsymbol{\varPhi}(t)$ 和 $\boldsymbol{\varPsi}(t)$ 的列向量都构成基本解组，从而 $\boldsymbol{\varPhi}(t)$ 和 $\boldsymbol{\varPsi}(t)$ 都是基本解矩阵，也有 $\boldsymbol{\varPsi}(t) = \boldsymbol{\varPhi}(t)\boldsymbol{T}$，其中 $\boldsymbol{T} = \begin{pmatrix} 1 & 0 \\ 1 & 1 \end{pmatrix}$ 是可逆矩阵．证毕.

9.7.3 一阶非齐次线性常微分方程组的常数变易法

设 $\boldsymbol{\varPhi}(t)$ 是方程组 $\boldsymbol{x}'(t) = A(t)\boldsymbol{x}(t)$ 的基本解矩阵，则方程组 $\boldsymbol{x}'(t) = A(t)\boldsymbol{x}(t)$ 的通解为 $\boldsymbol{x}(t) = \boldsymbol{\varPhi}(t)\boldsymbol{c}$，其中 $\boldsymbol{c} \in \mathbb{R}^n$ 是任意向量．设一阶非齐次方程组 $\boldsymbol{x}'(t) = A(t)\boldsymbol{x}(t) + \boldsymbol{f}(t)$ 的通解为 $\boldsymbol{x}(t) = \boldsymbol{\varPhi}(t)\boldsymbol{c}(t)$，其中 $\boldsymbol{c}(t) \in \mathbb{R}^n$ 是待定向量值函数．将其代入非齐次线性常微分方程组 $\boldsymbol{x}'(t) = A(t)\boldsymbol{x}(t) + \boldsymbol{f}(t)$，注意到 $\boldsymbol{\varPhi}(t)$ 是方程组 $\boldsymbol{x}'(t) = A(t)\boldsymbol{x}(t)$ 的基本解矩阵，即 $\boldsymbol{\varPhi}'(t) = A(t)\boldsymbol{\varPhi}(t)$，故有 $\boldsymbol{\varPhi}(t)\boldsymbol{c}'(t) = \boldsymbol{f}(t)$，所以

$$
\boldsymbol{c}'(t) = \boldsymbol{\varPhi}^{-1}(t)\boldsymbol{f}(t),
$$

其中 $\boldsymbol{\varPhi}^{-1}(t)$ 是 $\boldsymbol{\varPhi}(t)$ 的逆矩阵，于是 $\boldsymbol{c}(t) = \boldsymbol{c} + \displaystyle\int_{t_0}^{t} \boldsymbol{\varPhi}^{-1}(s)\boldsymbol{f}(s)\mathrm{d}s$，其中 $\boldsymbol{c} \in \mathbb{R}^n$ 是任意常向量．这样我们得到下面的结论.

定理 9.7.7 设 $\boldsymbol{\varPhi}(t)$ 是方程组 $\boldsymbol{x}'(t) = A(t)\boldsymbol{x}(t)$ 的基本解矩阵，则一阶非齐次线性常微分方程组

$$
\boldsymbol{x}'(t) = A(t)\boldsymbol{x}(t) + \boldsymbol{f}(t)
$$

的通解为 $\boldsymbol{x}(t) = \boldsymbol{\varPhi}(t)\boldsymbol{c} + \boldsymbol{\varPhi}(t)\displaystyle\int_{t_0}^{t} \boldsymbol{\varPhi}^{-1}(s)\boldsymbol{f}(s)\mathrm{d}s$，其中 $\boldsymbol{c} \in \mathbb{R}^n$ 是任意常向量，且一阶非齐次线性常微分方程组 $\boldsymbol{x}'(t) = A(t)\boldsymbol{x}(t) + \boldsymbol{f}(t)$ 满足初值条件 $\boldsymbol{x}(t_0) = \boldsymbol{\xi} \in \mathbb{R}^n$ 的解

$$
\boldsymbol{x}(t) = \boldsymbol{\varPhi}(t)\boldsymbol{\varPhi}^{-1}(t_0)\boldsymbol{\xi} + \boldsymbol{\varPhi}(t)\int_{t_0}^{t} \boldsymbol{\varPhi}^{-1}(s)\boldsymbol{f}(s)\mathrm{d}s.
$$

例 9.7.2　已知 $\boldsymbol{\Phi}(t)=\begin{pmatrix} e^t & te^t \\ 0 & e^t \end{pmatrix}$ 是一阶常微分方程组 $\dfrac{\mathrm{d}\boldsymbol{x}}{\mathrm{d}t}=\begin{pmatrix} 1 & 1 \\ 0 & 1 \end{pmatrix}\boldsymbol{x}$ 的基本解矩阵，求

一阶常微分方程组 $\dfrac{\mathrm{d}\boldsymbol{x}}{\mathrm{d}t}=\begin{pmatrix} 1 & 1 \\ 0 & 1 \end{pmatrix}\boldsymbol{x}+\begin{pmatrix} e^{-t} \\ 0 \end{pmatrix}$ 满足初值条件 $\boldsymbol{x}(0)=(-1,1)^{\mathrm{T}}$ 的解.

解　已知 $\boldsymbol{\Phi}(t)=\begin{pmatrix} e^t & te^t \\ 0 & e^t \end{pmatrix}$ 是一阶常微分方程组 $\dfrac{\mathrm{d}\boldsymbol{x}}{\mathrm{d}t}=\begin{pmatrix} 1 & 1 \\ 0 & 1 \end{pmatrix}\boldsymbol{x}$ 的基本解矩阵，求得 $\boldsymbol{\Phi}(t)$ 的逆

$$\boldsymbol{\Phi}^{-1}(t)=e^{-2t}\begin{pmatrix} e^t & -te^t \\ 0 & e^t \end{pmatrix}=e^{-t}\begin{pmatrix} 1 & -t \\ 0 & 1 \end{pmatrix}.$$

由常数变易法求得非齐次方程组初值问题的解

$$\begin{aligned}
\boldsymbol{x}(t)&=\boldsymbol{\Phi}(t)\boldsymbol{\Phi}^{-1}(0)\boldsymbol{x}(0)+\boldsymbol{\Phi}(t)\int_0^t \boldsymbol{\Phi}^{-1}(s)\boldsymbol{f}(s)\mathrm{d}s \\
&=\begin{pmatrix} e^t & te^t \\ 0 & e^t \end{pmatrix}\begin{pmatrix} -1 \\ 1 \end{pmatrix}+\begin{pmatrix} e^t & te^t \\ 0 & e^t \end{pmatrix}\int_0^t e^{-s}\begin{pmatrix} 1 & -s \\ 0 & 1 \end{pmatrix}\begin{pmatrix} e^{-s} \\ 0 \end{pmatrix}\mathrm{d}s \\
&=\begin{pmatrix} -e^t+te^t \\ e^t \end{pmatrix}+\begin{pmatrix} e^t & te^t \\ 0 & e^t \end{pmatrix}\int_0^t\begin{pmatrix} e^{-2s} \\ 0 \end{pmatrix}\mathrm{d}s=\begin{pmatrix} te^t-\dfrac{e^t+e^{-t}}{2} \\ e^t \end{pmatrix}.
\end{aligned}$$

例 9.7.3　设 $\boldsymbol{\Phi}(t)$ 是区间 I 上某个齐次线性常微分方程组的基本解矩阵，则此方程组必为

$$\boldsymbol{x}'(t)=\boldsymbol{\Phi}'(t)\boldsymbol{\Phi}^{-1}(t)\boldsymbol{x}(t),$$

并求一个齐次线性常微分方程组，使其基本解矩阵为 $\boldsymbol{\Phi}(t)=\begin{pmatrix} e^t & te^t \\ 0 & e^t \end{pmatrix}$.

解　设所求的齐次线性常微分方程组为 $\boldsymbol{x}'(t)=\boldsymbol{A}(t)\boldsymbol{x}(t)$. 因为 $\boldsymbol{\Phi}(t)$ 是其基本解矩阵，所以

$$\boldsymbol{\Phi}'(t)=\boldsymbol{A}(t)\boldsymbol{\Phi}(t),$$

两边右乘 $\boldsymbol{\Phi}^{-1}(t)$，得 $\boldsymbol{A}(t)=\boldsymbol{\Phi}'(t)\boldsymbol{\Phi}^{-1}(t)$，故所求的方程组是 $\boldsymbol{x}'(t)=\boldsymbol{\Phi}'(t)\boldsymbol{\Phi}^{-1}(t)\boldsymbol{x}(t)$.

由于 $\boldsymbol{\Phi}^{-1}(t)=e^{-2t}\begin{pmatrix} e^t & -te^t \\ 0 & e^t \end{pmatrix}=\begin{pmatrix} e^{-t} & -te^{-t} \\ 0 & e^{-t} \end{pmatrix}$，且 $\boldsymbol{\Phi}'(t)=\begin{pmatrix} e^t & e^t+te^t \\ 0 & e^t \end{pmatrix}$，因此

$$\boldsymbol{A}(t)=\boldsymbol{\Phi}'(t)\boldsymbol{\Phi}^{-1}(t)=\begin{pmatrix} e^t & e^t+te^t \\ 0 & e^t \end{pmatrix}\cdot\begin{pmatrix} e^{-t} & -te^{-t} \\ 0 & e^{-t} \end{pmatrix}=\begin{pmatrix} 1 & 1 \\ 0 & 1 \end{pmatrix},$$

故所求的方程组是 $\boldsymbol{x}'(t)=\begin{pmatrix} 1 & 1 \\ 0 & 1 \end{pmatrix}\boldsymbol{x}(t)$.

9.7.4　从方程组的观点看高阶微分方程

对 n 阶线性常微分方程：

$$x^{(n)} + a_1(t)x^{(n-1)} + \cdots + a_{n-1}(t)x' + a_n(t)x = 0, \tag{9.7.3}$$

$$x^{(n)} + a_1(t)x^{(n-1)} + \cdots + a_{n-1}(t)x' + a_n(t)x = f(t), \tag{9.7.4}$$

记 $y_1 = x$，$y_2 = x'$，$\cdots$，$y_n = x^{(n-1)}$，且 $\boldsymbol{y} = (y_1, y_2, \cdots, y_n)^{\mathrm{T}}$，$\boldsymbol{g}(t) = (0, 0, \cdots 0, f(t))^{\mathrm{T}}$.

令

$$\boldsymbol{A}(t) = \begin{pmatrix} 0 & 1 & 0 & \cdots & 0 \\ 0 & 0 & 1 & \cdots & 0 \\ \vdots & \vdots & \vdots & & \vdots \\ 0 & 0 & 0 & \cdots & 1 \\ -a_n(t) & -a_{n-1}(t) & -a_{n-2}(t) & \cdots & -a_1(t) \end{pmatrix},$$

则 n 阶线性常微分方程（9.7.3）与（9.7.4）分别化为

$$\boldsymbol{y}' = \boldsymbol{A}(t)\boldsymbol{y}, \tag{9.7.5}$$

$$\boldsymbol{y}' = \boldsymbol{A}(t)\boldsymbol{y} + \boldsymbol{g}(t). \tag{9.7.6}$$

容易看到，$\varphi_1, \varphi_2, \cdots, \varphi_n$ 是式（9.7.3）的解空间的一组基当且仅当

$$\boldsymbol{\Phi}(t) = \begin{pmatrix} \varphi_1 & \varphi_2 & \cdots & \varphi_n \\ \varphi_1' & \varphi_2' & \cdots & \varphi_n' \\ \vdots & \vdots & & \vdots \\ \varphi_1^{(n-1)} & \varphi_2^{(n-1)} & \cdots & \varphi_n^{(n-1)} \end{pmatrix}$$

是方程组（9.7.5）的基本解矩阵. 这样，方程组（9.7.5）的通解 $\boldsymbol{y}(t) = \boldsymbol{\Phi}(t)\boldsymbol{c}$，其中 $\boldsymbol{c} \in \mathbb{R}^n$ 是任意向量. 故由常数变易法，方程组（9.7.6）的通解 $\boldsymbol{y}(t) = \boldsymbol{\Phi}(t)\boldsymbol{c}(t)$，其中 $\boldsymbol{c}(t) = (c_1(t), c_2(t), \cdots, c_n(t))^{\mathrm{T}}$ 待定. 代入方程组（9.7.6），得 $\boldsymbol{\Phi}(t)\boldsymbol{c}'(t) = \boldsymbol{g}(t)$，按照分量坐标写出，即

$$\begin{cases} \varphi_1 c_1' + \varphi_2 c_2' + \cdots + \varphi_n c_n' \equiv 0, \\ \varphi_1' c_1' + \varphi_2' c_2' + \cdots + \varphi_n' c_n' \equiv 0, \\ \qquad \cdots \\ \varphi_1^{(n-2)} c_1' + \varphi_2^{(n-2)} c_2' + \cdots + \varphi_n^{(n-2)} c_n' \equiv 0, \\ \varphi_1^{(n-1)} c_1' + \varphi_2^{(n-1)} c_2' + \cdots + \varphi_n^{(n-1)} c_n' \equiv f. \end{cases} \tag{9.7.7}$$

故由常数变易法解高阶非齐次线性常微分方程（9.7.4）的通解时，待定函数 $c_1(t), c_2(t), \cdots, c_n(t)$ 满足方程组（9.7.7），由方程组（9.7.7）中的 n 个方程就可以确定 n 个未知函数 $c_1(t), c_2(t), \cdots, c_n(t)$，从而求出高阶非齐次线性常微分方程（9.7.4）的通解. 9.4 节用常数变易法求二阶非齐次线性常微分方程的解时曾假设非齐次方程的通解表达式 $x(t) = c_1(t)x_1(t) + c_2(t)x_2(t)$ 中的待定函数满足条件 $c_1'(t)x_1(t) + c_2'(t)x_2(t) \equiv 0$. 上面的分析表明，这一假设条件是必要的.

最后指出，关于高阶线性常微分方程解的存在唯一性定理 9.4.1 可通过一阶线性常微分方程组解的存在唯一性定理 9.7.2 证得，证明如下：

假设 $x = x(t)$ 是方程组（9.4.6）满足初值条件 $x(t_0) = x_0$，$x'(t_0) = x_1$，$\cdots$，$x^{(n-1)}(t_0) = x_{n-1}$ 的解，则 $(y_1(t), y_2(t), \cdots, y_n(t)) = (x(t), x'(t), \cdots, x^{(n-1)}(t))$ 是方程组（9.7.6）的满足下列初值条件的解：

$$(y_1(t_0), y_2(t_0), \cdots, y_n(t_0)) = (x_0, x_1, \cdots, x_{n-1}). \tag{9.7.8}$$

反之，若 $(y_1(t), y_2(t), \cdots, y_n(t))$ 是方程组（9.7.6）满足初值条件（9.7.8）的解，则 $x(t) = y_1(t)$ 是方程组（9.4.6）满足初值条件（9.7.8）的解. 由定理 9.7.2，方程组（9.7.6）满足初值条件（9.7.8）的解是唯一存在的，因此方程组（9.4.6）满足初值条件 $x(t_0) = x_0, x'(t_0) = x_1, \cdots, x^{(n-1)}(t_0) = x_{n-1}$ 的解唯一存在. 证毕.

9.8 常系数线性常微分方程组

本节学习求解常系数一阶常微分方程组的特征值法. 设 A 是 $n \times n$ 阶实矩阵，且设一阶常系数齐次线性常微分方程组

$$x'(t) = Ax(t) \tag{9.8.1}$$

有非平凡解 $x(t) = e^{\lambda t}u$，其中 $\lambda \in \mathbb{C}$，$u \in \mathbb{R}^n$ 为非零向量，将其代入方程组（9.8.1）得 $\lambda e^{\lambda t}u = Ae^{\lambda t}u$，从而 $Au = \lambda u$. 因为 $u \in \mathbb{R}^n$ 非零，所以 $u \in \mathbb{R}^n$ 是矩阵 A 对应于特征值 λ 的特征向量. 反之，若 $u \in \mathbb{R}^n$ 是矩阵 A 对应于特征值 λ 的特征向量，则 $x(t) = e^{\lambda t}u$ 是方程组（9.8.1）的解. 因此要求解方程组（9.8.1），需探讨矩阵 A 的特征值.

定义 9.8.1 称矩阵 A 的特征多项式方程 $\det(\lambda I - A) = 0$ 为方程组（9.8.1）的**特征方程**，它的根称为方程组（9.8.1）的**特征根**.

一个 $n \times n$ 矩阵 A 能否对角化，取决于其是否有 n 个线性无关的特征向量，下面分情况讨论方程组（9.8.1）的解.

9.8.1 矩阵 A 可对角化的情形

定理 9.8.1 设 $n \times n$ 矩阵 A 有 n 个线性无关的特征向量 $u_k(k = 1, 2, \cdots, n)$，且分别对应于 A（相同或不同）的实特征值 $\lambda_k(k = 1, 2, \cdots, n)$，则 $\varphi_k(t) = e^{\lambda_k t}u_k(k = 1, 2, \cdots, n)$ 是方程组（9.8.1）的一个基本解组.

证明 因为 $u_k(k = 1, 2, \cdots, n)$ 是对应于矩阵 A 的实特征值 λ_k 的特征向量，因此

$$\varphi_k(t) = e^{\lambda_k t}u_k \quad (k = 1, 2, \cdots, n)$$

是方程组（9.8.1）的 n 个解. 因为 u_1, u_2, $\cdots$, u_n 线性无关，所以 φ_1, φ_2, $\cdots$, φ_n 在 $t = 0$ 处的朗斯基行列式

$$W[\varphi_1, \varphi_2, \cdots, \varphi_n](0) = \det(u_1 \ u_2 \ \cdots \ u_n) \neq 0,$$

故 $\varphi_k(t) = e^{\lambda_k t}u_k(k = 1, 2, \cdots, n)$ 是方程组（9.8.1）的基本解组. 证毕.

例 9.8.1 求一阶线性常微分方程组 $\begin{cases} x' = y + z, \\ y' = z + x, \\ z' = x + y \end{cases}$ 满足初值条件 $x(0) = 1, y(0) = 0, z(0) = 5$ 的特解.

解　求得方程组的系数矩阵 $A = \begin{pmatrix} 0 & 1 & 1 \\ 1 & 0 & 1 \\ 1 & 1 & 0 \end{pmatrix}$ 的特征值为 $\lambda_1 = 2$，$\lambda_2 = -1$（二重），与特

征值 λ_1 对应的特征向量为 $r_1 = (1,1,1)^{\mathrm{T}}$；与特征值 λ_2 对应的两个线性无关的特征向量为

$r_2 = (1,0,-1)^{\mathrm{T}}$，$r_3 = (0,1,-1)^{\mathrm{T}}$．因此方程组的通解

$$\varphi(t) = c_1 \mathrm{e}^{2t} r_1 + c_2 \mathrm{e}^{-t} r_2 + c_3 \mathrm{e}^{-t} r_3 = \begin{pmatrix} c_1 \mathrm{e}^{2t} + c_2 \mathrm{e}^{-t} \\ c_1 \mathrm{e}^{2t} + c_3 \mathrm{e}^{-t} \\ c_1 \mathrm{e}^{2t} - c_2 \mathrm{e}^{-t} - c_3 \mathrm{e}^{-t} \end{pmatrix},$$

其中 c_1，c_2，c_3 是任意实数．

若方程组的解满足初值条件 $\varphi(0) = (1,0,5)^{\mathrm{T}}$，则 $(c_1 + c_2, c_1 + c_3, c_1 - c_2 - c_3)^{\mathrm{T}} = (1,0,5)^{\mathrm{T}}$，

解得 $c_1 = 2$，$c_2 = -1$，$c_3 = -2$，故所求方程组的特解为 $\begin{pmatrix} x(t) \\ y(t) \\ z(t) \end{pmatrix} = \begin{pmatrix} 2\mathrm{e}^{2t} - \mathrm{e}^{-t} \\ 2\mathrm{e}^{2t} - 2\mathrm{e}^{-t} \\ 2\mathrm{e}^{2t} + 3\mathrm{e}^{-t} \end{pmatrix}$．

9.8.2　矩阵 A 不可对角化的情形

下面讨论矩阵 A 不可对角化时，方程组（9.8.1）的解．

引理 9.8.1　设 λ 是矩阵 $A \in M_n(\mathbb{C})$ 的 k 重特征根，则 $\mathfrak{A} = \{u \in \mathbb{R}^n \mid (\lambda I - A)^k u = 0\}$ 是 k 维线性空间．

证明　根据线性代数中的不变子空间分解定理（Jordan 形理论），任意一个复方阵都相似于块矩阵的直和，因此存在可逆矩阵 T 使得

$$T^{-1}AT = D_1 \oplus D_2 \oplus \cdots \oplus D_m,$$

其中每个块矩阵 D_i 是 k_i 阶方阵，要么是对角阵要么是 Jordan 块，满足 $\sum_{i=1}^{m} k_i = n$．显然只需讨论 Jordan 块的情形．为书写方便，不妨设 D_1 为 $k_1 = k$ 阶 Jordan 块：

$$D_1 = \begin{pmatrix} \lambda & 1 & 0 & \cdots & 0 & 0 \\ 0 & \lambda & 1 & \cdots & 0 & 0 \\ \vdots & \vdots & \vdots & & \vdots & \vdots \\ 0 & 0 & 0 & \cdots & \lambda & 1 \\ 0 & 0 & 0 & \cdots & 0 & \lambda \end{pmatrix},$$

且 λ 不是矩阵块 D_i $(i \neq 1)$ 的特征根（λ 是 Jordan 块与数量对角矩阵直和的特征根的情形类似可证）．则 $(\lambda I - D_1)^k = 0$ 且

$$T^{-1}(\lambda I - A)^k T = 0 \oplus (\lambda I - D_2)^k \oplus (\lambda I - D_3)^k \oplus \cdots \oplus (\lambda I - D_m)^k,$$

其中 $(\lambda I - D_i)^k (i = 2,3,\cdots,m)$ 是可逆矩阵．因此满足 $(\lambda I - A)^k u = 0$ 的向量 u 中有 k 个是线性无关的．即 $\mathfrak{A} = \{u \in \mathbb{R}^n \mid (\lambda I - A)^k u = 0\}$ 是 k 维线性空间．证毕．

由引理 9.8.1，可直接得下面的结论．

引理 9.8.2　设 $n \times n$ 矩阵 A 有 m 个不同的实特征根 λ_1，λ_2，$\cdots$，λ_m，其重度分别为

$k_1,\ k_2,\ \cdots,\ k_m$ 满足 $\sum\limits_{i=1}^{m} k_i = n$，记 $\mathfrak{A}_j = \{ \boldsymbol{u} \in \mathbb{R}^n \mid (\lambda_j \boldsymbol{I} - \boldsymbol{A})^{k_j} \boldsymbol{u} = 0 \}$（$j = 1, 2, \cdots, m$）. 则 $\mathbb{R}^n = \mathfrak{A}_1 \oplus \mathfrak{A}_2 \oplus \cdots \oplus \mathfrak{A}_m$.

引理 9.8.3　对任意的 $n \times n$ 矩阵 $\boldsymbol{A}$，定义矩阵指数 $\mathrm{e}^{\boldsymbol{A}} = \sum\limits_{n=0}^{\infty} \dfrac{\boldsymbol{A}^n}{n!}$. 则 $\boldsymbol{\Phi}(t) = \mathrm{e}^{\boldsymbol{A}t}$ 是方程组 $\boldsymbol{x}'(t) = \boldsymbol{A}\boldsymbol{x}(t)$ 的基本解矩阵，从而方程组 $\boldsymbol{x}'(t) = \boldsymbol{A}\boldsymbol{x}(t)$ 的任一解都具有形式 $\boldsymbol{x}(t) = \mathrm{e}^{\boldsymbol{A}t} \boldsymbol{c}$，其中 $\boldsymbol{c} \in \mathbb{R}^n$ 是常数向量.

证明　因为矩阵指数函数 $\mathrm{e}^{\boldsymbol{A}t} = \sum\limits_{n=0}^{\infty} \dfrac{t^n \boldsymbol{A}^n}{n!}$ 在任何有限区间上绝对收敛，而且一致收敛（参见下册级数部分内容），所以微分算子与求和算子可以交换顺序，即

$$(\mathrm{e}^{\boldsymbol{A}t})' = \sum_{n=0}^{\infty} \left(\frac{t^n \boldsymbol{A}^n}{n!} \right)' = \sum_{n=1}^{\infty} \frac{t^{n-1} \boldsymbol{A}^n}{(n-1)!} = \boldsymbol{A} \mathrm{e}^{\boldsymbol{A}t},$$

故 $\boldsymbol{\Phi}(t) = \mathrm{e}^{\boldsymbol{A}t}$ 是方程组 $\boldsymbol{x}'(t) = \boldsymbol{A}\boldsymbol{x}(t)$ 的解. 又 $\boldsymbol{\Phi}(0) = \boldsymbol{I}$，故 $\boldsymbol{\Phi}(t) = \mathrm{e}^{\boldsymbol{A}t}$ 是方程组 $\boldsymbol{x}'(t) = \boldsymbol{A}\boldsymbol{x}(t)$ 的基本解矩阵. 这样方程组 $\boldsymbol{x}'(t) = \boldsymbol{A}\boldsymbol{x}(t)$ 的任一解都可表示为 $\boldsymbol{x}(t) = \mathrm{e}^{\boldsymbol{A}t} \boldsymbol{c}$，其中 $\boldsymbol{c} \in \mathbb{R}^n$ 是常数向量. 证毕.

例 9.8.2　假设 $\boldsymbol{A} = \begin{pmatrix} a_1 & & & \\ & a_2 & & \\ & & \ddots & \\ & & & a_n \end{pmatrix}$ 是一个对角矩阵，求方程组 $\boldsymbol{x}'(t) = \boldsymbol{A}\boldsymbol{x}(t)$ 的基本解矩阵.

解　基本解矩阵为

$$\mathrm{e}^{\boldsymbol{A}t} = \sum_{n=0}^{\infty} \frac{(\boldsymbol{A}t)^n}{n!} = \boldsymbol{I} + t\boldsymbol{A} + \frac{(\boldsymbol{A}t)^2}{2!} + \cdots + \frac{(\boldsymbol{A}t)^n}{n!} + \cdots$$

$$= \begin{pmatrix} \mathrm{e}^{a_1 t} & & & \\ & \mathrm{e}^{a_2 t} & & \\ & & \ddots & \\ & & & \mathrm{e}^{a_n t} \end{pmatrix},$$

是一个对角矩阵函数.

例 9.8.3　求方程组 $\boldsymbol{x}'(t) = \boldsymbol{A}\boldsymbol{x}(t)$ 的基本解矩阵，其中 $\boldsymbol{A} = \begin{pmatrix} 3 & -1 & 1 \\ 2 & 0 & 1 \\ 1 & -1 & 2 \end{pmatrix}$.

解　因为 $\det(\lambda \boldsymbol{I} - \boldsymbol{A}) = \begin{vmatrix} \lambda - 3 & 1 & -1 \\ -2 & \lambda & -1 \\ -1 & 1 & \lambda - 2 \end{vmatrix} = (\lambda - 1)(\lambda - 2)^2$，且矩阵 $2\boldsymbol{I} - \boldsymbol{A} = \begin{pmatrix} -1 & 1 & -1 \\ -2 & 2 & -1 \\ -1 & 1 & 0 \end{pmatrix}$

的秩为 2，所以存在可逆矩阵 $\boldsymbol{T}$ 使得 $\boldsymbol{A} = \boldsymbol{T}\boldsymbol{J}\boldsymbol{T}^{-1}$，其中 $\boldsymbol{J} = \begin{pmatrix} 1 & 0 & 0 \\ 0 & 2 & 1 \\ 0 & 0 & 2 \end{pmatrix}$. 从而求得

$$T = \begin{pmatrix} 0 & 1 & -1 \\ 1 & 1 & -1 \\ 1 & 0 & 1 \end{pmatrix} \quad 且 \quad T^{-1} = \begin{pmatrix} -1 & 1 & 0 \\ 2 & -1 & 1 \\ 1 & -1 & 1 \end{pmatrix}.$$

因此方程组的基本解矩阵

$$e^{At} = T e^{Jt} T^{-1} = \begin{pmatrix} 0 & 1 & -1 \\ 1 & 1 & -1 \\ 1 & 0 & 1 \end{pmatrix} \begin{pmatrix} e^t & 0 & 0 \\ 0 & e^{2t} & te^{2t} \\ 0 & 0 & e^{2t} \end{pmatrix} \begin{pmatrix} -1 & 1 & 0 \\ 2 & -1 & 1 \\ 1 & -1 & 1 \end{pmatrix}$$

$$= \begin{pmatrix} (1+t)e^{2t} & -te^{2t} & te^{2t} \\ -e^t + (1+t)e^{2t} & e^t - te^{2t} & te^{2t} \\ -e^t + e^{2t} & e^t - e^{2t} & e^{2t} \end{pmatrix}.$$

定理 9.8.2 设 λ 为 $n \times n$ 矩阵 A 的 k 重实特征根，且 $\mathfrak{A} = \left\{ u \in \mathbb{R}^n \mid (\lambda I - A)^k u = 0 \right\}$. 则对 $\forall u \in \mathfrak{A}$，

$$x(t) = e^{\lambda t} \left[I + t(A - \lambda I) + \cdots + \frac{t^{k-1}}{(k-1)!} (A - \lambda I)^{k-1} \right] u$$

是方程组（9.8.1）的解.

证明 任取 $u \in \mathfrak{A}$，则 $(\lambda I - A)^k u = 0$，因此对 $\forall i \geq k$，有 $(\lambda I - A)^i u = 0$，所以

$$e^{(A - \lambda I)t} u = \sum_{i=0}^{\infty} \frac{t^i (A - \lambda I)^i u}{i!} = \sum_{i=0}^{k-1} \frac{t^i (A - \lambda I)^i u}{i!}.$$

由引理 9.8.3 知 $e^{At} u = e^{\lambda t} e^{(A - \lambda I)t} u = e^{\lambda t} \sum_{i=0}^{k-1} \frac{t^i (A - \lambda I)^i u}{i!}$ 是方程组 $x'(t) = Ax(t)$ 的解. 证毕.

例 9.8.4 求方程组 $x'(t) = Ax(t)$ 的通解，其中 $A = \begin{pmatrix} 3 & 1 & -1 \\ 2 & 2 & -1 \\ 2 & 2 & 0 \end{pmatrix}$.

解 先求矩阵 A 的特征根与相应的特征向量. 由

$$\det(\lambda I - A) = \det \begin{pmatrix} \lambda - 3 & -1 & 1 \\ -2 & \lambda - 2 & 1 \\ -2 & -2 & \lambda \end{pmatrix} = (\lambda - 1)(\lambda - 2)^2 = 0$$

解得 $\lambda_1 = 1$，$\lambda_2 = \lambda_3 = 2$；与特征值 λ_1 对应的特征向量为 $u_1 = \begin{pmatrix} 1 \\ 0 \\ 2 \end{pmatrix}$，所以方程组的一个非零解为

$$x_1(t) = e^t \begin{pmatrix} 1 \\ 0 \\ 2 \end{pmatrix};$$

对特征值 $\lambda = 2$，因为 $2I - A = \begin{pmatrix} -1 & -1 & 1 \\ -2 & 0 & 1 \\ -2 & -2 & 2 \end{pmatrix}$ 的秩是 2，故不存在两个线性无关的特征向

量．令

$$(2I - A)^2 u = \begin{pmatrix} 1 & -1 & 0 \\ 0 & 0 & 0 \\ 2 & -2 & 0 \end{pmatrix} \begin{pmatrix} u \\ v \\ w \end{pmatrix} = 0,$$

解得 $u = v$，故可取两个线性无关的向量 $u_2 = \begin{pmatrix} 1 \\ 1 \\ 2 \end{pmatrix}$，$u_3 = \begin{pmatrix} 0 \\ 0 \\ -1 \end{pmatrix}$，从而方程组的两个线性无关

的解分别为

$$x_2(t) = e^{2t}[I + t(A - 2I)]u_2 = e^{2t} \begin{pmatrix} 1+t & t & -t \\ 2t & 1 & -t \\ 2t & 2t & 1-2t \end{pmatrix} u_2 = e^{2t} \begin{pmatrix} 1 \\ 1 \\ 2 \end{pmatrix},$$

$$x_3(t) = e^{2t}[I + t(A - 2I)]u_3 = e^{2t} \begin{pmatrix} t \\ t \\ 2t-1 \end{pmatrix},$$

所以方程组的通解

$$x(t) = c_1 x_1(t) + c_2 x_2(t) + c_3 x_3(t) = \begin{pmatrix} c_1 e^t + (c_2 + c_3 t)e^{2t} \\ (c_2 + c_3 t)e^{2t} \\ 2c_1 e^t + (2c_2 + c_3(2t-1))e^{2t} \end{pmatrix},$$

其中 c_1, c_2, c_3 为任意常数．

例 9.8.5　求齐次方程组 $\begin{cases} x' = 2x + 4y, \\ y' = -x - 2y \end{cases}$ 的通解．

解　方程组的系数矩阵 $A = \begin{pmatrix} 2 & 4 \\ -1 & -2 \end{pmatrix}$ 的特征方程 $\det(\lambda I - A) = \begin{vmatrix} \lambda - 2 & -4 \\ 1 & \lambda + 2 \end{vmatrix} = \lambda^2 = 0$，

因此 $\lambda = 0$ 是二重特征根，故基本解矩阵

$$\Phi(t) = e^{At} = I + tA = \begin{pmatrix} 1+2t & 4t \\ -t & 1-2t \end{pmatrix},$$

所以方程组的通解 $\begin{pmatrix} x(t) \\ y(t) \end{pmatrix} = e^{At} c = \begin{pmatrix} (1+2t)c_1 + 4tc_2 \\ -tc_1 + (1-2t)c_2 \end{pmatrix}$，其中 c_1, c_2 是任意常数．

9.8.3　矩阵 A 有复特征根的情形

下面讨论 $n \times n$ 阶矩阵 A 有复特征根的情形，此时定理 9.8.1 和定理 9.8.2 的结论仍然适用．以定理 9.8.1 为例说明．若 $\lambda_1 = \alpha + i\beta$，$\lambda_2 = \alpha - i\beta$ 是矩阵 A 的一对共轭复特征根，$r_1 = a + ib$ 与 $r_2 = a - ib$ 分别是与之对应的特征向量，这里 $a, b \in \mathbb{R}^n$．则

$$e^{\lambda_1 t} \boldsymbol{r}_1 = e^{(\alpha+i\beta)t}(\boldsymbol{a}+i\boldsymbol{b}) = e^{\alpha t}(\boldsymbol{a}\cos\beta t - \boldsymbol{b}\sin\beta t) + ie^{\alpha t}(\boldsymbol{a}\sin\beta t + \boldsymbol{b}\cos\beta t),$$

$$e^{\lambda_2 t} \boldsymbol{r}_2 = e^{(\alpha-i\beta)t}(\boldsymbol{a}-i\boldsymbol{b}) = e^{\alpha t}(\boldsymbol{a}\cos\beta t - \boldsymbol{b}\sin\beta t) - ie^{\alpha t}(\boldsymbol{a}\sin\beta t + \boldsymbol{b}\cos\beta t)$$

是方程组 $\boldsymbol{x}'(t) = \boldsymbol{A}\boldsymbol{x}(t)$ 的两个线性无关的复值解. 由解的叠加原理, 其实部

$$\mathrm{Re}(e^{\lambda_1 t} \boldsymbol{r}_1) = e^{\alpha t}(\boldsymbol{a}\cos\beta t - \boldsymbol{b}\sin\beta t)$$

与虚部

$$\mathrm{Im}(e^{\lambda_1 t} \boldsymbol{r}_1) = e^{\alpha t}(\boldsymbol{a}\sin\beta t + \boldsymbol{b}\cos\beta t)$$

分别是方程组 $\boldsymbol{x}'(t) = \boldsymbol{A}\boldsymbol{x}(t)$ 的两个线性无关的实值解.

例 9.8.6 求解方程组 $\boldsymbol{x}' = \boldsymbol{A}\boldsymbol{x}$, 其中 $\boldsymbol{A} = \begin{pmatrix} 3 & 5 \\ -5 & 3 \end{pmatrix}$.

解 令

$$\det(\lambda\boldsymbol{I} - \boldsymbol{A}) = \begin{vmatrix} \lambda-3 & -5 \\ 5 & \lambda-3 \end{vmatrix} = \lambda^2 - 6\lambda + 34 = 0,$$

则 $\lambda_1 = 3+5i$, $\lambda_2 = 3-5i$, 从而由 $\begin{pmatrix} 5i & -5 \\ 5 & 5i \end{pmatrix}\begin{pmatrix} u \\ v \end{pmatrix} = 0$ 解得 $v = iu$, 且

$$\boldsymbol{r} = \begin{pmatrix} 1 \\ 0 \end{pmatrix} + i\begin{pmatrix} 0 \\ 1 \end{pmatrix}$$

是对应于特征值 λ_1 的特征向量. 所以方程组的两个线性无关的实值解是

$$\boldsymbol{\varphi}_1(t) = e^{3t}\left[\begin{pmatrix} 1 \\ 0 \end{pmatrix}\cos 5t - \begin{pmatrix} 0 \\ 1 \end{pmatrix}\sin 5t\right] = e^{3t}\begin{pmatrix} \cos 5t \\ -\sin 5t \end{pmatrix}$$

和 $\boldsymbol{\varphi}_2(t) = e^{3t}\left[\begin{pmatrix} 1 \\ 0 \end{pmatrix}\sin 5t + \begin{pmatrix} 0 \\ 1 \end{pmatrix}\cos 5t\right] = e^{3t}\begin{pmatrix} \sin 5t \\ -\cos 5t \end{pmatrix}$. 故方程组的通解为

$$\boldsymbol{x}(t) = c_1\boldsymbol{\varphi}_1(t) + c_2\boldsymbol{\varphi}_2(t)$$
$$= e^{3t}\begin{pmatrix} c_1\cos 5t + c_2\sin 5t \\ -c_1\sin 5t + c_2\cos 5t \end{pmatrix},$$

其中 c_1, c_2 是任意常数.

除了特征值法, 求解线性常微分方程组还常用消元法.

例 9.8.7 求微分方程组 $\begin{cases} x'(t) = -3x - y, \\ y'(t) = x - y \end{cases}$ 的通解.

解 由第一个方程得

$$y = -3x - x', \tag{9.8.2}$$

两边对 t 求导, 得

$$y' = -3x' - x'',$$

将这两式代入第二个方程得

$$x'' + 4x' + 4x = 0. \tag{9.8.3}$$

这是一个二阶常系数齐次线性常微分方程, 其特征方程 $\lambda^2 + 4\lambda + 4 = 0$, 解得 $\lambda = -2$ 是特征方程的二重特征根, 因此式 (9.8.3) 的通解 $x(t) = (c_1 + c_2 t)e^{-2t}$, 其中 c_1, c_2 是任意常数. 将其代入式 (9.8.2), 求得 $y(t) = -3x - x' = -(c_1 + c_2 + c_2 t)e^{-2t}$. 故方程组的通解为

$$\begin{cases} x(t) = (c_1 + c_2 t)e^{-2t}, \\ y(t) = -(c_1 + c_2 + c_2 t)e^{-2t}, \end{cases}$$

其中 c_1, c_2 是任意常数.

例 9.8.8 求常微分方程组 $\begin{cases} x'(t) = 3x(t) + 5y(t) - 8, \\ y'(t) = -5x(t) + 3y(t) + 2, \\ x(0) = 2, \\ y(0) = 0 \end{cases}$ 的解.

解 由第一个方程得

$$y(t) = \frac{1}{5}(x'(t) - 3x(t) + 8), \tag{9.8.4}$$

两边对 t 求导,得 $y'(t) = \frac{1}{5}(x''(t) - 3x'(t))$,该方程与第二个方程联立,得

$$x''(t) - 6x'(t) + 34x(t) - 34 = 0, \tag{9.8.5}$$

显然 $x(t) = 1$ 是式(9.8.5)的特解.

下求与式(9.8.5)对应的齐次方程

$$x''(t) - 6x'(t) + 34x(t) = 0$$

的通解. 因为该方程的特征方程是 $\lambda^2 - 6\lambda + 34 = 0$,解得特征根 $\lambda = 3 \pm 5i$. 所以非齐次方程(9.8.5)的通解

$$x(t) = e^{3t}(c_1 \cos 5t + c_2 \sin 5t) + 1,$$

其中 c_1, c_2 是任意常数. 因为 $x(0) = 2$,所以 $c_1 = 1$. 又 $y(0) = 0$,从式(9.8.4)中解得 $x'(0) = -2$. 而

$$x'(t) = 3e^{3t}(\cos 5t + c_2 \sin 5t) + e^{3t}(-5\sin 5t + 5c_2 \cos 5t),$$

所以由 $-2 = x'(0) = 3 + 5c_2$ 知 $c_2 = -1$. 故方程组满足初值条件的解为

$$\begin{cases} x(t) = e^{3t}(\cos 5t - \sin 5t) + 1, \\ y(t) = e^{3t}(-\cos 5t - \sin 5t) + 1. \end{cases}$$

*9.8.4 方程组初值问题解的一般形式

初值问题

$$\begin{cases} \boldsymbol{x}'(t) = \boldsymbol{A}\boldsymbol{x}(t), & t > 0; \\ \boldsymbol{x}(0) = \boldsymbol{x}_0, & t = 0 \end{cases} \tag{9.8.6}$$

的解为 $\boldsymbol{x}(t) = e^{At}\boldsymbol{x}_0$. 根据线性代数中的 Jordan 形理论,存在 $n \times n$ 阶的可逆复数方阵 $\boldsymbol{T}$ 使得 $\boldsymbol{T}^{-1}\boldsymbol{A}\boldsymbol{T} = \boldsymbol{J}$,其中

$$\boldsymbol{J} = \begin{pmatrix} \boldsymbol{J}_1 & 0 & \cdots & 0 \\ 0 & \boldsymbol{J}_2 & \cdots & 0 \\ \vdots & \vdots & & \vdots \\ 0 & 0 & \cdots & \boldsymbol{J}_m \end{pmatrix}, \boldsymbol{J}_k = \begin{pmatrix} \lambda_k & 1 & \cdots & 0 \\ 0 & \lambda_k & \cdots & 0 \\ \vdots & \vdots & & \vdots \\ 0 & 0 & \cdots & \lambda_k \end{pmatrix}_{n_k \times n_k} = \lambda_k \boldsymbol{E}_{k,0} + \boldsymbol{E}_{k,1}, \quad k = 1, 2, \cdots, m,$$

且 $\sum\limits_{k=1}^{m} n_k = n$，$E_{k,0}$ 是 n_k 阶单位矩阵，$E_{k,1}$ 是上三角次对角元为 1、其他元均为零的 n_k 阶方阵. 变换矩阵 T 和 T^{-1} 可以按照与 Jordan 块维数相对应进行列和行分块，即

$$T = [T_1 \quad T_2 \quad \cdots \quad T_m], \quad T^{-1} = \begin{pmatrix} \tilde{T}_1 \\ \tilde{T}_2 \\ \vdots \\ \tilde{T}_m \end{pmatrix}, \quad T_k \in \mathbb{C}^{n \times n_k}, \quad \tilde{T}_k \in \mathbb{C}^{n_k \times n},$$

其中 $\mathbb{C}^{n \times n_k}$ 表示 $n \times n_k$ 阶复矩阵. 注意到如果某个特征值 λ_k 非实数，则有相对应的复共轭特征值 $\lambda_l = \bar{\lambda}_k$，以及相对应的复共轭（广义）右特征向量和（广义）左特征向量，即 $T_l = \bar{T}_k$，$\tilde{T}_l = \bar{\tilde{T}}_k$. 利用坐标变换 $x = T\xi$，其中

$$\xi = \begin{pmatrix} \xi_1 \\ \xi_2 \\ \vdots \\ \xi_m \end{pmatrix} \in \mathbb{C}^n,$$

则初值问题（9.8.6）可以化为

$$\begin{cases} \xi_k'(t) = J_k \xi_k(t), & t > 0; \\ \xi_k(0) = \xi_{k,0}, & t = 0, \end{cases} \quad k = 1, 2, \cdots, m, \tag{9.8.7}$$

其中 $\xi_k = \tilde{T}_k x$，$\xi_{k,0} = \tilde{T}_k x_0$，$x = \sum\limits_{k=1}^{m} T_k \xi_k$. 容易计算出 $e^{J_k t} = \sum\limits_{m=0}^{\infty} \dfrac{J_k^m t^m}{m!} = e^{\lambda_k t} M_k(t)$，$k = 1, 2, \cdots, m$，且

$$M_k(t) = E_{k,0} + t E_{k,1} + \frac{t^2}{2!} E_{k,2} + \cdots + \frac{t^{n_k-1}}{(n_k-1)!} E_{k,n_k-1} = \begin{pmatrix} 1 & t & \cdots & \dfrac{t^{n_k-1}}{(n_k-1)!} \\ 0 & 1 & \cdots & \dfrac{t^{n_k-2}}{(n_k-2)!} \\ \vdots & \vdots & & \vdots \\ 0 & 0 & 0 & 1 \end{pmatrix}_{n_k \times n_k}.$$

其中 $E_{k,0}$ 是 n_k 阶单位矩阵，$E_{k,1}$ 是上三角次对角元均为 1、其他均为零的 n_k 阶方阵，$E_{k,l} = (E_{k,1})^l$ 是上三角第 l 次对角元均为 1、其他均为零的 n_k 阶方阵. 因此初值问题（9.8.7）的解为

$$\xi_k(t) = e^{J_k t} \xi_{k,0} = e^{\lambda_k t} M_k(t) \xi_{k,0}, \quad k = 1, 2, \cdots, m.$$

最后，我们得到初值问题（9.8.6）的解为

$$x(t) = \sum_{k=1}^{m} T_k \xi_k(t) = \sum_{k=1}^{m} e^{\lambda_k t} T_k M_k(t) \tilde{T}_k x_0, \tag{9.8.8}$$

其中 $T_k \in \mathbb{C}^{n \times n_k}, \tilde{T}_k \in \mathbb{C}^{n_k \times n}, M_k(t) \in \mathbb{R}^{n_k \times n_k}$.

在实际应用中，常常需要考虑系统稳定性问题，即对 $\forall \varepsilon > 0$，$\exists \delta > 0$，当 $\|x_0\| = \sqrt{x_0^T x_0} < \delta$ 时，对 $\forall t \geqslant 0$，都有 $\|x(t)\| < \varepsilon$，则称系统（9.8.6）的零解是**稳定的**，否则称系

统零解是不稳定的. 如果系统稳定, 而且对任意初始条件 $\|\boldsymbol{x}_0\| < \delta$ 微分方程的解都满足 $\lim_{t\to\infty}\|\boldsymbol{x}(t)\| = 0$, 则称系统零解是**渐近稳定**的.

定理 9.8.3 常系数线性系统 (9.8.6) 的零解

(i) 是渐近稳定的, 当且仅当矩阵 $\boldsymbol{A}$ 的所有特征根的实部都是负的, 即 $\boldsymbol{A}$ 的所有特征根都在复平面的开左半平面;

(ii) 是稳定的, 当且仅当 $\boldsymbol{A}$ 的所有特征根都在复平面的闭左半平面, 而且对所有在虚轴上的特征根 (零实部), 其对应的 Jordan 块是平凡的 (1×1 的 Jordan 块);

(iii) 是不稳定的, 当且仅当矩阵 $\boldsymbol{A}$ 有特征根实部是正的, 或者有零实部特征根对应非平凡 Jordan 块.

如果系统 (9.8.6) 的零解不稳定, 则存在初始条件 $\boldsymbol{x}_0 \in \mathbb{R}^n$, 使得微分方程的解 $\boldsymbol{x}(t) = e^{At}\boldsymbol{x}_0$ 当 t 趋于无穷时是无界的. 如果系统 (9.8.6) 的零解是稳定的, 则对 $\forall \boldsymbol{x}_0 \in \mathbb{R}^n$, 微分方程的解是有界的. 如果系统 (9.8.6) 的零解是渐近稳定的, 则对 $\forall \boldsymbol{x}_0 \in \mathbb{R}^n$, 微分方程的解满足 $\lim_{t\to\infty}\|\boldsymbol{x}(t)\| = 0$. 定理 9.8.3 的证明直接利用解 (9.8.8), 留给读者.

*9.8.5 非齐次方程的通解

在很多工程应用中, 有时要考虑有外界控制或者干扰的情况下系统的解. 考虑系统

$$\begin{cases} \boldsymbol{x}'(t) = \boldsymbol{A}\boldsymbol{x}(t) + \boldsymbol{b}u(t), & t > t_0; \\ \boldsymbol{x}(t_0) = \boldsymbol{x}_0, & t = t_0. \end{cases} \tag{9.8.9}$$

其中 $\boldsymbol{b} \in \mathbb{R}^{n\times1}$ 是输入向量, $u(t)$ 是分段连续的输入信号. 先把时间变量用 τ 表示, 再用基本解矩阵 $e^{-A\tau}$ 左乘方程两边, 得到

$$e^{-A\tau}\boldsymbol{x}'(\tau) - e^{-A\tau}\boldsymbol{A}\boldsymbol{x}(\tau) = e^{-A\tau}\boldsymbol{b}u(\tau).$$

注意到上式左边是函数 $e^{-A\tau}\boldsymbol{x}(\tau)$ 的导数, 因此写成 $\dfrac{\mathrm{d}}{\mathrm{d}\tau}(e^{-A\tau}\boldsymbol{x}(\tau)) = e^{-A\tau}\boldsymbol{b}u(\tau)$, 两边积分

$$\int_{t_0}^{t}\mathrm{d}(e^{-A\tau}\boldsymbol{x}(\tau)) = \int_{t_0}^{t}e^{-A\tau}\boldsymbol{b}u(\tau)\mathrm{d}\tau$$

即

$$e^{-At}\boldsymbol{x}(t) - e^{-At_0}\boldsymbol{x}_0 = \int_{t_0}^{t}e^{-A\tau}\boldsymbol{b}u(\tau)\mathrm{d}\tau$$

两边左乘 $(e^{-At})^{-1} = e^{At}$, 得到通解

$$\boldsymbol{x}(t) = e^{A(t-t_0)}\boldsymbol{x}_0 + e^{At}\int_{t_0}^{t}e^{-A\tau}\boldsymbol{b}u(\tau)\mathrm{d}\tau = e^{A(t-t_0)}\boldsymbol{x}_0 + \int_{t_0}^{t}e^{A(t-\tau)}\boldsymbol{b}u(\tau)\mathrm{d}\tau.$$

通解中的第一项是系统对非零初始条件的响应, 后一项的积分是系统对输入信号的响应, 实际上是基本解 (系统脉冲响应) $e^{At}\boldsymbol{b}$ 与输入信号的卷积. 给定函数 $f, g \in R[a,b]$,

且满足对 $\forall t \in \mathbb{R} \setminus [a,b]$，有 $f(t)=g(t)=0$，则卷积定义为

$$(f*g)(t)=\int_a^b f(t-\tau)g(\tau)\mathrm{d}\tau.$$

习题 9.8

1. 求解下列微分方程组 $\dfrac{\mathrm{d}\boldsymbol{Y}}{\mathrm{d}x}=\boldsymbol{A}\boldsymbol{Y}$.

(1) $\boldsymbol{A}=\begin{pmatrix}1&2\\8&1\end{pmatrix}$，$\boldsymbol{Y}(0)=\begin{pmatrix}1\\1\end{pmatrix}$；
（2）$\boldsymbol{A}=\begin{pmatrix}-1&-2\\8&-1\end{pmatrix}$，$\boldsymbol{Y}(0)=\begin{pmatrix}0\\-1\end{pmatrix}$；

(3) $\boldsymbol{A}=\begin{pmatrix}0&-2&-2\\2&-4&-2\\-2&2&0\end{pmatrix}$，$\boldsymbol{Y}(0)=\begin{pmatrix}1\\1\\1\end{pmatrix}$；
（4）$\boldsymbol{A}=\begin{pmatrix}1&-1&1\\-2&2&-2\\-1&1&-1\end{pmatrix}$，$\boldsymbol{Y}(0)=\begin{pmatrix}1\\-1\\0\end{pmatrix}$；

(5) $\boldsymbol{A}=\begin{pmatrix}2&0&0\\1&2&0\\0&1&2\end{pmatrix}$；
（6）$\boldsymbol{A}=\begin{pmatrix}3&-5&0\\5&-3&0\\0&0&1\end{pmatrix}$.

2. 求解下列非齐次微分方程组.

(1) $\begin{cases}\dfrac{\mathrm{d}y_1}{\mathrm{d}x}+2y_1-3y_2=\mathrm{e}^x,\\[2mm]\dfrac{\mathrm{d}y_2}{\mathrm{d}x}-2y_1-3y_2=\mathrm{e}^{2x};\end{cases}$
（2）$\begin{cases}\dfrac{\mathrm{d}y_1}{\mathrm{d}x}+\dfrac{\mathrm{d}y_2}{\mathrm{d}x}=-y_1+y_2+3,\\[2mm]\dfrac{\mathrm{d}y_1}{\mathrm{d}x}-\dfrac{\mathrm{d}y_2}{\mathrm{d}x}=y_1+y_2-3;\end{cases}$

(3) $\begin{cases}4\dfrac{\mathrm{d}y_1}{\mathrm{d}x}-\dfrac{\mathrm{d}y_2}{\mathrm{d}x}=-3y_1+\sin x,\\[2mm]\dfrac{\mathrm{d}y_1}{\mathrm{d}x}=-y_2+\cos x;\end{cases}$
（4）$\begin{cases}\dfrac{\mathrm{d}y_1}{\mathrm{d}x}=2y_1-y_2+y_3+2,\\[2mm]\dfrac{\mathrm{d}y_2}{\mathrm{d}x}=y_1+y_3+1,\\[2mm]\dfrac{\mathrm{d}y_3}{\mathrm{d}x}=-3y_1+y_2-2y_3-3,\\[2mm]y_1(0)=y_2(0)=y_3(0)=1.\end{cases}$

3. 求方程组 $\boldsymbol{x}'(t)=\boldsymbol{A}\boldsymbol{x}$ 的基本解矩阵，其中 $\boldsymbol{A}=\begin{pmatrix}4&-1&0\\3&1&-1\\1&0&1\end{pmatrix}$.